浙江省基层气象台站简史

浙江省气象局　编

内容简介

本书收录了浙江全省的基层气象台站简史,重点记叙了建国 60 年来浙江省基层气象台站的历史沿革、基本建设、业务服务、法规建设、社会管理、党建工作和文化建设等内容,比较客观地反映了 60 年来,浙江省基层气象台站为浙江省经济社会发展开展气象服务的历程,反映了浙江省基层气象事业发展、改革、创新取得的成就以及广大气象工作者的精神风貌。

图书在版编目(CIP)数据

浙江省基层气象台站简史/浙江省气象局编. —北京:气象出版社,2009.12
 ISBN 978-7-5029-4894-8

Ⅰ.浙… Ⅱ.浙… Ⅲ.①气象台-史料-浙江省②气象站-史料-浙江省 Ⅳ.P411

中国版本图书馆 CIP 数据核字(2009)第 224870 号

Zhejiangsheng Jiceng Qixiangtaizhan Jianshi

浙江省基层气象台站简史

浙江省气象局 编

出版发行:	气象出版社		
地　　址:	北京市海淀区中关村南大街 46 号	邮政编码:	100081
总 编 室:	010-68407112	发 行 部:	010-68409198
网　　址:	http://www.cmp.cma.gov.cn	E-mail:	qxcbs@263.net
责任编辑:	白凌燕　于建慧	终　　审:	黄润恒
封面设计:	燕　彤	责任技编:	吴庭芳
印　　刷:	北京中新伟业印刷有限公司		
开　　本:	787 mm×1092 mm　1/16	印　张:	30
字　　数:	780 千字	彩　插:	4
版　　次:	2009 年 12 月第 1 版	印　次:	2009 年 12 月第 1 次印刷
印　　数:	1~2000	定　价:	90.00 元

本书如存在文字不清、漏印以及缺页、倒页、脱页等,请与本社发行部联系调换。

《浙江省基层气象台站简史》编委会

主　　任：黎　健

副 主 任：徐霜芝　丛黎强

委　　员：(按姓氏笔画排序)

　　　　　刘　迎　陈忠海　周功铤　林建华

　　　　　林　涛　金晓中　柳岳清　徐　元

　　　　　钱光明　黄仕高　梁金联

《浙江省基层气象台站简史》编写组

主　　编：徐霜芝

副 主 编：丛黎强

成　　员：王德鸿　谢　慷　庄锡潮　王秀霞

　　　　　张先良　赵小兰

总 序

2009年是新中国成立60周年和中国气象局成立60周年,中国气象局组织编纂出版了全国气象部门基层气象台站简史,卷帙浩繁,资料丰富,是气象文化建设的重要成果,是一项有意义、有价值的工作,功在当代,利在千秋。

60年来,气象事业发展成就辉煌,基层气象台站面貌发生翻天覆地的变化。广大气象干部职工继承和弘扬艰苦创业、无私奉献,爱岗敬业、团结协作,严谨求实、崇尚科学,勇于改革、开拓创新的优良传统和作风,以自己的青春和智慧谱写出一曲曲事业发展的壮丽篇章,为中国特色气象事业发展建立了辉煌业绩,值得永载史册。

这次编纂基层气象台站简史,是建国以来气象部门最大规模的史鉴编纂活动,历史跨度长,涉及人物多,资料收集难度大,编纂时间紧。为加强对编纂工作的领导,中国气象局和各省(区、市)气象局均成立了编纂工作领导小组和办公室,制定了编纂大纲,举办了培训班,组织了研讨会。各省(区、市)气象局编纂办公室选调了有较高文字修养、有丰富经历的人员从事编纂工作。编纂人员全面系统地收集基层气象台站各个发展阶段的文字、图片和实物等基础资料,力求真实、客观地反映台站发展的历程和全貌。我谨向中国气象局负责这次编纂工作的孙先健同志及所有参与和支持这项工作的同志们表示衷心感谢。

知往鉴来,修史的目的是用史。基层气象台站史是一座丰富的宝库。每个气象台站的发展史,都留下了一代代气象工作者艰苦奋斗、爱岗敬业的足迹,他们高尚的精神和无私的奉献,将永远给我们以开拓进取的力量。书中记载的天气气候事件及气象灾害事例,是我们认识气象灾害规律、发展气象科学难得的宝贵财富。这套基层气象台站简史的出版,对于弘扬优良传统和作风,挖掘和总结历史经验,促进气象事业科学发展,必将发挥重要的指导和借鉴作用。

中国气象局党组书记、局长 郑国光

2009年10月

序 言

《浙江省基层气象台站简史》经百余之同仁,历百日之辛苦,终于付梓问世！此为全省气象部门之一盛事。盖因新中国六十华诞,又逢中国气象局建局六十周年,通过系统回顾全省基层气象台站之拓基、发展、壮大之历程,历数基层气象致于当地经济社会发展和民生福祉安康之巨大贡献,选圭皋之语叙我基层发展之实景,择练达之词扬我基层职工之风貌,真实体现省气象局历届党组重视基层、发展基层、强化基层之指导理念,客观记录全省基层台站艰苦创业、奉献敬业、实干兴业之难忘历程,实为全省基层气象工作大成之作,亦是浙江气象人敬献新中国六十周年之厚礼。

浙江临东海一滨,钱塘潮壮,雁荡峰秀,地灵人杰,自古繁华地。有山逶迤,有水扬波,光热富足,雨润万物,然亦常受西、东风带系统影响,素有"台风暴雨雷电频发之灾、高温缺水干旱重发之害、山洪地质灾害易发之忧、大风大雾冷害常发之患",为华夏气象灾害高发地区之一。

为应对严峻灾害形势,新中国成立后浙江省基层气象事业快速发展。自20世纪50年代初寥寥可数之气象测站,至今全省实现近十千米间距之气象监测覆盖。气象预报从主观经验为主,发展到以数值预报产品为基础之综合预报业务体系。公共气象服务始终紧扣时代发展脉搏,以百姓需求为第一信号,以满足需求为第一追求,以提高满意度为第一目标,已从最初之国防建设、灾害预报服务扩展为百余行业,涵盖人民生产生活之诸多方面,并创造强台风致灾"零死亡"之奇迹。基层防灾减灾体系雏形已现,气象法规与社会管理厚基已筑,防雷安全与新农村气象工作业已纳入各级政府督考之列。浙江全体气象工作者正擎如椽巨笔,于新时期气象事业发展之伟大征程中续写绚丽华章！

纵览六十载基层气象之发展,岁月蹉跎;凭叙两千余观天卫士之新貌,荣光无限！浙江基层气象发展,既是一部自强不息、奋发有为、顽强拼搏之奋斗史,也是一部解放思想、与时俱进、开拓创新之前进史。其荣诚为中国气象局、各级党委政府领导之功,其绩亦是广大基层气象工作者苦干之劳!在此特致谢忱!

时值金秋,浙江气象工作必将以丰硕成果为基垫,科学发展,砥砺前行,再续新篇、再展风姿、再创辉煌!

是为前序。

浙江省气象局局长

2009.9.30

浙江地处东南沿海，雨量充沛，气候湿润；冬冷夏热，四季分明

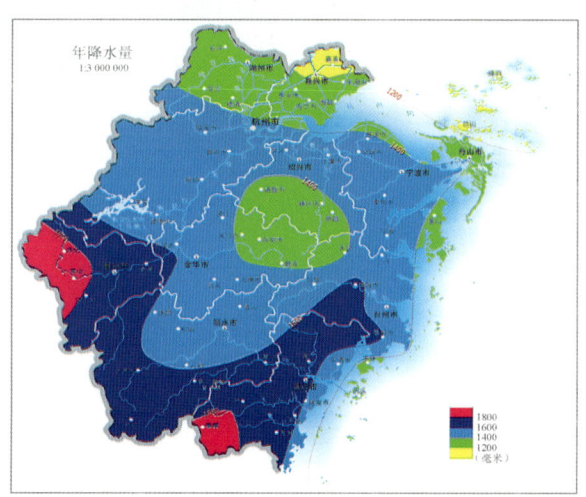

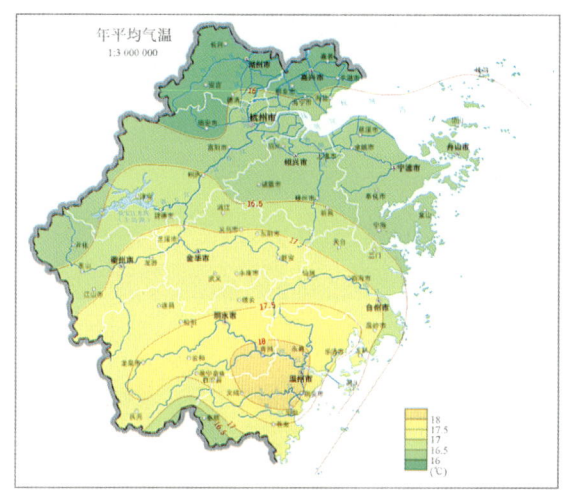

气象灾害多发频发

浙江是我国气象灾害最严重的省份之一，也是气候资源最丰富的省份之一。

50年来浙江气象之最

气象监测预警能力显著增强

已建6部新一代多普勒天气雷达

杭州新一代多普勒雷达和移动应急预警系统

大气成分观测

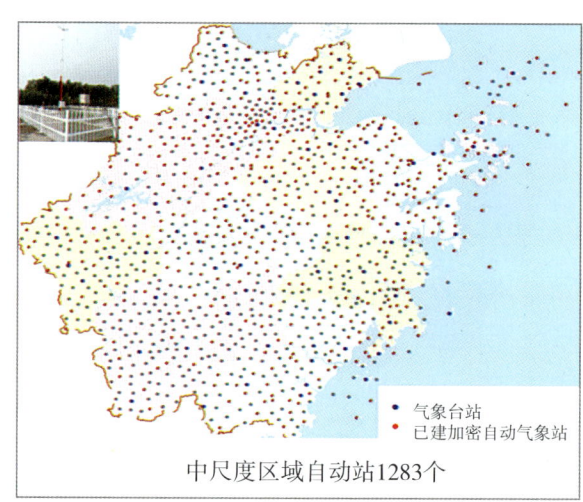

中尺度区域自动站1283个

全省基层台站业务服务平台

气象服务覆盖面日益扩大

 气象防灾减灾　　 服务三农发展

 应对气候变化　　 气候资源开发

围绕气象服务职能不断扩大服务覆盖面、提高服务满意度

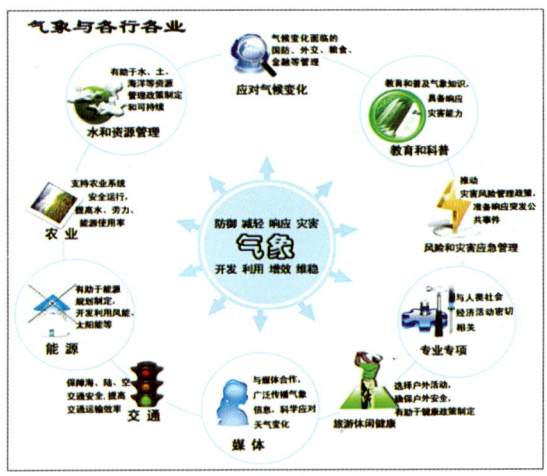

服务全省特色农业发展

基层防灾减灾体系初步形成

防雷工作、新农村建设气象工作分别纳入各级党委政府考核内容

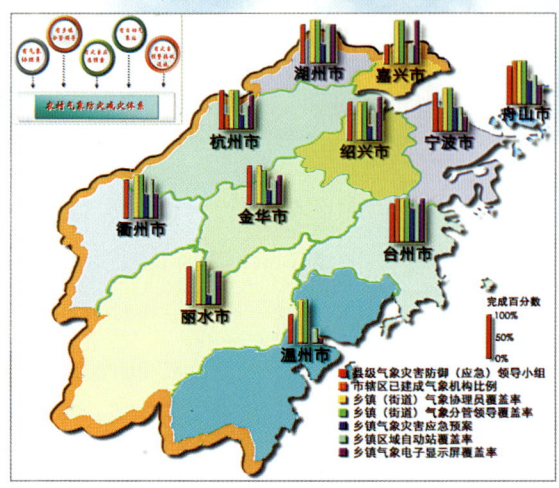

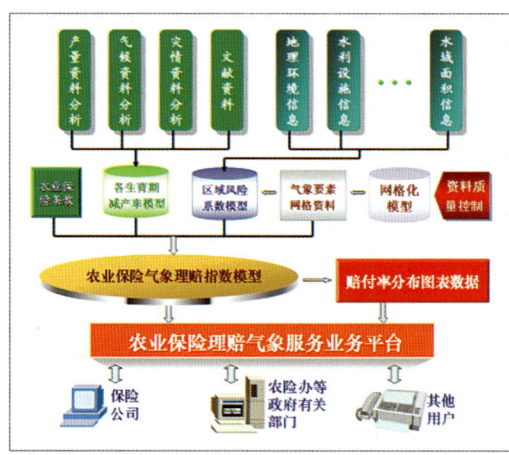

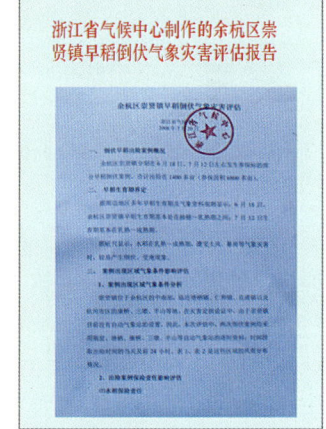

浙江省气候中心制作的余杭区崇贤镇早稻倒伏气象灾害评估报告

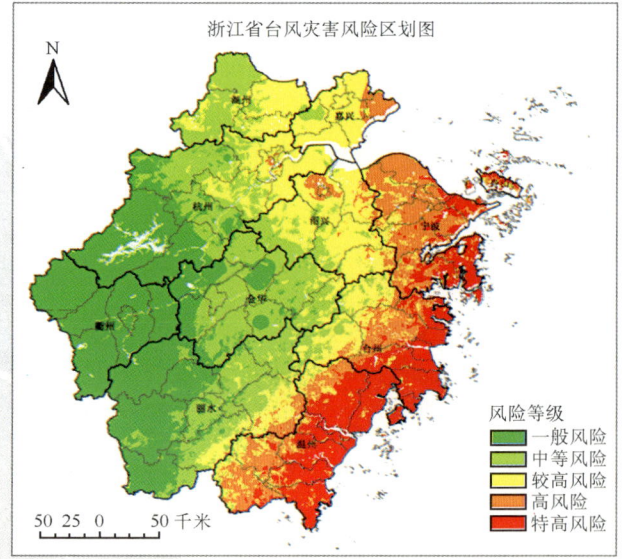

台站发展变迁

杭州市气象局

嘉兴市气象局

金华市气象局

舟山市气象局

基层台站新貌

杭州市国家基准气候观测站

德清县气象局

岱山县气象局

浦江县气象局

江山市气象局

温州市气象雷达站

慈溪市气象局

上虞市气象观测站

缙云县气象局

平湖市气象局

仙居县气象局

基层党的建设和党风廉政建设扎实推进

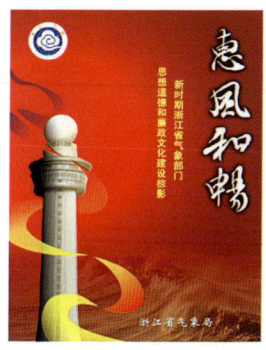

基层精神文明和气象文化建设成果丰硕

目　录

总序
序言

浙江省气象台站概况 …………………………………………………………（1）

  浙江省气象台站概述 …………………………………………………………（1）
  天气气候和气象灾害 …………………………………………………………（3）
  灾害防御和现代化建设 ………………………………………………………（4）
  公共气象服务 …………………………………………………………………（5）
  全省主要气象观测业务 ………………………………………………………（6）

杭州市气象台站概况 …………………………………………………………（8）

  杭州市气象局 …………………………………………………………………（10）
  萧山区气象局 …………………………………………………………………（16）
  桐庐县气象局 …………………………………………………………………（24）
  淳安县气象局 …………………………………………………………………（30）
  建德市气象局 …………………………………………………………………（37）
  富阳市气象局 …………………………………………………………………（44）
  临安市气象局 …………………………………………………………………（50）
    天目山气象站 ……………………………………………………………（57）
    昌化气象站 ………………………………………………………………（59）
  临安大气本底污染监测站 ……………………………………………………（60）

宁波市气象台站概况 …………………………………………………………（66）

  宁波市气象局 …………………………………………………………………（68）
  北仑区气象局 …………………………………………………………………（74）
  鄞州区气象局 …………………………………………………………………（78）

余姚市气象局 …………………………………………………………………（83）
　　慈溪市气象局 …………………………………………………………………（87）
　　奉化市气象局 …………………………………………………………………（93）
　　宁海县气象局 …………………………………………………………………（98）
　　象山县气象局 …………………………………………………………………（103）

温州市气象台站概况 …………………………………………………………（108）

　　温州市气象局 …………………………………………………………………（110）
　　乐清市气象局 …………………………………………………………………（116）
　　瑞安市气象局 …………………………………………………………………（123）
　　永嘉县气象局 …………………………………………………………………（129）
　　平阳县气象局 …………………………………………………………………（134）
　　洞头县气象局 …………………………………………………………………（140）
　　文成县气象局 …………………………………………………………………（145）
　　泰顺县气象局 …………………………………………………………………（150）
　　温州气象雷达站 ………………………………………………………………（155）

湖州市气象台站概况 …………………………………………………………（160）

　　湖州市气象局 …………………………………………………………………（162）
　　德清县气象局 …………………………………………………………………（169）
　　长兴县气象局 …………………………………………………………………（177）
　　安吉县气象局 …………………………………………………………………（182）

嘉兴市气象台站概况 …………………………………………………………（189）

　　嘉兴市气象局 …………………………………………………………………（192）
　　嘉兴气象观测站 ………………………………………………………………（196）
　　嘉善县气象局 …………………………………………………………………（197）
　　平湖市气象局 …………………………………………………………………（203）
　　海盐县气象局 …………………………………………………………………（210）
　　海宁市气象局 …………………………………………………………………（216）
　　桐乡市气象局 …………………………………………………………………（222）

绍兴市气象台站概况 …………………………………………………………（229）

　　绍兴市气象局 …………………………………………………………………（231）
　　绍兴县气象局 …………………………………………………………………（235）
　　诸暨市气象局 …………………………………………………………………（238）
　　上虞市气象局 …………………………………………………………………（245）
　　嵊州市气象局 …………………………………………………………………（252）

新昌县气象局 …………………………………………………………………… (258)

金华市气象台站概况 …………………………………………………………… (265)

　　金华市气象局 …………………………………………………………………… (267)
　　兰溪市气象局 …………………………………………………………………… (275)
　　东阳市气象局 …………………………………………………………………… (281)
　　义乌市气象局 …………………………………………………………………… (287)
　　永康市气象局 …………………………………………………………………… (293)
　　浦江县气象局 …………………………………………………………………… (299)
　　武义县气象局 …………………………………………………………………… (305)

衢州市气象台站概况 …………………………………………………………… (310)

　　衢州市气象局 …………………………………………………………………… (312)
　　衢州气象观测站 ………………………………………………………………… (315)
　　龙游县气象局 …………………………………………………………………… (317)
　　江山市气象局 …………………………………………………………………… (322)
　　常山县气象局 …………………………………………………………………… (328)
　　开化县气象局 …………………………………………………………………… (332)

舟山市气象台站概况 …………………………………………………………… (339)

　　舟山市气象局 …………………………………………………………………… (342)
　　普陀区气象局 …………………………………………………………………… (348)
　　岱山县气象局 …………………………………………………………………… (354)
　　嵊泗县气象局 …………………………………………………………………… (360)

台州市气象台站概况 …………………………………………………………… (366)

　　台州市气象局 …………………………………………………………………… (368)
　　椒江区气象局 …………………………………………………………………… (370)
　　黄岩区气象局 …………………………………………………………………… (376)
　　临海市气象局 …………………………………………………………………… (381)
　　温岭市气象局 …………………………………………………………………… (386)
　　玉环县气象局 …………………………………………………………………… (392)
　　天台县气象局 …………………………………………………………………… (398)
　　仙居县气象局 …………………………………………………………………… (405)
　　三门县气象局 …………………………………………………………………… (411)
　　洪家国家基准气候站 …………………………………………………………… (417)
　　大陈气象站 ……………………………………………………………………… (424)

丽水市气象台站概况 ·· （430）

    丽水市气象局 ·· （433）

    龙泉市气象局 ·· （437）

    青田县气象局 ·· （441）

    云和县气象局 ·· （446）

    庆元县气象局 ·· （450）

    缙云县气象局 ·· （454）

    遂昌县气象局 ·· （459）

编纂后记 ·· （465）

附录 ·· （466）

浙江省气象台站概况

浙江省位于欧亚大陆的东南沿海,东临西北太平洋,陆域面积10.18万平方千米。陆地和岛屿海岸线总长达6500千米,海岸线长度全国第一,占20.3%;面积大于500平方米的海岛共有3061个,海岛个数全国第一,占40%。浙江地形复杂,山地和丘陵占70.4%,平原和盆地占23.2%,河流和湖泊占6.4%,故有"七山一水两分田"之说。到2008年底常住人口近5120万。

浙江省气象台站概述

台站沿革 清光绪六年(1880年)由海关在浙江沿海宁波、温州等地先后建立6个海关测候所,于1941年、1944年先后停办。1919年浙江省立甲种农业学校在杭州创办测候所,是浙江最早自办的气象机构。1932年9月,省水利局受命组建全省测候工作,先后建立浙江省测候所(地点在杭州,1947年更名浙江省气象所)、定海海洋测候所和22处县测候所,日本侵华战争爆发后,大批测候所先后被迫停办。1945年中美合作所在浙江建立杭州、温州、海门3个气象站。至1949年5月浙江解放时,全省仅存省气象所1个、县测候所10个、气象站3个。

解放后对原有气象机构进行了接收、改建,并新建了部分台站。至1957年底,全省共有3个气象台、13个气象站、15个气候站、1个航空气象观测哨。1958年台站大发展,1962年又通过调整、提高,至1972年全省建成专(市)有台,县有站的气象服务网。以后台站布局基本稳定,台站数量略有变化。截至2008年,浙江省气象局下辖1个省级气象台,11个市级气象局和气象台,70个地面气象观测站,3个探空站。另有4个地方政府自建的县(区)级气象机构。1989—1993年间,全省各县(市)气象站经当地政府批准,相继更名为县(市)气象局。

台站建制 解放前浙江气象工作没有形成统一的"部门",各测候所系有关部门根据需要自行建立和管理。解放后至1953年,浙江气象台站属军事建制。1951年5月以前,属华东空军气象处建制领导,5月后划归陆军建制,属华东军区司令部气象处领导,1951年9月16日成立了浙江省军区司令部气象科,直接领导管理全省气象台站。1953年8月中央军委与政务院下达"关于各级气象机构转移建制领导关系的决定",同年9月18日,将省军区气象科,杭州、温州、舟山3个气象台,宁波等7个气象站全部由军事建制划归省人民政府建制,由气象部门为主领导。1954年10月扩建成立省气象局。此后到1981年管理体制曾有多次变动,1953年9月至1958年11月、1962年至1970年2月实行以部门领导为主的双重管理体制,期间的1956年5月至1958年5月,由于试点,浙江省气象局曾一度被撤销,全省台站改由新成立的上海气象局为主领导。1958年11月至1962年、1970年2月至1981年以当地政府为主领导的双重管理体制,期间的1970年10月30日至1973年9月2日,曾调整为以当地军事部门(省军区、军分区、县人武部)为主的双重领导管理体制。

1981年以后则实行以气象部门领导为主的双重管理体制。浙江省气象局既是中国气象局的下属单位,又是省政府的工作部门,在气象系统内部实行统一领导,省、市气象局分级管理,一直延续至今。

人员状况 1949年全省只有21个气象人员,到2008年底,已有在职干部职工2413人,其中部门编制1599人,地方编制73人,编外741人。部门编制中,博士11人;硕士124人;本科753人;大专356人。高级职称193人(含正研级7人);中级职称665人;初级职称596人。年龄结构为:大于50岁的19.6%,36~50岁的44.8%,35岁以下的37.4%,平均年龄39.9岁。

文明创建 20世纪80年代开始文明创建工作,于2002年建成首批省级文明行业。截至2008年底,所辖73个创建单位全部成为县(区)级以上文明单位,11市气象部门均为市级文明行业。其中省级以上文明单位24个(达33%)。创建全国气象部门"文明台站标兵"4个。2005年绍兴市气象局、2008年杭州市气象局和省气象台被表彰为全国精神文明建设工作先进单位。2005年以来开展"绿色台站"建设活动,至2008年有15个基层台站获"三A级绿色台站"称号。从1988年开始,每年3月份在全省开展职业道德教育月活动。2002年开始,每年4月开展党风廉政建设宣传教育月活动。浙江基层气象台站涌现了全国优秀共产党员陈金水等一批劳模人物和舟山市气象台等一批先进集体。

领导关怀和政府支持 2004年6月24日,全国政协副主席张思卿视察浙江省气象局。新中国成立以来中国气象局、浙江各级政府和领导历来十分关心浙江省的气象工作,经常深入到各级气象局、台、站,实地检查指导工作,帮助解决实际困难。各级政府和领导每逢重大灾害性天气来临时,常常亲临气象部门,了解天气演变和听取预报意见。在气象现代化建设方面,给予了积极支持。2004年、2006年省政府主持召开了全省气象工作会议。2008年首次召开全省气象防灾减灾会议,省政府领导和全省各市、县政府分管领导、省有关部委厅局领导和各级气象局长参加会议,会上省政府领导要求各级政府要加快气象灾害防御体系建设,不断加大投入力度,促进浙江气象事业的发展。同时,省政府针对气象工作的全局性问题,及时下文予以解决,如1987年5月下发了《浙江省保护气象台站观测环境的规定》;1992年10月下发了《关于加强气象工作有关问题的通知》;省政府办公厅1995年2月转发省计经委等单位《关于进一步落实地方气象计划财务体制有关问题意见的通知》,2006年8月出台了《关于加快气象事业发展的实施意见》,2007年11月出台了《关于进一步加强气象灾害防御工作的通知》等,都促进了浙江省气象事业的快速发展。

气象法规与社会管理 浙江省首部地方气象规章《浙江省实施〈中华人民共和国气象

法〉办法》于2001年2月26日发布。《浙江省雷电灾害防御和应急办法》于2005年5月1日起施行,2008年7月修订。首部浙江省地方气象法规《浙江省气象条例》于2008年1月1日起施行。目前浙江省共有有效的地方法规和规章5部(其中法规1部,规章4部)。省政府2005年3月出台《关于印发浙江省气象灾害预警信号发布规定(试行)的通知》,2008年3月下发了《关于印发浙江省气象灾害预警信号发布与传播规定的通知》。

2001年开始,省、市气象局相继成立政策法规机构,2003年开始,市、县气象局相继组建气象行政执法队伍,共有行政执法资格证的专(兼)职人员460人,2008年查处违法案件43起。全省市、县气象行政审批已纳入地方政府行政审批机构集中受理、服务。2008年起,建立了省市县网上气象行政审批和监察系统。

2008年,开展了农村气象灾害防御和雷电灾害防御分别纳入省委社会主义新农村建设和"平安浙江"建设考核的工作。省委同意,2009年起由省气象局对各市政府实施此两项工作的年度考核。

天气气候和气象灾害

天气气候特点 浙江处于欧亚大陆与西北太平洋的过渡地带,属典型的亚热带季风气候区,冬夏盛行风向变化显著。全年四季分明,季风显著,年气温适中,光照较多,雨量丰沛,空气湿润,雨热季节变化同步,气候资源配制多样,各类气象灾害频发。全省年平均气温15.6℃～18.4℃,极端最高气温33.5℃～43.2℃,极端最低气温－2.2℃～－17.4℃;年平均雨量1092～2029毫米,降水季节变化明显,降水时空分布不均;年平均日照时数1623～2033小时。(以上统计年代,平均值为1971—2000年,极端值为1951—2008年)

主要气象灾害 受西风带和东风带天气系统的双重影响,浙江气象灾害种类繁多,强度大,灾情重,时常多灾并发,是全国气象灾害高发地区之一。主要气象灾害有台风、暴雨洪涝、高温、干旱、雷电、冰雹、大风、大雾、寒潮、大雪、低温冻害等,尤以台风、洪涝和干旱为甚。暴雨还常常引发山体滑坡、泥石流等次生灾害。台风是浙江最大的气象灾害,1949年到2008年,影响浙江的台风共205个,年均3.4个,其中登陆台风40个,年均0.7个。近10年来,自然灾害平均每年造成全省直接经济损失约200亿元,约占GDP的2.3%,其中台风损失达120亿元,洪涝损失40亿元,干旱损失8亿元,大风与冰雹损失3亿元。

新中国成立以来,浙江严重气象灾害过程有:(1)台风。1956年12号台风和1994年17号台风,全省死亡人数分别为4925人和1216人。1997年11号台风和2004年"云娜"、2006年"桑美"台风也造成严重影响。(2)梅雨洪涝。1954年5月至7月全省平均降雨1142.5毫米,受淹农田达522.5万亩,死亡440人。(3)高温干旱。1967年7—10月的持续干旱,全省大部分地区连旱3个月以上;2003年夏的高温天气,35℃以上的日数长达65天,出现破记录的极端最高气温43.2℃(丽水市)。(4)大雪和低温。1961年2月14—27日全省出现罕见大雪;1977年1月的连续大雪和低温冷害,出现破纪录的极端最低气温－17.4℃(安吉县),杭州西湖全面冰冻,湖面可骑车行人;2008年1月13日至2月29日全省出现持续低温、雨雪、冰冻灾害。(5)强雷暴。2004年6月26日,临海市杜桥镇遭到强雷暴袭击,造成17人死亡,13人受伤。

灾害防御和现代化建设

灾害防御体系 经过多年努力,浙江省初步建立了"政府主导、部门联动、社会参与"的气象灾害防御体系。2006年起,浙江省气象局与省政府突发公共事件应急管理办公室建立了气象灾害应急联动机制,气象保障列入18个省级专项预案,《浙江省气象灾害应急预案》、《浙江省冰雪灾害应急预案》纳入省政府预案体系。还与水利、农业、林业、国土资源、海洋渔业、环保、卫生、民政、建设、交通、教育、安监、电力和新闻媒体、广电部门、通信等部门建立了联席会议、联合会商和信息共享等合作机制。开展和参与了气候变化应对、重大项目气候论证、防雷和突发公共事件的保障服务等工作。开展了气象灾害应急准备工作认证管理、气象灾害防御规划、气象防灾减灾示范乡镇建设等。

截至2008年,全省57个市、县政府成立了气象灾害应急领导小组,91%县(市、区)明确乡镇气象分管领导,基层气象协理员和信息员总数超1.9万人。逐步形成了部门有气象联络员、乡镇有气象协理员、村有气象信息员。

现代化建设 气象现代化建设起始于20世纪80年代前期,1987年建成省、市、县甚高频辅助通信网,1988年和1989年完成省级预报实时业务系统(STYS)一、二期工程,1997年完成"气象卫星综合应用业务系统"(9210工程)的有关建设。2003年建成了省、市、县三级远程视频天气实时会商系统,并不断完善气象观测和各级综合业务系统的升级改造。截至2008年底,基本建成了由多普勒雷达、气象卫星、自动气象站及各类专业观测系统组成的综合立体气象观测网,有效提升了监测的时空分辨率。2002年建成以宽带网和卫星通信为主的,覆盖全省,联通中国气象局和各省的气象信息网络,实现了国家、省、市、县的各类气象信息共享;建成省级应急指挥车和移动应急系统9套;在预报业务上,20世纪80年代开始应用数值预报产品和释用技术,从预报员主观经验为主,逐步发展到以数值预报产品为基础、以人机交互处理系统为平台、综合应用多种技术方法的预报业务体系,预测预报准确性和精细化、客观化程度不断提高。2000年以来,省气象局和温州、宁波、嘉兴等市气象局先后引进高性能小型机,研发区域数值预报产品。

从2004年开始,浙江省气象局每年自筹科研经费,加强各级业务性科研工作。2008年全省气象部门科研经费是30年前的近百倍。从1978年至2008年全省气象部门获省部级及以上各类科技成果奖81项。2006年起开始组建科技创新团队,目前建有5个省级创新团队。

科普宣传 气象灾害应急防御知识纳入省委党校县(市)、乡镇领导干部专修班教学内容。2005年省委组织部专门下文,通过现代远程教育"新农村教育课堂"视频网络系统,向全省农村干部进行气象灾害防御知识培训。2007年省气象局与省科技厅、省科协联合下发了关于加强气象防灾减灾科普宣传文件,开展实施"气象科普五大计划",并开始将气象灾害防御知识纳入国民教育体系、干部综合素质培训内容。2008年5月22日,省委特邀中国气象局郑国光局长在"浙江论坛"做《气候变化与气象灾害防御》专题报告。2006年以来,包括中国气象局王守荣副局长和省气象局黎健局长在内的气象部门领导多次应有关市、县政府的邀请,给地方各级干部做专题报告。1998年、2003年和2008年先后建设了绍兴"竺可桢纪念馆"、岱山"中国台风博物馆"和"杭州气象科技体验馆"等 20 个开放性气象科普教育基地。

公共气象服务

坚持以社会经济发展需求为引领,开展结构改革和机构调整。"九五"以来,先后成立了气象影视中心、防雷中心、信息中心、网络中心、农网中心等,2008 年开始筹建省气象服务中心。近 20 年来,决策服务逐步实现了由常规预报服务向预警预测、实时动态诊断分析、风险评估、决策建议及应急管理等方面的转变;随着信息科技的发展,公共气象服务从传统的广播、报纸、电视、传真等逐步拓展到手机短信、语音声讯、网站、气象警报系统、紧急异常气象服务平台、电子信息屏、农村党员干部现代远程教育系统、农民信箱、掌上气象台等。2003 年杭州市气象局在全国率先建立了"华数 63"城市数字电视专用气象频道。2008 年 3 月,中国气象局批复德清县政府,同意德清在全国创建首个新农村建设气象工作示范县。积极参与生态省建设、粮食安全、政策性农业和农房保险等政府工作。截至 2008 年底,全省气象服务领域已经涵盖农业、林业、水利、交通、电力、建筑、旅游等 100 多个行业,服务产品增加到 319 种;全省紧急异常气象短信服务平台用户达 8.9 万人,建成气象电子信息显示屏 1604 个、各种气象网站 102 个、制作播出电视气象节目 153 套、手机气象短信用户达 1184 万个。

开展海洋气象服务。1957 年至 1989 年每年冬季,由浙江省气象局(其中 20 世纪 50 年代由上海市气象局)组织成立海上流动气象台(组),为沿海"六省一市"十万渔民开展舟山渔场现场气象服务。1994 年 10 月舟山海洋气象大功率广播电台建成并使用,2008 年 3 月完成升级改造并播发中央气象台的海洋气象预报。1994 年起,省气象局先后筹建温州、台州、宁波、舟山和省级海洋气象台,除开展为渔业生产服务外,还开展海岸带气候资源调查、近海养殖、标准化渔港建设、港口开发、航运航线、海上石油钻探、沿海核电、风力发电、海岛旅游等气象服务。

开展专业气象和气象科技服务。根据国办发〔1985〕25 号通知精神,1986 年开始专业气象和气象科技服务工作。1987 年开始建立天气警报系统,并逐步发展到防雷服务、气象短信、电视气象、声讯、网络和终端服务等多种形式,服务面涉及到各个行业。其收益有力地反哺了气象事业的发展。

在各种重大灾害性天气来临之前,全省气象部门在各级党委政府的领导下,加强监测预报,及时发布灾害预警信息,提出防灾减灾和群众避险建议,使灾害损失降到了最低限度。如台风灾害死亡人数,近年来大幅度下降到十位数、个位数,2007 年 10 月"罗莎"强台风正面登陆并贯穿全省更是无一人死亡。浙江气象部门防灾减灾的第一道防线职能和地位得到了社会和政府的认可。

人工影响天气 人工增雨始于 1958 年,在杭州首次用飞机进行增雨试验。从 1971 年开始逢大范围干旱,由省政府安排省气象局组织进行飞机人工增雨。从 1958 年到 2008 年期间,共有 18 年开展了此项工作。20 世纪 70—80 年代,基层气象台站主要进行高炮人工增雨作业,2003 年以来改用火箭增雨作业。至 2008 年底,全省有 26 个市县成立人影机构,共有火箭发射系统40套,建立了25支人工增雨标准化作业分队,获得上岗证作业人员318人,9个市建立了人工影响天气作业平台,开展了以农业抗旱、森林防火、水库增蓄、流域增水、生态环境改善等为目的的增雨作业,取得了一定的社会和经济效益。

全省主要气象观测业务

地面气象观测 清康熙时的《晴雨录》中便有杭州的气象记录。近代气象观测始于1880年宁波等海关测候所,以后省水利部门在全省曾建立测候所23个。浙江解放时,全省共有地面气象观测站14个。到1958年,基本建立每县有一个气象站,并建立了天目山、括苍山2个高山站和嵊山、大陈、北麂、大衢、坎门、石浦等海岛站。到20世纪70年代末,全省共有地面气象观测站73个(其中有9个艰苦站)。地面气象观测站曾有多次调整和撤并,从1987年起,地面气象观测站划分为基准气候站、基本站、一般站三类。至2008年底,国家地面气象观测站为70个,其中基准气候站6个,基本气象站17个,一般气象站47个。2002年8月在平湖县建成ZQZ-Ⅱ型自动气象站投入业务使用,启动了全省自动气象站网的建设。至2008年底,全省设置区域自动气象站1128个(其中四要素以上83%,海洋强风站21个),以10~15千米隔距覆盖全省;启用能见度自动观测设备38套;建成GPS/MET站40个,投入业务使用17个。

高空气象探测 高空测风始于1935年杭州笕桥空军学校气象台。1953年至1956年,温州、舟山气象台,龙泉气象站,杭州气象台相继担任高空测风任务。1956年至1972年,先后建立了衢州、大陈、杭州3个探空站。大陈站在1984年10月由部队移交地方,1991年探空业务内迁洪家站。至2008年底全省有杭州、衢州、洪家3个探空站,2004年起都使用电子探空仪—L波段雷达系统。

天气雷达观测 1969年在洞头县建立843测台雷达,时称"769站",属国家艰苦台站,1989年10月内迁至温州黄石山,改型714天气雷达。1982年、1989年开始,先后在舟山和省气象台完成了713雷达建设,并投入业务使用。20世纪70年代起,先后在杭州、金华、宁波、湖州使用了711测雨雷达,十余年后陆续升级、更新或退出业务观测。2001—2008年先后在温州、宁波、舟山、杭州、金华、衢州建成6部新一代多普勒天气雷达,其中温州、宁波、杭州为CINRAD/SA型,其余为CINRAD/SB型。2008年底在嘉兴、诸暨等地完成了地方警戒雷达的建设。

农业气象观测 农业气象观测始于1954年8月,在拱宸桥、萧山、皇天畈3个农场气候站进行水稻、棉花的物候观测。1955年,拱宸桥站开始土壤湿度观测。1959年,全省农业气象观测点有28个,其中器测土壤湿度7处,土壤蒸发观测1处,小气候观测2处,与省农科院共建农业气象试验站1个。1979年,重建农业气象观测一级站10个,二级站11个。截至2008年底,全省有一级站10个、二级站3个、试验站1个。农作物观测有油菜、春桑、早稻、杨梅、晚稻、棉花、柑橘7个项目;土壤湿度观测点68个;自然物候观测点13个。

大气成分观测 临安大气本底站于1984年12月建成使用。2005年经科技部遴选,该站成为唯一代表"长三角"区域的大气本底站,同时列入世界气象组织全球大气观测网(GAW)。到2008年观测项目有:降水化学、臭氧总量观测、太阳辐射观测、地面反应性气体测量、气溶胶观测、温室气体采样等6大类30余种要素。酸雨观测始于1982年,在杭州市气象台设立观测点,至2008年全省有13个观测点。紫外线观测点9个。

  辐射观测 1959年6月在杭州建立甲级站,开始辐射观测,1990年起改为二级站。1961年7月在慈溪(庵东)增设乙级站,1991年转移至洪家并改为三级站。

  卫星遥感监测 省气象台于1973年3月开始接收NOAA卫星云图,1978年起增加接收GMS同步卫星云图。1999年和2004年,分别建成"中尺度规模利用站"和"DVB-S卫星资料接收系统"。到2008年底,建有风云3号资料接收点7个、风云1号资料接收点3个;中规模利用站5个。1991年,由省气象科学研究所接收NOAA资料并开展卫星遥感业务。2003年12月和2004年9月,分别在杭州市气象局和省气候中心建成EOS/MODIS卫星资料接收处理系统。

  雷电观测 2002年在绍兴市气象局建成闪电监测定位系统,2004年全省建成10台GSP-2型高精度闪电探测仪构成的雷电监测系统。至2006年底,在杭州市淳安县等11个县气象台站,先后新建了ADTD云地闪电定位仪系统,中心站设在杭州,2007年投入业务试运行。自2007年起,先后在杭州、嘉兴、湖州、金华、宁波等地建设了58套MEO340大气电场仪。

杭州市气象台站概况

杭州是浙江省省会,经济、文化、科教中心,长江三角洲中心城市之一,国家历史文化名城和重要的风景旅游城市。地处浙北,总面积16596平方千米,其中丘陵山地占65.6%、平原占26.4%。属亚热带季风性气候,四季分明,温和湿润,光照充足,雨量充沛。年平均气温15.9℃～17.0℃,极端最高气温39.8℃～42.9℃,极端最低气温-7.1℃～-15.0℃;年降水量1438.7～1603.8毫米,年平均相对湿度76%～81%;无霜期199～328天。主要灾害性天气有暴雨、台风、高温、干旱、雷暴、寒潮、大雪等。

气象工作基本情况

杭州市气象局下辖杭州市萧山、余杭区气象局,富阳、临安、建德市气象局,桐庐、淳安县气象局和临安大气本底污染监测站、杭州国家基准气候站。

机构沿革及隶属关系 1919年浙江省立甲种农业学校在杭州创办测候所。1932年9月省水利局受命在杭州组建省测候所(1947年更名浙江省气象所)。1955—1960年,杭州市属各县先后建立气象站(气象哨)及天目山、昌化气象站。1960年3月起,各气象站改名气象服务站。1964年1月,各气象服务站更名为气候服务站。1965年12月,又改名为气象服务站。1988—1989年,各县(市)气象站先后更名为气象局。1996年起,全市设有萧山、富阳、建德、临安、桐庐、淳安6个县(市)气象局,天目山气象站、临安大气本底污染监测站、杭州国家基准气候站。因站网建设调整,昌化、天目山气象站分别于1995年1月1日、1998年5月停止观测。2001年萧山市气象局改名杭州市萧山区气象局。2008年新建杭州市余杭区气象局。

解放以来,气象部门的领导管理体制多次变动。1954年由军队系统建制改为地方政府建制。1958年体制下放,归地方政府领导,气象业务由省气象部门管理。1962年10月为气象部门与地方政府双重领导,以气象部门领导为主的管理体制。1970年2月起,气象站体制下放,归当地市、县革命委员会领导,实行以地方为主的双重领导。1970年10月起,气象站划归人民武装部领导。1973年9月起,气象站再次归当地同级革命委员会领导。1981年1月起,全市气象部门实行以上级气象部门为主和当地政府双重领导的管理体制,并经当地政府授权,承担本行政区域内气象工作的政府行政管理,依法履行气象主管机构的各项职责。

机构数量及类型 截至2008年底全市有市级气象台1个,县级气象台6个;国家基准气候站1个、国家基本气象站2个、国家一般气象站4个;大气本底污染监测站1个、高空气象探测站1个。

人员状况 截至2008年底全市气象部门在职干部职工(含地方编制)149人,其中研究生学历8人,大学本科学历67人,大专学历44人;高级工程师12人,工程师85人,助理工程师47人;中共党员68人;女职工48人,男职工101人。

主要业务范围

地面气象观测 原杭州市气象台观测组、天目山国家基本站,每天定时8(7)次观测,24小时守班。其他测站为一般气候站,每天定时3次观测,夜间不守班。1993年杭州气象站升格为基准站,地面观测每小时1次;淳安、临安站分别于1998年和2008年升格为基本站。天目山、桐庐等6个站拍发每小时1次的军、民航危气象报。观测项目有云、水平能见度、天气现象、风向、风速、气温、湿度、降水、气压、积雪深度、雪压、地温、日照、蒸发、电线积冰等14项。各台、站需整理原始气象记录,制作各类气象报表,积累气候资料。观测方式从纯人工观测,人机交互,到部分实现自动化。

其他观测 主要有高空气象探测、太阳辐射观测、酸雨观测、紫外线观测、大气本底污染监测、大气电场、闪电定位及GPS/MET水汽通量观测等,参于大气探测的试验任务。

天气预报服务 全市各级气象部门根据当地天气气候特点开发预报产品,开展天气预报服务。建成以数值天气预报产品为基础,以人机交互处理系统为平台,综合应用多种技术方法的天气预报业务流程。气象预报预测逐步从主观预报、宏观预报、定性预报发展到多级会商、综合预报、定量预报、精细化预报。

气象为农服务 各气象台站都配有专职农业气象人员,开展农业气象观测和试验、编写农业气象月报、作物气象条件分析、农业气象调查和服务。1978年起,开展全市农业气候资源调查与区划工作,历时7年完成了8个农业气象区划成果。20世纪90年代以来,从单一的农业产量预报扩展为产前、产中、产后全程农业气象系列化服务,组织专家下乡进村传授农业气象知识,开展农业气象项目研究,提供农业布局的精细化气候区划和新品种引进的气候可行性论证服务。

人工增雨作业 20世纪70—80年代,有五年开展高炮人工增雨,有三年用飞机进行人工增雨作业。2006年9月4日桐庐成功实施首次火箭人工增雨作业。2007年8月4日,组织桐庐、富阳、建德三地作业小组,成功实施了人工增雨作业。桐庐、富阳、建德、淳安建立人工增雨作业领导小组。

监测与网络系统建设 2008年底全市已建成各类区域自动气象站148个,建有EOS/MODIS资源卫星接收系统、雷暴监测预警系统、大气电场仪系统、土壤湿度监测站网、生态气象监测系统、紫外线探测系统,引进开发应急移动气象保障系统,共享电信部门的省内"全球眼"实时监测系统。信息采集从人工观测发展为部分自动探测,信息处理和传输从早期的人工编报、莫尔斯发报,到20世纪80—90年代的人工编报、电话发报,发展到现在的数据处理和编发报微机化操作。2005年站网传输采用GPRS/CDMA无线通信,实现监测资料在线显示。

气象服务手段　从20世纪50年代中期开始,气象服务手段长期停留在电话答询、信函答询和电台广播等形式。改革开放后,气象现代化建设的完成,气象服务局域网建成开通,使气象服务手段大为改观。20世纪80年代以来,先后开发了气象警报系统服务、"121"(1994年改为"96121")及"168"气象自动答询服务、电视气象节目影视制作、气象网络终端服务和现场服务等多种服务形式和手段。目前服务产品形式从纸质文本到电子信息、从文字到图片、从声音到影像一应俱全。服务载体涵盖了广播、电视、互联网、手机短信、电话声讯、电子显示屏、公交移动电视、公交电子站牌等多种传播媒体、传播渠道的综合服务系统。

杭州市气象局

机构历史沿革

1. 始建情况

杭州现代气象事业最早可溯源到1904年,但在中华人民共和国成立后才真正得到重视和发展。杭州市气象机构最早称浙江省军区气象科测候站,建于1950年1月。1951年12月建立杭州气象台。1953年9月浙江省军区气象科测候站与杭州气象台合并。1955年1月杭州气象台地面组改为拱宸桥气候站,6月杭州气象台并入拱宸桥气候站,合并后的名称改为拱宸桥气象站。1956年8月4日改名杭州气象台观测组。1959年1月改称浙江省农业科学研究院杭州农业气象试验站。1962年杭州气象台改称浙江省气象台。1963年1月改名杭州气象服务站。1964年改名为杭州中心气象服务站,同时杭州农业气象试验站改为杭州市农业气象试验站(属中心气象站领导)。1969年1月4日建立杭州市气象站革命委员会。1972年2月2日改为浙江省杭州市气象台。1977年5月20日杭州市气象局成立,2007年11月搬至滨文路67号。

杭州国家基准气候站

杭州国家基准气候站位于杭州市凤山门馒头山顶,东经120°10′,北纬30°14′,海拔高度41.7米。气象站原址在杭州白衙巷6号,后迁清波门,又迁河坊街旧仁和署,1955年迁拱宸桥,1959年迁到池塘庙,1971年迁往现址。原为国家基本站,1956年增加高空测风任务,1972扩建为探空站,配701测风雷达,1974年确定为全球气象资料、情报交换站点。1993年扩建为国家基准气候站。2006年更名为杭州国家气候观象台,2008年12月31日改回杭州国家基准气候站。

2. 建制情况

领导体制　解放以来,领导管理体制曾有多次变动。现杭州市气象局既是浙江省气象局的下属单位,又是杭州市人民政府主管全市气象工作的机构,实行以浙江省气象局为主与杭州市政府双重领导的管理体制,并经杭州市人民政府授权承担本行政区域内气象工作的政府行政管理,依法履行气象主管机构的各项职责。

机构设置及演变　1977年成立时,设组宣科、秘书科、业务科、气象台、气象研究室和农业气象试验站。截至2008年底设处室4个、直属单位5个,分别为办公室(政策法规处、雷电防御管理办公室)、业务科技处(科技服务管理处、杭州市人工影响天气办公室)、人事教育处、计划财务处、杭州市气象台(杭州市气象应急预警中心)、杭州市气象信息中心、杭州市环境气象中心(杭州市防雷中心)、杭州市气象网络中心(杭州市气象技术装备保障中心、浙江农网杭州分中心)、杭州市气象信息服务中心(地方编制)。另设2个无级别机构:杭州市气象行政执法支队、杭州市气象局财务核算中心,分别挂靠办公室、计划财务处。

人员状况　1977年全局职工人数为54人。截至2008年底全局在职干部职工(含地方编制5人)75人,其中研究生学历8人,大学本科学历40人,大专学历14人;高级工程师10人,工程师40人,助理工程师20人;中共党员35人;女职工28人,男职工47人。

名称及主要领导更替情况

任期	机构名称	负责人	姓名
1959年1月—1960年12月	杭州市农业气象试验站	站长	林文庆
1960年12月—1963年12月	杭州市农业气象试验站	负责人	杨正良
1963年8月—1968年12月	杭州中心气象服务站	副站长	黄火金
1964年1月—1968年12月	杭州农业气象试验站	副站长	蒋国珍
1969年1月—1970年8月	杭州市气象站革命委员会	主任	徐珍三
1970年8月—1972年3月	杭州市气象站革命委员会	副主任	黄火金
1971年8月—1972年3月	杭州市气象站革命委员会	副主任	郭 英
1969年1月—1972年3月	杭州市气象站革命委员会	副主任	王桂正
1972年4月—1977年12月	杭州市气象台	副台长	黄火金
1976年5月—1977年12月	杭州市气象台	副台长	钱炳福
1976年4月—1977年12月	杭州市气象台	副台长	郭 英
1976年4月—1977年12月	杭州市气象台	副台长	王桂正
1978年1月—1983年6月	杭州市气象局	副局长	崔光磊
1978年1月—1980年7月	杭州市气象局	副局长	钱炳福
1980年7月—1995年7月	杭州市气象局	局长	钱炳福
1995年7月—	杭州市气象局	局长	王国华

气象业务与服务

1. 气象业务

气象观测 1950年1月开始地面气象观测,观测项目主要有云、水平能见度、天气现象、风向风速、气温、湿度、降水、气压、日照、地温、蒸发、积雪深度、雪压、电线积冰等。1992年开始基准气候观测,实行24小时每小时1次的连续观测。

1956年10月增加经纬仪高空测风,并制作高空测风月报表。1972年1月扩建为探空站,制作探空记录月报表。1973年6月增设701雷达测风,每天07、19时2次探空观测,01时雷达测风观测。现每天主要开展08、20时的雷达综合探测和02时的雷达单侧风探测。

1959年7月开始气象辐射观测,1990年1月1日起由太阳辐射观测甲级站改为二级站,观测项目仍为总辐射、净辐射两项。1982年中央气象局气象科学研究院在杭州设立酸雨观测点,1984年停止观测。1990年1月1日起正式承担酸雨观测任务。参加有关的大气探测的试验任务。2000年增加紫外线观测。2006年增加GPS/MET水汽通量的观测。2007年增加大气电场和闪电定位等项目的观测。

1973年6月筹建711天气雷达探测工作。1974年4月增设雷达探测业务,启用711型天气测雨雷达,参加全省天气雷达联防探测,监视春、夏季节对流天气和台风天气。1989年5月因业务调整,杭州市气象台711型天气雷达停止工作,担负的业务任务划归浙江省气象台。

气象信息网络 2006年11月底杭州国家西溪湿地生态气象站建成投入业务应用。1983年建立计算机和无线传真系统。1987年省—市—县气象甚高频辅助通讯网建成使用。1994年建成以市气象台为中心,与省气象台通讯网络联通,市、县二级以微机联网的气象业务局域网,开通与市政府及有关部门的远程气象服务终端。1995年引进气象卫星接收系统,1996年立项开展了"国家气象卫星综合应用市级业务系统"(9210工程)的建设。2001年3月建成基于2兆光缆的集现代多媒体和通信技术于一体的高速宽带数据网,上连浙江省气象台,下接各区、县(市)气象局。2002年建立华大基因研发中心南方基地高性能计算机远程计算处理系统。电视气象节目实现光缆传输。

气象预报 1953年起逐步开展天气分析预报业务,1964年3月开展对社会的天气预报服务工作。1965年开始制作杭州市区天气预报,1972年开始发布杭州市的长、中、短期及短时天气预报。1984年后气象部门应用计算机开发气象预报产品。1994年业务现代化系统通过鉴定验收,投入业务运行。相继开发应用气象决策服务支持系统、新一代天气预报业务系统、杭州分县预报指导系统、农业气象服务综合系统、台风梅汛期暴雨等预报业务系统、杭州市森林火险等级预报系统、杭州气象与洪涝信息决策服务系统。

农业气象 1954年有拱宸桥、萧山、皇天畈3个农场气候站于8月开始进行水稻、棉花的物候观测,于11月底结束。1955年拱宸桥站开始进行土壤湿度观测,是浙江最早的农业气象观测。20世纪60年代初进行水稻、小麦等农业气象指标实验,后停止。20世纪70年代开始,先后开展农业气象月报、产量预报、秋季低温预报、病虫害预报,灾害性天气对农业生产评估评价等服务。2000年9月25日"杭州龙网"开通。2003年建立EOS/MODIS

卫星接收系统,12月开始向政府发布森林火情监测公报,2005年发布旱情监测公报和月、季度气候影响评价公报。2006年完成杭州市农业气象灾害预警系统项目。2007年10月15日华数63气象频道《走进新农村》栏目开播。

2. 气象服务

公众气象服务 主要有短期天气预报,气象资料,灾害性天气警报、通报,有关人民群众生活、健康、外出旅游等相关的气象信息。把重要时期、重大活动和重点工程的专题气象保障服务作为重中之重,一年四季不放松,全力以赴开展气象保障服务。建成以华数63气象频道为主,电视、广播、报纸、网站、电子显示屏、紧急异常天气短信预警平台等组成的气象信息公众发布通道。从20世纪80年代末至2008年底相继推出六大类四十余种气象服务产品,覆盖农业、林业、国土、环保、旅游、商贸、交通、建设、安监、消防、能源等各行各业和人民群众衣、食、住、行等方面。2004年对EOS/MODIS卫星接收资料应用进行开发利用,逐步开展对水体、干旱、植被、大气环境、台风等的监测服务。2008年5月起推出负氧离子监测信息服务。

决策气象服务 20世纪90年代前对政府部门提供的预报服务主要有农业气象月报、各类气象预报(长、中、短及短时气象预报),各类气象资料,各类气象灾害性天气通报、报告、警报等。20世纪90年代后进一步规范了决策气象服务产品,制订决策气象服务周年方案,对决策气象服务产品的等级、格式、内容、发送范围、制作标准、制作流程等进行了进一步的规范,为各级党、政、军领导和决策部门指挥生产、组织防灾减灾,以及在气候资源合理开发利用和环境保护等提供服务。

环境气象服务 2001年成立杭州市环境气象中心。2002年环境气象影响评价体系、人居环境检测和评估体系建设被杭州市政府列入为民办实事工程内容之一。2003年始开展以室内环境检测为主的环境气象影响评价。2004年3月申报的14个涉及室内、生态农业大气环境的检测项目获得《中华人民共和国计量认证合格证书》。2007年杭州市大气污染扩散模拟系统研制成功。

气象科技服务与技术开发 1992年4月开展施放庆典气球服务。1993年在杭州延安路建立"蓝天荧屏"显示天气预报信息。1996年引进电视气象节目制作系统,1997年6月1日,《杭州气象》电视气象节目在杭州电视台开播。现电视气象节目已覆盖杭州电视台所有频道。建成华数63气象频道,2004年11月试播,2005年5月正式开播。1994年开通"168",1998年恢复开通"121"(2004年改为"96121")气象自动答询系统。2002年杭州信息网(www.hzqx.com)建成开通。2003年气象无线短信电子屏逐步取代气象警报器,手机气象短信服务渐成规模。

气象科普宣传 每年3月23日前后开展纪念世界气象日活动,参加市政府等组织的一年一度的科普宣传周活动。组织编制宣传片、宣传册、宣传画、宣传栏,不定期开办气象讲座、培训班、讲学班,开展气象仪器展、图片展、开放气象馆(站)等,通过电视、广播、网络、报纸、讲座等形式宣传气象法律法规、防灾减灾知识。先后被命名为杭州市科普教育基地、中国气象科普教育基地、浙江省科普教育基地、还与杭州市上城区、下城区等青少年活动中心共建青少年素质教育基地,2008年入选杭州市生活品质全民体验点。

法规建设与科学管理

1. 气象法规建设

2005年7月13日杭州市人民政府出台《杭州市突发气象灾害预警信号发布与传播管理办法》，2008年12月29日杭州市人民政府第40次常务会议审议通过《杭州市气象灾害防御办法》。1998—2008年杭州市人民政府和杭州市人民政府办公厅印发涉及气象管理的政府规范性文件11个。

杭州市气象局先后制定完善涉及行政决策、行政处罚、行政许可、行政复议责任追究等方面的二十多项配套制度及涉及施放气球、防雷安全管理等方面多个规范性文件。2008年制定《杭州市气象行政处罚自由裁量权操作标准（试行）》，细化分解八大类气象行政处罚项目的自由裁量内容。

2. 社会管理

依法行政 2001年设立政策法规处，2003年成立气象行政执法支队，截至2008年底市本级有气象行政执法人员11名。2003年开始与市政府签订行政执法责任书，2004年杭州市气象依法行政工作纳入地方政府年度目标考核。2005年成立气象依法行政工作领导小组。2007年1月1日，市本级承担5项行政许可、14项行政监管、11大类99项行政处罚、2项行政强制和1项行政复议职能。近十年，组织开展全市性防雷、气球、气象信息传播等专项执法检查十余次，查处各类气象违法违规案件百余起，办结各类行政许可事项过万项。至今全市气象部门行政执法行为零投诉、零复议、零诉讼。

行业管理 1996年2月防雷减灾工作实行归口管理和分工负责，定期检测防雷防静电设施，管理防雷设备和产品质量并做好防雷安全宣传工作。不定期举办施放气球资格培训班。2007年1个国家观象台、6个国家气象观测站和139个区域气象观测站通过探测环境综合调查评估。

基层气象灾害防御组织体系 2008年4月杭州市人民政府办公厅下发《关于加强基层气象灾害防御组织体系建设的通知》。各级政府多次召开气象灾害防御工作会议，明确气象灾害防御工作分管领导，在未设立气象局的城区确定了气象灾害防御主管部门及联系人。城区和县（市）召开会议对气象协理员进行了气象防灾减灾的知识培训，制定了气象协理员队伍管理办法，职责任务明确。截至2008年底全市所有区、县（市）均已明确气象灾害防御工作的分管领导、主管部门（科室）和工作联系人，落实各级分管领导403名，各乡镇（街道）、部门气象协理员539名，村（社区）、基层单位的气象信息员3096人，覆盖全市城乡的气象协理员队伍基本建成。

政务公开 政府信息公开以杭州气象网站、"中国杭州"政府门户网站公开为主。编制和完善了政府信息公开指南、目录、目录编制说明、目录表和依法申请公开的有关事项要求，公开内容含机构职能、政策法规、规划计划、办事事项、资金信息、业务信息、工作信息、公共服务和人事信息等。局务公开在本局范围内通过会议通报、内网传阅、张榜公布、印发内部信息刊物和规章制度等方式进行，内容有八大类共33项，包括气象业务与服务、财务管理、科技服务、人事教育、廉政建设、党建与精神文明、内部规章制度及执行情况和重大决策事项等。2008年被中国气象局确定为全国气象部门局务公开示范点。

党建与气象文化建设

1. 党的建设

支部组织建设 1964年8月建立中共杭州市气象水文植物检验站支部委员会(联合支部)。1970年8月建立中共浙江省杭州市气象台支部委员会。1977年后成立中共杭州市气象局党总支。截至2008年底,中共杭州市气象局党总支下有机关党支部、气象台党支部、离退休党支部。

党风廉政建设 制定年度党风廉政建设和反腐工作意见,层层签订党风廉政责任状和廉政承诺书,对党风廉政建设提出任务和具体要求,开展党风廉政建设宣传教育月活动。制定各种规章制度50多项并不断补充完善,建立按月分析通报制度和按月考核评价制度,基本形成了按制度规范工作,以考核督促检查的规范化管理机制。

2. 文化建设

①精神文明建设

成立创建文明机关活动领导小组,健全主要领导亲自抓,分管领导具体抓,各职能部门分工负责,党、政、工、团、妇齐抓共管,干部职工人人参与、共同创建的领导体制和工作机制。1988年起每年3月份开展职业道德教育月活动。积极开展"五型"(学习型、创新型、效能型、服务型、廉洁型)机关创建活动,将措施落实到每个部门。组织干部职工参加各类文化体育活动,设立活动室和阅览室。积极开展结对帮扶活动,向困难群众捐款捐物献爱心。2004年,在杭州市文明办组织的"万名市民评窗口"活动中获得第一名,被浙江省爱国卫生运动委员会命名为浙江省卫生先进单位;2005年被浙江省委组织部、省总工会授予"党建带工建,三级联创,模范职工之家"。

②荣誉与人物

集体荣誉 先后获得全国文明创建先进单位、浙江省文明单位、杭州市首批文明行业、杭州市文明单位、杭州市文明机关、杭州市首批示范文明单位、杭州市文明服务示范点和全国气象系统文明服务示范单位、全国气象部门文明台站标兵、浙江省气象系统文明服务示范单位等荣誉称号。

人物简介

胡德云 男,1985年7月参加工作,先后获得全国"五一"劳动奖章、全国气象系统先进工作者、浙江省劳动模范、杭州市劳动模范、杭州市优秀科技工作者、杭州市青年英才等荣誉称号。主持研制完成的"59-701"高空气象探测微机数据处理系统,提高了高空探测的时效性,在全国所有高空气象探测台站推广使用,获省气象科技进步二等奖,1999年被评为中国气象局和浙江省气象局科技创新成果之一。主持编写完成的高空气象探测"59-701(C)"微机数据处理系统操作手册,已成为中国气象局高空气象探测规范之一。与气科院合作完成国家气象局交给的"59"型探空仪探测误差综合订正计算方法和订正软件的研究工作,在计算方法上提出了新的见解并取得了新的突破,该成果已在全国高空台站业务使用。完成新一代 L 波段测风雷达—电子探空仪数据处理终端研究课题项目,该成果达到国内先进水平,获浙江省气象科技进步一等奖。

台站建设

杭州市气象局原地处凤山门馒头山南宋皇城遗址保护区范围内,业务楼 1416 平方米,建于 1992 年。由于建筑面积小,无法满足气象事业发展的需要,杭州市政府批准同意杭州市气象局择地新建。2003 年 9 月,杭州市发展计划委员会对该项目进行预可行性研究,2004 年 3 月 8 日正式批准立项,同意新建杭州市气象科技中心。2007 年 11 月杭州市气象局从上城区凤山门馒头山搬至滨江区滨文路 67 号杭州市气象科技中心,业务办公环境得到极大改善。

最早的杭州市气象局值班室

杭州市气象局新业务大楼

萧山区气象局

萧山地处杭州市东部的钱塘江南岸,为杭州南大门,东接绍兴。全区总面积 1420.22 平方千米,2008 年末总户籍人口 1202249 人,辖有 22 个建制镇、4 个街道。萧山地形类型多样,南部为丘陵地带,中部为水网平原,东部为沿江冲击平原。位于北亚热带季风性气候区南缘,年平均气温 16.3℃,降水量 1438.9 毫米,常年无霜期 248 天。经国务院批准,1988 年 1 月 1 日撤县设市,2001 年 3 月 25 日撤市设区。

机构历史沿革

1. 始建情况

1952 年因引种、试验的需要,浙江省农业科学研究所在萧山棉麻试验场办起了简易气象站,名为萧山棉麻试验场测候站。1954 年 4 月改名为浙江省萧山气候站,站址位于县城东长山公社山末址村,气候站正式开展气象业务。1955年8月改名为浙江省萧山山末址气候站。1957年4月改名为浙江省萧山气候站。1960年4月改名为浙江省萧山气候服务站。1970年1月改名为萧山县(气候)站革命领导小组。1972年1月改名为浙江省萧山气象站。1988年因萧山撤县建市,是年1月改名为萧山市气象站。1989年1月改名为萧山市气象局。1996年1月,站址迁至北干街道柳桥村,启用新址进行地面气象观测,观测场位于北纬30°11′,东经120°17′,海拔高度44.3米。因萧山撤市设区,2001年4月改名为杭州市萧山区气象局。

20世纪80年代以前的萧山山末址气象站

20世纪80年代的气象哨

2. 建制情况

管理体制与机构设置 1954年4月由浙江省财政经济委员会气象科接管;1956年5月隶属上海市中心气象局;1958年9月由浙江省气象局领导;1959年1月划归萧山县人委领导,业务由杭州市中心水文站指导;1962年5月划为浙江省气象局领导;1963年5月由杭州市中心气象服务站领导;1969年纳入萧山县革委会领导、萧山县人武部;1973年,转为地方同级革命委员会领导,由萧山县革委会、萧山县农业局领导,业务受上级气象部门指导;1981年7月起实行以气象部门为主、气象部门和地方政府双重领导的管理体制,属杭州市气象局领导。1990年成立萧山防雷设施检测中心,1991年成立萧山市防雷设施检测中心,1997年更名为萧山市防雷设施管理检测所。2002年1月,机构改革后,设办公室、气象台、气象信息中心。下辖萧山区防雷设施管理检测所和萧山地震观测站2个地方事业单位。2007年前为国家一般气象站,2007年1月—2008年12月更名为萧山国家气象观测站二级站,2008年12月31日后改回萧山国家一般气象站。

人员状况 1954年建站初期有职工3人。截至2008年底有职工23人,其中,气象编制12人,地方编制3人,聘用8人。在职职工大学学历9人,大专学历10人,中专学历2人;中级技术职称8名,初级技术职称7人;50~59岁3人,40~49岁3人,40岁以下的有17人。

名称及负责人变更情况

时间	机构名称	负责人
1952年—1954年4月	萧山棉麻试验场测候站	孟庆湘
1954年5月—1955年8月	浙江省萧山气候站	孟庆湘
1955年8月—1957年3月	浙江省萧山山末址气候站	孟庆湘
1957年4月—1960年3月	浙江省萧山气候站	孟庆湘
1960年4月—1969年12月	浙江省萧山气候服务站	姚家龙
1970年1月—1971年12月	萧山县气象站革命领导小组	姚家龙
1972年1月—1989年9月	浙江省萧山气象站	姚家龙
1989年9月—2001年3月	浙江省萧山市气象局	项先道
2001年4月—2006年11月	杭州市萧山区气象局	项先道
2006年11月—	杭州市萧山区气象局	吴瑞欢

气象业务与服务

1. 气象业务

①气象观测

地面观测 1954年4月至1959年12月,观测时次采用北京时01、07、13、19时每天4次观测;1961年1月1日起,改为每天08、14、20时3次观测;观测项目有:气压、气温、湿度、云状云量、能见度、降水、天气现象、风向风速、蒸发、雪深、地面温度、地中温度、直管地温、冻土及日照等15项。天气报的内容有云、能见度、天气现象、气压、气温、风向风速、降水、雪深、地温等。重要天气报的内容有暴雨、大风、雨凇、积雪、冰雹、龙卷风等。1960年增发灾害性天气报;1963年4月增发气温、雨量实况报;是年7月开展中、小尺度天气系统观测;1971年增发台风补充天气报;1973年3月增发临时航危天气报;1974年增发省危险天气报;1981年至1983年参加国际台风业务试验;1984年增发重要天气报。编制的报表有3份气表-1与4份气表-21。2005年1月通过资料转输网传输原始资料,停止报送纸质报表。2002年11月AMS-Ⅱ型自动气象站建成,12月1日开始试运行。2003—2004年地面观测记录实行人工站和遥测自动站双轨运行。2005年1月遥测自动站正式转入单轨业务运行。遥测自动气象站观测项目有气压、气温、湿度、风向风速、降水、地温等,观测项目全部采用仪器自动采集、记录,替代人工观测。

自动气象站 萧山中尺度自动气象站建设自2001年开始,是年2月在萧山东江围垦完成第一个ZQZ-A型温度、雨量两要素气象自动观测站的建设安装。2002年迄今陆续于境内各镇、街道建立了32个

萧山东江围垦自动气象站

四要素气象自动监测站。2005年10月在围垦外六工段建立气象强风监测站。2006年4月购置了一台移动气象站。2008年7月3日在东江围垦和河上镇建成2个大气电场观测站。2008年9月建成位于气象局内的一个负氧离子观测站。

②地震电磁波观测

1997年8月,按照萧山市人民政府办公室《关于印发萧山市地震应急预案的通知》(市政办发〔1997〕71号)精神,在气象局内设立地震观测机构,10月30日开展地震观测工作。2003年为配合全省前兆观测台网的数字化改造,再次建设完成钻孔应变地震前兆观测系统。2004年落实地方事业编制1人;8月增加钻孔应变观测项目。现主要有监测项目:钻孔应变观测、超低频电磁波观测、5 KC东西与南北向电磁波观测、点频(38.33 KC)电磁波观测。主要工作职能:依法保护地震监测设施和地震观测环境;负责地震观测的日常工作;负责本地区震情和灾情速报日常工作。每天早上8时后,校时,记录前一天的异常信号、工作情况、仪器运转情况等,每旬的1、11、21日校对、审核地震观测旬报并及时寄发杭州市地震局。每月初检修仪器,标定仪器,计算并填写标定表格。

③农业气象观测和服务

1955年8月开展农业气象观测业务,观测项目有:土壤湿度,棉、麻、油菜、大小麦等作物各生育期的气象要素,制作农业气象报表,积累资料,分析农业病虫害发生的气象条件。平均每年还编制农业气象服务材料达20多期,为萧山农业生产提供情报资料。1982年1月—1985年10月,在云门寺、大桥、楼塔、宏图、密蜂、所前、桃源、青化山设立气象观测哨8个,开展萧山县农业气候资源调查与农业气候区划,于1985年完成《萧山县农业气候区划》。1997年萧山市气象局农业气象观测经浙江省气象局批准撤销。

④气象预报

短期天气预报 1958年开始制作单站补充预报,每日早晚制作24小时内日常天气预报。20世纪80年代,每日06、17时制作日2次常规预报,并通过有线广播广播,1985年,预报向电视台发送。1990年以来制作3小时临近预报及空气质量、杨梅采摘期、森林火灾等级、地质灾害气象预报等贴近公众生活、贴近生产实际的专业气象服务项目和预报指数10多项。

中期天气预报 20世纪80年代初制作一旬天气过程趋势预报,2000年后制作一周天气预报。

长期天气预报 20世纪70年代中期开始起步,20世纪80年代建立了一整套长期预报的特征指标和方法,一直沿用至今。长期预报主要有:年度预报、春播期预报、汛期(5—9月)预报、秋季预报。

⑤气象信息网络

气象信息网络 1980年前,利用收音机收听武汉区域中心气象台和上级以及周边气象台站播发的天气预报和天气形势。1981—2000年,利用超短波双边带电台接收武汉区域中心气象信息,配备ZSQ-1(123)天气传真接收机接收北京、欧洲气象中心以及东京的气象传真图。1987年架设开通甚高频无线对讲通讯电话,实现与杭州市气象局直接业务会商。1996年建设县级气象业务现代化系统,8月引进卫星云图系统,并投入业务运行。1997—1999年,使用电话拨号方式自杭州气象台下载天气图与传真图。2000年12月建成省—市—县三级气象视频会商系统。2001—2008年,建立VSAT单收站、气象网络应用平台、专用服务器,利用光缆和VSAT单收站接收从地面到高空各类天气形势图和云图、雷达等数据,为气象信息的采集、传输处理、分发应用、会商分析提供支持。截至2008年底拥有的数据通信线路有2条MSTP 4兆数据通信线路、1条SDH 2兆数据通信线路、1条10兆数据线路、1条100兆光缆至电视台、1部DVBS接收站。

2. 气象服务

公众气象服务 1996年由县电视台制作文字形式气象节目,天气预报信息由气象局提供,预报信息通过电话传输至县广播局。1999年7月始建成多媒体电视天气预报制作系统,与县广播电视局协作在电视台播放萧山气象影视节目,将自制节目录像带送电视台播放。1997年6月开通"121"天气预报自动咨询电话;2003年7月完成"121"升级改造,由原来的30路模拟信号变换为60路数字信令;2004年4月"121"电话升位更新为"96121"。2007年,向公众开通"萧山气象"网站。2006年5月成功实施气象节目光缆传输,解决了人工送节目带的问题,提高了节目的清晰度。2003年4月,气象移动短信服务项目开通,2004年6月开通"小灵通"天气预报短信业务,主要提供3~5天和24小时天气预报。2006年天气预报信息通过气象电子显示屏深入到城镇(街道)、社区(自然村),截至2008年底全区共有气象电子显示屏11块,内容有常规短期预报、一周天气预报、突发天气预报与气象预警等。

决策气象服务 20世纪80年代以前以当面口头汇报、电话及传真接收方式向县委县政府提供决策服务。20世纪90年代逐步开发《重要天气报告》、《气象内参》、《气象信息与动态》、《汛期天气形势分析》等决策服务产品。2007年为更及时准确地为区委区政府、镇、街道领导服务,通过移动通信网络开通了气象商务短信平台,以手机短信方式向全区各级领导发送气象信息。服务内容从常规长、中、短期预报扩展到除常规预报外的高温、寒潮、大风、暴雨、冰冻及暴雪等气象灾害预报、评估及分析以及由此带来的次生灾害预报或提醒等。积极开展各类专题服务材料,为工农业、水利防汛、森林火险、地质灾害监测、重大工程建设、重大社会活动等领域和活动提供服务,为各级党委和政府指挥防灾减灾、安排生产提供科学依据。

气象科技服务 1985年3月专业气象服务起步,结合本地多种养殖大户、建筑施工项目、企业生产等活动开展,在利用邮寄、传真提供中、长期天气预报和气象资料之外,应用警报系统、声讯、影视、电子屏、手机短信等手段,面向各行业开展气象科技与专业专项服务。1992年起,开展庆典气球施放服务。1987年正式使用天气警报系统对外开展服务,每天上、下午各广播1次,历年共拓宽用户160余家。通讯天气警报器接收装置先后安装到县防汛抗旱办公室、县农业委员会、各乡镇(场)和砖瓦厂等企事业单位,区内基本建成气象预警服务系统。2003年6月,气象电子显示屏专业气象服务新产品代替天气警报器,天气警报系统终止服务。从1984年开始利用气象服务终端,当时主要服务内容是长中期气象预报,服务对象为乡镇农办,1984年到2002年主要服务内容为长中短期气象预报。

防雷技术服务 1991年成立萧山市防雷设施检测中心,1997年更名为萧山市防雷设施管理检测所,落实人员编制3人。2005年5月,通过浙江省质量技术监督局计量论证,取得计量认证合格证书。是年10月始,对重大工程建设项目开展雷击灾害风险评估。自防雷所设立以来,按照国家防雷技术规范,逐步开展新建建(构)筑物防雷装置的设计评价、竣工验收;雷电损害风险技术评估;对区内上千家易燃易爆场所、化工企业、计算机信息场地等涉及到人民财产安全的防雷装置进行了安全性能检测,发挥了防雷专业队伍的作用。

气象科普宣传 2000年起,每年世界气象日前后、萧山科普宣传周和6月安全生产月,在各镇、街道开展各类宣传教育活动,重点了解大气探测、天气预报等知识,普及防雷安全等防灾减灾知识,宣传气象法律法规。多渠道开展气象农技下乡现场咨询活动、气象讲座进学校、赠送防雷避险手册和科普挂图等活动。2007年制作《气象与民生》科普手册1万本赠市民。2008年在各镇放映科普宣传片200场,发送1000册防雷科普读物进农村、进学校。

法规建设与管理

1. 气象法规建设

2000年6月,萧山市人民政府办公室出台《关于进一步加强防雷减灾工作的通知》(萧政办发〔2000〕76号)。是年6月,由萧山市人民政府办公室组织召开全市防雷工作协调会,市府办、建设局、公安局、技监局、消防大队、物价局、气象局等单位参加会议。是年10月,与萧山建设局联合发文《关于加强建设项目防雷设计及防雷设施工程质量管理的通知》。是年始,与萧山消防大队每年联合发文,在全市范围内开展防雷防静电安全检测。2004年7月,萧山区人民政府办公室出台《关于加强防雷减灾工作的紧急通知》(萧政办发〔2004〕123号)。是年8月经区政府审议通过,《杭州市萧山区防御雷电灾害管理办法》(萧政发〔2004〕130号)发布,在全区范围内实施,对施工图设计文件报送审批、施工监督与竣工验收、检查与检测和违反本办法规定所负的法律责任等,都做出了明确规定,进一步规范了萧山防雷市场的管理。目前防雷行政许可和防雷技术服务正逐步规范化,萧山防雷工作步入法治化建设轨道。

2003年2月20日,杭州市萧山区人民政府办公室印发《关于进一步加强低空飘浮物安全管理工作的通知》(萧政办发〔2003〕12号),进一步规范了区内低空飘浮物管理工作。

2. 气象行政执法

2002年4月,6人获行政执法资格。2003年7月,根据《中华人民共和国行政处罚法》的规定,经区政府审核确认,具备行政处罚主体资格,并在《萧山日报》上进行了公告;8月,成立杭州市萧山区气象行政执法大队,负责本行政区域内气象执法事宜。

2002年8月,萧山区办事服务中心筹建,设立气象窗口,承担气象行政审批职能,规范防雷图纸设计审核、天气预报发布和传播,实行低空飘浮物施放审批制度。2002—2004年,二次参与行政审批制度改革,规范行政审批手续。现有行政许可审批项目4个,即建设项目大气环境影响评价气象资料核准、防雷装置设计审核和竣工验收、升放无人驾驶自由气球、系留气球作业许可、天气预报警报信息传播。

3. 气象社会管理

行业管理 2000年10月,与萧山市建设局联合发文《关于加强建设项目防雷设计及防雷设施工程质量管理的通知》。2000年始,与萧山市公安局消防大队每年联合发文,通知在全市范围内开展防雷防静电安全检测。2002年2月,与区公安局消防大队联合印发通知,加强低空飘浮物的管理,禁止全区内施放氢气球。2004年始,被列为安全生产委员会成员单位,负责境内防雷安全的管理,定期对液化气站、加油站、重点危化品企业、主要建筑施工场地、防爆仓库等高危行业的防雷设施进行检查,对不符合防雷技术规范的单位,责令和督促落实整改措施。2007年12月萧山国家气象观测站探测环境保护技术规定及有关附图与萧山区区域自动气象站点信息表报萧山区建设局、国土资源局、环境保护局、农业局、发展和改革局、区消防大队的备案。2008年12月,编制《萧山区气象台站探测环境保护专项规划》方案,并获评审通过。

基层气象灾害防御组织体系建设 2007年7月12日,杭州市萧山区人民政府印发《关于进一步加强气象灾害预防 建立镇街气象协理员队伍的通知》(萧政办发〔2007〕122号),气象协理员队伍建设工作启动,当年全区26个镇、街和区各农口部门全部落实,由各镇、各部门民政人员、安全员、水利技术人员、农技人员等兼任的气象协理员35名。2008年10月举办首期气象协理员培训班,结合萧山气候灾害防御实际开展业务培训。2008年6月开展"联镇挂村",实现全区村村有气象信息员,共建成镇、街、部门协理员和村级信息员队伍1038人,实现全区527个村、社区天气预警和防灾减灾工作全覆盖,实现了气象信息资源向镇村一级延伸,提高气象信息传播的普及率和快速响应水平。

4. 政务公开

2002年起对气象行政审批办事程序、气象服务内容、服务承诺、气象行政执法依据、服务收费依据及标准等,采取了通过户外公示栏、电视广告、发放宣传单等方式向社会公开。2005年制定《局务公开工作操作细则》,干部任用、财务收支、目标考核、基础设施建设、工程招投标等内容则采取职工大会或上局公示栏张榜等方式向职工公开。

党建与气象文化建设

1. 党建工作

党支部建设 1960年5月—1978年9月,有党员2人,编入县农业局党支部。1980年2月有党员3人,建立气象站党支部。1985年1月组织关系转入县农委党委。2006年至今,组织关系转入区机关党工委。现设党支部1个,党员15人。

党风廉政建设 加强领导班子的自身建设和职工队伍的思想建设,通过开展经常性的政治理论、法律法规学习、落实党风廉政建设目标责任制,造就一支清正廉洁的干部队伍。坚持实施局务公开工作,注重发扬民主,运用先进典型示范、反面典型警示教育等,加强对党员干部的从政道德教育,党风廉政建设得到逐步深化。全局干部职工及家属子女无一人超生超育,无一人违法违纪,无一例刑事民事案件。

2. 气象文化建设

精神文明建设 坚持以人为本,弘扬自力更生、艰苦创业精神,气象文化深入开展,思想政治学习有制度,在单位发展过程中始终保持了乐观向上的精神,逐渐形成了富有特色的文化文明亮点,凝炼成艰苦奋斗、爱岗敬业、团结拼搏、乐于奉献的工作精神和准确、及时、科学、高效的服务理念。特别是在初创时期,地处偏远,工作平房简陋,设备原始,人手少、任务重,但无私奉献蔚然成风。20世纪80年代以后,宣传学习陈金水等先进人物事迹,努力创建"学习型、创新型、服务型、竞争型"单位,活力增强,台站由乡镇搬迁到城区,谱写了一曲创业之歌。2008年以来,实施"三年行动""二次创业"计划,与时俱进,创新创业,保持了求真务实的优良作风。

文明单位创建 文明示范和创建工作常抓不懈,文明建设与气象现代化建设相结合,与思想政治和党风廉政建设相结合,与实施公民道德规范建设相结合,与台站综合改造建设相结合。2005年3月,响应萧山区委区政府"双百结对文明村"创建活动,结对帮扶河上镇东山行政村,使该村在3年时间内达到区级文明村标准。2007年5月,结对帮扶衢州市开化县气象局。精神文明建设工作不断跃上新台阶,文明之花盛开,塑造了良好的社会形象。

集体荣誉 1991年获全省防灾减灾气象服务优秀单位;1998年获萧山市文明单位;2000年1月获浙江省气象部门文明示范单位称号;2002年获浙江省气象部门双文明单位;2003年获杭州市级文明单位;2005年1月,被命名为浙江省省级文明单位。

台站建设

建站初期,位于县城东北15千米的滨海平原地带,占地2331平方米,房舍仅1排6间,使用面积60平方米。1964年扩建89平方米业务用房。1974年建造14间210平方米生活用房。1996年1月,台站实现整体搬迁,迁至城区北干山麓东侧,占地7.9亩[①],业务办公用房918平方米、住宅宿舍1172平方米及地面观测与地震观测值班室。2000年以后,

萧山区城区北干山麓气象局办公大楼

---

① 1亩=1/15公顷,下同。

先后分期进行了绿化改造,建造了花坛、停车场所、草坪;规范整修了上山道路、改建了护栏,安装了路灯,铺设了青石板地面;装修全局办公用房;院内绿化率达 70%。

桐庐县气象局

桐庐县地处浙江西北部,位于杭州西南部。全县地形复杂,境内多海拔 600 米以上山脉,山间溪流众多,富春江自西南向东北纵贯桐庐中部,分水江于桐庐镇东北部与富春江汇合,沿江河谷地海拔在 100 米以下。桐庐属亚热带季风气候,四季分明,气候条件较为优越,但温度、雨量等气象要素年际差异较大,时空分布不均,台风、暴雨、雷电等天气引发的气象灾害时有发生。年平均气温 16.5℃,年降水量 1524.9 毫米,年日照时数 1768.1 小时,年平均相对湿度 79%,常年无霜期 258 天。

机构历史沿革

1. 始建情况

始建于 1958 年 11 月,原名桐庐县气象站,座落于桐庐县城关镇紫霄观"城区"。1960 年 2 月,更名为桐庐县气象服务站。1963 年 1 月,更名为浙江省桐庐县气象服务站,1965 年 1 月迁入桐庐县桐庐镇对门山"山顶",北纬 29°49′、东经 119°41′,海拔高度 45.4 米(现海拔高度 46.1 米)。1969 年 4 月,更名为桐庐县革命委员会生产指挥组气象服务站。1972 年 4 月更名为桐庐县气象站。1989 年 8 月,桐庐县气象站更名为桐庐县气象局。2007 年 1 月 1 日—2008 年 12 月 31 日 20 时为桐庐国家气象观测站二级站,2008 年 12 月 31 日 20 时后改回桐庐国家一般气象站。

2. 建制情况

隶属关系 1959 年 1 月起,隶属桐庐县人民政府。1963 年 1 月,因管理体制调整,管理体制归浙江省气象局。1965 年 1 月起,归桐庐县农业局领导。1970 年 8 月起,归桐庐县人民政府和人武部双重领导。1973 年 9 月 1 日,归桐庐县农业局领导。1981 年 1 月,管理体制上收,实行以浙江省气象局和地方政府双重领导,以浙江省气象局领导为主的管理体制。1989 年 8 月起,隶属杭州市气象局管理。

人员状况 1959 年建站初期有职工 3 人。现有气象编制职工 10 人,地方编制 2 人,聘用 3 人,共有在职职工 15 人;退休职工 5 人。其中,在编职工党员 4 人,团员 2 人;大学学历 5 人,大专学历 3 人,中专学历 2 人;高级专业技术人员 1 人,中级专业技术人员 5 人,初级专业技术人员 4 人;年龄 50 岁以上 3 人,40~49 岁 4 人,40 岁以下 3 人。编外人员党员 1 人,中专以上学历 4 人,初级专业技术人员 2 人,年龄 40 岁以下 5 人。

名称及主要负责人变更情况

时间	名称	负责人	姓名
1958年12月—1960年8月	桐庐县气象站	站长	吴根富
1960年8月—1964年12月	桐庐县气象服务站	站长	黄火金
1964年12月—1972年9月	浙江省桐庐县气象服务站	站长	麦 英
1972年9月—1976年10月	浙江省桐庐县气象服务站	站长	陈学和
1976年10月—1977年10月	浙江省桐庐县气象服务站	站长	赵富生
1977年10月—1978年12月	浙江省桐庐县气象服务站	站长	吴怀钊
1978年12月—1985年1月	浙江省桐庐县气象站	站长	洪祖源
1985年1月—1987年2月	浙江省桐庐县气象站	副站长	徐建平
1987年2月—1989年9月	浙江省桐庐县气象站	站长	赵富生
1989年9月—1992年9月	桐庐县气象局	局长	赵富生
1992年9月—1993年11月	桐庐县气象局	副局长	徐 明
1993年11月—	桐庐县气象局	局长	徐 明

气象业务与服务

1. 气象业务

① 气象观测

地面观测 1959年1月1日起，每日进行定时3次(08、14、20时)人工观测，观测项目主要有气温、气压、日照、降水、湿度、风向风速、蒸发量、天气现象、云量云状、能见度、地面温度、雪深等12项。观测仪器主要有温度表、温度计、湿度计、日照计、气压计、动槽式气压表、雨量器、虹吸雨量计、蒸发器、电接风向风速仪、EN-1型测风数据处理仪。1973年6月增加电接风向风速自记记录器，1986年配备了地面观测用微型计算机。1999年5月1日起每天8时加密观测。2004年1月1日建成地面综合遥测系统，观测气温、气压、湿度、风向风速、地面温度、浅层地温、自记雨量，其他项目不变，持续46年的地面人工观测工作转为人工和自动遥测双轨运行。2005年1月1日实现温度、气压、湿度、风向风速、雨量的实时分钟自动遥测。1981—1983年参加国际台风业务试验。1974年增发预约航危报、省危险天气报、台风预约报；1978年改为拍发6—16时(每小时1次)定时航危报，17—20时预约航危报。1984年起增发重要天气报。1995年1月1日起取消航危报观测，保留每天08时天气实况报和重要天气报。

特种观测 近年来观测业务已经扩展到土壤旱涝监测、大气电场监测、GPS定位基点、大气负氧离子观测、高速公路能见度监测等，以及承担全县13个乡镇(街道)自动气象站数据汇集等业务。

自动气象站 2001年2月第一个中尺度自动气象站在百江镇安装完成并投入使用，到2008年大奇山自动气象站安装完成，在各乡镇分别建成了8个两要素和8个四要素中尺度自动气象站，并投入业务运行，组成了一个县中尺度监测网，初步建成10千米格距的地面中小尺度气象灾害自动监测网。

②气象信息网络

1981年前,利用收音机收听上级以及周边气象台站播发的天气预报和天气形势。1982配备ZSQ-1(123)天气传真接收机接收北京、欧洲气象中心以及东京的气象传真图。1997年引进卫星云图接收设备,以APT接收低分辨日本气象同步卫星云图,同时在县防汛防旱指挥部及沿江部分乡镇建立气象服务终端。2000年通过MICAPS系统使用高分辨卫星云图。1998—2008年,建立VSAT站、气象网络应用平台、专用服务器和省市县气象视频会商系统,开通100兆光缆,接收从地面到高空各类天气形势图和云图、雷达等数据,为气象信息的采集、传输处理、分发应用、会商分析提供了技术资料。

③气象预报

建站初期以传递上级台站的天气预报为主,20世纪60年代中期起,由于积累了部分观测资料,逐步从传递预报转为订正预报。1970年10月始,通过收听天气形势,结合本站资料、图表,每日早晚制作24小时内日常天气预报,每日06、11、16时3次制作预报,通过原桐庐人民广播站对外发布。20世纪80年代初起,开展常规24小时、未来3～5天和旬月报等短、中、长期天气预报以及临近预报。同时,开展灾害性天气预报预警业务和供领导决策的各类重要天气报告等。

④农业气象

20世纪80年代始成立农业气象组,加强对农业的气象服务。平均每年编写20余期农业气象月报、作物气象条件分析、各类农业气象情报预报、系列化等服务材料,为农业生产当好气象参谋。1982年根据不同海拔高度和地形特征,建立12个人工气象观测哨点,并于1983—1985年进行气温、雨量、日照的观测,开展农业气候资源调查与区划工作。1985年完成此项工作,同年《桐庐县农业气候资源与区划报告》分别获得浙江省气象局和县农业气候资源与区划三等奖。1989年始,编写全年气候影响评价。1990年起为《桐庐年鉴》提供气候史料。2000年起开展农业系列化服务,为农业种养殖大户和合作社开展特色产业的产前、产中和产后的系列化服务。

2. 气象服务

公众气象服务 1970年起,利用农村有线广播站播报气象消息。1994年由县电视台制作文字形式气象节目,2000年1月建立电视天气节目制作系统,定点预报全县各主要乡镇天气,开展生活指数预报、气象灾害防御等服务。1986年前,主要通过广播和邮寄旬报方式向全县发布气象信息。1986年建立气象警报系统,面向有关部门、乡(镇)、村、农业大户和企业等每天5时次开展天气预报警报信息发布服务。1998年开通"121"(2005年1月改号为"96121")天气预报电话自动答询系统。2004年利用手机短信每天2时次发布气象信息,2005年开通小灵通气象短信。截至2008年底,每年发布共有11个生活气象指数预报。每年开展节日专题气象服务,为历届"华夏中药节"、"富春山水节"、"杭州休闲博览会"等重大活动提供气象保障。

决策气象服务 20世纪80年代以口头或电话方式向县委县政府提供决策服务。20世纪90年代逐步开发《重要天气报告》、《气象信息内参》、《气象呈阅件》、《汛期(5—9月)天气形势分析》等决策服务产品。在1993年的"6·19"、1996年的"6·30"、1997年的

"7·11"等特大洪灾、以及9015号台风、9711号台风以及2008年初严重低温雨雪冰冻等灾害中,准确预报灾害天气过程,及时向各级党委政府和有关部门提供决策服务。2008年开展气象灾害预评估服务。同年,建立了气象灾害预警信息发布平台,为相关部门发布气象灾害预警信息。

气象科技服务与技术开发 1985年3月,专业气象有偿服务开始起步,利用传真邮寄、警报系统、声讯、影视、手机短信等手段,面向各行业开展气象科技服务。1987年起,开展庆典气球施放服务。

人工增雨作业 1986年8月7日县政府为缓解干旱,在原钟山乡大市村实施高炮人工增雨作业,发射催雨炮弹200发,降雨时间持续1小时15分,附近6个乡及原建德县(现建德市)均受益,有效解除旱情。2004年8月,桐庐县成立人工影响天气领导小组。2006年配备人工增雨火箭发射装置设备1套,建立人工增雨作业基地4个,同年9月4日在分水三溪村实施了杭州地区首次火箭人工增雨作业,增雨效果明显。

气象科普宣传 2000年起每年组织气象科技人员开展"3·23"世界气象日宣传,实施气象科普进农村、进企业、进学校、进社区,在媒体开设气象专版。截至2008年,全县科普教育受众面达十万余人。2004起在桐庐县广播电台每天的生活栏目"梦达百宝盒"开展气象预报和气象生活指数预报服务。2006年9月起在《今日桐庐》设立每周1次的"工程师解说气象"栏目及2007年起在桐庐县电视台"农民之友"栏目开展一周天气展望及农事建议的为农预报服务。

法规建设与管理

1. 气象行政执法

1998年3月桐庐县人民政府印发《桐庐县预防雷击安全管理办法》(桐政办〔1998〕29号)。2008年,桐庐县人民政府印发《关于进一步加强气象灾害防御工作的通知》(桐政办发〔2008〕38号)。2004年桐庐县人民政府发文"防雷装置设计审核和竣工验收"和气球施放作业许可为行政许可项目,2007年县政府又重新调整公布了桐庐县气象局行政许可项目《关于公布桐庐县执行的行政许可项目的决定》(桐政〔2007〕6号),对桐庐县气象局许可项目进行规范,项目有:建设项目大气环境影响评价气象资料核准、天气预报、警报信息传播核准、防雷装置设计审核和竣工验收。2003年7月,桐庐县政府审批中心设立气象窗口,承担气象行政审批职能。2003年8月,成立桐庐县气象行政执法大队,6名兼职执法人员均通过省政府法制办培训考核,持证上岗。2008年成立桐庐县气象局行政许可科,行政许可科进住桐庐县行政审批中心。截至2008年底与县安监、建设、教育等部门联合开展气象行政执法检查三十余次。

2. 气象社会管理

探测环境保护 2004年印发《关于桐庐县气象观测站气象探测环境保护技术规定备案的函》(桐气发〔2004〕34号),为相关部门保护气象观测环境提供重要依据。桐庐县人民政府于2008年批准同意《探测环境专项保护规划》。

建立健全气象灾害应急响应体系 2004年桐庐县政府成立人工影响天气、气象灾害防御工作2个领导小组,在气象局设立办公室,负责日常工作。2008年8月,桐庐县人民政府出台《桐庐县气象灾害应急预案》(桐政发〔2008〕37号)并纳入县政府公共事件应急体系。2008年在全县13个乡镇(街道)和186个行政村建立气象协理员和气象信息员队伍,实现乡乡有协理员、村村有信息员。

防雷减灾管理 1991年4月成立桐庐县避雷设施检测中心,对全县防雷装置开展防雷安全检查、检测工作。1996年12月桐庐县机构编制委员会发文成立桐庐县防雷设施检测管理所(桐编〔1996〕32号),为自收自支事业单位,编制5人,行政隶属于桐庐县气象局,业务受桐庐县气象局、杭州市防雷设施检测所的指导。2003年7月,逐步开展建筑物防雷装置、新建建(构)筑物防雷工程图纸技术评价、竣工验收、计算机信息系统等防雷安全检测。2007年逐步开展农村和学校防雷减灾工作,2008年,完成全县中小学农村雷击史、地质条件及防雷环境调查,公布防雷安全重点单位40家,启动"防雷示范村"建设。

3. 政务公开

2000年起对气象行政审批办事程序、气象服务、服务承诺、气象行政执法依据、服务收费依据及标准等内容向社会公开。2007年编制印发《桐庐县气象局实施政府信息公开指南》和《桐庐县气象局政府信息公开目录表》,2007年将机构职能、政策法规、办事事项、业务信息、工作信息、公共服务等目录内容公示在桐庐气象网站、桐庐县政府门户网站。

党建与气象文化建设

1. 党建工作

党支部建设 1978年11月,建立桐庐县气象站党支部,洪祖源任支部书记。1995年12月因党员人数变动,党支部撤销,组织关系转入县农业局党支部。1999年1月重新成立党支部,徐明任支部书记。现有在职党员4人,退休党员3人。

党风廉政建设 2000起为规范职工行为,先后制定和修订行政管理、业务学习、党风廉政建设、科技服务、财务管理、安全管理等多项规章制度。2006年起,局领导每年进行述职述廉,主要领导做廉政报告,坚持领导班子民主生活会制度,并与上级党组签订党风廉政目标责任书,有效推进"惩防体系"的建设。积极参与气象部门和地方党委开展的党章、法律法规学习和知识竞赛,连续7年开展党风廉政教育月活动。

2. 气象文化建设

精神文明建设 1988年起,在开展争创文明单位活动中,每年的3月份为职业道德教育月。要求全体干部职工发扬"爱岗敬业、团结奋进、开拓创新、管天为民"的气象人精神。截至2008年,先后开展了"致富思源、富而思进"、"学习三个代表"、"保持共产党员先进性"、"科学发展观"等教育活动。2000年以来与社区结对共建,挂钩乡镇(村)、困难户结对帮扶。2005年8月在杭州市"双千结对、共创文明"活动中,与桐庐县江南镇窄溪村结对共建文明村。全体干部职工积极参加"送春风献爱心"活动,截至2008年,单位和职工共计捐款 10 万余元。

集体荣誉 1998 年被授予桐庐县县级文明单位。2002 年起被授予杭州市市级文明单位。2004 年通过档案管理省级达标认定。

台站建设

在 1978 年、1984 年 2 次改建扩建业务用房和住房。1996 年重建办公和业务用房 400 平方米。2005 年扩建观测场,在原来 16 米×20 米的基础上,按 25 米×25 米标准建设。随着气象事业的发展,原有办公用房已远远不能满足气象业务发展的需要,2005 年桐庐县人民政府将县城江南 560 平方米的行政用房划拨给桐庐县气象局。2006 年 6 月装修完毕并投入使用。2008 年 10 月,在桐庐县气象局江北原站址进行台站综合改造,2008 年 12 月底完成 1100 平方米业务楼的土建工程。实施台站综合改造,极大改善了桐庐气象台站面貌。

淳安县气象局

淳安县位于杭州市西南部,全县总面积4427平方千米,是浙江省面积最大的县,辖23个乡镇、425个行政村,人口45万。地势四周高、中间低,山区面积大,境内千岛湖水域面积573平方千米。山多、湖大的特殊地形条件形成气候变化多样,旅游资源丰富。淳安地处中亚热带季风气候的北缘,温暖多雨,与此同时温度、雨量等气象要素年际差异大,时空分布不均,暴雨洪涝、雷雨大风、台风、高温、干旱等气象灾害时有发生。年平均气温16.9℃,年降水量1440.7毫米,年平均相对湿度76%,年日照时数1916.4小时,常年无霜期268天。

机构历史沿革

1. 始建情况

淳安县气象站始建于1958年,1959年1月1日正式开展地面气象观测业务,站址位于千岛湖镇(原排岭镇)岗家坞"山顶",北纬29°37′,东经119°01′,海拔高度171.4米。1960年1月,改名为淳安县气象服务站。1963年1月改名浙江省淳安县气象服务站。1972年1月改名为浙江省淳安县气象站。1989年9月1日改名为淳安县气象局。

2. 建制情况

隶属关系 自建站至1962年12月,隶属淳安县农村工作部,业务归口建德专区和金华地区气象台管理。1963年1月在体制调整时,划归浙江省气象局管理。1970年2月,归淳安县革委会(人武部)领导。1973年9月起归淳安县革命委员会领导。1981年管理体制上收,实行以杭州市气象局和地方政府双重领导,以杭州市气象局领导为主的管理体制。

人员状况 1959年建站初期有职工3人。截至2008年底有气象编制职工12人,地方编制2人,聘用4人,共有在职职工18人。其中,党员4人,团员6人;大学以上学历5人,大专学历10人;中级专业技术人员8人,初级专业技术人员3人;年龄50岁以上2人,40~49岁4人,40岁以下12人。

名称及主要负责人变更情况

时间	名称	主要负责人
1959年1月—1959年12月	淳安县气象站	葛恒春
1960年1月—1962年12月	淳安县气象服务站	葛恒春
1963年1月—1964年4月	浙江省淳安县气象服务站	葛恒春
1964年5月—1967年8月	浙江省淳安县气象服务站	程家富
1967—1974年		不详

续表

时间	名称	主要负责人
1974年1月—1974年12月	浙江省淳安县气象站	刘锡才
1975年1月—1989年8月	浙江省淳安县气象站	江 卫
1989年9月—1995年4月	淳安县气象局	江 卫
1995年5月—2006年12月	淳安县气象局	洪建平
2007年1月—	淳安县气象局	傅卫东

气象业务与服务

1. 气象业务

①气象观测

地面观测 1959年1月1日起，开展北京时01、07、13、19时每天4次观测。1960年1月1日起，改为每天08、14、20时3次观测。1998年5月1日升格为国家基本气象站，每天02、08、14、20时4次观测发报，05、11、17时3次补充观测发报。2007年1月1日增加23时补充观测发报。2002年7月，完成ZQZ-CⅡ型自动气象站安装并开始试运行，2003年1月1日正式开始自动气象站观测。观测项目有云、能见度、天气现象、气压、气温、湿度、风向风速、降水、雪深、日照、蒸发、地温等。2007年4月1日增加土壤重量含水率、土壤相对湿度及土壤水分总贮水量观测。1971年7月增发省危险天气报。1974年1月增发危险天气报。1984年1月增发重要天气报。1994年12月31日停止拍发航危报。1981—1983年参加国际台风试验。

20世纪80年代的气象站

1998年升格后的国家基本站

自动气象站 2000年全县第一座区域自动气象站于枫树岭镇建成并投入使用，"十五"以来，陆续建成25个区域自动气象站，初步建成10千米格距的地面中小尺度气象自动监测网。增加土壤墒情、闪电定位仪、大气电场、GPS/MET、空气负氧离子等观测系统。

②气象信息网络

1980年前利用收音机收听上级以及周边气象台站播发的天气预报和天气形势，手工记录。1981年至1999年,利用超短波双边带电台接收武汉区域中心气象信息,配备ZSQ-1(123)天气传真接收机接收北京、欧洲气象中心以及东京的气象传真图,后期配备了甚高频电话实现全地区的天气预报高频会商。1986年开始用PC-1500微型机编制地面报。1989年引进第一台微机(APPLE Ⅱ型)进行编制地面气象观测报表。1994年建成县级气象业务现代化系统运用程控拨号通过公用数据网实现与省、市的气象资料传输。1995年引进气象卫星云图接收系统,以APT接收低分辨日本气象同步卫星云图。1997年建立PCVSAT地面卫星小站。2000年开通到上级气象部门的2M SDH宽带通讯系统实现气象数据的实时传送,先后建立卫星云图接收系统、VSAT单收站、内部局网络、可视会商系统、办公自动网等。2008年网络升级到4兆的MSTP数据通信网。

③气象预报

1970年10月始,通过收听天气形势,结合本站资料图表每日早晚制作24小时日常天气预报。20世纪80年代初起,每日06、10、15时3次制作预报。2000年至今,开展常规24小时、未来3~5天和旬、月报等短、中、长期天气预报以及短时临近预报。同时开展灾害性天气预报预警业务和制作供领导决策的各类重要天气报告等。

④农业气象

1970年始逐步开展农业气象业务。1971年在中洲建立了首个农村气象哨。1980开始在全县逐渐建立20个农村气象哨,进行气温、降水量的人工观测,积累气象资料。1983年初开展农业气候资源调研与区划工作,1984年12月完成《浙江省淳安县农业气候资源与区划》,获得浙江省气象局科技成果三等奖、淳安县科技进步二等奖。1982年设立农业气象组,早期主要对小麦(油菜)、早稻、晚稻三季粮食作物开展气象服务。20世纪90年后期随着农业生产结构的调整,农业气象服务重点转向了茶叶、蚕桑等主要特色经济作物的气象服务。主要通过向政府、涉农部门、乡镇、农业专业大户等提供"农业气象月报"、"农作物产量预报"、"春播天气预报"、"农作物气候影响评述"、"秋季低温预报"以及茶叶、蚕桑等特色作物的气象系列化服务等农业气象业务产品。1989年始,编写全年气候影响评价。

2. 气象服务

公众气象服务 1971年起利用广播和邮寄旬报方式向全县发布气象信息。1986年建立气象警报系统,面向有关部门、乡(镇)、村、农业大户和企业等每天3时次开展天气预报警报信息发布服务。1993年由县电视台制作文字形式气象节目。1997年开展网络终端气象服务。1998年10月开通"121"天气预报电话自动答询系统,2004年10月改号为"96121"。1999年12月建立电视气象影视制作系统,2000年1月1日始制作电视天气节目,开展分区天气预报、天气趋势分析和各类生活气象指数的预报。2001年在淳安电视台开播每周一期的"农业气象"专栏,分析未来一周天气对农业生产的影响及建议。2003年开通手机短信天气预报,统一向定制用户发送气象信息,截至2008年底手机短信用户4万户。2006年在淳安县门户网站"千岛湖"网上发布每日天气预报和气象灾害预警信息。

20世纪80年代预报会商室

2008年新建的现代化预报业务平台

决策气象服务 20世纪80年代以口头汇报或传真方式向县委县政府提供决策服务。20世纪90年代以后逐步通过网络、传真件、当面汇报等方式以《重要气象专报》、《气象信息内参》、《气象呈阅件》形式开展森林防火、暴雨洪涝、低温阴雨、雨雪冰冻、高温干旱、台风等各种气象灾害的过程跟踪气象预报服务和灾情分析评估。同时针对春运、梅汛期、节日黄金周等各个关键期和"秀水节"等重要活动开展气象保障服务。2005年建立灾害性天气预警信息发布平台,开始向各级政府、相关部门主要领导及防汛、防火、地质灾害防御、气象协理员、气象信息员等关键人员发布气象灾害预警手机短信。

专业与专项气象服务 20世纪90年代开始逐步开展水电站、重点建设工程、旅游、农业产业等专业和专项气象服务,服务形式与内容不断丰富。1990年开始为枫树岭、唐村水电站建设及储水发电开展专项气象服务,2002年开始为千岛湖大桥、千汾公路小金山大桥、上江埠大桥等县重点建设工程开展专项气象服务。2001年开始先后开展"山地蚕桑生产气候服务模式的研制与应用"、"淳安县气候资源在有机茶生产、发展中的应用"、"淳安县山地气候资源在中药材生产、发展中的应用"。

气象科技服务与技术开发 1985年3月专业气象服务开始起步,利用传真邮寄、警报系统、声讯、影视、手机短信等手段,面向各行业开展气象科技服务。1990年起逐步开展建筑物避雷设施图纸设计审核和安全性能检测技术服务;1997年成立淳安县防雷设施检测所专业开展防雷技术服务;1999年起全县各类新建建(构)筑物按照规范要求安装避雷装置;2007年开始对重大工程建设项目开展雷击灾害风险评估。1992年起,开展庆典气球施放服务。

气象科普宣传 20世纪90年代开始在每年的"3·23"世界气象日开展气象科普及气象防灾主题宣传活动,通过报刊专版、电视台播放专题宣传片、上街设展台进行主题宣传咨询活动、开放气象台站向广大中小学生介绍宣传气象知识。2000年开始结合安全生产宣传月、科技宣传周等开展气象科普下乡活动等。2008年为乡镇协理员、气象信息员、全县各中小学校校长进行气象灾害防御知识培训。应用电视气象、手机短信、报刊专版、放发宣传挂图、赠送科普书籍等形式,实施气象科普入村、入企、入校、入社区,全县科普教育受众面达30万余人。

世界气象日上街宣传活动　　　　　　世界气象日基本站向学生开放

法规建设与管理

1. 气象行政执法

2000年以来，淳安县政府认真贯彻落实《中华人民共和国气象法》《浙江省气象条例》等法律法规，2000年6月15日淳安县政府确认淳安县气象局的行政处罚实施主体资格，其后又相继出台了《关于进一步加强防雷减灾工作的通知》等7个规范性文件和管理办法。2000年起，每年3月和6月开展气象法律法规和安全生产宣传教育活动。2002年11月，气象行政审批服务进驻县政府行政服务中心，规范天气预报发布和传播、防雷图审及竣工验收、低空飘浮物施放等审批制度。2002—2004年，二次参与行政审批制度改革，规范行政审批手续。2003年8月，成立气象行政执法大队，5名兼职执法人员均通过省政府法制办培训考核，持证上岗。2005年以来，每年与县安监、建设、教育、消防等部门联合开展气象行政执法检查。

2. 气象社会管理

气象灾害防御组织体系　2006年10月13日，淳安县政府印发《关于下发淳安县气象灾害预警应急预案的通知》（淳政办发〔2006〕200号），淳安县政府成立淳安县气象灾害预警应急领导小组，明确各成员单位的职责和分工。2007年9月17日，淳安县政府印发《关于进一步加强气象灾害防御建立乡镇气象协理员队伍的通知》（淳政办发〔2007〕178号），开始建立气象协理员队伍。2008年组建了涵盖全县23个乡镇、11个部门的气象协理员队伍。落实了23个乡镇、11个主管部门的分管气象工作领导和34名气象协理员，成立了全县425个行政村、102所中小学校、9个社区及码头、车站、部分企业的555个气象信息员队伍。2008年4月9日淳安县政府首次

2008年首次召开的全县气象灾害防御工作会议

组织召开气象灾害防御工作会议。从2003年开始,先后与淳安县国土资源局、林业局、交通局、公安局交警大队、公安局港航管理处等建立合作机制,共同应对气象灾害的影响。

探测环境保护 制定落实探测环境保护巡查和报告制度,加强对探测环境周边建设项目及自然生态的监控,发现问题及时报告、及时处理。在新建建筑物的防雷设计审核中,充分论证其对探测环境的影响程度,把好探测环境保护关。加强与淳安县发改、规划、建设、国土等部门的联系与合作,2008年完成《探测环境保护专业规划》编制。

施放气球及防雷管理 落实施放气球单位的资质年检和施放气球的行政许可制度。经常性开展施放气球安全检查,及时查处无证施放,规范气球施放秩序。1990年成立县防雷设施检测中心,1997年县编制委员会发文成立淳安县防雷设施检测所(淳编〔1997〕10号)。1998年10月县政府印发《关于印发淳安县防雷安全管理办法的通知》(淳政发〔1998〕133号)。1999年6月与公安局消防大队联合开展建(构)筑物的防雷防静电安全检测,2002年11月施放气球和防雷装置设计审核及竣工验收作为气象局行政许可事项进入县政府行政服务中心办理。同年与城建局合作,要求防雷装置设计审核和竣工验收资料作为建设验收必需材料归入建设档案。2007年防雷装置设计审核前置到办理开工许可证必须程序。进一步规范建筑物防雷装置、新建建(构)筑物防雷工程图纸审核、设计评价、竣工验收、计算机信息系统等防雷安全检测工作。2008年气象局发文公布防雷安全重点单位(行业)15家,县人民政府印发《关于进一步规范和加强学校防雷安全工作的通知》(淳政办发〔2008〕165号),开展全县学校防雷安全排查工作。

3. 政务公开

2002年起对气象行政审批办事程序、气象服务、服务承诺、气象行政执法依据、服务收费依据及标准等内容向社会公开。2006年成立局务公开领导小组、制定局务公开实施办法,根据办法要求定期、不定期进行对单位重大决策、财务收支、人事变动、气象服务、党建等向广大干部职工进行公开。2008年在政府信息公开网上从机构概况、政策文件、规划计划、行政审批、行政执法、公共服务、工作信息、人事信息等方面进行局务公开。

党建与气象文化建设

1. 党建工作

党支部建设 1983年成立淳安县气象站党支部。1989年7月更名为淳安县气象局党支部。2004年获县级先进基层党组织称号。

党风廉政建设 2000—2008年,参与上级气象部门和地方党委开展的党章、法律法规知识竞赛共12次。2002年起,连续7年开展由省市局组织的党风廉政教育月活动。2005年开展了保持共产党员先进性教育活动,2006年开展了以"学习贯彻落实党章,推进廉政文化建设"为主题的党风廉政宣传教育月活动,气象廉政文化建设结出硕果,淳安县气象局的作品获得了中国气象局组织的"气象信息杯"廉政文化优秀作品一等奖。近年来,为规范工作流程,规范服务行为,先后制定和修订了工作、学习、精神文明建设、服务、财务、党风廉政、卫生、安全等一系列规章制度。

2. 气象文化建设

精神文明建设 1988年起,每年3月份开展职业道德教育月活动。2000—2008年,先后开展"致富思源、富而思进"、"三个代表"、"保持共产党员先进性"等教育活动。大力弘扬艰苦奋斗、敬业爱岗、严谨求实、团结协作、无私奉献的精神,鼓励和引导职工积极参与气象文化大讨论、文明礼仪教育、向社会献爱心活动。深入农村开展文明结对帮扶、支部共建活动,广大党员干部每年与农村困难户进行结对帮扶。

文明单位创建 1987年起,开展争创文明单位活动,明确"气象服务优质,行业作风优良,工作环境优美,领导群众满意"的创建目标。以地方经济建设为中心、以现代气象业务技术体制改革为核心,狠抓气象现代建设和优质高效气象服务。注重业务流程规范化、岗位管理制度化建设,保持气象业务质量稳定。加强学习型单位建设,重视职工思想道德教育和气象文化建设,促文明之花盛开。加强党风廉政建设,发挥党员干部先锋模范作用,促和谐共事、创新发展新局面。加强台站综合建设力度,促单位建设全面发展。

主要荣誉 1989—1992年被浙江省气象局评为双文明单位。2000年被评为淳安县文明单位。2004年起被评为杭州市文明单位。2007年被评为浙江省气象局首批3A级绿色台站示范单位,2008年被浙江省气象局确定为首批3A级绿色台站。2008年被中国气象局评为全国气象部门文明台站标兵。2004年通过档案管理省级达标认定。

台站建设

淳安县气象局与淳安国家基本气象站同在一址,占地总面积5000余平方米,北临千岛湖,视野开阔、观测环境良好。观测场按25米×25米标准建设。建站初期只有一幢100平方米左右的木结构平房作为值班办公室。1972年新建280平方米的两层办公楼。1998年原两层办公楼进行扩建,面积增至408平方米。

2008年改建后的国家基本站

2004年建成可以通车的上山公路。同年率先在杭州地区进行观测场标准化改造。2005年开始气象台站综合改造,截至2008年先后新建960平方米的新办公楼,完成整个办公区山头的水、电改造和环境绿化,新建现代化的预报业务平台。

建德市气象局

建德市位于浙江省西部丘陵山区,总面积 2321 平方千米,全市辖 12 镇 1 乡 3 街道,232 个行政村、24 个社区,2008 年底有户籍人口 51.3154 万。建德属中亚热带北缘季风气候,温暖湿润,雨量丰沛,四季分明。年平均气温 16.7℃,年降水量 1603.8 毫米,年平均相对湿度 79%,年日照时数 1756.7 小时,常年无霜期 260 天。与此同时,温度、雨量等气象要素年际差异较大,时空分布不均,台风、暴雨、雷电、寒潮、大风等天气引发的气象灾害和衍生灾害时有发生。1992 年 6 月,建德撤县设市。

机构历史沿革

1. 始建情况

始建于 1956 年 6 月,原名建德县白沙气候站,站址在建德县白沙镇普山顶,北纬 29°29′,东经 119°16′,观测场海拔高度 88.9 米。1959 年 1 月白沙气候站更名建德县气象站。1989 年 8 月改名建德县气象局。1992 年 6 月改为建德市气象局。

1980 年 1 月 1 日,观测站改称建德国家一般气象站;2007 年 1 月 1 日起,称建德国家气象观测站二级站;2008 年 12 月 31 日后复称建德国家一般气象站。

1958 年 8 月,在建德专区行署和县政府所在地梅城建立建德专区气象台,并建立气候观测站,站址在梅城北门街后鸠儿圩小山上;1959 年 4 月改称建德县第一气象站;1960 年 7 月因建德专区撤销而撤销。

2. 建制情况

领导体制　1956 年 6 月,建德县白沙气候站建制单位和业务领导单位为上海气象局。1958 年 6 月隶属浙江省气象局管辖。1958 年 11 月,体制下放,属地方政府直接领导。1959 年 1 月,改名建德县气象站,由建德地委农工部管辖。1959 年 4 月,改名建德县第二气象站,隶属建德县人民委员会管辖。1960 年 7 月,改名建德县气象服务站。1963 年 1 月,体制上收,实行以浙江省气象局为主的双重领导体制。1964 年 2 月,改名建德县气候服务站,由浙江省气象局管辖。1966 年 1 月,改名建德县气象服务站。1967 年 7 月,体制下放,由建德县人民委员会接管。1969 年 3 月,改称建德县革命委员会生产指挥组气象服务站,由建德县革命委员会管理。1970 年 3 月,划归建德县革命委员会建制,实行以地方为主的双重领导体制。1970 年 8 月,水文气象机构合并建立建德县革命委员会生产指挥组水文气象站。1970 年 11 月改由建德县革委会人武部接管。1972 年水文气象分设,复名建德县气象站。1973 年 11 月,重新划归建德县革委会管辖。1978 年 1 月,改由建德县农办接管。1981 年 1 月,体制收归浙江省气象局管辖,实行以气象部门领导为主同时受地方党委、政府领导的双重领导体制。

机构设置 2002年1月起内设机构调整为办公室、气象台、气象信息中心3个机构。1996年7月,经市编委批准成立建德市防雷设施检测所。2003年8月,经杭州市气象局批准成立建德市气象行政执法大队。

人员状况 1956年建站时有职工4人。2008年底有气象编制职工9人,地方编制4人,聘用4人,共有在职职工17人。其中中共党员5人、预备党员1人、团员6人;大学以上学历6人、大专学历9人;高级职称1人、中级职称5人、初级职称8人;年龄50岁以上3人、40～49岁3人、30～39岁4人、30岁以下7人。

名称及主要负责人变更情况

时间	名称	主要负责人	姓名
1960年7月—1960年9月	建德县气象服务站	站长	黄火金
1960年10月—1961年3月	建德县气象服务站	副站长	吴根富
1961年4月—1963年11月	建德县气象服务站	副站长	程家富
1963年12月—1964年2月	建德县气象服务站	站长	葛恒春
1964年2月—1966年1月	建德县气候服务站	站长	葛恒春
1966年1月—1969年3月	建德县气象服务站	站长	葛恒春
1969年3月—1970年5月	建德县革命委员会生产指挥组气象服务站	站长	葛恒春
1970年6月—1970年8月	建德县革命委员会生产指挥组气象服务站	站长	于光久
1970年8月—1972年4月	建德县革命委员会生产指挥组水文气象站	站长	于光久
1972年4月—1973年3月	建德县气象站	站长	于光久
1973年3月—1981年3月	建德县气象站	站长	葛恒春
1981年4月—1982年7月	建德县气象站	负责人	程银根 项海法
1982年7月—1984年12月	建德县气象站	站长	钱长春
1985年1月—1987年2月	建德县气象站	副站长	程银根
1987年2月—1989年8月	建德县气象站	站长	程银根
1989年8月—1992年6月	建德县气象局	局长	程银根
1992年6月—1995年5月	建德市气象局	局长	程银根
1995年5月—1996年4月	建德市气象局	副局长	程建新
1996年4月—	建德市气象局	局长	程建新

气象业务与服务

1. 气象业务

①气象观测

地面观测 1956年10月1日开始地面气象观测,观测项目有:云量、云状、云向、云速、云高、天气现象、能见度、风向、风速、气温、湿度、气压、地温、蒸发量、日照、降水、雪深、地面状态、电线积冰、露点温度等。1957年1月1日开始,编制气象报表。建站初期一日观测4次(02、08、14、20时);1960年1月改为一日观测3次(08、14、20时)。1961年起先后取消地面状态、电线积冰、云向、云速观测项目。2008年底有观测项目：气温、湿度、气压、风向、风速、降水、雪深、日照、蒸发量、地温、云量、云状、能见度、天气现象等。1987年1月配备使用PC-1500计算机，启用"DMCX-B"地面气象站测报程序。1989—1995年先后配备苹果-Ⅱ计算机和486计算机进行地面气象报表的编制工作。2002年12月完成观测场自动遥测站仪器设备安装。2004年1月1日起，气象记录以自动观测为主，执行新《地面气象观测规范》，增加5、10、15、20厘米浅层地温观测项目。2005年1月1日起，自动观测单轨运行，启用OSSMO-2004新版地面气象测报业务软件。

天气电报 1957年1月10日始，不定时、不定次向机场拍发航空天气电报；1965年1月开始拍发航危报；1974年1月增发省危险天气报；1979年4月4日起，每天08时向浙江省气象台拍发天气实况报（1996年10月后调整为3月1日至9月30日每天08时拍发）。1984年1月，增发重要天气报。2006年1月1日取消航危报，改为3次地面观测和08、14、20时拍发加密天气报及重要天气报。

自动气象站 1999年10月在航头镇农业示范园区（庙口张村）建立了第1个气象自动观测站，截至2008年底在本市范围相继建成17个自动气象观测站，形成全市自动气象监测网，实时提供气温、降水、风向、风速、能见度和土壤墒情等气象要素。

特种观测 1982年5—10月，先后设立13个气象哨，1985年区划工作完成后陆续撤销。2002年7月在观测场安装闪电定位系统。2007年5月开展土壤墒情观测。2007年12月，增加大气电场自动观测。2008年5月，建设三都、大同大气电场自动观测站。2008年7月，建设七里扬帆负氧离子观测站。2008年10月始在观测场西北侧建设中国大陆构造环境监测基准站（GNSS基准站）。

②气象信息网络

信息接收 1979年前，利用收音机收听上级以及周边气象台站播发的天气预报和天气形势。1979年5月，使用CZ-80型传真机接收传真广播电台播发的各类天气图。1994年12月建立"9210"计算机远程工作站，与浙江省气象台联网。1996年9月建立静止气象卫星云图地面接收站。1999年5月，安装建成VSAT单收站。2001年2月13日，开通电信光缆接收从地面到高空各类天气形势图和云图、雷达等数据，同时开通市县气象可视会商系统；2004年9月10日，可视会商系统升级换代，实现省—市—县3级天气会商可视化。

信息传输 1987年前主要通过广播和邮寄等方式对外发布气象信息。1987年10月建立气象警报系统。1997年4月和1998年4月，相继开通"168"天气预报信息窗口和"121"天气预报自动答询电话。1998年5月18日正式在建德电视台开播电视天气节目。2003年6月至2004年7月，相继开展联通、移动手机和电信小灵通天气预报短信服务。2005年3月，建立手机短信发布平台，对突发气象灾害进行手机短信预报服务。2006年开始运用建德气象网、新安江农网、市政府门户网、党政办公网、浙江农民信箱等网络发布各类天气信息和气象灾害预警预报。

③气象预报

1958年8月20日开始对外发布短期天气订正预报。1979年开始发布3~10天的中期天气预报（旬报）和15天以上的长期天气预报。1990年起，每年11月至次年4月发布森林火险等级预报。2000年开始陆续开展人体舒适度指数、中暑指数等10余种生活指数预报；2003年6月开始进行地质灾害（山体滑坡指数等级）预报；2006年开始开展雷暴潜势预报、3小时临近天气预报和乡镇天气预报。多年来，气象预报人员进行了多项气象科研课题研究，其中"建德梅汛期降水预报方法研究"获1986年浙江省气象局科技进步四等奖；"用水汽通量散度计算降水量的简便快速方法"获1996年杭州市自然科学优秀论文三等奖；"建德梅汛期暴雨特征及预报探讨"获1998年杭州市自然科学优秀论文三等奖。

④农业气象

始于1979年，服务内容主要有：每月气候对农业生产的影响分析和评述；全年农业气候评述；主要粮食作物、经济作物气候分析、产量或重要生育期预报；农业气象灾害或特殊有利天气调查；春粮赤霉病预报等。随着全市农业产业结构的调整，开展柑橘、茶叶、莲子、草莓等系列化农业气象服务和农业气象科普宣传服务。1987年完成了《建德县农业气候资源调查与区划》并获县人民政府区划成果贰等奖。另有杭州市政府农业丰收奖项目一等奖和二等奖各1项、三等奖3项；浙江省气象局科技进步三等奖和四等奖各1项；建德科技进步三等奖1项；浙江省自然科学优秀论文三等奖1项；杭州市自然科学优秀论文三等奖4项。列上浙江省气象局科研项目4项；地方科研项目10余项。2002年10月18日，建德市农业经济综合信息网——"新安江农网"开通。"新安江农网"除提供农业、农民、农村"三农"信息服务外，还开辟了农业气象服务专栏。

2. 气象服务

公众气象服务　1958年8月开始通过农村有线广播进行短期天气预报服务。1998年5月18日前，由电视台制作文字形式的天气预报气象节目；1998年5月18日后应用非线性编辑系统自行制作图文并茂的电视气象节目在建德电视台开播。2005年9月1日起，对台风、暴雨、高温、寒潮、大雾等11类（2008年3月改为13类）突发气象灾害通过广播、电视、网络等媒体发布预警信号和防御指南。2007年开始通过突发气象灾害手机短信发布平台和"浙江农民信箱"向公众发布灾害性天气预警短信。

决策气象服务　20世纪80年代主要以口头或电话、传真等方式向地方党政部门提供气象决策服务。20世纪90年代主要通过信息形式向地方党政领导提供气象决策服务。2000年后提供《气象信息》、《汛期（5—9月）天气趋势预报》、旬报、天气周报、《重要天气信息》等决策服务产品。2008年开展气象灾害评估服务。

气象科技服务　起步于1985年8月，主要开展气象资料咨询和气象旬、月、季报服务，后逐步开展了气象警报服务、防雷设施检测服务、庆典气球施放服务和防感应雷电等防雷工程服务。1996年7月，成立建德市防雷设施检测所，在全市范围开展了防雷设施的工程设计、安装、检测、验收和发证等服务工作。1999年开展影视气象（广告）服务。2003年6月，开展联通、移动手机天气预报短信服务；同年7月，开展小灵通天气预报短信服务。

人工影响天气　2006年4月建德市政府建立建德市人工影响天气领导小组。2007年6月购置了火箭人工增雨作业设备。2007年开展1次作业，2008年开展3次作业。

气象科普宣传　20世纪80年代开始在《建德科技报》、建德广播电台刊登和播出气象科普知识。2004年建设气象科普馆,5月被命名为建德市青少年科普教育基地;2006年气象科普馆被命名为杭州市青少年科普教育基地;2007年获建德市科普活动中心先进集体。2005年开始,每年"3·23"世界气象日、科普宣传周、安全生产活动月等进行广场气象科普宣传。2006年4月29日在《今日建德》整版进行防雷安全知识宣传。"气象科普赏析"获2006年度建德市党员干部现代远程教育优秀视频课件三等奖。2008年4月起,与市科普流动放映队合作,进行气象科普知识流动宣传,至2008年底在农村(社区)、学校(工厂),共放映100多场,近10万人受益。流动放映气象科普宣传活动获2008年度浙江省气象防灾减灾和应对气候变化优秀科普作品三等奖。与电视台合作制作科普宣传片,到中小学校、化工企业、乡镇(街道),进行气象防灾知识和科学防雷知识培训。

法规建设与管理

1. 气象法规建设

1997年10月,建德市政府制定了《建德市预防雷击安全管理办法》,2004年8月制定了《建德市防雷安全管理办法》,并在2008年8月对其进行进一步的修改完善。2006年9月市政府制定发布了《建德市气象灾害预警应急预案》和《建德市雷电灾害预警应急预案》。

2. 气象行政执法

2000年《气象法》颁布实施后,当年查处和纠正了3起气象违法案件(行为)。2008年底共有气象行政执法队员6人,共立案查处13起气象违法案件。截至2008年底共有4项行政许可事项,1项非行政许可事项。从2001年成为建德市安全生产委员会成员单位以来,每年组织进行防雷安全执法检查。2004年2月《气象预报发布与刊播管理办法》颁布实施,每年重要节假日组织开展施放气球检查。

3. 社会管理

建立健全基层气象灾害防御组织体系 2007年12月建德市政府办公室印发《关于进一步加强气象灾害防御工作的通知》(建政办函〔2007〕237号)。各乡镇(街道)、行业(系统)主管部门成立气象灾害防御工作领导小组和工作机构,建立由16个乡镇(街道)和14个行业(系统)主管部门组成的气象协理员队伍。2008年5月建德市政府办公室印发《关于加强基层气象灾害防御组织体系建设的通知》(建政办函〔2008〕125号),组建由231个行政村、19个社区、156个单位431名成员组成的气象信息员队伍。编制《建德市气象协理员工作手册》,开展气象协理员和信息员气象业务知识培训。2008年3月市政府召开"全市气象灾害防御工作会议",进一步推动全市气象灾害防御工作。

防雷安全管理 1998年1月印发《关于对全市预防雷击设施情况进行统计送报的通知》(建气〔1998〕01号);10月与建德市公安局联合发文《转发省公安厅、省气象局〈关于加强计算机信息系统防雷减灾工作的通知〉》(建公〔1998〕26号、建气〔1998〕13号)。2000年7月与市建设局联合发文《关于加强建设项目防雷设计及防雷设施工程质量管理的通知》,8月开展建设项目防雷设计审批许可制度。2005年8月建德市政府成立雷电安全管理工作领导小组,办公室设在气象局。2007年4月明确乡镇(街道)分管防雷工作领导和安全监管人员。2007年8月联合建德市教育局对全市中小学校校舍防雷安全状况进行调查摸底。自2004年始,每年市政府召开防雷安全工作会议,并对与会人员进行防雷安全知识培训和宣传。2007年进行第四轮行政审批制度改革,实行建设项目审查联审制,其中工程规划许可阶段施工图联合审查的并联审批由气象窗口负责牵头,其他相关窗口配合。

气象探测环境保护管理 2002年10月向建德市建设局、国土资源局、林业局等部门发函《关于建德市气象探测环境保护技术规定备案的函》(建气函〔2002〕2号)加强气象探测环境保护。2008年1月,《关于建德国家气象观测站探测环境保护技术规定备案的函》取得市建设局、国土资源局、环保局、林业局、发展和改革局等主要部门复函。2008年8月编制完成《建德市气象台站探测环境保护专项规划(2006—2020)》,9月24日建德市发改局印发实施《建德市气象台站探测环境保护专项规划(2006—2020)》。

4. 局务公开

2004年制定《建德市气象局局务公开实施办法》,建立和完善了一整套便于操作、易于考核的规章制度、工作规范和工作流程。至2008年底建有一整套70余项规章制度。

党建与气象文化

1. 党建工作

党支部建设 1978年11月成立党支部,葛恒春任支部书记,有党员4人。2008年末,程建新任支部书记,有党员8人,预备党员1人。2001、2002、2004、2006年度被建德市直属机关党工委评为先进党支部;2001年度被建德市委评为先进基层党组织。

党风廉政建设 2002年起,每年4月开展党风廉政建设宣传教育月活动,进行局领导述职述廉和党课报告;进行中层干部述职述廉并签订廉政承诺书;层层签订党风廉政目标责任书,推进"惩防体系"建设。2000年起,为规范职工行为,先后制定和修订工作、学习、财务、党风廉政等方面四十余项规章制度。

2. 气象文化建设

精神文明建设 1988年起,每年3月开展职业道德教育月活动。获1999年度建德市社会治安综合治理先进单位。2002年开始对联系贫困村、贫困户和贫困党员进行帮扶,获2002年度建德市农村帮扶工作先进集体。每年向春风行动、灾区捐款捐物。每年组织开展演讲、参观新农村建设、春游、登山等文体活动。

2001年2月被评为建德市爱国卫生先进单位;2004年1月被评为杭州市爱国卫生先进单位;2005年12月被评为浙江省卫生先进单位;2007年5月被评为建德市无吸烟单位。2006年建起了文体活动室和室外健身活动场所、图书阅览室、科普教育展室和荣誉展室,进一步丰富职工的业余文化生活。

文明单位创建 1992年获浙江省气象局双文明单位称号。1995年底建立创建文明单位领导小组,2002年起成为"杭州市精神文明研究会"团体会员。2005年9月与建德市钦堂乡大溪边村签订了"城村结对、文明共建"活动协议,制定了文明共建计划;2006年9月被评为建德市"城村结对、共创文明"工作先进单位。

集体荣誉 1997年被评为建德市文明单位;2000年被评为杭州市文明单位;2006年获浙江省文明单位称号。

台站建设

1956年6月建站时,面积约241.1平方米。2002年9月,在建站初期办公宿舍用房原址新建业务办公楼(三层),建筑面积约805.79平方米。2004年3—4月,进行整体园林绿化改造。2006年,建设气象科普馆,并被浙江省气象局命名为2006年度"AAA"级绿色台站。创建了2007—2008年度建德市园林单位。

2005年3—5月,对观测场进行规范化改造,观测场由16米×20米改为20米×20米。2005年,观测场由20米×20米改为25米×25米。

1956年建站时的气象观测场

2005年改建后的气象观测场

2005年装修改造后的业务办公楼

富阳市气象局

富阳市位于杭州市西南,总面积1831平方千米,人口64万。辖有乡6个、镇15个、街道4个。富春江纵贯全市,平原约占18.7%,水面5.6%,山丘75.7%,故有"八山、半水、分半田"之称。1994年1月18日,撤县建市。富阳属中亚热带向北亚热带过渡的季风气候区,年平均气温16.3℃,年降水量1479.3毫米,年平均相对湿度81%,常年无霜期245天,历年极端最高气温42.2℃,极端最低气温-14.4℃。

机构历史沿革

1. 始建情况

富阳市气象局的前身是浙江省皇天畈农场气候站,建于1953年6月,站址在皇天畈农场内(北纬30°05′,东经119°56′,海拔高度9.1米)。1954年4月改名为浙江省皇天畈气候站。1956年改名为浙江省富阳皇天畈气候站。1959年1月改名为富阳县气象站,7月迁移到富阳县城关镇西郊。1960年8月改名为桐庐县富阳气象服务站。1961年8月恢复为富阳县气象服务站。1962年6月改名为富阳县中心水文气象站。1963年1月改名为富阳县气候服务站。1972年4月改名为富阳县气象站。1989年8月改为富阳县气象局。1991年1月迁至富阳镇镬子山"山顶"(北纬30°03′,东经119°57′,海拔高度46.5米)。1994年3月改名为富阳市气象局。2001年10月气象行政办公迁至迎宾路物资大楼第五层。

2. 建制情况

隶属关系 1953年建站时隶属浙江省农科所皇天畈农场。1954年4月划归浙江省财政经济委员会气象科领导。1956年由上海气象局领导。1958年5月由浙江省气象局领导。1959年1月由富阳县合作部领导。1960年8月富阳与桐庐二县合并,由桐庐县人民委员会领导。1961年12月分县后,由富阳县农村工作部领导。1963年1月由浙江省气象局领导。1970年8月划归富阳县人武部、富阳县革命委员会领导。1972年由杭州警备区、富阳县革命委会领导。1973年由富阳县农业局领导。1981年1月实行由杭州市气象局和地方政府双重领导,以杭州市气象局为主的管理体制。

人员状况 1953年建站时只有1人从事气象观测。截至2008年底,有气象编制职工11人,地方编制2人,聘用8人,共有在职职工21人。其中,党员7人,团员3人;大学学历5人,大专学历7人;中级专业技术人员7人;年龄50岁以上4人,40~49岁7人,40岁以下10人。

杭州市气象台站概况

名称及主要负责人变更情况

任职时间	名称	负责人	姓名
1953年6月—1954年7月	浙江省皇天畈农场气候站	场长	张景栋
1954年7月—1955年3月	浙江省皇天畈气候站	场长	李大鹏
1955年3月—1958年12月	浙江省富阳皇天畈气候站	组长	邓关生
1958年12月—1960年12月	富阳县气象站	组长	何荣生
1960年12月—1962年8月	桐庐县富阳气象服务站	负责人	徐坤林
1962年8月—1963年12月	富阳县中心水文气象站	负责人	徐坤林
1963年12月—1965年2月	富阳县气候服务站	负责人	兰世斌
1965年2月—1973年11月	富阳县气候服务站	负责人	许锡涛
期间		不详	
1974—1977年	富阳县气象站	负责人	尚林平
1977年12月—1981年12月	富阳县气象站	站长	吴 龙
1982年3月—1985年1月	富阳县气象站	负责人	赵锡林
1985年1月—1989年8月	富阳县气象站	站长	施国富
1989年8月—1994年3月	富阳县气象局	局长	施国富
1994年3月—2006年12月	富阳市气象局	局长	施国富
2006年12月—	富阳市气象局	局长	俞民祥

气象业务与服务

1. 气象业务

①气象观测

地面观测 1954年1月1日起,观测时次采用地方时07、13时,每天2次观测;1954年4月21日改为07、13、19时,每天3次观测;1954年10月27日增加为01、07、13、19时,每天4次观测;1960年1月1日起,由地方时改为北京时08、14、20时,每天3次观测。观测项目有气温、湿度、气压、风向风速、降水、雪深、日照、蒸发量、地温、云量云状、能见度、天气现象等12项。1971年3月1日增发航空报和危险天气报,开始承担义乌、杭州、上海、长兴等地的航危报业务。1972年7月增发定时天气报,1976年8月增发固定06—16时航危报,以后逐年增加航危报次数,成为固定航危报站。1981—1983年参加国际台风试验。2000年7月1日,地面观测发报(除航空报)由公用电报网调整为分组数据交换网和程控拨号方式传至浙江省气象台。2001年4月1日开始原定时天气报改为天气加密报。2005年1月1日取消航危报观测任务。1954年起每月编制4份气表-1,每年编制4份气表-21。2005年1月停止报送纸质月报表,报送经预审合格的自动站信息化资料和纸质年报表。

现代化观测系统 2002年12月建成地面自动气象观测站,经过2003年和2004年两年平行观测,2005年1月1日开始自动站单轨业务运行。自动观测项目有气压、气温、湿度、风向风速、降水、地温,其余原一般站有的项目仍保留人工观测,24小时上传自动监测资料,每天20时进行人工对比观测。

自动气象站和特种观测 2001年3月10日在新登镇安装首个CAW600型自动气象

站,到2008年底,建成18个覆盖全市的区域自动气象站,其中六要素站2个,四要素站8个,两要素站8个。资料传输从每小时实时传送加密到每分钟传送。2005年后逐步建成土壤墒情、大气电场、GPS水汽站、负氧离子和小型天气雷达等观测系统。

②气象信息网络

1980年前,主要依靠收音机收听省气象台和周边气象台站播发的天气形势、天气电码及天气预报取得信息。1981年配备ZSQ-1(123)天气传真接收机,接收北京、欧洲气象中心以及东京的气象传真图。1984年开通高频无线对讲通话,实现地区每天3次预报会商和实况通报。1995年5月建设县级气象业务现代化系统和引进卫星云图接收系统,通过电话线路拨号与杭州市气象台业务系统联网。1999年,建立"9210"工程VSAT接收站,应用"XZ9210预报服务系统"。2005年租用电信1兆光缆开通省、市、县气象视频会商系统,设立专用服务器接收各类气象资料。2008年建立气象台业务监控墙系统,实时监控各类气象信息。

③气象预报

1958年起制作短期补充天气预报。1970年始通过收听天气形势,结合本站资料制作早晚24小时天气预报和旬、月天气预报。1978年起预报、测报分组,建立基本资料、基本图表、基本方法,制作48小时和趋势预报。1983年起制作农业气象月报和各种农业气象专业预报。1998年起开展各乡镇天气预报和3~5天趋势预报以及森林火险、地质灾害、各种生活指数预报。截至2008年底预报服务产品达数十种。

④农业气象

1958年起建立农村气象哨,开展简易气象观测和向生产部门提供农情气象服务。1980年起编写农业气象月报,同年8月开展《浙江省富阳县农业气候资源和农业气候区划》调查与编制。1983年设立农业气象组,增加"作物产量预报"、"作物生长气候条件分析评估"、"秋季低温预报"、"病虫趋势预报"等产品,并开展历时二年的山垄田农业气候特点及其熟制调整试验。1986年在新桐乡开展历时二年的柑橘喷管小气候试验。2002年起开展茶叶、芦笋、葡萄专项系列化服务和富阳市农业结构调查。2003年开展富阳市主要特色农产品调查,开展每2年申报一次的杭州市农村经济发展奖项目研究。2006年开始建立农情联系点,观测和收集农情信息。2007年6月建立《富阳市农业干旱综合监测预报业务流程》。2008年开展特色农业服务,建立农情点信息反馈制度。

2. 气象服务

公众气象服务 1958年前主要是应用气象资料为粮食生产服务。1958年起利用有线广播和邮寄气象旬报方式开展公众服务。1986年建立气象警报系统,向乡(镇)、村、农业大户、企业和有关部门每天进行8时次天气预报警报服务。1998年6月建立电视气象节目制作系统,制作每天电视气象节目。1999年1月开通"121"自动气象答询电话,2005年1月改号为"96121"。2002年9月建立"富阳气象"、"富阳农网"2个互联网站。2002年后建立企信通气象预警平台,逐步利用移动、联通、电信小灵通向公众提供天气预报和临近短时气象警报。2007年建立灾害性天气预警短信发布平台。2007—2008年,在全市安装气象电子屏6块,每天2次定时发布气象信息。

决策气象服务 20世纪80年代以前以口头电话或书面方式向县委县政府提供决策服务。20世纪90年代起逐步开发专题决策服务材料和中长期决策服务产品。2001年起,通过传真每周2期向有关部门发布决策服务材料。2008年起开展气象灾害预评估。

专业与专项气象服务 1984年7月,专业气象有偿服务开始起步,向各行业上门征订中长期旬、月天气预报。1986年5月至2003年9日利用无线警报系统实时广播天气预报。1992年起,开展庆典气球施放业务。1993年2月—2006年12月,创办庆典气球厂,生产气球和气拱门等5种产品。1998年6月利用富阳电视,开展影视气象服务。2002年开始开展气象短信预报服务。

科普宣传 1991年富阳市气象台与富阳市共青团委建立青少年科普实践基地,每年接待中小学生参观。1998年被富阳市委宣传部授予富阳市爱国主义教育基地。2000年在科协科普宣传窗口设立气象科普专栏,每年在广场开展气象科普宣传活动。2005年起利用"3·23"世界气象日在《富阳日报》、富阳电视、富阳气象网等媒体进行气象科普宣传及召开座谈会。2007年起开展对乡镇分管气象工作领导和气象协理员进行气象知识培训辅导。

法规建设与管理

1. 气象法规建设

2003年成立气象行政执法大队,设大队长1名,兼职执法队员5名。每年单独或联合安监、建设、教育等部门开展气象行政执法检查。2004年,富阳市人民政府印发《富阳市防御雷电灾害管理办法》(富政函〔2004〕58号)。2006年,富阳市人民政府制订《富阳市气象灾害预警应急预案》(富政办〔2006〕106号)。2006年,富阳市人民政府印发《富阳市气象事业"十一五"发展规划》(富政函〔2006〕126号)。2007年制定完善依法行政制度汇编。2008年制订《富阳市气象局行政执法自由裁量权细化办法》。

2. 社会管理

探测环境保护 1991年富阳县城关镇西郊原旧址因城市发展迫使迁站后,重建时与富阳市园林文物局签订了有关保护探测环境协议。2007年取得富阳市林业局、规划局、发展改革局的复函,承诺今后将在项目申批、城市改扩建过程中,对观测环境保护予以充分考虑。2007年对气象观测环境进行调查评估,取得中国气象局颁发的富阳国家气象观测站二级站观测环境状况证书。2008年,富阳市人民政府发文同意实施《富阳市气象台站探测环境保护专项规划》(富政函〔2008〕187号)。

防雷管理 1991年成立富阳县避雷装置检测中心,承担全县已建建(构)筑物和计算机信息系统等的防雷设施安全检测工作。2000年12月富阳市机构编制委员会发文成立富阳市防雷设施检测所(富编〔2000〕33号)。2001年6月富阳市人民政府印发《关于进一步加强防雷减灾工作的通知》(富政办〔2001〕87号),明确由富阳市气象局承担防雷减灾管理职能。2007年起开展重大工程项目的雷击灾害风险评估工作。2007年起逐步开展农村防雷减灾工作。2008年启动农村防雷示范村建设,实施防雷重点单位管理制。

人工影响天气作业管理 2005年富阳市人民政府成立富阳市人工影响天气办公室，办公室设在气象局并承担日常工作（富政办函〔2005〕49号），印发《富阳市人工增雨作业工作方案》（富政办〔2005〕51号）。是年建立人影作业队伍，购置BL-1A型火箭发射架1套，TWR01型天气雷雷达1部，专用车1辆，并与空域管理部门建立协调制度。2007年8月4日在常安镇永安山进行第一次实弹作业，效果明显。

防灾减灾组织体系 1986年加入富阳市防汛指挥部成员单位。1987年加入富阳市森林防火委员会成员单位。2004年加入富阳市安全生产委员会成员单位。2006年列入富阳市应急领导小组成员单位。2007年起建立气象灾害防御体系，各乡镇、街道和与气象灾害关系密切的部门设立气象协理员，各行政村和教育部门所有学校设立气象信息员，共计四百余人。

3. 政务公开

2002年开展局务公开，内容有8大项45小项。2003年1月气象行政审批项目进驻富阳市行政审批中心办理，依法向社会公布行政依据、审批程序、收费标准、服务承诺。2004年建立富阳市气象局局务公开网，利用局域网开展局务公开，内容有9大项72小项，涵盖了日常办公和来往文书，进行网上文件批阅，实现了网上办公。2006年起在"中国富阳"门户网站公布单位职能、政府采购等17项内容。

党建与气象文化建设

1. 党建工作

党支部建设 1980年1月建立中共富阳县气象站党支部。1989年党支部名称改为中共富阳县气象局党支部。2008年6月建立离退休干部党支部。

党风廉政建设情况 1989年起完善制度建设，制定日常工作制度、业务制度、财务制度、党建制度、党风廉政建设制度等并汇编成册。2002年起，每年4月开展党风廉政教育月活动。2003年起每年结合地方党委和纪委要求，开展思想作风年建设活动和机关效能建设活动。2004年起，每年进行气象局领导班子成员述廉述职和民主生活会，签订党风廉政建设责任书，推进"惩防体系"建设。

2. 气象文化建设

精神文明建设 1987年起开展争创文明单位活动。1995年起每年3月份开展职业道德教育活动。2000年起先后开展了"三个代表"、"保持共产党员先进性"等活动。2004—2007年先后下派2名人员驻新联、三联村进行农村工作指导。2002年与苋浦社区、镬子山社区开展共建"结对共建"。2006—2008年与高桥镇水坞村开展文明结对创建活动。2004年与新联、一岭、三联村开展结对帮扶活动。2004年起每年组织职工外出考察。2005年为深入开展文明建设，在局域网中开辟"富阳市气象局精神文明网"，集局务公开和文明创建于一网。开辟网上图书馆，设立阅览室、党员干部现代远程教育播放点和文体活动室。

主要荣誉 1980年《富阳县农业气候资源和农业气候区划》获浙江省气象局科技成果二等奖。1987年与浙江省气象科学研究所合作开展"浙江早晚稻产量丰欠年景预报研究",获浙江省人民政府科学进步二等奖。1992年,"吨粮工程建设配套技术推广"获杭州市人民政府农业丰收一等奖。1993年"利用生态气候规律指导吨粮田工程建设研究"获浙江省气象局科学技术进步三等奖。1998年"小麦赤霉病FUZZY预测法的研究"获浙江省农业科学技术进步三等奖;1999年"越冬二代螟羽化主蜂有效积温预测法的研究"获浙江省农业科学技术进步三等奖。1988年获富阳县文明单位。1992年获浙江省气象部门"双文明"单位。1998年获富阳市卫生先进单位。1998年参加第二届全国华风杯气象影视节目观摩评比,获一等奖、最佳科学信息奖。2001、2004年获富阳市"满意单位"称号。2005年被中国气象局授予局务公开先进单位,同年被评为杭州市级文明单位。

台站建设

1953年建站时位于皇天畈农场,观测场为25米×25米,茅屋一间,办公兼宿舍。1959年搬迁至城西城郊,观测场为16米×20米,前后建60平方米砖木结构的办公宿舍二幢,总占地1.2亩。1981年在观测场四周征地3亩,观测场向西移动10米,建造办公室和宿舍楼,总占地4.2亩。1991年搬迁至镬子山山顶,观测场为16米×20米,建造300平方米砖混仿古结构办公楼一幢,占地2亩。2005年后对镬子山逐渐改造,扩建观测场为20米×20米,修建扶栏、围墙、道路,绿化美化环境。2001年购置迎宾路22号物资大楼第五层760平方米作办公用房。

2006年改造后整洁现代化的气象观测场

2007年8月新改建后的业务楼全景

2008年改造后的气象预报发布中心

临安市气象局

临安市位于杭州市西部,总面积3126.8平方千米,辖4个街道22个乡镇298个行政村,人口52.64万。1997年,临安撤县设市。临安市境内地势自西北向东南倾斜,北、西、南三面环山,向东呈马蹄形开口,绵延百里;腹地和东西部,形成低山丘陵和宽谷盆地,相向排列,交错分布。西部最高点清凉峰海拔高度1787米,境东最低点青山街道石泉村海拔高度仅9米。临安属北亚热带季风气候,四季分明,气候温和,雨量充沛,气候在垂直方向上差异悬殊,时空分布不均。年降水量1437.2毫米,年平均气温16.0℃,年日照时数1840.5小时,无霜期241天,相对湿度80%。由暴雨、台风、强对流、高温、干旱、雷暴、寒潮、大雪等引发的气象灾害每年都有发生。

机构历史沿革

1. 始建情况

临安的地理位置对杭州市和全省的气候有重要影响,境内曾设立临安、天目山、昌化3个气象站。

1958年由于县建制的调整,原浙江省余杭气候站移至临安县城关镇西郊,建立临安县气象服务站。1963年7月浙江省气象局在精简机构中决定撤销该站,后改为县办气象站,改称临安县农业水利局气象服务站。1974年改名临安县农业局临安气象站。1978年4月建立临安县气象局,下设临安气象站,增设农业气象组,统一领导管理天目山、昌化气象站。1985年撤销临安县气象局,改称临安县中心气象站。1988年7月恢复临安县气象局,撤销临安气象站建制,统一领导全县气象业务和服务工作。1994年12月22日,地面气象观测场从临安县锦城镇迁往横畈镇大罗村老鹰湾(临安大气本底污染监测站内)。因临安撤县建市,1997年改称临安市气象局。2002年9月28日,临安市气象局从新民街214号整体迁入横潭路89号新建办公楼办公。2008年12月31日20时,位于临安锦南街道兰锦村狮子山"山顶"的临安国家基本气象站正式启用,北纬30°13′,东经119°42′,海拔高度117.6米,地面气象观测业务从临安大气本底污染监测站迁入。

2. 建制情况

隶属关系 1959年1月起临安县气象服务站隶属于临安县政府领导。1963年体制上收归属浙江省气象局领导,5月17日,浙江省气象局在精简机构中决定撤销临安县气象服务站,临安县委要求保留,经协商改为县办气象站,7月划归县农业水利局领导。1966年8月划归县政府领导。1974年划归县农业局领导。1981年1月由于浙江省气象局体制上收,实行以上级气象部门为主和当地政府双重领导的管理体制,隶属浙江省气象局领导。

1985年起实行由杭州市气象局和地方政府双重领导,以杭州市气象局为主的管理体制。

人员状况 1959年建站初期职工3人。截至2008年底在职人员14人。其中,党员10人;大学本科学历4人,大专学历6人;中级专业技术人员10人,初级专业技术人员4人;年龄50岁以上3人,40~49岁8人,30~39岁1人,29岁以下2人。由于天目山气象站、昌化气象站先后撤销,人员并入临安市气象局,截至2008年底退休职工13人。

名称及主要负责人变更情况

时间	机构名称	主要负责人
1959年1月—1959年12月	临安县气象站	麦英
1960年1月—1965年7月	临安县气象服务站	李铨
1965年8月—1968年3月	临安县农业水利局气象服务站	不详
1968年4月—1971年3月	临安县农业水利局革委会气象服务站	不详
1971年4月—1974年5月	临安县农业局革命领导小组气象站	不详
1974年6月—1978年4月	临安县农业局临安气象站	不详
1978年4月—1985年2月	临安县气象局临安县气象站	惠兆福
1985年2月—1988年5月	临安县中心气象站	陈金水
1988年5月—1988年7月	临安县中心气象站	谭书明
1988年7月—1997年12月	临安县气象局	谭书明
1997年12月—	临安市气象局	朱渭龙

气象业务与服务

1. 气象业务

①气象观测

地面测报 建站时每天08、14、20时定时观测3次,夜间不守班,观测项目有气温、湿度、风向风速、雨量、日照、蒸发、云、能见度、天气现象、地面状态,并编制气象月、年报表。1960年1月增加地面温度和曲管地温观测。1961年1月增加气压观测。1963年10月停止曲管地温观测。1972年停止地面温度观测。1974年1月增加省危险天气报告。1979年5月增发省实况报告。1981年8月—1983年10月参加国际台风业务试验。1983年1月增发气象旬、月报。1984年1月增发重要天气报告。2008年1月升级为国家基本气象站,24小时守班,每日定时观测8次。

农业气象观测 截至2008年底农气观测内容有作物观测、自然物候观测和土壤水分观测。通过观测,鉴定农业气象条件对作物生长发育和产量形成及品质影响,对作物引种、布局以及掌握土壤水分变化规律等,为农气情报、预报、农事活动以及气候评价等提供依据。

自动气象监测站 2001年3月至2008年底,先后在昌化、於潜、天池、市岭、双石、岛石、板桥、青云、锦城等不同区域、不同高度建立27个自动气象站,初步形成了中小尺度气象灾害自动监测网,实现了全市区域气象基础资料的实时收集,填补了边远山区气象基础资料的空白。

气象卫星接收 1998年1月应用日本GMS-5卫星云图接收设备,2002年5月28日起该设备停止业务运行,改由FY-2卫星接收云图,主要用于强对流、突发性天气监测。

②气象信息网络

1981年前,利用收音机收听上海区域中心气象台和上级以及周边气象台站播发的天气预报和天气形势。1982年3月配备了天气传真接收机接收北京、欧洲气象中心以及东京的气象传真图。1984年,引进了苹果牌微机,用于气象业务服务工作。1987年建立气象无线甚高频电话会商系统,提高了省、市、县气象信息的传递和天气联防能力。1996年建立 VSAT 站。1997年引进气象卫星云图接收系统。1998年与杭州市气象局联网,建立气象业务局域网,包括气象探测资料收集统计传输系统、气象预测分析业务系统、气象信息服务系统等三部分。2001年3月在2兆数字专用光缆的支持下,建成可视天气会商系统,实现了全省资料实时共享,使天气会商、天气联防更加实时、安全、高效。

③气象预报

20世纪60年代转发上级气象部门制作的气象预报。20世纪70年代开始在省、市气象台天气预报的基础上,结合本地天气特征及预报工具,制作本地补充订正天气预报,通过当地有线广播站每天播送二三次本地天气预报和灾害性天气警报;开展未来3～5天和旬月报等短、中、长期天气预报以及临近预报。天气预报的服务形式、服务内容、服务对象、服务领域和服务质量逐年改进优化。截至2008年底在实际业务中投入应用的还有灾害性天气预报预警业务、供领导决策的各类重要天气报告和森林火险等级预报、山体滑坡等级预报、山核桃采摘期指数预报以及与老百姓息息相关城市生活指数预报等。

④农业气象

1978年临安县气象站被选定为浙江省农业气象网点站,同年4月建立农业气象组,开展稻类及春花作物的农业气象观测。先后开展了稻类不同品种适应高度农业气象试验、临安县气候资源调查和区划、亚热带丘陵山区(天目山南侧)气候考察、稻麦类病虫害发生的气象条件预测等省、市级科研课题研究和山区气候资源研究,为当地政府部门、农民利用气候资源,趋利避害开展农业生产提供科学依据。每年向政府、涉农部门、乡镇寄发农业气象情报月报、农业病虫害气象条件预报、农业产量预报、秋季低温预报等业务产品。1998年开始先后建立14个农业气象服务调查点和灾害性天气短信服务平台,为全市四百多种植大户免费提供重要天气预报信息。开展竹笋、水稻、山核桃、高山蔬菜、蚕桑、花卉、水果、"农家乐"等十项特色农业专题气象服务,定期或不定期地深入到特色农业服务联系点,对当地小气候进行考察与评估,结合农作物生长特性,指导农民科学种植。1990年开始编写全年气候影响评价,并为《临安县志》、《临安年鉴》提供气候史料。

2. 气象服务

公众气象服务 20世纪70年代起利用县有线广播站播报气象消息。1998年3月开通"121"(2004年7月改号为"96121")天气预报电话自动答询系统。1998年4月建立电视天气预报制作系统,自制电视天气预报节目,正式在临安电视台播放;2005年12月起电视天气节目以主持人解说的形式走上荧屏讲气象,开展日常预报、天气趋势、生活指数、灾害防御、科普知识、农业气象等服务,并通过数字光缆传输到临安电视台。2003年5月开通手机气象短信服务;2004年1月开通小灵通气象短信服务,同年5月起建立灾害性天气短信服务平台;截至2008年底,县、乡、村三级服务对象达二千一百多名。2005年建立"临安气象"网站。2008年在"浙江临安"政府门户网站建立气象局窗口,发布农业、气象、政务等各类信息。公众气象服务逐步覆盖电视、电台、报纸、网络、手机短信、声讯等。

决策气象服务 20世纪70年代以口头或电话方式向县委县政府提供决策服务。20世纪80—90年代以《天气通报》、《气象信息》、《汛期（5—9月）天气形势分析》等决策服务产品，并附天气图向政府领导汇报，提出防灾减灾建议。2001年起通过气象网络服务终端，为全市各级领导和决策部门提供农业气象月报，气象长、中、短期天气预报，每周天气通报、气象灾害性天气通报、报告、警报服务。2004年5月建立灾害性天气短信服务平台，遇有灾害性天气来临时，及时通过平台向县、乡、村三级领导及山塘水库、地质灾害隐患点巡查员发布气象信息和防御指南。

气象科技服务与技术开发 20世纪80年代起面向各行业开展气象科技服务。1987年起利用气象无线甚高频电话、气象警报器向有关单位发布气象消息和天气警报。1988年6月建成气象警报系统，面向有关部门和部分乡镇，以及砖瓦、水泥、建筑等行业开展天气预报警报信息发布服务。2001年开通气象信息远程终端服务网络，主要为防汛、防火、保险、水电站等行业服务。2003年5月临安市农业信息服务中心气象局分中心成立，与26个乡镇（街道）、661个村级农业信息服务站点共同构成农业信息网络，设立农业气象专栏，为农民、农业企业提供综合性的农业气象信息服务。

1991年10月起，开展全市各单位建筑物避雷设施安全检测工作。1996年3月建立临安市防雷工程设施检测所，承担全市区域内新、扩、改建（构）筑物防雷装置跟踪、竣工检测和易燃易爆场所以及重要建筑物防雷设施的年检工作，实行防雷装置与主体工程同时设计、同时施工、同时验收并投入使用制度，督促落实防雷安全隐患整改措施。2001年12月派出人员进驻市政府行政审批中心开展防雷工程设施图纸审批工作，严格防雷图纸审核和竣工验收，从源头上把好防雷安全质量关。2002年起，组织开展雷击灾害评估、雷击灾害案例的技术分析与鉴定和重点工程建设项目前期气候评估等工作。

气象科普宣传 积极通过当地电视台、广播站、报纸和网络等渠道宣传气象科普知识。20世纪80年代开始，先后在县广播站、市电台、电视台、今日临安报以及临安气象网、政府信息公开网开辟气象科普专栏，为老百姓提供十分关注的天气预报、气象科普知识，还根据农事季节，及时提供天气变化对农作物的影响，以及应注意的事项，对农业生产趋利避害起了积极作用。每年开展纪念"3·23"世界气象日活动，参加政府部门组织的一年一度的科普宣传周活动，以大型现场咨询、科技下乡、科普讲座、图版展示、科普影片播放等形式，向公众大力宣传气象科普知识。2001年起每年与临安市安全监督管理局合作，不定期举办全市危化品企业负责人、安全员雷电防御安全知识讲座；与市防汛办合作，举办气象防灾减灾讲座。2007年组织开展以全市中小学校为重点的防雷安全宣传教育周活动，深入偏远乡村43所中心学校，张贴防雷宣传挂图，共发放防雷宣传资料三千余份，通过学校将防雷减灾科普知识纳入学校自然课，提高学生依法防雷、科学防雷、主动防雷意识。

法规建设与管理

1. 气象行政执法

2000年起，每年3月和6月开展气象法律法规和安全生产宣传教育活动。2001年12月，临安市政府审批办证中心设立气象窗口，承担气象行政审批职能。2003年8月，成立气象行政执法大队,5名兼职执法人员均通过浙江省人民政府法制办培训考核,持证上岗,开展对本行政区域内气象行政执法工作。2002年开始,先后与公安、消防、安监等部门合作,每年开展防雷安全等气象行政执法检查。

2. 气象社会管理

2001年4月,临安市政府根据《中华人民共和国行政处罚法》的规定,确认临安市气象局的行政处罚法实施主体资格,同年6月临安市气象局增补为临安市安全生产委员会成员单位。2002年6月临安市政府下发《临安市投资项目联合审批操作细则(试行)》中规定,建筑物防雷设计审批为联合审批项目。2005—2007年临安市政府先后出台《临安市防台风工作预案》、《临安市突发公共事件总体应急预案》、《临安市气象灾害预警应急预案》,并纳入市政府公共事件应急体系。2005年临安市政府成立临安市防御雷电灾害领导小组,办公室设在临安市气象局。

2007年9月建立全市26个乡(镇)街道以及农业、林业、水利、国土、建设、安监、教育、旅游、供电等部门组成的气象协理员队伍,2008年初,又组建全市298个行政村气象信息员队伍。截至2008年底全市有气象协理员35人,气象信息员595人。每年召开气象灾害防御工作会议或气象协理员工作会,对气象协理员进行了气象防灾减灾知识培训。气象协理员队伍管理、考核办法、职责任务明确,在全市防灾减灾、气象科普宣传、气象信息传递、反馈等方面发挥了重要作用。

3. 政务公开

从2003年开始开展政府信息公开工作和局务公开工作。对内部公开主要在气象局范围内通过会议通报、上墙以及内部局域网等形式进行公开。对社会公开以临安气象网站、"中国临安"政府门户网站公开为主。政府信息公开以公开指南、公开目录、依法申请公开三项及机构职能、政策文件、规划计划、行政审批、行政执法、资金管理、公共服务及其他等8类一级目录显示在网站首页,及时补充相关信息内容,确保信息及时、准确、公开向外发布。每年及时编制和完善《临安市气象局政府信息公开指南》、《临安市气象局政府信息公开目录》、《临安市气象局政府信息公开目录编制说明》和《临安市气象局政府信息公开年度工作报告》在互联网上公布。

党建与气象文化建设

1. 党建工作

党支部建设　党支部由临安、昌化、天目山及临安大气本底污染监测站党员组建,建有机关党支部1个,党员11名;退休职工党支部1个,党员6人。党支部始建于1978年4月,退休职工党支部成立于1999年3月。

党风廉政建设　坚持把党风廉政建设纳入年度工作目标管理,不断完善和健全党建工作各项制度。每年开展职业道德教育月和党风廉政建设宣传教育月活动,积极参与上级气象部门和地方党委开展的党章、党规、法律法规教育和党建知识竞赛等活动,推动气象廉政文化建设。气象局理论中心组坚持每月两次集体学习,提高党员、干部的道德素质和遵纪守法的自觉性。2006年开始在党员中实行"一名党员一面旗,多作奉献做表率"为主题的党员奉献日制度。党员带头,每个月奉献一天休息日,既解决人员少、工作任务重的难点,又体现了党员的先进性,充分发挥了党支部战斗堡垒作用、干部率先带头作用和党员的先锋模范作用。

2. 气象文化建设

精神文明建设 建立以局长为组长、科室负责人为成员的文明创建工作领导小组,每年制订创建工作计划,加以组织实施、督促检查,确保创建活动落到实处。1988年起每年开展职业道德教育月活动,职工参加"献爱心"、"志愿者"、"义务献血"等各类公益活动热情高涨。2002年起在新办公楼内设置职工活动室、图书室,购置乒乓桌、羽毛球拍和图书等文化娱乐用品,每年组织体育活动比赛,积极派员参与市总工会举办的乒乓球、象棋、登山等比赛活动。2005年开展"三个代表"、"保持共产党员先进性"等教育活动。2006—2008年,参与杭州市"双千结对、共创文明"活动,与龙岗镇西坞村结为帮扶对子,三年来共深入该村12次,捐助资金1.5万元,水泥15吨,科普图书100册,解决该村修建村道、办公、文体活动场所。2008年初雪灾、"5·12"汶川大地震后,全局干部职工都伸出援助之手,共捐现金19100元、新棉被10条。同年与辖区社区结对共建,与5个贫困户、2位困难党员结对帮扶,每年探望2次,每人赠送慰问金不少于1500元。文明单位创建过程带来的蓬勃发展和生机,也促进了临安气象事业新的发展。2001年起在临安市级机关创建满意单位活动中,临安市气象局均排在前列。

集体荣誉和先进个人 1982年、1984年临安气象站连续两届被评为杭州市劳动模范集体。1984年获国家气象局灾害性天气服务优秀奖。截至2008年底,临安市气象局先后获得全省气象系统"双文明"单位、浙江省卫生先进单位、档案管理工作省级先进单位、杭州市市级文明单位等荣誉。

临安市气象局刘晓云分别于1997年3月获中华全国妇女联合会表彰的全国三八红旗手、1996年6月获浙江省妇联表彰的浙江省三八红旗手、1996年5月获杭州市妇联表彰的杭州市三八红旗手等荣誉称号。

人物简介

陈金水 男,汉族,浙江省临安市人,1934年10月22日出生,1956年参加工作,1996年12月退休。

1956年7月他从北京气象学校毕业后,主动要求去西藏,先后在西藏泽当、安多气象站工作。1981年7月内调回浙江,先后在昌化、临安气象站工作。1988年11月第二次进藏,在昌都地区气象台工作,1993年2月又第三次援藏继续在昌都地区气象台工作直到退休,共在西藏工作长达33年。

在西藏泽当气象站工作期间,他一手拿枪、一手拿气象观测本,积极参加西藏平叛斗争。特别是1959年1月至4月初,泽当气象站所在地被叛匪围困74天,他英勇作战、坚持斗争到最后胜利,于1959年3月19日在火线加入中国共产党,后出席了山南地区和西藏自治区的先进工作者大会。1960年5月作为西藏参观团成员,参加了北京"五一"劳动节观礼,受到党和国家领导人接见。

1965年9月,因筹建青藏铁路需收集气候资料,他奉命去安多县建立气象站并担任站长。在短短1个月时间里,在海拔4802米的高原上建成世界最高的有人值守的气象站。安多的自然条件、生活条件极为艰苦,为长期坚持工作,他将爱人也调来安多,并带领全站同志在严重缺氧的环境里,自己动手,打出了深14米、水深4米的水井,盖起了十几间工作、生活用房,创造了基本的生活、工作条件。在业务工作中,他兢兢业业,认真负责,成为西藏气象部门第一个"百班无错情"气象员。他还积极培养藏族气象员,手把手教他们学汉语、学气象,因工作出色,1978年安多气象站被评为全国气象部门先进单位,并派代表参加了全国科学大会。这段时间,他两次放弃了调离安多的机会,并先后参加青藏铁路沿线和藏北无人区双湖点的气象科学考察工作。1980年,中国气象局副局长邹竞蒙到安多气象站考察,充分肯定他们在极其艰苦的条件下所取得的成绩和自力更生、艰苦奋斗精神。

1988年西藏自治区气象局来浙江招聘气象人员援藏,陈金水虽然面临母亲年迈、妻子患病和子女上学、就业急待解决等实际困难,仍毅然应聘到西藏昌都地区气象台担任台长兼党委书记。3年期满后,又应当地领导和同志们的要求,第三次执行援藏任务。在昌都工作的8年时间里,他狠抓气象台、站领导班子建设,积极培养藏族干部,使台、站两级领导班子中藏族干部的比例由15%提高到62%;努力改善台、站工作生活的基本设施,先后完成昌都气象台和5个气象站的房屋改造任务;他狠抓业务工作质量,使昌都地区的气象业务质量从全藏倒数第二名跃升为1995年的全藏第一名;他组织《昌都气候图集》和《气候应用专辑》等科研工作,分别获西藏科委科技进步三等奖,西藏气象局科技进步二等奖。1990年10月国家民委授予他全国民族团结先进个人;1994年4月西藏气象局党组授予"优秀廉政干部"称号,10月西藏自治区党委授予"优秀共产党员"称号。

1996年4月全国气象部门和浙江、西藏两省(区)开展学习陈金水先进事迹活动,6月13日《人民日报》头版发表了长篇通讯稿,14日在北京召开了以中宣部、中组部等八单位组织的陈金水事迹报告会,之后又先后组织报告团赴10个省、自治区、市和浙江的各市(地)举行报告会,收到良好的效果。1996年以来,他先后获得浙江省和全国气象系统先进工作者、全国模范气象工作者、临安市模范共产党员、有突出贡献的科技工作者、杭州市模范共产党员、市特等劳动模范、浙江省党的好干部、省级劳动模范、全国"五一"劳动奖章获得者等称号。1996年7月1日,中共中央组织部授予他全国优秀共产党员称号,受到党中央政治局全体常委的接见;1997年他当选为党的十五大代表。

台站建设

气象办公大楼建设 2000—2002年建成临安市气象局办公楼,占地4.2亩,建筑面积1340.55平方米,绿化率达49%。建有气象预警预报业务综合平台、气象影视录影室、科室办公室以及图书阅览室、党员活动室、职工活动室、羽毛球场、车库等硬件设施,被浙江省气象局确定为AAA级绿色台站。

20世纪80年代的临安县中心气象站

21世纪初建成的临安市气象局办公楼

气象站建设 2006—2008年建成临安国家基本气象站,占地25亩,观测场按25米×25米标准建设,建有870平方米的业务办公楼和95平方米的配套房,绿化面积7800平方米。除建有气象观测仪器外,还建立天气雷达、卫星地面接收等设备。2008年12月31日20时正式启用,开始地面气象观测并发报等工作。

临安国家基本气象站观测场全景

天目山气象站

始建与隶属情况 天目山气象站属国家基本气象站,是浙江省原有的2个高山气象站之一。建于1955年10月,位于临安市北部西天目山顶,北纬30°21′,东经119°25′,海拔高度1505.9米。建站时属浙江省气象局领导。1956年5月起属上海气象局领导。1958年5月起属浙江省气象局领导,1959年1月起改名浙江省昌化第一气象站,属昌化县人民委员会领导。1960年5月起改名临安县天目山气象服务站,属临安县人民委员会领导。1963年1月起改名浙江省天目山气象服务站,属浙江省气象局领导。1969年7月起改名为浙江

浙江省基层气象台站简史

省临安县天目山气象服务站革命领导小组,1970年7月起属临安县人武部、临安县革委会领导。1972年4月起改名为浙江省临安县天目山气象站,1973年1月起属临安县革命委员会领导。1978年4月起改名临安县气象局天目山气象站,属临安县气象局领导。1981年1月起改名浙江省天目山气象站,属杭州市气象局领导。1998年5月因站网调整,天目山气象站停止工作。

台站主要负责人变更情况

时间	名称	负责人
1955年10月—1958年12月	浙江省天目山气象站	吕汉惠
1959年1月—1960年4月	浙江省昌化第一气象站	吴炳君
1960年5月—1962年1月	浙江省昌化天目山气象服务站	吴炳君
1962年2月—1962年12月	临安县天目山气象服务站	吴炳君
1963年1月—1969年6月	天目山气象服务站	吴炳君
1969年7月—1972年3月	浙江省临安县天目山气象站革命领导小组	吴炳君
1972年4月—1978年3月	浙江省临安县天目山气象站	吴炳君
1978年4月—1980年12月	临安县气象局天目山气象站	吴炳君
1981年1月—1983年11月	浙江省天目山气象站	吴炳君
1983年12月—1987年1月	浙江省天目山气象站	祝怀举
1987年2月—1988年11月	浙江省天目山气象站	陈学和
1988年12月—1994年4月	浙江省天目山气象站	朱发泉
1994年5月—1998年5月	浙江省天目山气象站	刘永军

主要气象业务 气象观测是天目山气象站的主要任务,每天定时观测7次,24小时守班,为全省天气分析和军、民航空提供宝贵的气象资料。观测项目有云、能见度、天气现象、风向风速、气温、气压、湿度、雨量、积雪深度和雪压、日照、蒸发、电线积冰、地面温度等13项。1963年增发05—20时每小时1次的固定航空报、00—24小时危险航空报,1966年2月改为03—22时固定航空报。1969年增发危险天气报告。1974年确定为亚洲气象资料情报交换点。1981—1983年参加国际台风业务试验。到1995年积累了40年气象资料。

天目山气象站气象观测员在清除测风仪器上的积雪

1956年6月前该站自设电台用手摇发电机,传递各种气象电报,7月起改由邮电局转发各种气象电报。1985年后,为了开通全省甚高频辅助气象通讯网,建立了通讯差转台,承担了通讯网的中转任务。

天目山气象站四周群山环绕,交通不便,属国家二类艰苦站,气象测报任务十分繁重,工作人员生活非常艰苦。该站在艰苦的环境中默默无闻,不停地运转着,培养出一批优秀的气象干部。1963年1月被浙江省人民委员会评为省农业先进单位,1976年被临安县评为大寨式先进站,多次被评为全省气象部门先进集体,为气象事业作出了很大的贡献。

昌化气象站

始建与隶属情况 原为浙江省於潜县告岭气候站,建于1956年1月,位于临安县告岭,属浙江省气象局领导,当年6月起归上海气象局领导。1957年3月改名为浙江省告岭气候站,1958年5月又归浙江省气象局领导。由于於潜县划归昌化县,该站1959年1月迁至昌化镇塘山"山顶",北纬30°10′,东经119°13′,海拔高度168.5米。并改名为浙江省昌化县第二气象站,归昌化县人民委员会领导。由于昌化县与临安县合并,1960年12月起由临安县人民委员会领导。1961年4月改名临安县昌化气象服务站。1963年1月起归浙江省气象局领导。1964年3月改名浙江省临安县昌化气象服务站。1969年1月改名浙江省昌化气象站革命领导小组。1970年7月起归临安县革委会领导。1972年4月改名浙江省临安县昌化气象站,由临安县人武部、临安县革委会领导。1978年改名临安县气象局昌化气象站,由临安县气象局领导。1982年3月改名浙江省临安县昌化气象站,由杭州市气象局领导。1995年1月全省气象台站网点调整,昌化气象站撤销。

台站主要负责人变更情况

时间	名称	负责人
1956年1月—1957年2月	浙江省於潜县告岭气候站	杨学勤
1957年3月—1958年12月	浙江省告岭气候站	周天庞
1959年1月—1960年5月	浙江省昌化第二气象站	李 铨
1960年5月—1961年3月	临安县昌化气象服务站	李 铨
1961年4月—1962年12月	临安县昌化气象服务站	朱凤生
1963年1月—1964年2月	浙江省昌化气象服务站	李 铨
1964年3月—1968年12月	浙江省临安县昌化气象服务站	李 铨
1969年1月—1972年3月	浙江省昌化气象服务站革命领导小组	韩锦荣
1972年4月—1978年3月	浙江省临安县昌化气象站	韩锦荣
1978年4月—1982年3月	临安县气象局昌化气象站	沈徐生
1982年3月—1987年11月	浙江省临安县昌化气象站	陈金水
1987年12月—1994年12月	浙江省临安县昌化气象站	麻荣富

主要气象任务 地面气候观测、拍发航空报、危险天气报,承担原始记录的整理,制作气象报表,积累气象资料,是昌化气象站的主要任务。气候观测一天3次,夜间不守班,观测项目有云、能见度、气温、湿度、降水、风向风速、气压、地面温度、雪深、日照、蒸发等12项。每天拍发固定和预约03—22时的航空天气报和危险天气报。1981—1983年参加国际台风试验。

临安大气本底污染监测站

20世纪80年代初,中国气象局按照其事业发展规划,利用国际援助,参照世界气象组织的有关选址标准和要求,在充分考察论证的基础上选定浙江临安作为我国首批建设大气本底监测站的地点之一。临安大气本底污染监测站(以下简称临安本底站)代表长江三角洲区域(包括上海市、江苏省和浙江省两省一市全境)大气成分本底状况。

机构历史沿革

1. 始建情况

1982年开始筹建,选址于临安市横畈镇大罗村老鹰湾山顶,东经119°45′,北纬30°18′,海拔138.6米。距临安市中心约8千米,距东面的杭州市约40千米,距东北方向的上海市约190千米。

1984年12月1日起正式开始工作,观测项目主要有:酸雨、太阳浑浊度、大流量飘尘采样、地面气象观测等。1991年10月1日起,各项观测项目正式纳入业务化运行。1993年起每月上报《大气本底监测业务运行报告》。

1994年根据《关于临安县气象局地面观测任务由大气本底站代替的批复》(浙气发〔1994〕168号)精神,承担临安县气象局(后改为临安市气象局)地面气象观测任务,地面观测业务从1994年12月31日20时起纳入地面气象观测站一般站的业务运行管理模式。2007年1月1日起,地面观测任务由国家一般气象站升级为国家基本气象站。2008年12月31日20时后不再承担临安市气象局的国家基本气象站地面观测业务。

2005年7月,实施大气监测自动化项目,新增六种监测项目。2005年12月,临安本底站高票通过国家科技部评审,成为国家级野外观测研究站。截至2008年12月底,临安本底站业务化运行的观测项目有:酸雨、臭氧总量、可吸入颗粒物、黑碳、能见度、太阳光度、辐射、反应性气体、空气浊度、温室气体、地面气象观测等。

2. 建制情况

隶属关系 初建站时隶属杭州市气象局。2006年2月起,机构规格升格为副处级,实行浙江省气象局与中国气象局大气成分观测与服务中心双重领导,以浙江省气象局领导为主的管理体制。浙江省气象局委托浙江省气象科学研究所和杭州市气象局共同管理。

人员状况 1983年建站初期有职工6人。截至2008年12月底有气象编制职工6人。其中党员1人,团员2人;大学以上学历3人,大专学历2人;初级专业技术人员6人;年龄50岁以上2人,40~49岁1人,40岁以下3人。

主要负责人变更情况

任职时间	主要负责人
1984年12月—1997年12月	谭书明
1998年1月—2003年6月	刘国平
2003年6月—2006年2月	朱渭龙
2006年2月—	顾俊强

气象业务与科研合作

1. 气象业务

①气象观测

大气成分观测 1984年5月起观测业务试运行,同年12月1日起正式开始工作,观测项目主要有:酸雨、太阳浑浊度、大流量飘尘采样观测。1991年10月1日起,各项观测项目纳入业务化运行。酸雨观测任务主要是采集降水样品,测量降水样品的pH值和电导率(K值),做降水样品的酸碱中和滴定并计算出总酸度,寄送降水样品。太阳浑浊度观测主要任务是,在晴朗无云时,每天09、12、15时用手持太阳光度计观测太阳光度。1993年起每月制作上报《大气本底监测业务运行报告》增加臭氧总量观测项目,包括臭氧总量、二氧化硫总量和臭氧垂直廓线等内容。1996年8月,终止大流量飘尘观测项目。2003年5月起,增加UVB观测。2005年7月中旬,增加可吸入颗粒物、黑碳、能见度、太阳光度、辐射、反应性气体等观测项目。2007年4月增加空气浊度观测。2008年12月增加温室气体(二氧化碳、甲烷)观测。

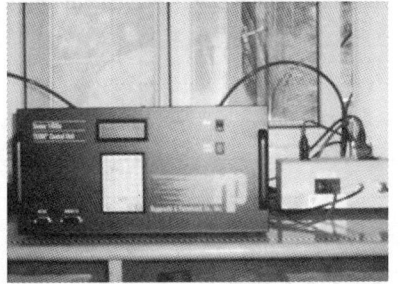

自动化的大气成分监测仪器,反应性气体监测仪(左),可自动跟踪太阳的太阳光度计(右上),可吸入颗粒物在线监测仪(右下)。

浙江省基层气象台站简史

地面观测 1984年7月起,观测时次采用地方时08、14、20时每天3次人工观测。1994年12月31日20时起,纳入国家一般气象站运行管理模式,观测项目有云、能见度、天气现象、气压、气温、湿度、风向风速、降水、雪深、日照、蒸发、地温等。2000年7月1日起,地面观测发报(除航空报)由公用电报网调整为经分数据交换网和程控拨号方式传至浙江省气象台。2001年4月1日起,每天08、14、20时开始拍发天气加密报。2002年1月1日起,风向风速记录仪由EL型改为EN型。2003年1月1日起,进行以人工站为主自动站为辅的人工站和自动站双轨业务运行(平行观测)。2004年1月1日起,进行自动站为主和人工站为辅的双轨业务运行(平行观测)。2005年1月1日起,实行自动站单轨业务运行,20时进行人工对比观测。2007年1月1日起,由于全国站网调整,地面观测任务由国家一般气象站升级为国家基本气象站,气象旬(月)报任务保持不变,改为02、08、14、20时每天4次观测。2008年12月31日20时后取消国家基本气象站业务,改为08、20时每天2次观测,取消自记仪器观测。

气象信息网络

临安大气本底站基础数据一览表

	观测项目	积累年限	保存方式
温室气体	二氧化碳	2001年8月—10月	纸质、信息化
	甲烷	2003年6月—2005年5月	
	氧化亚氮	2003年6月—2005年5月 1993年4月—1995年8月	
大气气溶胶	光学厚度	1984年6月—	纸质、信息化
	大气飘尘浓度	1984年12月—1996年9月	
	黑碳浓度	1991年8月—11月 2000年8月—2001年8月 2003年9月—2005年4月 2005年6月—	信息化
	有机碳/元素碳	2003年7月—2003年9月	
	气溶胶化学	1991年8月—11月 2000年8月—2001年8月	
	气溶胶散射系数	2003年7月—	
	能见度	2005年6月—	
反应性气体	地面臭氧	1991年8月—11月	信息化
	二氧化硫	1994年8月—1995年8月	
	氮氧化物	1999年8月—2000年8月	
	一氧化碳	2003年9月—2004年10月 2005年6月—	
臭氧	臭氧总量	1993年5月—	纸质、信息化
	臭氧廓线		
	常规地面气象观测	1984年5月—	纸质、信息化

续表

观测项目		积累年限	保存方式
辐射	总辐射	2005年6月—	信息化
	直接辐射		
	散射辐射		
	UV-B(290—325 nm)	2003年5月—	纸质、信息化
	UV-B(300—325 nm)		
降水化学	降水pH值	1984年5月—	纸质、信息化
	降水电导率		
	降水总酸度		
	降水离子成分		

2. 科研合作

研究方向 作为长江三角洲经济圈开展大气成分本底长期、综合观测以及实验研究的重要基地，主要研究反映长江三角洲经济圈区域大气成分本底的化学成分和相关大气性质的现状、客观变化规律、以及可能的长期变化趋势；研究导致区域大气成分变化的大气物理、化学过程，着重研究长江三角洲经济圈区域人类活动对大气成分本底变化的影响和贡献；研究区域大气成分本底变化及其相关过程对区域气候、生态和环境的影响；探索大气成分探测的新技术、新方法。

科研合作 临安本底站的建立对监测大气污染动态，为全国大气环境质量评价，推动中国与世界其他国家在气候、大气化学、大气环境等领域的研究和合作起到了重要的作用。建站以来，先后已接待澳大利亚、坦桑尼亚、赞比亚、英国、美国、德国、日本等国家的气象官员、专家、学者到站考察，并进行大气化学采样观测等方面的科研合作。

历年的科研合作项目有：1991—1994年，参加由中国气象科学研究院和美国佐治亚理工学院联合主持的"中美东亚—西太平洋地区大气化学联合考察"项目。1993—1996年，相继参加了国家科委攻关项目《全国湿沉降、酸性气体时空分布特点研究》、中国气象局的《我国大陆和西太平洋地区大气痕量气体及其他化学物质的监测和研究》以及国家自然科学基金的《中国地区大气臭氧变化及其对气候环境的影响》等课题。1999—2001年，参加国家自然科学基金项目《长江三角洲地区低层大气物理化学过程》。2001—2003年，参加由北京大学主持的两个项目，分别为臭氧垂直分布观测；《中国长三角地区一个城乡复合体的研究》课题，观测大气气溶胶、大气光学厚度和大气消光系数等。2000—2003年，参加科技部基础司基础性工作项目《中国大陆大气本底基准研究》，主要观测地面臭氧、二氧化硫、一氧化碳、氮氧化物等反应性气体和黑碳气溶胶。2005—2006年，参加科技部《特殊环境、特殊功能观测研究台站体系建设》项目中的国家大气成分本底观测研究台站体系建设子项目。2007—2008年，参加国家重点基础研究发展计划(973计划)《中国酸雨沉降机制、输送态势及调控原理》第二课题。

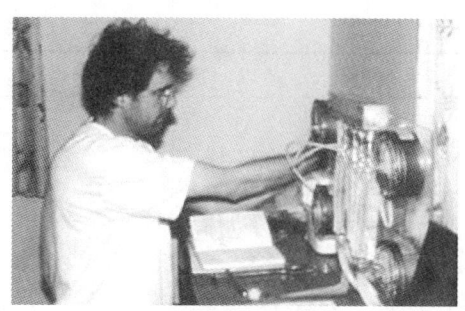

美国佐治亚理工学院专家驻站工作（左上），中国气象科学研究院专家在开展实验（左下），香港理工大学专家在山顶采样（右）。

气象文化建设与台站建设

1. 气象文化建设

文明单位创建 2000年度起被中共临安市委、临安市人民政府授予市级文明单位称号。2001年起获杭州市级文明单位等荣誉称号。2005年12月，通过档案管理省级达标认定。

气象科普宣传 接受中小学校团体参观，积极宣传大气成分监测和地面气象观测工作情况，普及气象科普和防灾减灾知识。2007年3月《杭州日报》、《钱江晚报》等数家杭州的新闻媒体到站联合采风并作相继报道，提高了临安大气本底站社会知名度。

2. 台站建设

大气本底站建设 1983年初，临安本底站征用山林18亩，在山顶建地面观测场及值班室，在山腰建生活区。山顶地面气象观测场历经3次扩建，至2004年达22米（东西向）×16米。2002年，扩大征用了周围200余亩山林。2004年扩建了山顶值班室，并利用值班室屋顶建成大气成分观测平台。2005年在山脚建科研业务大楼。2006年对生活区进行扩建和改造，并用沥青浇筑上山道路。至此形成工作区—生活区—科研区的格局。2008年用围栏圈起已征用的200余亩山林，周围观测环境得到更好的保护。

气象科研业务大楼建设 2005年11月于山脚兴建科研业务大楼，建筑面积1600平方米。2007年，专门聘请广告公司对山脚新建的科研业务楼进行文化装饰，通过门口匾额，展示大厅装饰和丰富的展板装饰,完成了富有学术、大气成分气象特色文化的内部装饰设计施工。

扩建前的山顶值班室(左下)和扩建后的山顶值班室(左上)
改造前的山腰生活区(右下)和改造后的山腰生活区(右上)

富有气象文化特色的科研业务大楼及大厅

宁波市气象台站概况

宁波市位于东海之滨,长江三角洲的东南部,地处宁绍平原,即东经120°55′~122°16′,北纬28°51′~30°33′。辖6区3市2县。全市陆域总面积9365平方千米,海域总面积8232.92平方千米。沿海共有大、小岛屿531个,海岸线长1562千米。户籍人口568.09万。1987年2月24日中央和国务院批准宁波为计划单列市,1994年2月25日中央和国务院批准宁波为副省级城市。宁波是具有1200多年历史的古老港口城市。宁波北仑港2008年货物吞吐量位居国内第二,列世界第三。

气候特点 宁波属亚热带季风气候,冬季受冷高压控制,盛行西北风,天气寒冷干燥;夏季在副热带高压笼罩下,多吹东南风,天气暖热湿润;春、秋是季风的转换期,多低温阴雨天气。四季分明,冬、夏长,春、秋短。降水集中在春季、梅汛期和台汛期。

气象灾害 受南北天气系统和海洋性气候的共同影响,气象灾害频繁多样,有台风、暴雨、洪涝、干旱、高温、寒潮、大雪、低温阴雨、大风、冰雹、雷电和龙卷风等。

气象工作基本情况

历史沿革 清光绪六年(1880年),英国、法国与中国海关共同建立鄞县(宁波)测候所,1886年和1895年先后建立镇海和北渔山测候所。该3个测候所分别于1941年、1938年和1944年撤销。1948年余姚庵东盐场测候所建立,1954年改称余姚庵东盐场气象站,1956年由气象部门接管,遂改称为慈溪县庵东气象站,1991年底改为慈溪市气象局(站)。1953年1月宁波气象站建立,1955年10月至1959年底,相继建立了宁海(1956年)、象山、镇海、浒山、梅山(均为1958年建立,1959年撤销)、余姚、奉化、绍兴(均为1959年)气候站和镇海、龙山、石浦、西泽、梅山、北渔山、穿山(均为1959年)7个海洋水文气象站。1958年9月宁波专区气象台成立。1959下半年,将原属台州、绍兴、舟山3个专区的天台、仙居、诸暨、嵊县、上虞和舟山县气象(候)站划归宁波专区管理(上虞站于1962年撤销,舟山站于1962年6月,天台、仙居于1963年,绍兴、嵊县、诸暨于1970年分别回归原属专区管理)。1960年10月观测组迁移至江东大鹏桥、挂牌宁波市气象服务站,1962年7月更名为鄞县气象站。1966年5月24日,所属海洋水文气象站移交给国家海洋局东海分局建制。1971年、1979年分别建立了北仑、象山局(站)。至2008年,辖有8个县(市、区)局(站)。

人员状况 全市气象部门1959年共有在职人员52人,1978年129人,2008年164人。其中大专以上学历129人,本科81人,硕士研究生11人,博士研究生2人。中级以上职称81人,高级以上职称19人。县(市、区)人大代表1人;市政协委员2人,县(市、区)政协委员4人。

党的建设 全市共有党支部12个,党总支1个,党员150名。

精神文明建设 2001年,宁波市气象系统被中国气象局和宁波市精神文明建设委员会评为文明系统。2005年和2007年,先后被宁波市政府命名为文明行业。截至2008年底,全市共有省级文明单位1个,市级文明单位4个,县(市、区)级文明单位2个,文明机关1个。市级劳动模范1名,县(市、区)级劳动模范1名,享受省级劳动模范待遇1名。

气象法规和社会管理 自2002年起,宁波市政府陆续颁布了关于防雷管理、气球施放管理和气象灾害预警信号发布与传播管理等地方规章。2001年12月,宁波市气象局设立政策法规管理机构,即政策法规处,各县(市、区)气象局都确定了兼职人员,共同行使社会管理职能。到2004年,气象行政审批项目均进入当地行政服务中心审批。2008年6月7日,中国气象局批复同意在政策法规处加挂行政审批处牌子,各县(市、区)气象局也相应设立了行政许可机构。

主要业务范围

气象观测 宁波地面气象观测始于1880年的鄞县(现鄞州)测候站,持续至1941年终止。1948年建立余姚庵东盐场测候所(现慈溪市气象站)。

全市地面气象观测站8个,其中鄞州、慈溪、石浦为国家基本站,北仑、余姚、象山、奉化、宁海为国家一般站。

2005年自动气象观测系统正式启用,执行以人工观测为主的双轨运行;2006年改为以自动观测为主的双轨运行;2007年执行自动观测单轨运行,保留云、能、天等人工观测项目。

2002年12月,余姚、北仑、宁海、象山各安装了1套闪电定位仪,2003年建成全市闪电定位系统。2005年开始建设区域自动观测站,至2008年共建设自动观测站141个,其中七要素站13个,六要素站14个,五要素站22个,四要素站92个。2008年,宁波市气象局与宁波市规划局合作,在全市建设了8个GPS/MET观测点。2008年在全市设立了8个"全球眼"监测点,建成灾害性天气视频实时监测系统。

气象预报服务 1956年下半年,宁波市气象站正式公开发布霜冻补充订正预报。1958年,宁波市气象台开始制作1~3天短期天气预报。1959年下半年起,开展补充天气预报,1966年1月改称天气预报。各县气象站都开展了中、短期和灾害性天气、各类重要社会活动天气预报。到2008年,形成以数值天气预报产品为基础、以人机交互处理系统为平台、综合应用多种技术方法的天气预报业务流程。

宁波市气象服务工作始于1958年,先是进行公众气象服务,随后相继开展了决策气象服务和气象科技服务。

1995年宁波市气象台开始制作电视天气预报节目,到2008年全市共有12套电视气象节目;2000年起建设气象网站,到2008年全市共有7个专业气象网站;2005年起建设气信息电子显示屏,到 2008 年全市共建成 55 块气象信息电子显示屏;2002 年起建设公众气象短信服务平台和决策短信平台,到 2008 年全市共有公众用户 200 多万人,决策用户 11200 人;20 世纪 80 年代中期起建设天气预报声讯电话系统,到 2008 年全市每天平均 3 万人左右拨打声讯电话。

农业气象　1957 年和 1958 年,宁海、慈溪 2 个气象站分别开始农业气象观测。1960 年建立了宁波地区农业气象试验站(1961 年撤销)。到 2008 年,全市共有宁海、慈溪 2 个国家级农业气象观测站,鄞州、北仑、余姚、象山、奉化 5 个省级农业气象观测站。1981 年开展农业气候资源调查与区划工作,全市 9 个市、县、区编写了《农业气候资源调查与区划》。

信息网络　1958 年 9 月,宁波气象台通过抄收莫尔斯报收集气象资料,1974 年 10 月改用 62 型移频单边带及 DCY-1 型电传机。1981—1983 年先后在宁波气象台、鄞县(现鄞州)、慈溪、余姚、奉化、北仑、宁海、象山气象站配备了 123 型传真机。1987 年 3 月起组建了省、市、县甚高频电话通讯网。1994 年 5 月起各气象台站先后建成了局域网。2000 年组建了市—县气象信息宽带网,2003 年增建一组市—县的宽带网络,实现内外网隔离。鄞州、慈溪、余姚、北仑、象山、宁海、奉化先后组建了信息服务网或农经网。2004 年建成省、市、县三级视频天气会商系统。

天气雷达　1976 年,宁波专区气象服务台安装了 711 气象测雨雷达,并投入业务使用。2001 年宁波市气象局建设新一代多普勒雷达站,2003 年 2 月 9 日投入业务运行。

防雷技术服务　宁波市防雷服务工作始于 1991 年,当年 11 月,宁波市劳动局和中国人民保险公司宁波分公司联合发文,由市气象局开展对全市避雷装置的安全检测。1996 年经宁波市机构编制委员会办公室批准成立了宁波市防雷设施检测中心(1999 年 12 月更名为宁波市防雷中心),各县气象局相继成立了相应的检测机构。工作范围包括防雷装置的设计、检测、审核和验收。

人工影响天气　2001 年上半年,宁波市人工影响天气工作正式起步,全市统一组织队伍、技术培训和购置设备。人工增雨采用 HJD-82A 火箭发射器。2003 年 7 月 19 日首次进行人工增雨作业。截至 2008 年,全市已建成 6 个固定作业基地、13 个临时机动作业点、8 支人工作业队伍和 13 套火箭发射系统,共作业 168 次,发射火箭弹 689 枚。

宁波市气象局

机构历史沿革

历史沿革　1953 年 1 月 1 日成立宁波气象站,地址在宁波市桂井街 30 号(现柳汀街 97 号),即北纬 29°52′,东经 121°30′。1958 年 9 月 1 日扩建为宁波专员公署气象台,1959 年 7 月成立宁波专员公署气象局,下设预报、报务、填图、审核、海洋、观测 6 个组,1960 年 10 月观测组迁至宁波江东虹桥巷大鹏桥,对外挂牌宁波市气象服务站,1961 年撤销海洋组。1962年7月观测组（宁波市气象服务站）划归鄞县（现鄞州区），1962年10月宁波专员公署气象局更名为宁波专员公署气象服务台（仍有管理职能）。1963年1月，宁波专员公署气象服务台与鄞县气象服务站合并，称为宁波中心气象服务站。1964年1月又分为宁波专区气象服务台和鄞县气象服务站。1967年11月15日成立宁波专区气象服务台革命领导小组，1977年9月成立宁波地区气象局。1983年10月改称宁波市气象局。1987年2月，宁波市被中央和国务院列为计划单列市，1988年1月起，宁波市气象局实行计划单列，国家气象局批准宁波市气象局下设办公室、人事处、业务科教处、计划物资处4个内设机构和气象台、应用气象室2个直属事业单位。1997年6月，宁波市气象局局址从柳汀街迁至现址（气象路118号）。1998年气象台加挂海洋气象台牌子。2001年，人事处改称人事教育处，新增政策法规处、市防雷中心、财务结算中心和后勤服务中心。2005年撤销应用气象室、财务结算中心，成立信息中心和监测网络中心。2006年7月人事处增挂监察审计室牌子。2008年6月政策法规处增挂行政审批处牌子。

建于20世纪50年代的宁波专员公署气象台办公楼

宁波市气象局位于宁波市海曙区，座落在气象路118号。单位规格为副厅级，下设办公室、人事教育处、业务科技处、计划财务处、政策法规处等5个内设机构和气象台、气象监测网络中心、气象信息中心、防雷中心、气象局后勤服务中心等5个直属事业单位。

人员状况 1953年建站时仅5人，1978年51人，2008年底在编在职人员84人（其中局机关22人），编外在职人员38人。大专以上学历68人，本科以上学历57人，硕士研究生11人，博士研究生2人。中级以上技术职称46人，高级职称17人。离退休人员35人。少数民族1人。

建制情况 1953年，宁波气象站属中国人民解放军浙江省军区司令部气象科建制，由宁波军分区管辖，1954年1月转为政府建制，归浙江省气象科（10月改为省人民政府气象局）领导。1955年8月属浙江省气象局建制。1956年5月1日划归上海市气象局。1958年5月恢复浙江省气象局管辖。1958年9月1日起由浙江省气象局和宁波专员公署双重领导。1970年4月起由宁波地区革命委员会管辖，同年11月开始实行以宁波军分区和宁波地区革命委员会双重领导、军分区领导为主的体制。1973年9月归宁波地区革命委员会管辖。1981年下半年实行由浙江省气象局和宁波地区政府双重建制。1983年10月宁波地区与宁波市合并，宁波市气象局归浙江省气象局和宁波市政府领导。1988年1月1日起实行计划单列，由上级气象主管机构和宁波市政府共同管辖，以气象部门为主的建制。

名称及历届主要领导人变更情况

历属名称	职务	领导人姓名	任职时间
宁波气象站	站长	曹风舞	1952.12—1953.7
		李荣祥	1953.12—1954.11
		徐福芝	1954.12—1955.3
		张文胜	1955.5—1956.2
	副站长	夏淑芸	1957.1—1959.1
宁波专员公署气象局(台)	副局长	王惠英	1959—1961
	代局长	李佩超	1960—1961
宁波专员公署(专区)气象服务台	副台长	赵水波	1961—1963
	负责人	杨成权	1963—1964
	副台长	钱明连	1964—1967
宁波专区气象台革命领导小组	组长	杨成权	1967—1977
宁波地区气象局	局长	赵开镛	1977.9—1983.2
	副局长	李 政	1983.2—1984.11
宁波市气象局	副局长	孙剑萍	1984.11—1986.7
	副局长	陈德霖	1986.7—1989.2
	局长	陈德霖	1989.2—1993.12
	局长	李秀玲	1993.12—2000.10
	局长	徐文宁	2000.10—2008.9
	局长	薛根元	2008.9—

气象业务与服务

1. 气象业务

天气预报 建站初即开始制作天气预报,为军事部门服务。1953年9月1日起,天气预报业务迁至定海(舟山)。1958年9月1日开始,气象台承担责任区的天气预报和对外发布任务。20世纪50年代末至60年中期建立天气图、气候资料、群众经验相结合的预报方法。1980—1983年结合国内外数值预报产品制作天气预报。1986年研制完成了短期晴雨和暴雨MOS预报方法。20世纪90年代随着计算机技术的应用和普及,增加了专家系统和数值预报释用等预报方法。2001年引进神箭-100并行计算机,开展有限区域数值天气预报。2006年引进曙光-4000A高性能计算机系统(峰值浮点运算能力为1.23(Tflops)万亿次/秒),形成了以数值预报产品为基础、以人机交互处理系统为平台、综合应用多种技术方法的预报业务流程。

信息网络 1958年9月开始通过抄收莫尔斯气象广播收集国内外高空、地面气象资料。20世纪70年代增配239、339新型半导体收报机。1974年10月配用62型移频单边带及DCY-1型电传机,实现了无线电传收报。1987年3月组建了市气象台至省气象台和县气象站的二级150兆甚高频无线通信网(1996年起停用)。1987年9月1日开通了至省气象台的全双工75波特气象专用有线电传线路,配置了1000型电传机。1989年5月配置了静止卫星云图接收处理系统。同年,实现了自动填绘天气图和计算机通信。1994年至省气象台的电传报路改为四线制全话路专线通信,配置了MULT1342L系列的四线制MODEM和DEC计算机与省气象台联网,5月组建了NOVELL局域网。1995年开通了与市政府信息中心的传输专线。1997年10月建成了VSAT卫星双向站和PCVSAT小站。2000年底至2001年初组建了宁波市农经网、市农业信息网和市气象宽带网,2003年增建市—县气象宽带网,2008年将内网数据通信和视频会商进行分离。2004年完成省、市、县三级天气视频会商系统建设。2006年初开通了宁波气象政务网站。

天气雷达 1976年下半年配备了711型固定式气象测雨雷达投入业务使用,1982年加入华东天气雷达监测网。2001年新一代多普勒天气雷达建设工作启动,站址选在海拔458米的慈溪市达篷山上,即北纬30°04′11″,东经121°30′34″,雷达站建筑面积3750平方米。2003年2月9日投入业务运行。雷达采用两条光缆与市气象台连接,24小时运行,探测资料供全市气象台站随时调用,并上传到中国气象局信息中心、华东区域气象中心和浙江省气象台。

技术合作与国际交流 2005年市气象局分别与浙江大学、中科院大气所、国家卫星气象中心签署科技合作协议,时任中国气象局副局长的郑国光出席了与浙江大学科技合作的签字仪式。与浙江大学合建了教学基地和科研基地,与中科院大气所合建了海洋与中小尺度天气科研基地,并分别与浙江大学和中科院大气所开展了科研项目合作。1997年9月,太平洋地区多国考察团一行17人来宁波市气象局考察。2001年11月,哈萨克斯坦水文外事官来宁波市气象局考察。

2. 气象服务

公众服务 1959年下半年开始通过有线和无线广播网每日定时对公众发布天气预报。20世纪80年代初开始,在《宁波日报》刊登天气预报,20世纪80年代中期安装了"121"自动答询电话(20世纪90年代初中断)。1987年9月30日起向北京发送宁波市24小时天气预报,在中央电视台一套的全国城市天气预报中播出。1995年开通了"168"气象热线。1995年12月1日起,宁波市气象台开始制作电视天气预报节目。1996年恢复"121"气象自动答询电话,具有普通话和英语双语答询功能。1999年起推出有主持人的电视天气预报节目,截至2008年,共有5套电视气象节目播出。2000年开通宁波气象信息网站(www.qx121.com)。2002年建设了公众短信服务平台。2005年开始在宁波市"老三区"设立了10块气象信息电子显示屏。

决策服务 20世纪60年代初开始,在各重要农事季节和灾害性、关键性天气来临之前,以口头或书面形式向领导部门提供决策服务。1996年初为市主管领导配备便携式气象信息服务终端。2005年开通了手机气象信息系统,为市县两级防汛部门及时提供各类气象监测和预报预警信息。2002年建设了决策气象服务短信平台。到2008年底共有决策用户1350人。

为农服务 为农业生产服务起步于20世纪60年代,当时服务的手段是向各级领导和有关生产指挥部门在各农业生产关键期、农作物重要生长发育期、影响农作物生长的不利气象条件期间提供气象信息。1978年开始编写农业气象情报、农业气象预报,开展农业气候调查与区划工作。1987年为农业社会化服务体系建设工作起步,将天气预报网延伸至村镇。2000年,由市农经委牵头,市气象局承办,建设了宁波市农村经济综合信息网。截至2008年,访问量已达370万人次。2004—2008年每年被评为中国农业网站100强。

海洋服务 1959—1984年每年冬季派出由预报、报务、填图等技术人员组成的海上流动气象台(组),深入渔场,开展现场海洋气象服务。1994年初步建成海洋气象业务系统,1998年1月1日宁波市海洋气象台成立(时任中国气象局局长的温克刚为海洋气象台揭牌),为海上捕捞、养殖、航运、救险、港口作业、旅游等开展气象服务。

科技服务 科技服务起步于1982年,当年在砖瓦厂等单位试行气象科技咨询服务。1985年7月根据国务院办公厅国办发〔1985〕25号文件,成立科技咨询服务公司气象分公司(1986年10月撤销),正式开展气象科技服务。1987年开始相继开展了针对航海、港口、渔业、建筑、盐业、旅游等行业的气象科技服务,通过电话、警报器、计算机远程终端、声讯电话和手机短信等为服务单位提供气象信息。1991年开始开展防雷检测工作。1997年开始开展防雷工程服务,2007年为杭州湾跨海大桥防雷工程完成了总体设计和施工。2008年7月防雷管理系统通过专家鉴定并正式投入业务运行。

科普宣传 20世纪80年代开始,撰写科普文章在报刊上发表、在广播电台播出。1997年市气象学会主持编注出版了《气候诗歌一百首》。1988年开始,每年都组织青少年气象夏令营活动。1998年开始,在每年的"3·23"世界气象日活动期间,气象台都对外开放,接待市民参观。2003年6月"宁波市气象活动中心"(中国气象局、宁波市政府、慈溪市青少年教育基地)成立,到2008年接待参观人数已超过2万人次。2004年下半年《气象谭》节目在电视台播出。2006年又在电视台播出了《约会新气象》栏目。

法规建设与社会管理

法规建设 2002年3月8日市政府颁发了《宁波市防御雷电灾害管理办法》(第97号市长令),自2002年5月1日起实施。2006年重新颁发了修订后的《宁波市防御雷电灾害管理办法》(第142号市长令)。2003年10月31日市政府下发了《宁波市施放气球管理办法》。2005年2月23日市气象局下发了《宁波市施放气球资质管理办法》,报经市法制办备案。2005年9月市政府颁发了《宁波市气象灾害预警信号发布与传播管理办法》(第131号市长令)。2006年向市人大提交了关于《宁波市气象灾害防御条例》的立法建议,2007年完成立法调研。

社会管理 2003年向宁波市行政审批制度改革领导小组办公室申请备案,将施放气球列入审批项目,同时组建气象执法队伍并履行职责。2004年初向市行政审批制度改革领导小组办公室上报了防雷装置设计核准、施放气球审批、外国组织和个人在中国境内从事气象活动、气象台站迁址、气象探测环境影响等5项许可事项,制定了《宁波市气象局实施行政许可工作制度》,报市法制办备案。同年5月气象行政审批进入市行政服务中心。2008年完成了行政审批职能归并。2008年防雷设施安全隐患排查列入市安全隐患排查内容。对违法施放气球、传播气象信息的行为进行气象行政执法。

党的建设与气象文化建设

党的建设 1977年宁波地区革命委员会决定成立宁波地区气象局党组。1984年浙江省气象局批准成立宁波市气象局党组,1992年中国气象局批准成立宁波市气象局党组。1960年建立中共宁波市气象局党支部,共有党员5名。1998年建立中共宁波市气象局机关党总支,共有党员40名。2004年更名为中共宁波市气象局直属机关党总支。截至2008年,党总支共有党员77名,下设4个党支部。

党风廉政建设 1984起成立市气象局党组纪律检查组。从2002年起,连续7年开展"党风廉政建设宣传教育月"活动。2005年制定了《宁波市气象局党组关于落实〈建立健全教育、制度、监督并重的惩治和预防腐败体系实施纲要〉的具体办法》,2008年制定了《宁波市气象局贯彻落实〈建立健全惩治和预防腐败体系2008—2012年工作规划〉具体办法》,推进"惩治和预防腐败体系"建设。2006年出台了《宁波市气象局党风廉政建设责任制实施办法》。

精神文明建设 1986年起开展争创精神文明先进单位活动。1995年开始开展市级文明机关创建活动,1998年被市委命名为宁波市级文明机关。

文化体育活动 从1992年开始,组织举办全市气象部门职工运动会,参加人数最多一届达到了320人,截至2008年共举办了16届。2007年承办了第二届上海区域"气象人精神"演讲比赛。

荣誉与人物 陈有利,现任宁波市气象台台长。先后被浙江省委、省政府授予"浙江省抗台救灾先进个人"、被宁波市委授予"优秀共产党员"称号,2007年被授予市级劳动模范称号。

台站建设

计划财务管理体制 1988年1月1日起,宁波市气象局实行计划单列,根据市政府和国家气象局协议,实行中央和地方双重计划财务体制。1992年5月国务院下发《关于进一步加强气象工作的通知》,双重计划财务体制不断完善,地方财政投入不断加大,地方财政投入占总投入的比例:"八五"期间为64.4%,"九五"期间为76.3%,"十五"期间为74.5%,"十一五"前3年已占68.4%。

台站建设 "九五"期间市气象局完成基建4578平方米,其中地方政府投入资金占总投资的62.8%;"十五"期间完成基建5150平方米,地方政府投入占90.6%;"十一五"将完成基建13823平方米,地方政府投入占71.1%。

1997年投入使用的气象业务大楼(前)、在建的面积为13823平方米的宁波市气象灾害应急预警中心(后)

北仑区气象局

北仑区位于宁波市东部,濒临东海,北临杭州湾,南临象山港,陆域面积585平方千米,海域面积258平方千米。境内北仑港被称为"东方大港"。辖6街道2镇1乡,户籍人口35万。北仑区境内设有北仑区一个行政区和宁波经济技术开发区、宁波保税区、宁波出口加工区、大榭开发区、宁波梅山保税港区5个国家级开发区。

机构历史沿革

始建情况　北仑区气象局(站)始建于1970年9月,时称镇海县气象站,位于北仑区小港开发区炮台山,东经121°45′、北纬29°58′,观测场海拔高度24.1米。

1986年1月改称滨海区气象站,1987年9月更名为北仑区气象站。1992年3月成立北仑区气象局,实行局站合一。2006年5月,气象局(站)从小港炮台山搬迁到北仑新矸明州路773号开发区商务大厦办公,2008年1月1日观测场搬迁到北仑大矸街道杜家村,即东经121°50′,北纬29°53′,海拔高度5.0米。

建制情况　1971年1月镇海县气象站由县革委会领导,业务上归浙江省气象局管理;1971年6月,由县革委会和县人武部双重领导;1973年5月,归属县革委会管理;1981年1月,实行"省气象局与地方政府双重领导,以省气象局为主"的管理体制;1986年1月,由宁波市气象局和滨海区政府(现北仑)双重领导。

人员状况　1971年建站初期有职工6人,现有在编职工8人,编外职工9人,退休人员

7人。

在编人员中,30岁以下2人、31~40岁2人、41~50岁1人、50岁以上3人;大学学历6人,高中学历2人。技术职称中级2人,初级5人。党员4人,政协委员1人。

名称及主要负责人变更情况

名称	职务	负责人	任职时间
镇海县气象站	负责人	李满昌	1970.09—1971.04
	支部书记	赵士豪	1971.04—1982.07
	站长	赵宏勋	1982.07—1986.01
滨海区气象站	站长	赵宏勋	1986.01—1987.09
北仑区气象站	站长	赵宏勋	1987.09—1988.04
		傅承涛	1988.04—1992.03
北仑区气象局	局长	傅承涛	1992.03—2002.05
		李满雷	2002.05—

气象业务与服务

1. 气象业务

气象观测 地面气象观测项目有云、能见度、天气现象、气压、空气温度和湿度、风、降水量、日照、小型蒸发、积雪深度、0厘米地面温度等。每日进行北京时08、14、20时3次气候观测。

1971—1989年承担航空报观测发报任务,1979年起担负重要天气报告(省危险天气报)。1979年4月起,向省气象台发送实况天气报。1981—1983年参加国际台风业务试验;1990年又参加台风特别试验。

1988年使用PC-1500袖珍计算机进行观测计算和编制月报表(气表-1),1992年5月配备COMPAQ386微机,1995年开始配备了台式微机(COMPAQ486150)。2003年,安装闪电定位装置,2004年12月31日20时启用自动站进行并轨观测,自动站型号MILOS520,芬兰OYJ生产。

2005年开始全区设立了10个地面自动气象站。

信息网络 1983年前用收音机接收气象信息,1983年由省气象局配备123型传真机、79型定频机和4E2型中源环型天线;1987年3月开通了至市气象台的甚高频辅助通信网;1993年建成开展无线甚高频数据传输网;1995年装备了台式微机;1997年建成局域网;1998年安装静止卫星接收处理系统;1999年添置了PC-VSAT气象综合数据卫星接收小站(9210工程);2004年建成天气会商可视系统。

资料归档 建站以来至2000年的档案资料全部送宁波市气象局保存。

气象预报 20世纪70年代,开始发布24小时、48小时的天气预报和春播期、梅汛期、台汛期的中长期预报。

1983年进入数值预报产品解释应用阶段。1994年以来研制建立了与市气象台相配套的释用预报系统,形成了以数值预报产品为基础、人机交互处理为平台,综合应用多种技术方法的天气预报业务系统。预报产品有短时、短期、3～5天预报以及旬、月报,森林火险预报、地质灾害预报、人体舒适度、紫外线指数预报等。

2. 气象服务

公众服务 1972年起,常规的天气预报以及灾害性天气通过电话和当地有线广播网进行服务。1995年文字形式气象预报在电视台播出。1998年7月,"96121"电话气象自动答询系统开通。2002年在北仑区电视台推出电视天气预报栏目。2003年建立北仑区气象信息网站,2006年12月1块LED气象信息电子显示屏投入运行。2008年5月建立灾害性天气手机短信信息发布平台,为社会各界提供气象信息。

2003—2007年,先后完成了北仑区旅游资源普查气候分析、"梅山大桥及接线工程可行性研究——气候背景和风参数研究"的专题研究等工作。

决策服务 20世纪80年代以口头或传真方式向区委区政府提供气象信息。20世纪90年代逐步开发《重要天气报告》、《气象信息内参》、《气象实况信息》、《汛期(5—9)月天气趋势分析》、《气象公报》等天气预报服务产品。在气象网站上提供灾害性、关键性、转折性天气气象信息供领导参考、调用。每当重要天气或重大灾害性天气影响时,尤其是台风影响期间,进行现场服务,向政府领导或在防灾减灾会议上进行汇报讲解,提建议,并在紧急警报和预警阶段每3小时1次更新最新动态和预警信息。

从1999年开始相继为北仑区建区十五周年暨经济贸易洽谈会、国际女排赛、北仑区全民运动会、北仑区实施海上民船快速征集演练等社会活动提供气象保障。

专业与专项服务 1992年,根据甬气发〔1991〕第21号文件精神,防雷检测工作开始启动。1996年起进行专业上岗培训、考核,持证上岗。1997年10月成立防雷检测所。2002年3月在北仑区行政审批中心设立了气象窗口。截至2008年,已形成防雷设计会审、施工监理、竣工验收、年检年审系列化的防雷避雷技术服务体系。

人工影响天气工作于2004年4月启动,成立了北仑区人工影响天气领导小组、增雨作业指挥中心、天气监测中心和增雨作业队。2004年6月区政府下发了实施《北仑区人工增雨实施方案》。截至2008年底,先后进行了4次人工增雨作业演练。

为农服务 为农服务工作开始于1976年,编写农业气象月报、三季粮食作物全生育期气象条件分析、年度气候评价。制作春播期、梅汛期、夏收夏种、秋收冬种等天气趋势预测。开展春粮(大小麦)早、晚稻产量预报、病虫害预报。1985年完成镇海县农业气候资源与农业气候区划工作。

科技服务与技术开发 1985年气象科技服务开始起步,1995—2004年与宁波市气象台合作开展气象警报网、气象远程终端服务,1997—2001年与鄞县、市气象局应用气象室共同组成施放庆典气球联合体,1998年7月与邮电部门联合开办"96121"电话气象自动答询系统,2003年建立气象网站和传输系统,2008年开通手机短信服务。

现以港务系统、化工系统、大型企业作为重点服务对象,根据用户需求提供长、中、短和灾害性天气预报信息。从以往信函、电话形式,发展到电话传真、微机终端、"96121"电话气象自动答询、手机短信、网络传输。

科普宣传 组织科技人员开展气象法宣传活动,定期不定期编写气象科普材料分送给相关领导和基层单位,撰写科普文章在当地报刊刊登或电台、电视台播送。

1996年编印出版了《台风手册》。每年"3·23"世界气象日,举行主题纪念活动,开展气象知识图片展览、发送气象宣传资料,接待中小学生参观等。2003年起,在北仑气象网站上设气象科普、气象知识你问我答等栏目。2006年5月,组织村级干部和宁波港集团有关领导进行"强对流天气及台风影响"的气象科普知识讲座。

法规建设与管理

法规建设　2000年向北仑区法制办办理了气象管理行政执法证,2003年6月成立气象行政执法大队。按照《北仑区普法教育依法治理工作的实施意见》结合气象部门工作实际制定了《普法教育规划和年度计划》,成立普法教育工作领导小组。2006年制定并实施"五五"普法规划,参加地方举办的法制讲座。依托新闻、媒体、网络开展气象法规宣传。

社会管理　2001年进入区行政服务中心,开展施放气球、防雷装置设计核准、竣工验收、建设项目大气环境影响评价的审批。2004年制定了行政许可制度。2008年设立行政审批科。

政务公开　2002年完善政务公开,对气象行政审批办事程序、服务承诺、气象行政执法依据、气象服务收费依据及标准、法定职责等内容向社会公开。落实首问责任制、气象服务按时办结、气象投诉电话、财务管理等规章制度。

党建与气象文化建设

支部建设　北仑区气象局党支部成立于1971年10月,当时为镇海气象站党支部,党员3人。支部成立以来,共发展党员8人。

党风廉政建设　从2002年开始每年开展党风廉政建设月活动,对职工进行党风党纪教育,先后制定了《北仑区气象局党风廉政建设责任制实施细则》、《北仑区气象局领导干部履行党风廉政建设责任制工作制度》。局领导与各科室负责人签订党风廉政建设责任书,每年进行一次党员民主评议工作。2003年"三个代表"学习活动中,开展创建"学习型党支部"的一个支部一个特色活动,2004—2005年开展争创先进党组织、优秀共产党员的双争活动,2005年开展党员先进性教育活动,2007年开展作风建设年活动。

精神文明建设　1987年起开展争创文明单位活动,1988年起,每年三月份开展"职业道德教育月"活动。1997年,开展了"凝聚力"活动。1998年起每年开展联系结对困难党员扶贫帮困和慈善一日捐活动,参加地方和气象部门组织的各类知识竞赛。1999年开展"学理论、学党章、树形象、创新业"活动和"讲政治、讲学习、讲正气"的"三讲"教育。2000年起每年组织干部职工参加无偿献血活动。

1989年被评为省气象部门双文明单位。1998年被评为区级文明单位。至2008年仍然保持区级文明单位。

文体活动　1987年举办由北仑、鄞州、余姚、慈溪参加的首届宁波市气象系统运动会。2005年主办宁波市气象系统第十四届职工运动会。参加每届宁波市气象系统职工运动会和北仑区组织的全民运动会。

台站建设

计划财务 1997年12月之前为报账单位。1998年1月起为会计独立核算单位。1992年以来逐步落实双重计划财务体制。地方财政逐年增加。各项津补贴、医保等享受当地行政事业单位同等待遇。2003年起气象事业经费列入地方财政预算,地方经费投入逐年增加,2008年地方经费投入占总额的72.8%,2004—2008年地方基建专项经费投入所占比例为58%。

台站建设 北仑区气象局(站)建立时,地处甬江口畔,水电路不通,办公条件简陋,生活艰苦。经过逐步改造,工作条件和生活环境得到了改善。1984—1987年由省气象局和中央拨款购商品房659平方米,解决了职工住房难问题。1991年建工作用房435平方米。

北仑气象站站貌变迁

2006年5月,从小港炮台山搬迁到北仑新碶开发区商务大厦办公。2008年迁站工作已得到实施,并于11月开工建设。总占地面积24.2亩,建筑面积2614平方米(不含观测场面积)。

鄞州区气象局

鄞州区是由鄞县撤县建区而来,位于浙江省东部。全区总面积1346平方千米,户籍总人口79万。下辖6个街道、16个镇、1个乡。

机构历史沿革

始建情况 鄞州区地面气象观测记录始于1953年1月,当时称宁波气象站,地址位于宁波市桂井街30号。1960年10月地面观测场迁移至宁波市江东虹桥巷大鹏桥"东郊"(现为百丈东路83号),靠近原鄞县县政府所在地。即北纬29°52′,东经121°34′,观测场海拔高度为4.2米。1962年称鄞县气象服务站,为宁波专署气象服务台下属的观测组。1963年宁波专署气象服务台与鄞县气象服务站合称为宁波中心气象服务站。1964年1月,恢复宁波专署气象服务台和鄞县气象服务站用名,并启用印章,鄞县气象服务站由此年开始正式建立。是国家基本站。1970年8月更名为鄞县气象站。1991年12月成立鄞县气象局,实行局站合一。1994年10月局址迁至宁波市江东新河路396号。2002年4月改称为鄞州区气象局。2008年5月局址迁到鄞州中心区天童南路1858号,即北纬29°47′,东经121°33′,观测场海拔高度为5.0米。

1994年建成的位于新河路396号的气象局大楼

建制情况 1964年建站时属浙江省气象局领导;1970年7月归鄞县革命委员会管理;1971年4月实行鄞县人民武装部和鄞县革命委员会双重领导以人武部为主的管理体制。1973年11月改由鄞县革命委员会领导;1977年由鄞县县政府管理。1981年10月实行浙江省气象局和鄞县县政府双重管理体制;1988年1月属宁波市气象局和鄞县(现鄞州区)人民政府双重领导。2008年,气象局内设大气监测科、预报服务科、办公室、行政许可科;局下属单位鄞州区防雷中心。

名称及主要负责人变更情况

名称	任职时间	负责人	职务
鄞县气象服务站	1964—1970.7	夏淑芸	副站长
鄞县气象站	1970.8—1973.4	洪智慧	负责人
	1973.5—1976.11	李志定	负责人
	1976.12—1981.12	毛阿三	站长
	1981.12—1985.1	杨鸿良	站长
	1985.1—1988.4	徐渭康	副站长
	1988.4—1991.11	徐渭康	站长
鄞县气象局	1991.12—1994.3	徐渭康	局长
	1994.3—1997.3	周伟军	副局长
	1997.3—1998.6	厉亚萍	副局长
	1998.6—2002.4	厉亚萍	局长
鄞州区气象局	2002.4—	厉亚萍	局长

人员状况 1964年建站时共有职工7人,1978年13人。2008年底,全局在编人员13人,1人地方退伍安置,编外人员5人。所有人员中本科学历6人,大专8人,中专3人,高初中2人。具有中级职称6人,初级职称7人。退休4人。有2人次分别为1989—2003年期间的县(区)政协委员。

气象业务与服务

1. 气象业务

地面测报 1953年1月起每天24小时观测。1954年1月1日起每天都按当地的地方平均太阳时01、07、13、19时进行4次观测,并编发绘图报。1954年12月1日开始,增加05、17时2次补绘报。向上级业务部门报送气象观测月报表(气表-1)。1960年8月1日起,地面观测取消地方时,调整为北京时02、08、14、20时4次观测,观测项目有云、能见度、天气现象、气压、气温、湿度、风向风速、降水(雪)、雪深、日照、蒸发(小型)、地温(0厘米最低)等,1961年起地温观测增加0厘米、5厘米、10厘米、15厘米、20厘米(其中1966年8月—1979年12月只观测0厘米),1981年4月起地温观测增加40厘米。1967年1月至1969年11月期间为08、14、20时3次观测(发报),夜间不守班。1980年1月1日起恢复4次观测。1981年1月观测项目增加了直管地温(80厘米、160厘米、320厘米)、雪压、电线积冰,1984年1月起观测项目又增加了大型(E-601)蒸发。1986年,PC-1500袖珍计算机正式应用于地面观测计算(包括编绘图报)和编制报表,1995年,配备一台COMPAQ386台式微机用于报表制作、电码编制和自动上传。2005年中尺度灾害性天气预测预警系统16个自动站建成并投入业务使用。2008年在新址观测场安装了升级的VAISALA自动站。

信息网络 从建站开始到1986年气象报文由测报员通过电话口传到宁波电信局,再由电信局往上传发。2000年起,用光缆作为传输报文介质。

1981年之前一直用收音机收听省气象台天气形势点绘图资料。1981年开始配备123传真机、79定频机等设备(20世纪90年代停用)。1987年,市气象台至县站二级150兆甚高频电话通信网开通。1994年,使用与无线数传同一台计算机,与市台通信设成双向,通过程控拨号与市台联网,从市台调用和发送资料。1997年建成局域网,2001年2月28日建成鄞县农经网。

气象资料 建站至2000年的档案资料全部送宁波市气象局保存。单位建有资料室,资料保存完好。

1978—1990年,10个气象哨(起止时间不同步)资料都已归档。

气象预报 1964年开始制作补充订正天气预报,每天3次对外发布。1966年1月更名为县站预报,制作1~3天天气预报和春播期、汛期、秋收冬种期天气趋势,同时,开展台风、暴雨、寒潮等灾害性天气预报。1984年起进入数值预报产品释用阶段,逐步开展中、长期天气趋势预测。21世纪初至今,制作常规24小时、3~5天、旬报等短、中、长期天气预报和灾害性天气预报。

农业气象 1979为省级观测站。1980年度开始观测大麦、油菜、早、晚稻(1993年停止大麦和油菜的观测),并开展农气物候观测(于1983年停止),观测点设在邱隘镇的鄞县农科所内。1986年升格为国家级观测站。1983年开始每月1日、11日、21日的03时之前向省气象局拍发农气旬报。1999年6月撤销农气观测。

2. 气象服务

公众服务 建站起通过有线广播每天发布3次天气预报。1993年7月开始在《鄞县日报》上刊登气象预报。1994年4月气象预报在无线广播和电视银屏上播出。2001年,气象信息在鄞县农经网上发布。2006年8月设在万达广场的气象信息电子显示屏(LED)投入使用(2008年9月移至天童南路)。

决策服务 20世纪90年代开始为各级党政领导组织指挥防灾减灾、趋利避害以及重大项目和重大活动提供决策服务。遇到灾害性、关键性、转折性等重大天气时,及时用《气象信息内参》、手机短信、电话等方式进行服务,并提示农情和地质灾害等防御措施。2008年组成全区三防决策服务掌上气象台。

科技服务 20世纪80年代后期起开展森林火险等级预报服务,每年的11月至次年4月,每天通过多种媒体向公众发布。从20世纪80年代中期到2002年,应用无线型天气警报服务网,定时或不定时的将各类气象信息快速传递给用户,服务对象为砖瓦厂,后来扩大到盐业、水利和乡镇等。20世纪90年代与本县的蓝天传呼台等合作开展BP机气象预报服务。1993年开展施放庆典气球服务,1997年7月合并给宁波市气象局应用气象室。20世纪90年代中、后期开始,相继建成了"121"气象自动答询系统,购置了设备自行制作分片电视天气预报。进入2003年,气象短信发布至水库管理员、护村员、海洋出海船只、地质灾害监测员、交通运输等领域人员。2004年开展人工影响天气作业,当年进行了20多次人工增雨作业,2006年8月位于皎口水库上游的人工增雨固定作业点建成。

为农服务 从20世纪80年初开始开展早、晚稻和春粮(含大、小麦)的单产和总产量预报、农气情报服务,发布农气月报,三季粮食作物的全生育期气象条件分析、气候评价等。

科普宣传 每年都开展不同形式的纪念"3·23"世界气象日科普宣传活动,2005年以来,还开展对全体市民开放日活动,2008年的"3·23"开放日就接待市民300多人。

法规建设与管理

社会管理 1997年起开展区域范围内防雷设施检测工作;2000年5月有5人申领了《行政执法证》,同年12月进入区行政服务中心办证大厅,设立服务窗口,开展防雷设施设计图纸审批。2003年3月区政府发文,气象局被确认为具有行政处罚实施主体资格单位,同年,对申报符合资质和资格的单位和个人核发《施放气球资质证》和《施放气球资格证》。对放球作业进行审批。2003年以来与区人大、区安监局一起开展6次防雷工作执法抽查,对违法施放气球进行查处。2007年12月向宁波市规划局鄞州分局发函:《关于鄞州区国家气象观测站探测环境保护技术规定备案》,观测环境得到保护。

政务公开 1999年上半年制订了《政务公开制度》,在《鄞县日报》上刊登。2002年开展局务公开,主要载体为局域网。

党建与气象文化建设

党建　1976年1月鄞县气象站党支部成立,有党员3名。2000年改称为鄞州区气象局机关党支部。2008年底,共有党员12人(其中退休党员2人)。2004年以来,局领导和中层干部每年签订廉政建设目标责任状。根据区纪委精神,开展廉政文化进机关活动。

气象文化建设　1997年开始每年开展职业道德教育月活动,并建立了创建文明机关(单位)活动领导小组,由局长任组长。1999—2008年连续9年被鄞州区委、区政府授予"文明单位"称号。每年组队参加历届宁波市气象系统职工运动会。1995年和2006年组织了2届宁波市气象系统职工运动会。

集体获得的主要荣誉　1978年被国家气象局授予"学大庆　学大寨"先进集体称号;1999年2月被鄞县县委、县政府授予县级"文明单位"称号。

台站建设

计划财务　1997年6月之前为报账单位。1997年7月起为会计独立核算单位,每月向宁波市气象局财务管理部门和地方财政同时报送会计报表。2002年开始进行地方部门预算。2004年7月1日起部门事业经费采用国库集中支付。2008年4月1日起地方气象事业经费列支进入鄞州区财政局会计核算中心。

台站建设　1960年10月刚迁到宁波市江东虹桥巷大鹏桥"东郊"时只有建筑面积200平方米左右的2.5层小楼,20世纪70年代建成建筑面积为400平方米的职工宿舍。1994年10月建成460平方米的办公楼和150平方米的附属用房。2008年5月启用的新业务大楼,项目由鄞州区发展计划局立项,投资经费主要由原房产置换和中国气象局补助。总用地面积约18亩,总建筑面积3740平方米,其中办公用房3000平方米,附属用房740平方米。大楼共5层,安装了变频商务空调和电梯。楼内建有50平方米的多功能健身活动房。场外和整个大院绿化面积3000多平方米。电力供应采用10 kV高压双回路进线,二台200 kVA干式变压器,并配有发电机和UPS系统。

2008年投入使用的气象科技业务大楼

2007年建成的地面观测场

余姚市气象局

余姚市位于浙江省东北部,面积1527平方千米,户籍人口83万,现辖14个镇1个乡6个街道。余姚市历史悠久,境内有7000年河姆渡古文化遗址,是"塑料王国、模具之乡",又是"中国杨梅之乡"。

机构历史沿革

始建情况 余姚市气象站于1959年1月1日建立,始称余姚县气象站,位于城北横堰头八字桥即北纬30°10′,东经121°07′,海拔高度4.3米。1960年3月改称余姚县气象服务站,1970年7月恢复为余姚县气象站,1970年10月站址迁至城北坟山头,1985年8月称余姚市气象站,1991年12月成立余姚市气象局,实行局站合一,2001年11月站址迁至阳明东路438号,2004年1月新观测场启用,位于北纬30°03′,东经121°10′,海拔高度5.4米,为国家一般气象站。

20世纪70年代的被农田包围的观测场

建制情况 余姚市气象站自建站至1962年12月属县政府和浙江省气象局领导;1963年1月起属浙江省气象局领导;1970年7月,属余姚县革委会和浙江省气象台革委会领导;1971年11月起,属县人武部和县革委会双重领导;1973年10月起,属县革委会领导,业务受浙江省气象局管理;1981年1月起,实行浙江省气象局和当地政府双重领导,以省气象局为主的管理体制;1988年1月起,属宁波市气象局(为主)和余姚市人民政府双重领导。

名称及主要负责人变更情况

名称	任职时间	主要负责人	职务
余姚县气象站	1959.1—1960.2	陈章兴	负责人、副站长
余姚县气象服务站	1960.3—1970.6	陈章兴	副站长、站长
余姚县气象站	1970.7—1985.1	陈章兴	站长
余姚县气象站	1985.2—1985.8	柯佳梁	站长
余姚市气象站	1985.9—1987.7	柯佳梁	站长
余姚市气象站	1987.8—1990.5	周涨法	副站长、站长
余姚市气象站	1990.5—1991.5	柯佳梁	站长
余姚市气象站	1991.5—1991.12	张大良	副站长

续表

名称	任职时间	主要负责人	职务
余姚市气象局	1991.12—1993.8	张大良	副局长
余姚市气象局	1993.8—2002.5	李满雷	局长
余姚市气象局	2002.5—	万宁姚	副局长、局长

人员状况 1959年建站初期仅有职工2人，现有气象编制职工9人，聘用9人，其中，党员9人；大学本科以上学历9人，大专学历4人；中级职称人员3人，初级职称人员8人；年龄50岁以上2人，40～49岁3人，40岁以下13人；退休职工9人。

气象业务与服务

1. 气象业务

气象观测 1959年1月1日正式开始地面气象观测，项目包括：气压、气温、0厘米地温、蒸发、雨量、风向风速、云、能见度、天气现象等。1959年5月增加日照观测，8月增加浅层地温观测（至1966年8月停止观测）；1971—1995年承担航危报任务；1974—2005年承担台风加密报任务；1974年开始承担省危险报、实况报任务，1994年实况报改为重要天气报，1996年实况报改为加密观测气象报；2004年开始建设芬兰VAISALA MILOS 520自动气象站，并投入试运行，2006年正式投入业务使用；2005—2006年建成ZQZ-CⅡ型自动气象站18个，开始承担中尺度加密观测任务。

信息网络 1959年开始通过收音机来接收气象信息和气象资料；1979年到1998年通过传真机接收北京、欧洲中心以及日本的传真图资料；1985年到2003年使用高频电话进行天气会商；1995年完成卫星云图接收系统安装，投入业务使用；1999年开始建设VSAT单收站；2003年开始接收调用宁波市多普勒天气雷达资料；2004年建成可视会商系统。1997年组建局域网，2000年承担余姚市农经网络的建设和维护，2000年建成余姚气象网。

资料档案 建站以来到2000年的地面气象记录月（年）报表归档至宁波气象局档案室，其他资料和2000年后所有资料都由余姚市气象局保管。

气象预报 建站开始以农谚、P（气压）、T（气温）、E（湿度）三曲线变化以及个人经验和收听上级台站预报进行单站补充订正预报，1966年1月改称县气象站预报；1978年成立预报组，1979年开始使用传真资料进行一天3次短期预报，陆续增加了旬、月报制作和中长期预报；1994开始开展森林火险气象等级预报；2001年起先后增加了地质灾害气象等级预报、紫外线指数预报、人体舒适度指数预报和5天天气预报；2005年9月开始进行暴雨、台风等十一类灾害性天气的预警信号发布；2006年开始发布7天天气预报。

2. 气象服务

公众服务 建站开始至1996年天气预报只有通过广播电台对外公开发布；1996开始增加了电视天气预报；1998年投资建成"121"天气预报电话自动答询系统（后改为

"96121"）；2000年建成余姚气象网站，开展气象网络服务；1999—2006年在城区建成5个电子灯箱，开展公众气象服务；2006—2007年共建成室外LED电子显示屏9块，2008年建成村级室内LED电子显示屏13块。

决策服务 建站开始以口头汇报、发送《气象信息》、《内参》等形式，为市委、市政府做好关键性、灾害性、突发性天气的预报服务工作；2003年开始新增手机短信发布平台，为市委、市政府、市人大、市政协领导班子成员、市直部门领导、乡镇街道等发送决策短信。从1989年开始每年为杨梅节提供气象预报服务；1999—2008年的每年11月份为中国塑料博览会提供专题气象服务。

为农服务 1979年在四明山区建立了个6个农业气象哨，在山区帮助农民试验种植高山蔬菜、西瓜、天麻、芦笋、板栗等；与杭州大学地理系合作开展气候资源调查。1980年为农服务经验在《人民日报》上刊登。20世纪80年代开始开展杨梅全生育期气象服务、茭白关键期天气预报、粮食产量预报。2000年在全市各乡镇组建了农村气象协理员队伍，传递和宣传气象信息、知识，收集上报农作物生产信息和气象灾情。

专业与专项服务 1992—2007年开展施放庆典气球服务；从2003年起开展人工增雨作业，组建了一支专业技术人员和武警组成的作业小分队，在上王岗建成固定作业点1个；1997年5月正式成立余姚市防雷设施检测所，承担全市的防雷减灾工作，开展建筑物防雷工程设计审核、建设项目全过程跟踪监督检测和竣工验收、雷电灾害调查和鉴定、出具雷电灾害报告和证明等。与安监、建设、规划、消防等部门合作组织开展防雷安全专项检查。

科技服务与技术开发 1985年成立了余姚县气象科技咨询服务公司，1988年开展了气象警报服务，1998年推出了气象消息电话自动答询系统，2000年通过网络提供气象服务，2006年在城区街头安装了气象信息电子显示屏。

科普宣传 利用世界气象日、安全生产月、科技下乡等活动宣传《中华人民共和国气象法》，宣传国家和中国气象局关于加强防雷工作的一系列政策文件，2002年起每年的3月23日气象局对社会开放，接待关心气象的市民参观，2006年爱心民工子弟学校学生参观余姚气象局的信息和照片在《人民日报》上刊登；通过媒体宣传普及安全防范知识，印发防雷安全知识小册子；利用"96121"、电视、电台、网络、报纸、电子显示屏、气象协理员的小黑板开展科普宣传。

法规建设与管理

法规建设 1980年余姚县革命委员会下发了《关于严格保护气象观测场标准环境的通知》，2004年2月余姚市人民政府下发了《余姚市施放气球管理办法》。

社会管理 1994年起处理气象信息乱发布现象，2000年3月余姚市人民政府批准确认行政处罚实施主体资格，审办行政执法证5本。2001年7月在余姚市行政服务中心设立气象行政许可项目审批服务窗口，2003年余姚市气象行政执法大队成立，开始履行包括气象环境保护、气象信息发布、气球施放、防雷等行政执法的社会管理职能。

政务公开 1999年4月制订了政务公开事项，在《余姚日报》上刊登；2002年制定了政（局）务公开制、岗位责任制、失职追究制、首问责任制，以及各岗位工作考核制度。对外设立了余姚气象网"政务公开栏",对内建立了内部办公网,分别设立了相应的意见建议征求栏目,对内公开上级各类通知和规定、局务会决定事项和每月财务报表信息及事关职工切身利益的重大事项。

党建与气象文化建设

党建工作 1976年6月28日,建立余姚县气象站党支部,共有4名党员。1997年由农经委下属支部转为市机关党工委下属支部,2004年被评为"五好"基层党支部,2人分别被评为优秀共产党员和优秀党务工作者。截至2008年底,在职党员9人,退休党员5人,退休党小组1个。

党风廉政建设 2002年起连续7年开展党风廉政教育月活动,建立相应的党风廉政制度。2004年开展作风建设年活动。2005年所有党员参与微型党课学教活动,2006年起,每年进行局领导述职述廉和党课报告,层层签订党风廉政目标责任书,推行由兼职纪检监察员参与的重大事项商议"三人决策"机制。

气象文化建设 2002年起陆续建成了宣传窗、篮球场、卡拉OK房、健身房、职工活动之家等,台站的绿化面积达到70%以上,工会、团支部组织健全,2003年起每年举办夏季职工运动会和春节联欢会。

集体荣誉 1961—1963年被余姚县委、县政府评为余姚县先进单位;1962年被浙江省人民政府评为浙江省先进单位;1989年被余姚市委、市政府评为余姚市双文明单位;1995年被余姚市委、市政府评为余姚市文明单位;2003年预报服务科被评为余姚市级"青年文明号"。2005年被宁波市委、市政府评为宁波市文明单位。

台站建设

计划财务 1988年12月向地方财政提出了合理分担部分气象经费的请示,1990年5月得到了地方财政的支持,正式列入地方部门预算,开始实行"气象部门与地方财政双重领导,以气象部门领导为主的财务体制",地方财政下拨经费逐年增加,2008年地方经费占总数的70%。2004年起实行了会计核算电算化操作,7月起实行了中央资金国库集中制,建立了零余额账户。地方经费从2002年5月进入当地会计核算中心管理。

台站建设 1959年始建站时,仅有三间竹柱子草片盖顶草房,1960年建房125平方米;1970年迁站到坟山杂地城北坟山头,造简易砖木结构房五间,1978年增建站房五间;1980年省气象局拨款建220平方米四套住宅房;1987年省气象局批准建气象职工宿舍房460平方米。1993年新建办公楼548平方米。2001年在阳明东路438号建三层办公大楼1256平方米,地方财政资金占69%,实现了办公场所、观测场的整体搬迁。观测场外设置了警示牌,观测场内安装红外报警器监视系统;办公大楼和观测场共占地6200平方米;2005年,在局内新建一幢3层楼的附属用房,面积983平方米,全由地方财政专户资金投入。

20世纪90年代的余姚市气象局

2001年建成的余姚市气象局办公楼

慈溪市气象局

慈溪市地处浙江省东北部,东海之滨,杭州湾跨海大桥南岸,沪、杭、甬三市交汇点。除南部丘陵外,多数区域均为海拔10米以下的滨海平原。全市行政区域面积1361平方千米,户籍人口103万,辖15个镇、5个街道,2007年、2008年慈溪连续2年位居中国县域经济百强县(市)第3位,浙江省第1位。

机构历史沿革

始建情况 慈溪市气象站前身为始建于1948年1月5日的余姚盐场测候所。1956年12月称浙江省庵东盐区庵东气象站;1959年6月称慈溪县气象站;1960年3月称慈溪县气象服务站;1963年1月称浙江省庵东气象服务站;1964年2月称浙江省慈溪县庵东气象服务站;1971年9月称浙江省慈溪县气象站;1998年称慈溪市气象站;1991年11月起增挂慈溪市气象局牌子,实行"局、站"合一。慈溪市气象站是国家基本站。观测场建站之初位于慈溪市庵东镇西头塘北郊外,东经121°13′、北纬30°16′,海拔高度7.1米;1992年1月站址迁至浒山镇群谊村一灶畈(2008年更名为慈溪市古塘街道明州路818号),即东经121°16′、北纬30°12′,海拔高度4.5米。

1992年前(左)和1992年后(右)的慈溪气象站

建制情况 1948年1月—1955年5月归属余姚盐场管理,1955年6月—1956年11月归属庵东区人民政府,1956年12月—1958年3月归属上海市气象局管辖,1958年4月—1958年12月由浙江省气象局领导,1959年1月—1962年12月归属慈溪县管理,1963年1月—1970年6月归浙江省气象局管理,1970年7月—1971年4月5日归属慈溪县革委会管理,1971年4月—1973年10月间由慈溪县革委会、慈溪县人民武装部双重领导,1973年11月—1981年10月分别归属慈溪县革委会、慈溪县人民政府管理,1981年10月起实行浙江省气象局和慈溪县政府双重领导,以省气象局为主的管理体制,1988年1月后由宁波市气象局和慈溪市政府双重领导,以宁波市气象局管理为主。

1948年的测候所只有观测组,1975年成立预报组,1978年12月成立农业气象组(1992年并入观测组),1995年设立办公室,2008年成立行政审批科。2008年底慈溪气象局内设办公室、大气监测科、预报服务科、行政审批科4个科室和市防雷所、蓝天气象科技服务中心2个下属单位。

人员状况 1948年的测候所有员工1名,1978年有16名员工,2008年底有在职人员28人,其中在编人员14名。员工中30岁以下有10人,50岁以上有3人。大专学历11人,本科学历12人。高级职称1人,中级职称9人,初级职称6人;党员10人,团员6人;离退休人员4名。有1人曾当选宁波市第十一、十二届人大代表,1人任慈溪市第七、八、九届政协委员。

主要负责人变更情况

姓名	职务	任职时间
吴世楷	观测组长	1956年12月—1957年7月
李恩彦	站长	1957年8月—1963年4月
薛仁芳	负责人	1963年5月—1964年4月
薛仁芳	副站长	1964年5月—1965年5月
盛冬保	副站长	1965年6月—1966年6月
潘金海	负责人	1966年7月—1970年9月
沈仁焕	站长	1970年10月—1972年10月
蒋肖华	负责人	1972年10月—1973年8月
洪 光	站长	1973年9月—1975年11月
沈仁焕	站长	1976年1月19日—1979年4月4日
潘长仁	站长	1979年4月5日—1985年1月19日
符国槐	副站长	1985年1月20日—1988年4月29日
符国槐	站长	1988年4月30日—1991年11月15日
符国槐	局长	1991年11月16日—

(注:慈溪气象站1956年前为余姚盐场附属机构,未设专职领导班子)

气象业务与服务

1. 气象业务

地面气象观测 建站起开始地面观测,每天按北京时间01、07、13、19时进行4次气候观测。观测项目有:气温、最高最低气温、湿度、小型蒸发、风向风速、降水、云状云量、能见度、天气现象、地面状态、日照。1960年8月1日起观测时次调整为02、08、14、20时4次。观测项目陆续增加了气压、积雪深度、地面温度及浅层地温。2007年正式进入自动观测，但仍保留夜间守班，人工观测云、能见度和天气现象。

1956年开始编发天气报告，1986年用PC-1500计算机编发天气观测电报，1996年实现了微机自动传报，观测时次每天8次。

1957年3月1日开始拍发航危报。发报时次和发往的地点每年均有所调整，航空报每小时拍发1次，发往的地方有上海、南京、杭州等地的军航和民航。从2007年后，拍发航危报任务的时间段为03—23时，发往南京和宁波。

1979年4月4日起，每天08时发省天气实况报，1999年改名为加密天气报。从1979年起拍发省危险天气报，1983年10月1日改称重要天气报告。

1961年7月起增加日射观测，为太阳辐射观测乙级站。观测时制：当地的地方平均太阳时（其中1960年8月—1963年12月为北京时），1991年1月1日停止日射观测。

2006年8月9日，在周巷镇、杭州湾新区等地安装12套自动气象站，其中2套为五要素自动站，10套为四要素自动站。

GPS/MET水汽监测系统2008年11月20日投入试运行。

气象信息网络 1983之前，以收音机收取气象信息、电话传报，1983年开始配备123型传真机，79定频机等设备（20世纪90年代停用）。1988年建立天气警报服务网，1997年10月配置静止卫星云图接收设备，1999年添置pc-vsat卫星单收站。

1997年起组建气象局局域网，1998年7月组建了慈溪市农业综合信息网。2001年起慈溪市气象信息网——问天网（www.askt7.com）并入互联网。

建站至2000年的资料全部送宁波市气象局档案室保存，2000年以后的资料由慈溪气象站自行保存。

气象预报 1959年开始发布补充订正预报。20世纪60年代，预报的重点是为农服务。1966年1月1日开始县站的补充预报更名为县站预报。1984年起利用传真接收的天气图进行预报。1999年起依托建成的PC-VSAT卫星单收站、卫星云图接收处理系统、局域网、市—县（市、区）辅助通信网及MICAPS系统，进入人工分析与数值预报产品相结合的预报阶段。

农业气象 1958年3月开展农业气象观测工作，测点设在庵东镇，观测项目为棉花生育期。1966年起，受"文革"影响，停止观测。1978年12月恢复农业气象工作，并组建农气组。1979年升格为国家农业气象基本站。

1980年开始增加土壤湿度观测，1984—1993年进行了麦类观测。1980年起，进行自然物候观测，1983年停止，1999年又恢复物候观测。

农业气象情报服务开始于20世纪70年代，定期和不定期编写农业气象情报。20世纪80年代起编写的内容有：气象旬报、农业气象月报、三季粮食作物和棉花的全生育期气象条件分析、半年和全年气候评价、年度农业气候年鉴、专题农业气候分析和专题农业气象报告等。1990年起利用天气警报发射台、广播电台、电视台播发服务和科普宣传材料。

1982年起着手农业气候区划工作，1985年完成并通过鉴定验收。

2. 气象服务

公众服务　1959年开始开展责任区内1～3天短期晴雨、气温（最高最低）、风力（沿海、内陆）以及灾害性天气等预报服务（1982年后改为1～2天）。1978年起，增加了气象情报、农业气象、气候评价和气象资料服务等内容。20世纪60—70年代，天气预报主要通过有线广播网发布，每日2～3次。春播期间增加3～5天的趋势预报，重大灾害性天气预报随时增发增播。1993年开始在电视媒体上发布。1996年开始独立制作电视天气预报节目，播出内容增加了天气形势分析。2006年1月1日采用真三维技术推出由气象小姐主持的电视天气预报节目。

20世纪90年代，天气预报广播转为无线广播，并在《慈溪日报》上刊登。2001年在信息网上开辟了"问天气"栏目。2005年安装了6台气象信息电子显示屏（LED）。2006年10月正式启用户外气象信息电子显示屏发布气象信息。

决策服务　从1959年起，以书面及口头形式向慈溪县（市）委、县（市）政府领导及县（市）"三防"等单位进行气象服务。1992年自气象站迁移至浒山城区后，运用《重要天气报告》《气象内参》《汛期（5—9月）天气形势分析》等服务产品开展决策服务。

2000年起，成立灾害性天气服务领导小组，严格服务流程和制度。2005年梅汛期前，开通了为市主要领导、"三防"成员单位、各镇各局有关领导和有关服务单位的手机气象信息短信平台，遇突发性、重大天气过程，及时发送气象信息。利用资料收集和长期预报、一周滚动预报、1～2天短期预报和临近预报及警报服务等手段，做好重大社会活动服务。

为农服务　20世纪60年代初，制作农业生产关键时期天气、灾害性天气的预报，开展为当地农业和盐业生产服务。20世纪80年代开始，陆续制作农作物病虫害发生、发展趋势和产量预报。1998年组建了慈溪市农业综合信息网，加快了农业信息交流。2006年从4月份开始，每天以手机短信的方式无偿为种植大户提供气象信息，2008年底免费接收气象短信的农户已达2300户，2008年参与政策性农业保险试点工作。2006年下半年起开展了冬季大棚内的气象要素观测，探索大棚内各气象要素变化规律与实际大气中的相关系数及对作物生长发育的影响，并利用预报技术为特色农业作好服务。

2006年4月慈溪市气象站召开气象为农业种植大户服务座谈会

专业与专项服务 2003年8月9日,在长河镇开展了人工增雨作业。2004年初,起草完成《慈溪市人工增雨作业实施方案》,由市政府办公室转发,5月份成立县级人工影响天气作业队,购置了1套专用车辆和设备。2004年人工增雨成功作业12次,发射人工增雨火箭弹55枚。2007年又增加了1套专用车辆和设备。

1991年开始组建防雷检测组,开展避雷检测。1995年5月,开展了建筑物防雷设计监审工作。1997年下属防雷检测机构通过了计量认证。同年慈溪市政府出台了慈政办〔1997〕160号文件。1998年开始参与防雷工程的设计施工。截至2008年,已形成建筑物防雷设计审核、施工监督、竣工验收及防雷设施检测等系列技术服务。

气象科技服务与技术开发 1986年,利用天气警报发射台、警报接收器组建了天气警报服务网,将各类气象信息传递给用户,同时将天气警报网络延伸到村一级(2005年6月1日起停播)。

1998年9月开通"121"电话气象自动答询系统。电话气象信息服务内容包括:短期预报、3~7天天气趋势、临近城市天气预报、旬月天气预报、气象实况、气象知识等。2000年8月电话扩充到60路。2004年7月1日自动答询电话号码改为"96121"。2008年"96121"自动答询电话月平均拨打人数达到26万人次。

1993年起施放庆典气球(2003年起停止)。1994年利用花卉种植气象条件的课题研究成果,开展花卉栽培试验与技术服务。

气象科普宣传 1988年举办气象知识培训班对社会人员进行气象科普知识宣传。1990年3月上街进行"世界气象日"宣传,开展气象咨询活动。利用上街咨询、散发资料及电视天气预报栏目、气象警报台、"96121"气象自动答询电话、气象信息网及科普走廊、宣传画板等载体,宣传气象科普知识。从2006年起每年"3·23"世界气象日期间安排为期3~5天不等的以"世界气象日"为宣传主题的大型气象开放周活动,向市民介绍气象科普知识。1999年作为慈溪市青少年科普教育基地(2005年改称为慈溪市青少年素质教育基地),接待中小学团体参观。

法规建设与管理

气象执法与法规建设 2003年12月23日,成立气象行政执法大队,6名兼职执法人员均通过省政府法制办培训考核,持证上岗。

1997年12月,慈溪市政府办公室下发了《市府办公室关于加强防雷设施建设和管理工作的通知》(慈政办〔1997〕160号)。

社会管理 1993年2月26日向原慈溪市城乡建委行文《关于保护气象观测环境的几点建议》(慈气〔1993〕4号)提出气象观测环境保护意见;2007年12月27日又致函慈溪市建设、规划、国土、环保、农业、发改等部门《关于慈溪国家气象观测站探测环境保护技术规定备案的函》,要求在建设项目审批时应考虑气象环境的保护。

经市政府同意,于2003年12月起进行气球施放的审批工作。根据《气象行政许可实施办法》的要求,2005年3月起受宁波市气象局委托对气球施放工作进行审批。

1995年5月,在慈溪市建委的支持下,开展建筑物防雷监审工作。1997年7月为加强防雷工作的管理和服务成立慈溪市防雷设施检测所。2001年11月起防雷管理和气球施放管理在慈溪市联合审批中心办公,管理内容为防雷设计审核、施工监督和竣工验收。

政务公开 1997年自从对外开展防雷管理以来,一直比较重视做好政务公开工作。2001年起,对气象局的法定职责、法律法规和政策依据、政务办理指南、审批(核准)事项办理规程、服务收费依据及标准等内容向社会公开,实施首问责任制、限时办结制、服务承诺、办事纪律和监督投诉渠道等一系列规章制度,通过上墙、网络、办事窗口及媒体等渠道实施政务公开。2008年4月,根据政府信息公开要求,对不涉及保密的所有信息进行公开。

党建与气象文化建设

党建工作 1971年7月前未成立独立党支部,党员与庵东邮电支局党员同在一个党支部。1971年7月23日成立党支部,根据中共慈溪市委(98)22号文件精神,于1998年5月20日成立慈溪市气象局党组。

2002年起,连续7年开展党风廉政教育月活动。2001年开展"三个代表"重要思想教育活动。2005年开展党员先进性教育活动。2006年起,每年进行局领导述职述廉,并层层签订党风廉政目标责任书,推进惩治和预防腐败体系建设。

气象文化建设 1988年起,每年3月份开展职业道德教育月活动。自2004年起,每年为数千名中小学生讲解气象科普知识和防灾减灾知识。开设了健身房,购置了跑步机、按摩椅等设施,有乒乓球室、篮球场和员工阅览室。每年中秋、春节等节日开展全局职工文体娱乐活动竞赛。1994年、2002年成功举办宁波市气象系统第三届、第十一届运动会。

文明单位创建 1987年起,确立了以站(局)长为组长的文明单位创建工作领导小组。以创建慈溪市级、宁波市级和浙江省级文明单位为目标,树立文明单位的良好形象。1988—1989年2次被浙江省气象局评为"双文明"单位。1988年被评为慈溪市级文明单位,2001年被评为宁波市文明单位,2008年11月通过浙江省文明单位的验收。

荣誉 集体荣誉有:1988年被慈溪市委、市政府命名为县级文明单位;1990年、1991年以及1994—2002年,共计11次被慈溪市委、市政府表彰为"先进集体";2001年被宁波市委、市政府命名为市级文明单位;2006年被中国气象局命名为"全国气象部门文明台站标兵"。

赵益锋2003年被评为"2000—2002年度慈溪市劳动模范"。

台站建设

计划财务 1995年以前气象事业的发展规划做得比较简单,1995年3月完成了《慈溪市气象事业发展规划(1996—2010年)和"九五"计划》,以后每年都有工作计划,每五年做一次五年规划,2008年底,慈溪气象站正在实施"十一五"规划的各项任务。

因体制关系,慈溪市气象站的财务工作起步较晚,1985年起建账,1997年以前为报账制单位,1998年起财务独立核算。2003年以前由手工做账,2003年下半年起启用会计电算化。

1988年起为双重计划财务体制,当年地方财政安排的预算占总事业经费的10%,以后逐年增加,"八五"、"九五"期间占30%,"十五"期间达65%,"十一五"前三年超过了70%。

台站建设 1953年新建了163平方米的砖木房子;1975年第二次扩建后为408平方米;1983年第三次扩建了538平方米,主要为职工宿舍;1992年1月台站迁到城区后,建设办公用房494平方米,购置商品房1100平方米。2005年新的办公大楼完工投入使用,配备了职工食堂、单身宿舍、篮球场、阅览室、乒乓球室、健身房等硬件设施。

2005—2007年,先后完成了占地26亩、建筑面积3000平方米的气象科技楼和气象

2005年投入使用的慈溪市气象站业务大楼

现代化项目,该项目包括:1个标准的气象观测场、14个分布于全市的自动气象观测站、2套卫星地面接收站、气象局局域网、抗灾防灾网、大屏幕投影可视会商系统、真三维气象影视制作系统(有主持人)、"96121"气象自动服务平台、灾害应急预警平台、气象为农服务平台、人工影响天气作业平台、农业气象实验室等,占地50亩的宁波北部综合探测基地于2008年12月开工建设。

奉化市气象局

奉化市地处长江三角洲南翼的东海之滨,全市陆地面积1268平方千米,海域面积96平方千米,海岸线长62千米,东部沿海,中部平原,西部山地。辖6镇5街道,356个行政村,人口48万。

机构历史沿革

始建情况 奉化县气象服务站,始建于1958年12月,位于奉化县农场路东侧,北纬29°40′,东经121°25′,海拔高度为7.9米。

1959年1月—1960年3月为奉化县气候站,1960年3月8日改为奉化县气候服务站;1971年称奉化县气象站;1988年11月起更名为奉化市气象站;1991年11月18日成立奉化市气象局,实行局(站)合一;2000年1月1日,观测场迁至奉化市岳林街道牌门村"郊外",北纬29°41′,东经121°26′,海拔高度为21.3米;2000年10月,局办公地址迁至奉化桃源路117号;2003年对观测场再次改建,改建后的海拔高度为19.9米。

建制情况 1958年12月—1962年,由县农业局和省气象局双重领导。1963年5月改为县办站,由奉化水电局主管。1966年重归气象部门管理。1971年4月6日起,改为奉化县革委会、奉化县人民武装部双重建制,业务领导为省气象局。1973年由奉化县农林水利局和省气象局管理。1978年改为奉化县农委领导,农委委托农林水利局代管。1981年1月起由省气象局和县政府双重领导,以气象部门为主。1988年起实行宁波市气象局与奉

化市政府双重领导。

气象局内设办公室、预测报服务科、防雷科(挂牌行政审批科)3个科室。1997年7月,经奉化市编委批准,设立奉化市防雷设施检测所为局下属单位,2002年10月更名为奉化市防雷所。

人员状况 1958年建站时有职工2人,1978年有9人。现有在编人员10人,编外7人。大学本科学历5人,大专学历8人,高中学历3人,初中学历1人;中级职称1人,初级职称9人。党员8人。

名称及主要负责人变更情况

名称	职务	姓名	任职时间
奉化县气候站	农业局代管	陈秀娥、杨良杜	1959年1月—8月
奉化县气候服务站	负责人	戴安才	1959年9月—1960年
		张阿仁	1961年—1962年9月
		周根荣	1962年10月—1965年
奉化县气象服务站	负责人	周根荣	1966年1月—1970年12月
奉化县气象站	负责人	周根荣	1971年1月—1972年5月
		俞万才	1972年6月—1973年12月
		周根荣	1974年1月—1980年12月
	副站长	张阿仁	1980年12月—1985年1月
	站长	张阿仁	1985年1月—1988年10月
奉化市气象站	站长	张阿仁	1988年10月—1990年5月
	副站长	黄思源	1990年6月—1991年10月
奉化市气象局	局长	黄思源	1991年10月—1994年12月
		胡海国	1995年1月—

气象业务与服务

1. 气象业务

气象观测 1959年4月1日开始观测。1960年1月1日起气象观测资料作永久性保存,观测时次为07、13、19时每日3次,1960年8月1日起调整为08、14、20时,观测项目有气温、湿度、云量云状、小型蒸发、能见度、降水量、天气现象、风向风速、地温(0、5、10、15、20厘米)、日照等。

2000年1月,牌门村的新观测场建成并投入使用,安装了遥测自动Ⅱ型观测仪,进行常规观测资料与自动遥测资料的对比观测;2001年9月1日,遥测自动站正式投入业务使用;2004年8月12日,在观测场设立了VAISLA-MILOS520气象自

2000年开始使用的奉化市气象站观测场

动站;2005年,安装了观测场远程监控系统,全市建造了14个中尺度自动站。

信息网络 1980年前,利用收音机收听上级及周边气象台播发的天气预报和天气形势。1984年1月1日起配备了123型传真机。1993年,建成无线天气警报发射台。1998年10月10日,卫星云图接收系统安装调试成功,并投入业务运行。1999年,建成卫星单收站(PC-Vsat)。2001年,建立气象网络应用平台。2004年1月,建立可视会商系统。

地面气象记录月(年)报表收藏到宁波市气象局资料室,地面气象观测记录簿、各类自记纸均由奉化市气象站自行保管。

气象预报 从1959年4月1日起每日3次向全县发布短期补充订正预报。1966年1月"补充预报"更名为"县站预报",并开始制作中、长期天气趋势预报。1995年起相继开展24小时预报、48小时预报、各类警报及决策预报和专题预报等。

2. 气象服务

公众服务 1959年起,利用有线广播播报气象信息。1992年起,制作文字形式气象预报在电视台播出。1998年10月8日,开通"96121"天气预报自动答询系统电话。2002年开始在《奉化日报》上刊登天气预报。2004年2月起,在奉化电视台播出各区域的天气预报;2006年8月15日,在岳林广场设立了一个48小时滚动式气象信息电子显示屏(LED)。2007年,自己制作无主持人电视天气预报。

决策服务 每年台汛及重大灾害性天气期间,向政府领导或在防灾抗灾会议上进行汇报讲解,提建议,情况紧急时主动参与现场服务。20世纪80年代,主要以口头或传真方式向政府提供决策服务,并逐步开发了《气象信息内参》、《气象旬报》、《汛期(6—9月)气候趋势预测》等决策服务产品。2001年,开通了气象网络应用平台。2005年,建立了预警信息发布平台,全面承担气象预警信息的发布。

为农服务 1982年下半年开始发布农业气象月报,寄发到县政府、涉农部门和乡镇。1984—1985年,完成奉化县农业气候资源调查与区划工作。2002年12月1日,设立奉化市农网技术中心。2003年,为农村农民开辟了气象警报器服务业务,播送内容为天气预报、警报及有关农业知识。

2000年起,先后开展了水蜜桃、芋艿头、草莓、茶叶等农作物的气象服务,撰写了《奉化市芋艿产业情况调研报告》、《气象与农业生产关系的调查》、《增强气象为农服务能力的思考》等调研文章。

专业服务 在干旱期间,进行人工影响天气的增雨作业。2003年7月19日,在奉化大堰镇枫树岭村实施人工增雨试验;8月份,在溪口三十六湾实行10次人工增雨作业。2004年,成立了奉化市人工影响天气领导小组,设立了办公室。2005年,在溪口和大堰建立了2个人工增雨作业固定点。

开展了面向公众的防雷服务工作:对全

"3·23"世界气象日,奉化市气象台向公众开放

市易燃易爆单位及学校进行年度防雷安全检测；开展了建筑工程项目的防雷设计图纸审核、工程过程监理和竣工验收。

科技服务　1984年，按照《关于同意试行对专业气象预报、情报、资料服务收费的复文》（浙价〔1984〕88号）文件精神，气象科技服务开始起步，在有关单位放置气象警报器、施放庆典气球等。1997年起，为建筑物避雷装置开展安全检测。2002年6月起，开始新建（构）筑物的设计图纸审核、竣工验收等。

科普宣传　每年"3·23"世界气象日前后，开展纪念活动。如悬挂宣传横幅，布置宣传窗和开展咨询活动；向各企事业单位分发赠送气象科普资料；在奉化日报和奉化广播电台中刊登和播送相关文章；向社会公众开放气象台等。开展气象科普知识进农村、进社区、进学校、进企业活动。向社会公众宣传气象防灾减灾和气象法律法规知识。

法规建设与管理

社会管理　2003年开始在奉化市行政服务中心气象窗口办理施放气球审批，包括施放气球资格证初审、施放气球资质证初审。2009年5月1日起，按照《关于认真落实扩大县（市）部分经济社会管理权限的通知》（浙气发〔2009〕62号）要求，开展"升放无人驾驶自由气球、系留气球单位资质认定"管理。

1997年7月设立奉化市防雷设施检测所，逐步开展建筑物防雷设计的审核、施工监督、竣工验收及已建工程防雷设施的安全检测等工作。2002年6月1日在奉化市行政审批中心设立气象窗口，受理本市建（构）筑物及易燃易爆场所防雷装置设计审核。2004年12月3日起，根据市政府意见，对五层以上楼房或20米以上建（构）筑物进行防雷装置专项审核。2006年7月，市政府作出决定：建设、房管中心等部门在实施对建设项目行政许可时，要求建设单位提供由气象局出具的防雷装置设计审核意见书；房管中心在发放房产证时，要求建设单位提供由气象局出具的防雷装置合格证书。2008年1月起，根据《浙江省气象条例》规定，奉化市的防雷设计审核和检测材料进奉化市建设局城建档案管理。

政务公开　2003年，通过政务公开栏，将气象局的法定职责、法律、法规依据、有关政务办理指南、服务承诺等内容向社会公开。2007年制定了《奉化市气象局局务公开实施办法的通知》（奉气发〔2007〕6号），落实了局务公开的内容、形式及监督方式。2008年贯彻落实了政府信息公开工作，将机构概况、法规公文、工作信息、行政执法、财政信息、办事指南等内容，通过政府网站和单位网站等途径公开，以供公众查询。

党建与气象文化建设

党建工作　1982年4月，和奉化县农科所、奉化县种子站联合成立了中国共产党农业联合党支部，当时气象站有党员1名。1988年5月成立气象站机关党支部，有党员3名。1995年成立奉化市气象局机关党支部。截至2008年，共有党员9名。2000—2008年，先后开展了党员先进性教育、党风廉政建设宣传教育、学习党章、社会主义荣辱观教育、作风建设年等活动。

党风廉政建设情况　2002年起，每年开展党风廉政教育月活动，制订了党风廉政建设责任分解意见,气象局主要领导与各科室负责人签订了党风廉政建设责任书,做到"谁主管、谁负责"。健全落实了局务(政务)公开、内部管理、接待用车等各项制度。通过意见箱、民主生活会等形式征求群众意见,接受群众监督。

文明单位创建 1999年开始开展文明单位创建活动,成立了创建领导小组,制定了创建工作总体规划和各年度计划。党员干部多次深入尚田镇龚原村,与村干部共商扶贫计策,并想方设法替其解决了部分资金缺口,改变了该村的村容村貌;与岳林街道民主社区结成联盟单位,经常为其献计献策,商讨共建事项。组织全局干部职工定期到社区参加义务劳动;2004年12月建成"宁波市一级"档案,确立了专职档案管理员,实行了规范化、标准化、制度化的现代化管理模式。2001年被奉化市政府命名为奉化市文明单位。2005年被宁波市委、市政府命名为宁波市级文明单位。

文体活动情况 为丰富干部职工的业余文化生活,定期在阅览室中添置书籍和刊物;开辟了健身房和乒乓球室;举行元宵节趣味活动;参加奉化市机关党工委举办的各种文体活动;参加宁波市气象系统运动会等。2000年,主办了宁波市气象部门职工运动会。

荣誉 1979年荣获全国杂交水稻科研成果推广应用奖。

台站建设

计划财务 1995年开始建立双重计划财务体制,统筹运用宁波市气象局下拨经费、奉化市财政下拨的预算经费和局科技服务收入三块资金。2000年,奉化市气象局新建办公大楼投入总资金中,中央财经占13%,地方财经占20%。十五期间,地方财经投入经费占到气象事业总支出的71%。"十一五"前3年,地方财经投入经费占到气象事业总支出的65%。

台站建设 奉化市气象局原先的办公用房是1958年建站时建造的简陋小屋。2000年10月,建成3000平方米气象局办公大楼,其中绿化面积150平方米。

奉化市气象局旧办公用房

建于2000年的奉化市气象局办公大楼

1984年建造600平方米职工住房。1995年购买设备进行气象现代化建设;2004年10月改造业务平台,实现了可视化会商。截至2005年建成14个中尺度自动气象站,气象观测场绿化面积达到6600平方米。

宁海县气象局

宁海县地处浙东沿海,位于象山港和三门湾之间。全县总面积 1880 平方千米,户籍人口 58.9 万,下辖 18 个镇乡(街道)。境内山川秀丽,风光旖旎,是国家级生态示范区;从 2005 年起进入全国"百强县"行列。

机构历史沿革

始建情况 宁海县气象局始建于 1956 年 12 月,位于宁海梅林区县农场,东经 121°27′,北纬 29°23′。当时称宁海县气候站。1960 年 3 月改称宁海县气候服务站。

1960 年 4 月 17 日由梅林搬迁到宁海县城关大北门外"郊外",1966 年 1 月更名为宁海县气象服务站,1971 年 1 月改称宁海县气象站,1991 年 12 月成立宁海县气象局,实行局站合一。1995 年 1 月 1 日搬迁至宁海县大北门外跳头村北面(气象路)。1998 年 1 月 1 日搬迁至气象北路与银河路交叉口东北角"城区"。

2008 年 1 月 1 日,观测场搬迁至宁海县桃源街道新兴村门前山(山顶),东经 121°26′,北纬 29°19′,观测场海拔高度 39.3 米。

1985 年宁海城关大北门外"郊区"宁海县气象站

建制情况 宁海气候站 1956 年 5 月至 1958 年属上海市气象局领导。1959 年 1 月起,归宁海县政府领导,浙江省气象局业务指导。1962 年 10 月以浙江省气象局领导为主、宁海县政府为辅的双重领导。1970 年 1 月归宁海县革委会领导。1970 年 7 月—1973 年 11 月实行宁海县人民武装部和宁海革命委员会双重领导。1973 年 12 月由宁海县革命委员会领导。1981 年 1 月 1 日起实行以浙江省气象局领导为主、宁海县政府领导为辅的管理体制。1988 年 1 月,宁波市计划单列,县气象站实行宁波市气象局领导为主、宁海县政府领导为辅的双重领导体制。

人员状况 1956 年 2 人,1978 年 12 人。2008 年底在编职工 10 人,地方编制在职 2 人。中共党员 10 人,民主同盟盟员 1 人;高级职称 2 人,中级职称 6 人,初级职称 3 人;中专学历 2 人,大专学历 4 人,本科学历 6 人。

名称及主要负责人变更情况

名称	职务	领导人姓名、任职时间
宁海县气候站	负责人 副站长	傅其昌(1956 年 12 月—1958 年 9 月) 彭马传(1958 年 10 月—1959 年 12 月)

续表

名称	职务	领导人姓名、任职时间
宁海县气候服务站	副站长	彭马传(1960年3月—1965年底)
宁海县气象服务站	副站长	彭马传(1966年1月—1970年底)
宁海县气象站	副站长 站长 党支部书记 站长 站长	彭马传(1971年1月—1972年) 邬根土(1972年—1978年) 刘训厚(1978年—1981年) 邬龙兴(1979年—1985年1月) 国良和(1985年1月—1991年12月)
宁海县气象局	局长	国良和(1991年12月—1992年10月)
宁海县气象站	局长	金儒才(1992年12月—　　　　)

气象业务与服务

1. 气象业务

气象观测　1956年—1960年7月，每日01、07、13、19时(地方时)4次观测，夜间不守班；1960年8—12月，每日02、08、14、20时(北京时)4次观测，夜间不守班；1961年1月起，每日08、14、20时(北京时)3次观测。地面观测项目有：云、能见度、天气现象、气压、温度、湿度、风、降水、日照、雪深、小型蒸发、地面温度。

2004年5月—2005年，建成"地面中小尺度气象灾害自动监测网"，由21个站组成，13个站观测气温、雨量、风向、风速等四要素，8个站增加湿度观测，为五要素。2005年和2006年各安装1架闪电定位仪。

2008年1月1日起，增加地面浅层地温观测(5、10、15、20厘米)、地面层不同下垫面(花岗岩地面、混凝土地面、沥青地面、草地面)温度观测；启用天气现象观测仪，开展能见度自动观测。

信息网络　1982年之前，以收音机收取气象信息，1982年开始配备123型传真机。1987年3月建成市—县甚高频通信网。1992年5月开通了无线甚高频数据传输。1994年建成局域网。

2001年3月建成"宁海县农村经济综合信息网"，网络中心设在县气象局。

21世纪初，使用Notes办公系统、宁波气象办公专网、宁海县政府办公系统。

资料归档　建站以来至2000年12月的地面气象资料收藏在宁波市气象局资料室，2001年1月起的地面气象资料由县气象局暂为保管。

气象预报　从1959年开始制作天气补充预报。每天发布24小时晴雨、风向风速、最高最低气温、48小时晴雨以及冷空气、台风、霜冻、高温等预报。1966年1月更名为县站天气预报。1987年起先后开展常规24小时、3天和旬等短、中期天气预报以及台风、暴雨、强冷空气等灾害性天气预报。

农业气象　农业气象观测始于1957年，其中1966—1978年停止观测。1979年，恢复农业气象观测，为国家农业气象基本站。观测的作物为早稻、晚稻、大麦和小麦。1992年停止大麦和小麦观测。1980年开始自然物候观测。1983年停止自然物候观测。1999年恢复自然物候观测。1984年完成《宁海县农业气候资源与区划》。1984年起进行气候影响评价。2004年农业气象观测项目调整为：单季杂交稻、柑橘。2007年4月份起新增土壤水份观测，土层为：10厘米、20厘米、30厘米。

2. 气象服务

公众服务 1959年起，利用有线广播台一日3次向公众发布天气预报，通过电话回答天气咨询。1994年起在《宁海报》上刊登1～2天的气象信息。1997年"121"天气预报自动答询电话开通。1998年7月起电视天气预报在县电视台播出。2006年开始，当有气象灾害预报时，气象灾害预警信号标志及防御指南和预报即在宁海电视频幕和电台上按规定时次挂帖和播出。2006年在桃源北路和县客运总站分别设立大屏幕气象信息电子显示屏，24小时滚动播发气象信息。2006年起开展短信天气预报服务。

决策服务 20世纪80年代以前，以口头形式向县委县政府及有关单位报告重大灾害性天气信息；20世纪80年代以后编发《气象信息内参》《重大天气报告》，用传真发至县委县政府及有关单位。局领导作为防汛防旱指挥部成员，参与全县的防灾减灾决策指挥。2000年开始，相继建立治理地质灾害、小流域灾害等平台，连同森林火险监测平台，组成了县政府的突发公共事件预警信息发布平台。

2002年起先后为中国（宁海）徐霞客开游节、浙江国华宁海发电厂（浙江省"五大百亿"重点建设工程）等重要社会活动和重大建设工程提供气象保障。

为农服务 服务项目：春播期天气、倒春寒、大小麦赤霉病、产量、"双夏"天气等预报以及长中短期天气预报。2005年起编发《高山蔬菜气象服务专刊》。

专业服务 2003年县政府成立"宁海县人工影响天气领导小组"，副县长任组长，县气象局长任办公室主任。当年7月26日，县气象局在杨家染开展增雨作业，缓解了高温干旱天气。之后，建立2个固定作业点和4个流动作业点。每年因需在不同季节进行人工增雨作业。

1993年开始进行避雷装置检测工作。1994年起，开展庆典气球服务，2005年终止施放服务。

科技服务 1985年根据国办发〔85〕25号文件，开展气象科技服务。服务对象是砖瓦厂、盐场等，服务内容：中短期天气趋势预报、转折性天气、重大天气、旬报。1986年，建立无线天气警报发射台，组建警报接收服务网。1993年8月，停止警报接收服务网工作。

科普宣传 县气象局每年接待中小学生的参观，技术人员赴学校授课。1998年5月被县有关部门定为青少年科普基地，3位人员被宁海迪智学校聘为科普辅导员。2003年与县科技局一起在潘天寿广场设立科普画廊。2003年起每年与安监部门联合，在公共场所进行"安全日"宣传教育主题活动。2007年起在宁海电视台承办"农家乐"栏目。2007年向全县100多所中小学校发放防雷知识光盘。结合社区活动、青少年科技教育、气象开放日、科技下乡等，请进来走出去，开展防御雷电灾害知识宣传。

法规建设与管理

气象法规建设 2007年1月,制定《宁海县气象局行政执法过错责任追究办法》、《宁海县气象局行政执法案卷评查办法》、《宁海县气象局行政执法人员管理办法》。

社会管理 2001年在宁海县办证中心设立"气象窗口",开展对新建、改建、已建建筑物的防雷装置设计图纸的审核、防雷工程的施工监督、竣工验收和防雷装置的检测。2002年成立县气象行政执法大队,6人持证上岗。2003年12月起,施放气球申报在"气象窗口"办理。

2004年7月起将"防雷装置设计审核和竣工验收"和"升放无人驾驶自由气球、系留气球作业许可"列入行政许可项目。

2005—2006年与县安全监督管理、消防、城建、新闻等部门联合开展防雷安全执法大检查,重点检查加油站、液化汽站的防雷装置安全性能。

2007年9月,依据宁波市行政许可项目公告,县气象局行政许可事项共3项:建设项目大气环境影响评价气象资料核准;天气预报、警报信息传播核准;防雷装置设计审核和竣工验收。

2008年,根据宁政办发〔2008〕20号文件,县气象局作为牵头单位,承担"易燃易爆、人员密集场所"雷电灾害安全隐患排查治理工作,与县教育局、县文广新闻出版局合作,对100多所中小学校进行防雷装置安全性能检查;对45所中小学校的防雷装置进行改造。

政务公开 2001年,防雷装置检测办事指南向社会公开,在公示栏长期公布。2003年,气球施放审批需知向社会公开。办事指南和审批需知均进县政府信息网和政务监察网。

2005年起在公告栏随时公布文件、工程项目招投标、干部职工年度考核、职称职务晋升、学术活动等内容。大宗财务开支实行领导联签,财物购买实行政府采购。

党建与气象文化建设

党建工作 1972年建立宁海县气象站党支部。1992年1月成立县气象局党组。现有党员10名,其中在职6名,退休4名。

党风廉政建设 参加气象部门和地方党委开展的党章、党规、法律法规知识学习、党员修养教育和警示教育,制订工作、学习、服务、财务、党风廉政、安全等方面多项规章制度。党员、干部实行重大事项报告制度。招待开支、工程项目均受县纪委的监督。2002年起,连续7年开展党风廉政教育月活动。2006年起每年在地方和市气象局进行局领导述职述廉,并签订廉政目标责任书。

文明单位创建 1997年成立气象局精神文明建设领导小组和创建工作小组。制订了文明创建工作细则、环境卫生监督、评比科室卫生、制作文明台账。1997年印发了《关于宁海县气象局社会主义精神文明建设实施意见》、《宁海县气象局精神文明建设规划》、《宁海县气象局文明科室评比办法》。

2003年6月18日,宁海县气象局被命名为省级文明单位,授牌仪式后,市、县领导与宁海气象局干部职工合影留念

荣誉 集体获得的主要荣誉:2006年被浙江省人事厅、浙江省气象局授予"浙江省气象系统先进集体"。2007—2008年度被中国气象局授予全国气象部门文明台站标兵。

台站建设

1960—1997年搬迁站址3次,共建房2140平方米。县站内设有活动室、图书室、健身室、篮球场;绿化率占62%。2000年3月,被县政府授予"百家庭院绿化先进单位"称号。2003年2月,重建地面观测场。

现宁海县气象局办公大楼

计划财务 1992年5月落实双重财务体制,县财政逐年追加资金。2001年8月防雷财务纳入县财政收支二条线管理。2001年从手工做账改为计算机做账,财务从记账逐步转为预测、分析、综合、管理。2002年局财务纳入县会计核算中心。2007年和2009年起局财务分别纳入中央财政国库集中支付系统和地方财政国库集中支付系统。2008年开始财务受市气象局和县财政局远程监督。

象山县气象局

象山县位于浙江省东部宁绍平原南缘，北临象山港，东濒大目洋，南滨猫头洋、三门湾，三面环海，由象山半岛东部和所辖的沿海656个岛礁组成，是典型的半岛县。全县总面积1175平方千米，海岸线总长800千米，约占全省海岸线长的1/8。位于北纬28°51′18″～29°39′42″，东经121°34′03″～122°17′30″。所辖10个镇、5个乡、3个街道，498个行政村。素有"海山仙子国"和天然氧吧之称，先后获得"中国针织名城"、"中国民间艺术（竹根雕）之乡"、"中国渔文化之乡"、"中国梭子蟹之乡"、"中国生态旅游百强县"等称号。

机构历史沿革

始建情况 1895年英国、法国和中国海关共建北渔山测候所，1944年撤销。1933年由浙江省水利局建立南田测候所，于1936年停办。

象山县石浦气象站，建立于1955年10月，站址在象山县石浦镇东门岛炮台山上，东经121°57′，北纬29°12′。观测场海拔高度128.4米，为国家基本气象站。1960年3月—1970年站名改为石浦气象服务站，1963年12月定为国家4级艰苦台站。2007年1月改为国家气象观测站一级站，2008年1月改为国家基本气象站。

象山县气象站，建立于1979年7月，站址在象山县丹城镇南门外"郊外"，北纬29°28′，东经121°52′，海拔高度3.3米。1990年4月地面测报由国家一般站调整为辅助站，1995年4月，站址平迁东北方千余米的丹城东谷湖路东侧（现更名为象山县丹东街道东谷路69号），地面观测场纬度未变，经度121°53′，海拔高度5.0米。1997年11月将地面观测场移到3楼平顶，海拔高度为17.3米。2004年12月建成自动气象站，观测场建在塔山公园绿化区内。2007年1月改为国家气象观测站二级站，2008年改为国家一般气象站。

1997年7月，根据局站合一原则，象山县气象站、象山县石浦气象站合并成立象山县气象局。局下设办公室、预报科、测报科、科技服务中心。2008年7月，经事业结构调整，设办公室、气象台、大气探测科、避雷检测所、行政许可科。

建制情况 石浦气象站1955年10月建立，隶属浙江省气象局领导，1956年5月起，属上海市气象局管理。1958年5月属浙江省气象局和舟山专区双重领导，1958年10月属浙江省气象局和台州专区双重领导，1961年10月归宁波市公署气象局领导，1962年10月实行以浙江省气象局为主与象山县政府为辅的双重领导，1970年2月属象山县革命委员会建制管辖，是年11月实行象山县人民武装部为主与象山县革命委员会为辅的双重领导。1973年9月改为象山县革命委员会领导。1981年1月属浙江省气象局为主与象山县政府为辅的双重领导。1988年1月，属宁波地区气象局（现宁波市气象局）为主与象山县政府为辅的双重领导。

象山县气象站1979年7月建立，隶属象山县政府领导。1981年11月属浙江省气象局为主与象山县政府为辅的双重领导。1988年1月,属宁波地区气象局为主与象山县政府为辅的双重领导。

名称及主要负责人变更情况

单位名称	职务	姓名	任职时间
石浦气象站	站长	宋心清	1955年10月—1956年7月
	副站长	沈显荣	1956年7月—1981年7月
	负责人	国良和	1981年7月—1982年3月
	站长	国良和	1982年3月—1985年1月
	副站长	奚世贵	1985年1月—1987年7月
	站长	王肇畴	1987年7月—1992年12月
	站长	卢崇园	1992年12月—1997年7月
象山县气象站	负责人	姚松定	1979年7月—1982年3月
	站长	姚松定	1982年3月—1985年1月
	副站长	张金堂	1985年1月—1985年8月
		黄裕火	1985年8月—1988年4月
		郑其通	1988年4月—1990年3月
	站长	黄裕火	1990年3月—1997年7月
象山县气象局	党组书记、局长	张荣飞	1997年7月—

人员状况 象山县气象局现有干部职工26人,其中编内16人,编外10人,退休7人。拥有高级职称1人,中级职称8人,初级职称6人。具有大学本科学历6人,大专学历5人,中专学历5人,在职中共党员9人(编外1人)。

气象业务与服务

1. 气象业务

气象观测 象山县气象局含石浦、象山2站,都担负地面气象观测的基本任务。

石浦气象站为国家基本气象站,1955年10月1日起每日进行01、07、13、19时4次观测,昼夜守班。1960年8月1日起改为02、08、14、20时4次观测。2004年8月安装自动气象站,2006年开始实行业务自动与人工双轨运行,2008年实行业务自动单轨运行。象山县气象站为国家一般气象站,每日进行08、14、20时3次观测,夜间不守班(02时用自记记录),1990年4月改为辅助站,记录报表改为月简表。1996年4月撤销地面观测任务(实际工作基本保持不变)。2000年开始月简表改为月报表。观测项目:石浦、象山2站是云、能见度、天气现象、气压、空气温度和湿度、风、降水量、日照、积雪深度、小型蒸发、地面温度(象山站原站址观测0、5、10、15、20厘米地温)。2005年开始,在各镇乡和海岛建了18个中尺度自动气象站,其中海岛自动站5个,于2006年完成。2007年建立2个避风港自动气象站,2008年再建3个。至2008年底共有23个中尺度自动气象站。

天气报告观测(时间为北京时) 石浦气象站自1955年10月建立开始,每天编发定时绘图天气报、补充绘图天气报、航空报、危险天气报和台风试验报。1986年开始用PC-1500

拍发上述电报,从1996年开始,用计算机自动发报。象山县气象站2007年开始用计算机自动编发8、14、20时3次天气加密报和重要天气报。

信息网络　1984年以前,通过收音机和电话接收气象信息。1984年起,象山县气象站相继配备了123型气象传真机、79型定频机。1989年底,浙江省气象局为石浦站配备传真接收机。1987年3月,开通市—县二级150兆甚高频电话通信网。1998年8月建成卫星云图接收系统,1998年建成象山县气象局局域网,1999年7月,建立了VSAT卫星通讯小站。2000年3月完成象山县农业信息网网站建设。2003年12月完成宁波市气象系统多普勒雷达应用工作,2004年10月与市台的可视天气会商系统投入使用。

资料归档　石浦气象站自建站至2006年的雨量自记纸、至2000年的气簿-1、气簿-2、气压自记纸、气温自记纸、湿度自记纸、风自记纸等,象山县气象站1980—2000年的气簿-1、气压自记纸、气温自记纸、湿度自记纸、降水自记纸、风自记纸等,2006年11月交归宁波市气象局保存。

气象预报　石浦气象站1959年开始制作补充订正天气预报,但没有公开发布。1973年开始制作天气预报对外发布。象山县气象站1981年开始,每天早晨6时和晚上18时通过象山县广播站发布24小时短期天气预报。1982年开始,制作中长期天气预报,内容有:旬报、月报、春播期、梅汛期、双夏期、冬季天气趋势分析预报。截至2008年,发布的天气预报内容有:短时预报、短期预报、3～5天预报、旬报、月报、汛期预报、预警预报以及海上捕捞区风力预报、森林火险等级预报;县委、县政府及有关部门的决策预报;各种庆典、大型活动的滚动天气预报和专业、专项预报。

2. 气象服务

公众服务　1973年石浦气象站向东门公社提供气象信息,通过象山县广播站播发24小时天气预报。1976年通过石浦广播站发布短期天气预报及重要天气预报,用电话向县委、县政府汇报重要天气预报,1981年石浦气象站专门向石浦区进行各类天气预报服务。1981年象山县气象站每天向全县发布24小时天气预报及台风等重要天气预报,电话答询公众询问的天气预报,6月增加48小时天气预报。1995年与电视台合作,每天播出24小时分区预报,1996年5月开通"121"(现为"96121")气象自动答询台,2000年3月建成象山县农业信息网,天气预报进入该网,2005年2月与中国移动、中国联通公司合作,开通手机短信服务平台。2006年9月在丹城公园东南角设立气象电子显示屏。

决策服务　决策服务开始于1979年的台风现场服务。20世纪80年代起以口头、电话、送纸质材料等方式向县委、县政府提供气象信息。20世纪90年代初增加《象山气象》、《气象内参》等书面服务形式。1997年起利用电话、传真、网络、手机短信、《气象信息内参》等形式开展服务,先后为中国开渔节、象山港大桥奠基仪式等重大社会活动和重大建设工程提供气象保障。

专业与专项服务　从1990年开始研制森林火险预报方法并用于业务,利用广播、电视发布森林火险等级预报。1992年11月开始施放庆典氢气球。1998年8月成立象山县避雷检测所,负责县内高层建筑和危险品等场所的防雷装置检测工作。2003至2007年会同宁波市人工增雨作业队在东陈、泗洲头等作业点开展人工增雨26次,共发射人工增雨火箭弹163枚。

为农服务 象山县气象站建站后开始农业气象服务工作,1981年、1982年进行2年早稻自育秧到收割的生长发育期观测。1981年用石浦气象站资料编制象山县农业生产与气象条件一览表,1985年完成《象山县农业气候资源调查与农业气候区划》,编成《象山县农业气候手册》。1981年3月开始,每月编写农业气象月报和早、晚稻生育期气候分析及季、年气候评价。1999年开始对水产养殖开展科技结对服务,2007年4月—2009年4月开展土壤水份观测项目。

科技服务 1974年石浦气象站开展对昌国盐场无偿进行服务,以电话主动告知短时雷雨、阵雨天气。1987年6月起用甚高频电话进行服务。1999年6月建成象山县盐业气象信息局域网,实现气象局与盐场双向气象信息互通。

1993年8—9月,派人到乌沙山进行探空观测1个月,开展乌沙山电厂前期服务工作。1994年,石浦气象站开始制作外海作业区风力预报,并用150W单边带电台向渔民开展浙江南部到济洲岛之间广大海域海洋渔业气象服务,1997年移到丹城,2000年8月250W单边带电台投入海洋渔业服务。2001年9月配合海上风力预报方法研究,在4艘渔船上设立风向风速观测仪器对渔船出海区进行风力观测,研制海上风力预报方法。2004—2008年参加象山港大桥气象论证和测风工作。2006—2008年参加鹤浦和檀头山风电场气象论证工作。

科普宣传 1981年开始每年不定期为参观的中小学生讲解气象知识,参加象山县科协组织的科技下乡活动,解答气象知识,免费赠送气象科技图书与资料。2005年,向全县中小学赠送防雷知识挂图和防雷知识读物500多份。2002年象山县气象学会被象山县科协确定为"科普教育基地"后,开展对青少年进行气象科普知识教育,在"世界气象日"期间,向前来参观的学生和市民介绍世界气象日主题,组织观看世界气象日宣传片,参观气象仪器,讲解天气预报知识,赠送气象科普资料。2007年6月,编印了《台风知识》气象科普读物,彩色刊印1000余册,分送给县镇乡有关人员。

法规建设与管理

行业管理 1998年8月,象山县避雷检测所开展县内高层建筑和危险品等场所的防雷装置检测工作。2001年防雷管理进入县便民服务中心窗口,受理建筑单位图纸会审。2003年12月建立象山县气象执法大队。2004年开展对防雷安全和气球施放活动进行执法检查。2006年根据行政审批职能归并改革要求,成立行政许可科。

政务公开 政务公开工作始于1999年7月,将政务内容、办事程序、收费标准、时限和办事过错责任追究等内容向社会公开,接受社会监督。2002年11月开始实行局务公开。

党建与气象文化建设

党支部组织建设 石浦气象站建站时因党员不足3人,党员参加东门公社党支部活动。1973年成立党支部,1982年至1984年发展2名党员,1985年1月—1991年因党员不足3人,支部撤销,党员参加象山县气象站党支部活动,1991年党支部恢复。象山县气象站1982年成立党支部(后为气象局机关党支部),至2008年,发展党员7人。1997年7月成立象山县气象局党组。截至2008年,共有中共党员14人,其中在职9人,退休4人,编外1人。

党风廉政建设 2002年起,开展党风廉政教育活动,层层签订党风廉政责任状,推进惩治和预防腐败体系建设。2000年起,先后制定和修订工作、学习、服务、财务、党风廉政、安全等规章制度。

文明单位创建 1987年象山县气象站被县委、县政府授予文明单位建设县级先进单位。1998年,象山县气象局列入象山县文明机关创建单位,经过2年的创建,于2000年4月被象山县委、县府授予文明机关称号。2003年2月起开展创建市级文明单位活动,2005年被宁波市文明委授予"文明单位"称号,2007年通过复评。

文体活动 1999年10月承办宁波市气象系统第八届运动会。县气象局设有50平方米的乒乓球室,建有30平方米的阅览室。

荣誉与人物 石振文,男,1968年4月出生,中共党员,大学本科学历,工程师,现任象山县气象局气象台台长。1998年被评为全国四大试验先进个人,2000年为浙江省优秀测报员,1999年、2001年为宁波市气象系统先进工作者,2006年1月被国家人事部、中国气象局授予全国气象系统先进工作者。

台站建设

计划财务 1988年1月宁波市计划单列后,实行双重计划财务管理体制。2002年开始进入地方部门预算,地方财政支持气象事业力度明显加大。2002年2月象山县成立会计结算中心,同年6月除中央预算内财政资金和专项资金外气象事业经费全部纳入会计结算中心管理。2004年7月1日起部门事业经费采用国库集中支付。

台站建设 象山县石浦气象站建站初期,建有3处8间平房120平方米,到1997年前分4次建造了职工宿舍和食堂。1970年后,上级气象部门和地方政府分期拨款修建了1条长700余米、宽1.2米的水泥台阶路面。1997年后,对职工宿舍进行了2次整修改造。象山县气象站建站初期,只有4间平房共80平方米,后扩大为240平方米,1998年11月,建筑面积2050平方米的象山县气象局办公大楼落成。2007年底完成位于石浦渔港东路的石浦气象站综合改造项目,新征用地10.39亩,总建筑面积1222平方米。2008年5月,完成了局办公大楼装修工程。

1979年7月初建的象山县气象站

建于1998年11月的象山县气象局办公楼

温州市气象台站概况

温州以气候温和而得名。位于浙江省东南部,东濒东海,南与福建省宁德地区毗邻,西与丽水市相连,北与台州市接壤。地理坐标为东经119°37′~121°18′,北纬27°03′~28°36′。下辖鹿城、龙湾、瓯海3区,瑞安、乐清2市(县级)和永嘉、洞头、平阳、苍南、文成、泰顺6县。全市陆域面积1.18万平方千米,海域面积约1.1万平方千米,人口799.8万,其中市区人口200万。属亚热带海洋性季风气候区,冬无严寒,夏少酷暑。年平均气温18.1℃,平均年降水量1743毫米。

气象工作基本情况

温州市气象局下辖乐清市气象局、瑞安市气象局、永嘉县气象局、平阳县气象局、洞头县气象局、文成县气象局、泰顺县气象局、温州气象雷达站、温州气象观测站。

历史沿革 1973年之前,管理体制经历了从军队建制到地方政府管理、再到地方政府和上级部门双重领导的演变;1973—1980年,转为地方政府领导,业务受上级气象部门指导;1981年1月起,改为省气象局和地方政府双重领导,以省气象局领导为主的管理体制,一直延续至今。

1924年建立温州测候所开始降水和气温观测,1945年温州气象站建立,1952年8月扩建为温州气象台。随后相继建立了平阳(1956年12月)、泰顺(1958年12月)、瑞安(1959年1月)、乐清(1959年6月)、永嘉(1958年10月—1963年5月,1971年1月重建)、洞头和文成(1971年1月)气象站,瑞安北麂气象站(1971年1月建立,1994年12月撤销,业务并入洞头局),温州市雷达站(1969年7月)。1990年4月,各县(市)气象站统一更名为气象局。1993年1月,成立了地方建制的苍南县气象台,2002年11月升格为苍南县气象局。

人员状况 全市气象部门定编141人,其中公务员编制18个。截至2008年全市气象部门在编人数127人。其中研究生9人,大学50人,大专33人,中专11人;副研级高工9人,工程师40人,助工69人。离休5人,退休76人,退职10人。11个党支部,党员113人。

社会管理 2001年7月,各县(市)气象局相继入驻行政审批服务中心。1992年开始,各县(市)气象局相继成立防雷检测机构,全市避雷装置安全检测启动。雷电灾害防御管理、雷电潜势预报、技术咨询、工程服务等业务,建筑物防雷装置竣工验收检测覆盖率90%以上,雷电灾害风险评估工作全面展开。

气象服务 20世纪80年代开始,各气象台站相继在当地报纸刊登天气预报,随着电视台相继建立,开始在电视台播放天气预报。20世纪90年代后期,相继建立"121"天气预报自动答询电话。

1983年开展有偿服务,为一些单位寄送专项预报产品。20世纪80年代后期,开始利用天气警报器提供预报服务,用户一度达到420户。1992年,开展避雷检测、气球施放等服务。20世纪90年代后期,天气警报器广播被"121"、气象网站、网络传真、电子邮件等代替。

1979—1980年,在全市部分乡镇设立了100多个气象观测哨开展观测,1984年完成市县各级农业气候区划。1992年完成海岛气候资源调查。2001年市县气象部门相继建立了农网。近几年针对农业生产开展春播期天气预报、农业气象情报、作物产量预报、作物气象条件分析等业务项目。

2006年3月,文成县气象局建立首个气象科普教育基地。

主要业务范围

1. 大气探测

气象观测 1883年4月在永嘉府(温州)设立简易气象观测,开始降水量记载。1920年1月增加气温观测。1934年,乐清建立雨量观测站,1941年温州空军气象台(又称415台)建立,开始地面气象要素观测。1952年8月温州气象站扩建为温州气象台,成为国家基本站。20世纪50年代后期平阳、永嘉、瑞安、泰顺相继开展地面观测,20世纪70年代初,洞头、文成、瑞安北麂建立气象站,开展地面观测。1986年开始,各气象站相继配备了PC-1500袖珍计算机,取代长期以来的手工计算、编报。1995年之后,陆续更换为微机,观测数据处理和报表编制实现自动化。2002年开始,安装ZQZ-CⅡ自动气象站,部分观测项目采用仪器自动采集、记录,替代了人工观测。2001年9月,在南麂、灵昆、小门建立3个区域自动气象站。至2008年,全市建成123个区域自动气象站,气象灾害监测预警水平进一步提高。2006年开始闪电观测。

天气雷达 1969年开始利用843雷达进行雷达探测,1989年底更换为714雷达,主要任务对台风进行监测。2003年9月,更换成多普勒雷达,承担台风、暴雨、冰雹等灾害性天气的监测预警。

2. 气象预报

20世纪60年代,各气象台站通过收听广播作订正预报,天气预报主要采用土法和群众经验结合,预报技术落后,预报准确率较低。20世纪70—80年代,主要采用概率论和数理统计方法制作预报,逐步开展中短期天气预报和长期天气趋势预测。1983年,开始利用国内外数值预报,开展短期MOS预报方法研究,预报进入数值预报产品释用阶段。20世纪90年代以来,主要订正市气象台预报。2005年随着雷达资料和自动气象站的应用,开展临近短时预报,同年6月,开始发布气象灾害预警信号。

温州市气象局

机构历史沿革

始建情况 1883年4月设立简易气象观测。1924年命名为海关测候所,地址温州江心屿。1941年温州空军气象台(又称415台)建立,驻于城区蛟翔巷九山寺内,直至1949年撤销。1945年中美合作所派员建立温州气象站,站址在温州市三牌坊。1952年8月在温州气象站基础上扩建为温州气象台,为国家基本站。1952年10月站址迁至东门外永东路,1960年7月迁址至南塘乡双井头。由于城市建设的需要,观测站1995年7月搬迁至市区海坦山(东经120°39′,北纬28°02′,海拔高度28.3米),建立温州气象观测站。2001年7月国家基本站任务移交给瑞安市气象局,改为一般站。

建制情况 温州气象站1949年4月建立,由温州军管会接管。1950年4月改由华东空军司令部气象处接管。1951年9月划归浙江省军区气象科管理。1952年8月扩建为温州气象台。1953年9月归属浙江省人民政府气象科(1954年10月改为省气象局)领导。1956年5月归浙江省气象局(1956年5月至1958年5月为上海气象局)与温州专署双重领导。1958年11月管理体制下放,归温州专署领导,建制属地方政府。省气象局对温州气象台为业务技术指导关系。1964年1月,温州气象台收归作为省气象局直属单位,仍改属气象系统建制。从1970年4月起,温州气象台归属温州地区革委会领导。从1970年11月起,温州气象台属地区革委会领导,由军分区、地区革委会双重领导,以军分区领导为主。1973年9月起温州气象台归属地区革委会领导。1978年温州地区气象局成立。1981年1月起建制属浙江省气象局,一直延续至今。1981年12月温州地、市合并,温州地区气象局更名为温州市气象局。

人员状况 温州市气象局1959年在职人数38人,2000年59人。现有在编人数52人。其中研究生6人,大学25人,大专8人,中专4人;副研级高工8人,工程师22人,助工19人;中共党员32人。离休5人,退休40人,退职9人。

名称及主要负责人更替情况

名称	任职时间	主要负责人
温州气象台	1956.5—1958.3	徐学道
温州气象台	1958.3—1963.3	姜绍卿
温州气象台	1963.3—1969.2	辛家魁
温州气象台	1969.2—1973.10	姜绍卿
温州气象台	1973.10—1975.9	叶加森

续表

名称	任职时间	主要负责人
温州地区气象台	1975.9—1978.4	严海容
温州地区气象局	1978.4—1981.12	刘心宝
温州市气象局	1981.12—1984.11	叶加森
温州市气象局	1984.11—2000.1	沈泽林
温州市气象局	2000.1—2004.12	叶子祥
温州市气象局	2004.12—2006.7	任鸿翔
温州市气象局	2006.7—	谷风鸣

气象业务与服务

1. 大气探测

观测种类 气候观测、天气报告观测、航空天气观测、重要天气观测、台风加密观测。

观测项目 云、能见度、天气现象、气压、空气温度和湿度、风向风速、降水量、日照、雪深、小型蒸发、E601大型蒸发、地温、草温、云向、云速、云幕气球、高空测风、酸雨、土壤湿度等。

资料 达因风向风速、电接风、气压、温度、湿度、雨量、日照、温湿度等自记纸,高空测风记录表、气簿-1、气簿-2、气簿-3、气簿-4、气簿-5、航气簿-2等。

观测时次 1949年4月—1953年12月,属国家一般站,每天进行06、14、21时3次观测,夜间不守班。1954年1月—2001年6月,属国家基本站,每日进行02、05、08、11、14、17、20、23时8次观测,昼夜守班,每天编发02、08、14、20时4次定时绘图报。2001年7月至今为国家一般站,每日进行08、14、20时3次观测,夜间不守班。

气象装备 有动槽式水银气压表、干湿球温度表、空气最高和最低温度表、虹吸雨量计、维尔达风向风速器、电接风向风速计(EL型)、蒸发器(小型)、E601型蒸发(大型)、温湿度计(连用)、毛发湿度计、双金属片温度计、达因风向风速仪(M108/110)、空盒气压计、微气压计、日照计、地温曲管、直管等。

传输 用专线电话口传,1986年后用电报专线,2002年起用气象宽带专网传输。

发报种类 有地面天气报(GD-01Ⅲ)绘图报、辅助绘图报、重要天气报(GD-11Ⅱ),台风加密观测报(GD-05),航空天气报(航空报)(GD-21Ⅱ),危险天气报(危险报)(GD-22Ⅱ),航空报和危险报预约,地面气候月报(FM71-XCL1MAT),气象旬(月)报(HD-03)。1954年8月开始,每天03—22时向宁波、路桥、义乌等机场发航危报;预约航危报发往杭州、福州等机场,直至2001年底停止。

自动气象站 2003年建成了ZQZ-CⅡ自动气象站,2004年投入业务运行。自动站观测项目有温度、湿度、气压、风向风速、降水量、地面温度等。与人工并行观测,现以自动站资料为准发报,自动站采集的资料与人工观测资料同存于计算机,每月定时保存、上报。

2. 气象信息网络

20世纪80年代之前,通过邮电专线,编发各种天气报告;市气象台用手工抄收和记录莫尔斯气象广播电报码进行填图;20世纪80年代初,配备了123型传真机,1993年无线莫尔斯电报停用,开通杭温气象专线(9600 bps),气象资料直接进入计算机,填图改为计算机打印。1996年建成"9210"工程,通过气象卫星上传和接收各类气象资料。

20世纪80年代初,建成甚高频对讲机组成的市—县天气会商系统。1994年建成10兆局域网。2001年100兆高速通讯网建成。2002年建成省—市—县三级宽带网。2004年建成省—市—县三级视频会商系统。2005年局域网进一步升级为准千兆网络。2008年省市县三级网升级,由原来的单一网络升级为数据专网和视讯专网。

3. 气象预报

1952年8月,温州气象台建立预报台,开始制作天气预报,预报范围涵盖温州及丽水、台州部分地区,早、晚2次向温州军分区提供24小时的天气预报。1954年开展了时效为12小时的补充预报,1955年温州气象台制作台风、寒潮、暴雨、大风等灾害性天气预报,1956年发布逐日天气预报。20世纪80年代以来,逐步开展中短期天气预报和长期天气趋势预测。2005年随着雷达资料和自动气象站的应用,开展临近短时预报,同年6月,开始发布气象灾害预警信号。2008年6月,每天4次制作3~5天城镇天气预报。

20世纪60年代,天气预报主要采用土法和群众经验结合,预报技术落后,预报准确率较低。20世纪70—80年代,主要采用概率论和数理统计方法制作预报。1983年,开始利用国内外数值预报,开展短期MOS预报方法研究,预报进入数值预报产品释用阶段。2001年,购置小型计算机,引进并本地化MM5区域数值模式投入业务运行,随后引进ARPS数值预报模式,2008年又购置SGI4700小型计算机,大大提高了运算的速度,预报的精细化程度进一步提高。

4. 气象服务

公众气象服务 1955年6月,温州气象台开始对外公开发布灾害性天气预报服务;1956年1月,通过广播电台发布逐日天气预报。20世纪80年代开始,在当地报纸刊登天气预报,随着市电视台的建立,开始在电视台播放天气预报。20世纪90年代开始自制电视天气节目。2008年7月,推出有主持人的电视天气预报栏目。为进一步加大公众气象服务覆盖面,1994年建立温州防汛抗灾警报寻呼台,用户一度达15万户;20世纪90年代后期建立"121"天气预报自动答询电话;2002年开展手机气象短信服务,2008年底全市用户达45万。进入21世纪,先后建立温州气象网站和温州台风网站,网站日最高访问量达95万人次,2007年和2008年访问量分别达573万人次和1172万人次,成为公众了解气象信息的重要渠道之一。全市还建立传真、微机终端、电子显示屏等传播渠道,及时准确地向公众发布天气特别是重大灾害性天气的预报信息。2007年起,发布年度气候公告、雷电公告。

决策气象服务 1952年温州气象台成立之初,开始为军分区提供决策服务。1980年以来,气象部门对气象资料进行分析评估,为温州机场、龙湾万吨码头、温州电厂等省市政府的重点工程提供可行性研究和设计依据。20世纪90年代以来,对严重影响温州市的9417号台风,2002年的森拉克台风,2004年的云娜台风,2005年的海棠、麦莎、泰利台风,2006年的桑美超强台风,2007年的圣帕、韦帕、罗莎台风预报准确,服务主动及时。多次受到中国气象局、省气象局和各级政府的表彰。2006年以来,气象部门为国际海钓节、奥运火炬传递等重大社会活动提供气象保障。在黄金周、春运、高考和中考期间开展专项气象预报服务,取得较好的社会效益。2005年以来,制定决策服务周年方案,提高决策气象服务的针对性、敏感性、综合性和时效性。决策服务产品有:气象信息内参、重要天气报告、呈阅件、专题服务材料等。近几年,每年向政府呈报的重要天气报告、气象信息内参和决策建议达300多份,为各级政府防御气象灾害起到了重要参谋作用。

气象科技服务 气象科技服务起步于1953年,主要为农业、盐业等单位提供预报服务。1983年开展有偿服务,为一些单位寄送专项预报产品。20世纪80年代后期,开始利用天气警报器提供预报服务,用户一度达到420户。1992年,开展避雷检测、气球施放等服务。20世纪90年代后期,天气警报器广播被"121"、气象网站、网络传真、电子邮件等代替。1993年2月成立了温州海洋气象台,除了为油田提供天气预报服务外,还开展沿海客运航线预报。2001年7月,市气象台开始制作和发布城市环境气象预报,主要项目有:人体舒适度、紫外线强度、晨练指数、空气质量、首要污染物、城市火险等。20世纪90年代以来,先后开展涉海产业专项气象服务,重大工程建设气象可行性评估,雷电灾害防御管理、雷电潜势预报、技术咨询、工程服务等业务,建筑物防雷装置竣工验收检测覆盖率90%以上,雷电灾害风险评估工作全面展开。

为农服务 为农服务一直是温州气象工作中的重要部分。1961年,开展农业气象实验研究和农业气象观测业务。20世纪60年代派预报员上船为渔业生产提供现场气象服务。1979—1980年,在市区设立了10多个气象观测哨开展观测,1984年完成农业气候区划。1992年完成海岛气候资源调查。2001年建立了农网,温州农网被评为温州市政府2004年度十大"金桥"工程之一。近几年针对农业生产开展春播期天气预报、农业气象情报、作物产量预报、作物气象条件分析等业务项目。

人工增雨 2003年7月,温州市政府建立了市人工降雨工作协调领导小组,主要配合省人工降雨办公室实施飞机人工增雨作业。2004年经省人工降雨办公室批准,市气象局购置人工增雨装备。同年10月25日,为缓解森林火灾压力,在苍南县玉苍山作业点,成功进行首次人工增雨作业。2007年8月,市政府进一步加强人工增雨工作的领导,建立市人工影响天气工作领导小组,办公室设在市气象局。

气象科普宣传 1982年成立气象学会,推进了气象科普事业的发展。2000年以来,全市平均每年投入气象科普宣传经费10多万元,保障科普工作持续发展。2004年以来与媒体合作,开辟气象科普栏目,在气象网站和农村信息网上建立科普专栏,宣传气象科普知识。近几年来,与教育部门联合在中小学开展"气象灾害避险应急知识"讲座。每年组织防雷科学知识普及专项活动,广泛宣传防雷知识。2007年,编制了防御台风知识挂图,免费发放给全市乡村街道。全市气象部门每年以"世界气象日"、"送科技下乡"、"科普周"等活动为载体,积极组织开展科普宣传活动。

社会管理

气象行政 2000年,气象行政管理工作起步,主要涉及防雷、系留气球施放、探测环境保护、气象信息传播等。2001年,设立政策法规处。2003年7月成立了气象行政执法支队,2008年有专职执法人员2人。2001年7月,市气象局入驻市行政审批服务中心。2008年分别成立瓯海区行政审批服务中心气象窗口和龙湾区行政审批服务中心气象窗口。2004年9月,温州市人民政府公布了《温州市第三轮行政审批制度改革行政许可主体及事项保留目录的通知》(温政发〔2004〕55号),气象局保留防雷装置设计审核和竣工验收等5项。2008年,温州市人民政府公布第二批非行政许可审批项目保留目录(温政发〔2008〕2号),气象局保留防雷装置年检和系留气球单位资质年检2项。

防雷管理 1990年,成立温州市避雷检测中心。随着《关于对全市避雷装置进行安全检测的通知》、《关于避雷装置检测收费标准的通知》等文件出台,全市避雷装置安全检测启动。1996年7月,市编委办和省局发文同意设立温州市防雷设施检测所。2001年5月8日,市政府办公室发文《关于印发温州市建设工程防雷装置设计施工管理实施意见的通知》(温政办〔2001〕50号),全市所有县(市)开展防雷图纸审核、施工监督工作。2006年起,气象局严格了防雷产品的备案制度和防雷工程的资质管理,规范全市防雷工作的报审流程,进一步规范了防雷依法行政和检测服务行为。2008年加强了对各重点项目雷击风险的评估、中小学防雷及农村防雷工作。

气象灾害防御管理体系 市政府先后制定发布了《温州市气象灾害预警方案》和《突发公共事件气象保障方案》等预案。2006年出台了《温州市关于加快气象事业发展的实施意见》,2007年下发《进一步加强气象灾害防御工作的通知》、《关于开展乡镇街道气象协理员队伍建设工作的通知》等发展气象事业的规范性文件。2007—2008年全市建立了300多人的乡镇街道气象协理员队伍,初步建立起气象灾害防御统一领导、分级负责应急管理体制,气象应急管理的组织和预案体系基本形成。

党建与气象文化建设

1. 党建工作

党支部建设 市气象局1955年建立党支部,夏宜宝任支部书记。1998年成立温州市气象局党总支,现下辖4个支部,分别是机关党支部、气象台党支部、雷达站党支部和离退休党支部。现有党员67人,其中在职党员45人,离退休党员22人。

党风廉政建设 2002年起,连续7年开展党风廉政教育月活动。2003年起,每年进行中层以上领导干部述职述廉述学报告活动。全市气象部门层层签订党风廉政目标责任书,积极推进"惩防体系"建设。

2. 气象文化建设

精神文明建设 20世纪90年代后期大力开展文明创建活动,2000年3月被温州市委、市政府授予"市级文明单位";2001年3月被浙江省委、省政府授予"省级文明单位"称号;2003年1月被评为"市级文明行业"。

1988年起,每年3月开展职业道德教育月活动。2000—2008年,先后开展了"三讲"、"三个代表"、"保持共产党员先进性"等教育活动。2002年起,每年组织春游、中秋游园会、春节联欢会等活动;2005年局工会成立了登山、摄影、篮球、羽毛球、乒乓球、游泳等兴趣活动小组。2006年举办了全市气象部门第一届文艺汇演,同年参加全省气象部门文艺汇演获得二等奖。2006—2008年,在全市评议满意不满意单位活动中温州市气象局名列前茅。2005年、2008年分别举办了全市气象人精神演讲比赛。开展了廉政文化优秀作品征集活动。

政务公开 2003年出台了《温州市气象局"效能革命"实施意见》和《温州市气象局"首问负责制"工作规定》,2004年5月出台了《温州市气象局局务公开实施办法》,落实首问负责制、气象服务限时办结、气象电话投诉、气象服务义务监督、领导接待日、财务管理等一系列规章制度,坚持上墙、网络、公示栏、办事窗口及媒体等5个渠道开展局务公开工作。2003年起,对气象行政审批办事程序、气象服务、服务承诺、气象行政执法依据、服务收费依据及标准等内容向社会公开。

3. 荣誉

集体荣誉 1994—2008年市气象局获地厅级以上集体荣誉40项。包括:1994年被市委、市政府评为17号台风"抗台救灾先进集体";1999年获"温州市模范集体"称号;2005年被省委、省政府评为"浙江省抗台救灾先进集体";2006、2007年连续2年被市政府授予"温州市抗台救灾先进集体"。

个人荣誉 严海容,全国工业交通基建财贸先进工作者会议代表(1959年,享受全国劳动模范待遇)。郁洪江,浙江省农业劳动模范(1962年度)。

台站建设

温州市气象局1960年7月迁址至南塘乡双井头(现址),现改名为温州市横河南新村1幢。占地面积4500平方米,由1992年建成的旧业务楼、1998年建成的新业务楼和2004年建成的雷达数据楼等3幢大楼组成,总建筑面积约6000平方米。

20世纪70年代观测场、办公楼

20世纪90年代初办公楼

现在的气象大楼

乐清市气象局

乐清位于浙江东南沿海,东临乐清湾,南临瓯江。东晋宁康二年(公元374年)建县,始称乐成。五代梁开平二年(公元908年)改名乐清。全市陆地面积1258平方千米,海域面积270平方千米,人口120万。气候温和,水土肥沃,自然资源丰富,素有"旅游胜地"、"鱼米之乡"之称。

机构历史沿革

始建情况 乐清县气象站,前身是浙江省旧建设厅海关所1934年设在乐成镇西门的雨量观测站,受战乱影响,记录时断时续。1951年5月24日,浙江省水利厅水文总站在该址设立水文站,1954年迁至城南乡万岙农场内。1959年6月1日,乐清县气象站在包豪、董善川等人的筹建下成立,水文站并入。1966年1月1日,搬迁至乐成镇郑家垟。1995年7月1日,观测站搬迁至乐成镇双雁路南公园中心,办公楼仍在原址。2007年3月18日,拆除办公楼后建成乐清市气象科技大楼。

名称变革及站址变迁情况

时间	名称变革	观测站地址变更	北纬	东经	海拔高度
1934	雨量观测站	乐成镇西门	28°08′	125°57′	
1951.5	水文站	乐成镇西门	28°08′	125°57′	
1954	水文站	乐成镇城南乡万岙农场	28°08′	120°58′	
1959.6	乐清县气象站	乐成镇万岙村"小山头"	28°08′	125°57′	13.5
1960.3	乐清县气象服务站	乐成镇万岙村"小山头"	28°08′	125°57′	13.5
1964.3	乐清县气候服务站	乐成镇万岙村"小山头"	28°08′	125°57′	13.5

续表

时间	名称变革	观测站地址变更	北纬	东经	海拔高度
1966.1	乐清县气象服务站	乐成镇郑家垟	28°07′	120°57′	6.2
1971.12	乐清县气象站	乐成镇郑家垟	28°07′	120°57′	6.2
1990.4	乐清县气象局	乐成镇郑家垟	28°07′	120°57′	6.2
1993.12	乐清市气象局	乐成镇清远路121号	28°07′	120°57′	6.2
1995.7	乐清市气象局气象观测站	乐成镇双雁路南"公园中心"	28°07′	120°58′	7.9

建制情况 建站时隶属于县农工部,由农业局代管。1963年5月,成为浙江省气象局直属单位,温州市气象局分级管理。1970年4月,气象站管理体制下放,由乐清县革命委员会领导。1971年7月,实行党的一元化领导和半军事化管理。1981年1月起,实行上级气象部门与地方政府双重领导,以气象部门为主的管理体制。

主要负责人变更情况

时间	主要负责人	籍贯	任职时间	主要负责人	籍贯
1959.6—1961.7	包 豪	浙江乐清	1977.5—1978.8	邵长法	山东苍山
1961.7—1963.5	董善川	浙江乐清	1978.8—1983.8	陈宏胜	浙江乐清
1963.5—1965.7	魏素英	浙江杭州	1983.8—1988.7	张庆普	浙江乐清
1965.7—1970.6	张庆普	浙江乐清	1988.7—1992.2	郑巨洲	浙江乐清
1971.6—1977.5	张明信	山东文登	1992.2—	庄千宝	浙江乐清

人员状况 1958年筹建时仅2人。1971年张明信任站长后,气象队伍逐渐稳定在9人左右。1978年后,气象队伍再次扩大,气象编制人员最多时达16人。

截至2008年底,在职职工25人,其中气象编制8人,地方编制1人,聘用16人;党员7人;本科8人,大专15人;中级专业技术职称7人,初级专业技术职称12人;40~49岁3人,40岁以下22人。聘用人员主要从事测报、雷电防护和公共气象服务等工作。退休8人。

气象业务与服务

1. 气象业务

气象观测 1960年6月30日之前,每天07、13、19时进行3次观测,7月1日后改为每天08、14、20时进行3次观测,02时的记录采用自记记录订正。1970年11月开始,担任路桥机场每天04—20时的航空报和危险天气报拍发任务,几年后发报时效改为07—20时,2006年终止。1983年之前,开创性地将气象要素变化对工、农业、民生影响的内容写入气表-1中,并获浙江省气象局肯定和推广。1984年开始拍发重要天气报;1993年6月20日起,每天为温州机场提供08—17时的固定航空报和08—20时的危险天气报。2003年9月—2008年12月,全市建成18个区域自动气象站,每隔1小时自动采集上传1次资料。2005年1月,观测站也安装上自动遥测设备,每10分钟采集1次资料。

2005年将1959年6月—2004年12月的原始气象资料(包括气簿-1,气表-1,航气簿-2

和各种自记纸),整理后送往温州市气象局档案室保存。此后,每年送存1次,乐清仅保留最近1年的观测资料。2007年乐清市气象科技大楼建成,有了标准的档案室,解决了建站以来历史资料容易丢失的问题。

信息网络 1980年安装了滚筒式无线气象图传真收片机;1992年,高分辨率气象卫星云图接收系统、MICAPS系统投入使用;1998年,气象卫星广播接收系统(PCVSAT)投入使用;2004年,建成了省—市—县一体的视频会商系统,同时通过公共网和政府信息网,实现气象资源共享。2005年7月29日,"数字展宽云图接收处理系统"投入使用。

先后3次对乐清的气候资料(1960—1972年、1961—1980年、1961—1990年)进行整编,并成书存档。2004年,完成了1959—1998年观测资料纸质文档与电子文档的较对。

气象预报 建站初期靠收听广播作订正预报。预报人员以有看天经验的老农为师,搜集和验证一些民间观天经验和气象谚语,观察泥鳅、蚂蟥等小动物的生态变化,加上单站资料图表来预报。1961年开始制作旬报,油印成文发送到县政府有关单位。1963年开始,根据浙江省人民广播电台的气象广播绘制成简单的天气形势图,结合乐清站气象要素点聚图,时间剖图,压、温、湿三要素曲线图等作为主要的预报工具,一直持续到20世纪70年代末。20世纪70年代初开展了对台风的预报研究,主要是利用天气形势场和单站资料做台风影响程度的预报。1980年开始,随着气象现代化建设的进行,传统的天气图和经验预报方法逐步向客观、定量、自动化推进。1998年,气象卫星广播接收系统的投入使用,天气预报进入以信息网络和数值预报为主的快速发展时期。

1978—2008年,乐清站主持参与的有关气象等研究课题和技术总结计35项,获科技进步奖6项,在《气象》《浙江气象》《现代农业科技》、长三角论坛等刊物或论坛上发表论文50余篇。1978年,《乐清台风单站预报方法》发表在《气象资料》上,这也是乐清首次在国家级刊物上发表论文。1983年,在中科院次声室的协助下,在国内首次用雷暴的电磁场和雷暴次声波实现雷声的自动记录,成果《雷暴自动记录仪研制》获1983年浙江省气象局科技成果一等奖。

农业气象 1979年浙江省气象局下发《关于加强农业气象工作的通知》,确定农业气象为县级站三项基本任务之一。1980年成立了农气组,租用了附近水稻田500平方米,开展水稻生育期各个阶段的田间小气候条件观测记录,调查分析光、热、水等气象因子对水稻产量的影响。1981年,在雁湖岗、岭底、仙溪、牛塘、大荆、雁荡、茗东等地设立了7个气象哨,进行气温、湿度、降水量、日照等观测,历时2年,整理汇编成3万余字的《乐清县气候资源调查农业气候区划报告》和《乐清县气候资源农业气象灾害》。1983年,开展了春播期、麦类赤霉病、夏收夏种、秋季低温等与农事有关的天气预报服务。

2. 气象服务

公众气象服务 1979年以前,公众预报的传播方式主要有2种,一是通过有线广播发布;二是通过气象哨传达;传播的范围只有乐成、柳市、大荆、虹桥等几个主要集镇和一些大型公社。1980年开始,随着广播、电视的普及,公众预报进入千家万户。1998年,与电信部门合作开通了"121"天气预报自动答询系统,每月拨打次数4~5万次,多的时候达到10万次以上。

2001年，乐清市政府投资100万元建成乐清农网，以乐清市政府主办、乐清市气象局承办、乐清涉农部门协办方式运作。气象信息每天滚动更新，涉农信息随时更换，点击率每天都有上千次。2004年3月，在乐清市财政局的支持下，实施"金桥工程"，免费发放信息电话机或CDMA手机，发展农民上网用户1000户，解决了农业种植大户、水产大户因信息不通销路不好的问题。

随着预报手段的改进，公众服务的内容也从单一的天气预报发展到包括森林火险等级、人体舒适度指数、紫外线、晨练指数等各类预报，服务也更贴近生活。2004年，短期预报时效从48小时增加到72小时。2006年，开展了一周天气预报、3小时短时预报、关键农事季节、重大活动、节假日等专题天气趋势预报。

决策气象服务 台风决策服务历来是乐清站气象服务的重中之重，多次受到乐清市人民政府和上级气象部门的表彰。

2004年8月，14号台风"云娜"影响期间，由于气象预报及时，全市紧急转移13.6万人，成功营救2035人，使台风带来的损失减少到最低限度。

2005年，先后遭受5次台风影响，其中"海棠"和"麦莎"台风影响严重。5次台风的移动路径和登陆地点预报都比较准确，"海棠"台风提前12小时报准登陆点，其他台风提前24小时以上报准登陆点。"麦莎"、"卡努"和"龙王"都提前36小时报准过程雨量和风力；"海棠"、"泰利"台风提前12小时报准过程雨量和风力。

乐清水资源紧缺，全市仅有4座中型水库，台风影响时水库的开、关闸事关全市饮用水和老百姓生命财产安全。"海棠"台风登陆后各个水库水位已接近极限，下游又洪涝成灾，如果开闸放水，势必增加下游压力；如不放水，再下暴雨就会给水库安全构成严重威胁。气象台经过仔细研究，将未来受东南急流影响，还有150~200毫米，局部200毫米以上的降雨预报意见向防汛部门汇报，防汛指挥部下令淡溪水库开闸放水。实况降水与预报降水相近，避免了潜在的危险。"泰利"台风登陆前再次面临水库开、关闸的两难选择，9月1日下午，气象台根据天气形势和卫星云图、雷达回波分析，作出影响不大的预报结论，建议防汛指挥部及时关闭闸门，争取了服务的主动。

2002年，中国邮政部门决定9月上旬在乐清市雁荡山举行"雁荡山风景纪念邮票"首发仪式。8月底，组委会来人咨询9月6—7日的天气，此时0216号"森拉克"台风已在马岛以东洋面上生成，气象台经过仔细研究，作出将受台风严重影响的预报，建议组委会将首发仪式改期或改在室内举行。组委会根据预报结果，增设了室内会场。7日，0216号台风如期而至，由于准备充分，首发仪式基本未受影响。

专项气象服务 1972年、1980年、2002年春和1990年冬，乐清市政府先后4次对北、中雁荡山区进行飞播造林。飞播对气象条件要求非常严格，且预报必须提前两天做出。为了做好预报，蔡志林、姚健等人克服困难，携带轻便气象仪器和沉重的对讲机，爬山涉水，穿山越岭，多次深入无人山区，先后成功完成了城北、岭底、雁湖、湖雾、磐石、白石等乡镇几十万亩山地的飞播气象保障任务。

1983年开始，每年编写3000~4000字的《气候影响评价》，内容涉及农业、交通、旅游和人体健康等。1984年的《气候影响评价》入选了《浙江省气候影响评价选编》。2004年开始，每年为《乐清年鉴》提供气候史料。

干旱是乐清的主要气象灾害之一,严重干旱每3年一遇。1973年8月上旬,全县旱情严重,根据观测员报告,有关部门在万岙用"三七"高炮实施人工增雨作业,随后局部地区下了小到中等阵雨,缓解了旱情。2003年8月,遭受严重旱灾。4日,浙江省人工增雨指挥部根据乐清等地的天气实况报告,出动人工增雨飞机,5日早上06—08时,乐成、柳市等地下起了大到暴雨。5日中午,根据乐清提供的云层发展情况,人工增雨飞机再次进行作业,下午13—15时乐清境内北部及北雁荡山区普遍下了大到暴雨,过程雨量均在50毫米以上,其中砩头和清江分别有77毫米和70毫米,有效缓解了旱情。

1989年,为配合全国海岛资源综合调查,在境内最大海岛——西门岛设立1个气象哨,进行气象资料收集,并对境内一些无人居住的小岛进行实地调查,历时2年,完成了2万余字的《乐清县海岛气候资源调查报告》,由乐清县科委编入《乐清县海岛资源综合调查报告》。

气象科技服务　20世纪80年代至20世纪90年代初,是乐清气象科技服务的探索期。1983年,与乐清国营盐场签订了首份专业服务合同。1987年底,建成功率为50瓦的无线电天气警报发射台,通过百岗尖差转覆盖全县80%以上的范围,主要播送天气预报、森林火险预报、农作物病虫害防治等讯息,专业用户有60多家。1988年,乐清市清江镇对虾养殖业兴起。为摸清对虾塘的气象条件,工作人员经常顶着烈日到沿海养殖场,对虾塘以及外海的气温、水温、盐度、含氧量等日变化情况进行实地观测分析,以指导养殖户对虾塘进行科学管理。清江镇后来成为全国知名的对虾养殖基地。

1992—1999年,是深化改革后的快速发展期。1992年开展了涉及到全市各行各业的庆典气球服务,为科技服务的快速发展积累了丰厚的经验。1995年,开创了电视分片预报节目服务。1998年,与电信部门合作,开展了"121"天气预报服务。1998年7月,乐清市防雷设施检测所成立,赵玉微任法人代表。1999年,与建设部门合作,规范化开展建筑物施工图纸防雷专项审查、防雷检测工作。

2000年后,进入持续发展时期。2001年,随着气象事业的发展,针对产权关系和生产力的结构问题,进行了一次科技服务运行机制的战略性调整,此后分别在2001年、2005年、2006年获得浙江省气象科技服务先进集体荣誉称号。2005年2月23日,开创了小灵通气象短信服务。

气象科普宣传　在乐成镇七小建立了"红领巾气象站"。世界气象日、科技活动周、安全生产月、世界卫生日等活动,均在闹市区开展现场咨询、发放宣传资料,组织中小学校学生参观,在电视、报纸等媒体刊播科普文章,为中小学校学生、社会各界人士举办专题讲座。2008年末,张庆普搜集整理了3000余字的《乐清天气谚语汇编》,部分内容被收编在《乐清市非物质文化遗产》文集。

社会管理和气象文化建设

1. 社会管理

2002年1月17日向市规划建设局、市国土资源局等单位发出了《关于乐清市气象探测环境保护技术规定备案的函》;2005年4月10日,制订《乐清市重大社会活动气象保障服务实施方案》(试行);2005年4月13日,制订《乐清市气象局突发性灾害性天气预报服务应急预案》(试行);2006年6月2日,制订《乐清市气象灾害预警应急预案》;2006年6月12日,制订《乐清市重大雷电灾害应急救援预案》;2008年,《乐清市气象灾害应急预案》纳入市政府预案体系,编写了《乐清市气象灾害应急预案操作手册》,气象保障列入地方14个专项预案。

2. 气象文化建设

党建 1972年以前,乐清县气象站党员的组织生活挂靠在附近的万岙国营良种场。1972年组建了党支部,张明信兼任党支部书记。至2008年底,乐清市气象局共有党员8名,其中女党员3名;退休党员3名。

精神文明建设 1999年7月,获乐清市文明单位称号。2003年,分别与后所村、南塘镇开展文明百村结对和双百结对活动。2004年,获温州市级文明单位称号。2005年7月,浙江省气象部门"防雷杯"演讲比赛获二等奖。2005年8月9日,与乐清市南塘镇三江村结为共建单位。2005年10月,与双锋乡湖口村5户农户结对。2006年6月,温州市气象部门首届文艺汇演获二等奖与组织奖。2008年,多幅廉政文化作品在浙江省气象部门廉政文化作品展获奖。

气象文化 在老一代气象员的带领下,从20世纪60年代起形成了艰苦奋斗、爱岗敬业、无私奉献的精神和严谨求实、兢兢业业、一丝不苟的工作作风相传至今。代表人物是20世纪60—70年代的陈宏胜。1965年8月—1970年4月,全站仅张庆普、陈宏胜、蔡志林3人,除日常值班外,还要负责基建,3人经常无法回家过年。1969年一次强台风袭击乐清前后,其他2人因故无法上班,陈宏胜1人坚守了几天几夜。"文革"期间,虽然面临种种困难,但乐清没有缺测过1小时的气象记录,漏做过1次天气预报,各种气象资料无一散失。1981年9月22日,受广东登陆的"8116"号台风外围东风波影响,24小时雨量最大值达709毫米,县城被洪水淹没,全城群众紧急转移到山上,在断粮缺水的情况下,全站人员24小时站在桌子上坚守岗位,无人离岗。在温州出差的蔡志林,在陆路交通中断的情况下,乘船回到柳市镇,涉水步行16千米回到乐清上班。

集体荣誉 由于台风决策服务中的突出贡献,历年来除乐清市人民政府与温州市气象局的表彰外,1981年荣获中央气象局的"全国台风预报服务先进单位"称号;浙江省气象局分别于1984、1987、1997、2004年授予"气象服务先进单位"称号。2007年,乐清市政府专门发函到温州市气象局,要求对乐清市气象局的台风预报工作进行表彰。2001年、2005年、2006年先后获浙江省气象局颁发的"浙江省气象科技服务先进集体"称号。

个人荣誉 1978年10月,陈宏胜获中央气象局颁发"全国气象部门学大寨、学大庆先进工作者"荣誉称号。1989年,蔡志林获乐清县委颁发"乐清县专业技术拔尖人才"称号。1982—2008年,赵春娥等人先后10余次获乐清市人民政府颁发"乐清市先进生产(工作)者"称号。

台站建设

1959年5月建站之初,有一座标准观测场和3间约80平方米的小平房。1965年12月,建成20米×16米的小型观测场和6间约120平方米的砖木结构平房。1971年建成1

幢140平方米砖木结构平房、1间有地下室的76平方米砖混结构小楼。1979年建成1幢389平方米的2层砖木结构宿舍,1983年建成7间420平方米的2层业务楼。1995年7月,占地2178平方米,由1座标准观测场和220平方米的2层砖混结构业务楼投入使用。经过几年改造,发展成配有篮球场、人工水池、假山、草坪等园林设施的花园式观测站。

乐清气象观测站50年变迁

1998年11月,与乐清市农业局达成联建协议;浙江省气象局发文(气计发〔1998〕25号)批复,同意拆除原办公用房扩建成气象科技大楼,建设规模为6280平方米,总投资957万元。2002年4月,建设规模改为3454平方米。8月,浙江省气象局(浙气发〔2002〕129号)重新批复。2003年5月,浙江省气象局下达年度投资计划(浙气发〔2003〕47号)。2003年9月,气象科技大楼动工。2007年3月18日,经过多次立项和修改设计方案,占地面积1579平方米,建筑面积3454平方米,总造价约791万元的乐清市气象科技大楼建成使用,水电、卫生、消防、网络等一应俱全,建有图书阅览室、职工活动室、荣誉展览厅等硬件设施,工作与生活条件得到极大改善。

1995年7月,建于乐成镇双雁路南"公园中心"的业务楼　　2007年3月18日,建于乐成镇清远路的气象科技大楼

乐清气象办公楼50年变迁

瑞安市气象局

瑞安市地处浙江省东南沿海,陆域面积1271平方千米,海域面积3060平方千米,辖12个镇、19个乡、6个街道,人口117.5万。属中亚热带海洋型季风气候区,冬暖夏凉、温度适中、热量丰富、雨水充沛、四季分明。物产丰富,为江南鱼米之乡,自古以来市井繁华,商贸发达,是浙江省重要的现代工贸城市和历史文化名城,温州大都市南翼中心城市。

机构历史沿革

建制情况　瑞安市气象局属国家基本站,始建于1959年1月,当时称瑞安县水文气象服务站,坐落于原城关红旗办事处西门村,海拔高度5.7米。1964—1983年多次易名,管理体制也经历了从军队建制到地方政府管理的演变,1981年起气象管理体制上收,瑞安县气象站隶属浙江省气象局领导,1986年4月更名为瑞安市气象站,1990年4月更名为瑞安市气象局。2000年1月1日,瑞安市气象局搬迁至瑞安市安阳新区马鞍山公园山顶,观测场位于北纬27°47′、东经120°37′,海拔高度39.7米。2002年气象综合办公楼搬迁至安阳新区安福路28号(瑞安市人民政府东侧),观测站和气象综合办公楼总建筑面积合计1361平方米,两处办公地点共占地2355平方米。

机构设置及演变　瑞安市气象局内设机构有办公室(含防雷办),直属单位有气象台(含农网)、气象观测站,下属单位有瑞安市防雷设施检测所,2002年在市行政审批中心设立了气象审批窗口,2003年成立了气象行政执法大队。

人员状况　1959年建站时仅有职工4人,以观测业务为主。全局现有在职职工29人(在编11人),退休人员9人。研究生学历1人、本科学历4人、大专学历12人,工程师3人、助理工程师17人。

名称及主要负责人变更情况

名称	任职时间	主要负责人
瑞安水文气象服务站	1959.11—1962.10	王会迪
瑞安县水文气象站	1962.10—1969.12	张延令
瑞安县气象站	1969.12—1970.11	赵东海
瑞安县气象站	1970.11—1972.1	赵添命、董国修、林忠（先后担任）
瑞安县气象站	1972.1—1981.12	李庆忠
瑞安县气象站	1981.12—1984.5	王维新
瑞安县气象站	1984.5—1985.4	王德秋
瑞安市气象站	1985.4—1990.4	潘玉龙
瑞安市气象局	1990.4—2007.1	潘玉龙
瑞安市气象局	2007.1—	汪必进

气象业务与服务

1. 气象业务

①气象观测

地面观测 瑞安气象观测始于1959年3月21日，观测项目有风向、风速、气温、气压、湿度、云、能见度、天气现象、降水、日照、地面温度、雪深、电线积冰等。1959年4月1日—2001年12月31日，采用小型蒸发；2001年7月1日，升级为基本站后采用E-601大型蒸发。1959年4月1日—1966年7月31日，观测浅层地温（5、10、15、20厘米），2001年7月1日升级为基本站后重新对浅层地温进行观测。

1959年3月21日开始，每天3次观测（07、13、19时）；1960年8月31日开始，变更为一般站观测（08、14、20时）；2001年7月1日，每天8次观测（02、05、08、11、14、17、20、23时）。每天编发02、08、14、20时4个时次地面天气报；05、11、17、23时4次补充地面天气报。承担拍发地面气候月报，气象旬、月报，重要天气报任务。

1987年1月1日起，使用PC-1500袖珍计算机取代人工编报。1999年起使用微机进行编报。2002年8月引进安装了ZQZ-CⅡ地面气象自动观测站，2004年1月1日开始试运行，观测项目有气压、气温、湿度、风向风速、降水、地温等，2005年1月1日，地面自动气象观测站正式投入业务运行。

区域自动气象站监测 2003年建成长白桥、赵山渡、北麂3个区域自动气象站和阁巷、海安2个自动雨量站。至2008年已建成海安、阁巷、北麂3个六要素站和桂峰、永安（原长白桥）、林溪、鹿木、宁益、营前（原赵山渡）、平阳坑、桐浦、马屿、曹村、上望、北龙12个四要素站，形成了初具规模的地面气象灾害自动监测网。

②气象信息网络

气象信息接收 1984年以前，瑞安气象站利用收音机收听浙江电台和周边电台播发的天气预报和天气形势。1984年配备了123型无线传真机，主要接收中央气象台、日本的各类传真天气图。1986年安装了无线对讲机，建立市县天气预报会商系统。1994年装备了气象卫星云图接收设备,接收日本气象同步卫星云图。2000年建立了VSAT站、气象网络应用平台,接收从地面到高空的各类天气形势图和云图。2002年建立省市县三级宽带网为气象信息的采集、传输处理、分发应用、分析提供支持。2004年建立了温州多普勒等效雷达终端接收系统和省市县气象视频会商系统。2007年建立了多轨道业务信息综合显示平台,同年配备了小型服务器1台。2008年省市县三级网络升级为数据专网和视讯专网,2008年9月,自行开发建立了瑞安市气象自动站与水利资料综合管理应用系统,能够监测到瑞安所有自动气象站和各自动水利雨量点的资料。

气象信息传输 20世纪80年代之前,各种天气报告编成专用气象电报,电话口传当地邮电局转发。1987年前,主要通过广播、邮寄旬报、天气预报黑板报方式向全县发布气象信息。1988年5月,建立天气警报系统,面向有关部门、乡(镇)、村、农业大户和水电系统、城市开发、建筑砖瓦等行业,每天3次开展天气预报和警报信息发布服务。1999年开通"121"(2005年1月改号为"96121")天气预报电话自动答询系统。2001年建立电视气象影视制作系统。2002年1月建立"瑞安农网",通过其发布农业、气象、政务等各类信息。2007年5月建立"瑞安气象"网站,通过其发布气象信息。2007年起,在全市陆续推广安装气象信息电子显示屏。

③气象预报

1959年建站即开始了气象预报服务,每天1期。1960年起开始制作早晚2次的24小时日常天气预报。1961—1964年,根据"土洋结合"精神,瑞安县气象站进行了"物候测天"的实验。在1970年以前,由于气象资料年代短,手段落后,预报服务项目很少很粗。1971—1980年,随着资料积累开展了以气象站资料为主的单站预报改革。20世纪80年代初起,每日06、10、15时3次制作预报,并逐步开展了逐旬、月、各农事季节的中期、长期趋势预报及各类重大灾害性天气预报服务。至2008年,已经开展了短时临近、短期、雷电潜势、生活指数、一周天气和旬月报等短、中、长期天气预报预测服务,以及灾害性天气预报预警业务和供领导决策的各类重要天气报告等。1959—2005年,每天描绘P、T、e日平均曲线图;1962—2005年,每天填写单站预报基本资料;1974—2005年,每天描绘14时P、T、e曲线图,上述资料主要用于预报分析。1973—1993年,每天描绘分析地面、850百帕、700百帕和500百帕的天气形势图。21世纪开始从初期单纯的天气图加经验的主观定性预报,逐步发展为采用气象雷达、卫星云图和计算机数值预报模拟系统等先进工具制作的客观定量定点数值预报。

④农业气象

1970年起逐步开展农业气象服务。1979年成立气象站三人农气组,开展当地农业气象资源调查。1984年开始撰写气候评价和气象月报,对春播期、梅汛期、夏收夏种、秋收冬种开展气象服务。根据瑞安本地农业生产特点,开展麦类、早稻、晚稻全生育期气象条件分析,早稻产量预测、麦类赤霉病发生趋势预报、春花收获期预报、"五月寒"天气预报、病虫害防治情报、晚稻齐穗期间秋季低温预报、糖蔗生产地气候条件分析、蘑菇生产与气候条件分析、暑热高温对奶牛产奶量的影响及对策等气象服务。1987年开展了森林火险气象等级预报服务。1973—2007年,先后建立了芳庄、丰门、曹村、董田、上关山、荆谷河头潭、湖石、草岱、桐溪、林溪、梅头、马屿、瑶庄、高楼等14个气象哨,主要为农业气象服务和撰写农业区划提供原始数据。2002年建立瑞安农网,并在全市37个乡镇街道设立了农网信息站和信息员。2004年开展了农村经济信息网进村入户工程,完成了全市900个农村经济信息点的调查、挑选、审批、培训等工作,该工程为当年瑞安市委市府的为农服务十大工程之一。

2. 气象服务

瑞安气象灾害频繁,尤以台风、暴雨、干旱、大风、冰雹、雷电为甚。市气象局坚持以经济社会需求为牵引,把公众气象服务、决策气象服务、专业气象服务和气象科技服务融入到经济社会发展和人民群众生产生活。

公众气象服务　1970年起,利用农村有线广播站播报气象消息。1985年起,在县电视台以文字形式播放气象信息。1988年5月建立天气警报发射系统,覆盖32个乡镇,2007年停止使用。1994—1996年,在瑞安有线电视台发布桐溪、北麂、圣井山、海安、寨寮溪、莘塍、曹村、林垟7个地方的分片预报。1999年建立电话"121"气象信息自动答询系统。2002年1月,受瑞安市政府委托建设了瑞安农网,发布每日天气预报。2005年起,在《瑞安日报》刊登每日气象信息和生活气象指数。2006年起在瑞安电视台以图标和字幕游标的形式发布气象灾害预警信号。2007年建立了"瑞安气象"网站,开展了网络气象服务;同年10月在瑞安市政府和马鞍山小学等,建成气象信息电子显示屏。2008年起在瑞安气象网站发布安阳、塘下、莘塍、飞云、马屿、高楼、湖岭、陶山、寨寮溪、花岩、铜盘岛、北麂的分片预报。每年开展重大节假日气象服务,并为历届的"高楼杨梅节"、"瑞安农博会"等重大活动提供气象保障服务。

决策气象服务　20世纪80年代,主要以口头和电话汇报方式向地方政府提供决策服务。20世纪90年代起,逐步开发了《天气公告》、《气象信息内参》、《重要天气报告》、《汛期气候预测》等决策服务产品。2006年开通了紧急异常天气短信平台,将瑞安市委、市府领导和地方各个防汛相关单位人员纳入紧急异常天气短信发送范围,同年开发了《一周森林火险等级预报》产品。2008年增加了《台风报告单》、《重大气象灾害评估》和《一周天气展望》等决策服务产品,并在台风影响期间派专人驻市防汛办进行气象服务。

气象科技服务与技术开发　1985年3月,遵照国办发〔1985〕25号文件精神,瑞安专业气象服务开始起步。利用传真邮寄、警报系统、声讯等手段,面向各行业开展气象科技服务,并为飞云江大桥建设等重大工程提供了气象资料和预报服务。1996年起开展有线电视气象广告服务。1997年起,为各单位建筑物避雷设施开展安全检测。2002年起,全市各类新建建(构)筑物按照规范要求安装避雷装置。1993—2002年,开展了庆典气球施放服务。2001年配备了大洋DY3000LE非线性编辑系统,专门用于电视天气预报制作。2008年起对重大工程建设项目开展雷击灾害风险评估。

气象科普宣传　每年利用世界气象日、防灾减灾日、安全生产月等活动积极宣传气象防灾减灾知识,通过发放小手册、张贴宣传画、现场咨询、电视和报纸等媒体提高公众的气象防灾减灾意识。业务人员还积极到中小学校开展防灾减灾讲座,帮助梅头一中、马鞍山实验小学建立了气象观测站,并下乡给农民讲解农村气象防灾减灾知识。

社会管理

气象行政执法　瑞安市气象局认真贯彻落实《中华人民共和国气象法》《浙江省气象条例》等法律法规，积极争取瑞安市人大常委会、瑞安市人民政府的支持，开展行政执法工作。从2000年起，每年3月和6月组织开展气象法律法规和安全生产宣传教育活动。2002年在瑞安市政府审批办证中心设立气象窗口，履行气象行政审批职能，规范天气预报发布和传播，实行低空飘浮物施放审批制度。2002—2004年，2次参与行政审批制度改革，规范行政审批项目。2003年成立气象行政执法大队，多次与相关部门开展联合执法。2008年配备执法专用车辆，并定期开展执法检查。

气象灾害防御管理　2000年观测场搬迁至马鞍山后，瑞安市人民政府下发了《瑞安市气象观测环境保护条例》（瑞政办〔2001〕38号）。2001年瑞安市人民政府下发了《瑞安市建设工程防雷装置设计管理实施意见》（瑞政发〔2001〕244号）。2005年12月瑞安市人民政府印发《瑞安市突发公共事件总体应急预案》，明确气象部门负责发布天气预报、灾害性天气预报，为防灾减灾救灾提供服务，组织对重大气象灾害的调查、鉴定和评估工作。2006年4月瑞安市人民政府出台了《瑞安市防汛抗旱应急预案》。2006年8月瑞安市人民政府办公室印发了《瑞安市雷电灾害应急救援预案》（瑞政办发〔2006〕203号），同时出台了《瑞安市自然灾害救助应急预案》《瑞安市森林火灾事故应急救援预案》等10多项预案，明确了气象部门的工作职责。2008年4月根据瑞安市人民政府《转发温州市人民政府关于加强乡镇街道气象协理员队伍建设的通知》（瑞政发〔2008〕67号）文件精神，全市37个乡镇街道办事处落实了分管气象领导，建立起了998名气象协理员和气象信息员，并在2008年6月组织了一次全市气象协理员培训工作。

防雷减灾管理　1996年12月，经瑞安市编委会批准成立了瑞安市防雷设施检测所，并开展防雷装置安全性能检测。2002年，对新建建筑物防雷装置的跟踪监测和竣工检测进行规范化管理；新建建筑物防雷图纸的审核、设计、技术评价、竣工验收等工作。2008年开展了对大型建筑、重点工程、易燃易爆场所雷击风险评估工作。

党建与气象文化建设

党支部建设　1972年1月，瑞安县气象站党支部成立，李庆忠任支部书记；1981年12月王维新任支部书记，1984年5月王德秋任支部书记，1985年4月张正书任支部书记，1988年12月廖微微任支部书记，1994年5月潘玉龙任支部书记，2007年4月陈素红任支部书记。现有党员11人，其中在职党员6人，退休党员5人。

1989—1993年瑞安市气象局党支部连续5年被瑞安市机关党工委评为"先进党支部"；2002年、2007年度，被瑞安市机关党工委评为"先进党支部"。

党风廉政建设　瑞安市气象局认真落实上级主管部门和地方党委的党风廉政建设责任制，签订党风廉政建设责任书，积极推进惩防体系建设。每年参与气象部门组织的法律法规知识竞赛，2001年开展了"三个代表"重要思想学习教育活动，2002年起每年4月份组织开展党风廉政建设教育月活动，2005年开展党员先进性教育活动，并制定新世纪气象部门共产党员先进性的五条具体标准（政治信仰过硬，做坚定信仰的模范；业务技术过硬，做努力学习气象科技知识的模范；服务意识过硬，做高质高效气象服务的模范；组织纪律性过硬，做团结稳定的模范；道德品质过硬，做文明建设的模范），2006年开展学习党章和社会主义荣辱观教育，2007年开展作风建设年活动，2007—2008年组织开展十七大精神的学习。从2006年起，每年组织局领导述职述廉述学和上党课。

精神文明建设 1987年被评为浙江省气象系统首批文明单位，1988年获瑞安市级文明单位，2006年被评为温州市级文明单位。在建设一流台站的过程中，凝炼出了"爱岗敬业、团结奋进、开拓创新、管天为民"的瑞安气象人精神。1988年起，连续21年坚持开展职业道德教育月宣传教育活动，围绕主题开展活动来提高职工的职业道德素质，经常开展政治理论和法律法规学习。开展文明结对、结对帮扶、拥军等活动，通过走访座谈加强沟通、帮助、指导、慰问，加强感情交流，倡导全心全意为人民服务的崇高思想。成立了羽毛球、登山、台球、摄影、乒乓球等兴趣小组，组织参与温州市气象部门文艺汇演和气象人精神演讲比赛，获得文艺汇演组织奖、优秀奖，演讲比赛三等奖等。

1985年1月瑞安县气象站开始对全站气象科技人员实行"三制一体"（考勤、考绩、奖优罚劣）的管理，1986年5月制订了学习、办公、财务报销制度，1988年1月制订了《目标管理制度》、《重大灾害性天气工作流程》、《重大灾害性天气岗位职责》，至2008年已建立起了比较完善的制度体系。

政务公开 根据瑞安市委、市人民政府和上级主管部门"效能革命实施意见"和局务公开工作考核办法，利用公示栏、会议宣传栏和局务内网等形式及时进行定期和不定期的公开，促进了职工对单位有关事务的及时了解，加强了参与民主监督的自觉性，也增加了工作透明度。2005年被中国气象局评为"局务公开先进单位"。瑞安气象网站建立后，进一步丰富了局务公开的内容。2008年5月1日起，根据《中华人民共和国政府信息公开条例》要求，在瑞安市府网上实现了信息公开化，按照"以公开为原则，不公开为例外"的总体要求，进一步梳理信息，对2003年以来单位主要信息均在网上公开，方便了广大人民群众办事和查询。

荣誉 1987—1990年连续4年被评为浙江省气象局双文明单位；1988年被评为瑞安市文明单位；2003年被浙江省档案局授予省级档案达标单位；2003年、2004连续2年被评为浙江省气象系统科技服务先进集体；2005年被中国气象局评为"局务公开先进单位"；2006年被评为温州市文明单位；2008年被评为浙江省重大气象服务先进集体。

台站建设

从1959年3月建站开始至1999年12月，瑞安局一直坐落在瑞安城关红旗办事处西门村，建站时占地面积仅600平方米（其中观测场225平方米），业务用房102平方米，后发展扩大为占地2220平方米（其中观测场625平方米），业务用房711平方米。2000年1月1日起搬迁至安阳新区马鞍山山顶，2002年气象综合办公楼搬迁至安阳新区安福路28号。2007年8月根据绿色台站建设要求，对两室一场及气象综合办公楼进行了装修改造。

城关红旗办事处西门村的老站

位于马鞍山山顶的观测站

综合办公楼

瑞安市气象台

永嘉县气象局

永嘉县位于浙江省南部,瓯江下游北岸。东邻乐清市,南与温州鹿城区、瓯海区、龙湾区隔江相望,西接青田县、缙云县,北连仙居县和黄岩区。县境位于北纬27°58′40″～28°36′54″、东经120°19′34″～120°59′19″之间。总面积2674.3平方千米。辖12个镇、26个乡,总人口91.3万。永嘉属于亚热带季风气候,温暖湿润,四季分明,无霜期长,年温差较小,雨水充沛,热量充足。年平均气温18.3℃,平均年降水量1718.3毫米。主要灾害性天气有暴雨、冰雹、干旱、台风、洪涝、雷电和大风等。

2005年"海棠"台风期间,洪水淹至办公楼一楼

机构历史沿革

始建情况 永嘉县气象局原名永嘉县气象站,始建于1958年10月,位于永嘉县上塘镇浦口村西面路亭中。1960年底迁至上塘镇浦口村小平山山顶,北纬28°09′,东经120°41′,海拔高度34.3米。2005年3月,办公场所搬至上塘镇码道西街中段方弯巷43号,观测场位置未发生变化,面积由原先的325.5平方米扩大至400平方米。

建制情况 1958年10月建站时隶属于永嘉县人民政府,1963年撤销。1971年1月1日重新建立永嘉县气象站,隶属于温州市气象局与永嘉县革委会人武部双重领导(浙革〔1970〕131号);1973年10月1日,转受温州市气象局与永嘉县革委会领导(浙革〔1973〕92号);1981年1月1日改为温州市气象局与永嘉县政府双重领导,以气象部门领导为主的管理体制,一直延续至今。1990年4月25日,永嘉县气象站更名为永嘉县气象局(〔90〕温气字第16号)。

人员状况 1971年建站时,仅有业务人员3人;20世纪80年代末有干部职工13人。截至2008年底,有干部职工18人。其中气象编制8人,招聘10人;工程师1人,助理工程师7人;本科学历6人,大专学历10人;党员7人。

主要领导变更情况

任职时间	主要负责人	任职时间	主要负责人
1972.2—1974.2	金可能	1987.2—1991.4	孙素琴
1974.9—1982.7	夏忠礼	1991.4—1991.11	叶克铨
1982.7—1985.1	吴吟淦	1991.11—2002.1	郑海祥
1985.1—1987.2	谷风鸣	2002.1—	吴 群

气象业务与服务

永嘉县气象站原设测报组和预报组。1997年起,设立3个机构,办公室、气象台和气象科技服务科。

1. 气象业务

气象观测 1971年初建站时,为测报一般站,夜间不守班,每天08、14、20时定时观测3次,观测项目有气温、湿度、气压、降水、蒸发、日照、积雪深度、风向风速、云、能见度、天气现象;后增加地面温度。1984年1月1日起编发重要天气报,主要编制的报表有气表-1、气表-21。1990年10月改为测报辅助站,不守班,不发报。1999年至今改为测报一般站,恢复白天守班及发报,每天08、14、20时定时观测3次,观测项目不变。

1988年7月,永嘉气象站配备了宏基286计算机,用于编报程序编写。2002年7月,在岩头、中堡、巽宅、碧莲及本站建立5个自动雨量点。2003年1月1日,本站将自动雨量站升级为六要素地面自动观测站,自动站观测项目包括气温、湿度、气压、降水、风向风速、地面温度。目前自动站与人工并行观测,除降水外,以自动站资料为准发报,自动站采集的资料与人工观测资料存于计算机中互为备份,每月定时复制光盘审核归档、保存、上报。

2004开始,在全县各乡镇陆续建设四要素或六要素地面自动观测站,截至2008年底,全县境内共建成四要素地面自动观测站16个,六要素地面自动观测站4个。

气象信息网络　永嘉县气象站自1984年1月1日起编发重要天气报。当时观测员通过手摇式电话机,将报文口传至永嘉县邮电局报房,由邮电局转发至温州市气象局。1990年改为测报辅助站,停止发报。1999年改为一般站后恢复发报,当时气象发报已实现网络化,通过调制解调器,电话线拨号上网发送报文;2001年以后开始使用ADSL、宽带等方式传递信息。

气象预报　1971年开始做短时、短期天气订正预报和中长期天气趋势订正预报,当时条件较为简陋,用收音机接受上级天气预报,描绘简易天气图,并结合天气谚语、韵律及个人经验进行订正;1983年后,主要运用常规天气图表及日本传真图等方法进行天气预报;1993年开始增加卫星云图接收系统,1997年升级为高分辨卫星云图;2000年8月引进"9210"气象信息处理系统,开始运用MICAPS进行天气分析预报工作;2004年安装省市县视频会商终端,改变了以往通过采用高频对讲机会商天气的方式。

主要技术装备应用表

装备与技术系统	开始应用时间	装备与技术系统	开始应用时间
气象传真接收机	1983年1月	高分辨率卫星云图	1997年7月
天气自动答询机	1988年	"121"气象预报自动答询系统	1999年3月
低分辨率卫星云图接收系统	1993年10月	"9210"气象信息处理系统	2000年8月
计算机数据传输系统	1994年12月	"MM5"台风暴雨分析处理系统	2002年6月

农业气象　1982年开始开展农业气象业务。主要业务项目包括农作物生育期气象条件分析、农业气象预报、三季作物(小麦、早稻、晚稻)产量预报、病虫害预报。向当地政府、涉农部门、县属各乡镇、农业种植大户寄发"农业气象月报"、"乌牛早茶叶采摘期天气预报""杨梅采摘期天气预报"等业务产品。1985年8月完成《永嘉县农业气候区划》的编制。1992年开始编写全年气候影响评价;2000年起,为《永嘉县志》提供气候资料。1988年,由叶克铨、李有明完成的《乌牛早春茶发育期热量指标及适栽区分析》获省气象局气象科技进步四等奖。根据永嘉县政府"十五"推进农村信息化建设的计划,按照"省市统一规划,分级负责建设"的原则,于2002年2月27日开通永嘉农业信息网,其信息中心设于气象局,负责农网网络正常运作及有关农业气象的信息制作。

2. 气象服务

从建站以来,随着气象事业的发展,气象现代化水平的提高,气象业务水平、服务能力明显增强,服务领域不断拓宽,服务项目不断增多,已逐步建立起基本适应社会主义市场经济发展的全方位、多层次的气象服务体系。

公众气象服务　1985年起,利用县广播站播报每日气象信息;1989年起开始利用无线气象预警喇叭向公众播放气象信息;1988年开通天气自动答询机;1999年开始开通"121"固定电话气象自动答询系统;1995年由电视台制作文字形式气象节目。2002年开通手机气象短信。同年2月开通永嘉农村信息网。每年开展节日气象服务,还为历届"楠溪江旅游节"、"楠溪江定向越野比赛"等重大活动提供气象保障服务。

决策气象服务 20世纪80年代以来以口头、信件及传真方式向县委县政府提供决策服务。20世纪90年代逐步开发了《重要天气报告》、《气象内参》、《汛期(5—9月)天气形势分析预测》等决策服务产品。在1999年"9·4"洪灾、2004年"云娜"台风、2005年"海棠"台风及2008年初严重低温雨雪冰冻灾害中,准确预报灾害天气过程,及时向党委政府及有关部门提供决策服务。2007年6月建立灾害预警信息平台。

气象科技服务与技术开发 1985年3月,遵照国务院办公厅《转发国家气象局关于气象部门开展有偿服务和综合经营的报告的通知》(国办发〔1985〕25号)文件精神,永嘉县气象局专业气象有偿服务开始起步,利用传真邮寄、警报系统、声讯、影视、电子屏、手机短信等手段,面向各行业开展气象科技服务。1992年起,开展庆典气球施放服务。1997年起,为各单位建筑物避雷设施开展安全检测;1999年起,全县各类新建建(构)筑物按照规范要求安装避雷装置。

气象科普宣传 1999—2004年,每年开展"气象科技下乡"活动。每年"3·23"世界气象日期间,在县城政府大院门口,设立宣传台,向广大群众宣传气象科技知识并散发宣传材料。1988年以来在观测站对全县中小学生进行气象科普知识宣传。2007年以来,组织专业技术人员,进入各中小学校进行防雷知识讲座,全县95%的中小学生接受了防雷知识培训。

法规建设和管理

1. 气象法规建设

气象法规建设 2000年以来,永嘉县气象局认真贯彻落实《中华人民共和国气象法》、《浙江省气象条例》等法律法规;2000年起,每年3月和6月开展气象法律法规和安全生产宣传教育活动。2005年11月,县政府审批办证中心设立气象窗口,承担气象行政审批职能,规范天气预报发布和传播,实行低空飘浮物施放审批制度。2003年成立气象行政执法大队,6名兼职执法人员均通过省政府法制办培训考核,持证上岗;2006—2009年,共开展行政执法检查20余次。

规章制度建设 重点加强雷电灾害防御工作的依法管理工作。2007年3月,永嘉县政府办公室印发《永嘉县雷电灾害应急救援预案》(永政办发〔2007〕21号)。

2. 社会管理

行业管理 1999年县编制委员会发文成立永嘉县防雷设施检测所(永编〔1999〕54号),逐步开展建筑物防雷装置竣工验收、计算机信息系统等防雷安全检测。2001年起永嘉县气象局被列为永嘉县安全生产委员会成员单位,负责全县防雷安全工作管理,2002年开始进行防雷工程图纸扩初审核。2005年,永嘉县防雷行政审批工作纳入永嘉县政府行政审批中心管理。2007年3月,成立永嘉县雷电灾害防御办公室,其日常办公设立在气象局。2008年县雷电灾害防御办公室发文公布防雷安全重点单位61家。2008年6月按浙江省气象局要求,在全县38个乡镇的建立了气象协理员队伍,强化乡镇防御气象灾害的

政务公开 2004年起对气象行政审批办事程序、气象服务、服务承诺、气象行政执法依据、服务收费依据及标准等内容向社会公开。2004年制定下发了《局政务(服务)承诺制度》,落实首问责任制、气象服务限时办结、气象电话投诉、气象服务义务监督、领导接待日、财务管理等一系列规章制度,坚持上墙、网络、电子屏、黑板报、办事窗口及媒体等5个渠道开展局务公开工作。每年年底对全年收支、职工奖金福利发放、领导干部待遇、劳保、住房公积金等向职工作详细说明;干部任用、职工晋职晋级等及时向职工公示或说明。

党建与气象文化建设

1. 党建工作

党支部建设 1985年4月,建立永嘉县气象站党支部,叶克铨任支部书记。历任支部书记叶克铨、金学谱、金锦辉。现党员7人。2005、2006年连续被永嘉县直机关党工委评为"五好党支部",2007年被永嘉县委评为"先进党支部"。

党风廉政建设 2000—2008年,参与气象部门和地方党委开展的党章、党规、法律法规知识竞赛共12次。2002年起,连续7年开展党风廉政教育月活动。2004年开展作风建设年活动。2006年起,每年进行局领导述职述廉和党课报告,并签订党风廉政目标责任书,推进"惩防体系"建设。党支部定期召开民主生活会,开展民主评议党员活动。制定了学习计划和学习制度,近年来先后开展学习"八荣八耻"、围绕党的十七大精神开展解放思想、深入学习实践科学发展观等活动。2000年起,为规范职工行为,先后制定和完善工作、学习、服务、财务、党风廉政、卫生、安全等方面42项规章制度。

2. 气象文化建设

1990年起,开展文明单位创建活动,根据要求改造观测场、装修业务值班室,统一制作局务公开栏、学习园地、法制宣传栏和文明创建标语。建立图书阅览室、乒乓球室和篮球场,拥有图书1000册。1992年被评为浙江气象系统"双文明单位"。1996年被评为县级文明单位,2000年3月被评为市级文明单位。2005年因故被取消市级文明单位,2007年重新被评为市级文明单位。1988年起,每年3月份开展职业道德教育月活动,并与挂钩乡镇、挂钩村结对帮扶,2002年开始开展"党风廉政宣传教育月"活动。并在"3·23"世界气象日组织科技宣传,普及气象、防雷知识。积极组织干部职工参加县组织的文艺汇演和户外健身活动。

台站建设

1971年重新建立永嘉县气象站时,观测场占地320平方米;1985年,永嘉县气象站总占地2240.4平方米,其中观测场占地325.5平方米。房屋型式结构为单层平方型砖木结构。1998年,征用山脚下土地456平方米,2002—2005年,完成新办公楼建设,办公面积1115.5平方米,除气象观测外,其他科室办公场均所搬至山下办公楼。2005年10月,开始对山上观测场及附属办公室进行综合改造,拆除旧屋,对观测场修筑了护坡,并将观测场周围的菜地改造为草坪,增加篮球场、羽毛球场,并安装了景观灯,气象观测站面貌为之一新。2007年6月对办公楼内气象台进行改造,建成永嘉县气象信息预警平台。

历史变迁

平阳县气象局

平阳县地处浙江省东南沿海,陆地面积1051平方千米,总人口84.8万,县人民政府驻昆阳镇。地属中亚热带海洋性季风气候区,冬无严寒,夏少酷暑,春季温暖,秋季干爽,四季分明。全年光照充足,雨水丰沛,温暖湿润,十分有利于农作物生长。主要灾害性天气有台风、洪涝、干旱、大风、龙卷风、冰雹、雷暴等。

机构历史沿革

始建情况 平阳县气象局创立于1956年12月1日,当时称平阳气候站;1960年5月起,称平阳县气候服务站;1963年1月起,称平阳县气象服务站;1964年2月起,称平阳县气候服务站;1966年1月起,称平阳县气象服务站;1970年2月起,称平阳县气象站;1990年4月起,改称平阳县气象局。

1956年12月—1960年3月,站址位于平阳县万全宋桥,东经120°33′,北纬27°43′,海拔高度 6.3 米。1960 年 4 月—2007 年 12 月 31 日,站址位于平阳县万全童桥,东经 120°34′,北纬 27°41′,海拔高度 5.5 米。2008 年 1 月 1 日,站址位于平阳县昆阳镇鸣山村,东经 120°33′,北纬 27°34′,海拔高度 5.3 米。

建制情况 1956 年创立时隶属于上海气象局;1958 年 4 月 1 日起,建制属浙江省气象局;1958 年 10 月起,建制属平阳县人民委员会;1963 年 1 月起,建制属浙江省气象局;1970 年 2 月起,建制属平阳县革命委员会;1981 年 1 月起,建制属浙江省气象局。

人员状况 建局初期只有 2 人,现有在职职工 19 人,退休 5 人。在职人员中正式编制 10 人,招聘 9 人;其中大学学历 11 人,中专 6 人;工程师 3 人,助理工程师 14 人。35 岁以下占 47%。

主要负责人变更情况

任职时间	主要负责人	任职时间	主要负责人
1956.12—1958.4	刘瑞仁	1983.10—1985.2	付维密、徐成梅
1958.4—1971.11	王德秋	1985.2—1985.5	谢 亮
1971.11—1976.12	周明忠	1985.5—1988.9	王德秋
1976.12—1979.6	王德秋	1988.9—1992.9	林 丰
1979.6—1981.7	黄卫初	1992.9—2003.12	周功铤
1981.7—1983.10	王德秋	2003.12—	章 俊

气象业务与服务

1. 气象业务

①气象观测

地面观测 平阳县气象站属于国家一般气象观测站。气象观测始于 1956 年 12 月 1 日,观测项目包括:气温、湿度、蒸发量(小型)、降水量、云、天气现象、雪深、日照时数、地面温度、风向风速和地面状态。1957 年 1 月 1 日增加能见度观测。1957 年 3 月 18 日增加浅层地温观测(距地面 5、10、15、20 厘米),直至 1966 年 7 月 31 日,1980 年 1 月 1 日再次恢复此观测。1958 年 5 月 1 日增加气压观测。1960 年 12 月 31 日取消地面状态观测。此后至今,以上观测项目均未变化。

观测时间 1956 年 12 月 1 日—1959 年 12 月 31 日,每天 01、07、13、19 时 4 次观测。1960 年 1 月 1 日—7 月 31 日,改为每天 07、13、19 时 3 次观测。1960 年 8 月 1 日至今,每天 08、14、20 时 3 次观测。

发报内容 重要天气报的内容有暴雨、大风、雨凇、积雪、冰雹、龙卷风、视程障碍、雷暴等。

1987 年 1 月 1 日起,使用 PC-1500 袖珍计算机取代人工编报,提高了测报质量和工作效率,减轻了观测员的劳动强度。

现代化观测系统 2003 年建设地面自动观测站,改变地面气象要素只靠人工观测的历史,实现地面气压、气温、湿度、风向风速、降水、地温(包括地表和浅层)自动记录。2004 年 1 月县局 AMS-Ⅱ型自动气象站建成,地面气象测报以自动站为主开展工作,2005 年 1

月1日开始使用"地面气象测报业务系统软件2004版",自动站转入单轨运行。2006年安装了闪电定位仪,开始承担闪电观测。

2004年,在水头、梅溪、鳌江和腾蛟4镇首先建成自动单雨量观测站。此后建成了南麂、维新、凤卧、西湾、怀溪、顺溪和闹村四要素区域自动气象监测站。

卫星云图接收 1994年11月,引进卫星云图接收设备,接收日本同步气象卫星云图;1997年通过MICAPS系统使用高分辨卫星云图。

②气象信息网络

气象信息接收 1982年前,气象站利用收音机收听上级以及周边电台播发的天气预

平阳南麂自动站

报和天气形势。1982年开始配备了滚筒式天气图传真接收机,主要接收欧洲气象中心以及日本的气象传真图。1985年,开通甚高频无线对讲通讯电话,实现与温州市气象局的业务会商。1996年6月,配备无需更换纸张的新型天气图传真接收机,利用传真图表独立分析判断天气变化,取得了较好的预报效果。1999年4月,建立了VSAT站、气象网络应用平台,并开通100兆光缆,接收从地面到高空各类天气形势图和云图。2004年建成温州多普勒雷达终端,开始接收雷达资料进行预报分析,同年11月开通省市县气象视频会商系统。

气象信息发布 1985年前,主要通过广播、直接送达和邮寄方式对外发布气象信息和旬月报。1987年建立气象警报发射和接收系统,面向有关部门、乡(镇)、村和企业等,每天开展天气预报警报信息发布服务。1998年6月开通8路"121"(2005年1月改号为"96121")天气预报电话自动答询系统,2000年5月更新为数字式的30路自动答询系统,2004年扩充为60路。2007年依托乡镇自动气象站建立了气象实况信息自动报警系统。2002年7月9日,正式建设了"平阳农村经济信息网"和"平阳农村经济信息中心"。

③气象预报

1956年建站开始,县气象站通过收听上级部门广播的天气形势,并结合当前天气实况制作每天天气预报,以电话服务方式为主。1960年起,开始制作早晚2次24小时日常天气预报。1963年进行预报改革试点工作,在原有预报手段的基础上,结合本站的气象资料(主要参考资料为本站气压)开展单站预报模式。1969年,中国科学院大气所专家设点本站,开展了台风模式单站预报。20世纪80年代初起,每日06、10、16时3次制作预报。2000年至今,开展常规24小时、未来一周天气预报、雷暴潜势预报、生活指数预报、3小时临近预报等短、中、长期天气预报。同时开展灾害性天气预报预警业务和供领导决策的各类重要天气报告等。

④农业气象

1957年始,逐步开展农业气象业务。1979年7月—1980年12月,先后在肖江、山门、墨城、梅源、凤巢、南田、维新等地,设立了13个气候观测哨,开展气象观测并提供服务。

1984—1985年,完成《平阳县农业气候资源和区划》编制。1982年设立农业气象组,制作"农业气象月报"、"春播期预报"等业务产品。1990年起,为《平阳县地方志》、《平阳年鉴》提供气候史料。1999年开展自然物候观测。2007年起开展0～50厘米5个层次的土壤湿度观测。

2. 气象服务

公众气象服务 1971年起,利用农村有线广播站播报气象消息。1988年天气预报开始上平阳电视节目,以诵读和字幕形式播报;20世纪90年代初期由县电视台代为制作气象预报节目。1998年通过《平阳报》刊登气象信息。2002年通过"平阳农村经济信息网"发布气象信息,并为专业气象用户提供专项预报产品。2005年,通过网络开通了气象短信平台,提高了气象灾害预警信息的发布速度。每年开展节日气象服务,还为历届的"南麂海钓节"、"省一大红色旅游"、"墨城美食节"等重大活动提供气象保障服务。

决策气象服务 20世纪80年代前以口头或电话方式向县委、县政府和县防汛指挥部提供决策服务。20世纪90年代逐步开发《重要天气报告》、《气象内参》、《天气公告》、《汛期(5—9月)天气形势分析》等决策服务产品。在9417号台风、0608号超强台风"桑美"和2008年初严重低温雨雪冰冻灾害中,通过制作的各类服务产品及时向县委县政府和有关部门提供了决策服务。2006年建立紧急异常天气预警信息发布平台,将各部门相关领导、农业大户、乡镇信息员以及涉海人员等1800多人(单位)纳入紧急异常天气短信发布平台。2007年《中国气象报》刊登0709号超强台风"圣帕"影响过程中,平阳局预报及时,成功转移肖江镇群众,免遭龙卷风袭击的报道。

专业与专项气象服务 1985年开始,制作专业气象服务产品(气象旬报、月报、季报、农业气象情报),开展专业有偿服务。2004年启动了以信息电话和手机上网为手段的金桥工程。2003年10月至2004年,建设了31个乡镇农村信息站和开展了120户信息电话进村入户工作,满足了广大群众农业生产科技信息、品种信息、政策信息和市场信息的需求,促进了农民增收,农业增效。2005年,温州农网将我县作为VOD视频点播系统的试点县,开展了100户的试点工作。同时为全县种粮大户开通了手机短信服务,免费提供天气信息和警报。

气象科技服务与技术开发 1985年3月,遵照国办发〔1985〕25号文件精神,平阳县气象局专业气象有偿服务开始起步,利用邮寄、警报系统、声讯等手段,面向各行业开展气象科技服务。1990年起,为各单位建筑物避雷设施开展安全检测;1992年起,开展庆典气球施放服务;1993年起,全县各类新建建(构)筑物按照规范要求安装避雷装置;2008年对重大工程建设项目开展雷击灾害风险评估。

1978年,编写的《春播期连晴连阴雨长期预报》获温州市科委三等奖。1983—1984年,开展了MOS预报,1993年完成的《平阳县海岛气候资源调查报告》获县科技进步二等奖。2003年,收集整理了1949—2002年所有影响台风路径、平阳风雨、浙江风雨、背景场、物理量场等资料,完成了《平阳县台风灾害预报服务决策系统》课题,2006年又研究完成了《基于空间信息技术平阳县复杂地形下的面降水量估算模型研究》课题,并均获得县科技进步三等奖。

气象科普宣传 利用世界气象日、防灾减灾日、安全生产月等活动积极宣传气象防灾减灾知识,通过发放小手册、现场咨询、电视和报纸等媒体,提高公众的气象防灾减灾意识。

法规建设与管理

1. 气象法规建设

1993年7月,平阳县避雷检测中心正式成立。1994—1995年平阳县政府先后颁布《关于全县新建建筑物和构筑物安装防雷装置的通知》(平政发〔1994〕111号)和《批转县气象局〈关于加强喜庆气球统一管理的报告〉的通知》(平政办〔1995〕80号)。2000年以后,县政府贯彻落实《中华人民共和国气象法》、《浙江省气象条例》等法律法规,陆续出台了《关于切实加强防雷减灾工作的通知》(平政办〔2004〕66号)、《关于进一步加强气象灾害防御工作的通知》(平政办〔2008〕104号)等7个规范性文件。

2002年3月,县政府审批办证中心设立气象窗口,承担气象行政审批职能,规范天气预报发布和传播,实行低空飘浮物施放审批制度。2003年9月,成立气象行政执法大队,5名兼职执法人员均通过省政府法制办培训考核,持证上岗。2003—2008年,进行气象执法检查50余次,与安监、建设、教育等部门开展联合执法6次,正式立案查处违规案件2次。2008年完成《平阳县气象台站探测环境保护专项规划》,并经县政府正式行文。

2. 气象社会管理

建立健全气象灾害应急响应体系 2006年2月,县政府印发《平阳县气象灾害预警方案》(平政办〔2006〕18号)。同时纳入县政府公共事件应急体系的还有《平阳县雷电灾害应急救援预案》和《平阳县雨雪冰冻灾害应急预案》。另外,在重大洪涝台旱和水利工程险情处置、地质灾害、森林火灾等多项预案中均涉及了气象保障任务。

2007年按有职能、有人员、有场所、有装备、有考核的"五有"标准建立了分散在31个乡镇的526名气象协理员和气象信息员队伍,落实乡镇气象分管领导。2008年完成乡镇《气象灾害应急响应预案》编制,建立"部门、乡镇、村"三级气象灾害应急响应机制。

政务公开 2002年起就"气象行政审批办事程序"、"气象服务"、"政务承诺"、"气象行政执法依据"等各项内容通过网络、媒体、办事窗口和宣传栏等多重渠道向社会公开。2008年5月1日《中华人民共和国政府信息公开条例》实施后,平阳县气象局在县政务公开网上主动公开的政务信息包括了领导成员、机构职能、政府自身建设、投诉咨询、政策文件、工作信息等内容。

党建与气象文化建设

党建 1965年,县局有1名中共党员,1971年建立平阳县气象站党支部,党员3人,周明忠任支部书记。历任书记为周明忠、黄为初、王德秋、张信爽、林丰、郑贤平、陈朝清,2007年至今由章俊担任。

党风廉政建设 1999年开始实行党风廉政建设责任制,2002年开始分别与平阳县委县政府、市气象局签订党风廉政责任书,局一把手与副职、各科室一把手签订党风廉政责任书,抓好党风廉政建设责任制的责任分解。2002年起,每年坚持开展党风廉政教育月活动,年终进行局领导述职述廉报告,汇报总结当年的党风廉政和反腐倡廉方面的工作成效,接受群众监督。

精神文明建设 1998年4月起,开展争创文明单位活动,1999年评为县文明单位,2002年评为市文明单位。1988年开始结合每年3月份的职业道德月,开展职业道德教育。自1998年起,建成党员、老干部活动室和职工活动室,配备了乒乓球桌、健身器材、卡拉OK等设备。组织职工参加省市县级比赛,如气象部门的演讲比赛、文艺汇演、各类体育比赛等,并取得了较好的成绩。1993—2008年,与宋桥镇建立了工作挂钩关系,每年派人员参加工作队到该乡镇开展各项工作。1999年开始与青街乡建立扶贫联系。2004年与凤卧镇平凤村建立"双百结对、共建文明"的文明结对帮扶活动。

荣誉 1965年平阳站被评为全国单站预报改革先进集体;1992年被省局评为防灾抗灾气象服务先进单位;1994年获省气象服务优秀单位;1997年省测报质量优秀站;1998年、1999年、2001年、2005年被评为浙江省重大气象服务先进单位;2002—2003年度平阳县模范集体;2003—2004年度温州市模范集体。2005年、2007年获县"先进基层党组织"。周功铤、陈朝清被中国气象局评为"全国重大气象服务先进个人"。

台站建设

1956年7月平阳气象站筹建时,办公和生活场所租赁平阳县第一农场的20平方米简易房。1960年4月迁至万全区童桥村,占地面积2095平方米,其中包括标准观测场面积625平方米。当时的工作用房建筑面积为60平方米,1964年增建80平方米的办公楼,1972增建160平方米的业务楼。1992年平阳县气象局办公大楼投入使用,建筑面积510平方米,绿地面积900平方米。1999年8月平阳县气象局业务楼落成,建筑面积255平方米,绿地面积500平方米。

2006年12月,座落于昆阳镇鸣山村的气象科技大楼开始动工,2008年底进入装修阶段。平阳县气象局新址占地面积8693平方米(含带征公共绿地1781平方米),建筑面积1610平方米,绿化面积约5000平方米,建立了气象预警中心业务平台、图书阅览室、党员活动室、职工活动室、篮球场等硬件设施。

20世纪90年代平阳县气象局全貌

平阳县气象局新址全貌

洞头县气象局

洞头是全国14个海岛县（区）之一，位于瓯江口外，由103个岛屿和259个礁组成，被誉为"百岛之县"、"东海明珠"。全县总面积892.3平方千米，其中陆域100.3平方千米，现辖3镇、3乡，总人口12.45万。地属中亚热带海洋季风气候区，四季分明，热量丰富，冬暖夏凉，日照充足，降水量少。大风、降水等气象要素年际差异大，时空分布不均，台风、暴雨、大风等气象灾害时有发生。

机构历史沿革

始建情况 最初建站地址在洞头县北沙公社鸽尾礁大队大山尖山顶，北纬27°51′，东经121°11′，海拔高度70.6米，占地面积约1500平方米，业务用房290平方米，观测场25米×25米。1971年1月1日开始地面测报业务。

1975年受7504号台风的严重影响，业务用房严重破坏，开始筹备搬迁工作。1976年1月1日迁到洞头县洞头公社后坑大队上后坑山顶，北纬27°50′，东经121°09′，海拔高度69.0米，占地面积为3835平方米，业务用房300平方米，观测场为16米×20米。1983年7月1日将观测场向西北方位移约32米，改为25米×25米，海拔高度68.6米。1994年受17号台风的严重影响，业务楼遭受破坏，同时北几站国家基本观测业务并入洞头，于1995年1月建立洞头国家基本气象站。2007年1月—2008年12月曾更名为洞头国家气象观测站一级站。

建制情况 1970年底洞头县气象站正式挂牌成立。初建站时隶属洞头县革命委员会人民武装部。1973年10月归属洞头县革命委员会；1981年1月1日起归温州市气象局领导。1990年4月易名为洞头县气象局。

主要负责人变更情况

任职时间	主要负责人	任职时间	主要负责人
1971.1—1978.8	黄作烧	1990.6—1991.10	郭加润
1978.8—1982.7	沈泽林	1991.10—1996.1	陈 敏
1982.7—1985.12	郭加润	1996.1—1996.8	陈朝清
1985.12—1987.7	颜帮杰	1996.8—2007.1	汪必进
1987.7—1989.12	庄志强	2007.1—	林建忠
1989.12—1990.6	汪文准		

人员状况 1971年建站初期有职工7人。现有在职职工17人，其中国家编制8人，聘用9人；党员6人，团员7人；大学以上学历13人；中级职称1人，初级职称6人；50岁以上1人，40~49岁3人，40岁以下13人。

气象业务与服务

1. 气象业务

①气象观测

地面观测 1971年1月1日起,每天08、14、20时3次观测;1995年1月1日起,改为02、08、14、20时4次观测。观测项目有云、能见度、天气现象、气压、气温、湿度、风向风速、降水、雪深、日照、蒸发、地温等。台风来临时承担国家基本气象站加密观测任务。

自动气象站 2005—2008年,温州至洞头半岛工程建成通车,海岛自动站建设进入快速发展阶段,先后在元觉、鹿西、虎头屿、南策、大瞿、霓屿等6个乡镇及岛屿建立了7个四(六)要素区域气象自动监测站,初步建成覆盖全县各乡镇及沿海外岛的"地面区域气象灾害自动监测网"。

卫星接收和雷达 2001年引进9210卫星云图接收系统,以APT接收低分辨气象同步卫星云图及其他数值预报产品;2003年通过MICAPS系统使用高分辨卫星云图;2005年完成温州市气象雷达终端建设,并与县防汛抗旱部门建立雷达卫星资料共享系统,主要用于汛期突发灾害性天气的监测预警。

②信息网络

气象信息接收 1985年以前,气象站利用收音机收听上级以及周边气象台站播发的天气预报和天气形势。1999—2001年,利用超短波双边带电台接收上级部门发布的气象信息。2001年开始建立VSAT单收站,气象网络应用平台、专用服务器和省市县气象视频会商系统,同时接入外部互联网,开通100兆光缆,接收从地面到高空各类天气形势图和云图、雷达等数据,为气象信息的采集、传输处理、分发应用、预报会商分析提供技术支持。

气象信息发布 1985年前,气象服务信息仅通过广播和邮寄旬报方式向全县发布。1985年开始建立天气警报服务网,面向有关部门、乡(镇)、村、农业大户和企业等每天3次开展天气预报警报信息发布服务。1999年开通"121"(2005年1月改号为"96121")天气预报电话自动答询系统。1997年通过电视广播滚动字幕的方式发布气象预报信息。2001年11月起,建立洞头农网信息中心,发布农业、气象、政务等各类信息。2006年底开始,通过移动和联通公司建立网络气象预警短信发布平台,承担向全县党政领导干部及相关人员发布灾害性天气预警服务信息,2007年以后,充分发挥该预警平台功能,扩大服务范围,增加基层村干部及气象协理员信息库,2008年继续扩充到全县各渔农业种养殖大户。

③气象预报

1985年开始,县气象站业务从单纯的地面观测扩展到天气预报预警业务。业务人员通过短波收音机收听天气形势,结合本站资料图表,制作每日(06、10、15时)3次24小时内日常天气预报。2001年至今,从常规24小时天气预报逐步发展到未来3~5天和旬、月报等短、中、长期天气预报服务产品,通过气象信息内参及重要天气报告等形式发送到相关政府部门领导及乡镇村居。同时还利用省、市气象台内网的雷达及闪电监测数据,开展短时暴雨及雷电等灾害性天气的临近预报。

④农业气象

1981年开始,逐步开展气象为渔、农业服务。1981年,沈泽林的《洞头洋汛渔产量气象条件分析》获得县农业科技进步一等奖;1984—1985年,完成《洞头县农业气候资源和区划》编制;1988年由汪文准、郭加润撰写的《贝藻混合养的生态环境及利弊初探》、《洞头县气候对对虾养殖利弊分析》分别获得市县科协一、二等奖;1994—1995年,陈敏为主完成《洞头县海岛气候资源调查报告》编制。1990年起为县志办编写的《洞头年鉴》提供气候史料。20世纪80年代开始,针对海岛的海洋养殖产业,开展羊栖菜、紫菜、对虾等专题气象服务。2005年起,为政策性农业保险开展保前、保中、保后气象预报评估鉴定,多次为农村受灾住房免费提供气象灾害评估。2009年建立农业气象服务联系卡制度,为全县70多位农业大户免费提供气象信息服务。

2. 气象服务

公众气象服务　1980年起,利用农村有线广播站播报气象消息。1998年开始电视字幕形式发布气象预报。2005年将手机天气短信业务,委托市气象局发布每天气象预报信息。2001年建立外部互联网发布气象服务信息。2005年参与洞头县农民信箱系统,向渔、农民发布气象预报信息。在重大社会活动举办前后,积极主动为主办单位做好气象服务保障工作。为历届"温州洞头渔家乐旅游节"、洞头县国际名人矶钓节、洞头县海上集体婚礼、洞头县名人联谊会等重大活动提供及时准确的气象保障服务。

决策气象服务　20世纪80、90年代,以口头或电话传真方式向县委县政府提供决策服务。2000年后,逐步开发形成了以《重要天气报告》、《气象内参》、《气象科技服务信息》、《汛期(5—9月)天气形势分析》等决策服务产品。在2003年严重干旱、2007年"罗莎"强台风和2008年初严重低温雨雪冰冻灾害中,准确预报灾害天气过程,及时向县委县府和有关部门提供决策服务。2007年以来,积极主动与县应急办开展部门合作,先后完成《洞头县雷电灾害应急救援预案》和《洞头县低温雨雪冰冻应急预案》的编制工作,并多次开展气象灾害预评估和灾害预报服务。

专业与专项气象服务　1996年开始增加防雷设施的安装检测工作,并成立气象科技服务科,主要为重点工程提供气象服务。2000年开始着手建立洞头县专门的防雷检测机构,派员赴南京气象学院参加防雷技能培训,2002年获得县编委同意设立洞头县避雷检测所。2003年,洞头县气象行政审批窗口进入县行政审批中心设立窗口,主要承担全县的气象行政审批事项受理工作。

气象科技服务与技术开发　1985年3月,遵照国务院办公厅《转发国家气象局关于气象部门开展有偿服务和综合经营的报告的通知》(国办发〔1985〕25号)文件精神,专业气象有偿服务开始起步,利用传真邮寄、警报系统、声讯、影视、手机短信等手段,面向各行业开展气象科技服务。1996年起,为各单位建筑物避雷设施开展安全检测;2003年起,全县各类新建建(构)筑物按照规范要求安装避雷装置;2007年针对重大工程建设项目开始拓展雷击风险评估;对本地发生的重大雷击事故进行灾害评估调查。2003—2008年,相继开发农网信息系统、气象综合服务、气象灾害预警、气象视频会商等系统,并投入业务使用。

气象科普宣传 每年的"3·23"世界气象日,组织全局干部职工深入学校、社区、企业等,开展气象日专题宣传活动,多次在县府门口广场设立宣传台,现场为广大群众解难释惑,赠送气象科技服务及相关材料2万余份。2005年,被县科协确定为全县科普教育基地。2007年以来,多次与县广播电视台联合制作台风、防雷等气象知识专题讲座节目。2007—2008年,在全县6个乡镇气象协理员、84个行政村的气象分管人员、70多户种养大户开展气象灾害防御和

县实验小学学生在观看气象科普展

气象知识培训。2008年,免费向全县基层气象协理员及乡镇赠送《中国气象报》和《气象知识》杂志。通过电视、手机短信、声讯电话、网站等渠道,逐步实施气象科普入村、入企、入校、入社区,全县科普教育受众面达12万余人次。

法规建设与管理

1. 气象行政执法

2000年以来,洞头县政府认真贯彻落实《中华人民共和国气象法》、《浙江省气象条例》等法律法规,县主要领导每年都来局进行业务检查指导,听取气象工作汇报。1999年起,负责受理本行政区域的气球施放手续的审批工作。2000年起,每年3月世界气象日和6月安全生产月均组织开展气象法律法规和安全生产宣传教育活动。2003年,县政府行政审批中心设立气象窗口,承担气象行政审批职能,规范天气预报发布和传播,完善防雷审批流程和实施低空飘浮物施放审批等。2004—2006年,2次参与行政审批制度改革,规范行政审批手续。2003年8月,成立气象行政执法大队,现有4名兼职执法人员均通过省政府法制办培训考核,持证上岗;2005—2008年,与安监、公安等部门联合开展气象行政执法检查及防雷年检10余次。2008年完成《洞头县气象台站探测环境保护专项规划》编制并通过县政府审批通过。

2. 气象社会管理

建立健全气象灾害应急响应体系 2007年7月,出台《关于进一步做好防雷减灾工作的通知》(洞政办发〔2007〕49号);同年9月,出台《关于开展乡镇气象协理员队伍建设工作的通知》(洞政办发〔2007〕75号);2008年7月,出台《关于进一步加强气象灾害防御工作的通知》(洞政办发〔2008〕48号),明确要求各乡政府建立气象灾害防御工作领导机构和办事机构,各乡镇政府和各行业(系统)主管部门要明确气象灾害防御工作的分管领导,加强乡镇气象工作站建设,在乡镇气象协理员队伍的基础上,规范和发展基层单位、农村(社区)气象协理员队伍,实现乡乡有工作站,村村有协理员,开展气象灾害防御示范村建设,建立"部门、乡镇、村"三级气象灾害应急响应联动机制。建立和完善"政府主导、部门联动、社会参与"的防灾减灾应急响应体系。

政务公开 2003年起对气象行政审批办事程序、气象服务、服务承诺、气象行政执法依据、服务收费依据及标准等内容通过户外公示栏、发放宣传单、网站发布等方式向社会公开。2008年4月底,完成洞头县气象局政府信息公开工作指南及规范公开内容等,指定专人定期做好信息公开工作。干部任用、财务收支、目标考核、基础设施建设、工程招投标等内容则采取职工大会或上局公示栏张榜等方式向职工公开。财务一般每半年公示1次,年底对全年收支、职工奖金福利发放、领导干部待遇、劳保、住房公积金等向职工作详细说明。干部任用、职工晋职、晋级等及时向职工公示或说明。

健全内部规章管理制度。1998年至2008年,对干部、职工脱产(函授)学习和申报职称;干部职工休假及奖励工资、医药费、业务值班室管理、会议、财务、福利等制度,作了多次修订和完善。

党建与气象文化建设

1. 党建工作

党支部建设 1979年9月,建立洞头县气象站党支部,郭加润任支部书记。1984年,与浙江769站联合成立党支部;1992年因党员人数变动,党支部撤销,组织关系转入洞头县农林水利局党支部。1998年重新成立党支部,汪必进任支部书记。

党风廉政建设 2006年起,每年年初进行局领导班子述职述廉,3月份局领导与中层以上干部签订党风廉政目标责任书,推进"惩防体系"建设。2000年以来,组织参与气象部门和地方党委开展的党章、党规、法律法规知识竞赛共10次,其中2008年有1人获得国家气象局组织的知识竞赛三等奖。自2002年起,连续7年开展党风廉政教育月活动。2004年和2007年开展作风建设年活动,2006年开展保持共产党员先进性教育活动。多次邀请有关专家来县气象局授课,开展党员干部作风与修养教育。

2. 气象文化建设

精神文明建设 自撤站设局以来,积极开展争创文明单位活动,以建设四个一流台站为目标,不断完善党建及班子建设,构筑综治体系,开展业务学习,提高职工素质,开展健身活动,丰富职工生活,精心组织文化载体活动,扎扎实实做好文明档案整理,积极争创市级文明单位。1988年起,每年3月份开展职业道德教育月活动,精心组织开展向陈金水、雷雨顺等系统内先进人物学习教育活动,并与所在社区结对共建,与贫困村学生、残疾人结对帮扶。近年来,每年组织干部职工迎新春、踏春、党员活动日等,参加上级部门组织的文艺汇演、演讲比赛等活动。王建东多次在洞头县历届运动会上夺取象棋冠军。

荣誉 1980年至今,洞头县气象局获地厅级以上集体荣誉10多项。其中,多次被省局评为"浙江省优秀测报站";2006年底通过档案管理省级达标认定。同年,获浙江省"气象探测优秀单位"。2007年被浙江省气象局授予"科技服务先进集体"。郭加润1958年被贵州省人民委员会授予"贵州农林水气系统先进工作者"。

台站建设

2003年以来,洞头县气象局积极筹集资金,在上级主管部门和本级政府的大力支持下,先后投入100多万元用于台站基础设施建设,新建成2层业务办公室,并对原有办公楼进行了装修改造,升级预报会商平台,对场地实施了硬化和绿化改造,建成了健身及文化娱乐活动室,极大改善了干部职工的工作和生活条件,提升了单位的软硬件水平,逐步建成海岛"花园式"绿色台站,为创建市级文明单位打下了坚实的基础。

业务办公楼及优美的庭院

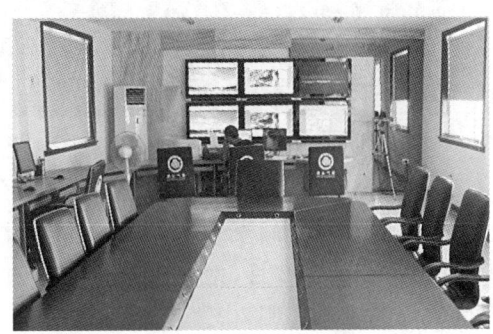
气象预报会商平台

文成县气象局

文成县位于浙江南部山区,东邻瑞安市,南界平阳、苍南县,西倚泰顺、景宁县,北接青田县。总面积1292平方千米,人口37万。地属中亚热带季风气候区,常年温暖湿润,四季分明,热量丰富,雨水充足。境内山峦起伏,沟谷纵横,地势自西北向东南倾斜。海拔千米以上山峰178座,石垟林场杨顶峰1362米,为最高峰;飞云江沿岸的平和乡园口村海拔15米,为最低点。地貌类型以山地、丘陵为主,河谷平原较少。山地丘陵面积占总面积的80%以上,故有"八山一水一分田"之说。

机构历史沿革

始建情况 1970年12月,按照国家一般站的标准筹建文成县气象服务站。1971年1月1日,开始气象业务,站址在大峃镇馒头山顶。1972年2月,文成县气象服务站更名为文成县气象站,1990年4月25日更名为文成县气象局。2001年3月,气象局(除观测场)搬入大峃镇康乐巷27号。2003年1月1日,观测站迁至大峃镇周村黄额头,东经120°05′,北纬27°47′,海拔高度104.5米。2005年1月,气象局迁至大峃镇周村黄额头,实现台站合并办公。2007年1月—2008年12月,观测站更名为文成国家气象观测站二级站,2009年1月更名文成国家一般气象站。

2008年抬升前的观测场

馒头山山顶观测场

改造后的观测场

文成气象观测场40年变迁

管理体制 自建站至1973年10月,由浙江省气象局和文成县人武部双重领导;1973年10月至1980年12月,由文成县革委会领导;1981年1月改为由浙江省气象局和地方政府双重领导的管理体制,由气象部门为主,一直延续至今。

人员状况 1970年建站初期有职工2人。截至2008年底,有职工14人,其中气象编制8人,地方编制1人,借用1人,聘用4人;党员6人,团员4人;大学以上学历7人,大专学历4人;中级职称3人,初级职称8人;年龄40岁以上3人,40岁以下11人。

主要负责人变更情况

任职时间	主要负责人	任职时间	主要负责人
1971.11—1976.10	朱盛喜	1989.6—1995.11	吴昌平
1976.10—1980.11	廖观悦	1995.11—1998.10	刘美娥
1980.11—1985.1	黄青岳	1998.10—2007.1	张赛忠
1985.1—1989.6	朱 益	2007.1—	郑海棠

气象业务与服务

1. 气象业务

气象观测 1971年1月1日起,每天08、14、20时3次观测。观测项目有云、能见度、天气现象、气压、气温、湿度、风向风速、降水、雪深、蒸发、日照、地温等。1978年5月1日—12月31日,增加06—17时航危报。1984年开始拍发重要天气报。2003年1月1日,建成ZQZ-CⅡ型自动气象站投入使用。2003—2004年实行平行观测,期间第一年以人工观测记录为正式观测记录,第二年以自动观测记录为正式观测记录。2004年12月31日20时起,自动站转入单轨运行阶段,以自动站观测为主,人工观测只保留20时。2004年11月,建立黄坦、巨屿、玉壶、石垟单雨量站。2006—2008年,在二源、南田建立了六要素自动气象监测站,玉壶、朱雅、黄寮、石垟、岭后、云湖、黄坦、桂山、珊溪、公阳建立了四要素自动气象监测站,初步建成了地面区域气象灾害自动监测网。

2005年完成了1971年1月—2004年12月原始观测资料(包括气簿-1和各种自记纸)的整理,并送温州市气象局档案室保存。此后,每年送存1次,文成仅保留最近一年的原始资料。

气象信息网络　20世纪80年代前,气象站利用收音机收听上级以及周边气象台站播发的天气预报和天气形势。20世纪80年代,利用超短波单边带电台接收,配备ZSQ-1(123)天气传真接收机接收北京、欧洲气象中心以及东京的气象传真图。1992年,高分辨率气象卫星云图接收系统、MICAPS系统投入使用;1998年,气象卫星广播接收系统(PCVSAT)投入使用;2000—2005年,建立气象网络应用平台和省—市—县气象视频会商系统,接收从地面到高空各类天气形势图和云图、雷达等数据,为信息采集、传输处理、分发应用、会商分析提供支持。

2004年,完成了1971—1998年观测资料纸质文档与电子文档的较对。

气象预报　1971年转播温州地区气象台天气预报。次年起,根据自己的观测向全县预报天气。1974年开始向全县播放农事关键季节的长期预报。1988年开始森林火险等级预报。20世纪80年代,每日3次(06、11、17时)制作天气预报。2004年至今,开展常规72小时、旬报等短、中、长期天气预报以及临近预报。2008年,增加未来12小时天气展望预报和雷暴潜势预报。同时,开展灾害性天气预报预警业务和供领导决策的各类重要天气报告等。

1999—2008年连续10年向文成县科技局申报课题并获得立项,2003年申报的课题《森林火险等级预报》荣获文成县科技进步三等奖。

农业气象　1974—1982年,分别在黄坦农场、珊溪、大峃农科所、玉壶、大壤吞底、峃口双桂、叶胜林场、石垟林场、西坑敖里、玉壶李林、南田二源等地建立气象哨,观测记录温度、湿度、降水等气候要素,为全县农业气候区划提供依据。1984—1985年,历时2年,完成了《文成县农业气候资源与农业气候区划》,为全县发展大农业提供科学依据。1983年9月至1984年8月,二源气象哨开展日照观测。2007年4月起开展土壤水分观测。

2. 气象服务

公众气象服务　1972年起,利用农村有线广播站播报气象消息。1992年建立气象警报系统。1998年6月,与电信部门合作开通了"121"(2005年1月改为"96121")天气预报自动答询系统。2001年由文成县气象局应用非线性编辑系统制作电视气象节目。2001年"文成气象"网站开通,同年12月,由文成县政府投资建成文成农网,以文成政府主办、文成县气象局承办、文成涉农部门协办方式运作。2007年7月,组建了全县33个乡镇气象协理员队伍。2008年7月,完成了全县村级信息员队伍的建设,全县有村级气象信息员417名,覆盖全部行政村。

2002年起,公众服务从单一的天气预报发展到包括森林火险等级、人体舒适度指数、紫外线、晨练指数等各类预报,服务更贴近生活。2004年,短期预报时效从48小时增加到72小时。

决策气象服务　20世纪80年代以口头或传真方式向县委县政府提供决策服务。20世纪90年代逐步开发《重要天气报告》、《气象内参》、《汛期(5—9月)天气形势分析》等决策服务产品。在1990年12号、18号,2005年"海棠"、"泰利",2008年"凤凰"等台风服务中,准确预报灾害天气过程,及时向党委政府和有关部门提供决策服务。

专项气象服务 1983年开始,每年编写《气候影响评价》,内容涉及农业、交通、旅游和人体健康等。1992年,为《文成县志》提供1971—1990年气候史料。1985年起为《文成年鉴》提供气候史料。

针对1998文成县首届招商引资,大型电视连续剧《刘伯温》的隆重开机仪式、刘伯温文化节等各种重大社会活动,高考、节庆假日等提供专题专项天气预报服务。

气象科技服务 1987年,遵照国务院办公厅《转发国家气象局关于气象部门开展有偿服务和综合经营的报告的通知》(国办发〔1985〕25号)文件精神,文成县气象局专业气象有偿服务开始起步,利用传真邮寄、警报系统、声讯、影视等,面向各行业开展气象科技服务。2000年起,为各单位建筑物避雷设施开展安全检测;1998年起,开展庆典气球施放服务。2000年,向温州珊溪水库指挥部、东三电、高二电等开展气象信息终端站服务。

气象科普宣传 2003年文成县气象局与电视台合办了"气象为农服务"栏目。2006年3月建立文成县气象科普馆。世界气象日、科技活动周、安全生产月等活动,在县府门口开展现场咨询、发放宣传资料,组织中小学校学生参观科普馆,在电视、报纸、网站等媒体刊播科普文章,实施气象科普入村、入校、入社区,全县科普教育受众面达10余万人。

党建与气象文化建设

1. 党建工作

支部建设 2001年4月,成立文成县气象局党支部,张赛忠任支部书记,党员3名,逐步建立了党员组织生活会制度、党支部会议制度、党支部民主生活会制度和党课教育制度。2008年1月,郑海棠任支部书记,现有党员6名。2003年获得"规范化党支部"称号。

党风廉政建设 2000年起,加强了党风廉政建设,实行党风廉政建设目标责任制管理,签订党风廉政建设责任书,建立健全了领导干部个人重大事项报告制度、干部勤政廉洁制度、中层干部月报制度等,加强党风廉政规章制度的建设。2006年起每年向县纪委定期汇报党风廉政建设情况。每年组织参加党风廉政宣传教育月活动。2005年起每年开展领导干部述职述廉述学。大力推进党风廉政文化建设,2007年在楼道口醒目处悬挂廉政书画,2005年起每年积极参加省、市气象局举办的廉政对联、廉政短信、廉政征文等活动。2005年在全省纪检员培训作党风廉政建设典型发言,2007年在全省气象文化座谈会作党建和气象文化建设交流发言。

局务公开 2003年,制订《文成县气象局局务公开实施办法》,成立了局务公开工作领导小组,通过气象网站、公告栏公布本局基本情况、办事指南、气象服务收费标准,并对气象服务作出公开承诺。同时,加强局务内部公开,通过职工大会、气象局务公开内网、公告栏等向全体干部职工公布重大事项、气象服务、科技产业工作和财务等情况。

2. 气象文化建设

精神文明建设 成立精神文明建设领导小组。2001年起先后制定和修订了岗位职责、综合纪律、会议制度、业务制度等规章制度。1988年起,每年3月份开展职业道德教育月活动。2000—2008年,先后开展"致富思源、富而思进"、"三个代表"、"保持共产党先进性"等教育活动,与挂钩扶贫村、社区结对共建、"双百结对、共建文明"村等开展结对帮扶活动,开展文明职工、文明科室评选活动。

文明单位创建 开展争创文明单位活动,1999年,被县委、县政府命名"文明单位"。2001年,被温州市委、市政府命名"文明单位"。2008年,被省委、省政府命名"文明单位"。

文体活动 2005年,建立职工活动室,购买健身器材和添置乒乓球、羽毛球、篮球等活动器材。设立职工阅览室,拥有图书500册。2006年,组织参加温州市首届文艺汇演获得三等奖。

荣誉 1971—2008年,文成县气象局共获集体荣誉42项。其中荣获全国重大气象服务集体1次,浙江省重大气象服务先进集体3次,浙江省气象科技服务先进集体1次。2001年获省卫生先进集体、市级文明单位。2003—2008年连续6年获"温州市青年文明号"称号。2005年被中国气象局授予"全国气象部门局务公开先进单位",温州市抗台救灾先进集体。2006年通过档案管理省级达标认定。2008年被省委、省政府授予"文明单位",被中国气象局授予"局务公开示范单位"。

台站建设

1970年冬开始筹建文成县气象服务站,址在县城大峃镇馒头山顶,距县城中心点约500米。占地面积1300平方米,其中观测场用地552.2平方米,海拔高度141.9米。建站之初,条件十分艰苦,通往外界的是一条约500米长的崎岖山路。山上没有水,平时饮用的是田水积下来的井水。20世纪90年代后,井水受污染,上班人员每天自带饮用水和干粮上班。

1998年,为了更好的开展气象服务,预报业务搬入大峃镇康乐巷27号张赛忠的套房。

20世纪70年代馒头山山顶办公楼

2001年康乐巷27号办公楼

2005年周村黄额头办公楼

文成气象办公楼40年变迁

1999年向省气象局申请建设资金20万元,建设了位于大峃镇康乐巷27号的局办公大楼,并于2000年3月落成办公。2003年7月,办公楼迁址至周村黄额头,实现了局站合并办公,办公与生活条件得到了完全改善。2006年建成文成县首个科普馆。2006年被浙江省气象局确定为AAA绿色台站。

2006年9月,因云都花园建设影响气象探测环境,根据浙气函〔2006〕137号文件和双方协商,文成县气象局观测场抬高90厘米。

2005—2008年,文成县气象局分期分批对机关院内的环境进行了绿化改造,修建了通往城区的道路,在庭院内修建了草坪和花坛,全面完成了综合业务平面的改造,完善了业务系统的规范化建设。

泰顺县气象局

泰顺县位于浙江省最南端,全县总面积1761.5平方千米,辖36个乡镇,总人口35.2万。泰顺历史悠久,建县于明景泰三年(公元1452年),素有"九山半水半分田"之称,是"国家级生态示范区"、"中国茶叶之乡"、"廊桥之乡"。泰顺县属于亚热带海洋型季风气候区,四季分明,雨量充沛,气候温和,高山云雾弥漫,低山丘陵湿润。海拔千米以上山峰179座,其中白云尖海拔高度1611米。温度、雨量等气象要素年际差异大,时空分布不均,台风、暴雨、雷电等气象灾害时有发生。

机构历史沿革

始建情况　泰顺县气象站创建于1959年1月,站址位于泰顺县罗阳镇西门外"郊外",北纬27°34′,东经119°42′,海拔高度500.8米。1960年11月,改称泰顺气象服务站;1971年11月起,称泰顺县气象站;1990年4月起,改称泰顺县气象局。2003年1月1日,观测场迁至泰顺县罗阳镇南外村打锣坪"山顶",北纬27°33′,东经119°42′,海拔高度538.9米,属国家一般站。2007年1月—2008年12月,更名为泰顺县国家气象观测站二级站。2006年1月19日,迁至气象局新办公楼,地址位于罗阳镇云寿路96号。

建制情况　自建站至1962年12月,由泰顺县人民委员会领导;1963年1月—1970年1月,由浙江省气象局领导。1970年2月—1980年12月管理体制变动,先后归泰顺县革命委员会、泰顺县人武部领导。1981年起,隶属温州市气象局领导。

主要负责人变更情况

任职时间	主要负责人	任职时间	主要负责人
1959.1—1985.3	王娟娟	1989.3—2001.12	吴　群
1985.3—1986.12	苏太望	2001.12—	郑玉红
1986.12—1989.3	陈茂法		

人员状况　气象局现有在职职工15人(在编9人,聘用6人)。其中,党员5人,团员2人;大学以上3人,大专6人;50岁以上1人,40~49岁2人,40岁以下12人。

气象业务与服务

1. 气象业务

①气象观测

地面观测 1959年1月1日起,地方时01、07、13、19时每天4次观测;1960年1月1日起,改为每天07、13、19时3次观测;1960年08月1日起,每天08、14、20时3次观测。观测项目有云、能见度、天气现象、气压、气温、湿度、风向风速、降水、雪深、日照、蒸发、地温等。1964年4月1日至2003年,拍发气象实况天气报告。1971年1月1日—1983年12月31日,拍发危险报。1971年7月1日增加省台风补充天气报。1984年1月1日增加编发重要天气报。

1991年6月,气象站配备了PC-1500袖珍计算机,取代人工编报,提高了测报质量和工作效率,减轻了观测员的劳动强度。1998年3月正式使用计算机编报。2002年12月,建成了ZQZ-CⅡ型自动气象站,2003年1月1日投入业务运行。自动站观测项目包括温度、湿度、气压、风向风速、降水、地面温度。现在以自动站资料为准发报,自动站采集的资料与人工观测资料存于计算机中互为备份,每月定时复制光盘归档、保存、上报。2007年4月开始土壤湿度观测。1968年6月—1969年7月,因文化大革命停止工作,记录采用福建省寿宁县气象站的观测记录进行订正补插。

自动气象站 2003—2008年,在全县16个乡镇先后建立了16个区域自动气象气象站,其中六要素站4个,四要素站12个。

②气象信息网络

气象信息接收 1982年前,气象站利用收音机收听上级及周边电台播发的天气预报和天气形势。1982—2000年,配备ZSQ-1(123)天气传真接收机接收北京、欧洲气象中心以及东京的气象传真图。2000—2005年,建立VSAT站、气象网络应用平台和省市县气象视频会商系统,接收从地面到高空各类天气形势图和云图、雷达等数据,为气象信息的采集、传输处理、分发应用、会商分析提供支持。

气象信息发布 20世纪80年代以前,主要通过广播和邮寄旬报方式向全县发布气象信息。1998年6月1日,开通"121"(2005年1月改号为"96121")天气预报电话自动答询系统。2000年1月31日,建立电视气象影视制作系统,正式通过电视播放天气预报。2003年建立"泰顺农网"网站,2007年建立"泰顺气象"网站,发布农业、气象、政务等各类信息。2005年,为了更及时准确地为县、镇、村领导服务,通过移动通信网络开通了气象预警短信平台,以手机短信方式向全县各级领导发送气象信息。

③气象预报

1970年10月始,气象站通过收听天气形势,结合本站资料图表每日早晚制作24小时内日常天气预报。20世纪80年代初起,每日06、10、15时3次制作预报。2000年至今,开展常规24小时、未来3~5天和旬月报等短、中、长期天气预报及临近预报。同时,开展灾害性天气预报预警业务和供领导决策的各类重要天气报告等。

④农业气象

1980年始,逐步开展农业气象业务。1981—1984年,建立了乌岩岭、莒江、蒲垟、黄碧龙、大坵坪、彭溪、章坑、南院等8个农村气象哨,开展气象和物候观测并提供服务。1980年设立农业气象组,向政府、涉农部门、乡镇寄发"农业气象月报"等业务产品。1988年始,编写全年气候影响评价。1990年起,为《泰顺县地方志》《泰顺年鉴》提供气候史料。2008年建立农业气象服务联系卡制度,为农业大户提供服务产品。

2. 气象服务

决策和公共气象服务 20世纪80年代以口头、书面汇报及传真方式向县委县政府提供决策服务。20世纪90年代逐步开发《重要天气报告》《气象内参》《汛期(5—9月)天气形势分析》等决策服务产品。在台风、暴雨气象服务中,准确预报灾害天气过程,及时向党委政府和有关部门提供决策服务。2007年开展气象灾害预评估和灾害预报服务。同年,建立了异常突发天气预警信息发布平台,有重大天气出现,及时向县政府领导及有关部门发布预警信息。2007年10月由县电视台承担气象预报节目的制作任务,开展日常预报、天气趋势、生活指数、灾害防御、科普知识、农业气象等信息服务。

气象科技服务与技术开发 气象科技服务经历了一个不断发展,健康成长的过程。服务手段不断更新,服务领域不断拓宽,服务项目不断增强,气象科技服务已渗透到社会的方方面面、各行各业。从最初的邮寄、传真到后来的声讯电话、电视,发展至今的手机短信等,面向各行业开展气象科技服务,2001年4月设立泰顺县气象局气象科技服务部。2002年成立农村经济信息网办公室,2004年开展信息进村入户"金桥工程",2002—2005年,气象综合服务、气象灾害预警、气象影视技术制作、气象视频会商等系统建成并投入业务使用。1997年起开防雷装置安全检测,2007年对重大建设项目实施雷击风险评估。

2006年全县气象工作会议

气象科普宣传 把加强防灾减灾,提高公众防灾减灾能力作为科普宣传工作的重点,每年利用"3·23"世界气象日、科普宣传周、送科技下乡等活动,广泛开展气象科普知识的宣传,发放宣传资料,接受群众问询。2007—2008年,建立了全县气象协理员队伍,为全县36个乡镇、232个自然村的协理员开展了培训。2008年申报并建成了气象科普基地,成为又一新的宣传气象知识的重要阵地,并得到了市、县科协的大力支持。同时,利用电视气象、手机短信、报刊、网站等渠道,实施气象科普入村、入校、入社区,全县科普教育受众面达20万余人。

法规建设与管理

1. 气象法规建设

2000年以来,泰顺县政府认真贯彻落实《中华人民共和国气象法》《浙江省气象条例》等法律法规,县政府领导每年视察或听取气象工作汇报,气象工作纳入县政府目标责任制考核体系。2000年起,每年3月和5月开展气象法律法规和气象科普知识宣传教育活动。2001年2月,为保护气象探测环境打了全国首例官司,最终胜诉。2003年,成立气象行政执法队,5名兼职执法人员均通过省政府法制办培训考核,持证上岗。2005年,气象行政审批事项经过3轮改革,有3项审批项目得到保留。2008年制定了《泰顺县气象局行政执法责任制》。2008年完成《探测环境保护专项规划》编制。

2. 气象社会管理

行业管理 2005年12月,泰顺县政府下发《关于印发泰顺县雷电灾害应急救援预案的通知》(泰政办〔2005〕204号),2006年8月,下发《关于印发泰顺县气象灾害预警应急预案的通知》(泰政办〔2006〕123号);2007年6月,下发《关于进一步做好防雷减灾工作的通知》(泰政办〔2007〕94号);2008年7月,下发《关于进一步加强气象灾害防御工作的通知》(泰政办〔2008〕122号),对加强气象灾害管理提出了明确的指导意见。2005年2月,县政府发文规定"气象预报、灾害性天气警报传播,防雷装置设计审核和竣工验收,升放无人驾驶自由气球和系留气球"等3项作为行政许可项目,2006年底,行政审批工作纳入县审批中心运行。

政务公开 2002年起,对气象行政审批办事程序、气象服务、服务承诺、气象行政执法依据、服务收费依据及标准等内容向社会公开,落实气象电话投诉、气象服务义务监督、财务管理等一系列规章制度,坚持上墙、网络、黑板报、办事窗口及媒体等5个渠道开展局务公开工作。2008年,按照政府信息公开的要求,各类信息上网公布,并及时更新完善。

党建与气象文化建设

1. 党建工作

党支部建设 1971年,建立泰顺县气象站党支部,王娟娟任书记;1980—1990年间,吴士盛、吴立本任书记;1990年后,吴群任书记;2001年后,郑玉红任书记。2006年,被温州市委评为"先进基层党支部"。现有党员5人。

党风廉政建设 2000—2008年,参与气象部门和地方党委开展的党章、党规、法律法规知识竞赛共12次。2002年起,连续7年开展党风廉政教育月活动。2004年开展作风建设年活动。2006年起,每年进行局领导述职述廉述学报告,并签订党风廉政目标责任书,推进"惩防体系"建设。2000起,为规范职工行为,先后制定和修订涵盖工作、学习纪律,财务、服务管理,党风廉政、综合治理、文明创建、卫生、安全等方面规章制度,2008年重新制定泰顺县气象局规章制度。

2. 气象文化建设

精神文明建设 始终坚持物质文明和精神文明一起抓,站风站貌发生了可喜的变化。1988年起,每年3月份开展职业道德教育月活动。2000—2008年,先后开展"三个代表"、"保持共产党员先进性"等教育活动,并与瑞安市气象局、黄桥、竹里乡何宅样村及南外村结对共建,开展"双百"结对帮扶活动,与老党员、贫困村(户)、残疾人结对帮扶。每年组织职工开展丰富多彩的文化体育活动,举行登山、环城长跑、拔河、乒乓球比赛等活动,开展"慈善一日捐"和义务献血活动,积极参与市气象局组织的文艺汇演和演讲比赛,丰富职工业余文化生活。同时,积极美化台站环境,先后投入几十万元对台站环境进行改造,整个台站面貌焕然一新。

文明单位创建情况　1998年,首次评为"县级文明单位",2002年评为"市级文明单位"。2007年、2008年先后被评为"市级卫生先进单位"和"省级卫生先进单位"。

3. 荣誉

在重大灾害性天气服务中,为地方党委、政府领导提供决策服务准确、及时、高效,多次受到上级的表彰。泰顺气象局2002年被温州市委、市政府评为"2002年16号台风抢险救灾先进集体",2005年、2006年被泰顺县委、县政府评为"抗台救灾工作先进集体"。

台站建设

2003年建成气象观测站,观测场16米×20米,建筑面积110平方米,建立了气象科普馆,成为集气象科普、气象观测为一体的实践基地。2002年11月—2006年1月,完成气象局整体搬迁,新址占地3667平方米,建成面积1600平方米气象综合大楼,绿化1100平方米。楼内有气象预警中心业务平台、及图书阅览室、党员活动室、职工活动室;室外建有篮球场、羽毛球场及健身休闲区等硬件设施,达到绿色台站AAA标准。

台站50年变迁

温州气象雷达站

机构历史沿革

1. 始建及变更情况

1969年7月,在浙江省洞头县东经121°08′,北纬27°50′,海拔高度226米的烟墩岗建设843气象雷达,命名为浙江769站。

20世纪80年代中期,中国气象局决定将"沿海台风雷达警戒网"的843雷达更换为成都784厂研制的714雷达。选址于东经120°49′,北纬27°57′,海拔高度294米的温州市龙湾区黄石山顶。新站1986年开始建设,1989年10月投入业务使用,更名为温州七一四雷达站。原浙江769站撤销。

浙江769站843雷达发射车

温州气象雷达站外貌全景

21世纪初,温州714雷达更新为新一代多普勒天气雷达(CINRAD/SA型)。站址位于温州市瓯海区大罗山顶哨子墩,东经120°44′34″,北纬27°53′42″,海拔高度704米。同时在温州市气象局大院内建造1栋雷达数据处理中心大楼,通过微波和光缆将雷达采集的数据实时传输到雷达数据处理中心大楼。

新雷达站的建设从2001年开始,2003年进行设备的安装和调试,2003年9月16日通过现场验收并投入业务试运行,同时更名为温州气象雷达站。2008年4月26日正式通过中国气象局业务验收。

温州七一四雷达站外貌

2. 建制情况

管理体制与机构设置　自1969年7月浙江769站成立至1985年5月,由浙江省气象局直接领导。1985年5月起,由温州市气象局领导。

人员状况　1969年7月建站时8人,设站主要负责人、雷达观测员、雷达机务员、气象报务员、油机员、汽车驾驶员。2006年8月定编为13人。现有在编职工7人。

现在职职工中,硕士研究生学历2人,大学本科学历3人,中专学历1人,初中学历1人;中级技术职称5人,初级技术职称1人;50岁以上3人,40~50岁2人,40岁以下2人。

名称及主要负责人变更情况

名称	时间	负责人
浙江769站	1969.7—1974.6	王广才
浙江769站	1974.6—1985.5	汪文瑯
浙江769站	1985.5—1989.10	郑祥伍
温州七一四雷达站	1989.10—2001.6	郑祥伍
温州七一四雷达站	2001.6—2003.6	汪文瑯
温州气象雷达站	2003.6—2007.8	赵　放
温州气象雷达站	2007.8—	钟建锋

气象业务与服务

雷达站的主要业务是承担台风、暴雨、冰雹等灾害性天气的监测预警预报、制作发布温州区域内短时临近预报业务,实现与周边地区的天气雷达联防并将雷达数据传输到各级气象部门,实现数据共享、全国联网。

1. 气象业务

雷达探测及临近预报　1969年7月至1984年底,主要业务为华东沿海地区台风警戒。工作时间是每年的6月1日—9月30日。

1985年1月—2003年8月,主要业务为探测浙中南沿海地区台风和灾害性天气。工作时间为每年的3月1日—10月31日,每天08—20时,3小时1次定时开机探测,依据天气情况,逐渐增加每1小时1次直至连续开机探测,并随时将雷达探测资料及分析意见发送到温州气象台和当地政府的防汛部门。11月1日至2月28日,进行每天2次的雷达维护性开机,以保障雷达的正常工作。

2003年9月开始,随着温州新一代天气雷达投入业务运行,主要业务调整为对闽北、浙中南沿海地区台风及浙中南地区暴雨、冰雹等灾害性天气过程的雷达监测预警、制作温州地区的临近预报气象服务产品,及时向上级部门传输雷达产品数据、与周边地区雷达实现台风、灾害性天气联防等。根据中国气象局2005年5月颁布的《新一代天气雷达观测规定》,每年4月15日—9月30日为汛期观测时段,雷达实行全天候连续立体扫描观测;10

月1日—4月14日为非汛期观测时段,每天10—15时进行连续观测,其他时间根据雷达监测范围内预测和发现天气系统,进行连续观测,直至天气过程结束。

雷达保障　40多年来,雷达从"843"、"714"更新到CINRAD/SA雷达,都配有专职的雷达机务人员,负责雷达的日常维护、雷达参数的测试、调整、定标、故障诊断和检修。每年省局组织全省雷达机务员共同完成雷达年维护。CINRAD/SA雷达建成后,根据中国气象局监测网络司2005年下发的《新一代天气雷达业务管理和运行保障职责(试行)》规定,新一代天气雷达业务和运行保障工作的组织管理分为国家级和省级2级管理,其保障体制分为国家级、省级和雷达站3级运行保障。雷达站负责做日维护、周维护、月维护、季维护、半年期维护和年维护等工作。

雷达数据传输、资料录取及保存　2003年9月,温州气象雷达站到市局的雷达数据传输采用光缆为主,微波为辅的通讯模式,PUP雷达产品、RDA基数据产品和雷达状态信息传输到中国气象局实现全国雷达组网。同时还将实时雷达生成的PUP产品传送到温州气象各网站。随着技术发展和科技进步,雷达数据资料录取从模拟向数字化转变,资料备份的方式方法也发生了质的变化,从浙江769站照片胶片保存到温州七一四雷达站的计算机磁带、软盘保存再到温州气象雷达站新一代多普勒天气雷达的光盘刻录保存,刻录数据资料保存在雷达站和市气象局资料档案室。

2. 气象服务

1969—2003年,主要采用手工素描图记录雷达回波、台风的定位及台风雨带回波按雷达台风报的编码格式形成报文,通过电台发往福建省气象台转中央气象台及参加国际资料交换,同时通过邮电局用电报的形式与上海南汇、福建长乐雷达站联防通报。1985年本站配置了无线对讲机,业务上增加了对强对流等重大天气过程的探测,并将探测资料通过无线对讲机向温州气象台通报。

2003年9月温州新一代天气雷达投入业务运行,根据《短时、临近预报业务暂行规定(施行)》和温州市气象局业务规定要求,制作3小时临近预报产品,范围覆盖全区各县(市、区)。在台风和强对流等灾害性天气过程中,制作逐小时预报、滚动3小时预报等,并通过网站等手段实时发布。台风中心雷达定位等台风信息以报文形式发往中央气象台、省气象台及各联防单位。截至2008年底,温州气象雷达站连续监测并完整收集到登陆或影响浙江的热带气旋22个(超强和具有严重影响的台风12个)以上,每次台风影响期间,都为各级台站和有关部门传送了大量而又及时的台风移动路径、强风半径和暴雨落区、强度变化、登陆地点、风雨状况等台风特征和信息。例如,准确分析了2004年"蒲公英"非对称结构;及时监测到2004年"云娜"局地强暴雨;敏锐把握了2004年"艾利"的突然转向;准确判断了2005年"海棠"、"麦莎"、"泰利"的持续性强降水;细致分析了2006年"桑美"的超强云系及极大风圈环流结构;密切跟踪了2008年"海鸥"穿越浙江时的路径等等。

2003年以来,雷达站先后主持承担和参加完成了11项国家、省、市级的有关新一代天气雷达应用等方面的科研课题和项目,研制开发了"雷达短时台风降水量预测"、"雷达三(四)维风场反演"、"雷达资料在中尺度数值模式中的应用"、"基于GBVTD方法反演台风环流结构"、"雷达风暴相对螺旋度产品开发及风暴短时预警"等科研成果项目,并在"台风强回波路径跟踪"等方面也取得了较大进展。

党建与气象文化建设

1. 党建工作

1969年7月—1973年11月,党员2人(王广才、董绍华),编入洞头县农林局党支部;1973年11月转入党员1名,增为3人,1974年5月成立浙江769站党支部,汪文琊任书记;1985年5月—1986年1月,洞头县气象站党员编入浙江769站党支部。1986年1月—1993年6月,郑祥伍任书记;1993年6月—2005年6月,汪文琊任书记;2005年7月起,钟建锋任书记。现有党员5人。在雷达站党建史上,共发展党员11名,组织转入党员4名。

2. 气象文化建设

温州气象雷达站的发展史,是我国气象事业艰苦创业历史的缩影。作为国家级艰苦台站,温州气象雷达站经历了3次创业。前身浙江769站,地处洞头海岛,远离大陆,地理位置偏僻,初建时只有几间石头平房,在设备简陋、生活艰苦的条件下,年轻"雷达人"的朝气和精神风貌,为初次创业的温州气象雷达站谱写了一曲乐于奉献的赞歌。

1994年8月21日那个晚上的历史令每位温州七一四雷达站工作的同志难以忘怀。22时30分9417号台风临近瑞安梅头登陆,地处龙湾区海拔294米的黄石山雷达站,狂风吹断了连接雷达伺服系统的工扩机房的电缆,瞬间雷达停止了转动,关键时刻,"雷达人"再次挺身而出,冒着强电磁辐射的危险,硬是用人工来回推动天线的方法获取台风定位并及时将信息传送出去。

随着2003年温州气象雷达站新一代多普勒天气雷达业务运行,"3·23"世界气象日成为宣传普及雷达新知识的良好载体。

3. 荣誉

集体荣誉 1978年获"亚太地区台风业务试验先进集体";1994、1996年被省气象局评为全省气象服务先进单位;2004年被浙江省委、省政府授予"浙江省2004年抗台救灾先进集体"荣誉称号;同年被评为"上海区域及四省联防先进单位";2005年在全国天气雷达工作检查评比中,温州气象雷达站被评为优秀,受到中国气象局通报表扬;2006年温州气象雷达站被中国气象局、省气象局分别授予了"全国重大气象服务先进集体"和"全省重大气象服务先进集体"的光荣称号。

个人荣誉 赵放,2005年被浙江省人事厅和省气象局联合授予"全省气象系统先进工作者"荣誉称号,2006年被浙江省委省政府表彰为"浙江省抗台救灾先进个人"。

台站建设

温州气象雷达站建站初的浙江769雷达站地处海岛高山,仅由几间花岗岩石头砌成的平房,生活和工作环境艰苦,条件简陋,屋内环境潮湿;1989年迁站到温州龙湾黄石山顶后,建有机房、办公室、会议室、电视室、厨房等混凝土结构的2层楼房,职工的工作生活条件得到改善。2002年8月8日温州新一代天气雷达系统工程开工建设,主机房框架结构,建筑面积920平方米,共6层。内设雷达机房、计算机监控室、办公室、值班室、生活用房以及配电房等。新一代天气雷达的投入使用,使业务人员的工作条件得到极大地改善。2008年完成环境综合改造,如今的温州气象雷达站已成为矗立在大罗山顶的一座花园式台站。

湖州市气象台站概况

湖州市地处浙江西北部，下辖德清、长兴、安吉3县和吴兴、南浔2区。总面积5818平方千米，人口258万。湖州气象局的前身为嘉兴专署气象台，始建于1958年8月。1978年1月，成立嘉兴地区气象局，1983年撤区建湖州、嘉兴两市后，分为湖州市气象局、嘉兴市气象局。

气象工作基本情况

建制 1958年8月始建至1962年9月以地方政府建制为主管理。1962年10月体制上收，由气象部门为主管理。1970年2月体制下放，又由地方政府为主管理。1971年4月—1973年9月以军事部门为主管理。1973年10月恢复地方政府为主管理。1981年1月起，实行气象部门和地区政府双重领导，以气象部门为主的管理体制。

机构设置 湖州市气象局下辖德清、安吉、长兴县气象局和湖州国家基本气象站4个基层台站，4个直属事业单位，1个地方事业单位，局内设职能科室4个。

台站沿革 湖州国家基本气象站1956年1月建立浙江省湖州气候站，先后更名为吴兴县气象服务站、浙江省吴兴县气象服务站、浙江省吴兴县气候服务站、浙江省吴兴县气象站、湖州市气象站，1984年7月并入湖州市气象局。2006年12月设立湖州国家气象观测站一级站，2009年1月更名为湖州国家基本气象站。

安吉县气象局1958年9月建立安吉县气象服务站，先后更名为安吉县气候服务站、安吉县气象站。1990年12月更名为安吉县气象局。

德清县气象局1958年11月建立德清县水文气象站，先后更名为德清县气象服务站、德清县气象站。1989年7月更名为德清县气象局。

长兴县气象局1959年1月建立长兴县长桥气象站，先后更名为长兴县气象站、长兴县气象服务站、长兴县气象站。1990年1月更名为长兴县气象局。

人员结构 2008年底在职160人，其中国家气象编制78人，地方气象编制18人，编外聘用人员64人。大专以上学历126人，其中硕士研究生9人，本科生68人。中级以上职称56人，其中高级技术职称7人。中共党员64人，民主党派3人；省政协委员1人，县、区政协委员2人。少数名族1人，其余均为汉族。

党建与文明创建 全市气象部门有党总支1个,党支部6个,共有党员85人。湖州市气象局每年与各县局、直属单位、机关处室层层签订党风廉政责任书,建立健全党风廉政和机关作风建设制度,开展政务、局务公开工作,推进惩防体系和廉政文化建设。2008年,湖州市气象局被中国气象局授予"全国气象部门廉政文化示范点"。至2008年,湖州一市三县气象局均建成市以上文明单位,其中省级文明单位3个,市级文明单位1个,市级文明机关1个。2004年湖州气象行业被命名为市级文明行业,通过历次复评,一直保持荣誉称号。2008年,湖州市气象局被中国气象局授予"全国气象部门文明台站标兵"。

主要业务范围

地面观测 全市地面气象观测站4个,其中湖州为国家基本气象站,长兴、安吉、德清3县为国家一般气象站。观测项目有云、能见度、天气现象、气压、气温、湿度、风向风速、降水、雪深、日照、蒸发、地温等。国家基本气象站增加雪压观测,电线积冰观测,大型蒸发观测、深层地温观测和承担航危报业务。2005年,全市地面观测实现以自动观测为主业务。至2008年,观测业务扩展到土壤旱涝监测、大气电场监测、GPS、紫外线、酸雨观测、不同下垫面温度等项目的观测。

自动站建设 2000年开始区域自动气象站建设,全市已建60个,其中湿地、林业生态站各1个,六要素站10个,四要素站43个,三要素站1个,两要素站6个,实现了10千米×10千米网格的全覆盖。

卫星雷达 各台站从1983年开始陆续引进卫星云图接收设备,至2008年,已更新为DVB-S卫星接收系统或利用MICAPS系统,实现风云2C和2D双星云图的接收。至2007年,全市4台站均设有地方警戒雷达,其中2台711B数字雷达,2台TWR01天气雷达。

气象预报服务 各台站始建后,一般每日制作2次天气预报,通过广播电台、有线广播定时向社会发布,各公社广播站也定时向农户转播,旬报通过邮寄方式发布。决策气象信息主要通过人工送预报单、口头汇报、电话、传真等方式服务。改革开放后,公众气象服务、决策服务载体迅速发展,1980年起,气象信息通过报刊、警报系统、"168"声讯台、"121"天气预报答询台,移动、联通、小灵通手机气象短信,网站、电视气象节目,电子显示屏等多种途径向公众发布。决策气象服务形式、内容有了新的发展,陆续开发了《气象信息内参》等决策服务产品,建立了政府微机终端、气象灾害预警短信网,覆盖至乡村领导。预报服务的产品、内容、时效都有了很大的拓展。至2008年底市局本级有各类气象服务产品共有5大类150种。

农业气象服务 市局承担农气观测二级站蚕桑、晚稻、物候,土壤墒情观测任务和市级农业气象服务任务,县局只承担县级农业气象服务任务。开展的业务项目有农气观测、月季报、产量预报、病虫害预报等。根据农业产业结构调整需求,逐步开展了效益农业、设施农业的气象服务工作,服务项目有蚕桑、水产、竹笋、茶叶、瓜果、高山蔬菜、大棚蔬菜和中草药等。各地结合实际,采用不同有效载体开展服务,2002年安吉县局与农技"110"合署办公开展农业气象一条龙服务;2006年德清县局开通农业气象指标查询系统、现代农业"网上创业园"、"网上农博会",建立了500个"农民网页";市气象局2005年建立有800多户用户组成的鱼嚎预报手机短信网等。各单位参加了地方政府为政策性农业保险开展的气象服务工作。

2008年3月28日,中国气象局正式批准德清县局为"全国新农村建设气象工作示范县"创建单位。围绕构建农村新型气象工作体系,推进现代气象业务体系向农村延伸、气象应急管理体系向农村延伸、公共气象服务向农村延伸,创新气象为"三农"服务模式,实施"农村气象防灾减灾"和"信息进村入户"2项工程,启动《德清县气象灾害防御规划》编制工作和开展气象灾害应急准备工作认证。

专业专项服务 全市气象专业专项服务20世纪80年代初期起步,1985年国务院办公厅(国办发〔1985〕25号)文件下发后,发展迅速。服务领域扩展到工业、农业、商业、能源、水利、交通、环保、旅游等几十个行业,服务手段不断更新,从电话、专业警报系统升级为电子显示系统,手机短信、网络,直观方便地为用户提供天气预报和专项气象服务。雷电防御工作从原来的事后设施定期检测起步,发展到事前审核、施工跟踪、项目验收,并开展雷电预警和风险评估业务。

人工影响天气 2005年开始,全市逐步开展人影工作,市各县成立人工影响天气办公室,建立人工作业队5支,配备人工增雨火箭发射装置5套,人工增雨作业固定发射点16个,开展人工影响天气工作。

气象灾害防御 2005年5月湖州市人民政府于发布《湖州市气象灾害预警信号发布规定(试行)》;开展了灾害性天气预警信号发布工作。2007年7月,出台《湖州市气象灾害应急预案》,2008年4月湖州市人民政府发布《湖州市气象灾害预警信号发布与传播规定》。2007年,在上海区域中心指导协调下,成立太湖流域湖州气象中心,开展了南太湖气象灾害防御工作。2008年市政府投资购置了气象灾害应急车,建立了湖州移动气象台。市县均开通了涵盖气象灾害防御有关领导及人员的气象灾害预警短信网,入网人员共5897人。建设气象灾害预警发布电子显示屏168块,根据灾害防御需求,下属县局还建设了"规模企业气象灾害服务平台"、"突发灾害公共服务发布平台"等。

2007年市人民政府下发了《湖州市人民政府办公室关于开展乡镇街道村气象协理员队伍建设工作的通知》文件并召开专题会议,全市市县开展气象协理员队伍建设工作。截至2008年底,市县共建区乡气象协理工作站42个,基层气象协理员868人,人员分布从区乡镇、社区一直延伸至村,多次召开工作会议,明确职责、落实任务,开展气象防灾知识普及培训工作。并通过建立气象协理员短信网、建设气象协理员网页、年度考核评比等途径,加强信息沟通,规范工作管理。在2008年初罕见的严重冰雪过程中,由气象观测和协理员提供的雪深信息绘制的积雪深度分布图,在第一时间提供给市委市政领导参考决策,赢得了开展防灾工作主动权。全市开展了多部门联动的多灾种早期预警系统建设,气象防灾减灾体系已初步形成。

湖州市气象局

湖州市是环太湖地区唯一因湖而得名的城市,具有2300多年历史。地处中纬度地带,属东亚季风气候带,气候总的特点是:季风显著,四季分明;雨热同季,降水充沛;光温同步,日照较多;气候温和,空气湿润;地形起伏高差大,垂直气候较明显。解放后,先后设浙江第一专区、嘉兴专署和嘉兴地区,治所设在湖州。1983年8月,撤嘉兴地区,建湖州、嘉兴两个省辖市。湖州市本级面积1566平方千米,人口108万。

机构历史沿革

1. 始建情况

1958年8月始建于嘉兴,称嘉兴专署气象台。同年12月随行署迁至湖州,设于行署内。1959年12月,成立嘉兴专署气象局。1962年精简机构,气象局名称取消,仍称嘉兴专署气象台,但有管理指导职能。1968年11月至1971年4月,全台人员下放"五七"干校劳动,气象工作中断。1971年4月气象业务恢复,更名为嘉兴地区气象台。1973年10月迁至湖州市朝阳路1号,占地5248平方米。1978年1月,成立嘉兴地区气象局。1983年8月嘉兴地区撤区建湖州、嘉兴两市后,1984年10月成立湖州市气象局。2004年11月搬迁至湖州市太湖路800号。

2. 建制情况

领导体制 1958年8月至1962年9月地方政府建制。1962年10月体制上收,由省气象局为主管理。1970年2月体制下放,又由地方政府为主管理。1971年4月至1973年9月以军事部门为主管理。1973年10月恢复地方政府为主管理。1981年1月起,实行省气象局和地区政府双重领导,以省气象局为主的管理体制。

名称及主要负责人变更情况

名称	任职时间	负责人
嘉兴专署气象台	1958.08—1959.12	张汉琳
嘉兴专署气象局	1959.12—1962.04	陈锦琪
嘉兴专署气象台	1962.04—1963.05	薛仁芳
	1963.06—1965.08	李恩彦
	1965.08—1966.12	陈听海
嘉兴地区气象台	1971.05—1973.12	彭卜喜(军代表)
	1974.01—1977.12	李恩彦
嘉兴地区气象局	1978.01—1984.10	陈听海
湖州市气象局	1984.10—1989.04	朱 青
	1989.04—1996.02	徐国富
	1996.02—1998.06	丛黎强
	1998.06—	宋培鹤

人员状况 1958年始建时3人。1978年底27人。2008年底在职工作人员83人,其中国家气象编制52人,地方气象编制5人,编外聘用人员26人。大学以上学历44人,其中硕士研究生8人。中级以上职称36人,其中高级技术职称6人。年龄50岁以上13人,40~49岁14人,40岁以下56人。少数名族1人,其余均为汉族。中共党员33人,民主党

派 3 人。省政协委员 1 人,区政协委员 1 人。

气象业务与服务

1. 气象业务

①气象观测

地面观测 湖州国家基本气象站的前身为浙江省湖州气候站,1956 年 1 月 1 日开始,采用地方时每天进行 01、07、13、19 时 4 次观测。1960 年 1 月 1 日起,改为每天 07、13、19 时 3 次观测。1961 年 1 月 1 日起,实行每天 08、14、20 时 3 次观测。观测项目有云、能见度、天气现象、气压、气温、湿度、风向风速、降水、雪深、日照、蒸发、地温等。1957 年 1 月 1 日增加雪压观测,1959 年开始承担航危报业务,1972 年 1 月 1 日增加电线积冰观测,1984 年 1 月 1 日增加大型蒸发观测。2003 年在观测站建设 ZQZ-Ⅱ型多要素自动气象站,经一年平行观测,2005 年过渡为以自动观测为主。2007 年 1 月 1 日起,湖州气象观测站升格为湖州国家气象观测站一级站,承担 24 小时全天候观测任务和 23、02、05、08、11、14、17、20 时天气报和 08—20 时每小时 1 次的航空天气观测报任务。1979—1987 年期间,先后建立太湖、戴山、梅丰、练市、埭溪等 10 个气象哨。

自动气象站 2000 年底在太湖沿岸建成第一批自动气象站,型号为北京华创 CAW600,观测项目为风向、风速、温度、降水、湿度。2000—2008 年底,共建成太湖、幻娄、濮娄、三天门、湖中、旧馆、南浔、妙西、和孚、双林、横街、梅峰、乔溪、埭溪、菱湖、善琏、练市、青山等 18 个四要素气象自动监测站,2007 年 4 月在太湖小雷山建成风向、风速、降水三要素气象自动监测站,其中幻娄、濮娄、小雷山为强风站。2007 年 7 月在太湖建成自动水温监测仪,开始进行太湖水温监测。

农气观测 原湖州气候站 1957 年开始承担农气观测业务,观测项目为水稻、桑树、土壤水分和物候,1979 年定为农气观测二级站,观测资料向省局发报,1984 年并入湖州市气象局,延续原来的观测任务。2006 年 1 月农气观测项目由双季晚稻调整为单季晚稻,2007 年 4 月增加土壤水分观测及发报任务,2009 年 5 月由原来的 10、20、30 厘米 3 个层次调整为 10、20、30、40、50 厘米 5 个层次。

特种观测 2003 年湖州市气象观测站增加紫外线、酸雨观测项目。2007 年建成水泥地砖路面、水泥路面、空气裸温、沥青路面、沙砾石路面等不同下垫面温度监测。2008 年建成大气电场仪。

卫星雷达 1983 年引进卫星云图接收设备,接收极轨气象卫星云图。1994 年 4 月引进静止气象卫星云图接收处理子系统。2007 年通过 DVB-S 卫星接收系统,实现风云 2C 和 2D 双星云图的接收。1981 年 3 月建成 711C 测雨雷达,1999 年完成模拟信号向数字信号的升级,更新为 711B 型,主要用于强对流等天气监测和人工增雨。

②气象信息接收

1977 年以前靠莫尔斯人工抄报,1977—1987 年期间,先后配备了移频单边带、电传机、传真机、定频机等,实现无线电传自动化收报,接收各类天气资料,并向县气象站发送分片指导预报产品和雷达卫星云图资料。1994 年建成 NOVELL 网,实现市县资料图像传输。

1998年9210工程建成后,更新为VSAT系统接收。2007年建成DVB-S卫星接收系统,使各类资料获取从速度、数量、质量上都有很大提高。1995年实现省、市、县计算机联网,2000年大屏幕投影会商系统建成并投入使用,2003年建成省、市、县可视会商系统,2007年11月,建成市台综合业务平面。

③气象预报

1958年8月开始,通过人工收报、填图、分析,制作每旬天气预报和每天2次未来24小时天气预报。20世纪70年代初调整为每日3次预报制作,并增加长期天气预报。1981年雷达建成后,增加了0~6小时短时预报。2008年增加了逐时滚动的3小时天气预报、一周逐日天气预报、10天逐日滚动天气预报。2000年以来陆续推出了人体舒适度指数、中暑指数、降水概率预报、紫外线等级预报、着衣指数、晾晒指数、晨练指数、空气质量预报、森林火险等级预报等环境预报内容。至2008年底各类气象服务产品共有5大类150种。

④农业气象

1957年开始农业气象业务,主要针对粮油生产,制作播种期预报、低温冷害和霜冻预报、收获期预报、产量预报、编写农业气候分析、专题农业气象报告和农事建议。根据农业产业发展,逐步开展桑树生长观测,增加春蚕桑叶产量、春蚕发种期预报。1986年完成《湖州市农业气候资源和区划》编制。20世纪90年代开始为农业园区开展服务。2002—2003年开发鱼窖预警系统,2005年建立鱼窖预报手机短信网,中央电视台7套"天气生活"节目进行了专题报道。2006年11月"96121"声讯电话推出农业气象与应用建议。2007年增加《农业旱涝分析》服务产品。

⑤气象科研

1980—2008年,在地方科技部门和省气象局共立项29项,其中地方攻关项目3项,多次获得省、市政府及省气象局科技成果奖励。2001—2008年在正式刊物发表论文35篇,其中核心刊物9篇。研究成果涵盖天气预报、农业气象、科技服务、雷电防御、信息传输等多个方面。《湖州市MOS预报业务化系统》于1985年投入运用,《短期气候分析诊断及应用研究系统》在省内外多个气象台站推广,应用《运用气象因子预测鱼窖方法的研究》成果组建短信预警网,覆盖养殖大户800余家。

2. 气象服务

公众气象服务 1958年开始,每日天气预报通过人民广播电台、有线广播定时向社会发布,各公社广播站也定时向农户转播,旬报通过邮寄方式发布。改革开放后,公众气象服务载体迅速发展,1980年起,每日天气预报在湖州日报刊登。1988年起,相继在有线电视台、电视台推出天气预报节目。1993年建立寻呼台,每天定期播发各类气象信息。1996年开通邮电局168声讯台天气预报栏目。1997年由气象局制作的天气预报节目在湖州有线电视台开播。1998年开通"121"天气预报答询台。1999年湖州晚报推出"每日天气"。2002—2003年相继开通了移动、联通、小灵通手机气象短信。2004年10月建立"湖州气象"网站。2006年气象节目主持人走上银屏说气象。同时,公众气象服务的内容有了很大的拓展,陆续增加了双休日、周边地区、各类生活指数、森林火警、地质灾害、气象灾害预警信号等多个产品。

决策气象服务 从始建至20世纪80年代初,主要通过人工送预报单、口头汇报、电话、传真等方式为政府提供天气预测意见和其他有关决策信息。随着需求变化,决策气象服务形式有了新的发展,陆续开发了《气象信息内参》等决策服务产品。1995年在市政府建立微机终端,2004年起为市四大班子领导提供《每周天气预测》,同年开通了以市委、市政府及有关部门领导为主要服务对象的气象灾害预警短信网,至2008年,涵盖灾害防御有关领导及人员达1649人。2005年实现与市防汛指挥视频系统联网,2007年在各乡镇、街道、行政村建立584人组成的气象协理员队伍。同时,服务内容有了较大的拓展,增加了突发重大灾害性天气、重大节庆、重大活动、生态建设、应急保障等项目,成为各级领导决策的重要依据。1983年4月28日冰雹大风天气服务,获省气象局立功嘉奖,1999年6月30日特大暴雨洪涝和2008年初严重低温雨雪冰冻灾害,准确、及时向市委市政府和有关部门提供服务,获得上级表彰。

气象科技服务与技术开发 1982年气象科技服务开始起步,1985年国务院办公厅(国办发〔1985〕25号)文件下发后,逐步走上规模。1985年建立无线气象警报系统,1992年成立专业气象台,各行各业专业用户达300余家。1993年创办湖州"818"气象寻呼台。2006年无线气象警报系统更新为电子显示屏至2008年达49块。1990年成立湖州市避雷设施检测中心启动避雷设施安全检测工作,1993年增加新建项目防雷设施竣工验收业务,1999年介入建设项目初步设计审查,2001年起开展防雷施工图设计审核和跟踪检测,2006年增加对重大工程建设项目开展雷击灾害风险评估业务。1992—1999年间,先后成立华云经济技术开发公司、防雷安装工程公司、气象广告公司。2006年成立人工影响天气办公室,配备人工增雨火箭发射装置1套,建立人工增雨固定作业点4个,开展人影作业。

气象科普宣传 利用社会各种宣传媒体、世界气象日、科普节、举办乡镇干部气象培训班等活动广泛宣传气象科普知识。1980年5月成立气象学会,2002年建立气象科普基地。2004年合作拍摄《体验气象人的一天》专题节目,2006年为全市农村党员远程教育制作《气象知识讲座》视频作品。2007年自制的农村防雷安全科普片在社区、农村循环放映1000多场,观众达57万人次,获浙江省优秀气象科普作品三等奖;同年,开设气象协理员气象知识培训班13期,培训1000余人次。

法规建设与管理

法规建设 2000年以来,贯彻落实《中华人民共和国气象法》、《浙江省气象条例》等法律法规和中国气象局各项规章,每年3月和6月组织开展气象法律法规和安全生产宣传教育活动,市人大和法制委领导每年来气象局视察或听取气象工作汇报。市政府先后出台了《关于加快气象事业发展的实施意见》、《关于进一步加强气象灾害防御工作的通知》、《湖州市气象灾害预警信号发布与传播规定》等规范性文件。2008年绘制《湖州市气象观测环境保护控制图》,并完成了《湖州国家基本气象站探测环境保护专项规划》的编制,为气象观测环境保护提供重要依据。

社会管理 2001年2月成立湖州市防雷减灾管理办公室,开展全市雷电灾害防御管理工作,2006年12月更名为湖州市雷电防御管理办公室。2003年8月,成立了湖州市气象行政执法支队,兼职执法人员6名。至2008年,与市安监、建设、教育等部门联合开展气象行政执法检查50余次和专项执法检查100余次。2001年、2004年,先后在湖州市、南浔区行政服务中心设立气象窗口,办理气象行政许可审批手续,规范全市雷电防御、天气预报发布、传播,低空飘浮物施放等行政审批,制定了行政许可受理、送达、公开、审查、责任追究等一系列规章制度。2002—2004年,2次参与行政审批制度改革,规范气象行政审批手续。

政务公开　2001年起对气象行政审批办事程序、气象服务、服务承诺、气象行政执法依据、服务收费依据及标准等内容向社会公开。2007年制定下发了《湖州市气象局局务公开工作操作细则》,落实首问责任制、气象服务限时办结、气象服务电话投诉、气象服务义务监督、财务管理等一系列规章制度,利用上墙、网络、电子屏、黑板报、办证窗口及媒体等渠道开展局务、政务公开工作。2004—2008年,湖州市行政服务中心气象窗口4次被评为"四星级窗口"。

党建与气象文化建设

党支部建设　1968年以前组织关系隶属嘉兴专署农办党支部,1968年至1971年组织关系隶属"五七"干校农口系统党支部,1971年建立党支部。2005年12月成立局机关党总支,下设第一党支部、第二党支部和离退休党支部,2008年底共有在职党员33人,离退休党员18人。2001—2006年被湖州市直工委评为"先进基层党组织",2008年被湖州市委评为"先进基层党组织"。

党风廉政建设　1997年起实行领导干部收入申报及重大事项报告制度;1998年起,每年开展领导干部述职述廉报告活动,并层层签订党风廉政目标责任书;2002年起,连续7年开展党风廉政教育月活动。2000—2008年,先后制定党风廉政、档案、财务、治安、气象服务等7个方面43项规章制度。2005年起制定惩防体系工作方案,落实惩防体系年度任务,2007—2008年,在全市机关作风和效能建设评议活动中,连续2年获"作风建设优胜单位"和"群众满意单位"称号。

精神文明建设　1985年起开展争创文明活动,1986年被命名为市级文明单位,1990年被命名为省级文明单位,2002年被命名为市级文明机关,2004年被命名为市级文明行业,至2008年保持所有荣誉称号。1988—1992年,被省局评为"双文明"单位。1997—1998年度、2001—2002年度2次被评为湖州市劳动模范集体。与驻湖73011部队气象测绘室、乡镇、社区、贫困村(户)、残疾人开展结对共建及帮扶工作,2002年、2008年被评为市双拥工作先进单位。

文体活动　2004年起成立了篮球、乒乓球、羽毛球、台球、游泳等7个运动队,建有篮球场、健身房等文体活动场所。2006被评为"合格职工之家",在全省气象系统庆祝建党85周年文艺演出中获二等奖。2007年在机关工会建会20周年图板展上获"二等奖"。2008年获省、市两级"职工技协工作先进集体",在市级机关第七届运动会中获"大众体育比赛团体第五名"和"羽毛球比赛团体第七名",并获"体育道德风尚奖"。

集体荣誉　1990年被省委、省政府授予"省级文明单位";1995年获中国气象局"汛期气象服务先进集体";1998年获中国气象局"重大气象服务先进集体";2002年获中国气象局"气象科研开发奖";2006年被共青团中央授予"全国青年文明号";2008年被中国气象局授予"全国气象部门文明台站标兵"、"全国气象部门廉政文化示范点"、"2008年抗击低温雨雪冰冻灾害气象服务先进集体"。

人物简介

陈峰云 浙江湖州人,1975年8月出生,中共党员,工程师,大学本科学历。1994年7月毕业以来一直从事地面测报业务,2008年7月起任湖州市国家基本气象站副站长(主持工作)。2004—2006年获2次全国优秀质量测报员称号,2007年首届全国气象行业地面气象测报技能竞赛团体第三名、个人全能第三名,被劳动与社会保障部授予"全国技术能手"称号;同年获国家工作人员嘉奖并获浙江省职工"百行百星"称号。

台站建设

气象观测站建设 浙江省湖州气候站始建于1956年1月,站址为吴兴县戴林区环渚乡。先后3次搬迁、5次更名,1978年1月迁址于湖州市南门外外庄,位于北纬30°51′,东经120°05′,海拔高度3.0米,占地4余亩,建筑面积421.54平方米,观测场建设标准为25米×25米,1984年并入湖州市气象局。2006年12月设立了湖州国家气象观测站一级站,2008年1月迁址到湖州市杨家埠镇杨家庄村,位于北纬30°52′,东经120°03′,海拔高度7.4米,占地21.43亩,建筑面积1258.1平方米,观测场按25米×50米标准建设。2009年1月更名为湖州国家基本气象站。

位于湖州市朝阳路1号办公楼

位于湖州市南门外外庄观测场

气象科技大楼建设 2002—2004年,完成气象科技大楼项目建设,占地45亩(含带征公共绿地25亩),建筑面积5396.21平方米。建立了湖州市气象防灾减灾指挥中心及气象预警中心业务平台、气象影视演播厅、气象科普培训基地、"移动气象台"以及图书阅览室、党员活动室、职工健身房、篮球场等硬件设施。

湖州市气象台站概况

德清县气象局

德清县地处长江三角洲杭嘉湖平原西部,全县总面积936平方千米,辖12个乡镇(开发区)、166个行政村,人口43万。德清历史悠久,县境内有五千年文明史的良渚文化遗存,素有"鱼米之乡、丝绸之府、文化之邦"之美誉。德清属北亚热带季风气候,气候条件较为优越。与此同时,温度、雨量等气象要素年际差异大,时空分布不均,台风、暴雨、雷电等天气引发的气象灾害时有发生。

机构历史沿革

始建情况 1958年11月,按国家一般站标准筹建德清县水文气象站。1959年1月1日,开展气象业务,站址位于乾元镇(原城关镇)新民桥。1962年11月底,由于历史原因,气象站撤销。1970年9月,重建气象站,站址位于乾元镇东门外三里塘。1979年1月1日,迁至乾元镇小马山。1989年7月27日,更名为德清县气象局。1996年1月,随县城搬迁至武康镇志远路4号。2002年10月26日,气象局(除观测场)迁至河滨街147号三楼。2003年7月1日,观测场迁至春晖公园,位于北纬30°32′,东经119°58′,海拔高度7.8米;2007年1月—2008年12月更名为德清国家气象观测站二级站。2008年8月8日,县气象局整体迁入德清大道121号,8月16日县政府举行揭牌仪式,正式启用气象灾害预警中心和德清突发公共事件预警信息发布平台。

瞬间见证变化——德清气象观测站的变迁

建制情况 德清气象站自建站至1972年1月,隶属县水利局,业务受嘉兴地区气象台指导;1972年2月,纳入县人武部领导;1973年10月,划入县农林局领导;1981年7月起,实行由上级气象部门和地方政府双重领导,以气象部门为主的管理体制;1984年起,隶属湖州市气象局管理。

名称及主要负责人变更情况

名称	任职时间	负责人
德清县水文气象站	1959.1—1960.12	顾凤彩
德清县气象服务站	1961.1—1962.11	顾凤彩
德清县气象站	1971.7—1977.12	吴中才
德清县气象站	1978.1—1986.12	蔡浩
德清县气象站	1987.1—1989.6	张克中
德清县气象局	1989.7—	张克中

人员状况 1959年建站初期有职工3人,现有气象编制职工9人,地方编制7人,聘用13人,共有在职职工29人。其中,党员9人,团员13人;大学以上学历14人,大专学历9人;中级专业技术人员5人,初级专业技术人员6人;年龄50岁以上2人,40~49岁4人,40岁以下23人。

气象业务与服务

1. 气象业务

①气象观测

地面观测 1959年1月1日起,观测时次采用地方时01、07、13、19时每天4次观测;1960年1月1日起,改为每天07、13、19时3次观测;1960年8月1日起,每天08、14、20时3次观测。观测项目有云、能见度、天气现象、气压、气温、湿度、风向风速、降水、雪深、日照、蒸发、地温等。1972年7月1日开始承担嘉兴、杭州、上海、长兴等地的航危报业务,1994年起取消航危报并改发地面天气报和重要天气报。

特种观测 近年来观测业务已经扩展到土壤旱涝监测、大气电场监测、地震观测(受省地震台委托)、GPS定位观测等,以及承担全县12个乡镇(开发区)和3个小流域自动气象站数据汇集等业务。

自动气象站 1989年在乾元镇小马山开展SAWS-1自动气象站的观测试验。2003年7月,在春晖公园气象观测场完成ZQZ-C型自动气象站安装并开始试运行,2005年起正式运行。2002—2008年,在新市、钟管、洛舍、莫干山(南路)、三合、筏头、乾元、禹越、新安、雷甸10个乡镇以及德清经济开发区、下渚湖湿地、莫干山风景区建立了13个四要素气象自动监测站,初步建成7千米格距"地面中小尺度气象灾害自动监测网"。

卫星接收和雷达 1989年引进卫星云图接收设备,以APT接收低分辨日本气象同步卫星云图;2000年通过MICAPS系统使用高分辨卫星云图;2005年完成711B数字化气象警戒雷达和机房建设,主要用于人工增雨和强对流突发天气监测。

②信息网络

气象信息接收 1980年前,气象站利用收音机收听武汉区域中心气象台和上级以及周边气象台站播发的天气预报和天气形势。1981—2000年,利用超短波双边带电台接收武汉区域中心气象信息,配备ZSQ-1(123)天气传真接收机接收北京、欧洲气象中心以及东京的气象传真图。2000—2005年,建立VSAT站、气象网络应用平台、专用服务器和省市县气象视频会商系统,开通100兆光缆,接收从地面到高空各类天气形势图和云图、雷达等数据,为气象信息的采集、传输处理、分发应用、会商分析提供支持。

气象信息发布 1986年前,主要通过广播和邮寄旬报方式向全县发布气象信息。1986年建立气象警报系统,面向有关部门、乡(镇)、村、农业大户和企业等每天5时次开展天气预报警报信息发布服务。在1999年"6·30"特大洪涝灾害中,县委县政府利用该警报系统召开了3次紧急电话会议。1996年开通"121"(2005年1月改号为"96121")天气

德清气象局坚持公共气象服务,创新气象为新农村建设服务的"德清模式",图为开展气象电子屏"入村入企入社区"活动,受到群众欢迎。

预报电话自动答询系统。1997年建立电视气象影视制作系统。2004年利用手机短信每天2时次发布气象信息,2005年开通了小灵通气象短信,2008年开通手机"掌上气象台"。2007年依托乡镇(开发区)自动气象站10分钟连续观测数据,建立气象实况信息自动报警系统。2006—2008年,在全县安装气象电子屏51块。2000年8月起,建立"德清农网"、"德清之窗"、"德清气象"3个网站,发布农业、气象、政务等各类信息。2001年11月—2005年10月,"德清之窗"网站(中文和英文版)承担县政府政务网的全部功能。2001年3月,"德清农网"工作人员由县政府组织在北京人民大会堂承担农业信息发布会大屏幕多媒体演示工作。2001年12月,与浙江大学联合在德清农网信息中心举办现代农业网络咨询会,提供农业科技咨询。2002年8月6日,浙江省委副书记周国富视察德清农网武康信息服务站。2005年农网"信息进村入户"信息化示范工程项目被科技部认定为"国家级星火计划项目"。

③气象预报

1970年10月始,县气象站通过收听天气形势,结合本站资料图表每日早晚制作24小时内日常天气预报。20世纪80年代初起,每日06、10、15时3次制作预报。2000年至今,开展常规24小时、未来3～5天和旬月报等短、中、长期天气预报以及临近预报。同时,开展灾害性天气预报预警业务和供领导决策的各类重要天气报告等。

④农业气象

1970年始,逐步开展农业气象业务。1976—1979年,在禹越镇天皇殿村(原高桥公社红丰大队)和莫干山芦花荡建立农村气象哨,开展气象和物候观测并提供服务。1982—1983年,在莫干乡"三九坞"、"石颐寺"建立高山气象哨,开展山区梯度观测,之后在钟管、上柏、三桥增设气象哨。1984—1985年,完成《德清县农业气候资源和区划》编制,获得由省农业区划办公室颁发的科技成果三等奖。1982年设立农业气象组,向政府、涉农部门、乡镇寄发"农业气象月报"、"蚕桑气候分析"、"双抢天气趋势"、"农业产量预报"、"秋季低温预报"、"鱼嚎指数与青虾翻塘预报"等业务产品;1989年始,编写全年气候影响评价。1990年起,为《莫干山志》、《德清县地方志》、《德清年鉴》提供气候史料。2005年起,为政策性农业保险开展保前、保中、保后气象预报评估鉴定。2006年开通农业气象指标查询系统、现代农业"网上创业园"、"网上农博会",建立了500个"农民网页"。2008年建立农业气象服务联系卡制度,为200个农业大户提供15大类75种业务产品。

2. 气象服务

公众气象服务 1971年起,利用农村有线广播站播报气象消息。1993年由县电视台制作文字形式气象节目;1997年4月15日,由县气象局应用非线性编辑系统制作电视气象节目;2003年10月15日,电视气象节目主持人走上荧屏讲气象,开展日常预报、天气趋势、生活指数、灾害防御、科普知识、农业气象等服务。2002年开通手机3～5天和24小时气象短信。至2008年底,手机短信用户10.15万户。2000年起开展网络气象服务。2006年在武康千秋广场开通公共电子显示屏。2008年启用农村广播直通系统,通过网络视听、调频电台、农村有线广播开展气象服务。每年开展节日气象服务,还为历届"德洽会"、莫干山国际登山节、新市蚕花庙会、乾龙灯会等重大活动提供气象保障。

决策气象服务 20世纪80年代以口头或传真方式向县委县政府提供决策服务。20世纪90年代逐步开发《重要天气报告》、《气象内参》、《气象信息与动态》、《汛期(5—9月)天气形势分析》等决策服务产品。在8807号强台风、1999年"6·30"特大暴雨洪涝和2008年初严重低温雨雪冰冻灾害中,准确预报灾害天气过程,及时向党委政府和有关部门提供决策服务。2007年在全省首届气象决策服务产品评比中获县级组第二名。2008年开展气象灾害预评估和灾害预报服务。同年,建立了县政府突发公共事件预警信息发布平台,全面承担突发公共事件预警信息的发布与管理,为11个部门发布涉及交通安全、公共卫生、供电停电、地质灾害、农业病虫害等突发公共事件预警56次,相关服务信息4000余条次。

新农村建设气象服务 2008年3月28日,中国气象局正式批准德清为"全国新农村建设气象工作示范县"创建单位。围绕构建农村新型气象工作体系,推进现代气象业务体系向农村延伸、气象应急管理体系向农村延伸、公共气象服务向农村延伸,创新气象为"三农"服务模式,实施"农村气象防灾减灾"和"信息进村入户"两项工程,强化气象灾害防御社会化管理职能,开展新农村建设气象服务试点工作。2008年6月,德清县政府领导在全省气象防灾减灾大会上作典型交流发言。2008年9月26—27日,在北京召开的全国第五次公共气象服务工作会议上,德清县气象局作了《推进气象工作示范县建设 发挥气象为农服务作用》的交流发言。同年,省政府2次以《专报》形式介绍了德清气象示范县的做法;11月18日,中央电视台《新闻联播》节目介绍了德清县气象服务新农村的经验。

气象科技服务与技术开发 1985年3月,遵照国务院办公厅《转发国家气象局关于气象部门开展有偿服务和综合经营的报告的通知》(国办发[1985]25号)文件精神,德清县气象局专业气象有偿服务开始起步,利用传真邮寄、警报系统、声讯、影视、电子屏、手机短信等手段,面向各行业开展气象科技服务。1990年起,为各单位建筑物避雷设施开展安全检测;1999年起,全县各类新建建(构)筑物按照规范要求安装避雷装置;2005年10月起,对重大工程建设项目开展雷击灾害风险评估。1992年起,开展庆典气球施放服务。1993年开办德清县蓝天经济技术开发公司,2007年1月5日按照当地政府对机关部门直属企业改制的要求公司完成"脱钩"改制。2005年成立县人工影响天气办公室,配备人工增雨火箭发射装置2套,建立人工增雨作业基地4个。2002—2005年,相继开发农网信息入乡、气象综合服务、气象灾害预警、气象影视技术制作、气象视频会商等系统并投入业务使用。其中,农网信息入乡应用系统和气象综合服务系统获县政府科技进步三等奖。

气象科普宣传 1980年与县广播站联合设立气象知识专题讲座节目。1999年和2007—2008年,分别在《莫干山报》和《今日德清》报刊开办气象专版150期。近10年(1999—2008)间,《中国气象报》3次头版头条长篇报道德清气象工作。2003年7月,与浙江大学理工学院合作建立"浙江大学大气科学实习教育基地"。同年,开设气象科普馆并被认定为省、市气象学会科普示范点;2005年被确定为第二批市级科普教育基地;2006年被省科协、省委宣传部、省科技厅、省教育厅确定为省级科普教育基地;2008年被中国气象局确定为全国气象科普教育基地。2003年和2007年,在洛舍、士林分别建立中小学气象科普实践教育基地。至2008年,已建立10个气象科普示范村和11个乡镇"信息早市"宣传窗。2007—2008年,实施"百村千户"气象灾害防御培训工程,为乡镇气象协理员、166个行政村的村主任、1200户种养大户开展培训。应用电视气象、手机短信、报刊专版、电子屏、网站等渠道,实施气象科普入村、入企、入校、入社区,全县科普教育受众面达40万余人。

法规建设与管理

1. 气象行政执法

2000年以来,德清县政府认真贯彻落实《中华人民共和国气象法》《浙江省气象条例》等法律法规,县人大领导和法制工作委员会每年视察或听取气象工作汇报,县政府先后出台《关于加快气象事业发展的实施意见》(德政发〔2006〕42号)等10个规范性文件,气象工作纳入县政府目标责任制考核体系。2000年起,每年3月和6月开展气象法律法规和安全生产宣传教育活动。2001年3月,县政府审批办证中心设立气象窗口,承担气象行政审批职能,规范天气预报发布和传播,实行低空飘浮物施放审批制度。2002—2004年,2次参与行政审批制度改革,规范行政审批手续。2003年8月,成立气象行政执法大队,6名兼职执法人员均通过省政府法制办培训考核,持证上岗;2006—2008年,与安监、建设、教育等部门联合开展气象行政执法检查60余次。2004年绘制了《德清气象观测环境保护控制图》,为气象观测环境保护提供重要依据;2008年完成《探测环境保护专业规划》编制。

2. 气象社会管理

建立健全气象灾害应急响应体系 2004年6月,德清县政府印发《德清县灾害性天气预警信号发布试行规定的通知》(德政发〔2004〕34号);2005年8月,出台《德清县突发公共事件总体应急预案》(德政发〔2005〕37号);同年11月,出台《德清县雷电灾害应急救援预案》(德政发〔2005〕143号);2006年5月,出台《德清县气象灾害应急预案》(德政发〔2006〕70号);并纳入县政府公共事件应急体系。2005—2007年,县政府成立了气象灾害应急、防雷减灾工作、人工影响天气3个领导小组,在气象局设立办公室,负责日常工作。2008年按有职能、有人员、有场所、有装备、有考核的"五有"标准建立12个乡镇(开发区)气象工作站和201名乡村气象协理员队伍,实现乡乡有工作站,村村有协理员。100%乡镇完成《气象灾害应急响应预案》编制,建立"部门、乡镇、村"三级气象灾害应急响应和110公安气象联动机制。2008年初,德清县遭遇严重雨雪冰冻灾害,县政府启动由县长签发的"气象灾害Ⅰ级响应预案",在气象局设立由县长担任总指挥,11位副县级领导担任副指挥,25个职能部门组成的抗雪抗冻防灾临时指挥部,全面承担冰雪灾害应急处置工作。2004年起,为发挥气象部门在防汛防旱中第一道防线作用,县气象局长担任县防汛防旱指挥部副总指挥。

编制气象灾害防御规划 2008年4月,作为中国气象局批准的基层气象灾害防御规划编制试点单位和浙江省气象局重点科技项目,德清县政府正式启动《德清县气象灾害防御规划》编制工作,成立规划领导小组和专家编制组,建立5个灾害调查小组入乡入村开展灾情调查,编制了台风、暴雨洪涝等13种气象灾害及其次生灾害风险区划,划分了4个气象灾害防御区,绘制了气象灾害风险区划图集。2008年11月,中国气象局预测减灾司批复原则同意《德清县气象灾害防御规划大纲》。截至2008年12月底,初步完成《德清县气象灾害防御规划》送审稿。

开展气象灾害应急准备工作认证 2008年6月3日,德清县政府出台《德清县气象灾害应急准备工作认证管理办法》(德政办发〔2008〕87号),同年12月9日,县"应急办"和气象局联合制定《德清县气象灾害应急准备工作认证实施细则(试行)》(德气应发〔2008〕03号),对乡镇(开发区)、气象灾害重点防御单位、企事业单位、农业种养大户等的气象防灾减灾基础设施和组织体系进行评定。2008年底,县"应急办"和气象局联合组成检查考核组,对各申报单位进行认证和考核检查。有12个乡镇(开发区)被评定为气象灾害应急准备认证达标单位,颁发认证证书并授牌。

加强防雷减灾管理　1990年成立县避雷设施检测中心,1996年县编制委员会发文成立德清县防雷设施检测所(德编〔1996〕27号),逐步开展建筑物防雷装置、新建建(构)筑物防雷工程图纸审核、设计评价、竣工验收、计算机信息系统等防雷安全检测,其中防雷工程图纸审核在1999年8月—2001年2月与县建设局联合进行。2001年3月,德清县防雷行政审批工作纳入县政府审批办证中心运行。2004年县政府发文"防雷装置设计审核和竣工验收"为行政许可项目(德政发〔2004〕46号)。2008年县防雷减灾办公室发文公布防雷安全重点单位113家。2007年逐步开展农村防雷减灾工作,防雷管理经费纳入财政年度预算。同年,完成全县农村雷击史、地质条件及防雷环境调查,开展农宅抽样防雷检测。2008年启动"防雷示范村"建设,编写完成《德清县农村防雷减灾管理办法》,报请县政府批准实施。

党建与气象文化建设

1. 党建工作

党支部建设　1980年11月8日,建立德清县气象站党支部,李瑞芳任支部书记。1985年4月因党员人数变动,党支部撤销,组织关系转入县农林局党支部。1987年1月重新成立党支部,陈晔升任支部书记。1989年7月更名为德清县气象局党支部。1997年起,获得历届"县级规范化党支部"称号。2007—2008年,被县直属机关党委评为"先进党支部"。

党风廉政建设　2000—2008年,参与气象部门和地方党委开展的党章、党规、法律法规知识竞赛共12次。2002年起,连续7年开展党风廉政教育月活动。2004年开展作风建设年活动。2006年起,每年进行局领导述职述廉和党课报告,并层层签订党风廉政目标责任书,推进"惩防体系"建设。2000年起,为规范职工行为,先后制定和修订工作、学习、服务、财务、党风廉政、卫生安全等方面35项规章制度。

2. 气象文化建设

精神文明建设　1987年起,开展争创文明单位活动,建设一流台站,凝炼了德清气象人精神——"爱岗敬业、团结奋进、开拓创新、管天为民"。1988年起,每年3月份开展职业道德教育月活动。2000—2008年,先后开展"致富思源、富而思进"、"三个代表"、"保持共产党员先进性"等教育活动,并与驻德空军雷达站、社区结对共建,与贫困村(户)、残疾人结对帮扶。2000年起,每年组织春游、摄影、文艺演出、演讲比赛等活动,其中2006年和2008年开展"寻找春天的足迹"和"气象杯"摄影比赛活动。2004年成立女子木兰拳队,同年11月,在德清县第九届运动会木兰拳比赛中获第三名。2008年成立篮球、乒乓球、女子健身等3个运动队。2006—2007年,在全县"千人评议机关"活动中,连续2年获"十佳群众满意单位"称号。2006年由省气象局组织,德清县气象局主要参与演出的多媒体情景剧《天职》获浙江省省级机关建党85周年文艺汇演一等奖。2007年德清县气象局在全省气象部门廉政歌曲演唱和气象人精神演讲比赛中名列第一和第二。

政务公开　2002年起对气象行政审批办事程序、气象服务、服务承诺、气象行政执法依据、服务收费依据及标准等内容向社会公开。2003年列入省气象部门局务公开试点单位,2006年制定下发了《局务公开工作操作细则》(德气发〔2006〕19号),落实首问责任制、气象服务限时办结、气象电话投诉、气象服务义务监督、领导接待日、财务管理等一系列规章制度,坚持上墙、网络、电子屏、黑板报、办事窗口及媒体等5个渠道开展局务公开工作。2007年在全省气象部门局务公开先进单位检查考核中名列第二。

集体荣誉　1988—2008年,德清县气象局获地厅级以上集体荣誉26项。其中,1989—1992年被浙江省气象局评为"双文明"单位;2003年起被省委、省政府连续3次授予"省级文明单位"。2004年通过档案管理省级达标认定。同年,获浙江省"气象探测优秀单位"。2005年被中国气象局授予"局务公开先进单位"。2006年被中国气象学会评为"第七届全国气象科普工作先进集体",2008年被中国气象局和中国气象学会评为"全国气象科普工作先进集体"。

台站建设

气象观测站建设　2003年建成德清县气象观测站,占地5.1亩,建筑面积378平方米,建立了气象科普馆,观测场按25米×25米标准建设,成为集气象科普、气象观测为一体的实践基地,被浙江省气象局确定为AAA级绿色台站。

气象科技大楼建设　2006—2008年,完成气象科技大楼建设。该大楼占地24亩(含带征公共绿地9亩),建筑面积6626平方米,绿化面积3400平方米,建立了气象预警中心业务平台、气象影视演播厅、气象灾害培训基地以及图书阅览室、党员活动室、职工活动室、篮球场等硬件设施。

2008年8月,德清气象科技大楼和气象灾害预警中心正式投入使用

长兴县气象局

长兴地处长江三角洲杭嘉湖平原,位于太湖西南岸,是襟带苏、浙、皖三省的门户。全县面积1430平方千米,辖10镇6乡,现有人口62万,长兴历史悠久,素有"鱼米之乡"、"文化之邦"、"丝绸之府"、"东南望县"之美誉。长兴属北亚热带季风气候,气候条件较为优越,与此同时,温度、雨量等气象要素年际差异大,时空分布不均,台风、暴雨、雷电等天气引发的气象灾害时有发生。

机构历史沿革

始建情况 1959年1月,按国家一般站标准筹建长兴县长桥气象站,站址位于长兴县良种场,位于北纬31°,东经119°09′,海拔高度6.0米。1960年1月,迁至长兴县雉城镇南门外古城山,更名为长兴县气象站,位于北纬31°03′,东经119°51′,海拔高度6.8米,同年5月,又更名为长兴县气象服务站。1962年12月,由于历史原因,气象站撤销。1970年,重建长兴县气象站,站址仍在长兴县雉城镇南门外古城山,1971年1月正式工作。1990年1月3日,更名为长兴县气象局。2001年1月,搬迁至长兴县雉城镇高家墩村,位于北纬30°59′,东经119°53′,海拔高度3.9米。2007年1月—2008年12月更名为长兴国家气象观测站二级站。为保证气象探测环境符合国家技术规定,2006年4月,县发改委批复新址迁于长兴县龙山街道双拥路618号,2008年12月新业务楼和观测场完成土建建设。

建制情况 长兴气象站自建站至1972年1月,隶属县农林水利局,业务受嘉兴地区专署气象台指导;1971年5月,纳入县人武部领导;1973年10月,划入县农林水利局领导;1980年起,实行由上级气象部门和地方政府双重领导,以气象部门为主的管理体制。

名称及主要负责人变更情况

名称	任职时间	负责人
长兴县长桥气象站	1959.01—1959.12	张玉文
长兴县气象站	1960.01—1960.04	张玉文
长兴县气象服务站	1960.05—1962.12	张玉文
长兴县气象站	1970.01—1973.11	张玉文
长兴县气象站	1973.11—1988.10	魏永福
长兴县气象站	1988.10—1990.01	王祖林
长兴县气象局	1990.01—1995.03	王祖林
长兴县气象局	1995.03—	徐先杰

人员状况 1959年建站初期有职工3人,2008年底气象编制职工8人,地方编制3人,聘用14人,共有在职职工25人。其中,党员13人,团员6人;大学以上学历9人,大专学历11人;中级专业技术人员4人,初级专业技术人员12人;年龄50岁以上3人,40~49岁8人,40岁以下14人。

气象业务与服务

1. 气象业务

①气象观测

地面观测 1959年1月1日起,观测时次采用地方时08、14、20时每天3次观测,夜间不守班;观测项目有云、能见度、天气现象、气压、气温、湿度、风向风速、降水、雪深、日照、蒸发、地温等。1971年7月1日开始承担长兴机场的航危报业务,1994年起取消航危报并改发地面天气报和重要天气报。自1987年起配备PC-1500微机,结束手工查算操作,1993年起开始用微机制作报表。2004年1月正式启用自动站观测数据。

特种观测 近年来观测业务已经扩展到土壤旱涝监测、大气电场监测、GPS/MET水汽观测等,以及承担全县乡镇自动气象站数据汇集等业务。

自动气象站 2002底筹建中尺度自动气象站,安装并开始试运行,2003年起正式运行。2002—2008年,在顾渚、煤山、槐坎、水口、泗安、小浦、香山、新塘、和平、林城、洪桥、虹星桥、仙山湖13个乡镇建立了四要素气象自动监测站,初步建成10千米格距"地面中小尺度气象灾害自动监测网"。

卫星接收和雷达 1996年引进卫星云图接收设备,接收高分辨日本同步气象卫星云图;2000年同时通过MICAPS系统调用高分辨卫星云图;2006年8月完成TWR01天气雷达建设,主要用于人工增雨和强对流突发天气监测。

②信息网络

气象信息接收 1983年前,气象站利用中波、超短波双边带电台收音机收听武汉区域中心气象台和上级以及周边气象台站播发的天气预报和天气形势。1985—2000年配备ZSQ-1(123)天气传真接收机接收北京、欧洲气象中心以及东京的气象传真图。2000—2005年,建立VSAT站、气象网络应用平台、专用服务器和省市县气象视频会商系统,开通100兆光缆,接收从地面到高空各类天气形势图和云图、雷达等数据,为气象信息的采集、传输处理、分发应用、会商分析提供支持。

气象信息发布 1988年前,主要通过广播和邮寄旬报方式向全县发布气象信息。1988年建立气象警报系统,面向有关部门、乡(镇)、村、农业大户和企业等每天3时次和不定时开展天气预报警报和雷达回波信息发布服务。在1991年、1994年洪涝灾害中,县委县政府利用该警报系统召开了多次紧急电话会议。1998年开通"121"(2005年1月改号为"96121")天气预报电话自动答询系统。2002年利用手机短信每天2时次发布气象信息,2005年开通了小灵通气象短信。2005年建成重大气象服务短信预警网,该短信平台通过短信向县委、县政府、人大、政协四套班子领导和相关重要部门负责人发布灾害性天气信息,2006年8月,在重大气象服务短信预警网的基础上,建立紧急异常天气发布平台,服务面进一步拓宽到村、企业一级。2006—2008年,在全县安装气象电子显示屏60块。2002年建立"长兴气象"网站。

③气象预报

1971年1月始,县气象站通过收听天气形势,结合本站资料图表每日早晚制作24小时内日常天气预报。20世纪80年代初起,每日06、10、15时3次制作预报。2000年起,开展常规24小时、未来3～5天和旬月报等短、中、长期天气预报以及临近预报。同时,开展灾害性天气预报预警业务和供领导决策的各类重要天气报告等。2005年开始开展舒适度指数、紫外线指数、晨练指数、晾晒指数、感冒指数等天气预报。

④农业气象

1979年开始,开展农业气象服务工作。1980—1982年对三季粮食作物麦、稻制作物候农气报表上报市局。1984—1985年,完成《长兴县农业气候资源和区划》编制,获省农业区划办公室颁发的科技成果三等奖。向政府、涉农部门、各乡镇寄发"农业气象月报"、"春播天气预报"、"三季作物生育期气候分析"、"作物产量、主要病虫害预测",研制并开展了茶叶采摘期和春笋产量预测。1989年起,编写全年气候影响评价。每年为吊瓜、西瓜、葡萄、特种水产品养殖等特色农业和设施农业开展有针对性的气象服务。

2. 气象服务

公众气象服务 1971年起,利用农村有线广播站播报气象消息。1996年由县电视台制作文字形式气象节目;1999年由县气象局制作天气预报节目。2007年5月起,由县气象局提供材料,县电视台制作,电视气象节目主持人走上荧屏讲气象,开展日常预报、天气趋势、生活指数、灾害防御、科普知识、农业气象等服务。2002年开通24小时气象短信。至2008年底,手机短信用户9.8万户。1999年开展网络终端气象服务。2006年开通公共电子显示屏。每年开展节日气象服务,还为历届"长兴经济贸易洽谈会"、"茶文化节"、"元宵灯会"等重大活动提供气象保障。

决策气象服务 1971年开始以口头方式向县委县政府提供决策服务,20世纪80年代开始以传真方式向县委县政府提供决策服务。20世纪90年代后期逐步开发《重要天气报告》、《气象内参》、《气象信息与动态》、《汛期(5—9月)天气形势分析》等决策服务产品。在8807号强台风、1991年、1999年"6·30"特大暴雨洪涝和2008年初严重低温雨雪冰冻灾害中,准确预报灾害天气过程,及时向党委政府和有关部门提供决策服务。2008年开展气象灾害预评估和灾害预报服务。2005年,建立了县政府突发公共事件预警信息发布平台,全面承担突发公共事件预警信息的发布与管理,为12个部门发布涉及交通安全、公共卫生、供电停电、地质灾害、森林火险、生态环境等突发公共事件预警56次,相关服务信息4000余条次。

气象科技服务与技术开发 1985年3月,遵照国务院办公厅《转发国家气象局关于气象部门开展有偿服务和综合经营的报告的通知》(国办发〔1985〕25号)文件精神,长兴气象局专业气象有偿服务开始起步,利用传真邮寄、气象警报系统等开展服务。1995年起,增加声讯、影视、电子屏、手机短信等手段,推进气象科技服务发展。1999年起,全县各类新建建(构)筑物按照规范要求安装避雷装置;2005年10月起,对重大工程建设项目开展雷击灾害风险评估。1995年起,开办长兴县蓝天科技服务中心,开展庆典气球施放服务。2006年成立县人工影响天气办公室,配备人工增雨火箭发射装置1套,建立人工增雨作业点4个。2002—2005年,气象综合服务、气象灾害预警、气象影视技术制作、气象视频会商等系统投入业务使用。

2006年,组建人工影响天气作业队伍,在抗御干旱灾害、遏制蓝藻蔓延、重大活动气象保障服务等方面,为长兴经济社会发展和提高防灾减灾能力发挥重要作用

气象科普宣传　每年利用"3·23"世界气象日、"安全生产日"和"全国法制宣传日"积极开展气象科普宣传。2004年,开展气象科普知识进社区竞猜活动。2005年,开展防雷科普知识进农村活动。2006年1月,创办《长兴气象》月刊,宣传气象科普知识,介绍防御自然灾害办法。2007年7月,自编"防雷安全歌"和"气象灾害防护指引",开展气象科普知识"五进"(进机关、进学校、进企业、进社区、进农村)活动。2008年8月,与嘉兴学院的学生联合开展气象科普知识到社区、到农村活动。

法规建设与管理

1. 气象行政执法

2002年7月,县政府审批办证中心设立气象窗口,承担气象行政审批职能,规范天气预报发布和传播,实行低空飘浮物施放审批制度。2003年8月,成立气象行政执法大队,7名兼职执法人员均通过省政府法制办培训考核,持证上岗;2000年起,每年3月、6月和12月开展气象法律法规和安全生产宣传教育活动。2006—2008年,与安监、建设、教育等部门联合开展气象行政执法检查50余次。

2. 气象社会管理

气象灾害防御体系建设　2004—2008年,与宜兴市气象局、溧阳市气象局和广德县气象局成立三省四方合作组织,每年就加强对气象灾害的区域联防召开专题会议。2005年6月,长兴县政府下发《长兴县天气灾害预警信号发布规定(试行)的通知》(长政办发〔2005〕93号);同年8月,出台《长兴县突发公共事件总体应急预案的通知》(长政办发〔2005〕88号);2006年8月,下发《关于做好紧急异常天气专项服务工作的通知》(长政办发〔2006〕124号),建立全县紧急异常天气预警平台;同年10月,出台《长兴县气象灾害应急预案》(长政办发〔2006〕56号),并纳入县政府公共事件应急体系。2004、2006年,县政府分别成立了雷电防御安全管理、人工影响天气两个领导小组,在气象局设立办公室,负责日常工作。2007年11月,长兴县政府下发《关于开展乡镇街道开发区气象协理员队伍建设工作的通知》(长政办发〔2007〕194号),在乡镇、街道、开发区建立首批20人的协理员队伍;

2008年,协理员队伍进一步完善,实现"村村都有协理员"。

雷电防御安全管理 1990年成立县避雷设施检测中心,1996年12月县编制委员会发文成立长兴县防雷设施检测所(长编〔1996〕18号),逐步开展建筑物防雷装置安全检测、新建建(构)筑物防雷工程图纸审核、设计评价、竣工验收等业务。2004年7月成立了由县委常委常务副县长担任组长,气象、公安、安监、电力、财政等18个单位为成员的长兴县雷电防御安全管理工作领导小组,并下设办公室在气象局,负责全县雷电安全防御管理的日常工作,2005年5月县府下发了《关于明确长兴县雷电防御安全管理工作领导小组成员工作职责的通知》(长政办发〔2005〕77号)文件,明确了各成员单位的职责,形成整体工作合力。自成立以来每年召开工作例会,研究分析相关工作。2005年10月,为加强管理,实行防雷所与气象局脱钩独立工作,实行单独建编,独立核算。2008年县雷电防御安全管理办公室发文公布防雷安全重点单位319家。

党建与气象文化建设

1. 党建工作

党支部建设 1974年,建立长兴县气象站党支部。期间因党员人数变动,党支部撤销。1996年重新成立党支部,徐先杰任支部书记。1998年起,获得历届"县级规范化党支部"称号。为加强组织建设,深化支部的战斗堡垒作用,在防雷所与气象局脱钩独立运作后,2005年10月,成立了防雷所党支部。

党风廉政建设 认真落实党风廉政建设目标责任制,积极开展廉政教育和廉政文化建设活动。2000—2008年,参与气象部门和地方党委开展的党章、党规、法律法规知识竞赛共16次。2002年起,连续7年开展党风廉政教育月活动。2004年、2007年、2008年开展机关作风建设活动。2006年起,每年进行局领导述职述廉和党课报告,并层层签订党风廉政目标责任书,推进"惩防体系"建设。2000年起,先后制订和修订工作、学习、服务、财务、党风廉政、卫生、安全等方面28项规章制度。2008年5月,开展"七不让"公开承诺活动。

2. 气象文化建设

精神文明建设 1984年起,开展争创文明单位活动,建设一流台站。1988年起,每年3月份开展职业道德教育月活动。2000—2008年,先后开展"三个代表"、"保持共产党员先进性"、"社会主义荣辱观"等教育活动,并与县消防大队、社区结对共建,与行政村、贫困学生、困难党员结对帮扶。1988年被评为市级文明单位,2002—2008年被评为县级文明行业,2002年被授予"县级文明机关"称号,2004年在"服务对象评机关、部门机关互评"活动中荣获"两个100%满意"单位。2005年开展"党员进社区服务"活动。2006年3月成立青年志愿者服务队;同年7月,由湖州气象局组织的庆"七一"文艺汇演中,自编自演的小品《今晚有雷雨》和舞蹈《天职》分别获得一等奖和二等奖。

政务公开 2002年起对气象行政审批办事程序、气象服务、服务承诺、气象行政执法依据、服务收费依据及标准等内容向社会公开。2006年制订下发了《局务公开工作操作细则》,落实首问责任制、气象服务限时办结、气象电话投诉、气象服务义务监督、财务管理等一系列规章制度。同时坚持制度上墙,通过网络、电子屏、黑板报、办事窗口及媒体等5个渠道开展局务公开工作。

集体荣誉 1991—2008年,长兴县气象局获地厅级以上集体荣誉10项。其中,1991年被省气象局评为"双文明"单位;1991年被国家气象局评为"全国防汛减灾气象服务先进集体";2003—2005年被省委、省政府授予"省级文明单位"。

台站建设

2001年建成的长兴县气象局,占地9.8亩,建筑面积1600平方米,观测场按25米×25米标准建设,建立了党员活动室、职工健身房、篮球场等硬件设施。2008年完成土建的新址,占地面积15亩,业务楼建筑面积3800平方米,观测场875平方米(25米×35米),绿地率达60%,建立了气象灾害预报预警中心及业务平台、气象灾害决策指挥中心。新址建成后将成为长兴城市的一处风景点、长兴中小学学生的教育实践基地、长兴科学技术的窗口。

长兴气象台站变化

安吉县气象局

安吉县地处浙江省西北部,位于北纬30°23′~30°52′,东经119°10′~119°53′,总面积1885.71平方千米,人口45.23万,辖16个乡镇(开发区)。安吉历史悠久,建县于东汉末年,至今有1800多年历史。安吉属亚热带季风气候区,总的气候特征是光照充足,气候温和,雨水充沛,四季分明。安吉是"七山一水二分田"的山区县,盛产毛竹,素有"竹乡"之称闻名中外。

机构历史沿革

始建情况 安吉县气象服务站筹建于1958年9月,1959年1月正式开展工作,站址在安吉县递铺镇汽车站西田间"集镇",测站海拔高度16.5米,位于北纬30°39′,东经119°41′。1961—2003年12月迁址于安吉县递铺镇上郎村南"乡村",观测场海拔高度20.8米,位于北纬30°38′,东经119°41′。2004年1月观测场迁址于安吉县递铺镇芝里新村小龙山,观测场海拔高度27.7米,经纬度不变,局本部和观测场分离,搬迁于递铺镇凤凰路276号。

建制情况 1958年9月8日,浙江省委办公室〔1958〕745号文件批示建立安吉气象服务站,建制单位为县人民委员会;1962年省气象局办公室〔1962〕152号文件,建制单位为省气象局;1964年2月改名为安吉县气候服务站;1970年6月建制为县革命委员会;同年根据省革命委员会、省军区〔1970〕131号文件,改名为安吉县气象站,为正科级单位,归县人武部领导;1973年,建制为县革命委员会;1980年建制省气象局,实行部门和地方双重领导;1990年12月经县政府批准,湖州气象局〔1990〕25号文件,改称为安吉县气象局。

名称及主要负责人变更情况

名称	任职时间	负责人
安吉气象服务站	1958.09—1964.01	邹其成
安吉气候服务站	1964.01—1970.05	林仕起
安吉县气象站	1970.06—1974.01	林仕起
安吉县气象站	1974.02—1978.01	李光远
安吉县气象站	1978.02—1981.01	孔绍文
安吉县气象站	1981.02—1985.01	李光远
安吉县气象站	1985.02—1988.06	徐国富
安吉县气象站	1988.07—1990.11	周月中
安吉县气象局	1990.12—	周月中

人员状况 1959年建站时,职工人数4人,1978年底为11人,2008年底在职职工人数23人,均为汉族,其中气象编制人数9人,防雷所自收自支事业编制3人,聘用合同制人数11人。离休干部1人,退休干部3人。

在职人员学历:大学本科10人,大专10人,高职3人。

在职人员年龄:50周岁以上2人,40~49周岁7人,30~39周岁6人,30周岁以下8人。

在职人员职称:高级职称1人,中级专业职称10人,初级专业技术人员12人。

政治面貌:党员12人,其中离退休3人。团员7人。县政协委员1人。

气象业务与服务

1. 气象业务

①气象观测

地面观测 安吉气象站为国家一般站,1959年1月1日起始每天4次定时地面观测,采用地方时01、07、13、19时。1960年1月1日起取消01时,改为3次观测,同年8月1日起至目前开展北京时08、14、20时3次定时地面观测,晚间不守班,遇台风或其他重要天气时,按上级业务部门指令夜间守班观测,或增发加密报。观测项目有云、能见度、天气现象、气压、气温、湿度、风、降水、雪深、日照、蒸发、地温等。1972年7月—1984年6月承担杭州、长兴2机场每天06—20时的航危报业务,及向上级业务部门报实况报、重要报。1984年7月—1993年8月改为06—18时航危报任务,1993年9月接上级通知,停止航危报业务,改为3次定时大气报和重要报任务。2003年在观测站建设ZQZ-Ⅱ型多要素自动气象站,经1年平行观测,2005年过渡为以自动观测为主。

气象哨 1974年开始分别在天荒坪镇大溪村(海拔高度400米)、杭垓镇上庄村(海拔高度200米)、山川乡(海拔高度230米)、报福镇上张村(海拔高度200米)、晓墅镇(海拔高度21米)建立气象哨,观测项目有气温、湿度、降水、日照、天气现象,并制作气表。除大溪气象哨保留到2004年5月改为自动站外,其他气象哨于1992年后相继撤销。1981—1984年省气象局因农业区划需要,在安吉县上墅乡龙王村一带300米、600米、800米高度分别建立气象哨,积累资料后撤哨。

自动气象站 2004年5月起陆续在全县各地建立自动气象站19个,初步建成5～10千米隔距的地面中小尺度气象灾害自动监测网。2007年12月开始建立了气象协理员队伍,各乡镇和19个气象自动站都聘任协理员,2008年底达215人。各地设置的自动站不能观测记录的灾害天气,如积雪、冰雹及农业灾害和雷电事故等现象,协理员负责及时反馈至县气象局。

卫星接收和雷达 95年安装卫星云图接收设备,每小时接收1幅日本同步气象卫星云图,2000年通过MICAPS系统使用高分辨卫星云图。2007年6月增添TWR01数字化小型气象雷达,用于小尺度强对流天气监测和人工增雨天气观测。

特种观测 为了满足气象服务需求,从2001年起增加露天气温的观测,2008年增加沥青面、水泥面温度观测,屋面积雪及电线积冰观测。

②信息网络

气象信息接收 1980年以前预报服务、信息来源利用收音机,收听浙江省、安徽省、江苏省发播的天气预报及收听武汉区域中心气象台播发的天气形势资料。1981年配备ZSQ-1(123)天气图传真接收机,接收北京、欧洲中心及日本气象传真图。1986年增添1台甚高频对讲机,可直接与湖州市台会商。1995年添置卫星云图接收。2000—2005年陆续建立VSAT站、气象网络应用平台、专用服务器和省、市、县气象视频会商系统,开通光缆,能及时接收各类种、各高度、各台站的气象信息。

气象信息发布 1959年开始发布天气预报,主要渠道是电话传递到县广播站,有线喇叭普及到农、居住户和农村生产队。后来有线喇叭改为调频广播。20世纪70年代起发布旬、月天气预报,邮寄方式发送。1986年建立气象警报系统,1天3次定时播出气象信息,不断开拓专业气象警报接收用户,到20世纪90年代中期,当时的31个乡镇全部安装了接收器,企业接收用户发展到200多家。1995年8月用计算机编辑语音库制作"安吉气象"电视节目在县电视台开播,2003年1月升级为人工录音制作。1996年开通"121"(2005年1月改为"96121")天气预报电话自动答询系统,有8个内容的信箱,可同时拨入60个电话。2004年和移动、联通部门合作,开通手机短信气象服务,2005年小灵通气象短信开通。2001年初建立"安吉农网",建立后转交于县农业局,2002年初至2007年12月接管"安吉农网"。2001年5月建立"安吉气象"网站,2007年在有关部门、企业、乡镇安装电子气象显示屏。

③气象预报

1959年开始,通过半导体收音机收听天气形势和周边省台预报,结合安吉县实况及资料图表,参考天地物象,制作早中晚3次24小时内常规天气预报。1976年测、预报分离,成立预报组,每天作06、10、16时3次天气预报,发往县广播站,并作旬、月、季天气预报邮寄县府和有关部门。1986年增加天气警报电台设备,开展专业气象预报服务,预报内容有临近预报、12小时、24小时、48小时、未来3～5天趋势、旬、月报、春播、汛期、梅雨、台汛、冬季等中长期预报,发布灾害性天气的警报、预警信号,供领导决策的各类重要、专题天气报告。

预报室

④农业气象

1979年建立农气组,开展气象和物候观测,编发农业气象观测报文发往上级部门。20世纪70年代整编《安吉地面气候资料》(1960—1970年),20世纪80年代整编《安吉地面气象资料》(1960—1980年),《安吉逐日基本气象资料》(1960—1978年)。1981年10月—1982年8月参加县科学协会组织的安吉龙王山自然资源综合考察。1984—1985年12月普查农业资源,编写《安吉县农业气候资源与区划》,获省区划办科技成果三等奖。20世纪80年代开始开展"春播""双夏""冬种"等农时的天气预报服务,编写每月、全年气候评价。20世纪90年代开始定期编写农业气象月报,并开展春笋年景产量分析,春茶、春笋开采期预测,春粮、夏粮产量预测,每年为《安吉县志》提供年度气候汇编。2004年开展《白茶春霜冻分析预报》课题研究,并实施生产服务,该课题获市科学协会三等奖,2006年至今参加政策性农业保险气象灾情评估。

2. 气象服务

公众气象服务 1959年1月起至今利用县广播站(后改为安吉广播电台)播送天气预报,1995年8月至今制作编辑电视气象节目在安吉电视台播出,1996年又增加天气预报电话自动答询系统,2001年开通安吉气象网,2002年开通手机气象短信发送天气预报。20世纪90年代开始不定期的在《安吉新闻》报道气象信息。2007年至今先后建立了覆盖县委、县政府、各乡镇政府和部门领导、村委领导、重点企业负责人、气象协理员、地质灾害巡视员、农业合作社成员的分类短信平台,根据天气情况或服务需要,有针对性发布消息。

决策气象服务 决策服务的内容主要是灾害性天气和重要天气过程及重大社会活动气象服务,如灾害天气:台风、暴雨、高温、冰冻、干旱、春寒、低温、连阴雨、冰雪等,及气象次生灾害:地质灾害、森林防火;重要天气内容有春运、元宵、防火、春播、梅汛、台汛、国定长假、节日等;重大活动指县委县政府组织主(承)办的大型活动,如历届"竹文化节"、中央电视台在安吉举行的多场大型文艺晚会、国际极限运动会、有关经济商贸论坛、全县运动会、广场晚会、中高考期间天气……,气象台都作决策服务,并在事前、事中、事后提供服务材料。

气象科技服务 1985年根据(国务院办公厅〔1985〕25号)文件精神,启动了专业气象有偿服务。最初的有偿服务是将《天气旬报》推销到企业和有关部门,气象资料改为有偿提供,以后逐步开拓了气象警报系统、声讯、影视、短信、电子屏等多方位服务,有偿服务能力和服务项目日渐扩大。1992年成立防雷装置检测中心,开展建筑物避雷设施安全检测,1996年12月"县机构编制委员会〔1996〕34号"文件,批复同意建立安吉县防雷设施检测所,为自收自支事业单位。业务发展有雷电风险评估、图纸审核、跟踪监测、竣工检测、防雷工程等。1993年开拓了庆典气球施放业务。

1995年国家重点工程——中国最大的抽水蓄能电站在天荒坪镇开工建造,该年4月,县气象局为该工程开展台风、暴雨的定性、定量预报和常规长、中、短期气象服务,2002年电站建成发电后,继续为电站服务。

1998年起,11月至次年4月开展了森林火险等级预报。2003年起,5月至10月开展气象条件引起地质灾害等级预报。

气象科普宣传 气象科普宣传形式多样,载体有《今日安吉》、安吉电视台、安吉农网、安吉气象网、手机短信温馨提示、"96121"的今日气象热点信箱,社会活动有每年的"3·23"世界气象日、安全生产月、"科技文化下乡周"及防灾减灾日、全国科普宣传日、"12·4"普法宣传日,利用这些特殊的日子,独立或参与政府和其他部门宣传气象。开展有关讲座,如老年大学、气象协理员、水利专管员培训讲座,小、中学生观测场里上自然科学课等,制作安吉气象课件和编写《安吉历年重大灾害汇编》发送到有关部门和企业,实施气象科普五进(乡村、企业、学校、社区、单位)。分布在各地的气象协理员义务宣传气象法规和传播气象信息。

法规建设与管理

气象行政执法 《中华人民共和国气象法》、《浙江省气象条例》等法律法规和中国气象局各项规章的颁布实施,为气象部门开展行政执法、审批许可、规范天气预报发布、观测场环境保护等提供了法规依据,县政府、县人大多次来局里视察和调研气象工作和气象法规的实施情况。2005年至今县政府、县政府办公室陆续出台《安吉气象灾害预警信号发布规定》、《安吉雷电灾害应急救援预案》、《做好紧急异常气象专项服务的通知》、《关于加强气象事业发展的实施意见》、《关于建立气象协理员队伍意见》等文件,县气象局分别和安监局、教育局联合发文《关于开展防雷安全专项检查的通知》。2003年8月成立安吉县气象行政执法大队,开展气象行政执法工作。2001年3月10日在县行政服务中心设立气象窗口。气象局列入县防汛抗旱指挥部、县森林防火办公室、县安全生产委员会、县灾害应急办公室等组织的成员。

党建与气象文化建设

1. 党建工作

党支部建设 1986年以前未成立党支部,党员组织生活加入到农业局支部。1986年10月成立气象局党支部,当时党员人数3人,李光远任支部书记,1990年11月—1997年9月周剑星任书记,1997年10月至今范一平任书记。2005年8月随着党员队伍的发展,成立3人组成的支部委员会。至2008年12月有在职党员9人,离退休党员3人。1998年起获"标准化党支部",2007—2008年被县机关党工委连续评为"五好党支部",党建工作先后在省气象局和县里的党建工作大会上作典型发言。

1997年7月成立由局长、副局长、支部书记3人组成的局领导班子,支部书记任局纪检员。局内重大人事、重大经济开支、有关制度规定的制定和执行,由班子讨论决策。

2. 气象文化建设

精神文明建设 历来重视精神文明创建工作,1986年获县委县府首批表彰的"文明单位",1987年6月获省委省府表彰的"文明单位"。文明创建载体有:连续22年每年3月份的职业道德教育,连续8年4月份的党风廉政教育,先后开展的"双思"、"三个代表"、"保持共产党员先进性"、"八荣八耻"等活动。与一些乡、村、社区、企业结对文明共建,与贫困乡村结对帮扶,参与"中国美丽乡村精品村"共建,积极参与文明科室、文明职工、文明家庭等文明细胞活动,争先创优,营造文明氛围。2002—2005年全县千人评议"满意单位"活动中,连续4年获"满意单位"。连续22年(2年复评一次)保持省级文明单位称号。

气象宣传

集体荣誉

获奖时间	获奖名称	颁奖单位
1987年月6月至今	文明单位	省委省政府
1989年	双文明建设先进集体	国家气象局
1987年	双文明单位	浙江省气象局

续表

获奖时间	获奖名称	颁奖单位
1985年(预报组)	省劳模集体	省政府
1984年(预报组)	五好班组	湖州市政府
1993年	抗洪抢险先进集体	市府防指、人事局
1994年(测报组)	模范集体	湖州市政府

1979—2008年省、市气象局表彰的其他集体荣誉50余次。

台站建设

1976年以前台站占地面积1800平方米,其中1200平方米为观测场(25米×25米)及四周空地,600平方米办公室和场园。1986年在原办公平房的基础上翻建两层楼,增加了5间办公楼房,并改造美化了庭院环境。2004年1月因城市建设需要,观测场迁移城南郊芝里新村,局办公楼移至城中凤凰路276号,站局分离两地。观测站用地4502平方米,观测场16米×20米,办公用房建筑面积291平方米,局本部占地面积839平方米,建筑面积1294平方米。2008年预报室全面改造提升,建设成安吉县气象灾害预警中心。

办公楼

嘉兴市气象台站概况

嘉兴市地处浙江省东北部,下设南湖区、秀洲区,辖嘉善、海盐2个县以及平湖、海宁、桐乡3个市(县级市),全市陆地面积3915平方千米,2008年末全市户籍人口338.07万。

气象工作基本情况

历史沿革 1953年1月建立嘉兴机场气象站,同年9月迁往平湖县乍浦镇,改为乍浦气象站。1957年1月嘉兴气候站成立。1958年11月,海宁、桐乡、海盐、平湖、嘉善等气候站先后建立。1963—1966年,桐乡、海宁县气候站改为县"自办站"。1971年1月,嘉善县气象站成立。1972年7月,海盐县气象站成立。1983年,嘉兴地区撤地建市,1984年4月20日,原嘉兴市气象站扩建为嘉兴市气象台(正处级)。1984年11月28日,嘉兴市气象台改建为嘉兴市气象局。

建制 1953年8月前,气象管理体制实行省军区与地方军分区双重领导。1953年8月起,实行省气象局与当地政府双重领导,以省气象局领导为主的管理体制。1958年11月起,气象管理体制划归当地政府管理,省、地气象局只负责业务技术指导。1962年10月,实行双重领导,以省气象局领导为主的管理体制。1970年2月,实行双重领导,以地方政府领导为主的管理体制。1970年10月—1973年9月,气象建制属地方政府,但行政、政治生活、日常管理等由当地军分区、人武部管理。1981年,省级以下气象部门划归省气象局建制领导,行政和政治生活仍由当地政府领导管理。

人员状况 1953年嘉兴机场气象站建站时有3人。1984年底嘉兴市气象局建立时有21人。2008年12月,全市气象部门有在编在职职工97人,编外用工93人。在编在职职工中,博士研究生学历1人,硕士研究生学历4人,大学本科学历52人,大学专科学历23人,中专中技学历17人。高级专业技术职称4人,中级专业技术职称40人,初级专业技术职称37人。

精神文明 全市气象部门共有全国气象部门文明台站标兵1个,省级文明单位1个,市级文明单位4个,县级文明单位1个。

党的建设 全市气象部门现有党总支1个,党支部7个,党员51人。

主要业务范围

1. 综合气象观测

全市共有地面气象观测站6个,其中国家基本气象观测站1个,国家一般气象观测站5个。

嘉兴、嘉善、海盐、海宁、桐乡国家一般气象观测站承担云、能见度、天气现象、气压、气温、湿度、风向风速、降水、日照、雪深、蒸发(小型)、地面温度、台风加密观测、重要天气报、省实况报、气表-1、气表-21等地面测报任务,平湖国家基本气象观测站除以上观测项目外,还承担浅层地温、绘图报、补充绘图报、航危报等地面测报任务,嘉兴气象观测站还承担省气象旬报任务。2003年起嘉兴气象观测站开展酸雨观测。1973年1月至1995年1月,海盐气象观测站承担航危报任务。1989年2月至2000年12月,嘉善气象观测站改为辅助观测站。

2004年5月在平湖建立第1个区域天气观测站,到2008年12月,全市共有区域天气观测站49个,其中六要素站5个,五要素站24个,四要素站8个,单要素站12个,实现地面气压、气温、湿度、风向风速、降水、地面温度、能见度自动记录。

2006年4月,嘉兴气象雷达站项目在市发展改革委员会立项,2008年12月竣工。2006年1月1日起在嘉兴气象观测站开展路面温度、紫外线辐射、地下水位、土壤水份自动观测。2006年建立应急移动观测车1台。2007年在全市建立大气电场观测点6个。2008年在全市建立能见度观测点12个。

2. 气象预测预报

常规预测预报 1958年下半年起,原嘉兴地区下属的嘉兴气象台和海宁、桐乡、海盐、平湖、嘉善等气候站开展单站补充预报工作。1959年,各站在收听上级气象台天气形势预报的基础上,结合本地的天物象,地形,本站气象资料,运用群众看天经验,天气谚语,进行会商,作出补充订正预报。20世纪60年代,各站围绕3—4月春播期、5—7梅汛期、8—9月台风季节,开展灾害性、关键性、转折性天气预报。1966年1月起,各县气象站补充订正预报更名为气象站天气预报,并单独建立预报组。20世纪70年代,各站引用相关系数、回归分析、聚类分析、时间序列等数理统计学方法,结合简易天气形势图、单站气象要素曲线图、点聚图等,对预报方法作了进一步优化。

预测预报现代化建设 1979年,桐乡县气象站自行购得117传真机,接收日本发布的气象传真图,其他县气象站也相继配备传真机。1987年6月,嘉兴市气象台和浙江省气象台之间建立了甚高频(VHF)电话组网。1989年,嘉兴市气象台和下辖5县气象站之间气象辅助通讯网建成,开展天气预报会商工作。1995年以后,嘉兴市气象台和下辖5县气象站实现计算机联网,数值预报产品,雷达、卫星云图等资料和分片分县指导预报产品在网上共享,县气象站制作各类专业气象预报。1997年,嘉兴市气象局建立了"气象卫星综合应用业务系统",简称"9210工程"。1997年,嘉兴市气象部门开始使用气象信息综合分析处理系统(MICAPS)。2003年,全市气象部门视频天气会商系统建成,实现了市气象台与5

个县(市)气象局之间数据、图像、视频的实时传输和天气会商。

预测预报模式开发 1985年,嘉兴市气象台开始运用数值预报产品结合本站气象资料,开展MOS预报方法研究。2003年嘉兴市局引进了MM5数值预报模式。2007年嘉兴市气象局引进GRAPES模式,建立了以WRF和GRAPES模式为主的短期数值预报集合系统。2008年,嘉兴市局购置浮点运算峰值达1200亿次的IBM小型机,GRAPES模式投入业务运行。

3. 公共气象服务

服务方式 1958年至今,各气象台(站)通过当地有线广播站(无线广播电台),每天2~3次播送本地天气预报或灾害性天气警报。1985年2月,嘉兴市气象台每天向嘉兴日报社提供天气预报服务。随后,各县(市)建立了嘉兴日报分社或本地机关报,当地气象部门及时提供天气预报服务。1985年前,全市气象部门通过电话方式向砖瓦厂开展突发灾害性天气服务,以信函的形式向部分工农业生产和商贸流通领域用户开展气象旬报服务。1985年,嘉兴市气象局建立气象警报发射台,用户通过专用接收机接收气象信息。此后,嘉善、平湖、海盐、海宁、桐乡等县气象站也建立气象警报发射台,海盐、桐乡等气象站还建立了气象甚高频(VHF)电话(即对讲机)服务系统,为用户开展双向气象服务。1998年2月正式开通电信气象声询服务平台,随后,各县(市)气象站也建立了气象声询服务平台。2000年、2003年、2004年、2005年,嘉兴市气象局相继开展移动、联通、铁通、网通气象声询服务。2004年11月,声询号码由"121"改为"96121"。1997年4月,嘉兴市气象局与嘉兴电视台签订协议,通过嘉兴电视台播出天气预报节目。随后,海盐、嘉善、平湖、海宁等县(市)也开展电视气象节目服务项目。2004年8月,嘉兴市本级的电视气象节目增加了主持人解说天气形势部分内容。2007年1月、2008年5月,海盐、嘉善的电视气象节目增加了主持人解说天气形势部分内容。1999年嘉兴市气象局建立电脑网络远程终端,向电力、交通、保险等用户开展气象服务,用户通过电话拨号和专用密码,获取所需的气象服务资料。2000年在内网开发了WEB服务页面,用户通过拨入局路由器访问,2002年建立了嘉兴气象信息网(www.jxqx.net)。2003—2004年,各县(市)局相继建立气象门户网站。2002年4月,开展移动气象短信业务,向全市移动订制用户提供手机气象短信服务。2003年7月、2004年8月分别开展联通、电信小灵通气象短信业务。2004年部分联通短信用户整合到省气象局发送平台,2008年1月起全部联通气象短信用户集约到省气象局发送平台,2008年6月起全部移动气象短信用户集约到省气象局发送平台。2002年8月,嘉兴市气象局在市区望吴门广场建立了气象信息电子显示屏,为过往市民提供气象信息服务。2004年11月,嘉兴市气象局建立预警发送平台,为地方党政领导,学校、车站、码头、医院负责人等发送紧急异常天气短信。随后,各县(市)气象台也建立了紧急异常天气信息发送平台。2006年以后租用移动信息机建立预警发送平台。2005年6月,嘉兴市气象局建立了人工声询气象服务项目,用户通过拨打号码1600121,和气象专家直接联系,气象部门为其提供个性化气象服务产品。2007年3月,全市气象工作一体化后,各县(市)的气象声询服务平台集约到嘉兴市气象台,由嘉兴市气象台统一制作发布。

决策气象服务产品 包括气象灾害预警信号、气象灾害提醒短信、未来一周天气趋势预测、灾害性转折性天气预报、台风信息快报、重要节假日天气预报、重大社会活动天气保障、5—9月汛期气候预测、汛期气候预测订正、春运专题天气预报、气象灾害和服务效益评估、各类气象服务综合评估等。

公众气象服务产品 包括常规的实况和预报预警产品、上下班天气、今日热点、历史天气今日之最、周边城市天气预报、全国主要城市预报、国际城市预报、气象热点、乡镇预报，舒适度、紫外线、晨练、晾晒、洗车、散步、穿衣、霉变、空气质量、郊游、赏花、观潮、沿海森林火险、中暑气象指数预报，各类突发事件应急保障天气监测预报，月、季、年度气候影响评价，气候监测公报、气候专题分析、年度重要天气气候事件等。

专业气象服务产品 包括农业气象月报、农业气象年报、农业旱涝监测分析、农业气象灾害监测、春桑叶产量及氟污染气象条件预测、大小麦赤霉病预测、油菜菌核病预测、早稻纹枯病流行趋势预报、早稻产量预测、大小麦、油菜全生育期气象条件分析、春蚕期气候条件评述、早稻全生育期气象条件分析、晚稻纹枯病流行趋势预报、晚稻产量预测、晚稻全生育期气象条件分析，其他农事关键期专项预报、农业气象信息应用与建议、特色农业气象服务材料、气象旬报、气象月报、气象年报、5—9月天气气候趋势预测、春播期天气趋势预测、秋收冬种天气趋势预测等。

气象服务效益 1999年6月，嘉兴遭遇了特大洪涝灾害，6月下旬连续出现暴雨天气，嘉兴市气象台预报准确及时，服务主动高效，市委、市政府防灾决策正确，措施得当，使灾害损失降到最低限度。当年，嘉兴市气象局先后获中国气象局、省气象局"重大气象服务先进集体"奖，被嘉兴市委、市政府授予"抗洪抢险先进集体"称号。2001年纪念建党80周年系列活动正值梅汛期，嘉兴市气象部门在复杂的天气情况下搞好预报服务，得到市委、市政府领导的好评。浙江省副省长、原市委书记陈加元在《气象内参》上批示："气象台高度负责的精神和准确无误的预报，对成功举办'心连心'演出活动做出了很大的贡献，市委对此表示感谢和慰问。"市委、市政府为此专门致函中国气象局为市气象局请功，同时市气象局获嘉兴市纪念建党80周年系列庆祝活动暨第二届南湖船文化节"贡献奖"。

嘉兴市气象局

机构历史沿革

建站情况 1984年11月28日，嘉兴市气象台改建为嘉兴市气象局，局址在吉水路239号。2003年3月，嘉兴市气象局位于嘉兴市新气象路589号，占地面积1.3526公顷，建筑面积6286平方米，大院内建有健身设施、气象文化长廊、文化宣传栏、党员学习活动室、阅览室、科普室、局史陈列室、学习报告厅等设施。2006年1月，嘉兴气象观测站迁至由拳路以南少儿公园内。2008年建成嘉兴气象雷达站。

嘉兴市气象台站概况

1966年位于嘉兴县北门外（今三元路与禾兴路交叉口西南侧）嘉兴县气象站全貌。

1986年建于吉水路239号的嘉兴市气象局办公楼

2003年建于新气象路589号嘉兴市气象局办公大楼

嘉兴市政府实事工程——气象雷达

机构设置 嘉兴市气象局内设办公室、业务科技处、人事教育处、计划财务处4个职能处室，下属气象台、信息中心、网络中心、防雷中心、气象观测站5个直属单位和嘉兴市防雷设施检测所1个地方编制机构。

主要领导更替情况 1984年1月至1990年9月，王祖祥任嘉兴市气象局党组副书记、副局长（主持工作）。1990年9月至1995年7月，王祖祥任市气象局党组书记、局长。1995年7月至1999年6月，薛付进任市气象局党组书记、局长。1999年6月至2008年12月，谢国庆任市气象局党组书记、局长。

业务工作概况

科研和人才建设 截至2008年12月底，共有在职职工93人，其中在编50人，地方编制2人，编外用工41人。在编职工学历结构：博士研究生1人，硕士研究生4人，大学本科32人，大学专科及以下13人。郭可义同志1998年获国务院政府特殊津贴（政府特殊津贴第4160411号）；顾强民同志1991年在防汛减灾气象服务中表现突出，被国家气象局通令嘉奖；赵世骅同志1989年被嘉兴市委市政府评为市级有突出贡献的专业人才；顾强民同志1991年被嘉兴市委市政府评为市级优秀专业人才；李云泉同志2001年被嘉兴市政府授予嘉兴市劳动模范；谢国庆同志2006年被省人事厅和省气象局联合授予全省气象工作先进个人。47项科研成果获市级以上奖励，《水稻寒露风危害规律长期预报和防御措施的研究》获1978年全国科学大会奖，《早稻扬花结实期高温危害的研究》获1979年浙江省科学大会三等奖。截至2008年12月底，在省级以上刊物发表论文135篇。

党建工作 1984年成立嘉兴市气象局党支部，1998年成立嘉兴市气象局党总支，下辖2个党支部，党建工作归中共嘉兴市委直属机关工委直接领导。2004年5月，经中共嘉兴市委直属机关工委批准，同意授权中共嘉兴市气象局党总支委员会审批预备党员和预备党员转正。嘉兴市气象局党总支现有党员38人，其中在职党员30人，退休党员8人。

精神文明 2001年6月，被省气象局评定为规范化服务达标单位；2002年11月，被市文明委命名为市级规范化服务达标行业；2003年，被市委市政府命名为市级文明行业；2003年、2005年、2007年被市委、市政府连续三届命名为市级文明单位；2006年2月，被市文明委命名为嘉兴市示范学习型机关；2006年，被中国气象局命名为全国气象部门文明台站标兵，2008年6月，通过全国气象部门文明台站标兵复评；2008年被省委、省政府命名为省级文明单位。

依法行政 2001年10月，嘉兴市政府颁布了《嘉兴市防御雷电灾害管理办法》（第12号市长令）；2003年8月，嘉兴市政府发布了《嘉兴市施放气球管理办法》；2005年4月，嘉兴市政府发布了《嘉兴市气象灾害预警信号发布规定（试行）》；2007年1月，嘉兴市政府发布了《嘉兴市雷击风险评估办法（试行）》；2006年11月，嘉兴市政府发布了《嘉兴市人民政府关于加快气象事业发展的实施意见》；2008年1月，嘉兴市政府办公室发布了《嘉兴市人民政府办公室关于进一步加强气象灾害防御工作的通知》。

2001年起，全市气象部门开展防雷装置设计审核、施工监督和竣工验收工作。2008年10月，按照嘉兴市政府要求，嘉兴市气象局设立行政许可处，和局办公室合署办公，开展防雷装置设计审核、防雷装置竣工验收、建设项目大气环境影响评价气象资料核准、升放无人驾驶自由气球和系留气球作业许可、升放无人驾驶自由气球和系留气球单位资质认定、天气预报和警报信息传播核准等行政许可项目。

2003年9月，成立嘉兴市气象行政执法支队及嘉善县、平湖市、海盐县、海宁市、桐乡市气象行政执法大队，28人取得了气象行政执法资格证。至2008年12月，全市气象部门共开展气象行政执法78次，有效制止了违法违规行为。

雷击风险评估 2007年1月，嘉兴市政府印发了《嘉兴市雷击风险评估管理办法（试行）》。办法规定，市气象主管机构负责全市雷击风险评估的监督管理工作，各类化工厂、易燃仓储、输送贮存油气等易燃易爆场所，各类供水、供气、供电、供热等生命线工程，各类体育场馆、影剧院、大型商场超市、宾馆、医院，全日制学校、汽车站、火车站等人员集中场所，各类发射塔、高耸观光塔、高层建筑、国家级重点文物保护建筑、通讯枢纽、码头泊位等特殊工程，应在项目可行性研究阶段或初步设计时应同步做好雷击风险评估工作。2007—2008年，共对全市456个项目开展了雷击风险评估，从源头上有效地避免了雷电灾害对建（构）

危险化学品运输车辆防静电检测　从2001年起，嘉兴市气象局会同嘉兴市公路运输管理处联合对全市各单位的危险化学品运输车辆进行防静电安全技术检测，检测内容包括静电接地装置、车体导通状况等安全保护设施，各运管部门把防静电安全技术检测合格证作为核发《道路运输证》的前置条件，有效减少危险化学品运输车辆静电爆炸事故的发生。

气象社会管理　2007年1月起，全市气象部门组建气象协理员（信息员）队伍，至2008年12月，全市共有气象协理员（信息员）1425人，全市所有乡镇（街道）都明确了分管气象工作的领导。2008年9月，嘉兴市政府成立了嘉兴市气象灾害防御规划编制工作协调小组，协调指导气象灾害防御规划的编制工作。2008年12月，嘉兴市政府成立了嘉兴市人工影响天气工作领导小组，指导全市人工影响天气工作。

党风廉政建设　在制度建设方面，每年签订党风廉政建设责任书和关键岗位廉政承诺书，制定了《嘉兴市气象局建立健全惩治和预防腐败体系2008—2012年工作要点》及任务分解表，开展局务公开活动。在廉政文化建设方面，经常开展廉政对联、廉政短信、廉政书画、廉政摄影作品征集活动，办好廉政文化宣传阵地，开展读书思廉、访贫促廉等活动。

气象探测环境保护　2008年4月，嘉兴市气象局和嘉兴市规划与建设局联合发布了《关于进一步加强气象探测环境和设施保护的通知》。2008年4月，嘉兴市气象局向浙江省气象局申报了《气象探测环境保护专项规划示范样本》科研项目，2008年11月，该项目通过浙江省气象局验收。2008年11月，嘉兴市人民政府发布了《嘉兴市人民政府关于同意实施嘉兴国家气象观测站气象探测环境保护专项规划的批复》。

全市气象事业一体化发展　2007年起，嘉兴市气象局在全市气象部门推进事业发展规划和项目建设、公共气象服务、预测预报业务、气象社会管理和科技人才工作等方面的一体化发展。主要内容包括，推进下辖5县（市）气象台的短、中、长期天气预报由嘉兴市气象台制作，对外仍然以当地气象台名义发布，决策预报由嘉兴市气象台传输到5县（市）气象台，公众预报由嘉兴市气象台直接传输到所在县（市）的相关媒体，5县（市）气象台重点做好短时临近预报预警工作和专业气象预报工作。

集体荣誉　1999年被中国气象局授予全国气象部门重大气象服务先进集体；2003年被中共嘉兴市委授予先进基层党组织；2004年被中国气象局授予全国气象部门法制工作先进集体；2005年被中国气象局授予全国气象部门局务公开先进单位；2005年获第五届"华风杯"全国电视气象节目观摩评比地级有主持人类综合三等奖；2006年被人事部、中国气象局联合授予全国气象工作先进集体；2007年被中国气象局授予全国气象部门科技服务先进集体；2008年被中共浙江省委、浙江省人民政府联合授予全省抗击冰雪灾害先进集体；2008年被中共嘉兴市委授予党建工作先进单位。

嘉兴气象观测站

机构历史沿革

嘉兴气象观测站的前身为嘉兴机场气象站,1953年1月组建。1957年1月建立嘉兴气候站,地址位于嘉兴县双桥郊外,北纬30°50′,东经120°42′,海拔高度4.8米,进行每天4次定时观测,夜间不守班。1960年建立嘉兴农业气象试验站,1961年撤销。1966年嘉兴气候站站址迁移到嘉兴县北门外(今三元路与禾兴路交叉口东南侧),北纬30°47′,东经120°44′。1983年,嘉兴地区撤地建市,1984年4月20日,国家气象局批复,同意将原嘉兴市气象站扩建为嘉兴市气象台。1984年11月28日,嘉兴市气象局成立后,嘉兴市气象台为嘉兴市气象局直属单位,下设观测组。1997年成立嘉兴气象观测站,迁至嘉北街道亭子桥村石臼漾水厂西侧,北纬30°47′,东经120°43′,海拔高度4.5米。2003年1月迁至新气象路589号嘉兴大桥南侧,北纬30°44′,东经120°45′,海拔高度3.8米。2006年1月迁至南湖区由拳路,北纬30°44′,东经120°46′,海拔高度4.8米。

人员状况 2008年12月,嘉兴气象观测站职工数7人,本科学历3人,大专学历2人,中级职称3人,初级职称2人,党员2人。

主要负责人变更情况

起止年份	姓名	职务
1954年1月—1957年5月	不明	
1957年6月—1958年4月	史建华	嘉兴县气象站负责人
1958年5月—1961年12月	不明	
1962年1月—1963年5月	谭良锡	嘉兴县气象站负责人
1963年6月—1966年3月	赵世骅	嘉兴县气象站负责人
1966年4月—1968年10月	陈启泉、赵世骅	嘉兴县气象站负责人
1968年11月—1976年7月	赵世骅	嘉兴县气象站副站长
1976年8月—1979年2月	宋森林	嘉兴县气象站站长
1980年1月—1981年4月	陆华庭	嘉兴县气象站副站长(主持工作)
1981年5月—1984年10月	陆华庭	嘉兴市气象站副站长(主持工作)
1984年11月—1988年4月	张金康	嘉兴市气象台副台长(主持工作)
1988年5月—1992年6月	周建平	嘉兴市气象台台长
1992年7月—1994年8月	张金康	嘉兴市气象台台长
1994年9月—1997年3月	俞 强	嘉兴市气象台台长
1997年4月—	杨永平	嘉兴气象观测站站长

台站主要业务

2003年1月1日起,自动气象站投入业务运行,开展以自动气象站为辅,人工站为主的地面气象测报业务工作。自2003年12月31日20时起,开展以自动气象站为主,人工站为辅的地面气象测报业务工作。自2003年12月31日20时起,实施新的《地面气象观测规范》。自2004年12月31日20时起,自动气象站正式投入单轨业务运行。2005年1月1日起自动气象站正式投入单轨业务运行。2008年6月1日起新增发雷暴、视程障碍现象(霾、浮尘、沙尘暴、雾)重要天气报。2003年1月1日起,开展酸雨、电导率观测业务。

嘉兴气象观测站是国家一级农业气象基本观测站。1982—1990年开展油菜观测,1981—1990年进行大麦观测,1980—1989年进行双季早稻观测,1980—1990年进行双季晚稻观测,1991年至今改为单季晚稻观测,1999年开展物候观测。2006年11月26日,浙北平原生态与农业气象中心正式挂牌成立。2007年3月进行嘉兴全市土壤常数测定,同年4月正式开展土壤水分观测。2007年年底建成为农服务一体化网络共享平台,各县市服务方式逐步迈向网络一体化。

嘉善县气象局

嘉善县地处沪、江、浙三地交界,是浙江省东部门户重地。全县总面积506.6平方千米,2008年末户籍人口38万,属亚热带季风气候,四季分明。

机构历史沿革

始建情况 1962年1月,建立嘉善县气象站,站址位于魏塘公社庄港大队,1963—1969年间,因精简机构而工作中断。1970年5月,根据浙革生农〔70〕145号文件精神,建立嘉善县气象服务站,从1971年1月1日起正式开展工作,站址建于嘉善县魏塘镇北门外(郊外),北纬30°51′,东经120°53′,海拔高度为4.3米。2001年1月1日,台站整体迁于嘉善县魏塘镇人民大道833号,北纬30°50′,东经120°55′,海拔高度为3.1米。2005年1月1日,为保护气象探测环境,气象观测站迁至嘉善县魏塘镇柳洲公园内,北纬30°50′,东经120°53′,海拔高度为2.6米。

建制情况 1970年建站时,建制单位为嘉善县革命委员会农业水利局;1971年5月,依据省革会、省军区〔70〕131号文件通知,体制属嘉善县人民武装部及嘉善县革命委员会农业局双重领导,以军队领导为主,业务领导为浙江省气象台;1973年10月,依据省革会、省军区〔73〕92号文件,调整体制,隶属县农业水利局全面领导,业务领导为浙江省气象局;1981年1月,依据浙政〔80〕144号文件,归浙江省气象局和嘉善县人民政府双重领导,由股级单位升为科局级单位。1993年8月1日更名为嘉善县气象局。1997年5月,经嘉善县机构编制委员会批准,成立局下属事业单位—嘉善县防雷设施检测所。

人员状况 台站成立之初,有在编人员 3 人;1978 年有在职在编人员 7 人;至 2008 年 12 月份,有在职在编 8 人,合同工 12 人,退休 2 人,民族均为汉族。其中,有大学本科学历 8 人,大专学历 6 人;在职党员 7 人,退休党员 1 人;中级职称 6 人,初级职称 3 人。

名称及主要负责人变更情况

名称	任职时间	主要负责人
嘉善县气象服务站	1971 年 1 月—1971 年 12 月	时德观
嘉善县气象站	1972 年 1 月—1978 年 9 月	时德观
嘉善县气象站	1978 年 10 月—1987 年 9 月	薛付进
嘉善县气象站	1987 年 9 月—1993 年 7 月	朱补全
嘉善县气象局	1993 年 8 月—2006 年 12 有	朱补全
嘉善县气象局	2007 年 1 月—	单中金

气象业务与服务

1. 气象观测

观测时次 自 1971 年 1 月始,测报主要承担地面 3 次定时观测(08、14、20 时),夜间不守班。2003 年 1 月起自动气象站建成,实行以人工观测为主的双轨运行,2004 年 1 月起实行以自动观测为主的双轨运行,2005 年 1 月起自动站正式投入单轨运行,云、能见度、天气现象为人工目测项目,定时降水(15 个时段降水量除外)、雪深、蒸发、日照为人工器测项目,其余为自动站观测项目。

观测项目 建站初时观测项目有:气压、气温、最高气温、最低气温、相对湿度、风向、风速、降水量、蒸发量、日照时数、积雪深度、地面温度、地面最高温度、地面最低温度、云量、云状、估测云高、能见度、天气现象。1972 年 1 月起增加 5 厘米、10 厘米、15 厘米、20 厘米浅层地温人工观测项目,1977 年 3 月底停止观测。2003 年 1 月开始 5 厘米、10 厘米、15 厘米、20 厘米浅层地温自动观测项目。1980 年 1 月起增加湿球温度观测项目。1989 年 2 月 1 日起,观测站由一般站改为辅助站,编制报表时,只填写气温、相对湿度、降水、风向风速、地面温度、日照、蒸发、天气现象等项目,所有其他项目在气表-1 和气表-2 中也相应不填。1993 年 9 月,观测站按辅助站项目观测,地面温度、能见度、云状云量不观测,天气现象白天栏中也只记天气现象符号,不记起止时间。2001 年 1 月起,观测站恢复一般站,相应观测项目恢复观测,并记录入档。

气象电报 建站以来,气象发报主要有航危报、台风加密报、重要天气报、省实况报和天气加密报。其中,航危报只在建站初期根据上级指令不定期拍发。省实况报在每天 08 时拍发前一天的平均气温、以及到当天八点的最高最低气温,24 小时雨量等,1995 年底,省实况报取消。1996 年始,在每天 08、14、20 时拍发天气加密报,拍发的内容有:云、能见度、天气现象、气压、气温、风向风速、降水量、雪深、地温等。当出现暴雨、大风、雨凇、积雪、冰雹、龙卷风时,拍发重要天气报,2008 年 6 月 1 日起新增发雷暴、视程障碍现象(霾、浮尘、沙尘暴、雾)等重要天气报。有台风影响时,根据省局指令,拍发台风加密报。

自动气象站和特种观测 自 2003 年以来,嘉善县气象局先后在县陶庄、丁栅、洪溪、大云、西塘等镇建立5个区域自动气象站,主要开展气温、相对湿度、风向、风速、雨量等要素自动观测。从2007年4月起,开展每旬1次的土壤水分人工观测项目;2008年4月,增加大雾能见度、大气电场自动观测项目。

气象信息网络　1971年始,预报业务工作中最初的通信工具是定频收讯机、电话机。1981年6月,ZSQ-1A型气象图传真接收机投入应用。1989年市局组建150超高频无线通讯网络,用于预报业务联系,1993年市局组建200超高频无线通信传输网络,配备计算机,用于传输、接收数值预报产品资料。1995年起,通过计算机Modem拨号联网方式,调用省、市气象局数值预报产品资料。1999年,PCVSAT气象卫星单收站在我局建成使用,卫星单收站资料作为主要预报业务信息资料来源。2002年气象业务光纤入局,组建了气象信息系统局域网。

2. 气象预报

1971年始,抄收浙江省、江苏省广播电台播发的地面气象探测资料和高空探测资料,绘制简单地面天气图,高空形势图,以浙江省气象台、上海中心气象台发布的天气预报为指导预报,开始制作本县行政区域早、中、晚3次短时短期补充订正气象预报。随着预报经验的积累和信息的增多,增加最高、最低气温和周、旬、月等中长期气象预报。2003年,建成市、县视频会商系统。2007年起,嘉兴市气象局开展全市气象业务一体化建设,气象预报主要由嘉兴市气象台制作。

3. 气象服务

公众气象服务　主要通过广播、电视、网站等媒介向社会各界提供短、中、长期天气预报和警报服务。其中,1999年前,公众气象服务主要靠有线广播实现,1999年1月开始自行制作发布电视气象节目,2007年开通气象门户网站提供气象信息服务,2008年7月对电视气象节目进行改版,增加气象主持人节目。

决策气象服务　1971年始,在关健性农事季节、转折性和灾害性天气时,向县政府、部门和镇政府领导传递气象信息和提出防灾等建议,为各级领导指挥生产、指导工作提供科学决策依据。凡遇重要天气即通过电话、传真向各级领导、重点部门传达天气预报、警报和重要信息。1984年始,开展气象旬、月报服务。1987年始,开展气象警报接收机服务。2000年始,开展气象信息内参决策服务。2005年始,建立手机气象决策服务平台,开展以手机短信方式向县、镇、村三级领导提供决策气象服务信息。

专业与专项气象服务　1984年开始专业有偿气象服务,首先以电话通知方式向相关企业开展天气信息服务和以气象旬、月报形式向县、镇政府和农口有关单位提供定期信息服务;1986年始,开展气象资料、气象灾害证明等气象服务;1987年始,以警报接收机方式为相关企业和乡镇等有关机构提供气象预报警报服务,警报接收机信息来源于嘉兴市气象局警报电台,1988年建立嘉善县气象局警报电台;1991年始,开始尝试开展防雷设施定期检测服务;1999年始,开展"121"电话自动答询服务;2005年起,适应市场需求,主要针对全县新建建(构)筑物电气防雷、防静电等安全防护,开展工程技术服务,因本地市场中有资质的防雷设计、施工单位较少,局下属防雷工程服务单位每年承接本县市场上大多数新建建

(构)筑物电气浪涌保护工程;2007年始,开展气象电子显示屏服务,服务对象以县、政、村有关政府机构为主,截至2008年底,已对外提供28块气象显示屏。

农业气象 1983年始,开展农情观测,主要观测大小麦、油菜、水稻等作物生育期进程,结合中期天气预报,发布农业气象月报、作物产量预报和生长期气象条件分析等,提出生产管理意见建议。后随地方高效生态农业发展,逐步开展淡水养殖、食用菌、葡萄、大棚瓜果、蔬菜、鲜切花等气象服务性课题研究,并对农民进行指导服务。1990—1991年,共有12人次获得全县农业丰收奖。根据县级综合农业区划要求,1982年6月—1984年11月,编制完成《嘉善县农业气候手册》,并获得嘉兴市科委科技成果奖。

气象科研开发 1984年开展气象科技服务后,不断加强气象科技技术研究和服务产品开发。截至2008年底,全局共组织近30项各类气象课题研究,研究内容涵盖高温、大雾等预报技术;暴雨、雷电等灾害成因分析;火险、人体舒适度等气象指数预报;气象条件对环境、农业生产等影响指数研究和防雷安全科技技术研究等。1984年以来,有2项课题获得浙江省气象局科技进步四等奖;1项课题获得浙江省气象局科技进步奖;1项课题获得嘉兴市人民政府"1984—1987年自然科学优秀论文"三等奖。

气象科普宣传 每年都会利用世界气象日、科普活动周、安全生产月及全国科普活动日等重大节日,通过上街、入村、进学校形式开展气象科普常识、气象防灾减灾和气象法律法规等知识宣传,宣传方式主要有:当场发放宣传资料、举办科普讲座、在网站、报纸等媒体发布科普信息和实地指导等。2008年,与县地震办联合建立嘉善县气象地震科普馆,并在当年3月23日正式对外开放。2008年,嘉善县气象地震科普馆先后被命名为嘉善县科普教育基地和嘉兴市科普教育基地。

法规建设与管理

1. 气象行政许可

2000年,县气象局独立开展新建建(构)筑物防雷工程图纸设计审核和竣工验收服务。2002年4月起,建筑物防雷装置图纸设计、施工审批服务进入县行政审批办证中心。2003年,成立嘉善县气象行政执法大队,有3人取得气象行政执法资质证。2005年,在县行政审批办证中心设立气象窗口,办理防雷装置设计审核和竣工验收、天气预报灾害性天气警报信息传播核准、建设项目大气环境影响评价气象资料核准等三项行政许可事项。2008年,制定了《嘉善县气象局气象行政处罚自由裁量权基准》,并于同年10月在全县实施。

2. 气象社会管理

气象协理员队伍建设 2007年由嘉善县气象局在各镇人民政府建立由18人组成的气象协理员队伍,2008年由县人民政府组织在全县11个镇和118个村建立由129人组成的气象协理员队伍,确定各镇政府分管农业镇长为辖区气象协理员的分管领导,明确气象协理员在气象信息传播、气象灾情调查、气象科普宣传、重要天气现象观测和乡镇自动气象站维护等方面的职责,气象局负责气象协理员的业务管理和镇级气象协理员工作考核。

乡镇气象灾害应急预案编制 2008年根据县政府通知要求和各镇气象防灾减灾特

点,指导全县11个镇人民政府分别建立气象灾害应急预案。应急预案内容主要包括各镇经济社会基本情况、气象灾害种类、灾害影响特点、防御对象与防御重点、各类应急主体和灾害具体防御措施等。

气象探测环境保护　自1971年建站以来,气象观测站共迁移2次,最后一次于2004年底迁入县柳洲公园内,探测环境基本能够维持长期稳定。2008年,在县人民政府的关心与重视下,由嘉善县气象局依托《嘉善县城2008—2020年总体规划》,组织编写《嘉善县国家气象观测站探测环境保护专项规划》,并由县气象局和县发展改革局联合发文,在全县组织实施,该规划的出台进一步巩固了地方政府对气象探测环境的保护。

防雷管理　1999年,防雷社会管理职能由县气象局在全县逐步履行。2005年,气象部门的防雷社会管理职能得到明显加强,社会对防雷安全管理的认同度也有了显著提高。2008年,县气象局与县安监局联合发文在全县建立了由113家企事业单位组成的防雷重点单位信息库,对这些重点单位实行防雷安全动态监管和灾害防御提醒等服务,并以防雷重点单位为突破点,健全各类社会防雷主体在防雷应急管理、防御装置定期检测维护和雷击灾情报告等方面的制度,逐步推进防雷安全管理的社会化和规范化。

政务公开　对气象行政审批办事程序、气象服务内容、服务承诺、气象行政执法的依据在县行政办证中心气象窗口、嘉善县人民政府政务信息公开网、嘉善县气象局网站进行公开。干部的任用、财务收支、目标考核、重大事项向全局干部职工公开。各项内部管理制度逐步完善,制定了包括学习、会议、考核、业务、财务、纪律、科技服务等多方面的规章制度。

党建和气象文化建设

1. 党建工作

党支部组织建设　1970年5月建站时,隶属县级机关农水局党支部。1983年成立嘉善县气象站党支部,有党员3名,薛付进任支部书记。此后,贾松强、胡德强、朱补全、张绿华等先后担任支部书记。至2008年底,支部党员数有7人。2007年,根据县纪委要求,建立《嘉善县气象局中层党员领导干部党风廉政建设信息库》和相关配套制度。

2. 气象文化建设

文明单位创建情况　1988年,被浙江省气象局评为双文明单位;1999年被中共嘉善县委、嘉善县人民政府授予县级"文明单位"称号;2002年被县机关党工委授予全县首批"文明机关"称号;2004年被中共嘉兴市委、嘉兴市人民政府授予市级"文明单位"称号。

文体活动情况　开展篮球、乒乓球、做菜能手、廉政短信、廉政摄影等各类文体活动。2002年,局新大楼投入使用后,建有职工活动室、健身房、室外篮球场、图书阅览室和多功能气象文化大厅。其中,图书阅览室收藏有各类纸质图书3000多册,电子图书8000多册。

3. 荣誉

集体获得的主要荣誉:2002年被浙江省气象局授予省气象科技服务与产业先进集体、省气象科技服务创收增幅最高奖;2006年、2007年连续被浙江省气象局授予全省气象科技服务先进集体;2005年被中国气象局授予"局务公开先进单位";2006年被浙江省档案局授予"省级档案管理达标单位"。

个人获得的主要荣誉:自建站以来,有2人被中国气象局授予"质量优秀测报员";1人被浙江省气象局和嘉兴市人民政府分别授予"2008年抗击低温雨雪冰冻灾害优秀个人";1人被浙江省气象局授予"全省优秀局长"。

台站建设

台站综合改造 自建站以来,嘉善县气象局大院和观测站分别先后迁移过2次。其中,局大院最近一次迁移于2002年完成,新大院占地面积约8亩,经两次建设改造,办公楼与辅助楼总建筑面积达2000多平方米,建有局内部服务器终端。局气象台建成了包括短时短期预报服务平台、灾害性天气紧急应急服务短信平台、预报服务(包括决策服务)业务平台、雷达共享信息监控平台、自动站共享信息监控平台、视频会商业务平台等多个专项现代化业务平台。局观测站进入县柳洲公园内,观测室总面积达90平方米,观测场大小为25米×35米。2007年,嘉善县气象局被浙江省局授予"AAA"级绿色台站称号。

园区建设 2002年,局大院迁移后,新建建筑面积约1400平方米的综合办公楼和占地面积约5亩的庭院绿化。2006年,对局大院环境进行全面改造,新建一栋约600平方米的辅助用楼,主要用于建设单身职工宿舍、局食堂、图书阅览室、档案室和嘉善县气象地震科普馆。局庭院内修建了草坪、凉亭和篮球场,全局绿化率达到了60%。2006年,气象局被评为县绿化园林单位。

1983年前的嘉善气象站

嘉善县气象局新观测场全貌

1984年建造的嘉善县气象站办公楼

嘉善县气象局新大院全貌

平湖市气象局

平湖市位于浙江省东北部,东南濒临杭州湾,东北与上海市金山区交界,西与嘉兴市接壤,西南与海盐县为邻,西北与嘉善县相接。全市陆域面积 537 平方千米,海域面积 1086 平方千米,2008 年末户籍人口 50 万。

机构历史沿革

始建情况 平湖县乍浦气象站始建于 1953 年,由华东军区司令部直接领导,1954 年 1 月启用。站址建于浙江省平湖县乍浦镇北大街"郊外";1954 年 1 月 1 日—1984 年 12 月 31 日经纬度:北纬 30°38′,东经 121°06′,1985 年 1 月 1 日至今经纬度:北纬 30°37′,东经 121°05′;观测场海拔高度:吴淞高程 5.4 米。启用以来,局(站)址与观测场位置未有变动,原观测场四周约 150 米范围内为农田,现南至西南方向 80～100 米距离建有成排农户三层楼房,东侧为一至二层商业用房,西侧、北侧与建站时基本相同。

建制情况 1953 年 9 月 1 日,嘉兴机场气象站迁往平湖县乍浦镇,改称乍浦气象站,隶属省军区司令部气象科管辖。9 月 18 日起拨归省人民政府建制,受省气象科管理。1956 年 5 月 10 起,归上海气象局与平湖县人民政府双重领导。1958 年 5 月 10 日起,归省气象局与平湖县人民政府双重领导。同年 11 月 1 日起,归平湖县人民政府领导,建制属地方政府,浙江省气象局为业务技术指导关系。1964 年 1 月 17 日,建制为省气象局直属单位。1970 年 11 月起,建制仍属平湖县革命委员会,实行平湖县人民武装部与平湖县革命委员会双重领导,以平湖县人民武装部为主的领导体制。1973 年 9 月改属平湖县革命委员会领导。1980 年 12 月 31 日起实行省气象局与平湖县人民政府双重领导,以省气象局领导为主的管理体制。1985 年 1 月起,依据嘉市气〔85〕2 号文件,归属嘉兴市气象局领导。2002 年 10 月,经中共平湖市委组织部批准,成立中共平湖市气象局党组。

人员状况 建站初,在编人员 5 人。1978 年底在编人员 12 人,党员 2 人。2008 年 12 月,在编人员 15 人,合同工 15 人,退休 7 人,均为汉族人。其中,大学本科学历 6 人,大专学历 4 人;中级职称 7 人,初级职称 5 人;中共党员 10 人。

主要负责人更替情况

任职时间	姓名	职务
1954 年 1 月—1954 年 5 月	徐福芝	乍浦气象站站长
1954 年 12 月—1956 年 6 月	王铁军	乍浦气象站站长
1956 年 6 月—1956 年 11 月	林水顺	乍浦气象站负责人
1956 年 12 月—1958 年 7 月	李文孝	乍浦气象站副站长(主持工作)
1958 年 8 月—1959 年 9 月	王玉珍	乍浦气象站负责人
1959 年 9 月—1966 年 5 月	杨寿观	平湖县气象服务站站长

续表

任职时间	姓名	职务
1966年5月—1970年11月	杨寿观	平湖县乍浦气象站站长
1970年11月—1972年	沈祥林	平湖县乍浦气象站负责人
1972年11月—1976年2月	于海波	平湖县气象站站长
1976年2月—1978年4月	陈志康	平湖县气象站负责人
1978年4月—1980年12月	翁在明	平湖县气象站站长
1980年12月—1981年10月	姚有为	平湖县气象站站长
1981年10月—1982年12月	陈志康	平湖县气象站副站长（主持工作）
1982年2月—1995年8月	林永明	平湖县（市）气象站（局）党支部书记（专职）
1983年1月—1988年12月	陈志康	平湖县气象站站长
1989年1月—1992年9月	陈志康	平湖市气象站站长
1992年9月—1993年7月	陈志根	平湖市气象站副站长（主持工作）
1993年7月—1997年5月	陈志根	平湖市气象局副局长（主持工作）
1997年5月—2000年10月	周叶芳	平湖市气象局副局长（主持工作）
2000年10月—2002年10月	周叶芳	平湖市气象局局长
2002年10月—2003年12月	周叶芳	平湖市气象局党组书记、局长
2003年12月—2005年12月	陈勤坤	平湖市气象局党组书记、局长
2005年12月—	沈省中	平湖市气象局党组书记、局长

气象业务与服务

1. 气象业务

① 气象观测

观测项目 1954年1月始，昼夜守班，承担24小时地面气象观测业务。观测项目：气压、气温、最高气温、最低气温、地面最低温度、湿度、风向、风速、降水量、蒸发量、积雪深度、云量、云状、估测云高、能见度、天气现象。1954年1月—1954年3月，观测30厘米地温。1954年1月—1966年7月，观测5厘米、10厘米、15厘米、20厘米地温。1954年3月起观测日照。1956年1月起观测地面温度。1956年10月4日起地面最高温度观测。1956年12月15日—1965年12月观测40厘米、80厘米、160厘米、320厘米地温。2003年1月，温度、湿度、气压、风向、风速、降水、0～320厘米地温七要素自动观测站建成投入使用。2003—2004年实行人工站观测与自动站观测双轨运行，2003年观测资料以人工站为主，2004年以自动站为主。2005年1月起实行自动站单轨运行，人工站资料仅在20时观测记录。气象资料归档：1954年始，地面测报资料采用手工抄录报表资料归档。1993—1997年，采用机制打印和手工抄录并行的资料归档。1997年始，除原始记录外，其余采用机制打印资料归档。2003年始，增加网络集中存储资料归档方式。

天气报、航危报 1954年1月始，承担天气绘图报、补充天气绘图报拍发任务（1960年8月起，定时观测时间由原北京时01、07、13、19时调整为02、08、14、20时）。2007年1月起，绘图报、辅助绘图报发报时次由02、05、11、14、17、20时6次调整为02、05、08、11、14、

17、20、23 时 8 次。2008 年 6 月起增发雷暴、视程障碍现象重要天气报。1954 年 1 月—2003 年 12 月,担负 04—22 时航危报发报任务。2004 年 1 月—2006 年 12 月,担负 03—22 时航危报发报任务。2007 年 1 月起,担负 03—23 时航危报发报任务。编报方式:1954—1992 年地面测报天气报、航危报由人工查算编报。1993—1995 年 10 月启用 PC-1500 微机,人工输入资料,PC-1500 微机自动查算编报。1995 年 10 月起由人工输入资料,微机自动查算编报。发报网络:1954 年始,地面气象报(天气报、危险天气报、航空报)由邮电局电话专线口传报送。1995 年 10 月—2008 年,危险天气报、航空报由微机自动查算编报,传报机通过电信 OBS 专线终端传送。1998—2003 年,天气报由微机经 Modem 拨号上网上传,2004 年起经气象内线专用网络(光纤)传送。

自动气象站和特种观测　2004 年以来已建 8 个中尺度四至七要素自动站和 1 个强风站。设备型号:本站为 ZQZ-CⅡ型七要素站;ZQZ-AE 型四至六要素站,当湖、共建为六要素站,全塘、新埭、钟埭为五要素站,化工园区为四要素站,灯光山为强风站。2006 年 12 月,安装闪电定位仪。2007 年 12 月,安装大气电场监测仪。2007 年 12 月,安装能见度监测仪。

②气象信息网络

气象信息接收。最初通信工具为电话机、收音机。1981 年 6 月,ZSQ-1A 型气象图传真接收机投入应用。1989 年起使用嘉兴市局组建的 150 兆超高频无线通讯网络,用于信息交流和预报会商。1993 年起使用嘉兴市局组建的 200 兆超高频无线通信传输网络,配备计算机,用于传输、接收数值预报产品资料。1995 年起,通过计算机 Modem 拨号联网省、市气象局调用数值预报产品资料。1999 年,PCVSAT 气象卫星单收站建成使用,作为预报业务主要信息资料来源。1996 年始配备电话传真机。1998 年市农经网光纤入局。2000 年市政务网光纤入局。2002 年气象业务光纤入局,组建气象信息系统局域网。2003 年 8 月,视频设备投入使用,实现嘉兴市级与五县(市)天气预报可视会商。2007 年起嘉兴市局开展气象业务一体化建设,工作重心由气象预报业务转至气象服务。全市数值预报产品资料主要由嘉兴市局负责提供,本局卫星单收站作为市局备份机运行,接收资料存入本局。

③气象预报

1959 年起,开展单站补充订正天气预报工作。1962 年起增加最高、最低气温预报,开展棉花播种期、早稻育秧期、夏收夏种、秋收冬种等重要农事季节天气趋势预报,开始制作一旬天气趋势预报。1963 年起,棉花播种期、早稻育秧期天气趋势预报合并为春播期天气趋势预报(3 月 20 日至 5 月 10 日)。梅汛期、台汛期天气趋势预报于 1965 年合并为汛期天气趋势预报(5—9 月)。1966 年 1 月 1 日始,改为气象站天气预报。从 20 世纪 70 年代初起,抄收地面、高空形势资料,制作天气形势分析图。2000 年,开始制作一周天气预报(包括气温、风的预报),2002 年起制作多项生活气象指数预报。对于连续阴雨、冬季强冷空气、台风等重要天气的预报服务也有了更直观的资料。

2. 气象服务

决策气象服务　1959 年初始,主要有 3—5 月春播期预报、5—9 月梅汛期、台汛期预报、冰冻大雪天气服务等。旬报和农业气象月报发送至乡（镇）政府、农科站和相关农口单位。20世纪70年代初与市防汛指挥部建立汛期报汛联防制度，每天定时通报天气实况和天气预报意见，有重要天气随时通报。1970年冬季，县革命委员会组织各公社在黄姑至全塘镇沿海一带开展围海造田工程，气象站派出预报服务小组，吃住在围海造田工程一线，开展气象保障服务。1995年始，开展春运期间气象决策服务。2000年始，开展气象信息内参决策服务。2001年始，开展汛期一周天气实况与下周天气趋势预测决策服务。2001年始，开展西瓜灯文化节气象保障服务。2005年始，实施气象灾害预警信号发布。2006年始，向交通部门开展恶劣天气道路交通气象预警服务。

20世纪80年代末，天气警报系统在气象服务中开始应用。1990年始各乡（镇）广播站配备气象警报接收机，用于接收重要天气预警报；各农科站配备气象警报接收机，开展农业生产服务。20世纪90年代初，因平湖市沿海港口、旅游、电厂、围涂等大型项目建设较多，相继开展为乍浦港、嘉兴电厂、大桥建设、围涂工程、近海渔业生产气象保障服务。2005年6月起，利用网络信息平台为市、镇（街道）领导班子成员共400余部手机开展气象信息服务。2008年，开发《平湖市气象灾害预警服务系统》，至2008年12月向市级领导，有关部门、镇（街道）、村（社区）各级领导，农业专业种养殖大户，近海捕捞作业渔船，规上企业安全员共计2200余只手机开展免费气象信息服务。

公众气象服务 1959年1月始，天气预报通过平湖县有线广播分早、中、晚播出。1991年6月始，在平湖人民广播电台调频台分早、中、晚播出。1989年1月始，由平湖电视台（无线台，1990年启用有线台）以字幕加配音方式在晚间新闻后播出。2001年始，与电视台联合制作电视天气预报节目，以非线性编辑系统为制作平台，开设10个窗口，在平湖有线、无线电视台播出。2004年始，与电视台、农经局联合制作每周《金色田野》为农服务节目。2007年始，在嘉兴日报平湖版开设平湖气象专栏。

专业与专项气象服务 1985年6月始，开展专业气象服务，向14家砖瓦厂以电话和邮寄旬报方式开展天气信息服务。1986年6月始，改用气象警报接收机，每天定时4~5次播发天气预报，天气突变时随时开机播发，服务范围向建筑、交通运输、企业等单位扩展，最多时有近百家。1987年7月始，砖瓦厂服务方式改为150兆超高频无线对讲机。2002年起逐渐改为手机短信方式，2003年采取移动公司网络信息机群发方式，代替对讲机、天气警报器，使天气预报服务更为直观、迅速。

为农服务 1962—1965年，在乍浦镇西门村定点开展大小麦、油菜、水稻、棉花等作物生育期、病虫害农情观测，结合旬天气趋势预报，发布农情观测信息，提出生产管理意见建议。1973年始，每年选择1~2个农业生产品种开展收获期及产量预报、作物生育期气象条件分析。1980年下半年起编发农业气象月报。多年来开展农气服务的主要内容有：重要农事季节天气预测、农业气象月报、作物病虫害趋势预测、作物生育期气候评述、旬月季及全年气候评价等，农气人员主动与涉农部门、乡（镇）农技人员、种粮大户、专业户建立广泛联系。通过座谈会、下乡走访调研，及时了解农情、灾情，适时开展针对性服务。1985年开展全市农业气候区划。2000年以来农业气象服务重点转为特色农业服务，2002年、2004年相继开展早春西甜瓜和蘑菇生育期相关气象要素对比观测，开展生育期气象条件分析课题。1958年下半年，各人民公社相继开办气象哨，至1960年陆续取消，仅保留3个，到20

世纪 80 年代末全部取消。

气象科技服务与技术开发 1996 年始,与电信局联合开展 5168 气象信息服务,自动答询天气预报和相关气象信息。1999 年 10 月,引进北京双顺达科技公司电脑语音"121"答询系统,开通 16 路中继电话线,下设中短期天气、节假日、临近城市天气预报等信箱,2003 年扩展为 30 路,2005 年扩展为 60 路,并由"121"改号为"96121"。2007 年起,推广使用气象信息电子显示屏,至 2008 年底,免费为市政府、有关部门、各镇(街道)、学校、车站安装 35 台。

1990 年,嘉兴市避雷检测中心平湖检测所开展防雷设施检测、工程验收。1998 年 3 月,成立平湖市防雷设施检测站,负责全市防雷设施的安装、检测,并监督用户安全使用,履行防雷设施安全管理职能。2003 年起开展消防电器性能检测,2006 年起开展雷击风险评估业务。

气象科普宣传 利用世界气象日、科普活动周、安全生产月及全国科普活动日等,上街下乡开展气象科普、防灾减灾宣传。2001 年 7 月、2002 年 9 月先后被命名为平湖市首批科普教育基地和嘉兴市首批科普教育基地。与市科协联合出版平湖科普气象专刊 5 期,建成校园气象站 3 个;协助市地震办创办地震、气象、消防科普展馆;2007 年 9 月,与市科协共同邀请中国气象局国家气候中心副主任罗勇博士举办《金平湖讲坛》报告会;在乍浦中心小学开设《风云面对面》课程。《金平湖讲坛之气象科普报告》和《气象科普进校园之风云面对面》在 2008 年分获浙江省气象防灾减灾和应对气候变化优秀科普作品三等奖、优秀奖。1 人被市委宣传部、市科协聘任为市科普讲师团讲师。

法规建设与管理

1. 气象行政许可

2003 年,成立平湖市气象行政执法执行大队,4 人取得气象行政执法资质证,2004 年成立行政许可工作领导小组。2000 年起,防雷装置设计审核和竣工验收、天气预报灾害性天气警报信息传播核准、建设项目大气环境影响评价气象资料核准 3 项行政审批事项集中在平湖市行政服务中心气象窗口,统一对外受理,至 2008 年底,共受理各类气象行政审批项目 3587 项。

2. 社会管理

气象灾害应急管理 2004 年,成立局重大灾害性事件气象服务领导小组,制定《重大灾害性事件气象服务预案》。2008 年,由气象局牵头会同有关部门开展《平湖市气象灾害应急预案》的制订工作,开发《平湖市气象灾害预警服务系统》。

气象协理员队伍建设 2007 年 8 月,在各镇(街道)组建由 21 人组成的气象协理员队伍,2008 年开展信息员组建培训,至 2008 年 12 月,共有气象协理员(含信息员)501 人,协助气象部门开展气象防灾减灾、气象科普知识宣传、气象信息传递、气象灾情收集和服务意见反馈等工作。所有乡镇(街道)明确分管气象工作的领导。气象局负责气象协理员的业务管理和镇级气象协理员工作考核。

气象探测环境保护 建站以来气象探测环境一直得到较好保护。因嘉兴港区开发建设,2004年7月,就气象观测环境保护事宜向嘉兴市港区开发建设管委会提出报告。2005年4月26日,浙江省气象局、嘉兴市气象局、嘉兴港区规划局、平湖市气象局就平湖国家基本气象站观测环境保护问题达成共识。2008年编制《平湖国家基本站探测环境保护专项规划》。

防雷管理 2004年7月,市政府建立市防雷安全管理领导小组,办公室设在气象局,气象局领导任领导小组副组长,兼任办公室主任。负责全市防雷减灾科普宣传,防雷设施安全监督,协调日常事务处理。2008年底,全市有120家单位被列为防雷重点管理单位,每年开展防雷、防静电装置安全性能检测及防雷安全知识宣传。

政务公开 气象行政审批办事程序、服务内容、服务承诺、气象行政执法依据在平湖市行政办证中心气象窗口、政府政务公开网、气象网站进行公开。干部任用、财务收支、目标考核、重大事项均向全局干部职工公开。

1986年起,逐步建立岗位责任制、考核制、奖惩制"三制一体"管理制度,每年根据情况变化修改、补充。至2008年已建立30多项包括学习、会议、党风廉政、考核、业务、财务、福利、车辆管理、档案管理等内部规章管理制度。

党建与气象文化建设

1. 党建工作

1982年以前,因党员人数较少,党员组织生活并入乍浦镇机关党支部。1982年,党员人数增加到4人,同年2月,经中共乍浦镇委员会批准,成立平湖县气象站党支部,设书记1名,归口中共乍浦镇党委领导。2002年,气象局党支部归口中共平湖市委直属机关党工委领导。支部以规范化党支部建设为标准,制定年度工作计划,规范使用工作手册,加强反腐倡廉警示教育和廉洁自律教育,组织活动健全,党员参会率100%,1998年被评为先进党支部,2002年以来连年达到规范化党支部考核标准。党支部成立以来已发展党员6名,至2008年底,共有党员10名。

2. 气象文化建设

坚持三个文明建设一起抓,陆续添置电教化设备、乒乓球桌、篮球架等文体活动设施。参加市直机关党工委组织的机关运动会。工会、共青团每年组织开展丰富多彩的群众性文体活动。2001年至2003年先后通过平湖市级文明单位、嘉兴市级卫生先进单位、嘉兴市级文明单位、省级卫生先进单位的创建验收。2004年起申报创建省级文明单位。2003年在市直机关党工委组织的百姓评部门活动中被评为"群众满意单位"。2004年深入开展效能建设和创建学习型机关活动,在市委市政府组织的"服务对象评部门"活动中被评为"群众满意部门"。2005年,组建局篮球队,每年与省局气候中心、其他县(市)局、市有关部门举行篮球友谊赛。2007年通过学习型机关验收。

3. 主要荣誉

1963年,被省人民政府评为"农业先进单位"。1999年被省气象局评为"浙江省重大气象服务先进集体";被平湖市委市政府评为"抗洪抢险先进集体"。2002年,在全省第三届电视气象节目观摩评比活动中获县（市、区）级无主持人节目一等奖。1998年以来，12人次荣获"全国质量优秀测报员"称号，3人荣获省气象局"观天卫士"荣誉称号，25余人次荣获"浙江省地面气象测报优秀个人"、"优秀预报员"称号。1人被嘉兴市人民政府评为"2008年抗击低温雨雪冰冻灾害气象服务先进个人"。

台站建设

1953年建站时，在乍浦镇北大街东侧郊外农田区域征用土地约8亩，建25米×25米观测场。1960年，观测场南侧、西侧约3亩土地归还农户。值班室位于观测场正北45米，东侧建木质3层瞭望台1座，用于观测能见度。

办公环境：建站初，建砖结构二层小楼一幢，约110平方米。至1999年历经4次扩建，1次重建。1999年下半年，总投资150万元，由省气象局和市财政各出资50万元的气象局办公楼重建启动。在二层小楼东侧，建造666平方米局部三层的办公用房，2000年5月启用，办公条件得到根本改善，设行政办公室、会议室、阅览室、档案室，满足了多方面工作需求。局大院改造为园林式绿化区，建有观赏鱼池、小桥、凉亭和大片草坪，绿化面积达65%，环境得到美化。

1999年改建前的平湖市气象局办公用房

1999年改建前的平湖市气象局全景图

2001年改建后的平湖市气象局台站风貌

海盐县气象局

海盐县位于浙江省北部杭嘉湖平原,东濒杭州湾,西南邻海宁市,北连平湖市和秀洲区。全县陆地总面积534.73平方千米(其中河道、湖泊等水域面积96.26平方千米),海湾面积537.90平方千米,岛礁0.48平方千米,2008年末户籍人口约37万。

机构历史沿革

站址变动情况 海盐县气象站1971年开始筹建,1972年7月1日在海盐县武原镇南门正式启用,观测场北纬30°31′,东经120°56′,海拔高度6.9米。1985年1月1日,观测场在原址改造,海拔高度5.8米。2000年10月14日搬迁至北纬30°30′,东经120°56′,海拔高度5.7米。2007年1月1日,观测站迁至海盐县武原镇红益村"郊外",北纬30°32′,东经120°54′,观测场海拔高度4.8米。东面30~100米是农民二层楼房及菜地;南面是菜地;西面40~100米是农民住宅;北面50米是海王公路,隔路是农村住宅。

建制情况 海盐县气象站启用之初,划归部队领导,建制单位:县革委、人武部;业务领导:省气象局。1973年10月,县气象站划归地方领导,建制单位:县革委;业务领导:省气象局。1980年8月体制上收,建制单位:省气象局;业务领导:省气象局;党团领导:中共海盐县委。1993年7月,海盐县气象站改名为海盐县气象局。

1972年建站时有6名工作人员。1978年底增加到10名工作人员。2008年底,气象局在编人员9名,编外合同制职工11名,退休职工7名。在职人员中,大学学历4人,具有中级职称的3人,中共党员7人。

主要负责人变更情况

任职时间	姓名	职务
1971年1月—1980年12月	刘长吉	海盐县气象站主要负责人
1980年12月—1982年2月	孙锡余	海盐县气象站主要负责人
1982年3月—1985年1月	程剑兴	海盐县气象站副站长(主持)
1985年2月—1988年8月	程剑兴	海盐县气象站站长
1988年8月—1989年7月	张士强	海盐县气象站站长
1989年7月—1993年7月	林逸鸣	海盐县气象站站长
1993年7月—2000年12月	林逸鸣	海盐县气象局局长
2001年1月—2004年12月	陈川明	海盐县气象局局长
2005年1月—2007年4月	何锋	海盐县气象局局长
2007年4月—	朱以明	海盐县气象局局长

气象业务与服务

1. 气象观测

观测时次及观测项目 海盐气象观测站为国家一般气象观测站,实行白天守班,承担地面3次定时观测(08、14、20时),观测项目有:气压、气温、最高气温、最低气温、地面温度、地面最高气温、地面最低温度、湿度、风向、风速、降水量、蒸发量、积雪深度、日照、云量、云状、云高、能见度、天气现象。2003年1月起,增加5厘米、10厘米、15厘米、20厘米地温自动观测记录。1982—1995年建有西塘桥、石泉、黄沙坞3个气象哨,观测雨量、温度和积雪雪深。2003年1月1日起,温度、湿度、气压、风向、风速、降水、0~20厘米地温自动观测站建成投入使用,开展以自动气象站为辅,人工站为主的地面气象测报业务工作。自2003年12月31日20时起,开展以自动气象站为主,人工站为辅的地面气象测报业务工作。自2004年12月31日20时起,自动气象站正式投入单轨业务运行,人工站资料仅在20时观测记录。

发报情况 1972—1994年担负每日06—20时嘉兴、杭州、上海、长兴等地航空天气报和危险天气报拍发任务,供军地航空使用。1994年起取消航危报并改发地面天气报和重要天气报。2008年5月31日20时起新增发雷暴、视程障碍现象(霾、浮尘、沙尘暴、雾)重要天气报。1992年、1995年分别为核电二期、三期前期气候环境评估进行7个站点的风场观测。1997年1月开始增加每月1次的核应急加密报。

现代化气象观测系统 2004年以来,已建成澉浦、沈荡、西塘桥、白塔山、通元、横港、南门等7个五至七要素中尺度自动站和海塘1个强风站。2007年12月21日,在观测场内建成1个大气电场监测仪。同年12月26日,在观测场内建成1个能见度监测仪。

报表编制 1972—1993年地面测报天气报、航危报由人工查算编报。1993—1995年10月启用PC-1500微机,采用人工输入资料,PC-1500微机自动查算编报。1995年10月至今由人工输入资料,微机自动查算编报。

2. 气象预报

预报网络 最初的业务通信工具是收音机、电话机。收音机用于抄收浙江省、上海市广播电台等播发的地面和高空气象信息,绘制地面天气图,高空形势图;并参考其发布的天气指导预报。1981年6月,ZSQ-1A型气象图传真接收机投入应用。用于对中国气象局、日本气象厅、欧洲中心的数值预报产品资料、实况资料和卫星云图等的接收,预报准确率明显提高。1989年嘉兴市气象局组建150甚高频无线预报通讯网络;1993年嘉兴市气象局组建200超高频无线通信传输网络;1995年起,通过计算机Modem拨号联网方式,调用省、市气象局数值预报产品资料。1996年配备电话传真机,扩展了政府决策服务方式。随着中国气象局9210工程的建成使用,1999年,海盐县气象局建成了PCVSAT气象卫星单收站,预报业务人机交互系统投入使用,预报服务能力全面提高。2002年气象业务光纤入局,组建了气象信息系统局域网,在地面探测、资料共享、可视会商和预报服务等方面得到应用。2003年引入广电系统光纤,影视节目实现网上传输。2004年安装电信通,光纤与地方政务网联网。2007年1月嘉兴市气象局开展业务一体化改革,天气预报服务产品由市气象台负责提供,县局预报业务重心由天气预报制作转到气象服务。

天气预报 1972年起,抄收浙江省、临近省市广播电台播发的气象信息资料,绘制天气形势图,以浙江省、上海市中心气象台的天气预报为指导,制作本县行政区域早、中、晚3次天气预报。1980年开始制作天气旬报,春播期天气预报,4月制作发布汛期天气预报。2005年6月起,开展气象灾害预警信号发布工作。气象灾害预警包括台风、暴雨、暴雪、寒潮、大风、大雾、雷电、冰雹、霜冻、高温、干旱、道路结冰、霾。

2008年的建成的现代化的气象灾害预警业务平台

3. 气象服务

决策气象服务 1972年起,坚持为政府提供春播期、梅汛期、台汛期长期天气预报,以及重要天气报告等决策服务。1990年,为各乡镇农机站、相关部门和企业安装气象警报接收机,防灾减灾效果明显。2000年起,向县四套班子及相关部门和重点企业提供《一周天气趋势预报》,2005年改名《海盐气象信息内参》。2001年起,向县交通、运输等管理部门,提供大雾、冰冻雨雪等预报服务,重点做好春运期间的气象服务保障工作。2002年起,为南北湖旅游节组委会提供中短期天气预报。

公众气象服务 1972年建站后,以上级气象台天气预报为指导,制作本县早、中、晚3次天气预报,主要内容为:72小时晴雨、风向风速、气温,由县农村有线广播站(1991年6月升级为人民广播电台)播出。1989年,天气预报在电视上以字幕方式播出。1997年10月,与县广播电视局合作,推出电视天气预报节目。2005年,参与电视台《金色田野》栏目制作。2005年,在"今日海盐"上开辟"天气咨询"。2006年在政府等相关部门推广应用气象电子显示屏,拓宽气象信息发布渠道。1996年与电信局联合开展"168"气象信息声讯服务。内容包括72小时天气预报、一周天气预报、邻近城市天气预报等;2005年升级为"96121",增加了三小时天气预报、上下班天气预报、气象指数预报、气象热点等。

专业与专项气象服务 1985年起为砖瓦厂提供短时短期预报,以电话服务为主。1987年配备了无线对讲机,2006年底改为气象电子显示屏。1986年起,为社会各界提供气象资料、气象灾害证明等服务。2006年起,利用电信和移动短信平台,为党政领导、有关部门、重点企业提供短信气象服务。1985年3月起,海盐县气象局为秦山核电站工程的前期气候评估提供了大量的气象资料。在工程建设过程中,自始至终主动及时地为建设和施工单位提供中短期和短时临近天气预报,特别是在工程建设的关键环节及重大活动时段提供了有效的气象保障服务。核电建成投产后,每天通过电话提供中、短期天气预报,传真《海盐气象信息内参》。并为核电系统的气象观测站点提供气象技术指导和气象观测资料的校验。

农业气象服务 1973年起开展农情观测,主要观测大小麦、油菜、水稻、棉花等作物生育期进程,发布农情观测信息,提出生产管理意见建议。1980年起编发农业气象旬(月报,开展农业气象服务,农气服务的主要内容有:重要农事季节天气预测、农业气象月报、作物病虫害流行趋势预测;作物生育期气候评述、旬月季及全年天气预报气候评价等;专项为农服务主要是配合农经部门服务增产工程,如科技兴农、模式栽培、吨粮田、优特高工程与菜篮子工程建设等。农气人员与涉农部门、乡镇农技人员及种粮大户、专业户建立广泛联系,进行产前、产中、产后服务。1984年开展农业气候区划工作,编制了《海盐县农业气候区划手册》。《油茶、西瓜、棉花三熟套种气候适应性及增产机制》获1991年度浙江省气象科技进步奖四等奖。2005年4月至2006年4月,完成《海盐县农业保险气象灾害评估》工作报告,为开展农业气象保险提供了依据;2005年起开展春蚕防氟指导预报服务。2008年起开展为芦荟、生猪等农业种养殖大户服务。

气象科技服务与技术开发　1985年起,开展气象科技服务。1996年,与电信局联合开展"168"气象信息声讯服务,气象局提供气象信息,电信局录制。1999年10月引进北京双顺达科技公司的电脑语音答询系统,开通16通道,启用"121"气象信息服务,2003年扩展到30通道,2005年又扩展到60通道,并改为"96121"。积极开展气象科学研究,《海盐旅游气候资源的开发》、《海盐沿海海面风力预报研究》、《海盐核电应急的气象技术研究》、《测报服务程序》等先后通过审核验收。

气象科普宣传　利用世界气象日、科普活动周、安全生产月等宣传气象科普及防灾减灾知识,走进街道、学校、乡镇及农村发放宣传资料,2005年起每年下基层开展防灾减灾知识讲座。2005年,在"今日海盐"上开辟"天气咨询",每日一题,内容短小精悍,通俗易懂。同年起参与电视台《金色田野》栏目制作,介绍气象事业发展,宣传农业气象。2007年,创建《海盐旅游气象》周刊,向有关部门宣传旅游气象知识。气象台和观测站被县实验小学、西塘桥中心小学作为学校科普教育基地,年均接待学生达800余人。

法规建设与管理

1. 气象行政许可

2003年,成立海盐县气象行政执法大队,有2人取得了行政执法资质证书。为适应行政审批改革的需要,2008年建立海盐县气象局行政许可科,集中气象局所有行政审批事项,在海盐县社会经济发展服务中心气象窗口,统一对外受理和审批气象行政审批事项。目前,海盐县气象局开展防雷装置设计审核和竣工验收、天气预报灾害性天气警报信息传播核准、建设项目大气环境影响评价气象资料核准3项行政审批事项。

2006年初,为加强对气象灾害的应急管理,由气象局牵头会同政府有关部门开展气象应急方案的制订工作。同年8月海盐县人民政府办公室发布了《海盐县气象灾害应急预案》和《海盐县雷电灾害应急救援预案》2个文件。

2. 社会管理

气象协理员队伍建设　2006年在各镇人民政府建立气象协理员队伍,2008年在每个行政村设立气象信息员。协助气象部门开展气象科普知识的宣传、气象信息的传递、气象灾情的收集和气象服务意见的反馈等。截至2008年全县共有11名气象协理员,104名气象信息员。

气象探测环境保护 自建站以来气象探测环境一直得到了较好的保护。2008年编制《海盐国家气象观测站探测环境保护专项规划》,由海盐县发展和改革局与海盐县气象局联合发文公布。

防雷管理 1990年起开展(构)建筑物防雷设施年度检测。根据海盐县编制委员会文件(盐编〔96〕33号)要求,1996年9月成立海盐县防雷设施检测站。2000年起对新建建(构)筑物开展防雷设计图纸审核、施工跟踪检测和竣工验收工作。2008年底,全县有135家单位被列为防雷重点管理单位。

政务公开 有关气象行政审批办事程序、服务内容、服务承诺、行政执法依据,都在县行政办证中心气象窗口、海盐县人民政府政务公开网、海盐县气象局网站进行公开。干部任用、财务收支、目标考核、重大事项均向全局干部职工公开。近年来,制订或完善各项管理制度,包括学习、会议、考核、业务、财务、纪律、福利等制度。

党建与气象文化建设

1. 党建工作

支部组织建设情况 1971年11月海盐县气象站建立之初只有一名中共党员,归属县革委会生产组织部。1978年,建立气象站党支部,为县委直属支部。1993年7月,海盐县气象站党支部改名为海盐县气象局党支部。1996年7月,气象局党支部归入县级机关党委管理。2008年12月底,气象局党支部共有党员10名。其中在职党员7名。2000年局党支部被县直机关党工委命名为规范化党支部,2008年被命名为星级党支部。

2. 气象文化建设

重视干部职工的思想教育,深入开展"树形象创一流"等活动,全体干部职工保持积极向上的精神风貌。1999年获得海盐县县级文明单位,2001获嘉兴市市级文明单位。2007年起开始申报争创省级文明单位工作。积极开展文明共建结对活动,先后与县实验小学、南门社区、驻盐空军部队、王庄村党支部等结成共建单位。

重视气象文化建设,组织开展法律法规、廉政建设、党的基本知识等方面的知识竞赛,积极参加县机关运动会和歌咏比赛,与其他部门开展乒乓球、扑克牌友谊赛。购置体育健身器材,建立职工健身房和阅览室,活跃和丰富职工的文化生活。

3. 荣誉

1992—2008年,海盐县气象局获地厅级以上荣誉12项。个人方面:1人2次被中国气象局授予"全国质量优秀测报员"称号。1人获得中国气象局廉政文化短信优秀作品奖。1人被嘉兴市人民政府评为2008年抗击雨雪冰冻灾害先进个人。

台站建设

1971年气象站开始筹建,1972年7月1日在海盐县武原镇南门正式启用。1993年县气象站原址扩建,新建气象业务用房245平方米。2000年受县城城市重点工程建设影响,气象局整体搬迁到河南东路39号,新建气象办公业务楼和辅助用房673.99平方米,办公条件得到明显改善。2006年5月因气象事业发展需要,在县城武原镇西郊红益村征地6.7亩,建设地面观测站,值班用房160平方米,一座25米×35米观测场,总投资190万元。2007年1月1日正式启用。2007年在河南东路39号原气象局地址,向西扩征2亩土地,原办公楼向东南方向平移45米,新建一座1600平方米的欧式连体气象防灾减灾业务楼,总投资概算390万元。2008年7月办公大楼落成,8月份启用。新业务楼按照浙江省AAA级绿色气象台站的标准要求,建有气象综合业务平台、气象影视制作、多功能会议室、档案阅览室及库房、职工健身房等。庭园进行了大面积的绿化和美化,成为园林式的机关办公场所。

1979年时的海盐气象观测场地

2006年投入使用的海盐国家气象观测站

2008年投入使用的海盐气象防灾减灾大楼

海宁市气象局

海宁市位于浙江省东北部,嘉兴市南部,东邻海盐县,南濒钱塘江,与绍兴市上虞市、杭州市萧山区隔江相望,西接杭州市余杭区,北连桐乡市、嘉兴市秀洲区,东距上海 125 千米。全市内陆面积 731 平方千米,2008 年末总人口 64 万。

机构历史沿革

始建情况 1958 年开始筹建海宁县气象服务站,同年 12 月建成,1959 年 1 月 1 日正式成立。1963—1966 年曾为县"自办站"。1972 年 6 月 20 日,海宁县气象服务站更名为海宁县气象站。1987 年 2 月,海宁县气象站改名为海宁市气象站。1993 年 11 月,海宁市气象站改名为海宁市气象局。

观测场变动情况

起止时间	地址	经度(E)	纬度(N)	海拔高度(米)
1959 年 1 月—1963 年 11 月	海宁县硖石镇长水路	120°41′	30°33′	4.7
1963 年 11 月—1974 年 3 月	海宁县硖石镇长水路	120°41′	30°33′	5.8
1974 年 4 月—1988 年 12 月	海宁市硖石镇长埭路 115 号	120°41′	30°33′	6.9
1989 年 1 月—2003 年 6 月	海宁市硖石镇南郊四组	120°41′	30°31′	7.3
2003 年 7 月—2008 年 12 月	海宁市伊桥管泾港 45 号	120°39′	30°31′	8.8

注:海宁市气象局(站)和观测场为同一地址。

管理体制 1962 年以前归海宁县农业局和浙江省气象局双重领导,以县农业局为主。1962 年 1 月至 1966 年 7 月,归县人民委员会和省气象局双重领导,以地方领导为主。1966 年 8 月至 1970 年 1 月,归省气象局领导。1970 年 2 月 1970 年 9 月,归县革委会和省气象局双重领导,以地方领导为主。1970 年 10 月至 1973 年 9 月,归县人民武装部和省气象局双重领导,以县人武部领导为主。1973 年 10 月至 1980 年 12 月,归县革委会和嘉兴地区气象局领导,以县革委会领导为主。1981 年 1 月至 1984 年 12 月,归省气象局和县人民政府双重领导,以县政府领导为主。1985 年至今,嘉兴市气象局和地方政府双重领导,以部门领导为主。

人员状况 1959 年建站时只有 3 人。1978 年底有 7 人。截至 2008 年底有在职在编职工 7 人,编外用工 14 人。在编在职职工中本科学历 5 人,大专 1 人,中专 1 人;具有中级职称 4 人,初级职称 2 人,见习 1 人。

主要领导更替情况

任职时间	姓名	职务
1976 年 8 月—1979 年 3 月	李荣曾	海宁县气象站负责人
1979 年 4 月—1980 年 12 月	李荣曾	海宁县气象站站长

续表

任职时间	姓名	职务
1981年2月—1985年8月	魏泽先	海宁县气象站站长
1985年8月—1987年1月	庄学铭	海宁县气象站副站长
1987年2月—1993年10月	庄学铭	海宁市气象站副站长（主持）
1993年11月—2001年4月	庄学铭	海宁市气象局局长
2001年4月—2003年12月	陈勤坤	海宁市气象局局长
2003年12月—2004年12月	周叶芳	海宁市气象局局长
2004年12月—2006年3月	陈川明	海宁市气象局局长
2006年3月—2006年12月	计　珩	海宁市气象局副局长（主持）
2006年1月—	计　珩	海宁市气象局局长

气象业务与服务

1. 气象综合观测

观测时次　本站为国家一般气象观测站，每天3次定时观测，夜间不守班。观测时次1959—1960年为北京时07、13、19时，1961年起北京时08、14、20时。2003年1月1日起，自动气象站投入业务运行，开展以自动气象站为辅，人工站为主的地面气象测报业务工作。自2004年1月1日起，开展以自动气象站为主，人工站为辅的地面气象测报业务工作。自2005年1月1日起，自动气象站正式投入单轨业务运行。

观测项目　1959年，观测项目为气压、温度、风向风速、云量、小型蒸发、能见度、07时和19时定时降水量、天气现象、07时和19时地面状态；1960年1月1日，增加日照时数；1960年12月1日，增加08、14、20时地面0厘米、5厘米、10厘米、15厘米、20厘米温度观测；1961年1月1日，增加积雪深度；1967年1月1日，取消5厘米、10厘米、15厘米、20厘米地温观测，02时0厘米地温用前一天20

海宁市气象局新观测场

时加当天最低除2得到；1968年1月1日，02时本站气压、温度、相对湿度用02时记录用自记记录经订正后的值代；1972年1月1日，增加虹吸雨量计观测自记降水量；1975年1月1日，增加自记风向风速；1980年1月1日，观测项目为：气压、干湿球温度、总云量、低云量、云状、能见度（千米）、定时降水量（20—08时和08—20时）、天气现象、自记降水量（虹吸雨量计）、自记风向风速、定时风向风速、小型蒸发、地面0厘米温度、日照、雪深；2004年1月1日，增加观测项目：气压、气温、相对湿度、风向风速、雨量的分钟资料观测，浅层5厘米、10厘米、15厘米、20厘米地温每小时观测。

报文发送 1996年前每天08时向OBSER杭州拍发实况报,内容包括前一天的平均气温、到当天八点的最高最低气温,24小时雨量。1997年开始每天08、14、20时拍发内容云、能见度、天气现象、气压、气温、风向风速、降水、雪深、地温等。当出现暴雨、大风、雨凇、积雪、冰雹、龙卷风等时,5分钟内向省气象台拍发重要天气报。当有台风影响时,根据省局指令,拍发台风加密报。2008年6月1日新增发雷暴、视程障碍现象(霾、浮尘、沙尘暴、雾)重要天气报。

报表编制 编制气表-1、气表-21,报送省局、地(市)局各报送1份,本站留底本1份。1989年停止报送纸质报表,原始资料分别从通过储存卡、磁盘、162分组数据交换网、气象内网上报。1959—1987年11月,年地面测报由人工查算编报。1987年11月启用PC-1500微机,采用人工输入资料,PC-1500微机自动查算。1995年10月以后由人工输入资料,微机自动查算编报。

气象哨和中尺度自动站 1978年起建立了海宁县许村镇永福村、祝场乡、钱塘江乡云龙村、围垦海涂(盐仓)共4个气象哨,观测项目有气温、风向风速、降水量。2003年起建立第一个区域天气观测站,到2008年12月底,全市共有黄湾(尖山)、马桥、新仓、盐官、钱塘江、盐仓、许村、海昌区域天气观测站8个,其中四要素站5个,单要素站3个,实现气温、湿度、风向风速、雨量自动记录,观测数据实时通过中国移动通讯GPRS网络上传到嘉兴市气象局。

特种气象观测 2007年12月21日本站开始大气电场观测。2008年1月21日开始能见度自动观测,共有能见度自动观测点2个。

2. 气象预测预报

资料获取 建站初期通过收音机收听电台发布的地面、高空实况信息和省台的有关天气预报信息。1982年5月引进CZ-80-ⅡA气象传真机,用于接收和绘制天气图。1993年嘉兴市局组建200超高频无线通信传输网络,配备计算机,用于无线传输、接收数值预报产品资料。1995年起,通过计算机Modem拨号联网方式,调用省、市气象局数值预报产品资料。1999年9210工程PCVSAT气象卫星单收站建成使用,卫星单收站资料成为预报业务主要信息资料来源,开始使用MICAPS系统。2000年设置气象专用光缆进行数据传输。2001年开通英特网。2002年建

海宁市气象局新预报值班室

立较为完整的气象专用光缆、公网光缆、局域网。数值预报产品资料主要由市局负责提供。

会商方式 建站初期通过拨打电话进行会商。1985年嘉兴市气象局组建了150兆甚高频无线对讲机通讯网络,用于与上级台站和周边台站的天气会商和灾害性天气联防。2003年,嘉兴市气象部门视频天气会商系统建成。

预报内容 1959年起公众预报内容:晴雨、温度、风,预报时效为三天。同时根据情况

发布各种灾害性天气的预报和警报,如有台风影响时发布台风消息、台风警报、台风紧急警报,冬春季发布降温报告和寒潮警报。1978年起有专职预报人员,同年开始作中长期天气趋势预报,1978年3月开展专业气象预报(主要针对建材行业)。1987年起开展春运天气预报。2000年起,比较全面系统地为政府及有关部门防灾减灾决策和重大活动提供气象保障。2004年起发布各种重要天气的预警信号。2004年开始短时临近和未来10天预报。2007年气象业务一体化以后,预报业务在市级产品指导下,开展灾害性天气的决策气象服务工作,补充订正上级台站发布的中短期和短时临近指导预报产品并开展相应服务。

3. 公共气象服务

决策气象服务 主要内容包括:汛期预报服务,包括月天气趋势预报、旬天气趋势预报。重大灾害性、转折性和关键性天气的预报服务。一周天气趋势。重大社会活动的气象服务,包括国定假日、中高考、海宁观潮节、皮革博览会、家纺博览会、其他社会活动。专题气象服务,包括春运气象服务、海宁市党代会、人代会气象服务。台风气象服务,包括台风最新动态、路径分析、影响实况、灾害预报、台风位置预报、重点防御区域、防御措施建议。

公众气象服务 1987年以前专业、专项气象服务是以向各服务单位寄发旬天气预报为主,服务单位主要是建材行业和其他露天作业的企业。1987年3月建立了无线气象警报器,大大提高了对突发性天气的预报信息的传输能力。1996年,与电信局联合开展"7168"气象信息服务。1999年10月引进北京双顺达科技公司的电脑语音答询系统,下设中短期天气,双休节假日、邻近城市天气预报等信箱,开展气象预报信息服务。2003年,"121"改号为"96121"。2004年5月起由海宁气象局制作天气预报节目。2004年开始,对建材行业的气象服务采用手机短信的方式。2004年建立紧急异常气象预警系统。2007年在各乡镇街道设置了气象信息显示屏,发布各类天气预报和预警信号,截至2008年底共有气象信息显示屏9块。2008年1月与海宁日报社正式签订天气预报刊登协议,每天17点前传输给报社。

专业和专项气象服务 1985年起,开展气象科技服务。1991年3月起至今,在全市范围内全面开展防雷检测工作。2008年9月起发布观潮指数预报。2007年6月起发布乡镇专题气象服务。2007年1月起发布气候评价,开展每月、季和年度气候评价,回顾前期基本气候概况,主要天气气候事件和对各行业的主要影响及未来气候展望和建议。

农业气象 1974年起开展农业气象观测、试验、服务。1977年起制作农业气象月报,进行作物(大小麦、早晚稻等)生长与气象条件的分析。1978年起,制作大小麦赤霉病预报。1978—1981年开展早稻防高温试验。1980年起,开展桑叶生产(产量)与气象条件的关系研究。1981—1990年进行大麦生长与气象条件关系的观测。1978—1990年开展早稻纹枯病预报、晚稻穗颈瘟预报。1983—2008年制作蚕桑氟化物含量预报。2002年开始月季花生长期观测。2006年制作农业气象主要内容有农业气象月报、季度年度气候评价、病虫害与气象条件的分析和预报、主要作物生育期气象条件分析等。2007年3月进行嘉兴地区土壤常数测定,同年4月正式开展土壤水分观测。2002年以来,结合海宁市主要特色农业生产,针对鲜切花、葡萄、蔬菜生产中的农业气象问题进行了研究,提出了一些农业气象灾害指标和防御措施,获得了显著的社会和经济效益。

气象科研开发 《鲜切花高效栽培技术推广》被浙江省农业厅授予2006年农业科技推广二等奖;《海宁5月至6月大到暴雨的MOS预报方法》获1986年省气象科技进步四等奖,《嘉兴香米气候适应性研究》获1994年省气象科技进步三等奖,《海宁市月季气候适应性和小气候优化效益研究》获2005年海宁市科技进步三等奖,《葡萄优质高产气候模式研究》获2008年海宁市科技进步三等奖,《鲜切花的农业气象灾害预防技术研究》获2008海宁市科技进步二等奖。2000年来,在各种刊物、技术论坛、学术交流会上发表论文50余篇。

法规建设与管理

依法行政 2003年9月,成立海宁市气象行政执法大队,3人取得了气象行政执法资质证书。2000年海宁市气象局进驻海宁市行政审批服务中心,集中统一对外受理和审批气象行政审批事项。审批项目包括:防雷装置设计审核和竣工验收项目、气象预报和灾害性天气警报传播许可、影响气象台站探测环境保护的建设项目审核。

探测环境保护 为保护气象探测环境,保证气象探测工作的顺利进行,确保获得的气象探测资料具有代表性、准确性、比较性和连续性,2008年制订了《海宁市国家气象观测站探测环境保护专项规划》。

防雷管理 2007年1月制定实施《海宁市气象局雷电灾害应急救援预案》。2008年,市气象局与市安监局联合发文,公布60家单位为防雷重点管理单位,对这些重点单位实行防雷安全动态监管和灾害防御提醒等服务,并以防雷重点单位为突破点,健全各类社会防雷主体在防雷应急管理、防御装置定期检测维护和雷击灾情报告等方面的制度,逐步推进防雷安全管理的社会化和规范化。

气象协理员队伍建设 2007年5月起,开始组建海宁市气象协理员队伍。通过对各镇、街道报送的气象协理员进行培训,使气象协理员掌握了一定的气象专业知识,协助气象部门开展气象科普知识的宣传、气象信息的传递、气象灾情的收集和气象服务意见的反馈等,能更好的履行防灾减灾的职责。2008年建立了全市村级气象信息员队伍。截至2008年底,全市共有乡镇(街道)协理员12人,村级信息员181人。

气象科普宣传 2001年海宁市气象局被海宁市委宣传部、海宁市科学技术协会命名为"科普教育基地"。2004年,在海宁市马桥街道中心小学建立气象科普基地,2008年海宁市马桥中心小学"第四届科普节气象科普系列活动"获浙江省气象局、浙江省科学技术协会举办的"浙江省气象防灾减灾和应对气候变化优秀科普作品"二等奖。2008年3月,海宁市委宣传部、市气象局、市科协联合举办了"潮乡论坛"科普报告会,邀请南京信息工程大学教授作了《气候变化影响》学术报告会。

政务公开 海宁市气象局行政审批项目在行政审批服务中心气象窗口、海宁市行政审批服务中心网站、海宁市气象局网站进行公开。局内干部任用、财务收支、目标考核等内容采取职工大会或上局公示栏张榜等方式向职工公开。2004年重新修订海宁市气象局规章制度汇编,并不断进行补充修订,主要内容包括党风廉政建设责任制、财务"两公开一监督"制度、政治、业务学习制度、文明守则、日常工作行为规范、文明用语、局各类会议制度、公文处理办法、保密工作若干规定、档案资料管理制度、重大突发性事件处理工作程序等等。

党建与气象文化建设

党建工作 1979年4月建立了中共海宁县气象站党支部。历任党支部书记为:1979年4月—1980年12月为李荣曾;1981年2月—1989年12月为魏泽先;1990年1月—1996年6月为庄学铭;1996年6月—1997年8月为陈雪甫;1997年8月—2003年12月为陈勤坤;2004年1月—2004年12月为周叶芳;2005年1月—2006年3月为陈川明;2006年3月—2008年2月为计珩。截至2008年12月底,中共海宁市气象局党支部共有中共党员12人,其中在职党员4人,退休党员6人,编外用工党员2人。经常开展廉政对联、廉政短信、廉政书画、廉政摄影作品征集活动。2001年起连续被海宁市直属机关党工委评为规范化建设优胜党支部。2005年局档案目标管理工作达到省级标准。

气象文化建设 海宁市气象局以人为本,重视干部职工精神文明建设,为丰富职工文化体育活动创造优良的环境和物质条件。1999年被授予"海宁市文明单位"。2003年局站搬迁后,专门安排设置了藏书3000多册的图书阅览室,并配有上网电脑;同时还购置了乒乓桌、健身器材,在局内部网络中开设专门的公共学习园地,供职工学习交流之用。

荣誉 2005年、2006年,先后被海宁市政府授予"全市防台抗台先进集体"、"为农服务先进单位"。2008年,被海宁市政府授予"为农服务先进单位"称号。2000年、2002年,被浙江省气象局授予气象科技服务先进单位。

台站建设

自1958年建站至今,先后3次易地搬迁改造。2003年7月1日海宁市气象局整体搬迁至海宁市伊桥管泾港45号。新站址总面积10241.0平方米,建筑物面积1402.4平方米,基建和台站综合建设投资381万。这次搬迁完成后,全局面貌焕然一新,局院内环境优美,为园林式绿化区,绿化率70%以上,有观赏鱼池,小桥、凉亭、大片草坪和错落有致的绿化树木,既美观又不影响观测环境。网路畅通,值班室、办公室宽敞明亮,各种设施齐全,功能完备,配有车库、职工食堂等辅助设施。

1974年第一次搬迁后海宁气象站全貌

2003年第三次搬迁后海宁市气象局办公楼

观测场位于田、地、水交错分布地域,海拔高度 8.8 米,黏壤土,与海宁的地质地貌一致,有较好的代表性。观测场大小为 25 米×35 米,场内气流通透,设备安置标准,排列有序,布局合理,并留有较大的位置可安装新观测项目设备。观测场外无影响观测的干扰源。

办公用房面积宽敞,各功能区分明。一层分布有:测报值班室面积 100 平方米,测报工作面宽敞明亮。预报值班室面积 160 平方米,各种预报工作平台美观大方,方便使用。建立信息中心和机房,通讯传输通畅。二层为行政办公室,大小会议室,阅览室,档案室,健身房等,较好地满足的多方面的工作需求。

2007 年获得浙江省气象部门首批 AAA 级绿色台站示范单位。

桐乡市气象局

桐乡市位于浙江北部,东连嘉兴市秀洲区,南邻海宁市,西毗德清县、杭州市余杭区,西北接湖州市南浔区,北界江苏省吴江市。全市总面积 727 平方千米,2008 年末人口 66 万。

机构历史沿革

始建情况　1958 年 12 月成立桐乡县气象服务站,站址位于桐乡县梧桐镇镇郊邵介桥(北纬 30°38′,东经 120°32′),观测场海拔高度 6.6 米。1959 年 1 月 1 日正式开始观测记录。其间因周围建筑影响,观测场经过两次近距离迁移(第一次观测场南迁 100 米,第二次北迁 60 米),但测站经纬度不变。1963—1966 年为县"自办站"。1993 年 7 月更名为桐乡市气象局。1998 年 9 月 1 日因旧城改造搬迁至桐乡市梧桐街道众善村(郊外),北纬 30°38′,东经 120°31′,观测场海拔高度 5.4 米(测场海拔高度起算零点:黄海面)。观测站占地近十亩,建筑面积 930 平方米,属国家气象观测一般站。

建制情况　自建站至 1972 年 1 月属县农林局和嘉兴地区气象局双重领导。1972 年 1 月 20 日至 1973 年 9 月,属桐乡县人武部和农林局双重领导,业务归省气象局领导。1973 年 10 月,重新归农林局,业务归省气象局领导。1980 年 1 月起由嘉兴地区气象局领导。1981 年 8 月,气象部门改为部门和地方双重管理的领导体制,由部门领导为主。

人员状况　1958 年建站时只有 3 人。1978 年增至 11 人。截至 2008 年底,在编在职职工 9 人,合同工 9 人;在编在职职工中大学学历 3 人,大专 3 人;中级专业技术职称 6 人,初级专业技术职称 3 人;在编在职职工中 50 岁以上 3 人,40 岁以下 4 人,党员 6 人。

主要负责人变更情况

姓名	任职时间	职务
王吉成	1976 年 5 月—1984 年 7 月	负责人
陈建章	1984 年 7 月—1985 年 2 月	负责全面工作
陈建章	1985 年 2 月—1988 年 2 月	副站长(主持)

续表

姓名	任职时间	职务
陈建章	1988年2月—1990年8月	站长
陈建章	1991年7月—1993年7月	站长
陈建章	1993年7月—2008年7月	局长
陈建章	2008年8月—	嘉兴市气象局副调研员,继续主要负责桐乡市气象局工作

气象业务与服务

1. 气象业务

①气象观测

观测时次 本站为国家一般气象观测站,每天3次定时观测,夜间不守班。观测时次1959年1月1日—1960年7月31日为地方平均太阳时01、07、13、19时,1961年8月1日起北京时08、14、20时。2003年ZQZ-Ⅱ型自动气象站投入业务运行,开展以自动气象站为辅,人工站为主的地面气象测报业务工作。自2004年1月1日起,开展以自动气象站为主,人工站为辅的地面气象测报业务工作。自2005年1月1日起,自动气象站正式投入单轨业务运行。

观测项目 1959年1月1日起,观测项目为:本站气压、干湿球温度、最高气温、最低气温、风向风速、总云量、低云量、云状、小型蒸发、地面最低温度、能见度(级)、07时和19时定时降水量、天气现象、07时和19时地面状态;1960年1月1日起,增加日照时数观测,1960年12月1日起增加8、14、20时地面0厘米温度观测。1961年1月1日起,增加积雪深度、5厘米、10厘米、15厘米、20厘米浅层地温观测。1966年9月30日起,取消5厘米、10厘米、15厘米、20厘米地温观测,02时0厘米地温用前一天20时加当天最低除2得到。

桐乡市气象局观测场

1968年1月1日起02时本站气压、温度、相对湿度用02时记录用自记记录经订正后的值代。1973年1月1日起,增加自记风向风速。1980年1月1日起,观测项目为:气压、干湿球温度、总云量、低云量、云状、能见度(千米)、定时降水量20—08时和08—20时、天气现象、自记降水量(虹吸雨量计)、自记风向风速、定时风向风速、小型蒸发、地面0厘米温度、日照、雪深。2002年3月1日,启用EN1G型测风数据处理仪。2003年12月31日20时起,增加观测项目:气压、气温、相对湿度、风向风速、雨量的分钟资料观测,浅层5厘米、10厘米、15厘米、20厘米地温每小时自动观测。

气象哨和区域自动站 1977年开始筹建气象哨,有民合、乌镇、石门、虎啸、高桥等。

2003年起开始建设乡镇区域自动观测站，截至2008年底，建有1个大气电场仪，2个能见度自动观测仪，区域自动观测站达12个，分布全市各个乡镇。观测项目有气压、气温、湿度、风向风速、雨量等，观测数据实时通过中国移动通讯GPRS网络上传。

报文发送 1996年前每天08时向OBSER杭州拍发实况报，内容包括前一天的平均气温，至当天08时的最高最低气温，24小时雨量。1997年开始每天08、14、20时拍发内容云、能见度、天气现象、气压、气温、风向风速、降水、雪深、地温等。当出现暴雨、大风、雨淞、积雪、冰雹、龙卷风等时，5分钟内向省气象台拍发重要天气报。当有台风影响时，根据省局指令，拍发台风加密报。2008年6月1日起根据中国气象局《关于修订重要天气报有关事宜的通知》(气发〔2008〕186号)，自2008年5月31日20时起新增发雷暴、视程障碍现象(霾、浮尘、沙尘暴、雾)重要天气报。

报表编制 编制的气表-1；气表-21，1989年停止报送纸质报表，原始资料分别从通过储存卡、磁盘、162分组数据交换网、气象内网上报。1959年—1987年11月，年地面测报由人工查算编报。1987年11月启用PC-1500微机，采用人工输入资料，PC-1500微机自动查算。1995年10月以后由人工输入资料，微机自动查算编报。

②气象信息网络

1990年以前，基本以原始的电话、收音机等方式传送和接收各类气象信息，地面测报原始资料和报表资料均以手工抄录方式归档。1981年设置气象传真，1986年建立天气警报发射台。20世纪90年代后，随着电脑在基层台站使用，开始采用无线传输、接收数值预报产品资料，气象电报由计算机经Modem拨号上162电信公用数据交换网上传报文，测报资料除原始记录外，其余采用机制打印资料归档。1999年随着9210工程PCVSAT气象卫星单收站建成使用，卫星单收站资料作为主要预报业务信息资料来源，开始使用MICAPS系统。进入21世纪后气象电报和气象信息逐渐采用气象专用网络(光纤宽带)传送，归档增加网络集中存储资料方式，建立了较为完整的气象专用光缆、公网光缆、局域网。

③气象预报

资料获取 1979年，县委拨款1.5万元，购买117传真机，开始利用日本数值预报独立发单站预报。1993年嘉兴市局组建200超高频无线通信传输网络，用于无线传输、接收数值预报产品资料。1995年起，通过计算机Modem拨号联网方式，调用省、市气象局数值预报产品资料。1999年9210工程PCVSAT气象卫星单收站建成使用，卫星单收站资料成为预报业务主要信息资料来源，开始使用MICAPS系统。2000年设置气象专用光缆进行数据传输。2001年后建立较为完整的气象专用光缆、公网光缆、局域网。数值预报产品资料主要由市局负责提供。

会商方式 建站初期通过拨打电话进行会商。20世纪80年代中期嘉兴地区气象局

桐乡市气象局业务平台

组建了150兆甚高频无线对讲机通讯网络,用于与上级台站和周边台站的天气会商和灾害性天气联防。2003年,嘉兴市气象部门视频天气会商系统建成,实现了与市气象台之间数据、图像、视频的实时传输和天气会商。

预报内容 20世纪80年代前,以发布订正预报为主,主要有短期预报和台风消息(警报)、寒潮预报、降温报告等各种灾害性天气的预报和警报。20世纪80年代后,随着经济社会发展,为适应社会对气象的需求,成立预报股(后改为专业气象台),开始制作各类专业专项天气预报、短期天气预报、中长期天气趋势预测和为政府防灾减灾决策提供的各类预报和内部天气分析预报。全市预报一体化后,所有预报内容均由市台提供,气象台的工作重点由制作预报转为服务。

2. 气象服务

公众气象服务 主要有短期天气预报、各类灾害性天气警报、预警信号等,通过本市电台、电视台和各类媒体发布。1959年至今,每天早中晚3次通过广播电台向公众播送天气预报或灾害性天气警报,1996年开始每天增加1次电视台天气预报。2006年开始电台和电视根据需要不定期发布预警信号。

决策气象服务 主要有气象内参、天气公报、重大活动气象服务、专题气象服务、紧急异常天气预警等;从建站初,就通过各种形式和手段为各级领导提供决策气象服务,2005年,建立紧急异常天气短信平台。发布对象包括全市各乡镇街道、防汛、民政、安监、土管、通讯、广电、公安、供电等部门的分管领导和预警员。后相继建立专业服务短信平台、领导决策短信平台、教育系统短信平台、交警短信平台、气象协理员和信息员短信平台。2008年,在全市所有12个乡镇设置了气象信息显示屏,发布各类天气预报和预警信号。

专业与专项气象服务 1985年开始通过电话和信件形式开展建材行业专业服务。1986年2月,浙江第一台警报发射台由县委拨款开始购买,3月26日,全省天气警报器专业服务现场会在桐乡召开。利用警报接收机开展专业气象服务在全县范围铺开。服务对象除建材行业外,还涉及各乡镇水机站、农机站、农电站,顶峰时服务对象达300多家,被省气象局作为典型在全省推广,取得了良好地社会效益和经济效益。2008年,随着建材行业规模缩小,我局停止警报器气象服务,改用电子显示屏。

20世纪90年代初,开始开展防雷检测工作,1999年成立桐乡市防雷设施检测所(地方编制全民事业性质)后,开始开展除防雷检测以外的防雷技术服务,2000年进驻桐乡市行政审批服务中心。

气象科技服务与技术开发 1986年2月,由县委拨款购买警报发射台,利用警报接收机开展专业气象服务。1996年,与电信局联合开展"121"气象信息服务,语音由值班预报员人工录制,内容仅有短期天气预报。1999年引进北京双顺达科技公司的电脑语音答询系统,开通16路中继电话线,下设中短期天气,周边城市天气预报等信箱。2005年,电话中继线扩展为60路,并由"121"改号为"96121",下设多个分信箱。

为农服务 20世纪70年代开始开展农业气象观测、试验、服务工作。主要包括农业气象(旬)月报、大小麦赤霉病预报、早稻纹枯病预报、晚稻穗颈瘟预报、蚕桑氟化物含量预报、季度年度气候评价、病虫害与气象条件的分析和预报、主要作物生育期气象条件分析等。2007年,开始进行嘉兴地区土壤常数测定,同年4月正式开展土壤水分观测。2008年,桐乡市气象局加强对桐乡优势农业杭白菊和烟叶的科研力度,相继建立了杭白菊和烟叶服务平台,并根据市局开展"一县多品"服务要求,加大对现代农业的科研力度,不断丰富"一县多品"服务平台。

气象科普宣传 每年"3·23"世界气象日、科普活动周、安全生产月及全国科普活动日开展不同形式的主题宣传,平时不定期开展气象科普宣传。获得桐乡市历届科普节科普图板创作比赛一、二、三等奖各1次。目前,已建立一个桐乡市级科普教育基地和一个市科普教育分基地。气象局为市科普领导小组成员单位。

1987年,《桐乡县农业气候手册》获县科学技术进步项目三等奖,《砖坯冻害研究》课题获"1987年浙江省气象科技进步奖"。2003年、2004年,《桐乡市地面气象资料库及查询系统》、《桐乡杭白菊生长最佳气候条件研究》课题分别通过嘉兴市气象局和桐乡市科技局验收。2006年《桐乡干旱气候分析及抗旱对策研究》通过嘉兴市科技局验收。

气象服务效益 20世纪80年代开展的针对全市建材行业气象服务一直延续至今,取得了较好地社会效益和经济效益。1988年7号台风预报准确及时,减少了损失,受到县防汛办通报表扬;1999年6.30特大洪灾中,桐乡市气象局服务受到市委市府肯定;为桐乡市市各届菊花节服务中,多次受到市政府和有关领导表彰;通过防雷技术服务和宣传,提高了我市整体防雷水平和广大群众的防雷意识,明显减少了雷灾造成的损失,获得了地方政府的认可和支持。

法规建设与管理

气象社会管理 2000年气象局进驻市行政审批服务中心,集中受理和审批气象行政审批项目。加大对新建建筑物防雷装置审、监、验和易燃易爆建筑的管理力度。依法加强对防雷工程企业、防雷工程设计、防雷工程安装的管理。根据嘉兴市政府文件精神把雷击风险评估纳入防雷管理。2003年,成立桐乡市气象行政执法大队。2008年底,全市有101家单位被列为防雷重点管理单位。受嘉兴市气象局委托,开展对升放无人驾驶自由气球或者系留气球许可。2005年,将《桐乡市气象探测环境保护技术规定》向桐乡市规划建设局报送备案,2008年制订了《桐乡国家气象观测站探测环境保护专项规划》。建立镇、街道气象协理员和村级气象信息员队伍,通过培训,逐步使这支队伍承担气象灾情的收集上报、灾害性气象信息的接收和传播、气象科普知识宣传和协助气象局开展气象行业管理。至2008年全市共有12名乡镇气象协理员,176名村级气象信息员。

政务公开 加强气象政务公开,气象局行政审批项目的办事程序、承诺期限、设定依据、申请条件、气象技术服务收费依据、标准在行政审批服务中心气象窗口、市行政审批服务中心网站、气象局办公场所进行公开。干部任用、财务收支、目标考核、基础设施建设、工程招投标等内容通过各种方式向职工公开。对收支、职工奖金福利发放、领导干部待遇、劳保、住房公积金等向职工作详细说明。干部任用、职工晋职、晋级等及时向职工公示或说明。

党建与气象文化建设

党建工作 1976年6月以前有党员3人,归口桐乡市农林局机关党支部。1976年6月成立中共桐乡市气象站党支部,支部书记为王吉成。1985年5月到1989年4月,支部书记为于中一。1989年5月到2008年7月,支部书记为陈建章。1993年8月,中共桐乡市气象站支部改名为中共桐乡市气象局支部。2008年8月至12月,支部书记为张建强。截至2008年底,支部共有党员7人,其中退休党员1人。局党支部多次被市直机关党工委授于"先进党支部"、"优秀党支部"、"五好党支部"称号,17人次被市机关党工委评为"先进党员",1人被评为"优秀党员"。层层签订党风廉政建设责任书,经常开展廉政教育,积极参与上级气象部门和地方政府有关党风廉政建设活动,多人次在各级廉政书法、摄影比赛中获奖。

气象文化建设 1997年12月,气象局被中共桐乡市委、市政府命名为"文明单位",1999年被评为嘉兴市级文明单位,文明创建阵地建设得到加强。通过开展经常性的学习教育,造就了一支清正廉洁的干部队伍,锻炼出一支高素质的职工队伍。选送防雷、预报业务骨干到南京信息工程大学学习深造。全局干部职工及家属子女无一人违法违纪,无一例刑事民事案件。被评为桐乡市"治安安全单位"。经常开展气象科普宣传,积极参加各类文艺活动和知识竞赛,丰富职工的业余生活。

桐乡市气象局经过多次创业,由初创时只有一间平房、3个人发展到现在局站分离,总占地面积十五亩,建筑面积3600平方米。单位活力明显增强,职工精神面貌焕然一新。先后改造观测场、业务值班室,各类活动设施齐全,院内环境优美,是桐乡市"文明卫生单位"和"桐乡市园林式单位"。

荣誉 桐乡市气象局1996年被中国气象局授于"汛期服务先进集体"荣誉称号。1993年被省气象局授于"双文明单位"。1988年因为8807号台风服务成绩显著,受到桐乡市委市政府嘉奖。1人次被国家气象局评为"双文明建设活动先进个人",1人次被省委、省政府授于"抗击冰冻雨雪天气先进个人"荣誉称号,4人次获国家气象局"全国质量优秀观测员"称号。

台站建设

桐乡市气象局1958年建站后,共经历4次改造。1975年,因原观测场四周被桑树包围,严重影响记录的"三性",根据桐乡县革命委员会生产指挥组桐革生〔1975〕39号《关于同意桐乡气象站迁站场建房报告的批复》一文建造新场(站)地,南迁100米,海拔高度为6.6米,标准20米×16米,新建办公用房3间。1979年,根据桐计〔1979〕104号和浙气计字〔1979〕45号文件桐乡县气象站建房298.91平方米。

1998年因城市建设迁至桐乡市梧桐街道众善村(郊外),新站占地十亩,建筑面积930平方米,院内小桥流水,绿草如茵,环境优美。2000年,被桐乡市人民政府命名为"桐乡市园林式单位"。

原桐乡市气象局　　　　　　　　　　　　桐乡市气象局新大楼

2004年根据省气象局"绿色台站"建设要求和市政府防灾减灾需要,筹建防灾减灾决策服务中心。2007年新大楼正式建成投入使用,原址保留观测站,实现局站分离。新大楼位于市区校场路,交通便利,建筑面积近2800平方米,设施齐全,功能完备,环境优美。

2008年,观测场改造,由原来20米×16米扩至25米×25米。

2008年,达到省气象局AAA绿色台站标准。

绍兴市气象台站概况

绍兴是国务院首批公布的全国24个历史文化名城之一,是一座有4000多年文化积淀和近2500年城建历史的文明古城;绍兴市又是首批中国优秀旅游城市之一,中国十大魅力城市之一。是著名的水乡、桥乡、酒乡、兰乡、书法之乡、名士之乡。绍兴境内河湖纵横密布,故又有"水乡泽国"、"桥都水城"之称。"山青水秀之乡,历史文物之邦,名人荟萃之地。"

绍兴地处长江三角洲南翼,浙江省中北部杭甬之间,下辖绍兴县、诸暨市、上虞市、嵊州市、新昌县和越城区,面积8256平方千米,人口436万。

气象工作基本情况

建制情况 1970年10月,建立绍兴地区气象台,由绍兴地区革命委员会和绍兴军区双重领导。1973年12月,由绍兴地区革命委员会和绍兴军区双重领导改为受绍兴地区革命委员会直接领导,并委托绍兴地区水电局代管。经省革命委员会批准,于1978年7月,建立绍兴地区气象局,原地区气象台成为气象局的直属业务单位。按照浙江省人民政府(浙政〔1980〕144号)批转省气象局关于调整气象部门管理体制的意见,于1981年上半年,气象部门进行转体工作,绍兴地区气象局实行气象部门和地方政府双重领导,以气象部门领导为主的管理体制。1983年12月,绍兴地区撤地建市,绍兴地区气象局相应改为绍兴市气象局。1998年,绍兴市气象局从市环山路11号旧址搬迁至市马臻路175号新址。

历史沿革 1952年10月建立嵊县气象站(1995年改名嵊州市气象局)。1958年10月建立上虞气象站,1962年8月撤销,1970年10月重建上虞站。1959年1月设立绍兴县气象站。1959年3月,诸暨县气象站建立,1962年10月撤销,1966年1月重建诸暨站。1971年8月新昌建站。2006年11月成立绍兴市气象局越城区分局。1970年11月以前绍兴地区所属各县气象站隶属宁波地区行署气象局,1970年11月,绍兴地区建立气象台后,绍兴地区所属各县气象站划归绍兴地区气象台业务指导,县站建制属地方管理。

人员状况 在职职工170人,其中在编职工94人,聘用职工76人。研究生8人,大学本科54人,大学专科67人;高级专业技术人员10人,中级专业技术人员49人,初级专业技术人员26人。

党建与文明创建 全市气象部门有党支部7个,党员78人。市气象局每年与各科室和县(市)局签订党风廉政责任状。全市气象部门共有市级文明单位5个,省级文明单位2个。

气象法规 2000年《中华人民共和国气象法》实施以来,绍兴市陆续出台了一系列配套规范性文件。1996年,绍兴市人民政府下发《关于加强对绍兴市防雷设施安装管理的通知》(绍市府办发〔1996〕2号),2002年6月印发《绍兴市气象管理办法》,2006年7月印发《绍兴市气象灾害应急预案》。

探测环境保护 市气象局与市规划局联合下发《关于进一步加强气象探测环境和设施保护的通知》,加强部门合作,建立完善协调机制,提高探测环境保护备案级别;严格审批程序,依法执行气象台站迁移的各项规定;加强气象探测环境保护的宣传,使广大群众参与气象探测环境的保护工作。

主要业务范围

地面观测 绍兴气象观测始于1952年嵊州气象站。

全市地面气象观测站5个,其中嵊州、上虞2个国家基本气象观测站,绍兴、诸暨、新昌3个国家一般气象观测站。区域自动气象站107个,其中单测风站5个、两要素站31个、四要素站20个、五要素站47个、六要素站4个。

国家一般气象观测站承担全国统一观测项目任务,内容包括云、能见度、天气现象、气压、气温、湿度、风、降水、雪深、日照、蒸发(小型)和地温(距地面0、5、10、15、20厘米),每天08、14、20时3次定时观测,向省气象台拍发全省区域天气加密电报。其中绍兴县气象站增加深层地温观测。

嵊州、上虞2个国家基本气象观测站每天进行02、08、14、20时4次定时观测,并拍发天气电报;进行05、11、17、23时补充定时观测,拍发补充天气电报;其中嵊州站增加E-601大型蒸发观测。嵊州站为亚洲区域气象情报资料交换站。全市只有嵊州站承担航空危险天气发报任务,分别向军航和民航发报。

2002年开始建设地面自动观测站,改变地面气象要素人工观测的历史,实现地面气压、气温、湿度、风向风速、降水、地温(包括地表、浅层和深层)自动记录。到2008年,全市已建成107个自动气象站,并装备六要素移动自动观测应急车2辆(绍兴市局、上虞市局)。全市基层台站的气象资料上交到市气象局档案室。

农业气象观测 2007年4月在绍兴县、上虞、嵊州、诸暨、新昌开始土壤墒情观测。全市有1个

绍兴市首座70米高测风塔

农业气象观测站，设在绍兴县气象站。1970年始逐步开展农业气象业务，1980年开始观测双季水稻，1981年开始观测大、小麦，1995年恢复双季水稻观测，1999年开始自然物候观测。

天气雷达 诸暨天气雷达于2008年6月建成，系713数字化局地警戒天气雷达，主要用于健全气象服务体系，提高对暴雨、强对流等灾害性天气的监测、预警能力，减少气象灾害造成的损失，是绍兴市气象现代化建设的重要组成部分。

气象预报服务 绍兴地区气象部门于1958年始开展对外预报服务，为农业生产提供各时段天气预报、农业气象旬报。

在预报业务上，从图、资、群和单站因子分析的补充订正预报方法发展为天气图、传真图、卫星、雷达资料、中尺度观测站资料、数值预报等相结合的现代化综合预报方法。制作短时临近、短期、中期、长期、关键期（如汛期）预报服务产品；服务也从开始单一的服务发展为公共气象服务、决策气象服务、专业气象服务的全方位综合服务体系。

为农服务方面，主要为农业相关部门提供农气月报、病虫害发生趋势预报、粮食产量预报、粮食作物和经济作物生长关键期预报，以及重大灾害性天气预报服务等。2007年起，全市气象部门推出了"一县一品"等为农服务特色工作。

人工影响天气 绍兴市气象部门人工影响天气作业始于1988年。2004年诸暨市成立人工影响天气办公室，随后，市局和各县局均成立人工影响天气领导机构，4个县局成立人工影响天气作业小分队，配备车载式火箭作业装备，正式开展人影作业。2006年全市出动发射车辆50余次，实施作业32次，发射火箭弹117发，对缓解旱情起到积极作用。

绍兴市气象局

机构历史沿革

始建情况 1970年建立绍兴地区气象台，1978年建立绍兴地区气象局，1984年改名为绍兴市气象局。

管理体制 由浙江省气象局和绍兴市人民政府双重领导，根据授权承担本行政区域内气象工作，依法履行气象主管机构的各项职能。现辖绍兴县气象局、诸暨市气象局、上虞市气象局、嵊州市气象局、新昌县气象局和绍兴市气象局越城区分局等六个县（市、区）局，其中嵊州市气象局、上虞市气象局的气象观测站为国家基本站。

机构设置 绍兴市气象局内设办公室（政策法规处、雷电防御管理办公室）、业务科技处、人事教育处、计划财务处（科技服务管理处）等四个职能处室；绍兴市气象台、绍兴市气象信息中心（绍兴市气象局越城区分局）、绍兴防雷中心、绍兴市气象网络中心（浙江农网绍兴分中心）等四个直属单位。

人员状况 现有在职人数61人，其中研究生7人，大学本科27人，大学专科12人，中专及以下 15 人，中共党员 26 人，共青团员 4 人。

绍兴市气象局旧貌

绍兴市气象局大楼新貌

名称及主要负责人变更情况

名称	任职时间	负责人
绍兴地区气象台（筹建）	1970.10—1971.9	寿华山
绍兴地区气象台	1971.9—1978.7	周阿贤
绍兴地区气象局	1978.7—1983.12	罗占华
绍兴地区气象局	1983.12—1984.11	王益镛
绍兴市气象局	1984.11—1988.7	王益镛
绍兴市气象局	1988.7—2000.1	王益镛
绍兴市气象局	2000.1—2004.5	薛根元
绍兴市气象局	2004.5—2006.1	孔学祥
绍兴市气象局	2006.1—	孔学祥

气象业务与服务

1. 气象业务

绍兴市气象台成立于 1970 年 10 月，位于绍兴市环山路 11 号，占地 2375 平方米，1986—1994 年是国家农业气象基本站点，担任农业气象观测试验、服务任务。建有天气警报发射台和卫星云图接收装置，配有多台计算机，上与浙江省气象台、下与各县（市）气象站联网。

2. 气象服务

20 世纪 80 年代，气象服务主要通过信函邮寄、电话、传真等方式开展。随着通讯科技、互联网络的迅猛发展，开发了气象声讯服务、气象短信服务、电视天气预报、电子显示屏、计算机终端、气象网站等服务方式，努力实现气象服务均等化。

绍兴市气象局在 1997 年开通电信气象声讯电话服务，在 1999 年 3 月开通移动气象声讯电话服务，2000年5月开通联通气象声讯电话服务，2003年开通网通气象声讯电话服务，2005年开通铁通气象声讯电话服务，方便城乡百姓拨打气象声讯服务电话，及时收听天气预报。不断开发短期天气预报、3~5天滚动天气预报、一周天气预报、气象热点、天气实况等气象声讯服务信箱，深受广大百姓的喜爱。

绍兴市气象局于1999年建成电视天气预报制作系统。于2002年1月在全省率先和绍兴移动公司合作开展气象短信息服务，于2003年、2004年和绍兴联通公司、绍兴电信公司相继开展联通气象短信服务、小灵通气象短信服务，目前每日为100多万户手机用户提供短期天气预报、气象灾害预警服务。

绍兴市气象局建立了气象服务网站，用户可通过Internet网络随时查阅卫星云图、雷达回波、自动气象站实况资料，还在市政府大院、污水处理厂、乡镇街道等地安装了气象灾害预警信息电子显示屏接收系统，及时传递气象灾害预警信息。

绍兴市气象局开发感冒指数、体感温度、人体舒适度指数、穿衣指数、紫外线指数等预报服务产品，为城乡百姓安排日常生活提供气象服务；开发节假日天气预报、国内城市天气预报、空气质量预报等产品，为发展旅游提供气象服务；开发大雾预报、电力气象、春运气象服务等产品，为交通、电力等部门提供行业气象服务；开发森林火险等级预报、适宜播种期、生育期分析、病虫害预报、农事天气预报等产品，为农业生产提供气象服务。

2002年建成闪电监测定位系统，成功地为电力部门开展雷电信息服务，及时灵敏地反映全市雷电活动信息情况，为电力部门提供大量丰富的数据，提高了电力安全运行的效率。

2005年，绍兴市接连遭受"海棠"、"麦莎"、"泰利"、"卡努"和"龙王"5次台风的影响，全市气象部门提前准确预报台风的移动路径、登陆地点以及影响绍兴的风雨强度，为市领导及时做出防台救灾部署提供重要决策依据，市气象台被省委、省政府授予"抗台救灾先进集体"称号，有5位同志被市委市政府授予"抗台救灾先进个人"称号。2008年初在罕见持续低温雨雪冰冻天气中，市气象局通过各种渠道准确预报降雪预报预警、积雪实况等，灾后迅速开展雪情跟踪监测、雪灾损失调查及影响评估服务工作，还提供气象服务配合电力部门修复灾毁电力设施，保证电网安全有序供电。

气象法规建设与管理

对规范雷电防御工作、低空漂浮物的施放、实行气象预报警报统一发布、保护气象探测环境、气候可行性论证及大气环境影响评价气象资料核准等实行社会管理。

1995年10月23日，经绍兴市政府同意，市气象局与公安局联合发文《关于加强庆典氢气球安全管理的通知》（绍气发〔1995〕39号），为加强安全管理，由气象部门统一管理和施放氢气球。

1995年，建立绍兴市防雷设施检测所（市编发〔1995〕21号批复），这是全省首个防雷减灾机构。1996年1月3日，绍兴市人民政府办公室下发《关于加强对绍兴市防雷设施安装管理的通知》。1997年12月22日绍兴市城乡建设委员会和绍兴市气象局联合发文《关于进一步加强对建设工程防雷安全审查的通知》，规定1998年1月1日起，防雷装置设计审核纳入建筑工程规划许可前置。绍兴市气象局于2000年全省率先将防雷装置设计审核与竣工验收行政许可管理纳入绍兴市本级建设项目并联审批管理必备程序。2001年7月1

日绍兴市便民服务中心设立气象行政许可窗口,公开承诺规范文明服务。同年 12 月,市气象局成立绍兴市雷电防御管理办公室。

经省气象局批准,2003 年 3 月,绍兴市气象局成立了统一着装的规范化气象行政执法队伍,9 月,各县(市)局相继成立气象执法大队,全市气象部门先后有 32 人获行政执法资格,有力地规范了气象行政执法行为。

2008 年 8 月 14 日,市政府召开全市气象防灾减灾会议,落实我市气象防灾减灾各项工作。随后,各县(市)政府先后召开气象防灾减灾会议,落实防御气象灾害措施,明确每个乡镇分管领导和气象协理员,每个村建立气象信息员。到 2008 年底止,全市已有乡镇协理员 114 人,村级信息员 2573 人,初步建立了"政府主导、部门联动、社会参与"的基层气象灾害防御体系。

党的建设与精神文明建设

党建情况 1972 年 5 月,绍兴地区气象台建立党支部。1985 年 3 月,在保留市气象台党支部的同时,建立市气象局机关党支部。1985 年 4 月,市气象局机关团支部建立。2004 年 11 月,成立中共绍兴市气象局机关总支部委员会,设气象台、机关、退休 3 个支部。现有党员 42 人,其中在职党员 26 人,退休党员 16 人。2007 年 2 月,被市直机关工作委员会授予 2006 年度"五好"机关党组织称号。

气象文化 1998 年 12 月,投资建成竺可桢纪念馆,2008 年重新改造。2001 年 12 月,绍兴市气象台被市委宣传部、教育局、科协首批命名为青少年科普教育基地;同年 12 月被省科协命名为全省青少年科普教育基地;2002 年,绍兴市气象学会被中国气象局命名为全国气象科普工作先进集体,市气象台被中国气象局命名为青少年科普教育基地,同年 12 月,市气象台被科技部、中宣部、教育部、中国科协四部委联合命名为第二批 100 个"全国青少年科技教育基地"。2003 年

绍兴市气象局利用竺可桢纪念馆宣传阵地优势加强科普宣传,成为气象部门展示新形象和开展对外合作交流的重要窗口

11 月,中国科协副主席冯长根参观考察气象科技教育基地后,充分肯定绍兴气象科普工作所取得的成绩。

2000 年 8 月被市委、市政府评为市级文明单位。2002 年 3 月,绍兴市气象局被市委、市政府命名为首批文明行业,也是全省气象部门第一个文明行业。2002 年 10 月被中央文明委授予"全国创建文明行业工作先进单位"称号。2003 年 4 月被省委、省政府评为省级文明单位,2005 年 10 月被中央文明委表彰为全国精神文明创建工作先进单位。2006、2007 连续 2 年被绍兴市直部门(单位)建设学习型机关工作小组评为"建设学习型机关先进单位",2008 年 9 月被绍兴市直部门(单位)建设学习型机关工作小组评为"学习型机关"。

绍兴县气象局

绍兴县地处长江三角洲南翼,宁绍平原北部,东接宁波,西邻杭州。全县总面积1177平方千米,辖4个街道15个乡镇,人口70万。绍兴是中国历史文化名城,二千五百年历史绵延不断,素有"水乡、桥乡、酒乡"之美誉。绍兴属北亚热带季风气候,境内四季分明,气温适中,热量较丰,雨量充沛,空气湿润,光、热、水基本同步,农业气候条件较优越。与此同时,温度、雨量等气象要素年际差异大,时空分布不均,台风、暴雨、雷电等天气引发的气象灾害时有发生。

机构历史沿革

始建和变更情况 1959年2月1日,按国家一般站标准建立绍兴县气象服务站,并开展气象业务。站址位于绍兴市东湖乡村(原为绍兴县东湖乡村),位于北纬30°00′,东经120°38′,海拔高度7.0米。1962年1月1日,更名为浙江省绍兴气象服务站;1964年1月1日,更名为浙江省绍兴县气候服务站;1971年1月1日,更名为绍兴县气象站;1981年5月1日,更名为绍兴市气象站;1984年1月1日,更名为绍兴县气象站;2001年12月,成立绍兴县气象局;2007年1月1日迁址到绍兴县群贤路762号,位于北纬30°04′,东经120°30′,海拔高度7.9米,并更名为绍兴县国家气象观测站二级站。

管理体制 绍兴县气象站自建站至1975年12月,隶属绍兴县农林局,业务受绍兴地区气象台指导;1976年1月,归属绍兴县水利局领导,业务受绍兴市气象局指导;1981年7月起,实行由浙江省气象局和绍兴县水利局双重领导,以气象部门为主的管理体制;1985年2月1日,绍兴县气象站归属于绍兴市气象局,对外仍称绍兴县气象站,对内为市气象台观测组,预报服务由市气象台承担。2001年12月成立绍兴县气象局。

人员状况 建站初期有职工4人,现有在职人数19人,其中在编职工11人,聘用职工8人。研究生1人,大学本科11人,大学专科5人,中专及以下2人。中共党员9人,共青团员2人。

名称及主要负责人变更情况

名称	任职时间	负责人
绍兴县气象服务站	1959.2—1960.9	张长根
绍兴县气象服务站	1960.10—1961.12.	白璟荣
浙江省绍兴气象服务站	1962.1—1963.12	白璟荣
浙江省绍兴县气候服务站	1964.1—1970.12	白璟荣
绍兴县气象站	1971.1—1971.2	白璟荣
绍兴县气象站	1971.3—1973.3	金永林
绍兴县气象站	1973.4—1979.12	陈永祥

续表

名称	任职时间	负责人
绍兴县气象站	1980.1—1981.4	金凤娥
绍兴市气象站	1981.5—1983.12	金凤娥
绍兴县气象站	1984.1—1984.12	金凤娥
绍兴县气象站	1984.12—1987.8	余越辉
绍兴县气象站	1987.8—1993.1	潘文永
绍兴县气象站	1993.1—2001.1	王建明
绍兴县气象站	2001.1—2001.12	何凤翩
绍兴县气象局	2001.12—2007.1	何凤翩
绍兴县气象局	2007.1—	陈忠海

气象业务与服务

1. 气象业务

①气象观测

地面观测 1959年2月1日起，观测时次采用地方时01、07、13、19时每天4次观测；1960年1月1日起，改为每天07、13、19时3次观测；1960年8月1日起，每天08、14、20时3次观测。观测项目有云、能见度、天气现象、气压、气温、湿度、风向风速、降水、雪深、日照、小型蒸发、大型蒸发(1984.1.1—1995.12.31)、地温(地面、浅层、深层)等。1971年10月7日开始承担杭州、宁波等地的航危报业务，1995年11月1日起取消航危报；1979年5月1日起拍发省气象实况报，1999年5月1日停止拍发省气象实况报，并改发地面天气加密报；1984年1月1日至今，拍发重要天气报。

特种观测 近年来观测业务已经扩展到土壤旱涝监测、酸雨观测、大气电场监测(受上海气象局委托)、地震观测(受省地震台委托)、GPS/MET水汽观测(受省气象局、省规划局委托)等业务。

自动气象站 2003年4月，口门、夏履、柯桥、王坛中尺度自动站安装并开始试运行；2004年12月，陶堰、杨汛桥、漓渚、平水、蒋坞自动站安装并开始试运行；2006年9月，新三江、兰亭、富盛、稽东自动站安装并开始试运行；2007年5月，丹家、三号闸强风自动站安装并开始试运行。至今，已安装15个自动站和强风站，初步建成7千米格距"地面中小尺度气象灾害自动监测网"。

②信息网络

气象信息接收 1980年前，气象站利用收音机收听武汉区域中心气象台和上级以及周边气象台站播发的天气预报和天气形势。1981—1985年，利用超短波双边带电台接收武汉区域中心气象信息，配备ZSQ-1(123)天气传真接收机接收北京、欧洲气象中心以及东京的气象传真图。1985年2月1日，绍兴县气象站归属于绍兴市气象局，气象信息接收由市气象台承担。

气象信息发布 1985年2月1日前，主要通过广播和邮寄旬报方式向全县发布气象信息。1985年2月1日,绍兴县气象站归属于绍兴市气象局,气象信息发布由绍兴市气象台承担。

③气象预报

1970年10月始,县气象站通过收听天气形势,结合本站资料图表每日早晚制作24小时内日常天气预报。20世纪80年代初至1985年1月31日,每日06、10、15时3次制作预报。1985年2月1日,绍兴县气象站归属于绍兴市气象局,气象预报由市气象台承担。

④农业气象

1970年始,逐步开展农业气象业务。1979年5月,完成《绍兴气候和农业气候》;1980年5月,完成《绍兴主要作物生育期及其农业气候特点》;1982年12月,完成《绍兴农业气候资源与区划》;1994年12月,完成《绍兴县志(气象)》的编撰;2006年12月,完成《绍兴县志续志(气象)》的编撰。1980年开始观测双季水稻,1981年开始观测大、小麦,至1985年,绍兴县气象站归属于绍兴市气象局,农气业务由市局农气组承担。1995年,恢复双季水稻观测。1999年1月1日开始自然物候观测,2007年4月1日开始土壤墒情观测。

2. 气象服务

公众气象服务　1971年起,利用农村有线广播站播报气象消息。1985年2月1日,绍兴县气象站归属于绍兴市气象局,预报服务由市气象台承担。

决策气象服务　20世纪80年代以口头或书面方式向县委县政府提供决策服务。20世纪90年代由市气象台逐步开发《重要天气报告》《气象内参》《气象信息与动态》《汛期(5—9月)天气形势分析》等决策服务产品。

法规建设与管理

1. 气象行政执法

2001年10月,县政府行政审批中心设立气象窗口,承担气象行政审批职能,实行防雷装置设计审核和竣工验收、地面探测环境保护、建设项目大气环境影响气候评价、低空飘浮物施放审批制度。2002—2004年,2次参与行政审批制度改革,规范行政审批手续。2008年10月完成《探测环境保护专业规划》编制。

2. 气象社会管理

建立健全气象灾害应急响应体系　2005年7月,绍兴县人民政府办公室印发《关于成立绍兴县雷电灾害防御和应急工作领导小组的通知》(绍县政办发〔2005〕97号);2008年6月,绍兴县人民政府办公室印发《绍兴县气象灾害防御和应急处置预案的通知》(绍县政办发〔2008〕112号);2008年7月,绍兴县人民政府办公室印发《关于成立绍兴县气象灾害防御应急工作领导小组的通知》(绍县政办发〔2008〕114号);并纳入县政府公共事件应急体系。2005—2007年,县政府成立雷电灾害防御和应急工作领导小组、气象灾害防御应急工作领导小组2个领导小组。2008年组建20名乡镇气象协理员和408名乡村气象信息员队伍。

加强防雷减灾管理　2000年逐步开展建筑物防雷装置、新建建(构)筑物防雷工程图纸审核、设计评价、竣工验收、计算机信息系统等防雷安全检测。2001年10月,绍兴县防雷行政审批工作纳入县政府行政审批中心运行。

党支部建设

1979年,成立绍兴县气象站党支部,陈永祥任支部书记。1986年10月,党支部撤销,组织关系转入市气象台党支部。

台站建设

气象观测站建设　2007年1月,绍兴县气象站迁址绍兴县群贤路762号,观测场按25米×33米标准建设,成为集气象观测、气象科普为一体的实践基地。

气象防灾减灾大楼建设　2007—2008年,完成气象防灾减灾大楼建设。该大楼占地7亩,建筑面积2872平方米,绿化面积1571平方米,建立了气象防灾减灾预警中心业务平台、地面探测业务平台、气象影视制作厅、气象科普馆、生态实验室等硬件设施。

绍兴县气象站旧址(东湖)

绍兴县气象局和绍兴县防灾减灾中心大楼

诸暨市气象局

诸暨市地处浙江省中部偏北,总面积2311平方千米,现辖3个街道、23个镇、1个乡,行政村467个和城镇社区(居委会)67个,2008年末全市户籍人口106万。诸暨属中北亚热带季风气候,四季分明,热量充足,雨量充沛,光、热、水基本同步。温度、雨量等气象要素年际差异较大,时空分布不均,台风、暴雨、雷电等气象灾害频繁发生。

多年来,上级气象部门领导非常重视关心诸暨气象工作,至2008年,中国气象局领导孙先健、刘英金、王守荣,浙江省气象局主要领导潘云仙、席国耀、李玉柱、黎健等先后来诸暨气象局视察指导工作。

机构历史沿革

始建情况 1959年3月,诸暨县农林局建立诸暨县气象站,站址在诸暨城郊北庄坂,位于北纬29°41′,东经120°14′,观测场海拔高度9.8米,水银槽海拔高度11.0米,每天3次定时观测,业务由浙江省气象局领导。1960年4月,诸暨县气象站更名为诸暨县气象服务站。1962年10月底,浙江省气象局〔1962〕62号文件精神,县气象服务站撤销,停止气象观测。1959—1962年先后有气象工作人员6人。随着生产、科研发展的需要,1966年1月,诸暨县政府决定重建诸暨县气象站,站址位于诸暨县安平公社郑家大队,北纬29°42′,东经120°15′。1970年10月,根据省革委会〔1970〕131号文件精神,县气象站建制单位为诸暨县革委会和县人武部。1971年,开始执行台风补充天气预报,并增加航危报。1973年8月,根据省革委会、省军区〔1973〕92号文件精神,县气象站的建制单位为县革委会,业务归浙江省气象局领导;同年9月,诸暨县原种场拨给气象站平房10间,气象站房屋面积增加到389平方米;同年10月,县农业局批准将气象站1973年征用的原种场水田0.6亩转批给原种场作基建用地。1979年,新建工作用房105平方米,并增加农业气象观测和预报。1980年12月,建制单位和业务均归省气象局领导。1989年11月26日,更名为诸暨市气象局,并实行局、站合一。2005年1月1日,观测场迁至暨阳街道凤山村凤凰山顶,北纬120°15′,东经29°42′,海拔高度39.1米。2007年12月28日,市气象局迁至暨阳街道苎萝东路162号气象综合大楼,713天气雷达正式投入运行。2007年1月至2008年12月更名为诸暨国家气象观测站二级站。

建制情况 1956年在诸暨城关北庄畈筹建诸暨县气象站,1959年3月1日建成并正式运行。1959年3月至1962年10月隶属县农林局,业务由省气象局领导;1966年1月至1970年10月,行政、业务分别由县政府和省气象局领导;1970年10月至1973年8月,纳入县革委会和人武部领导,业务由省气象局领导;1973年8月至1980年12月,行政由县革委会领导,业务由省气象局领导;1980年12月起,实行由上级气象部门和地方政府双重领导,上级气象部门领导为主的管理体制。

名称及主要负责人变更情况

名称	任职时间	负责人
诸暨县气象站	1959.3—1960.4	方宝福
诸暨县气象服务站	1960.4—1962.10	方宝福
诸暨县气象站	1966.1—1984.12	方宝福
诸暨县气象站	1984.12—1986.7	宣 东
诸暨县气象站	1986.7—1989.11	蒋延龙
诸暨市气象局	1989.11—1999.4	蒋延龙
诸暨市气象局	1999.4—2007.3	陈先清
诸暨市气象局	2007.3—	柴 胜

人员状况 1959年建站初期有职工6人。现有气象编制职工8人,地方编制8人,聘用人员14人,共计职工30人。其中,党员6人;大学本科学历6人,大专学历20人;中级专业技术人员8人,初级专业技术人员10人;年龄50岁以上1人,40~49岁6人,40岁以下23人。

气象业务与服务

1. 气象业务

①气象观测

地面观测　1959年3月1日至1962年10月31日,1966年1月1日至2003年12月31日,观测时次采用北京时08、14、20时每天3次人工观测;2004年1月1日至2008年12月31日,每天20时进行1次人工对比观测。观测项目有云、能见度、天气现象、气压、气温、湿度、风向风速、降水、雪深、日照、蒸发、地温等。1971年3月开始承担嘉兴、杭州等地的航危报业务,1999年底取消航危报并改发地面天气报和重要天气报,1999年5月,开始拍发加密气象观测电报。

特种观测　近年来观测业务已经扩展到土壤旱涝监测、大气雷电定位系统观测、GPS/MET水汽观测等,以及承担全市20个自动气象站数据汇集等业务。

气象哨　根据农业气候资源调查和区划的需要,1977年在马剑、湄池、安华、陈蔡、斯宅、萃溪、上河、边黄、檀溪、钟家岭等地建立气象哨,进行温湿度和降水观测。随着区划工作的结束,气象哨于1987年全部撤销。

自动气象站　2003年1月1日,在安平路68号气象观测场完成ZQZ-CⅡ型自动气象站安装并开始试运行,2004年1月1日起正式运行,2005年1月1日,搬迁至暨阳街道凤山村凤凰山顶,并一直运行至今。2003—2008年,先后在安华、枫桥、浬浦、斯宅、岭北、青山、江藻、马剑、草塔、陶朱、直埠、应店街、赵家(钟家岭)、陈宅、阮市、店口、东和、双桥、牌头、次坞等乡镇(街道)安装了20个自动气象监测站,初步建成了地面中小尺度气象灾害自动监测网。

卫星接收和雷达　1989年引进卫星云图接收设备,以APT接收低分辨日本同步气象卫星云图;2000年通过MICAPS系统使用高分辨卫星云图;2007年完成713多普勒数字化天气雷达建设,主要用于人工增雨和强对流突发天气监测。

②信息网络

气象信息接收　1980年前,气象站主要利用收音机收听、抄录武汉区域中心气象台和浙江台以及周边气象台站播发的天气预报和天气形势,并绘制地面、高空天气图以作分析。1981年开始,利用超短波双边带电台接收武汉区域中心气象信息,配备ZSQ-1(123)天气传真接收机接收北京、欧洲气象中心以及东京的气象传真图。1985年始,利用高频电话会商天气。2000—2005年,建立气象网络应用平台、专用服务器和省市县三级气象

713多普勒数字化天气雷达

视频会商系统,开通100兆光缆,接收从地面到高空各类天气形势图和云图、雷达等数据,为气象信息的采集、传输处理、分发应用、会商分析提供支持。

气象信息发布 1986年前,主要通过广播或邮寄方式向全县发布气象信息。1986年建立气象警报系统,面向有关部门、镇乡、大中型水库和相关企业等,每天7时半、10时半、15时半3次开展天气预报警报信息发布,重要天气不定时发布。1995年5月,开通影视气象节目,制作各镇乡分片天气预报。1998年3月,开通"121"(2005年1月改号为"96121")天气预报电话自动答询系统。1999年4月起,在《诸暨日报》刊头位置每天发布天气预报。2000年5月,推出气象节目主持人上电视播报气象预报。2003年,开通利用手机短信发布气象信息。2003年9月,为诸暨市防汛办等12家单位安装开通电子显示屏,2008年底,全市各镇乡(街道)均安装电子显示屏。2004年开始,建设短信平台,向各级政府、有关部门、重要服务单位等发布气象预警预报信息或实况信息。2005年开通小灵通气象短信。2007年3月,开通农村气象预警信息发布接收系统,成为浙江省率先开通的县(市),此系统在2007年5月由国务委员华建敏参加的全国基层应急管理工作座谈会暨白塔湖防洪抢险应急演练中,发挥了重要作用。

③气象预报

20世纪70年代初开始,县气象站通过收听天气形势,结合本站资料图表,每日早晚制作24小时日常天气预报。20世纪80年代初起,每日早、中、晚3次制作天气预报。2000年至今,开展常规24小时、未来3~5天和旬月报等短、中、长期天气预报以及临近预报。同时,开展灾害性天气预报预警业务和提供领导决策的各类重要天气报告等。

④农业气象

20世纪70年代初开始,逐步开展农业气象业务。1977—1987年,在马剑、湄池、安华、陈蔡、斯宅、萃溪、上河、边黄、檀溪、钟家岭等地建立气象哨,进行温湿度和降水观测。20世纪70年代后期,开始向县政府、涉农部门、镇乡寄发"农业气象月报"、"蚕桑气候分析"、"双抢天气趋势"、"农业产量预报"、"秋季低温预报"等农业气象服务产品。1984年2月,浙气发〔1984〕7号文件表彰本站《今年早稻要特别注意高温危害》一文为1983年全省农业气象优秀服务材料;同年12月,完成《诸暨县农业气候资源及区划》编制,获得浙江省、绍兴市专家组的鉴定通过。1985年,完成《诸暨县热量分布规律和光能分布规律》科技研究课题。1989年始,编写全年气候影响评价。1990年起,为《诸暨地方志》、《诸暨年鉴》、《诸暨统计年鉴》等提供气候史料。1996年,《陈蔡水库库区小气候特征及开发利用研究》获得浙农大、杭大、绍兴市气象局专家组的鉴定通过。

2. 气象服务

公众气象服务 1971年起,利用县有线广播播报气象消息。1993年由市电视台制作文字形式气象节目。1995年5月,开通影视气象节目,制作各镇乡分片天气预报。2001年10月,电视气象节目主持人走上荧屏,开展日常预报、天气趋势、森林火险、灾害防御、科普知识、农业气象等宣传和服务。2002年,获浙江省第三届电视气象节目观摩评比三等奖。2003年,开通3~5天和24小时气象预报短信服务,至2008年底,手机、小灵通短信用户近15万户。2000年,在诸暨政府网等开展网络气象服务。2003年9月,安装开通公共电子显示屏,并向各镇乡(街道)及有关单位拓展。2007年3月,启用农村气象预警信息发布接收系统。每年开展节日、两会、高考、中考气象服务,还为诸暨历届袜业博览会、西施文化节、珍珠节、香榧节等市重大社会活动提供气象保障。

决策气象服务 20世纪80年代以口头或传真方式向县委县政府提供决策服务。20世纪90年代逐步开发《重要天气报告》、《气象内参》、《汛期(5—9月)天气形势分析》等决策服务产品。在8807号强台风、1999年6月30日特大暴雨洪涝、2006年6月10日飑线和2008年初严重低温雨雪冰冻灾害中,准确预报灾害天气,及时向各级党委政府和有关部门提供决策服务。

新农村建设气象服务 围绕构建农村新型气象工作体系,推进现代气象业务体系向农村延伸、气象应急管理体系向农村延伸、公共气象服务向农村延伸,创新气象为"三农"服务模式,实施"农村气象防灾减灾"、"千方百计把千变万化的气象信息传送到千家万户"、以及切实解决气象信息在农村传播的"最后一千米"等工程,强化气象灾害防御的社会化管理职能,积极推进新农村建设气象服务工作。2007年9月,与市新农村建设办公室联合发文,组建起镇乡(街道)气象协理员队伍;2008年6月召开的全市气象防灾减灾会议上,把全面加强气象为社会主义新农村建设服务提到一个新的高度。

气象科技服务与技术开发 1985年3月,遵照国务院办公厅《转发国家气象局关于气象部门开展有偿服务和综合经营的报告的通知》(国办发〔1985〕25号)文件精神,诸暨县气象站专业气象有偿服务开始起步,当时利用传真、邮寄旬月报、气象警报器等方式为用户开展服务,服务对象主要为砖瓦、水泥、水库、镇乡、农林水有关单位以及相关工厂等,以后逐步利用电话声讯台、影视气象、电子显示屏、手机短信等手段,面向各行业开展气象科技服务。1992年,成立诸暨市避雷装置检测中心,为各单位建筑物避雷设施开展安全检测;1995年4月,成立诸暨市防雷设施检测所;1999年起,全市各类新建建(构)筑物按照规范要求安装避雷装置;2005年起,对重大工程建设项目开展雷击灾害风险评估。1992年起,开展庆典气球施放服务。1999年,成立诸暨市华云气象服务部。2004年成立诸暨市人工影响天气办公室,建立人工增雨作业基地5个,开展主要为防旱抗旱及森林防火服务的人影作业。2000—2005年,气象影视制作、气象视频会商、农村气象预警信息发布接收等系统相继投入业务使用。

气象科普宣传 20世纪70年代以来,多次在诸暨人民广播电台、《诸暨日报》、《诸暨电视台》等媒体上进行科普知识宣传。与广播电台联合设立气象知识专题讲座节目,多次在《诸暨日报》上开辟气象科普知识专版,《诸暨电视台》多次来我单位摄制气象专题片。在《中国气象报》上发表气象宣传报道多篇。每年3月份围绕"3·23"世界气象日主题开展丰富多彩的气象科普宣传活动,6月份开展安全宣传教育月活动。

法规建设与管理

1. 气象行政执法

2000年以来,诸暨市气象局认真贯彻落实《中华人民共和国气象法》、《浙江省气象条例》等法律法规,气象工作纳入市政府目标责任制考核体系。2000年起,每年3、4月和6月分别开展职业道德教育、气象法律法规教育和安全生产宣传教育等活动。2001年3月,在市政府办证中心设立气象窗口,承担气象行政审批服务职能,规范天气预报发布和传播、气候可行性论证、防雷行政审批以及低空飘浮物施放审批等制度。2003年,成立气象行政执法大队,执法人员均通过省政府法制办培训考核,持证上岗。2005年绘制《诸暨气象观测环境保护控制图》,为气象观测环境保护提供重要依据。2008年开始编制《探测环境保护专项规划》。

2. 气象社会管理

建立健全气象灾害应急响应体系 2004年,印发《诸暨市灾害性天气预警信号发布试行规定的通知》;2005年,出台《诸暨市突发公共事件总体应急预案》;2006年,出台《诸暨市气象灾害应急预案》,并纳入市政府公共事件应急体系。2005—2007年,市政府先后成立了气象灾害应急管理、防雷减灾工作管理、人工影响天气管理等领导小组,在气象局设立办公室,负责日常工作。2008年在全市27个镇乡(街道)建立气象协理员队伍,并建立气象灾害应急响应联动机制。

气象防灾减灾工作 气象防灾减灾工作历来是诸暨市气象局的重中之重工作。20世纪90年代后期以来,影响比较典型的重大气象灾害有1999年的"6·30"特大暴雨洪涝、2006年的"6·10"飑线、2008年初的严重低温雨雪冰冻天气等,诸暨市气象局加强监测,通过多种渠道及时主动发出预警预报。如在2008年初的严重低温雨雪冰冻天气服务中,多次启动"农村气象预警信息发布系统",使预警信息覆盖面接近100%,切实把灾害损失降到最低限度。2008年6月,首次召开全市气象防灾减灾会议,明确要求各级党委政府把气象防灾减灾作为一项重要工作抓紧抓好。

加强防雷减灾管理 1992年,成立避雷装置检测中心,1995年,诸暨市编制委员会发文成立诸暨市防雷设施检测所(诸编〔1995〕17号),逐步开展建筑物防雷装置、新建建(构)筑物防雷工程图纸审核、设计评价、竣工验收、计算机信息系统等防雷安全检测。2001年,诸暨市防雷行政审批工作纳入市政府办证中心运行。2004年市政府发文公布"防雷装置设计审核和竣工验收"为行政许可项目(诸政发〔2004〕46号)。2008年市雷电灾害防御管理办公室发文公布防雷安全重点单位25家。

党建与气象文化建设

1. 党建工作

党支部建设 1981年,建立诸暨县气象站党支部,方宝福首任党支部书记;1987年1月—1989年11月,蒋延龙任站党支部书记;1989年11月—1991年,蒋延龙任局党支部书记;1990年,诸暨市委组织部批准中共诸暨市气象局党支部归属市级机关党工委领导;1991年—1992年8月,俞如成任党支部书记;1992年8月—2000年7月,蒋延龙任党支部书记;2000年7月—2007年11月,陈先清任党支部书记;2007年11月—2008年12月,冯晓燕任党支部书记。

党风廉政建设 2000—2008年,参与气象部门和地方党委开展的党章、法律法规知识竞赛共12次。2002年起,连续7年开展党风廉政教育月活动。2006年起,每年进行局领导述职述廉和测评工作,并层层签订党风廉政目标责任书,推进"惩防体系"建设。2001年,为规范职工行为,先后制定和修订工作、学习、服务、财务、党风廉政、卫生、安全等方面规章制度。2007年,重新整理和完善30项各类规章制度,装订成册,并在内网上公开以便随时查阅。每年4月开展"党风廉政宣传教育月"活动。

2. 气象文化建设

精神文明建设 1988年起,每年3月份开展职业道德教育月活动。1997—2008年,先后开展"五讲四美三热爱"、"三个代表"、"保持共产党员先进性"、"作风建设年"等教育活动,并先后与诸暨市城关一小、下江东社区等结对共建,与贫困村(户)结对帮扶。1999年,被诸暨市委市政府授予1998年度文明单位。2000年2月,被命名为全省气象部门第二批文明服务示范单位(浙气发〔2000〕38号),同年诸暨市第五届运动会射击比赛以气象"121"杯冠名,被授予体育事业贡献奖荣誉称号,12月11日《中国气象报》刊登介绍绍兴市气象局文明服务专题报道。2001年,被绍兴市委市政府命名为2000年度绍兴市文明单位。

政务公开 1999年始,对气象行政审批办事程序、气象服务、服务承诺、气象行政执法依据、服务收费依据及标准等内容向社会公开。制定下发了《局务公开工作操作细则》落实首问责任制、气象服务限时办结、气象电话投诉、气象服务义务监督、财务管理等一系列规章制度,运用上墙、网络、装订成册、窗口等渠道进行公开。2005年起,按上级气象部门要求,每年按规定开展局务公开。

集体荣誉 1985—2008年,诸暨气象局(站)获地厅级以上集体荣誉多项。其中获浙江省1985年度灾害性天气预报和农业气象服务优秀单位(二等奖);获浙江省1994年度气象服务优秀单位;获浙江省1999年度重大气象服务先进单位;2000年,被评为浙江省气象部门第二批文明服务示范单位;2001年,中共绍兴市委市政府命名我局为绍兴市文明单位,获浙江省2001年度气象科技服务与产业先进集体;2002年获全省第三届电视气象节目观摩评比三等奖;2004年,获全省人工增雨先进集体,获浙江省气象科技服务与产业先进集体;获浙江省2005年度气象科技服务先进集体;"2007年诸暨白塔湖防洪抢险应急演练纪实(电视片)"获浙江省优秀气象科普作品奖优秀奖。

台站建设

气象观测站建设 2005年1月,搬迁诸暨市气象观测站,从原安平路68号搬迁到暨阳街道凤山村凤凰山顶,观测场按25米×25米标准建设,成为集气象科普、气象观测于一体的实践基地。

气象科技大楼建设 1999年7月,在诸暨市安平路68号完成气象业务综合楼建设。该项目1996年2月启动,在原站基础上征用市良种场水田2.3亩,业务综合楼建筑面积700平方米,绿化面积1500平方米。

2007年12月,建成位于苎萝东路162号的气象综合大楼以及数字化天气雷达站。总占地面积76亩,建筑面积7650平方米。其中气象综合大楼4730平方米,设气象预警中心业务平台、气象影视演播厅以及大小会议室、档案室、党团活动室、职工健身室等硬件设施。

与大楼同时建成的有713多普勒数字化天气雷达,成为标志性建筑。

1966—1996年的诸暨县(市)气象站(局)

1997—2007年的诸暨市气象局及职工宿舍楼

2007年12月搬入新的气象综合大楼

上虞市气象局

上虞位于浙江省东北部,地处杭州湾南岸,距今已有2200多年的建县历史。全市总面积1403平方千米,总人口77万,辖15个镇、3个乡、3个街道,呈"五山一水四分田"格局。上虞市地处北亚热带南缘,是东亚季风盛行地区。全年温暖湿润,冷暖空气交替影响,四季分明,冬夏长,春秋短。温度、雨量等气象要素年际差异大,时空分布不均,台风、暴雨、雷电等天气引发的气象灾害时有发生。

机构历史沿革

始建情况 1958年10月,筹建上虞县气象站,站址位于百官镇孔山畈,后于1960年7月移到曹娥三角站,1962年8月,气象站撤销。1970年10月,按国家一般站标准重建气象站,站址百官镇孔山山上,位于北纬30°02′,东经120°53′,海拔高度17.8米。1989年10月,实行局站合一体制,1990年6月17日,县气象站增挂气象局牌子。1992年8月24日,上虞撤县设市,改称上虞市气象局。1990年4月1日至1999年12月31日,调整为地面气象观测辅助站,2000年1月1日恢复为一般气象站。2003年1月1日,气象观测场迁至上虞市松厦镇五甲渡,位于北纬30°03′,东经120°49′,海拔高度6.4米。2007年1月1日升级为国家气象观测站一级站。2008年12月31日更名为国家基本气象站。

建制情况 上虞气象站自建站至1973年7月,隶属县人武部管理。1973年8月,新建制单位为上虞县革委会,业务由浙江省气象局领导。1980年12月31日,划归浙江省气象局管理。1983年起,实行由气象部门和地方政府双重领导,以气象部门为主的管理体制。

位于上虞市松厦镇五甲渡的气象观测场

名称及主要负责人变更情况

名称	任职时间	负责人
上虞县气象站	1958.10—1959.10	王益铺
上虞县气象站	1959.10—1962.8	董光楚
上虞县气象站	1970.10—1982.3	王益铺
上虞县气象站	1982.3—1984.12	寿宗难
上虞县气象站	1984.12—1990.6	孙东生
上虞县气象局	1990.6—1991.1	孙东生
上虞县气象局	1991.1—1992.8	曲 明
上虞市气象局	1992.8—1999.4	曲 明
上虞市气象局	1999.4—	罗国军

人员状况 1970年建站初期有职工3人。2007年核定编制13人。现有气象编制职工11人,聘用职工17人,共有职工28人。其中汉族27人,少数民族1人;党员5人,团员7人;大学以上学历9人,大专学历12人;中级专业技术人员5人,初级专业技术人员15人;年龄50岁以上2人,40~49岁2人,40岁以下24人。

气象业务与服务

1. 气象业务

①气象观测

地面观测 1971年1月1日起开始观测。每天08、14、20时3次定时观测,夜间不守班。观测项目有云、能见度、天气现象、气压、气温、湿度、风向风速、降水、雪深、日照、蒸发、地温等。1990年4月1日调整为地面气象观测辅助站,停止对云、能见度、气压、蒸发、地温等项目的观测,天气现象只记录符号。2000年1月1日,恢复一般站观测任务,恢复停止观测的项目。2007年1月1日起,每天8次定时观测,24小时守班。

航危报 1971年3月1日—1984年7月1日,承担拍发06—20时固定危险报业务;1972年3月20日—1974年1月10日拍发04—20时航危报;1971年10月—1984年1月1日拍发省危险天气报告;1984年1月1日起拍发06—20时重要天气报。

土壤水分观测 2007年4月1日起,开展土壤水分观测。

自动气象站 2003年1月1日,完成ZQZ-CⅡ型自动气象站安装并开始试运行,实行自动气象站和人工站并轨运行,以人工站为主开展地面气象测报业务。2004年1月1日,地面测报从人工站为主转为以自动站为主、人工站为辅;2005年1月1日实行自动站单轨运行,OSSMO2004版自动站测报业务软件启用。2003—2004年,在百官、沥海、丰惠、章镇、盖北、谢塘、陈溪、下管、汤浦等地安装五要素自动气象站9个;2006年,增设两要素自动气象站6个,位于蒿坝、梁湖、沥东、岭南、丁宅、上浦闸。

②气象信息网络

通信网络 1982年前,气象站利用收音机收听武汉区域中心气象台和上级以及周边气象台站播发的天气预报和天气形势。20世纪80年代初期使用传真收片机接收北京、欧洲气象中心以及日本气象传真图,1996年停收传真图。1986年5月—1997年,甚高频无线电话投入使用。1997年建立计算机终端,通过电话拨号方式远程调用绍兴市气象台资料信息。1998年3月建立PCVSAT卫星小站,气象卫星综合应用业务系统(代号9210工程)投入业务使用。2001年,省市县宽带开通。

资料归档 气象站编制的报表有月报表(气表-1)、年报表(气表-21);1991—1999年期间形成月简表、年简表。向国家局、省局、地(市)局各报送1份,本站留底1份。2005年通过网络传输原始资料,停止报送纸质报表。数据采用远程服务器同步和移动硬盘双备份,报表资料定期刻录光盘备份。1971—2007年形成的气簿-1、气压、温度、湿度、日照、雨量、风向风速自记记录纸移交绍兴市气象局。

③气象预报

1970年10月始,县气象站通过收听天气广播,结合本站气象资料和群众谚语,制作本地的补充订正预报。1971年,运用统计学方法,结合简易天气形势图,单站气象要素曲线图、点聚图等制作本站预报。1982年通过传真机,开始接收数值预报产品。1984年应用本地化的MOS预报方法制作预报。1986年5月通过高频电话实现与绍兴市气象台的天气会商。1998年3月起通过9210工程,开始应用MICAPS系统制作天气预报。2003年12

月30日,省市县可视会商系统投入运行。至2008年底,开展的预报内容有3小时预报、24～72小时预报、天气周报、旬月报等短、中、长期天气预报。同时,开展灾害性天气预报预警业务、森林火险预报和生活指数预报。

④农业气象

1970—1982年,在全县范围内设立12个农村气象哨,分别位于三汇、联丰、盖东、长塘、横塘、三溪、虞东、胜江、大勤、清潭、陈溪、旭峰,后经乡镇撤扩并等,现有10个气象哨。气象哨开展气象观测,提供气象情报。尤其联丰气象哨1973年和1975年连续两次出席全国气象部门先进集体表彰会。1983年8月,完成《上虞县农业气候资源和区划》编制,获浙江省农业气候资源与区划成果三等奖。1983年始,编写年度气候影响评价,向政府、涉农部门、乡镇寄发"农业气象月报"、"春播期天气趋势"、"秋季低温预报"等业务产品。2005年起,为政策性农业保险开展保前、保中、保后气象预报评估鉴定。2006年3月通过农民信箱发送农气服务材料。

2. 气象服务

公众气象服务 1970年10月起,利用广播电台和农村有线广播站播报气象消息。1997年在上虞电视台开设天气预报栏目。2003年开通手机气象短信,2005年2月开通小灵通气象短信。2006年1月1日起,通过上虞市人民政府门户网站每天3次定时发布天气预报。2005—2008年,在全市范围安装气象电子显示屏29块,滚动显示天气预报和警报内容。2008年7月,建立上虞气象网站,开展天气预报、预警、农气等服务。

决策气象服务 开展灾害性天气预报服务、热带气旋(台风)预报服务、汛期气象服务、重大社会活动气象服务等,制订《决策服务周年方案》,形成《重要天气报告》《气象内参》、《专题服务材料》等。决策服务材料由电话、传真发送逐步向手机短信、微机终端、互联网等发展。2005年受0515号卡努台风正面影响,上虞出现暴雨和大风天气,个别地区出现特大暴雨。过程雨量全市普遍在100毫米以上,陈溪雨量点达233.2毫米;全市风力7～9级阵风10～11级(测站29.1米/秒);直接经济损失达11586万元。在台风决策服务过程中,发送气象信息内参7份,天气汇报材料20多份,通过预警短信、上虞电视台、电台滚动播出台风最新消息及防御措施,加强防台宣传。2006年6月10日11时15分至12时15分受强对流(飑线)天气影响,上虞大范围出现8～10级局部11级(测站30.9米/秒)雷雨大风,小越镇双堰出现冰雹,全市直接经济损失1998.35万元。针对突发灾害天气,利用决策服务短信平台,向市委市府及政府部门决策服务成员、重点工程单位开展短信预警,发布雷雨大风黄色预警信号。上虞市重点工程海涂中沙岛跨海铁缆桥施工指挥部,在收到预警短信后,立即发布场内人员撤离命令,全部施工人员撤离至安全地带。2008年初严重低温雨雪冰冻灾害中,准确预报灾害天气过程,及时提供决策服务,获浙江省气象局颁发的"抗击低温雨雪冰冻灾害气象服务先进集体"荣誉称号。

专业与专项气象服务 2005年7月4日,成立上虞市人工影响天气办公室。配备WR系列车载增雨火箭发射装置,成立人工增雨作业队伍,建立人工增雨作业基地4个。2005—2008年,开展人工增雨作业6次。开展化工应急保障服务。2003年在上虞市杭州湾精细化工园区设立五要素自动气象站,成立化工应急服务保障组,制订化工应急服务预案,开展气象应急保障服务。2006年3月开通化工泄漏应急服务平台。通过调阅事发地自动气象站数据,在10分钟内利用应急服务平台发送实时气象资料和短时天气预报,并滚动发送最新气象资料和天气预报内容,同时开展现场气象服务。

气象科技服务与技术开发　1985年,上虞县气象站专业气象有偿服务开始起步,逐步利用邮寄、传真、气象警报系统、声讯、影视、手机短信、电子显示屏等手段,面向各行业开展气象科技服务。1986年11月—2003年12月使用气象警报系统,面向有关部门、乡(镇)、村、农业大户和企业等每天发布天气预报和警报信息。1993年成立上虞市气象技术服务部,开展庆典气球施放、标语、广告等服务。2004年5月,4名职工通过《气球施放上岗证》资格考试,持证上岗。1995年1月经市编制委员会同意设立上虞市防雷设施检测所,逐步开展建筑物防雷装置检测、新建建(构)筑物防雷工程图纸审核、设计评价、竣工验收等。1998—2006年开展防雷工程安装。1998年1月15日,与上虞市电信局合作开通"121"天气预报自动答询系统,2005年3月改号为"96121"。

气象科普宣传　每年在"3·23"世界气象日通过报纸、电视、科普展板、现场咨询等多种渠道进行气象科普宣传,组织在校中小学生到气象观测场进行学习参观;应用电视气象、手机短信、报刊专版、电子屏、网站等渠道,实施气象科普进村、进企、进校、进社区。2004年10月,获得"绍兴市科普教育基地"称号。2007年4月,被绍兴市气象局评为2001—2006年度科普工作先进集体。

上虞市气象局采用多种形式开展科普宣传,图为利用报纸、展览、现场咨询等开展"3·23"气象日宣传

法规建设与管理

1. 气象行政执法

2002年1月,在上虞市便民服务中心设立气象窗口,进行建筑(构)物防雷设施设计审核。2002—2004年,参与行政审批制度改革,规范行政审批手续。2007年按照市政府要求设立行政许可科,在便民服务中心现场办公。至2008年底行政许可项目有4项,具体为防雷设施设计审核和竣工验收、升放无人驾驶自由气球或者系留气球活动的审批、气候可行性论证和大气环境影响评价气象资料审查、天气预报、警报信息传播。2003年9月,成立气象行政执法大队,有7名兼职执法人员通过法制办培训考核,持证上岗。2006年制定《上虞市气象局行政执法责任制实施方案》,印发《上虞市气象局行政执法依据目录》。2006—2008年,与安监、建设、教育等部门联合开展气象行政执法检查。

2. 气象社会管理

建立健全气象灾害应急响应体系　2005年10月,上虞市人民政府办公室印发《上虞市雷电灾害应急救援预案》;2006年5月,印发《上虞市气象灾害应急预案》;2005—2006年,市政府成立气象灾害应急、雷电灾害防御管理领导小组,在气象局设立办公室,负责日常工作。2007年12月,上虞市人民政府办公室印发《关于开展乡镇、街道气象协理员队伍建设工作的通知》,成立上虞市气象协理员队伍,于2008年3月召开上虞市气象防灾减灾工作会议和乡镇气象协理员培训会议。2008年10月,成立村级气象信息员队伍。

防雷减灾管理 1991年6月26日,与县财政局、物价局联合发文,公布《关于避雷装置检测收费标准》。1995年,设立上虞市防雷设施检测所,开展建筑物防雷装置检测、新建建(构)筑物防雷工程图纸审核、设计评价、竣工验收等。2002年1月,在便民服务中心设立气象窗口,进行建(构)筑物防雷设施设计审核、施工验收。2006年10月8日,在便民中心设立防雷设施检测窗口,防雷图审、协议签订及收费均在窗口完成。2007年1月开始开展雷灾调查工作。2008年12月气象局与安监局联合发文,公布首批81家防雷安全重点单位。

探测环境保护 2007年12月向上虞市政府报送探测环境保护技术规定备案,每月向省局上报气象探测环境变化报告书。2008年完成《探测环境保护专业规划》编制,制作观测环境状况证书,并公示。

气球服务管理 2005年,升放无人驾驶自由气球或者系留气球活动列入气象局行政许可项目。2007年,进行气球施放资质执法检查。

党建与气象文化建设

1. 党建工作

党支部建设 1982年,建立上虞县气象站党支部,寿宗难任支部书记。1984年10月,据上虞县府(虞政〔1984〕122号)文件,鉴于县农委撤销气象站行政,气象站党、团归属于县水利水电局。1985年1月10日,曲明任支部书记。1990年6月,气象局党支部转入机关党工委管理。1992年10月24日,党支部改选,孙东生任支部书记。1999年5月,曲明任党支部书记。1999年和2001年分别被市直机关党工委评为年度先进党支部。2002年12月,罗国军任党支部书记。

党风廉政建设 1999年9月,推行财务两公开一监督制度实施细则。2001—2008年,开展学习"三个代表"重要思想、保持共产党员先进性教育、作风建设年等活动;2002年起每年4月开展党风廉政教育月活动。开展"结贫思廉"主题教育活动,资助贫困学生,与贫困村结对帮扶。2003年起,每年进行局领导述职述廉报告,并层层签订党风廉政建设责任书,推进"惩防体系"建设。

2. 气象文化建设

精神文明建设 1987年2月,上虞站在全省气象工作会议上获首批双文明单位称号;1990年,再次荣获双文明单位称号;1988年起,每年3月份开展职业道德教育月活动。2002年,荣获"绍兴市文明单位"称号。自2002年起连续7年与社区结对共建。组织干部职工进行乒乓球比赛、歌唱比赛等活动。2005年起,气象局开展争创"平安机关"活动,荣获"2007年度平安机关"称号。2008年组建篮球队,参加市级机关篮球赛。

政务公开 2002年在便民服务中心气象窗口通过发放《办事须知》宣传册公开告知行政审批程序,《办事须知》主要内容有办事项目、办事程序、需提交资料、承诺办理期限、收费标准及依据等。2002年起按照浙江省气象局、绍兴市气象局关于全面推行局务公开工作的实施意见,逐步开展局务公开工作。制订《上虞市气象局政务公开实施方案》,公开办事依据、程序、过程和结果,服务承诺、违诺违纪的投诉处理途径;落实首问责任制、服务承诺制、限时办结制、AB岗工作制、财务管理等一系列规章制度,坚持上墙、网络、黑板报、办事窗口及媒体等五个渠道开展局务公开工作。

集体荣誉 1978年1月,获全省气象部门先进集体,1978年11月,站长王益镛参加在北京召开的全国气象部门"双学"代表会议,党和国家领导人华国锋、李先念、叶剑英、邓小平等接见与会代表并合影。1987—2008年,上虞市气象局获省级以上集体荣誉14项。其中,1987—1990年被省气象局评为"双文明"单位;2003年、2006年获浙江省地面测报质量优秀站;2005年被中国气象局授予"局务公开先进单位"。2006年被浙江省人事厅、浙江省气象局评为"浙江省气象系统先进集体";2008年被浙江省气象局评为"抗击雨雪冰冻灾害气象服务先进集体"。

台站建设

1996—1997年,在原址新建局综合大楼,1997年7月,上虞市气象局综合大楼竣工。该楼占地面积2087.74平方米,建筑面积1346.16平方米。2005年,对综合大楼重新进行装修。

2002年筹建新的探测中心,占地50亩,建筑面积831.3平方米。2003年10月1日正式投入使用,成为气象观测、业务培训为一体的实践基地。2007年6月,探测中心被确定为中国气象局大气探测仪器试验基地和浙江省大气探测教学实习基地。同年12月,上虞市气象局被浙江省气象局命名为AAA级绿色台站。

上虞市气象局旧貌

建于1997年的上虞市气象局行政办公大楼

嵊州市气象局

嵊州市地处浙江东部,在秦汉之际建县设剡,距今已有2100多年历史,1995年撤县设市。嵊州以"百年越剧、千年剡溪、万年小黄山遗址"闻名于世。嵊州靠近东南沿海,属亚热带季风气候区,受冷暖空气交替影响,四季分明,冬夏长,春秋短,湿润多雨,同时具有较明显的大陆性气候及盆地小气候特征。1953—2008年平均气温16.6℃,降水量1296.0毫米,降水日数152.9天,日照时数1838.4小时。

机构历史沿革

始建情况 嵊州市气象局(原嵊县气象站)于1952年10月设在嵊县城关镇东绣衣坊,同年12月迁入城隍山(现公园路8号),位于北纬29°36′,东经120°49′,海拔高度104.3米,属国家基本气象站。2007年1月—2008年12月更名为嵊州国家气象观测站一级站。1989年设立嵊县气象局,1995年12月撤县设市改为嵊州市气象局。1999年5月在安平东路38号新建成气象业务大楼,除测报科在原址外,局办公室、预报科、防雷所等搬入新大楼。

管理体制 嵊县气象站自1952年10月建站至1956年4月,由浙江省军区管理,1956年5月归属于上海市气象局管理,1958年5月归属浙江省气象局管理,1973年8月归属于地方政府、浙江省气象局双重管理。1981年7月起,实行由上级气象部门和地方政府双重领导,以气象部门为主的管理体制;1984年起,隶属绍兴市气象局管理。

名称及主要负责人变更情况

名称	时间	负责人
嵊县气象站	1952.8—1952.12	范从云
嵊县气象站	1953.7—1954.1	钱柏成
嵊县气象站	1954.3—1954.6	宋心清
嵊县气象站	1954.12—1967.7	张初元
嵊县气象站	1970.9—1973.5	施伯祥
嵊县气象站	1973.3—1980.12	曹煜灿
嵊县气象站	1980.12—1984.12	林长华
嵊县气象局	1984.12—1992.10	杨煜灿
嵊州市气象局	1992.10—	商颂明

人员状况 1952年建站时4人,现有气象编制职工16人,聘用9人,共有在职职工25人。其中,大学学历4人,大专学历8人,中专学历4人;中级专业技术人员14人,初级专业技术人员2人;年龄50岁以上7人,40~50岁2人,40岁以下16人;党员9人。

气象业务与服务

1. 气象业务

①气象观测

地面观测　建站于1952年10月,属国家基本气象站,承担国内气象资料的交流。承担02、05、08、11、14、17、20时7次天气报及航危报、重要报、旬月报(基本段)的编发,地面气象月报表、年报表的编制。2007年1月1日起增发23时天气报。观测内容包括云、能见度、天气现象、温度、湿度、气压、风向风速、地面温度、地面浅层温度、蒸发、雪深、降水量、日照等。有过短暂的最低草温、云向、云移、电线积冰、地面30厘米要素的观测。1997年1月1日起增加大型蒸发观测,2002年1月1日取消小型蒸发。1984—1993年改手工编报为PC-1500计算器编报及制作报表,1994—2004年使用舟山测报软件计算机编报,2005年用自动站地面气象测报业务软件编报。

自动气象站　2003年1月1日—2004年12月31日实行人工站与自动站并行观测阶段,2005年1月1日起转入自动气象站单轨运行阶段,实现了温度、湿度、气压、雨量、风向风速、地温等观测项目的自动化。2004—2008年陆续建设区域气象观测站,已建成两要素自动气象站6个,四要素自动气象站4个,五要素自动气象站7个,六要素自动气象站1个。

探测环境保护　在地方政府和上级部门的支持下,联合有关部门整改了探测环境,避免了周围树木、房屋对探测环境的影响,并积极向有关部门备案。从2008年11月1日开始每月填写气象探测环境变化月报告书,2008年1月10日获得了嵊州一级站观测环境状况证书,2008年10月13日探测环境专项规划通过评审。

卫星接收　2000年通过MICAPS系统使用高分辨卫星云图;2000年完成机房建设,主要用于气象信息资料处理、人工增雨和强对流突发天气监测。

②信息网络

气象信息接收　1980年前,气象站利用收音机收听区域中心气象台和上级以及周边气象台站播发的天气预报和天气形势。1981—2000年,配备ZSQ-1天气传真接收机接收北京、欧洲气象中心以及东京的气象传真图。1999年5月30日建立PCVSAT单收站。2000—2005年,开通100兆光缆,建立业务宽带网,接收从地面到高空各类天气形势图和云图、雷达等数据,为气象信息的采集、传输处理、分发应用、会商分析提供支持,建立气象网络应用平台、专用服务器和省—市—县气象视频会商系统。2008年,省—市—县业务宽带网光缆分离为气象视频会商系统线路(SDH)与数据传输线路(SMTP)。

气象信息发布　1986年前,主要通过广播和邮寄旬、月报方式向全县发布气象信息,向县政府、三防办提供决策服务。1987年建立气象警报广播系统,面向有关部门、乡(镇)、村、农业大户和企业等200多用户每天2时次开展天气预报警报广播,并在突发性灾害性天气发生时不定期加密播报气象警报。1996年开通"121"(2005年1月改号为"96121")天气预报电话自动答询系统。2003年,依托自动气象站分钟连续观测数据,在该系统中增加"最新天气实况"信箱。2004年利用手机短信每天2时次发布气象信息,2005年开通了小灵通气象短信。2007年5月1日起,警报器升级换代为气象电子显示屏,先后在全市的乡镇、企业等安装气象电子显示屏90多块。2008年汛期前,建立了气象协理员及信息员队伍,在灾害性天气来临前第一时间接收到气象局发布的预警短信。

③气象预报

建站始,县气象站通过收音机收听天气形势,结合本站资料、图表制作每日早、中、晚3次24小时内短期天气预报。20世纪80年代初起,每日05、11、17时3次制作短期天气预报和中、长期天气预报。2000年起,加强了常规24小时、未来3～5天天气预报和临近预报,同时增加灾害性天气预报预警业务和供领导决策的各类重要天气报告、内参等。

④农业气象

1970年始,逐步开展农业气象业务。1976—1979年,在黄泽、崇仁、通源、下王、玠溪、大昆、竹溪、晋溪、三合、南山水库、里东、前王、军马场、坂头水库,建立14个农村气象哨,开展气象和物候观测并提供服务,自动气象站建成后,2005年起逐步撤销气象哨。1984—1985年,完成《嵊县农业气候资源和区划》编制。1982年设立农业气象组,向政府、涉农部门、乡镇寄发"农业气象月报"、"蚕桑气候分析"、"茶叶开采期预报"、"双抢天气趋势"、"农业产量预报"、"秋季低温预报"等服务产品;1989年始,编写全年气候影响评价。1990年起,为《嵊县地方志》等提供气候史料。2005年起,为政策性农业保险开展保前、保中、保后气象预报评估鉴定。2008年汛期前建立乡镇协理员和农村气象信息员队伍,直接为农民提供灾害性天气预警服务。2007年开展一县一品农业气象服务,在金庭镇灵鹅村设立桃形李气象服务基地。

2. 气象服务

公众气象服务 建站始,通过农村有线广播播报气象消息。1998年由县电视台制作文字形式气象节目。2003年开通手机3～5天和24小时气象短信。2005年开通小灵通气象短信。每年开展节日气象服务,重大活动专题气象服务,如为"王羲之书法节"、"嵊州市越剧领带节"等重大活动提供气象保障。

决策气象服务 20世纪80年代以前以口头或电话方式向县委县政府提供决策服务,20世纪90年代逐步开展《重要天气报告》、《气象内参》、《气象信息与动态》、《汛期(5—9月)天气形势分析》等决策服务。在1988年7月30日特大暴雨和2008年初严重低温雨雪冰冻灾害中,准确预报灾害天气过程,及时向党委政府和有关部门提供决策服务。2006年建立台风预报服务系统,为台汛期的服务提供帮助。2008年开展气象灾害预评估和灾害预报服务。同年,建立了灾害性天气预警发布平台,第一时间为市委市府等决策部门提供预警信息。

新农村建设气象服务 2008年起,围绕构建农村新型气象工作体系,推进现代气象业务体系向农村延伸、气象应急管理体系向农村延伸、公共气象服务向农村延伸,创新气象为"三农"服务模式,实施"农村气象防灾减灾"和"信息进村入户"两项工程,强化气象灾害防御社会化管理职能,开展新农村建设气象服务工作。深入农村,为桃形李基地灵鹅村等提供针对性气象服务。

气象科技服务与技术开发 1985年3月,遵照国务院办公厅《转发国家气象局关于气象部门开展有偿服务和综合经营的报告的通知》(国办发〔1985〕25号)文件精神,嵊县气象局专业气象有偿服务开始起步,利用传真邮寄、警报广播系统、声讯、影视、电子显示屏、手机短信等手段,面向各行业开展气象科技服务。1990年起,为各单位建筑物避雷设施开展安全检测;1997年起,全市各类新建建(构)筑物须按照规范要求安装避雷装置;2007年6月起,对重大工程建设项目开展雷击灾害风险评估。1993年起,开展庆典气球施放服务。2005年成立市人工影响天气办公室,配备人工增雨火箭发射装置1套。

气象科普宣传 1980年与县广播站联合设立气象知识专题讲座节目。2007年起,与今日嵊州联合在《今日嵊州》报刊开办"看霞识天气"小专栏。2003年,开设气象科普馆并被认定为市科普教育基地,每年接待中小学师生上千人次。另外,在每年"3·23"世界气象日组织气象工作者走上街头开展气象知识科普宣传。2008年,实施"百村千户"气象灾害防御培训工程,为乡镇气象协理员、种养大户开展培训。应用电视气象、手机短信、报刊专版、电子显示屏等渠道,实施气象科普入村、入企、入校、入社区,全市科普教育受众面十分广泛。

法规建设与管理

1. 气象行政执法

2000年以来,嵊州市政府认真贯彻落实《中华人民共和国气象法》、《浙江省气象条例》等法律法规,2000年起,每年3月和6月开展气象法律法规和安全生产宣传教育活动。2002年6月,市政府行政审批中心设立气象窗口,承担气象行政审批职能,实行气候可行性论证,低空飘浮物施放,建设(建筑)工程防雷设计审核和竣工验收审批制度。2003—2008年,3次参与市政府行政审批制度改革,规范行政审批手续。2003年9月,成立气象行政执法大队,7名兼职执法人员均通过省政府法制办培训考核,持证上岗;2006—2008年,查处违反气象法律法规案件共5起。2004年绘制了《嵊州气象观测环境保护控制图》,为气象观测环境保护提供重要依据;2008年探测环境专项规划通过评审。

2. 气象社会管理

建立健全气象灾害应急响应体系 2008年2月,嵊州市人民政府办公室印发《嵊州市气象灾害防御应急预案》(嵊政办〔2008〕19号)。2005年7月,市政府成立人工影响天气领导小组,在气象局设立办公室,负责日常工作。2008年嵊州市人民政府办公室发文在全市各乡镇成立气象协理员队伍,于2008年5月召开第一次乡镇协理员培训会议,2008年10月建立乡村气象信息员队伍,建立"部门、乡镇、村"三级气象灾害应急响应机制。在2008年1月的低温、雨雪、冰冻天气过程中,及时为市委市政府、电力等有关部门提供气象保障,2008年2月2日盛秋平市长和郑法根副市长亲临气象局,看望慰问气象局职工,绍兴市电力局送来"抗冰救灾保供电,气象服务做贡献"的锦旗,气象局被市政府评为"抗雪灾保供电工作先进集体"。

加强防雷减灾管理 1990年,成立嵊县避雷装置检测站,1995年12月县编制委员会发文成立嵊县防雷设施检测所(嵊编〔1995〕21号),逐步开展新建建(构)筑物、计算机信息系统防雷装置的图纸审核、设计评价、竣工验收等防雷技术服务。2002年6月,嵊州市防雷行政审批工作纳入市政府行政审批中心运行。2003年2月市政府发文"建设(建筑)工程防雷设施安全与检测、验收"为行政许可项目(嵊政〔2003〕38号)。2008年12月,与市安监局联合发文,公布首批防雷安全重点单位67家。

党建与气象文化建设

1. 党建工作

党支部建设 20世纪70年代,建立嵊县气象站党支部,施伯祥任党支部书记,1973年曹煜灿任支部书记,1981年马来福任党支部书记,1984年12月林长华任党支部书记,1985年设立嵊县气象局党支部林长华任党支部书记,1988年杨煜灿任党支部书记,1992年商颂明任党支部书记,1995年撤县设市设立嵊州市气象局党支部商颂明任党支部书记。2001年被市委组织部、宣传部、机关党工委命名为"市级机关规范化党支部"。1978年10月,林长华参加在北京召开的全国气象部门"双学"代表会议,受到党和国家领导人华国锋、李先念、邓小平接见。

党风廉政建设 2000—2008年,多次参与气象部门和地方党委开展的党章、党规、法律法规知识竞赛。2002年起,连续7年开展党风廉政教育月活动。2004年开展作风建设年活动。2006年起,每年开展领导述职述廉和党课报告,并层层签订党风廉政目标责任书,推进"惩防体系"建设。先后制定和修订工作、学习、服务、财务、党风廉政、卫生、安全等方面规章制度。

2. 气象文化建设

精神文明建设 1988年起,每年3月份开展职业道德教育月活动。2000—2008年,先后开展"三个代表"、"保持共产党员先进性"等教育活动,并与北漳镇结对共建,与贫困村(户)、贫困学生结对帮扶。1998年起,每年组织参加春游、登山、乒乓球比赛、全民运动会等活动。组织参加各种竞赛。开展"华风杯"反腐倡廉建设知识竞赛、党的基本知识学习竞赛、"五五"普法规划考试等,号召全体职工创作廉政书画和摄影作品,选送优秀作品参加省气象局组织的廉政书画作品展。通过开展各种活动,丰富职工的业余生活。

政务公开 2002年起对气象行政审批办事程序、气象服务、服务承诺、气象行政执法依据、服务收费依据及标准等内容向社会公开。2004年开始局务公开。

集体荣誉 2000年起被绍兴市人民政府授予"市级文明单位"。

台站建设

气象观测站建设 嵊县气象站1952年10月建站后,由于当时观测环境地处居民区,所探测的气象资料没有代表性,12月迁入城隍山(现公园路8号),占地面积4841平方米,其中办公用地849平方米,生活用地3992平方米,观测场面积25米×25米。1978年翻建气象站业务办公用房。2003年建立气象科普教育基地。2006年6月新建成气象测报业务楼,按照浙江省气象局建设绿色台站要求,达到AAA级绿色台站建设标准。

气象服务业务大楼建设 随着气象事业发展和气象科技现代化建设的需要,1998年我局在安平东路38号新建成一幢占地2.61亩、建筑面积为1883平方米的气象业务大楼。1999年5月,局办公室、预报科、防雷所搬入新大楼。2005年建立人工影响天气作业指挥平台。2008年建立气象预警中心。

建于20世纪60年代的气象站

2006年6月新建的气象测报业务楼

1999年在安平东路38号新建的气象业务大楼

2007年建于里南的区域气象观测站

新昌县气象局

新昌县地处浙江省东部,全县区域面积 1213 平方千米,下辖 3 个街道、8 个镇、5 个乡,415 个行政村、13 个社区,共有人口 43.5 万,是一个"八山半水分半田"的山区小县。新昌旅游资源比较丰富,风景秀丽,素称"东南眉目",是唐诗之路、佛教之旅的精华地段,中国山水诗、山水画和茶道之源的发祥地。新昌属于亚热带季风气候。一年中寒暖暑凉交替出现,干湿季分明。主要气候特点是:温和湿润,雨量充沛,春夏季雨热变化同步,日照适中,气候温和,四季分明,冬夏长,春秋短,冬季多偏北风,夏季多东南风。由于受西风带和东风带天气系统的双重影响和复杂地形影响,天气变化剧烈,同时造成多样的地形小气候。春季呈低温多雨,夏秋常有干旱、高温和台风暴雨,冬季又有寒潮袭击,故各种气象灾害频繁发生。

机构历史沿革

始建情况 1958 年至 1970 年 9 月水文和气象合设一个机构,站址在原北门城墙上,归属水电局管辖。1970 年 10 月 1 日,组建新昌县气象站,站址设于县城西门外鼓山顶,位于北纬 29°31′,东经 120°53′。1971 年 8 月 1 日水文气象正式分开,气象站搬迁到鼓山顶办公,开展地面气象观测、天气预报、农业气象等工作。新昌站为国家一般气象站,观测场海拔高度 113.9 米。1989 年 10 月 19 日新昌县气象站实行局、站合一,成立新昌县气象局。1992 年 11 月县气象局从鼓山顶搬到人民西路 139 号办公楼办公,预报、测报等业务工作仍留在鼓山顶。2007 年 1 月至 2008 年 12 月更名为新昌国家气象观测站二级站。

领导体制与机构设置演变情况 1958 年至 1970 年 9 月水文和气象合设一个机构,归属水电局管辖。1970 年 10 月 1 日,根据省革命委员会生产指挥组 145 号文件,组建新昌县气象站,站址在县城西门外鼓山顶,业务受绍兴地区气象台指导。1971 年 8 月 1 日正式水文气象分开,气象站搬迁到鼓山顶办公。隶属地方管理,县人武部(1971 年 8 月至 1973 年 7 月底)、县农委、农业局、水电局相继代管。1983 年 3 月 29 日国务院办公厅批转国家气象局《关于气象部门机构改革方案的报告》(国办发〔1983〕第 22 号),实行气象部门和地方政府双重领导,以气象部门为主的领导管理体制。1989 年 10 月 19 日新昌县气象站实行局、站合一,成立新昌县气象局,隶属绍兴市气象局和新昌县政府的双重领导,以垂直领导为主。

新昌县气象局

人员状况 1971 年建站初期有职工 4 人,随着气象事业从小到大不断发展,气象队伍也得到不断壮大,人员素质逐步提高。到 2008 年底,新昌县气象局气象编制职工 8 人,聘用职工 9 人,共有在职职工 17 人。其中,党员 6 人,团员 2 人;大学以上学历 6 人,大专学历 8 人;高级工程师 1 名,工程师 5 名,助理工程师 2 人;年龄 50 岁以上 3 人,40～49 岁 2 人,40 岁以下 12 人。

名称及主要负责人变更情况

名称	任职时间	负责人
新昌县水文气象站	1958—1970.9	董正才
新昌县气象站	1970.10—1971.8	董正才
新昌县气象站	1971.8—1973.3	潘定邦
新昌县气象站	1973.3—1979.10	吕苗喜
新昌县气象站	1979.10—1984.12	石山鹤
新昌县气象站	1984.12—1990.01	王禄华
新昌县气象局	1990.01—1993.11	王禄华
新昌县气象局	1993.11—1999.4	金法江
新昌县气象局	1999.4—2008.9	张维祥
新昌县气象局	2008.9—	娄伟平

气象业务与服务

1. 气象业务

①气象观测

地面观测 1971 年 8 月新昌站初建时,为国家一般站,每天进行 3 次定时(08、14、20 时)人工地面气象观测,并编发《天气加密报》和不定时《重要天气报告》,1989 年 4 月 1 日起调整为国家辅助站,每天进行 3 次(08、14、20 时)定时简易观测和气象咨询服务;2000 年 1 月 1 日起,又恢复一般站,任务和以前一般站相同。主要观测项目有云、能见度、天气现象、气压、气温、湿度、风向风速、降水、雪深、日照、蒸发、地温等。按国家规范每天定时观测,观测后在限定的时间内编码发报,观测数据集中到国家气象局,经国家气象局大型计算机处理后,为预报工作提供科学依据,是预报的基础。2002 年底 ZQZ-CⅡ 型地面自动观测站建立,结束 30 多年来气象观测要素采用人工收集的方式,气温、地温、风、气压、雨量等要素计算机自动采集并处理。2004 年 1 月 1 日开始每天连续 24 小时自动观测,每天 20 时 1 次人工对比观测。

土壤水分观测 2007 年 4 月 1 日起,开展土壤水分观测业务。

自动气象站 2002 年底新昌县 ZQZ-CⅡ 型地面自动观测站建立,结束 30 多年来气象观测要素采用人工收集的方式,气温、地温、风、气压、雨量等要素计算机自动采集并处理。2003 年 1 月至 2004 年 12 月人工、自动平行对比观测 2 年,2005 年 1 月 1 日开始自动站观测项目代替人工观测,作为正式记录。从 2003 年开始建设新一代中尺度自动气象站,到 2008 年底新昌局在罗坑山、雪头、沙溪、镜岭、回山、儒岙、小将、双彩、东茗、长诏茶场、里东等建立了 11 个中尺度自动气象观测站。

②信息网络

气象信息接收 1980 年前,气象站利用收音机收听武汉区域中心气象台和上级以及周边气象台站播发的天气预报和天气形势。1981—2000年,利用超短波双边带电台接收武汉区域中心气象信息,配备 ZSQ-1(123)天气传真接收机接收北京、欧洲气象中心以及东京的气象传真图。1995年,建立气象信息综合分析处理系统 MICPS 系统,预报所用图表实现微机自动处理显示。1998年4月配置天气形势图、卫星云图用接收电脑,建成"9210"工程。2001年建立雷电监测系统,该闪电定位系统能够准确测定雷击的发生时间、雷击的电流强度,雷击定位的最小误差为0.5千米。2003年底可视会商建成并运行,绍兴地区5县市的预报员通过2兆带宽的光缆实现可视天气预报会商,对预报员相互交流预报意见、提高预报水平提供方便。

气象信息发布 新昌建站后,每天固定3次制作发布24小时天气预报供电台广播,定期制作农业生产期3—9月和冬季天气预报,并增加不定期的旬、月天气预报,以上仅提供给党政、农业、军事等有关部门。1985年有偿服务开始,从此天气预报由单一的公益服务变为公益服务和有偿服务并举。有偿服务对象包括农、林、水、交通、建筑、电力、通讯等社会部门。服务项目有:常规天气预报、专业天气预报、气象情报、气候资料、气候分析、农业气象等。1986年开始,中期预报变为固定的旬、月预报。1988年9月建成气象警报系统,面向有关部门、乡(镇)、村、农业大户和企业等用户,每天5时次开展天气预报警报信息发布服务。1998年2月开通面向社会的"121"电话天气预报自动答询系统(2004年7月升级为"96121"),本自动答询系统相继开通了新昌县24小时天气预报、临近预报、3~5天天气预报、周遍城市预报、全国主要城市天气预报、本地天气实况以及各类专业信箱。1999年1月建立电视气象影视制作系统。2004年给移动和联通手机用户每天2时次发布手机气象短信。2005年开通小灵通气象短信。2007年7月至2008年底,为全县各级政府部门和茶叶示范基地等共安装气象信息电子显示屏26块。

③气象预报

1970年10月始,县气象站通过收听天气形势,结合本站资料图表每日早晚制作24小时内日常天气预报。20世纪80年代初起,每日06、10、15时3次制作预报。2000年至今,开展常规24小时、未来3~5天和旬月报等短、中、长期天气预报以及临近预报。同时,开展灾害性天气预报预警业务和供领导决策的各类重要天气报告等。

④农业气象

1971年始,逐步开展农业气象业务。1983年7月,《新昌县农业气候资源与区划》正式编制完成。1989年开始,每年编写新昌县全年气候影响评价。1990年起,为《新昌县地方志》、《新昌年鉴》提供上一年度的气候史料。在2005年4月以来,每星期五在新昌电视台《沃州田野》栏目播出一周天气展望和农事建议,通过电视把为农服务直接送到农民手中。2001年以来气象局结合实际,积极开展农业气象研究,做好为新农村建设的气象服务工作。针对农业结构调整,开展茶叶、油桃、超级稻、花生等作物的气象科研,并把研究成果应用于业务工作。开展茶叶开采期、春茶采摘量、病虫害发生、低温霜冻的气象预报服务,为茶农安排农事、及时防治病虫害提供依据,低温霜冻的预报服务更是降低了低温霜冻灾害的损失,提高了茶农的经济效益。2003—2007年低温霜冻的预报服务经各新昌县茶场、乡镇统计,根据气象服务采取措施产生的经济效益每年在2000万元以上。

新昌气象局坚持公共气象服务,创新气象为新农村建设服务的"新昌模式",受到群众欢迎。图为开展气象电子屏"入村入企入社区"活动中,新昌大明有机茶场内的气象屏幕。

2. 气象服务

公众气象服务 1971年起,利用农村有线广播站播报气象消息。1988年9月建成气象警报系统,面向有关部门、乡(镇)、村、农业大户和企业等每天5时次开展天气预报警报信息发布服务。1991年4月开通了消防警报器,增设1次警报器的气象消防节目。1999年1月建立电视气象影视制作系统。2002年开始开通手机3~5天和24小时气象短信。2007年6月份在全县16个镇乡(街道)安装了气象信息电子显示屏。每天3次发布24小时预报、3~5天预报和不定期发布预警信号。

决策气象服务 20世纪80年代以口头或传真方式向县委县政府提供决策服务。20世纪90年代逐步开发《重要天气报告》、《天气汇报》、《汛期(5—9月)天气形势分析》等决策服务产品。2001年7月开始用新昌气象局自行研发的气象短消息群发系统,为各级政府部门提供气象短信服务,大大提高了决策服务的实效性。在0414号"云娜"台风、2007年6月21日特大暴雨和2008年初严重低温雨雪冰冻灾害中准确预报灾害天气过程,及时向党委政府和有关部门提供决策服务。2005年度新昌县气象局张维祥局长被绍兴市政府评为年度抗台先进个人。

专业气象服务 1988年起,为全县各单位建筑物避雷设施开展安全检测。1996年起,全县各类新建建(构)筑物按照规范要求安装避雷装置;2005年10月起,对重大工程建设项目开展雷击灾害风险评估。1990年起,开展庆典气球施放服务。1988年7月新昌县气象局参加县政府组织的人工降雨工作。2005年7月13日经浙江省人工降雨办公室批准(浙人降办〔2005〕11号),开展火箭人工增雨作业。新昌县人工影响天气领导小组办公室设在气象局,负责日常工作。此后新昌县气象局配备人工增雨火箭发射装置1套,建立人工增雨作业点2个。2005—2007年新昌县气象局及时抓住每次有利作业天气条件开展人工增雨抗旱和蓄水作业,增加了全县水资源,减轻了干旱对农业生产的威胁和危害。

气象科技服务与技术开发 1985年3月,遵照国务院办公厅《转发国家气象局关于气象部门开展有偿服务和综合经营的报告的通知》(国办发〔1985〕25号)文件精神,新昌气局专业气象有偿服务开始起步,利用传真邮寄、警报系统、声讯、影视、电子屏、手机短信等手段,面向各行业开展气象科技服务。1992年12月县府办25号文件批复同意成立气象科技发展公司。2002—2005年,相继开发气象灾害预警、气象影视技术制作、气象视频会商等系统并投入业务使用。

气象科普宣传　20世纪90年代开始新昌县气象局应用电视气象、手机短信、报刊专版、电子屏、网站等渠道,实施气象科普入村、入企、入校、入社区,全县科普教育受众面达30万余人。2001年开始每年参加新昌县政府"三下乡"活动,开展气象科普宣传。2006年开始每年制作一期气象专题节目供"三下乡"活动使用。在《今日新昌》不定期进行气象知识宣传,主要内容有气象科普知识、雷电灾害与防护、生态环境与气候、气象灾害的发生及预防等。2007年10月向新昌县教体局赠送气象科普宣传册2900册。2007年建立全县16个乡镇(街道)气象协理员和气象信息员队伍,到2008年底全县共有气象协理员16名,气象信息员539名。2008年开始每年对乡镇(街道)气象协理员、气象信息员开展培训。

法规建设与管理

1. 气象法规建设

2000年以来,新昌县政府认真贯彻落实《中华人民共和国气象法》、《浙江省气象条例》等法律法规,2000年起,每年3月和6月开展气象法律法规和安全生产宣传教育活动。2001年3月,县政府审批办证中心设立气象窗口,承担气象行政审批职能,规范天气预报发布和传播,实行低空飘浮物施放审批制度。2002—2004年,二次参与行政审批制度改革,规范行政审批手续。2003年9月,成立气象行政执法大队,4名兼职执法人员均通过省政府法制办培训考核,持证上岗。2004年9月6日成立新昌县气象局防御雷电灾害管理办公室(新气发〔2004〕7号)。2004年7月7日新昌县人民政府转发了气象局等部门《关于进一步加强防雷减灾工作的意见》的通知(新政办发〔2004〕73号)。

2. 气象社会管理

气象探测环境保护　2007年完成新昌县国家气象观测站二级站探测环境评估工作,完成《气象台站观测环境综合调查评估报告书》。2007年12月20日《关于新昌县国家气象观测站探测环境保护技术规定备案的函》(绍气函〔2007〕25号)在县府办、规划局、国土局、建设局等相关部门备案。2008年完成《探测环境保护专业规划》编制。

施放气球管理　2001年3月,县政府审批办证中心设立气象窗口,实行低空飘浮物施放审批制度。

防雷减灾管理　1992年3月建立避雷设施检测站,承担全县避雷设施检测工作。1995年县编制委员会发文成立新昌县防雷设施检测所(新编〔1995〕5号),逐步开展建筑物防雷装置、新建建(构)筑物防雷工程图纸审核、设计评价、竣工验收、计算机信息系统等防雷安全检测。2007年7月,新昌县防雷行政审批工作纳入县政府审批办证中心运行。2004年县政府发文"防雷装置设计审核和竣工验收"为行政许可项目。2008年雷电灾害防御管理办公室发文公布防雷安全重点单位19家。

编制气象灾害防御规划 2007年贯彻落实11月13日下午国务院召开的全国贯彻突发事件应急法电视电话会议精神,编写新昌县气象灾害应急预案操作手册。

政务公开 2002年5月起对气象行政审批办事程序、气象服务、服务承诺、气象行政执法依据、服务收费依据及标准等内容向社会公开。坚持上墙、网络、电子屏、黑板报、办事窗口及媒体等五个渠道开展局务公开工作。

党建与气象文化建设

1. 党建工作

党支部建设 1980年12月前,气象站设党小组,党小组长石山鹤,归属水电局党支部领导。1981年1月成立中共新昌县气象站党支部,支部书记石山鹤,隶属新昌县直属党委领导。1990年1月中共新昌县气象站党支部改为中共新昌县气象局机关党支部,石山鹤担任党支部书记,归县机关党委领导。1991年5月4日改选,潘定邦任党支部书记。1999年7月8日换届选举,张维祥任局机关党支部书记。2008年11月换届选举,娄伟平任局机关党支部书记。截至2008年底气象局在职党员6名,退休党员5名。2002年度被新昌县委评为"三好"机关党组织。2003年被新昌县机关工委评为先进党组织。2006年6月27日在新昌县举行的建党85周年暨先进性教育活动工作总结大会上,气象局党支部被评为"五好党支部"。

党风廉政建设 2000—2008年,参与气象部门和地方党委开展的党章、党规、法律法规知识竞赛共12次。2002年起,连续7年开展党风廉政教育月活动。2004年开展作风建设年活动。2006年起,每年进行局领导述职述廉和党课报告,并层层签订党风廉政目标责任书,推进"惩防体系"建设。2008年,为规范职工行为,先后制订和修订工作、学习、服务、财务、党风廉政、卫生、安全等方面24项规章制度。

2. 气象文化建设

精神文明建设 1987年起,开展争创文明单位活动,建设一流台站,凝炼了新昌气象人精神——"爱岗敬业、团结奋进、开拓创新、管天为民"。1988年起,每年3月份开展职业道德教育月活动。2000—2008年,先后开展"三个代表"、"保持共产党员先进性"等教育活动,并与社区结对共建,与贫困村(户)、残疾人结对帮扶。2000年起,每年组织摄影、文艺演出、演讲比赛等活动。2002—2004年与镜岭镇蔡家村结对联创共建,通过二年努力,使其达到县文明村目标。2005年8月至2006年12月与澄潭镇岭兰村开展"联创共建"活动。2006年被县政府评为"联创联建"先进单位。每年组织职工开展"一日捐"活动,积极参加城市交通大整治执勤活动和义务献血。

文明单位建设情况 新昌县气象局在1988年被省、市气象局授予"双文明单位"荣誉,1990年被省委、省政府命名为省级文明单位后,克服"牌子到手,创建到头"的思想,20多年来领导换了一届又一届,但对文明创建工作从不放松,始终本着"文明创建和业务工作共同抓,两个效益互补互赢"的原则,不断探索创建方法,深化创建领域,以创建促发展,以发展求效益。同时提出"自强不息、求实进取,'管天'为民,敬业奉献"的口号,努力巩固和提高文明单位创建成果,一直保持"双文明单位"称号。

文体活动情况 每年不定期组织工会活动,如:钓鱼、爬山、书法比赛等。积极参加新昌县总工会组织的活动。

3. 荣誉

集体获得的主要荣誉 1988年被省、市气象局授予"双文明单位"的荣誉,1990年被省委、省政府命名为省级文明单位一直保持至今。1993年被国家气象局授予全国气象系统先进集体。1996年被评为省气象部门先进集体。气象局档案室1993年2月评为县一级档案室,2001年11月晋升为省级档案室。

台站建设

气象观测站建设 1999年对鼓山顶值班用房进行了修建。2002—2003年投资近40万元对鼓山气象站地面实施硬化,同时改建气象站大门和围墙,并进行"二室一场"改造,投资3万余元购买了树木花草,全面美化鼓山气象站。

气象科技大楼建设 1991年6月位于新昌县人民西路139号的新办公大楼开始施工建设,1992年11月县气象局从鼓山顶搬到人民西路139号办公楼办公,预报、测报等业务工作仍留在鼓山顶。2002年对办公大楼进行装修,进一步改善了工作环境。

金华市气象台站概况

金华市地处浙江中部,以境内金华山得名。金华风景秀丽,名胜古迹众多,峰、洞、瀑、湖一应俱全。境内以丘陵山地为主,下辖两区(婺城、金东)、四市(兰溪、义乌、东阳、永康)、三县(浦江、武义、磐安)。全市南北跨度129千米,东西跨度151千米,总面积1.09万平方千米。市区位于东阳江、武义江、金华江交汇处,"三面环山夹一川,盆地错落涵三江"是金华地貌的基本特征。金华属亚热带季风气候,四季分明,年温适中,热量丰富,雨量较多,有明显的干、湿两季。盆地小气候多样,有一定垂直差异,灾害性天气频繁。

气象工作基本情况

金华气象专业机构始于民国22年(1933年),省水利局先后在东阳、兰溪、永康建立3处测候所(全省共22所),仪器购于英国,开展温度、湿度、风向、风速、雨量等器测项目,及云、能见度、天空与地面状况等目测项目,每日进行06、14、21时3次观测。这是全市最早使用气象仪器开展气象观测的气象机构。民国23年(1934年)在永康方岩山建立高山测候所(海拔300米),但不到一年即停办。民国24年(1935年)12月,《浙江省水利局测候所组织规程草案》制定下发后,气象测候工作逐步走向正轨。抗日战争爆发后,东阳、兰溪测候所被迫撤销,仅存的永康测候所测候员楼墨轩,从民国22年(1933年)8月建所到民国34年(1945年)抗战胜利,坚守岗位连续工作13年,从未中断气象观测,保持了气象记录的完整,这在当时全省的22所测候所中是唯一的。

1933—1934年全市测候所情况

所名	地点	经度	纬度	海拔高度	工作年代
东阳	政府内	120°13.5′	29°16.5′	90.0米	1933年—1936年1月
兰溪	政府内	119°28.5′	29°13.5′	30.0米	1934年—1937年9月
永康	政府内	120°1.5′	28°54.8′	87.0米	1933年—1948年5月 1950年4月—1951年3月
方岩山		120°11.3′	28°56.5′	300.0米	1934年

金华市气象局前身是金华气象站,成立于1953年1月1日,为国家基本站,现址位于金华市青春路162号(北纬29°07′,东经119°39′)。金华市气象局共下属6个县(市)气象

浙江省基层气象台站简史

局:义乌市气象局、东阳市气象局、永康市气象局、兰溪市气象局、武义县气象局和浦江县气象局。磐安县气象局为地方政府编制。

由于行政区划的变迁,金华所辖的气象台站曾发生多次变化(详见附表2)。金华现属的各县(市)在1957—1962年先后成立县(市)气象站。随着行政区域和政府机构的变动,多次发生变动。其中,1960年浦江县并入义乌县后,浦江县气象站和义乌县气象站当年先后改名为义乌县第二气象服务站和义乌县第一气象服务站。1983年磐安县从东阳市分出后,一直未设立气象台站,直至2005年12月28日,磐安县气象局正式挂牌成立,为地方政府编制。义乌市航空部门1991年4月建立义乌民航气象台,位于义乌稠城镇(东经121°02′,北纬29°21′),海拔高度78.0米,主要担任供航气象观测和航站天气预报任务。

金华辖区内的气象站点变迁情况

时间	金华辖区内的气象站点	备注
1953.1—1955.2	金华	1952年1月,丽水专区撤销,缙云(1959年12月建站)划归金华;金华(1953年1月建站)。
1955.3—1957.12	金华、衢县、江山、蒋堂、东阳、遂昌	1955年3月,衢州专区撤销,恢复建德专区。衢县(1955年10月建站)、江山(1956年1月建站)、蒋堂(1956年建站)、东阳(1957年1月建站)、遂昌(1956年11月建站)。
1958.1—1959.12	金华、衢县、江山、蒋堂、东阳、遂昌、永康、兰溪、义乌、桐庐、开化、建德、淳安、龙游、浦江、缙云	永康(1958年8月建站)、兰溪(1958年9月建站)、义乌(1958年11月建站)、桐庐(1958年12月建站)、开化(1958年11月建站)、建德(1956年10月建站)、淳安(1958年12月建站)、龙游(1959年6月建站)、浦江(1959年8月建站)。1960年1月,龙游县撤销,行政区划并入衢县,归金华管辖。
1960.1—1963.4	金华、衢县、江山、东阳、遂昌、永康、兰溪、义乌、开化、建德、淳安、龙游、浦江、缙云、武义	1959年蒋堂站撤销;1960年8月,桐庐划归杭州管理;武义(1962年1月建站)。
1963.5—1988.5	金华、衢县、江山、东阳、永康、兰溪、义乌、桐庐、开化、龙游、浦江、常山	1961年,恢复常山县,常山(1964年1月建站)归金华管辖;1963年5月,恢复丽水专区,遂昌、缙云划归丽水,建德、淳安划归杭州。
1988.6—	金华、东阳、永康、兰溪、义乌、浦江、磐安、义乌民航	1985年5月,撤销金华地区,分设金华、衢州两市,龙游、常山、开化、江山、衢县划归衢州;1988年,衢州市气象局成立后,衢州所属气象站点归口衢州市气象局管理;磐安县气象局属地方政府建制。

人员状况 1953年建站时共有职工5名。1977年共有职工49人,其中中共党员19人。截至2008年底,全市共有职工189人,其中在职职工119人(市气象局63人,县气象局56人),离退休职工70人(市气象局35人);局本级共有公务员15人。全市共有在职中共党员65人,团员16人;大学以上学历66人,大专学历31人;共有高级专业技术人员10人,中级专业技术人员40人,初级专业技术人员50人。年龄50岁以上18人,40~49岁41人,40岁以下60人;除1人为回族、1人为侗族外,其余均为汉族。

主要业务范围

地面气象观测站 1953年1月1日至今,金华地面观测场地设在金华市北面城郊之低丘顶上(地址为金华市杨思岭后1号"郊外"),海拔64.1米。初建时观测场为9米×6米,1954年3月扩建为20.2米×20.2米,1964年12月又扩大为25米×25米,并填高0.7米,观测场海拔62.6米,位于北纬29°07′,东经119°39′。

农业气象观测站 1957年1月1日成立东阳气候站,是全省14个农业气象观测点之一。1957年10月31日,金华开展农业气象观测工作,主要为物候观测。1958年,在蒋堂站(1959年撤销)开展农业气象观测,增加测定土地温度仪。1960年成立金华农业气象试验站(1961年2月撤销),开展农业气象的观测、试验、服务。1979年在金华建立农业气象观测一级站,于1980年11月恢复农业气象观测。

天气雷达与卫星云图接收 1974年3月,建成711测雨雷达(波长3.2厘米)。2005年建成金华新一代多普勒天气雷达,2006年5月通过中国气象局现场性能测试,开机试运行。1984年,市政府拨款4万元购置1套极轨气象卫星云图接收设备。2005年,安装了MTSAT卫星云图接收设备。2007年建成Dvbs卫星数据接收系统。

区域动气象站 2003年12月开始建设区域天气监测网络,设备选用美国戴维斯公司产品。2004年建成26个多要素自动气象站。2005年起改用江苏无锡的ZQZ-AE型自动站设备,新建站点30个。2006年对原有56个中尺度站通讯方式进行升级改造,资料采集密度由每小时1次提高到每10分钟1次。截至2008年底,全市共建成区域自动气象站106个,网格间距为10千米。

其他 1958—1959年,全地区共建立气象哨150个,其中东阳县上卢中学红领巾气象哨受到共青团中央、全国总工会、全国妇联的表彰。1960年以后,大部分气象哨自行停办。1959年10月,创办1期"金华专区气象学校",学制1年,学员120名。

金华市气象局

机构历史沿革

始建情况 1952年下半年,浙江省军区派人到金华筹建金华气象站。1952年12月,在金华市杨思岭后1号"郊外"占地4亩,建房4间。1953年1月1日,建立中国人民解放军浙江军区司令部金华气象站,正式开展气象业务。1954年1月1日改称金华气象站。1958年1月1日,改称金华专员公署气象局。1961年2月24日改称金华专区气象水文站。1962年12月26日改称金华气象服务站,为事业单位。1979年7月16日,改称金华地区气象台。1980年11月14日,设立浙江省金华地区气象局。1985年8月1日起,单位名称改为金华市气象局并沿用至今。

浙江省基层气象台站简史

管理体制 1953年1月1日建站时隶属浙江省军区司令部气象科。1954年1月1日隶属浙江省气象科管理。1954年11月29日隶属浙江省气象局管理。1956年5月1日，江、浙两省气象局合并成上海气象局后，由上海气象局管理。1958年5月10日，重新隶属浙江省气象局。1959年1月1日，由金华专署农林水利办公室管辖。1962年12月26日，作为事业单位隶属浙江省气象局。1967年1月1日，由金华专区人民委员会管理。1970年2月1日由金华地区革委会领导。同年12月1日改由金华地区革委会、浙江省金华军分区领导。1973年11月1日由金华地区委员会与浙江省气象局双重领导，以地方管理为主。1981年1月1日，形成由浙江省气象局与地方政府双重领导，以省气象局管理为主的体制，并沿用至今。

名称及主要负责人变更情况

名称	任职时间	负责人	备注
中国人民解放军浙江军区司令部金华气象站	1953.1—1953.4	/	
	1953.4—1953.12	冯炳会	
	1953.12	吕汉惠	
浙江省金华气象站	1954.1—1954.4	吕汉惠	
	1954.5—1954.8	/	缺站长
	1954.9—1955.12	张文胜	
	1956.1—1956.12	单宝鸿	
	1957.1—1958.12	陈达铭	临时负责人
浙江省金华专区气象台	1958.1—1958.6	陈达铭	临时负责人
	1958.6—1960.2	高潭云	
浙江省金华专员公署气象局	1960.2—1961.2	刘连科	
浙江省金华专区气象水文站	1961.2—1962.12	夏玉师	
浙江省金华气象服务站	1962.12—1963.3	夏玉师	
浙江省金华专区气象服务台	1963.3—1969.8	肖俊峰	
浙江省金华地区气象台革命领导小组	1969.8—1973	王基田	具体月份不明
	1973.9—1979.7	王毅生	
浙江省金华地区气象台	1979.7—1980.11	周兆云	
浙江省金华地区气象局	1980.11—1984.10	李德厚	
	1984.10—1985.7	李朝鸿	
浙江省金华市气象局	1985.8—1986.7	李朝鸿	
	1986.7—1996.9	沈水根	
	1996.9—2000.11	朱 江	
	2000.11—2008.2	李邦宪	
	2008.2—	陈智源	

气象业务与服务

1. 气象业务

①气象观测

地面观测 金华地面气象观测时间，1951—1953年采用120°E时区标准时，1954—1960年用地方平均太阳时，1960—1990年用北京时（120°E地方平均太阳时），日照时数均用真太阳时。每天观测次数在 2~24 次之间变更,作为天气报告和气候资料使用。金华地面气象观测项目有气压、气温、湿度、降水量、风向、风速、日照、地温、蒸发、电线积冰、积雪深度和密度、云、能见度、天气现象等。

金华气象观测场的新旧对比

特种探测 主要是酸雨观测和紫外线观测。2002 年陆续在金华、义乌、东阳建立了 3 个酸雨观测点,2003 年 1 月 1 日开始观测,观测设备为上海雷磁仪器厂生产的酸度计(pH 仪)、电导仪。2003 年在金华建立了紫外线观测点,使用上海市气象科研所研制的 SUR-1 型太阳紫外线辐射监测仪。

②气象信息网络

1978 年使用单边带短波无线电代替人工抄收莫尔斯电报。1979 年开始配备 PC-1500 计算机,各县站陆续配备传真机。1983 年底,金华地区气象台购置一台 IBM-PC 计算机。1985 年后,各县气象站装备 PC-1500。1986 年建成省—市—县三级甚高频无线电话通讯网络,覆盖金华、衢州两市及缙云、诸暨、建德、淳安等气象台站。1987 年,全市建成天气预报警报系统,布及农村和主要厂矿、企事业单位。1989 年,市气象台使用了电子电传打字机。1992 年 10 月建立程控拨号形式的省—市微机通信网,1994 年 5 月开通市—县微机通信网,1995 年市气象台建成 NOVELL 网络。各县(市)气象局于 1996 年建立局域网。1997 年 5 月,建成气象卫星综合应用小站 1 个,后陆续建成卫星单收站 7 个,气象数据通过卫星进行传输。2000 年金华市本级开通气象政务网(内网)和省—市办公自动化远程通讯。2001 年开通金华气象网站(外网)和省—市—县三级电子邮件系统。2002 年省—市—县计算机网络提升为基于 VPN 技术的广域宽带网。2003 年建立省—地—县远程视频会商系统。

③气象预报

1958年前,气象工作主要以探测为主。1958年8月底,金华气象站利用短波收音机手抄全国各地莫尔斯气象电报,制作发布了第一份短期天气预报,开始每天预报晴雨、温度、风力和48小时晴雨。1958年9月1日,金华市气象站扩建为台,增设预报组,正式开展天气预报工作和气象广播服务。1959年初,各县气象站配备了收音机,依靠大台预报,结合科技人员和老农经验开展单站订正天气预报。20世纪60年代初,开展天气预报技术改革,广泛收集群众看天经验并开展科学验证,建立天气图、气候资料、群众经验相结合的预报工具,运用天气周期理论,建立天气形势模式和预报指标。中央气象台派人到义乌蹲点总结经验,浙江省气象局总结推广金华气象台天气预报工作经验。70年代起,预报工作引进数理统计方法,建立起温度、雨量等要素的数理统计长期预报方法。

④农业气象

市气象局设有农业气象专职管理员和农业气象服务机构,主要开展农业气象测报、农业气象情报、农业气象预报、农业气候区划和农业气象科研等。2001年10月20日,开通金华农网,成立浙江农网金华信息中心,全市9个县(市、区)开通农网分中心,其中磐安县和金东区由当地科技局主办,婺城区由农林局主办,其他县(市)均由当地气象部门主办。2003年,市政府出台《金华农网入村入户实施方案》。同年,市农网中心开发Wap网站,为手机上网和上网电话提供信息服务平台。后陆续在全市建立乡镇信息服务站131个,在100多个村开展信息服务试点工作。

2. 气象服务

公众气象服务 1995年通过电视台播出天气预报,1996年6月1日开始,金华天气预报由气象局影视制作中心制作,以电视画面形式在金华电视台播放。2008年1月1日起,与浙江省气象信息中心合作推出有主持人电视气象节目,并开展气象影视演播室建设。2009年1月1日起,自主制作的有主持人电视气象节目在金华电视台经济生活、新闻综合、教育科技频道播出。

决策气象服务 20世纪80年代初,决策气象服务主要以"重要气象情况汇报"等书面材料为主,由专人递送;遇有重要天气时,气象局、台领导携带资料图表向市委、市政府领导汇报,有时市领导也来到天气预报值班室参加会商听取汇报和研究决策部署。20世纪90年代至今,决策产品由电话、传真、信函等向电视、微机终端、互联网等发展,气象决策服务终端、决策气象服务短信系统等相继投入应用。2004年,金华市气象信息中心与市移动公司联合组建了决策服务短信平台,并与国土局签订了开展地质灾害气象预报预警协议,开展金华市地质灾害气象预报预警的决策服务工作。2008年建成了紧急异常短信发布平台。

人工影响天气 1960年春,在永康县开展"土火箭"消雹试验。1973年9—10月浙江省人工降雨试验在金华市金兰水库进行,参加人员59人,高炮3门,作业6次,发射碘化银炮弹743发,这是全省首次用"三七"高炮进行催化降雨试验。20世纪70年代金华各地陆续开展了以"土火箭"和"三七"高炮为主要作业设备的人工影响天气作业。1974年8月13日—9月25日,在金华七一农垦场用"三七"高炮开展人工增雨作业试验,共作业7次。

1978年7月24日,建造兰溪气象土火箭厂,新建仓库200平方米;1980年6月12日火箭厂撤销。2004年5月3日—9月13日期间,义乌市气象局使用新型火箭HJD-82A实施火箭人工增雨,累计作业17次,发射火箭弹226枚。

气象科技服务与技术开发 1983年,金华地区气象台预报组内设服务小组,开展预报服务,当年收入3000元,为金华专业有偿服务之始。1985年4月,金华市气象局成立"气象科技咨询服务部",开始开展气象专业服务。主要以信函的方式为水利电力部门,建筑、砖瓦行业、厂矿企业、渔农业等有关部门提供资料分析和专业预报服务,遇有灾害性、转折性天气时通过电话提供服务。1986年,用户单位配备天气警报接收机,气象部门通过天气警报发送台,每天3次定时发布48小时与一周天气趋势预报,并不定时发布雷达观测报告、灾害性及转折性天气预报。1987年机构名称改为服务科,1991年12月成立专业气象台。1995年建立"121"电话自动答询平台(现为96121)。2000年市局"121"电话气象答询系统设备升级,开设一周天气趋势、人体舒适度预报等分信箱,建成了移动电话"121"工作平台。2000年开始,利用气象网站开展了网络终端气象服务。2003年7月,金华市本级警报接收机停止使用。2002年金华市气象局成立气象信息中心,"121"信息台增加了中期预报分信箱和紫外线指数、中暑指数、穿衣指数、晾晒霉变指数、旅游景点天气预报、气象知识与今日特别提醒等分信箱。2002年5月开通移动用户的气象短信服务,2003年7月开通联通用户的气象短信服务。2004年3月兴建气象短信平台,同年7月为部分小灵通用户提供气象短信服务。

1980年以来,投入业务应用的数值预报产品逐渐增多,短时、短期和中、长期预报工作平台相继建立。1993年金华市气象台被国家气象局列为全国市(地)级"八五"业务建设试点地区后,市气象台建设完成了"金华市气象台实时业务系统"和"金华市气象台天气预报业务系统"。1997年完成MICAPS系统二次开发。2006年首次采用招标方式确定市局科研重点项目。

气象科普宣传 1980年金华市气象学会成立,担负气象科技学术交流和科普宣传等任务。《致富农事历》、《科普之窗》、《地理》、《农业生产科技问答》、《甲戌科技历书》等参与编写的5本科技、科普作品通过出版社正式出版。1983年4月28—29日,首次举办"3·23"世界气象日纪念活动,主题是"天气观测员"。2002年,金华市气象台、义乌市气象台被金华市科学技术协会列为首批市级科普教育基地。2004年金华市气象学会联合衢州、丽水两地学会建立"浙中西部气象科技论坛",决定每年举办1次。首届浙中西部气象科技论坛于2004年11月17—18日在金华举办。

法规建设与管理

1. 气象法规建设

2003年6月19日,市政府正式批准实施《金华市气象管理实施办法》,《金华市气象灾害预警信号发布规定》、《金华市施放气球管理实施意见》、《金华市雷电灾害防御和应急办法》等规范性文件,确立了气象依法行政的主体地位,依法加强了对气象信息传播、雷电灾害防御和施放气球安全等社会气象活动的规范管理和行政执法。

2. 社会管理

气象行政执法 2003年8月,建立了金华市气象执法支队和各县(市)执法大队,先后有30余名同志取得气象行政执法资格。先后查处发布气象信息、违规施放氢气球等各类气象违法事件几十起。2005年9月1日起全市范围内禁放氢气球。

防雷安全管理 全市气象部门1987年开始开展防雷安全检测和技术服务。1990年成立金华市避雷设施检测站。1993年2月成立金华市避雷设备物资公司。1996年3月28日,成立金华市防雷设施检测所,原金华市防雷设施检测站撤销;4月9日,市编委批复同意成立"金华市防雷设施检测所"(科级事业单位,编制5名,隶属市气象局),承担全市防雷安全检测、技术服务和部分防雷行政管理职能。2001年底,成立市防雷办公室,负责防雷行政审批、监督管理工作;撤销市防雷设施检测所,成立"市防雷中心",负责防雷检测、技术指导、技术培训工作。2001年开展防雷监审业务,进驻政府办事大厅,开展防雷监审三项业务审批。2002年1月成立华电防雷工程部,同年6月撤销华电防雷工程部,成立华电防雷工程有限公司,实行独立核算,市场化运作。全市气象部门先后与市法制办、安委会及建设、公安、规划、消防、安监等部门联合开展防雷安全专项整治及专项执法检查等活动。

政务公开 1996年开始推行"两公开一监督"制度,市本级通过成立民主理财小组、设置内部政务公开栏等方式加强民主监督管理。2002年,建立电子政务公开系统,建成分类合理、内容齐全、方便快捷的政务公开网页。2002年起设立政务公开栏对气象行政审批办事程序、气象服务、服务承诺、气象行政执法依据、服务收费依据及标准等内容向社会公开。

党建与气象文化建设

1. 党建工作

1970年8月26日成立金华地区气象台支部,支部委员为王基田、王毅生、许华春。1977年,市局共有党员19名。1991年12月专业气象台成立后,增设两台支部。1997年12月1日成立局机关支部委员会,金晓中任书记。1999年成立离退休支部。2004年11月,中共金华市气象局总支部委员会成立,蒋阳任总支书记。总支成立后,市局党支部进行调整,设局机关支部、气象台支部、防雷中心支部和离退休支部。截至2008年12月31日,金华市气象局本级共有中共党员54名,其中在职党员36名,离退休党员18名。

2002年起,每年开展全省气象部门党风廉政教育月活动。2004年开展作风建设年活动,并层层签订党风廉政建设责任书。2004年起,每年开展领导干部述职述廉报告会,科级以上干部采用PPT形式向全体干部职工述职述廉。

2. 气象文化建设

精神文明建设 1979年,李朝鸿参加全国气象部门双学会议。1988年起,全市气象部门每年3月参加全省气象部门职业道德教育月活动。1998年3月31日,金华市气象局制定《关于进一步加强精神文明建设的实施意见》;同年6月在金华召开全市创建文明气象系统工作会议,并赴常山县气象局学习创建文明单位的做法和经验。1986年市气象台获金华市首批文明单位。2003年2月,成为首批金华市文明行业。2009年2月7日,金华市气象局被省委、省政府授予"省级文明单位"称号。2006—2008年,金华市气象局连续3年获全市机关效能建设民主评议金融单位和垂直管理部门第一名。

文体活动情况　1990年5月中旬,市气象局女子拔河队参加市级机关第二届拔河比赛取得第一名。1990年7月26日至8月1日,市气象学会承办全国青少年气象夏令营——浙江营活动,参加人员35名。2006年5月29日,组织了全市气象部门首届文艺汇演,共有涉及音乐、曲艺、小品三大类的16个节目参赛。

3. 主要荣誉

先后获得全国气象系统先进个人3名,浙江省先进集体1个;浙江省气象部门先进集体3个,先进个人12人(次);金华市优秀共产党员2名,金华市劳动模范1名。

1957年,金华气象站陈达铭被评为全国气象系统先进工作者,作为浙江省三位全国气象先进工作者代表之一,在北京受到了毛泽东、邓小平、朱德等老一辈党和国家领导的接见。

1957年金华气象站陈达铭同志作为全国气象部门先进工作者受到毛泽东、朱德、邓小平等中央领导人接见

台站建设

1959年,金华县人民委员会给专区气象台划拨土地2000平方米,建造办公楼房800平方米。该办公楼1960年建成,1997年拆除。1971年7月28日,经地区革委会生产指挥组批准,修建平房70平方米。1976年修建三层办公业务楼,2003年拆除。1982年,征用土地4.1亩。1988年10月,经市政府同意,市局在青春路北侧、市气象局西南征用土地2.77亩,在青春路北侧,市气象局东北征用土地1.499亩;合计4.268亩;市局安置东郊村6名

土地征用工到单位工作。1994年9月至1995年6月建成金华气象科技楼,建筑面积1680平方米。2003年,原办公业务楼拆除,原址小山头挖平,2003年11月正式开工建设市气象局雷达数据处理中心,2005年1月投入使用。2004年4月份开工建设北山的气象雷达站,同年11月完成雷达天线的吊装,2005年7月基本竣工,2006年投入业务试运行。

2006年启用的金华气象雷达站

金华气象台站的50年变迁

兰溪市气象局

兰溪市位于浙江省中西部,地处长江三角洲南翼,金衢盆地北缘,总面积1313平方千米,人口66万,16个乡镇。因位居衢江、兰江、金华江的交汇点,素有"三江之汇,七省通衢"之称。兰溪属亚热带季风气候,四季分明,盆地气候特征明显,气候垂直差异显著,时空分布不均匀,灾害性天气影响较大。

机构历史沿革

建制与管理体制 1958年9月中共兰溪县委决定建立兰溪县气候站,隶属县委农工部领导。1959年4月1日完成兰溪县气候站筹建工作。1960年4月,兰溪县委成立兰溪县人民委员会气象科。1961年10月兰溪县人民委员会决定撤销气象科。1963年1月起兰溪县气候站归属浙江省气象局领导。1964年3月兰溪县气候站改为兰溪县气候服务站,领导关系不变。1970年兰溪县气候服务站划归兰溪县人民武装部和兰溪县革委会双重领导,以兰溪县人武部为主。1971年7月,兰溪县气候服务站改为兰溪县气象站。1973—1979年划归兰溪县人民政府领导。1980年5月,实行气象部门与地方政府双重领导,以气象部门领导为主的管理体制,一直延续至今。1985年5月,国务院批准兰溪县撤县建市(县级)。1986年7月兰溪县气象站改名为兰溪市气象站。1990年5月30日,兰溪市气象站更名为兰溪市气象局。

名称及主要领导变动情况情况

名称	任职时间	负责人
兰溪县气候站	1958.9—1960.4	吴汉熙
兰溪县气候站	1960.4—1961.10	张锦华
兰溪县气候站	1961.10—1964.3	吴汉熙
兰溪县气候服务站	1964.3—1971.7	吴汉熙
兰溪县气象站	1971.7—1986.7	吴汉熙
兰溪市气象站	1986.7—1987.9	吴汉熙
兰溪市气象站	1987.9—1990.5	王建新
兰溪市气象局	1990.5—2000.12	王建新
兰溪市气象局	2000.12—2005.12	颜志龙
兰溪市气象局	2005.12—	童建跃

人员状况 1958年9月建站时在编职工3人。1978年增加到7人。截至2008年12月,全局在编职工9人,1人为侗族;大学本科学历6人,大学专科学历2人;中级专业技术人员4名,初级专业技术人员5人;退休职工7人。

气象业务与服务

兰溪气象站为国家一般气象站,位于北纬29°13′,东经119°28′,观测场海拔高度50.2米,大小为27米×27米。承担地面气象观测项目(含日照),建有地面气象观测场及温、湿、风、降水等自动气象探测系统和配套通信传输设备。

1. 气象业务

气象观测 1959年4月1日兰溪气候站完成筹建工作,正式开展地面观测记录,观测方式为人工观测。1961年建立气象哨,1985年停止气象哨观测。1987年2月第一台微机PC1500投入业务使用。2003年1月1日ZQZ-CⅡ型自动气象站建成并试运行,自动观测项目有气压、气温、湿度、风向风速、降水、地温等,观测项目全部采用仪器自动采集、记录,替代了人工观测。2004年1月1日至2005年12月31日为平行观测。2006年1月1日正式转入自动气象站单轨运行,实现了人工观测、人工器测、自动观测为一体的地面气象观测体系。

党的十一届三中全会以后,兰溪市气象局深化改革,以气象现代化建设为中心,工作环境得到了较大的改善。2004年3月第一批DAVIS中尺度自动气象站在马涧镇、横溪镇、诸葛镇建成并投入使用。

2004年3月1日在兰溪市马涧镇、横溪镇、诸葛镇建立了第一批DAVIS中尺度自动气象站,至2008年12月,全市共建设、改造14个区域自动气象站,分布于各乡镇(街道)。

气象预报 建站初期,主要靠收音机收听浙江省气象台及其他大台天气预报,制作天气预报。20世纪70年代初,开始使用简易小天气图分析制作天气预报。20世纪80年代初,开始总结使用MOS预报方法。自1983年起,开始每年度1次的气候评价工作。1984年4月zsd-IB123型传真机正式投入业务使用,天气图改用传真机接收,人工绘图制作预报,并发展到数值预报和临近天气监测预警。

1986年开通SV-1025甚高频电话。1986年6月至2000年4月天气预报通过高频电话,实行全地区台站预报语音会商。1989年8DJ-I型气象广播电台调试成功。1993年,地县计算机气象远程终端建成。1999年5月"9210"气象卫星综合应用业务系统建成并投入业务运行。2000—2003年天气预报通过网络实行语音会商。2003年12月天气预报通过视频会商系统接收省、地预报会商,实现地、县视频会商。

农业气象 1961年开始在兰溪县农场开展农业气象观测试点工作,主要观测项目有:单季晚稻、双季早稻、双季晚稻、棉花、大豆、冬小麦、油菜、紫云英,专题观测早稻育秧、早稻抽穗、晚稻抽穗。1981年11月至1985年7月开展了农业气候区划工作,针对兰溪丘陵地貌,气候特点的差异,进行了不同的气候条件下农作物生长区划工作。2007年4月开始土壤水分观测工作。

2. 气象服务

公众气象服务 1959年4月起,天气预报通过兰溪县广播站向外发布,同时天气预报也通过县报社发布,期间由于报社合并、撤销、改名等原因有所间断。1997年4月建成多媒体电视天气预报制作系统,自制气象预报录像带,至2004年改为由兰溪市电视台制作。1993年在电视天气预报节目中增加了森林火险预报,1997年6月增加了兰江上游衢州地区短时预报。2001年在兰溪市电视台品牌栏目《金色田野》中播出《一周天气和农事》,每周一期。2004年6月开始通过电视台向全市发布地质灾害等级预报,2004年8月增加了以生产、生活内容为主的《气象与资讯》。

2007年4月,兰溪市气象局在兰溪市市府广场安装了第一块气象信息电子显示屏,受到了市民广泛关注,兰溪市电视台就此事进行了采访和报道。

1997年开通"121"电话气象自动答询系统,主要服务内容为短期天气预报、3~5天天气预报等。2004年7月"121"升级为"96121"。2001年12月成立了浙江农网兰溪分中心,通过"兰溪农村经济信息网"为农民提供气象服务,发布供求信息等。2007年4月在兰溪市市府广场、和平公园各安装了气象信息电子显示屏。至2008年12月共安装气象信息电子显示屏13块,分布于各乡镇。

决策气象服务 建站后,灾害性、关键性、转折性等天气信息主要通过书面形式向县委、县府、防汛办、农委等部门领导进行汇报。20世纪80年代开始,《重要天气报告》《气象内参》《汛期(5—9月)天气形势分析》等决策服务产品相继产生,汇报形式逐步由书面向电话、传真、互联网等发展。2006年8月开通了气象预警短信平台预报服务,气象预警短信服务覆盖到村庄、社区、学校、企业一级,实现了在第一时间为气象防灾减灾提供决策依据。

气象科技服务 1976年8至9月,首次在兰溪县高潮公社用"三七"高炮开展人工增雨和人工消雹试验,参加人员57人,作业7次,发射碘化银炮弹893发,成功6次。1977年4—5月在兰溪县上华公社用"三七"高炮及土火箭进行人工消雹试验,同年7—9月在兰溪县双牌公社用"三七"高炮进行高炮作业,在高潮公社用土火箭进行人工增雨试验。1978年在兰溪县乌柏林场进行人工增雨及防雹试验。2008年5月,配合建德市气象局,在芝堰水库库区实施火箭人工增雨作业,共发射人工增雨火箭弹3枚。

1984年4月正式开展气象专业有偿服务,提供气象旬月报、灾害性天气预报等服务。1987年8月至2006年1月通过气象警报器,向企业用户发布短期预报、3—5天预报、灾害性天气预报等。1993年增加森林火险预报服务内容,2004年6月增加地质灾害预报。2008年通过手机短信平台向乡镇地质管理员发布气象信息。

1992年10月开展防雷检测和防雷工程施工。1993年7月开始设计制作发布气球条幅广告。1996年开展防雷检测验收。2007年开展首次雷击风险评估。

气象科普宣传　在"3·23"和科技宣传周等活动中,兰溪市气象局都积极组织人员开展气象科普宣传。2007年7月与兰溪市电视台联合摄制了防雷安全宣传专题片《雷电灾害,离我们有多远》,在兰溪市电视台综合频道"新闻聚焦"栏目播出。2008年3月,编印了5万册《气象灾害应急避险手册》,分发到乡镇、社区、学校。

法规建设与管理

1. 气象法规建设

2001年10月,兰溪市气象局在兰溪市为民办事中心(后改名为兰溪市行政服务中心)设立气象办事窗口,主要负责全市气象行政许可项目的办理工作,办理的行政许可事项有建设项目大气环境影响评价气象资料核准,天气预报、警报信息传播核准,防雷装置设计审核和竣工验收,升放无人驾驶自由气球、系留气球作业许可等。2003年8月28日成立了兰溪市气象行政执法大队,开展气象执法活动,现有兼职执法人员5名。2002至2004年,2次参与行政审批制度改革,规范行政审批手续。

2. 社会管理

行业管理　1997年4月兰溪市人民政府下发《关于加强氢气球施放消防安全管理的规定》,加强施放气球安全管理。2006年12月兰溪市人民政府印发了《兰溪市气象灾害应急处置预案的通知》。2007年8月,受金华市气象局委托履行施放无人驾驶自由气球、系留气球作业许可职责。2007年10月兰溪市人民政府下发《关于建立镇乡、街道气象协理员队伍通知》,2007年11月在全市16个乡镇(街道)各设立了一名气象协理员。2008年12月在全市360个村各确立了一名气象信息员。

防雷管理　1992年10月,兰溪市避雷设施检测站正式成立。1996年2月,经兰溪市编委批准成立兰溪市防雷设施检测所。2001年10月兰溪市气象局、兰溪市建设与城市管理局联合发文《关于进一步加强防雷设施建设管理的通知》,开展防雷装置设计技术评价、施工跟踪监测等技术服务,并将防雷相关资料列入建设项目竣工验收档案。2003年与兰溪市建设局、公安消防大队等单位联合下发了《关于开展防雷安全专项整治的通知》,自此每年开展1次防雷安全专项整治行动,对液化气站、加油站、危化企业和人员密集场所的防雷设施进行检查,对不符合防雷技术规范的单位,责令进行整改。2006年4月成立了由兰溪市政府分管副市长任组长的"兰溪市防雷减灾管理领导小组",负责全市防雷减灾工作的管理。

党建与气象文化建设

1. 党建工作

支部建设 1958年9月建站时有党员1人,编入兰溪县农工部党支部。1982年党员2名,编入农业局党支部。1988年9月,成立兰溪市气象局党支部,党员4人。截至2008年兰溪市气象局党支部共有党员8人,其中退休党员3人。

党风廉政建设 2002年建立政务公开内网;制定了《党风廉政责任制实施细则》、《重大事项报告制度》等规章制度;将气象行政审批办事程序、行政审批服务内容、服务承诺、气象行政执法依据、服务收费依据、收费标准等内容向社会公开。2002年至2008年,连续7年开展党风廉政宣传教育月活动。2002年起实行每年一次局领导述职述廉。2004年起开展作风建设年活动。2006年开始与局中层以上干部签订"党风廉政责任书"、"廉洁自律承诺书",与关键岗位人员签订"廉洁自律承诺书",推进"惩防体系"建设。

2. 气象文化建设

气象文化建设 兰溪市气象局积极参加气象系统和地方组织的文体活动,2005年在浙江省气象廉政对联征集活动中获一等奖。同年6月,在金华市气象局举办的演讲比赛中获二等奖。2006年,在金华市气象部门举办的第一届文艺汇演中获得三等奖。2007年与兰溪市永昌街道10名贫困生结成长期助学对子。多次组织职工在慈善活动捐款捐物。职工多人多次参加无偿献血。

文明创建 20世纪80年代中期开展争创文明单位活动,1991年12月兰溪市气象局分别获浙江省气象局、兰溪市人民政府"双文明单位"称号。1993年2月浙江省气象局下文兰溪市气象局继续保持"双文明单位"。1998年被中共金华市委、金华市人民政府命名为"一九九八年度市级文明单位"。1999年被省气象局授予"双文明单位"称号。

荣誉 从建站至2008年12月,共获县级以上集体荣誉45项。1979年3月兰溪县气象站被浙江省气象局批准为浙江省气象系统"先进单位"。1993年6月兰溪市气象局被中国气象局授予"1993年全国气象服务先进集体"称号。1995年12月被浙江省气象局表彰"优秀单位"。1993年1月王建新被中国气象局授予"全国优秀气象台(站)长"称号。1992年至2008年,获"兰溪市劳动模范"称号1人,获"兰溪市三八红旗手"称号2人。

台站建设

1958年11月,经中共兰溪县委决定由县财政局拨款800元作为建站经费,次年4月经过半年筹建,兰溪县气象站开始地面观测记录。办公地点先后迁至兰溪县食品公司宿舍、迎春巷2号兰溪县水文站内。1960年3月,浙江省气象局投资建造了78平方米的值班办公用房。1990年由浙江省气象局和兰溪市人民政府共同投资建造了350平方米业务工作楼。2004年由中国气象局、兰溪市财政投资,兰溪市气象局自筹资金在原址建设兰溪市气象业务楼一幢,总建筑面积为683平方米(其中架空层138平方米),2005年10月正式投入使用。

2005年10月建成投入使用的兰溪市气象业务楼

2006年,兰溪市气象局对观测场进行了全面改造,重新布设了仪器设备、铺设了围栏、场内道路及桥架线管,整个观测场旧貌换新颜

三江流域兰溪气象预警中心大楼为三江流域气象灾害综合应急预警系统的一期工程,2006年作为兰溪市"十一五"期间气象重大基本建设项目上报兰溪市人民政府。2007兰溪市发展计划局将该建设工程项目列入项目库。2008年兰溪市政府下发土地划拨〔2008〕48号抄告单,兰溪市建设局出具红线图。2008年7月上报国家气象局项目立项,进入2009年中国气象局项目库。

东阳市气象局

东阳位处浙江腹地。东汉兴平二年(195)建县。1988年5月25日,撤销东阳县,改置东阳市。

东阳属亚热带季风气候,兼有盆地气候特征。季风交替显著,四季分明,光照较多,热量较优,雨量充沛,空气湿润。境内常见有干旱、暴雨、洪涝、强降温、雷电、大雪、热带风暴、大风及局部地区的冰雹、龙卷风等灾害性天气。

机构历史沿革

始建情况 1956年7月由上海市气象局确定建站,站名为浙江省东阳气候站,区站号为58558。归上海市气象局领导。站址位于真理乡(今城东街道)删干村,观测场位于北纬29°17′,东经120°18′,海拔高度100米。1960年1月1日迁站至吴宁镇西门外和气桥(今市区白云街道),观测场位于北纬29°16′,东经120°13′,海拔高度93.8米。2002年1月1日迁入市区汉宁西路151号,观测场设在博大世纪公园内,位于北纬29°16′,东经120°13′,海拔高度89.9米。

建制及管理体制 1958年5—12月,由浙江省气象局领导为主;1959年1月—1962年12月,由东阳县人民委员会和浙江省气象局双重领导,以县人民委员会领导为主,1960年4月起改名为东阳县气象服务站;1961年5月—1962年12月,东阳县中心水文站与东阳县气象服务站合并,其业务隶属关系不变,站名为东阳县水文气象站;1962年12月—1969年12月,以浙江省气象局领导为主;1963年1月水文、气象分开,站名为东阳县气象服务站;1964年3月—1971年5月,改名为东阳气候服务站;1970年1月—11月,由东阳县革命委员会和浙江省气象局双重领导,以县革命委员会领导为主;1970年12月—1972年12月,由东阳县革命委员会、东阳县人武部、浙江省气象局领导,以县人武部领导为主;1971年6月—1988年5月改名为东阳县气象站;1973年11月—1980年12月,由东阳县革命委员会和浙江省气象局双重领导,以县革命委员会领导为主;1981年1月起,实行由上级气象部门和地方政府双重领导,以气象部门为主的管理体制;1988年5月改名东阳市气象站;1990年6月起改名为东阳市气象局。

人员状况 1957年建站时只有2人;1978年为6人;至2008年底共有在编职工8人,其中有中共党员5人;大学学历5人,大专学历2人,中专学历1人;中级技术人员2名,初级专业技术人员6名;40~49岁2人,40岁以下的有6人。退休职工7人。

名称及主要负责人变更情况

名称	任职时间	负责人
东阳气候站	1956.8—1957.1	丁洪保
东阳气候站	1957.1—1957.8	邵志新

续表

名称	任职时间	负责人
东阳气候站	1957.9—1960.1	范风生
东阳县气象服务站	1960.2—1961.4	韩润琦
东阳县水文气象站	1961.5—1962.12	韩润琦
东阳县气象服务站	1963.1—1964.2	韩润琦
东阳气候服务站	1964.3—1971.5	韩润琦
东阳县气象站	1971.6—1979.12	韩润琦
东阳县气象站	1980.1—1982.6	厉永岳
东阳县气象站	1982.7—1988.5	李丁昌
东阳市气象站	1988.6—1990.5	李丁昌
东阳市气象局	1990.6—1996.12	李丁昌
东阳市气象局	1997.1—1999.5	厉永岳
东阳市气象局	1999.5—	叶军芳

气象业务与服务

1. 气象业务

地面气象观测 1956年初建时纯为气候站。1957年1月1日开始地面气象观测,观测项目有云、能见度、天气现象、气压、气温、湿度、风向风速、降水、日照、蒸发、地面温度、雪深等。观测时次:1957年1月—1960年7月,观测时次采用地方时每天4次定时观测,分别为01、07、13、19时,夜间不守班。1960年8月1日起改为每天3次定时观测,观测时次采用北京时分别为08、14、20时,夜间不守班。属于国家一般气象站,不担负拍发天气报、航危报任务。1980年整编印刷了(1957—1979)东阳逐日基本气象资料。1981年整编印刷了(1957—1980)浙江东阳地面气候资料。2003年起通过162分组网向浙江省气象局转输原始资料,停止报送纸质报表。2003年1月1日—12月31日,启动自动站进行以人工为主的人工与自动并行观测,其中自动站观测项目有气压、气温、温度、风向风速、降水量、地温(包括浅层地温)。2004年1月1日—12月31日进行以自动站为主的人工与自动并行观测;2005年1月1日至今进行自动站单轨业务运行。现使用ZQZ-Ⅱ型自动气象站,每天08、14、20时观测3次,夜间不守班。除人工定时降水量外,其他观测项目以自动站观测记录作为正式记录主要向省气象台拍发天气加密报和重要天气报。

区域自动气象站 2003—2008年先后在巍山、六石、郭宅、画水、南马、千祥、横锦、南溪、西垣、横店、三单、八达、南江、虎鹿、佐村、浪坑坞和怀鲁建立了17个两要素、四要素或六要素气象自动监测站,初步形成了"地面区域灾害性天气自动监测网"。

气象信息接收与传输 20世纪60—70年代,气象信息靠电话、电报人工传输和无线收音机收听天气形势分析天气实况等信息。1984年10—12月由浙江省气象局配备ISO-IB型气象传真机1部,直接接收北京、日本等气象传真图,1999年停用;1986年6月8日起气象甚高频电话投入业务使用,1999年停用;1999年10月建成VSAT9210卫星接收站,通过MICAPS系统处理、使用所接收的数据。2000—2005年,建立气象网络应用平台、专用服务器和省市县气象视频会商系统,开通100兆光缆,接收从地面到高空各类天气形势图和云图、雷达等数据,为气象信息的采集、传输处理、分发应用、会商分析提供支持。目前地面观测数据、预报产品的上传、下调均用网络传输方式。

气象信息发布 2000年前气象信息主要依托有线广播站发布;2001年2月东阳气象信息网站建成运作;2002年3月4日起浙江农网东阳分中心建成开始工作,当年完成农网入乡;2005年开始向移动、联通、电信用户发送天气预报预警短信,用户包含市委市政府领导、各相关部门领导、全市所有行政村的村支书和村长。

天气预报 从1960年1月起,根据东阳县人民委员会要求开展天气预报工作。天气预报的产品有短期天气预报(24—48时)、中期天气预报(主要为旬报)、长期天气预报(春播、汛期、干旱、台风期、秋季低温等)。预报的工具方法短期收听浙江省气象台的天气形势分析,结合当地实况作补充订正预报,也称县站预报。中长期预报贯彻执行中央气象局提出的"大中小、图资群、长中短相结合"技术原则,并通过参加省、地市局组织的预报改革会战,取得了一些预报指标、点聚图、模式等方法,以及参加省、地、县气象部门之间的天气预报会商,联防协作等,具体应用到天气预报实际工作中。

20世纪80年代开始现代化设备、数值预报运用于天气预报。1987年1月1日PC1500微机投入业务使用,1994年6月486微机投入业务使用;同时中国、日本、欧洲、美国等数值预报产品开始应用于日常天气预报。目前,依托现代化设备、数值预报产品,每天定时制作发布短期(0~72小时)天气预报,中期天气预报(一周天气、旬报),同时开展灾害性天气预报预警业务和供领导决策的各类重要天气报告等。

农业气象工作 1958—1966年东阳站是浙江省气象局确定的农业气象观测站之一。观测的项目有冬小麦、水稻、玉米、油菜等物候观测和土壤湿度测定。1983—1985年开展《东阳县农业气候资源和农业气候区划》工作,建立东阳县农业区划办公室气候专业组。根据区划工作的需要,分别在今磐安县的深泽、史姆、盘山、尖山和东阳的横店、南马建立了6个气象哨。1985年3月编写了《东阳县农业气候资源和农业气候区划》,获得东阳县人民政府颁发一九八五年优秀科学技术成果二等奖。1984年起创办《气象与农业》,东阳市政府确定为内部刊物,供市府相关部门参阅。1989年起,编写全年气候影响评价。1990年起,为《东阳市志》、《东阳年鉴》提供气候史料。2002年3月起建立浙江省农网东阳分中心。2003年5月《气象与农业》改版,《东阳农网信息》半月刊正式发行,2007年改为月刊。2003年起在电视台每周一期的《农村大视野》栏目中播放"一周天气早知道",主要内容有一周天气和农事提醒。2005年起在《东阳日报》、《农民信息港》、《东阳新科技》开辟"气象和农事"专栏,主要内容为月气候概况和农气注意事项。

2. 气象服务

公众气象服务 公众天气预报发布自1960年起在县有线广播站播出,内容有短、中、长各类天气预报。1982年6月—2006年5月同时在磐安县广播站播出。东阳市电视台天气预报节目自1994年6月起开播;1998年起东阳日报社开辟天气预报栏目;2005年开通手机短信气象服务。每年开展节日气象服务,还为历届横店"中国农民旅游节"等重大活动提供气象保障。

决策气象服务 主要为市委、市府、镇乡领导机关指挥防灾减灾提供天气预报、天气实况等气象服务,是市防汛防旱指挥部、森林防火指挥部的成员单位。2003年起配合国土部门开展地质灾害气象等级预报,2005年建立气象预警移动应急服务平台,使决策服务可覆盖到乡镇、村一级。2008年通过短信向林业局提供森林火险预警服务。开发《重要天气报告》、《气象信息内参》、重要天气预警短信等服务产品。

专业专项气象服务 主要围绕农业、水利、林业、地质、交通等,以农业服务为重点。1970年10—12月为五丈岩水库大坝堵口进行现场气象服务。1972年10月在大盘、尚湖、万苍山区为飞机造林播种进行气象保障服务。1973年10—12月为东方红水库大坝堵口进行气象现场服务。1979年7—8月在安文镇（今磐安县城）开展高炮人工降雨作业。1987年11月开始,开展东盘山区森林火险等级预报服务。1998年3月31日—6月15日为千祥镇五度山山体滑坡险情做好天气预报、雨情服务。2005年开始为横店影视城剧组提供天气预报专业服务。

气象科技服务 专业有偿气象服务开始于1984年,1985年用户合同数由原来的3家迅速扩展到31家,至1995年6月,用户数达近百家。先后采用传真邮寄、警报系统、声讯、电子屏、手机短信等手段,面向各行业开展气象科技服务。1994年3月起开展庆典气球施放服务。

1992年成立避雷设施检测站,开展避雷设施安全检测工作。2000年5月经市编制委员会批准,成立东阳市防雷设施检测所,隶属于市气象局。2004年8月市政府成立东阳市防雷减灾工作领导小组,分管副市长任组长,领导小组办公室设在市气象局。

2003年进驻东阳市行政服务中心开展气象行政审批工作;2004年成立气象行政执法大队。

气象科普宣传 20世纪90年代以前,气象科普宣传基本上仅限于接待本地中小学生来站参观学习。20世纪90年代以后,通过参加科普宣传周、安全生产宣传月、农村科普集市、送科技下乡活动等全市性科普宣传活动,扩大气象科普受众面;采用编写《防雷安全宣传资料》、防雷减灾简报、防雷科普彩页、宣传挂图,在《东阳日报》撰文宣传,接收电视台专访等形式开展科普宣传。2004年同市教育局、市科协等合作开展气象科普知识竞赛和气象征文等活动。2005年同市图书馆合作,举办气象科普讲座。

党建与气象文化建设

1. 党建工作

党支部建设 1960—1970年仅有1名党员,自1972年起增至3名党员。1973年3月建立东阳县气象站党支部,韩润琦任书记。1990年6月更名为东阳市气象局党支部。先后担任书记的有张范松、李丁昌、厉永岳,2002年至今由叶军芳任支部书记。从1984年至今,支部共发展党员7人,现有党员9人,其中退休党员4人。

党风廉政建设 1988年起,每年开展职业道德教育月活动,2002年起,连续开展党风廉政教育月活动。2004年开展作风建设年活动,2005年开展保持共产党员先进性教育。2006年起,每年进行中层以上干部述职述廉,并层层签订党风廉政目标责任书和廉洁自律承诺书,推进"惩防体系"建设。

2002年制定党风廉政建设责任制,2004年推行局务公开工作,先后成立局务公开领导小组和财务监督小组,不断修订完善各项规章制度、规范局务公开台账,2005年先后被浙江省气象局、中国气象局评为局务公开先进单位。2008年初步建立依申请公开的政务信息公开机制。

2. 气象文化建设

精神文明建设 1986年起开展争创文明单位活动。1988年首次被省气象局授予"双文明单位"称号。1987年东阳县委县府授予"文明单位"称号,2003年金华市委市政府授予金华市级"文明单位"称号。1987年李丁昌被浙江省气象局评为"双文明"先进工作者。

2002年建立综合档案室。2003年1月被评为"金华市级档案达标先进单位",一直保留至今。2004年11月起通过档案管理省级达标认定。

积极开展与贫困儿童结对帮扶工作,资助三单乡的6位贫困儿童完成学业;与城东街道新东村、千祥镇潘湖村、南马镇石舍塘村等开展结对帮扶活动,协助千祥镇潘湖村筹资修建进村公路。

文体活动 局工会组织从1985年起筹建,共青团、妇联从2003年始建。党、工、青、妇组织每年都开展一些丰富多彩的职工文化娱乐活动。积极参加地市局、省局举办的气象行业职工运动会和文艺会演,获全国气象行业职工运动会个人男子B组跳远项目第二名。与市直机关联合开展多项文体活动,先后承办"气象杯"拔河比赛、"气象文化"摄影比赛等活动。

集体荣誉 1988—2008年获地厅级以上集体荣誉有:1989—1992年被省局评为"双文明"单位,1992年被省局评为先进气象站;2003—2008年被金华市委授予"文明单位",2004年通过档案管理省级达标认定;2005年被中国气象局授予"局务公开先进单位"。

台站建设

建站时设在县良种场内,建一座四间平房,建筑面积70平方米,供业务工作用房和职工住房。观测场面积441(21米×21米)平方米。

为了适应气象业务的发展,1960年1月1日起迁入县城,批准征地3亩,资金4000元,建造五间平房计110平方米,观测场面积320(16米×20米)平方米(含四周空地)。所有人员都工作、生活在这110平方米的平房中。

1976年自筹资金8000元,建造办公用房200平方米,实际上业务用房50平方米,其余为职工住宅。

1982年经省局批准下达资金3.5万元,征地0.51亩,建设职工住宅6套计369平方米,改善了部分职工的住房条件。

1990年由省局、市政府、自筹资金共5.4万元,征地1.1亩,拆除1960年建的平房,兴建职工住宅6套计360平方米,彻底改善了职工的住房环境。从此工作与生活用房分开,但工作用房也只有200平方米。

2000年开始实施整体搬迁工程,总投资200万元。办公楼990平方米,业务楼460平方米,观测场面积625(25米×25米)平方米,共占地面积2200平方米。2002年1月1日正式启用。办公楼,设有大小会议室、党员活动室、文体活动室、图书阅览室,每个办公室均配有电脑、空调等设施。2003年被市文明委授予花园式办公楼院。

2000年,西门外气象观测场四周被密集的房屋建筑包围

2002年,迁址于世纪公园东侧的新观测场周围环境优美,更利于气象探测

2002年,迁址在世纪公园东侧的业务楼

义乌市气象局

义乌位于浙江省中部、金衢盆地的东部边缘地带，总面积1105平方千米，辖6个镇、7个街道、735个村委会、86个居委会，2008年义乌户籍人口72.39万，暂住人口125.87万，常驻外商1万余人。义乌历史悠久，建县于公元前222年，1988年撤县建市。义乌地处亚热带季风气候区，光温同步，雨热同季，四季分明；危害严重的气象灾害为干旱、洪涝、台风、冷害、大风、冰雹和雷电、大雪等。

机构历史沿革

始建情况 1958年11月，按国家一般气候站标准建设义乌县气象站。1959年4月1日始地面气象观测，站址为义乌县稠城镇小东门外"郊外"。位于北纬29°19′，东经120°04′，海拔高度74.3米。1959年12月因浦江县撤县与义乌合并，站名改为义乌县第一气象（服务）站；1961年4月因浦江站撤销，更名为义乌县气象服务站；1971年1月，更名为义乌县气象站；1990年5月更名为义乌市气象局。1993年10月1日起，站址名称更改为义乌市工人西路111号。2008年1月1日观测场迁至义乌市稠城街道联平村（郊区），距原址东北偏北方向约4000米，按国家基本站标准建设，位于北纬29°20′，东经120°05′，海拔高度90.0米。

建制情况 义乌气象站初建时隶属于义乌县人民委员会，业务受金华地区气象台指导。1963年5月改为县属"自办站"，由当地出编制、经费，继续保留气候站，隶属关系改为义乌县农林水利局。1966年7月恢复浙江省气象局编制并隶属于义乌县人民委员会。1970年11月隶属于义乌县人民武装部。1973年9月隶属于义乌县革命委员会。1981年1月起隶属于浙江省金华地区（市）气象局，实行由上级气象部门和地方政府双重领导，以气象部门为主的管理体制。

人员状况 1958年建站初期有职工3人。2008年12月气象编制职工12人；其中，中共党员6人，团员4人；大学以上学历9人，大专学历3人；高级专业技术人员2人，中级专业技术人员4人，初级专业技术人员6人；年龄50岁以上1人，40～49岁2人，40岁以下9人；回族1人，其余均为汉族。离退休人员8人，其中中共党员4人。

名称及主要负责人变更情况

名称	任职时间	负责人
义乌县气象站	1958.11—1959.12	陈福泽
义乌县第一气象站	1959.12—1960.3	陈福泽
义乌县第一气象服务站	1960.3—1960.10	陈福泽
义乌县第一气象服务站	1960.11—1960.12	吴春泽
义乌县第一气象服务站	1961.1—1961.4	楼永志
义乌县气象服务站	1961.4—1963.6	楼永志

续表

名称	任职时间	负责人
义乌县气象服务站	1963.7—1969.12	吴春泽
义乌县气象站	1971.1—1977.8	吴春泽
义乌县气象站	1977.8—1978.10	陈福泽
义乌县气象站	1978.11—1979.11	
义乌县气象站	1979.12—1985.1	陈刚清
义乌县气象站	1985.1—1988.7	骆光勤
义乌市气象站	1988.7—1990.5	骆光勤
义乌市气象局	1990.5—2002.3	骆光勤
义乌市气象局	2002.4—	毛樟林

气象业务与服务

1. 气象业务

①地面气象观测

观测机构　1959年4月1日始属一般气候站，其中1979年1月设气象站观测组。1980年1月1日始属国家一般气象站，2007年1月1日始为国家气候观象台（2009年1月1日更改为国家基本气象站）。

观测时次与项目　1959年4月1日始采用地方时，每天进行01、07、13、19时4次气候观测，观测项目有云、能见度、天气现象、气温、湿度、风向风速、降水、雪深、蒸发、地面状态等；其中，1959年11月2日—1969年12月31日增加地温和浅层地温（5、10、15、20厘米）观测；1960年1月1日增加日照观测；1960年4月1日增加气压观测。1960年8月1日起采用北京时，每天08、14、20时进行3次气候观测（白天守班）；其中，1967年11月16日使用电接风仪观测，并停用维尔达风仪；1980年1月1日恢复地面温度观测。2007年1月1

1983年义乌市气象局办公房与观测场

日起,每天 02、05、08、11、14、17、20、23 时进行 8 次定时观测(昼夜守班);其中,2007 年 4 月增加土壤水分观测;2008 年 1 月 1 日始用大型蒸发器观测,并停用小型蒸发器。

观测场　1959 年 4 月 1 日—1992 年 10 月 27 日的观测场面积 16 米(东西向)×20 米(南北向)。1992 年 10 月 28 日—1995 年 2 月 28 日为观测场抬升建设而移至紧靠原观测场西侧观测,面积 10 米×8 米。1995 年 3 月 1 日移至综合楼顶观测,面积 16 米×20 米,距地(抬升)高度为 13.3 米,海拔高度 87.6 米。2008 年 1 月 1 日起,观测场迁至义乌市稠城街道联平村(郊区),面积 25 米×25 米。

2006 年,义乌市气象局办公楼与观测场

发报与编制报表　1959 年 7 月起,先由人工传送纸质电报后用固定电话陆续向省、地台拍发各种气象电报。1970 年 11 月 1 日—1973 年 4 月 30 日向宁波东航部队拍发固定航空、危险天气报,1981 年 7 月增加台风试验观测发报。2002 年起,发报改用计算机网络直接传送省局。2007 年 1 月 1 日起增加天气报(8 次)。发报内容有云、能见度、天气现象、气压、气温、风向风速、降水、雪深、地温等;重要天气报的内容有暴雨、大风、雨凇、积雪、冰雹、龙卷风、大雾、雷暴、霾等视程障碍现象。

编制月、年报表并分别报送国家气象局、省气象局、地(市)气象局。2007 年 1 月通过分组网向省气象局输送原始资料,停止报送纸质报表。

现代化观测系统　1987 年 1 月 1 日至 1994 年 9 月用 PC-1500 计算机对观测数据进行查算、订正、统计等,1991 年 1 月用于制作地面气象报表。1994 年 5 月起用美国产 AST486 计算机并于同年 7 月制作月、年报表。2003 年 1 月 1 日起用 ZQZ-CⅡ1 型自动气象站观测,其观测项目有气压、气温、湿度、风向风速、降水、地温等,数据自动采集、记录,并替代人工观测。

气象哨观测。1959—1961 年有服务型气象哨 51 个。1982—1995 年先后建设尚阳、古寺、马岭、东塘、石曹头等气象哨,每天进行 3 次人工观测,观测项目有气温、湿度、降水、地温、雪深等。

区域自动气象站　2004 年 3 月起,先后建设廿三里、苏溪、上溪、赤岸、塔山、尚阳、义亭、溪华、后宅、大陈、大畈、徐村、八都、卫星、分水塘、半月湾等自动气象监测站,其中有六要素站 6 个、四要素站 7 个和两要素站 3 个,初步建成网格间距为 10 千米的"地面区域气象灾害自动监测网"。

②气象信息网络

气象信息接收　1959 年 4 月配备收音机,接收大台预报。1982 年 3 月至 1999 年配备无线电气象传真接收机,改变了手工抄收气象信息的局面。1985 年 9 月至 2000 年 4 月 18

日配备无线电甚高频电话通讯装备,作为气象辅助通信网络使用。1994年5月起用计算机与省、地气象台连网获取天气预报资料。1999—2008年先后建成气象卫星综合应用业务系统(简称9210工程) VSAT小站、气象网络应用平台、专用服务器和省—市—县气象视频会商系统、开通100兆光缆,接收从地面到高空各类天气形势图和云图、雷达资料等数据,为气象信息的采集、传输处理、分发应用、会商分析提供支持。

气象信息发布　1986年前,先由人工传送纸质预报内容、后用固定电话方式传送天气预报,每日由义乌县广播站定时播送,或邮寄方式向全县发布旬(月)气象信息。1987年8月—2002年1月建立气象警报无线广播系统(天气警报发射台)。1994年6月起通过电视台以电视画面形式播放天气预报节目,1997年7月开始由义乌市气象局自行制作播出分片电视天气预报。1998年起"义乌日报"设天气预报专栏。1998年7月开通"96121"天气预报电话自动答询系统。

③气象预报

建站时传递省台短期天气预报,1959年1月起结合科技人员和老农看天经验始发短期补充订正预报和中期(旬)天气预报,并传递省、地气象台农事季节的长期天气趋势预报。1960年7月起增加简易小天气图的分析,并发布单站中、短期天气预报、补充订正发布年、季、月等长期天气趋势预报。1963年5月设立天气预报老农顾问小组,始发布长、中、短期单站天气预报。1966年1月起,补充订正天气预报更名为"气象站(单站)天气预报",并单独设预报组。1971年总结运用数理统计办法的经验,如引用相关系数、回归分析、聚类分析、时间序列等统计学方法,结合简易天气形势图、单站气象要素曲线图、点聚图等,对预报方法作了进一步的优化,总结经验在全省推广。1979年1月起增加发布重大灾害性、关键性天气的公报。1988年11月始为林业生产与保护发布森林火险等级(分片)预报。1992—2008年发布常规24小时、未来3～5天和旬、月报等短、中、长期天气预报以及3小时临近预报、地质灾害气象条件等级预报,同时发布灾害性天气预报预警信息和供领导决策用的各类重要天气情况汇报或气象信息特刊等材料。

④农业气象

1959年1月至1963年开展农业气象情报服务,有土壤、湿度、水稻生育期观测项目,进行人工防霜试验。1978年5月起恢复县级农气工作,主要进行专题农气分析服务和糖蔗生育期观测和麦类、晚稻灌浆期对比试验,农作物产量、病虫害预报及每年2次的气候评价等。1979年1月专设农气组。1982年5月—1984年5月布设气象哨,完成义乌县农业气候资源调查及农业气候区划。1983年研究的糖蔗梢头育苗和1985年研究的"冷水茭白"等技术成果在全省普及推广应用。1998年5月在大陈镇大畈村建气象哨,研究高山蔬菜项目并列入金华市级"金桥工程"。2002年1月建立"浙江农网义乌分中心"网站,发布农业、气象、政务等各类信息,开展为农服务。2005年完成多熟田藕气候生态特性研究,为农业生产提供气象技术支持。

2. 气象服务

①公众气象服务

1971年前,主要通过固定电话传给县广播站播送天气预报。1971年起,利用农村有线广播网络播报气象信息。1994—2002年先后通过电视、报纸、"96121"、农网等进行气象服务。同时,每年为"中国义乌国际小商品博览会"等大型活动提供气象保障服务。

②决策气象服务

20世纪80年代之前均以口头或纸质方式向县委、县政府提供重大灾害性、关键性、转折性天气预报。决策气象服务受到地方政府的充分肯定,先后4次参加全国气象工作先进表彰会议。20世纪90年代逐步以《重要天气情况汇报》、《气象信息(特刊)》等决策服务产品替代。1999年10月开通政府气象服务终端;2004年建成预警信息移动手机短信发布平台,全面承担气象灾害预警信息的发布。1987年、1988年先后被浙江省气象局评为先进集体,2008年获浙江省重大气象服务先进集体。

③专业专项气象服务

气象专业服务 1985年10月正式开展气象专业有偿服务;1987年利用气象警报系统,为专业用户提供防灾减灾专项气象服务。

庆典气球服务 1991—2006年进行施放庆典气球服务。

人工影响天气 1979年7—9月为减轻农业旱象而在上溪镇用"三七"高炮、碘化银弹头催化进行人工增雨作业。2004年成立市人工影响天气指挥部办公室(属财政全额拨款事业单位,编制2人);同年5—9月为解除城区用水紧张而实施火箭人工增雨作业17次;2006年9月作业1次;2007年7—9月作业7次。

防雷检测 1994年1月成立市避雷设施检测站,开展避雷设施检测业务;2002年4月撤销市避雷设施检测站,成立市防雷设施检测所(属自收自支事业单位,编制5人,隶属于市气象局,业务受金华市防雷中心指导),负责防雷检测、监督、管理工作;2008年市防雷设施检测所在岗职工17人,大专以上学历12人。

④气象科技与开发

1986年完成的《义乌县农业气候资源调查和区划》获省农业区划委员会科技成果三等奖;"粮食亩产超双纲,产值超双千"配套技术研究及推广获1989—1990年度市科学技术进步三等奖;1991年度"早稻生产三寒分析及其抗避措施研究"项目获浙江省科技进步四等奖;1996年度"秋播菜豌豆气候适应性及栽培技术研究与推广"获省局气象科技进步三等奖;2005年《多熟田藕气候生态特性研究与应用》研究项目获市科技进步三等奖。

⑤气象科普宣传

建站以来主要是接待中小学校师生参观进行讲解。1984年5月吴景云等编写《农业生产科技问答(农业气象分册)》科普书籍获中国气象学会奖励。2000年4月20日被命名为"义乌市青少年科技教育基地",2002年8月15日被确定为金华市级科普教育基地。2003年开始,每年参加义乌市科普节等活动,通过气象科普知识进农村进社区进校园、召开座谈会、开放气象台、"全国安全生产咨询日"、"'12·4'全国普法宣传日"、"科普宣传周"等活动普及气象与防灾知识,宣传形式有图版展览、发放防雷知识手册、张贴宣传画、赠送防雷VCD等。2008年通过现代远程教育网络平台为农村党员干部普及科普知识。

法规建设与管理

1. 气象法规建设

2000年以来,认真贯彻落实《中华人民共和国气象法》、《浙江省气象条例》等法律法规,气象工作纳入义乌市政府目标责任制考核体系;2001年义乌市政府常务会议通过《关于进一步加强防雷减灾工作的意见》;2003年起连续与义乌市安全生产监督管理、公安、建设、消防等部门联合开展执法检查。

2. 社会管理

1997年4月起进行施放庆典气球安全管理。2001年7月12日由义乌市政府成立以气象局为主,公安局、人事劳动社会保障局、建设局、质量技术监督局、消防大队等单位参加的市防雷减灾工作领导小组。2001年9月起在义乌市政府项目审批办证中心设立气象窗口,实施气象行政审批职能,规范天气预报发布与传播,对防雷工程专业设计或施工资质等实施社会管理。2003年8月成立气象行政执法大队。2006年按省政府扩权要求,12月浙江省气象局将"施放无人驾驶自由气球、系留气球资质认定"许可权限下放到义乌市气象局;2007年3月金华市气象学会将"施放气球作业人员资格认定权"委托义乌市气象学会实行自律管理。

党建与气象文化建设

1. 党建工作

1958年11月—1982年11月,义乌县气象站未单独建立党支部,仅有1~3名中共党员,先后编入义乌县邮电局、县委农办、县府支部。1982年12月16日成立中共义乌县气象站党支部,陈刚清任支部副书记;1987年1月起骆光勤任支部书记;2003年1月起黄嵘任支部书记。2002—2008年气象局党支部被义乌市直机关工委评为规范化党支部、学习型党组织、先进党组织,有7人次被评为义乌市直机关优秀共产党员。

2. 气象文化建设

精神文明建设　1987年起积极开展精神文明建设;1988年起,每年3月进行职业道德教育活动。1988—1992年被浙江省气象局评为"双文明单位"。1994年度被金华市委、市府授予"双文明单位"。

文体活动　20世纪90年代开始积极参加地方各项全民健身活动。1992年始陆续建设乒乓球室、图书阅览室,2006年在浙江省气象部门文艺汇演中获三等奖、金华市气象部门文艺汇演中获一等奖。2008年在新址建设篮球场等体育设施。

台站建设

义乌市气象局初建站时占地面积3.95亩,建有砖木结构业务与生活混合用房一幢240

平方米。1979年建造生活用二层楼房340平方米。1983年为保护观测环境征用土地,所辖面积扩大为11.39亩。1992年9月新建业务楼一幢,面积为522平方米。2003年"气象台整体搬迁工程"建设项目得到市人民政府批准并全额投资新建,2006年落实用地指标并征用土地32亩,设计业务及配套用房建筑面积4127.5平方米;设有预、测报值班室、天气会商室、决策服务室、学术报告厅及大、小会议室、党员活动室、文体活动室、档案室、科普馆等。2008年1月1日新观测值班室与观测场投入使用,其中观测值班室面积300平方米,附属用房900平方米。

2007年义乌气象局观测场及其附属楼与观测值班室

2008年义乌市气象局办公楼(规划效果图)

永康市气象局

永康市地处浙江省中部,三国东吴赤乌八年(公元245年)置县,距今已有1763年,总面积1049平方千米,辖16镇(含街道、开发区),人口56万。永康市属典型的亚热带季风气候,四季分明,气候温和,光照充足,雨量充沛,无霜期长。与此同时,温度、雨量等气象要素年际差异大,台风、暴雨、雷电、大风等天气引发的气象灾害时有发生。

机构历史沿革

始建情况 永康市气象局成立于1958年大跃进期间,原名永康县气候站。由梁梦生、施文斗到金华气象局培训二十多天回永康筹建。1958年8月1日开始地面气象观测,9月1日正式记录。站址在永康城关镇郊外西园村西洋山111号,北纬28°54′、东经120°02′,海拔高度不详。1961年6月迁至水公山,离原站址西西南方向1.9千米,站址改为永康县城关镇水公山,经纬度不变,观测场海拔高度92.4米。1982年5月起地址改为永康县城关镇和尚桥头7号,1992年5月门牌号改为43号。1997年3月1日搬迁至牟店村172号,直线距离向北迁移700米,观测场海拔高度增高至102.9米,2006年1月门牌号改为松石西路469号。现址占地面积5938.99平方米,业务用房298平方米,办公室及其他附属用房2362平方米,观测场20米×20米。

管理体制 1958年8月建站时由浙江省气象局管理,1963年4月25日浙江省气象局下文撤站,5月份并入永康县水文站,经费等由县政府负责。1966年8月1日,浙江省编委下文恢复永康气象站编制,行政上由永康县农业局管理。1972—1973年划归永康县人武部领导,1974—1980年划归农经委管理。1981年1月气象体制改回浙江省气象局垂直管理。1990年5月30日更名为永康县气象局,1992年9月18日永康撤县建市,更名为永康市气象局。

名称及主要负责人变更情况

机构沿革	姓名	职务	任职时间
永康县气候站	施文斗	站长	1959.9—1960.2
永康县气象服务站	施文斗	站长	1960.3—1961.1
永康县水文气象站	施文斗	站长	1961.2—1963.4
	赖启宁	负责人(无文)	1963.5—1967.12
永康县气象服务站	赖启宁	负责人(无文)	1968.1—1969
	李振德	站长	1970.10—1977.11
	吴金敦	站长	1977.11—1979.3
永康县气象站	吴金敦	站长	1979.4—1984.12
	李登科	站长	1984.12—1990.5
永康县气象局	李登科	局长	1990.5—1992.9
永康市气象局	李登科	局长	1992.9—1994.10
	陈兴亮	局长	1994.10—2005.12
	颜志龙	局长	2005.12—2007.06
	朱 曦	局长	2007.07—

人员状况 初建站时职工3人,文化程度初中。1997年3月定编为9人,现有在编职工9人。在职职工均为汉族,其中50～59岁1人,40～49岁6人,40岁以下2人;大学学历3人,大专学历5人,中专学历2人;中级专业技术人员3人,初级专业技术人4人,七级

职员 2 人。现有退休人员 5 人,其中党员 2 人。

气象业务与服务

1. 气象业务

气象观测 民国 22 年(公元 1933 年)8 月—民国 37 年(公元 1948 年)5 月在永康建有测候所,从民国 22 年到民国 34 年期间,全省唯有永康气候所测候员楼墨轩,在抗日战争等困难环境下,坚守岗位,连续 13 年气象观测从未中断,保持了气象记录的完整。新中国成立后,永康县气候站从 1958 年 9 月开始地面观测,1960 年 1 月 1 日开始编制地面报表。观测时次采用地方平均太阳时 01、07、13、19 时每天 4 次观测,1960 年 8 月 1 日起采用北京时 02、08、14、20 时每天 4 次观测,1960 年 10 月 1 日起每天 08、14、20 时 3 次定时观测,夜间不守班。观测项目包括:云、能见度、天气现象、气压、气温、湿度、风、降水、雪深、日照、蒸发(小型)、地面状态和地温(距地面 0、5、10、15、20 厘米),1967 年 8 月 26 日—9 月 6 日因"文化大革命"期间武斗,观测资料缺测,

区域自动气象站

现用观测资料从武义县气象站订正引用。1991 年 1 月 1 日停止手抄报表,使用 PC-1500 查算、编制报表,1997 年 7 月 1 日起使用 AST 计算机进行测报查算、编制报表。2002 年底建成 ZQZ-CⅡ型自动气象站,2003 年 1 月 1 日投入业务试运行。自动站观测项目包括温度、湿度、气压、风向风速、降水、地面温度和浅层地温。2004 年 1 月 1 日起以自动站资料为准发报,2005 年 1 月 1 日起自动站正式单轨业务运行,除人工定时降水量外,其他观测项目以自动站观测记录作为正式记录。现担负向省气象台拍发天气加密电报和重要天气报任务。2003 年 12 月 30 日闪电探测定位仪安装调试合格。2004 年至 2008 年先后在各个乡镇安装建立 13 套四要素或六要素气象自动监测站,初步建成中尺度天气自动监测网。

气象信息网络 1980 年前利用收音机收听上级和周边气象台站播发的天气形式和天气预报。1984 年 4 月增设天气图传真机,接收国内和日本传真图,开始利用传真图独立分析、制作天气预报。1986 年 5 月,架设开通甚高频无线对讲通讯电话,实现与地区气象局直接业务会商。1994 年 6 月实现地县计算机联网,1997 年 6 月与金华各县市组建 Novell 局域网,实现资料共享调用。1999 年 12 月建成 9210 工程 VSAT 气象卫星接收小站,MICAPS 气象信息综合处理系统正式投入业务应用,2000 年 9 月正式停用天气图传真机。2000 年 3 月加入公用分组数据网,通过 162 传递气象报文,取消电信报房人工方式传报。2001 年 9 月天气会商通过单收站下发,取消高频电话会商。2002 年底连通光缆宽带,实现省、市、县三级联网,2003 年 2 月正式启用宽带网光纤传递气象报文及资料,停用 162 分组网,实现天气预报通过宽带网进行语音会商,2003 年 12 月开通视频会商系统。

气象预报 1959 年初,利用收音机收听大台天气预报,作补充订正预报对外开展气象

服务。1984—1985年开展晴雨MOS预报方法研究并投入运行。目前,利用现代化设备,永康气象台开展的天气预报业务有:短时临近预报、1~2天短期预报、3~7天中期预报、旬月报、汛期趋势预报和灾害性天气预警信号的发布,提供森林火险等级预报、地质灾害等级预报和各类生活指数预报,同时开展供领导决策的各类重要天气预警等。

农业气象 建站初期气象服务以农业气象服务为主,主要开展春播期天气预报、秋季低温预和农气旬月报。1980年1月—1986年3月先后在寨口、八口塘、大寒山、荆州、金竹降、贾处建立气象哨,在三渡溪、杨溪、太平3个水库建立雨量点并开展观测,主要为农业气候区划和物候观测提供资料,其中贾处气象哨于2002年12月底撤销。1982年2月—1983年9月开展农业气候区划调查,1984年底完成《永康县农业气候资源调查和农业气候区划报告》。1984年1月开始编写全年气候影响评价。2002年1月成立了浙江农网永康分中心,通过"永康农村经济信息网"为农民提供气象服务,发布供求信息等。

2. 气象服务

公众气象服务 1989年建立天气预报警报系统,随着气象事业的发展,建立和完善了包括永康电视台、电台、日报等主流媒体的气象信息发布体系,增加96121系统、短信平台、互联网等发布渠道,更好的为公众提供气象服务。1998年8月开通121天气预报自动咨询系统,为永康电视台2套电视提供3个时段电视背景天气预报节目。1999—2001年开通手机121自动答询服务,2002年提供移动手机短信天气预报信息服务,2003年提供联通手机短信天气预报信息服务。2007年10月在16个乡镇安装电子显示屏,发布每日天气预报及气象灾害预警信息。

决策气象服务 改革开放前,决策服务主要是为县、乡领导指导农业生产提供天气预报服务。20世纪80年代开始,气象服务开始转移到重大灾害性天气防灾害抗灾决策服务上,主要通过口头和电话汇报方式提供决策服务。20世纪90年代开始增加了天气警报器、电话传真、应急手机短信等方式向各级领导和有关部门提供包括短期天气预报、气象旬月报、长期天气趋势预测、灾害预警信息等各类服务产品及《气象信息内参》、《汛期天气预测》等专题服务材料,每年为永康五金博览会等专业会展提供气象保障服务。2008年3月成立镇街区气象协理员队伍。

专业与专项气象服务 1960年春在永康县开展"土火箭"人工消雹试验。20世纪90年代初开通气象警报广播,主要为砖瓦厂提供24至48小时天气预报和灾害性天气短时临近预报,与供电局合作为部分企业提供停电预告。永康市气象局开展防雷减灾工作始于1993年,在全市范围开展防雷装置的安全检测工作,检测的主要对象是易燃易爆场所、部分工厂企业。经永康市事业单位编制委员会批准,1997年成立永康市防雷设施检测所,进一步扩大了检测范围,2003年取得计量认证资质,2005年取得防雷装置检测资质。

气象科普宣传 积极进行气象科普宣传,接受电视台采访宣传防雷知识,在永康日报上刊登防雷法规,通过电视天气预报栏目宣传气象知识。2006年起加大了气象科普宣传力度,每年组织下乡宣传不少于5次,共计分发宣传资料4万份。在气象日开展气象宣传活动,开放气象台供当地学生参观,2007年永康二中还组织了800人次学生集体参观气象台。2008年气象日首次对公众开放,共接待群众200人次。

法规建设与管理

2001年7月,永康市人民政府办公室下发永政办发〔2001〕3号《关于进一步加强防雷减灾工作的意见》,明确永康市新建建筑物防雷设施监督验收工作归口永康市气象局管理。2002年10月永康市气象局作为首批审批窗口单位进入365行政中心。2005年8月永康市人民政府下发了《永康市人民政府办公室关于印发〈永康市防雷安全管理工作实施意见〉的通知》(永政办发〔2005〕119号),进一步规范了气象部门防雷安全管理职责,防雷减灾工作步入正轨,得到健康发展。

2000年至2008年,进行了四轮行政审批清理,行政许可事项由原来8项减少到3项,保留的行政许可事项有:防雷装置设计审核和竣工验收,天气预报、警报信息传播核准,建设项目大气影响评价气象资料核准。2003年成立了气象行政执法大队,现有行政执法人员5人。开展气象应急体系建设,2005年4月开展地质灾等级预报服务工作;2007年7月,市政府下发了《气象灾害应急预案》,成立以分管副市长为总指挥,相关部门为成员的气象灾害应急领导小组,气象灾害应急响应组织体系正常运行。

2002年8月建立政务公开栏、局域网站,2007年制定行政许可办事流程和配套制度,对气象行政许可办事程序、气象服务、服务承诺、气象行政执法依据、服务收费依据及标准等内容向社会公开。2008年1月开展阳光政务工程,全面实施政务信息公开制度。

党建与气象文化建设

党建工作　1991年1月永康市气象局党支部正式成立。至2008年底,永康市气象局党支部历经8届,现共有党员11名。永康市气象局坚持以"三个代表"重要思想为指导,认真落实党风廉政建设目标责任制,通过签订党风廉政责任状、开展廉政教育、完善制度建设、定期召开民主生活会、进行群众民主评议监督等工作措施,推进了党风廉政建设的深入开展,没有出现违法违纪现象。至2008年底,有6人次被评为永康市优秀共产党员。

气象文化建设　1997年3月成立精神文明建设领导小组。1998年永康市爱卫会授予卫生先进单位称号,金华市爱卫会授予卫生先进单位称号,1998年永康市委、市府授予永康市文明单位称号,2001年金华市文明办授予文明单位称号。2008年通过档案管理省级达标认定,2008年被浙江省气象局授予AAA级"绿色台站"称号。

荣誉　1987年被省气象局授予水库抢险调洪三等奖,1987年被永康市府授予抗洪救灾先进集体,1991年被省气象局授予防灾抗灾气象服务优秀单位。王洪春,男,生于1943年10月,1967年9月参加工作,工程师职称,2001年荣获金华市劳动模范称号。

台站建设

1997年永康市气象局整体搬迁,新建办公楼、业务楼,总建筑面积1166平方米。为进一步适应气象事业发展需要,2004年在观测场北面进行了气象科技楼和业务辅助楼建设,建筑面积1493平方米,2005年1月正式投入使用。形成了东面为职工生活区,中间老办公楼为经营区,西面新大楼为工作区的格局,实现三区完全分开。

2006年开始进行绿色台站建设,对院内基础设施进行整改,老式配电房改建为箱式变压器,新建业务用仓库、停车位和自行车棚、门卫房及开放式围墙等,各种水、电、排污管网与市政管网相连。改造院内和屋顶绿化,绿化面积占总面积的70%。2008年对青年职工集体宿舍重新装修,建成了集体厨房和卫浴间,职工生活硬件设施得到明显改善。

工作区办公网络采取结构化综合布线,每间办公室面积为40平方米,办公室配有空调、计算机等现代化办公设备。大楼内建有小型、大型会议室、集成式档案室、会客室、科普展览室、对外服务室等综合服务配套设施,满足各项工作需要。

开展业务现代化建设,2004年观测场重新设立避雷塔和风塔,2007年进行观测场标准化改造,达到一般站要求。2008年5月进行业务平面改造,将观测值班室、预报会商室、决策服务室、天气预报制作室集中在一起,将9210卫星接收系统、自动站观测系统、等效雷达系统、应急短信发布系统等各项现代化业务统一在一个操作平台上。

1997年气象局原貌与现状

气象业务值班室

永康市气象局办公楼

浦江县气象局

浦江县地处亚热带季风气候区,是一个以低山丘陵为主,又有河谷、盆地,地形比较复杂的县份,兼有亚热带季风气候和山地、盆地气候特色:冬夏季风交替明显,四季冷暖干湿分明;降水丰沛,季节分配不均,年际变化大,旱涝发生频率高;光照充足,昼夜温差大;气候类型多样,立体气候明显。

机构历史沿革

始建情况 浦江县气象局前身为浦江县气候站,始建于1958年12月30日。站址位于浦江县浦阳镇大北门外菱角塘"郊外",北纬29°28′,东经119°53′,属一般站。1959年8月1日开始地面气象观测。1959年12月31日浦江县与义乌县合并,浦江县建制撤销,更名为义乌县第二气候站;1960年3月2日又更名为义乌县第二气候服务站,至1961年4月18日并入义乌县气象服务站,气象站撤销。1967年5月1日由于浦江县恢复建制,在原站址恢复地面气象观测,名称为浦江县气象服务站。1971年12月18日更名为浦江县气象站;1990年6月1日更名为浦江县气象局。2006年7月1日县气象局整体迁入浦江县浦阳街道白林村一亩山,观测场位于原址西北方向,直线距离1400米,经纬度与原址相同,海拔高度115.8米,大小为25米×25米。2007年1月—2008年12月台站级别名称变更为浦江国家气象观测站二级站。

建制情况 浦江县气象站自建站至1959年12月,隶属浦江县人民委员会,业务受金华地区气象台指导。1960年1月—1961年4月隶属义乌县地方政府。1967年5月—1970年3月由省气象局建制领导。1970年4月—1970年10月由浦江县革命委员会(以下简称县革委会)建制领导。1970年11月—1973年9月由县革委会建制,实行县人民武装部与县革委会双重领导,以县人民武装部为主的领导体制。1973年9月25日,重新实行以县革委会为主的领导体制。1981年1月起,实行由上级气象部门和地方政府双重领导,以气象部门为主的管理体制。

名称及主要负责人变更情况

名称	任职时间	负责人
浦江县气候站	1958.12—1959.12	楼永志
义乌县第二气候站	1960.1—1960.2	楼永志
义乌县第二气候服务站	1960.3—1961.4	楼永志
浦江县气象服务站	1967.5—1971.12	楼永志
浦江县气象站	1971.12—1985.1	楼永志
浦江县气象站	1985.1—1987.2	于明寒
浦江县气象站	1987.2—1989.8	潘锦模

续表

名称	任职时间	负责人
浦江县气象站	1989.8—1990.5	朱　曦
浦江县气象局	1990.6—2007.6	朱　曦
浦江县气象局	2007.7—	吴成表

人员状况　建站初期有职工3人。现有职工8人，均为汉族。其中本科学历4人，大专学历3人；高级职称1人，中级职称2人，初级职称5人；有中共党员4人。现有退休职工6人，其中中共党员1人。

气象业务与服务

1. 气象业务

①气象观测

地面观测　1959年8月1日开始地面气象观测，观测时次采用地方时01、07、13、19时每天4次观测；1960年8月1日起，观测时次采用北京时每天02、08、14、20时4次观测。1960年10月1日起每天08、14、20时3次观测。观测项目有云、能见度、天气现象、气压、气温、湿度、风向风速、降水量、蒸发、日照、雪深、地面状态、地温等，使用水银气压表、干、湿球温度表、最高、最低温度表、维尔达测风仪、雨量筒、蒸发皿、日照计、量尺等常规仪器。1960年12月31日至1974年12月31日，先后配备温、湿自记仪、气压自记仪、虹吸雨量计、电接风仪等，增加压、温、湿、降水量、风向风速自记记录观测。1987年1月1日，启用PC-1500微机查算、编制报表。1994年8月用计算机查算、编制报表。2003年1月1日，自动站建成并开始试运行，2005年1月1日开始正式单轨运行。现使用ZQZ-CⅡ型自动气象站；除人工定时降水量外，其他观测项目以自动站观测记录作为正式记录。现主要向省气象台拍发天气加密报和重要天气报。2007年完成"浦江县气象台站观测环境综合调查评估"工作。

区域自动气象站　2004—2008年，先后在治平、花桥、中央畈、杭坪、岩头、白马、郑家、檀溪、曹源建立了9个两要素或四要素气象自动监测站，初步建成了"中小尺度灾害性天气自动监测网"。

②信息网络

气象信息接收与传输　1980年前，利用收音机收听区域中心气象台和上级以及周边气象台站播发的天气预报和天气形势。1984年10月以后，使用123-IB型气象传真收片机，接收北京、欧洲气象中心以及东京的气象传真图，用于分析天气，制作天气预报。建站到80年代中期，气象信息主要依靠电话电报传输。1986年，建成省、地、县甚高频无线电话气象辅助通信网。1994年5月市—县微机通讯网建立。1998年建立局域网。1999年5月6日，建成气象卫星综合应用业务系统（简称9210工程）VSAT卫星接收站，传真机停止使用。2000—2008年，通过MICAPS系统使用高分辨卫星云图；建立气象网络应用平台、专用服务器；2003年建立省市县气象视频会商系统，开通100兆光缆，接收从地面到高空各类天气形势图和云图、雷达等数据，为气象信息的采集、传输处理、分发应用、会商分析提供支持。目前地面观测资料上报采用网络传输方式。

气象信息发布 1988年以前主要通过有线广播和邮寄方式向全县发布气象信息。1988年5月到2005年3月使用气象警报系统向有关部门、乡（镇）、村、农业大户和企业等每天3次开展天气预报警报信息服务。1998年7月"96121"天气预报电话自动答询系统投入使用；1999年6月由县电视台制作文字形式气象节目播发天气预报；2001年12月31日，浙江农网浦江信息中心开通，2002年完成农网入乡；2006年《浦江气象网站》完成改版；同年开始在全县安装气象信息电子显示屏，并建立短信决策服务系统，向移动、联通、电信用户发送天气预报及预警短信；2006年上半年起为浦江"农民信箱"将近5万用户提供天气预报服务。

③气象预报

1959年2月5日，开始制作单站补充订正天气预报并对外服务。1967年5月1日，全面开展短、中、长期天气预报。20世纪80年代初起，每日3次制作预报，并逐渐建立了长中短天气预报方法。2000年至今，每天定时制作发布短时临近（0~6小时）预报和短期（0~72小时）天气预报；制作发布中期天气预报（一周天气、旬报）和长期天气预报（汛期天气趋势）等气象预报，同时，开展灾害性天气预报预警业务和供领导决策的各类重要天气报告等。

④农业气象

建站到20世纪70年代，无专职农气人员，开始用天气预报产品为县、乡镇领导和农业部门指导农业生产提供服务。20世纪80年代，设专职农气人员1名，开展农业气象情报服务、主要农作物生育期气象条件分析和气候评价等工作。1977年，建立中余气象哨，1980年4月建立黄宅气象哨。1982年5月启动农业气候资源调查和农业气候区划工作，建立花桥、栏丰、东岭、林场等4个气象哨（1993年撤销）开展气象观测。1986年初完成《浦江县农业气候资源和农业气候区划》。1990年4月建成为农警报服务网，每天3次播发气象信息和农事建议，为此，1991年3月浦江县人民政府授予气象局农业发展一等奖，省电视台、《浙江日报》等先后作了宣传。1998年开展为种粮大户进行产前、产中、产后全程跟踪气象服务，《浙江日报》等相继作了报道。2002年与农口各单位及电视台合作，共同推出《丰安大地》电视专栏，其中的"气象与农事建议"栏目，每周一期，内容包括一周天气趋势和农事建议，《中国气象报》作了报道。2004年到现在从为种粮大户服务扩展到为葡萄、高山蔬菜种植大户等种养殖大户提供气象服务。

2. 气象服务

公众气象服务 公众气象服务主要是天气预报、预警服务。1988年以前主要依靠县广播站有线广播传播天气预报，一般每天2~3次；1997年起为浦江县调频电台提供天气预报；1999年起由县电视台制作文字形式气象节目，每晚在黄金时间播发；2006年开通手机短信气象服务；2006年起为浦江"农民信箱"将近5万用户提供天气预报、灾害性天气警报服务。每年开展节日气象服务，为历届"书画节"、"水晶博览会"等重大活动提供气象保障。

决策气象服务 建站初期，决策服务主要是为县、乡镇领导指导农业生产提供天气预报服务。20世纪70年代末到20世纪80年代,气象服务的重点开始转移到重大灾害性天气防灾抗灾决策服务上,成立重大灾害性天气预报服务工作领导小组,制订出台重大灾害性天气预报服务工作流程。以口头或电话汇报方式向县委县政府提供决策服务。1997年11月建成政府防灾抗灾决策服务系统,决策服务能力得以大大提升。2006年以后,利用预警信息发布平台的气象信息电子显示屏及手机预警短信,使决策服务可覆盖到乡(镇)、街道一级党政领导及有关部门,实现第一时间为防灾抗灾提供决策依据。开发《重要天气报告》、重要天气预警短信等服务产品。因1994年9417号台风决策服务和1997年汛期决策服务成绩显著,两次被浙江省气象局评为气象服务先进单位。

专业专项气象服务 1988年11月1日,开始制作、发布森林火险等级预报。2004年6月14日建立地质灾害气象等级预报方法,投入业务运行并向全县发布地质灾害气象等级预报。1992年到2005年开展庆典气球施放服务。

气象科技服务 1984年开始开展专业有偿气象服务。1985年3月,遵照国务院办公厅(国办发〔1985〕25号)文件精神,专业气象有偿服务开始真正起步,随后几年,服务对象迅速扩展到各个行业。1992年设立专业气象服务站开展专业气象有偿服务。1992年4月开展避雷装置安全检测工作。2001年5月,经县编委批准,成立浦江县防雷监督检测所,为气象局下属单位;6月正式开展防雷监审三项业务。2003年8月,成立"浦江县华云气象科技服务部",实行企业化管理,依托气象科技产品,进行气象科技服务。

气象科普宣传 建站到20世纪80年代,气象科普宣传限于接待中、小学生参观,宣传气象基本知识。20世纪90年代以后,积极参加全县性的科普宣传周活动。1999年1月,被浦江县科学技术协会评为1998年浦江县科普宣传周活动先进单位。近几年,每年开展"3·23"世界气象日主题宣传,气象科普进学校、企业、社区等宣传活动。2008年7月21日在浦江亚太广场"七月飞雪"事件后,配合中央电视台《走近科学》栏目制作了《夏天下雪了》为题的宣传片,在2008年12月2日的《走近科学》栏目中播出。

社会管理 2000年12月县政府成立浦江县防雷减灾工作领导小组,下设办公室(设在气象局)。2001年10月在县行政审批中心大厅设立气象窗口,承担行政审批职能,对天气预报灾害性天气警报传播、雷电灾害安全防护装置的设计审核竣工验收、大气环境影响评价的气象资料审查、气候可行性认证报告的审核、施放气球作业审批等项目行政审批。2003年8月成立气象行政执法大队。2006年设立气球施放管理办公室。

党建与气象文化建设

1. 党建工作

支部组织建设 1987年2月前,仅有2名中共党员,组织关系属农业局支部。1987年3月经浦江县委组织部批准,成立中共浦江县气象站支部,潘锦模任支部书记;1989年8月支部撤销,党员组织关系转入县种子公司支部;1993年5月10日县委组织部同意中共浦江县气象局重建支部并归口县机关工委管理。1997年被县直工委评为先进党支部。

党风廉政建设 1998年,出台"浦江县气象局党风廉政建设责任制",成立党风廉政建设工作领导小组。推行"两公开一监督"制度。2002年起对气象行政审批办事程序、行政审批服务内容、服务承诺、气象行政执法依据、服务收费依据及标准等内容向社会公开,接受群众的监督。2002年起,连续7年开展党风廉政教育宣称月活动。2004年开展作风建设年活动。2006年起,每年进行局领导述职述廉,并层层签订党风廉政建设目标责任书,推进"惩防体系"建设;党风廉政建设成为日常重要工作,纳入目标管理。

2. 气象文化建设

精神文明建设　20世纪80年代中期开始争创文明单位活动。1992年首次被中共浦江县委、浦江县人民政府授予"文明单位"称号。2000年5月,被中共金华市委、金华市人民政府授予1999年度市级"文明单位"称号。县级文明单位、市级文明单位称号被连续保持至今。2000—2008年与浦阳街道月泉居委会结为共建单位;与岩头镇东山村等贫困村(户)、残疾人结对帮扶。

文化体育活动　建站初期,有组织的文体活动很少。1977年始设文体活动室。1979年浦江县气象站工会成立,文化体育活动多由工会组织。80年代,建立图书阅览室,内有科技、文学书籍数百种。2006年7月整体迁入新址后,设有党员活动室、文体活动室、书报阅览室、羽毛球场等。

20世纪90年代以后,开始参加地方和本系统组织的一些大型文体活动,如1992年4月,县农经委系统组织文艺汇演,气象局合唱队参加表演。2005年5月,中国气象局开展廉政对联征集活动,有三人共四副对联参与评选,其中获省气象局三等奖一副。2006年5月,金华市气象局举行首届气象部门文艺汇演选拔赛,获独唱三等奖一人。2008年6月,浙江省气象局举办"华风杯"反腐倡廉知识竞赛,获二等奖一人。

荣誉　1979年7月,被中共浙江省委、浙江省革命委员会授予"省先进集体"称号。1996年和2007年被浙江省气象局评为"测报质量优秀站"。1998年和2001年2次被浙江省气象局评为科技服务先进单位。

台站建设

建站时,占地1870.5平方米,平房4间,建筑面积117平方米。

1972年11月,新建二层楼房4间,建筑面积137.5平方米。1976年10月,拆平房建二层楼房10间,建筑面积372平方米。

1983年9月征地1462.9平方米。1984年5月建成二层宿舍楼一幢,共八套,建筑面积458平方米。6月全站职工搬入新居,实现工作区与生活区彻底分开。

1990年5月安装自来水管网。1991年铺设工作区连接城区的水泥道路620米。1992年10月,新建办公楼和宿舍楼各一幢,建筑面积分别为327平方米和277平方米。2001—2002年,实施办公楼院综合改造。拆除1976年建旧办公楼,对1992年建造的办公楼进行了加层。

2004年开始实施整体搬迁工程,2006年6月竣工,7月1日正式启用。新址位于浙江省浦江县浦阳街道白林村"一亩山",占地面积8532.1平方米,建筑面积1781.22平方米,其中业务办公用房1331.82平方米,辅助用房449.4平方米。气象综合楼设有预、测报值班室、学术报告厅、大、小会议室、党员活动室、文体活动室、档案室、防雷所、气象科技服务部、农网信息中心等。2008年被浙江省气象局评为AAA级绿色台站。

瞬间见证变化——浦江气象观测站的30年变迁

浦江县气象局办公大楼变迁

武义县气象局

武义县隶属金华市,地处浙江中部,金衢盆地东南,境内三面环山,西南高,东北低,山川秀美,历史悠久,素有"萤石之乡、温泉之城"的美誉。武义属中亚热带季风气候,四季分明,常年有暴雨、高温、寒潮、强雷电及局地性短时大暴雨等灾害性天气出现。

机构历史沿革

始建情况 1961年9月,按国家一般站标准筹建武义县水文气象站,1962年1月1日,开展地面气象观测,站址位于武义县壶山镇琉璃背"郊外"。1971年1月1日,迁至壶山镇南湖"郊外"。1979年1月1日,迁至现址江山脚路3号,旧称壶山镇缸山尖"郊外",观测场按照25米×25米标准建设,位于北纬28°53′,东经119°48′,海拔高度105.1米。2007年1月—2008年12月台站级别名称变更为武义国家气象观测站二级站。

建制及管理体制 武义县水文气象站建立时隶属县农业局,气象业务受金华地区气象水文站指导。1963年1月,水文与气象业务分离,更名为武义县气象站。1963年1月浙江省气象局拟撤武义站,县政府保留,归县农业局领导。1964年1月,改为县属站。1965年1月,更名为武义县气候服务站。1966年1月,更名为武义县气象服务站;同年7月16日,原县属经费开支、仪器供应改由浙江省气象局负责。1970年4月起,划归县革命委员会建制领导;1970年11月,划归县人民武装部领导。1973年1月,更名为武义县气象站。1973年9月,划归县革命委员会领导。1981年1月,划归金华市气象局领导。1990年6月,武义县气象站更名为武义县气象局。

名称及主要负责人变更情况

机构名称	负责人	职务	任职时间(起止年月)
武义县水文气象站	林昌宝	站长	1962年1月—1962年夏
武义县水文气象站	梁梦生	站长	1962年夏—1963年12月
武义县气象站	梁梦生	站长	1963年1月—1964年12月
武义县气候服务站	梁梦生	站长	1965年1月—1965年12月
武义县气象服务站	梁梦生	站长	1966年1月—1972年12月
武义县气象站	梁梦生	站长	1973年1月—1979年12月
武义县气象站	全淦澄	站长	1980年1月—1988年8月
武义县气象站	姚怀萱	站长	1988年9月—1990年5月
武义县气象局	姚怀萱	局长	1990年6月—1990年8月
武义县气象局	王 政	局长	1990年8月—2000年12月
武义县气象局	余兆建	副局长(主持工作)	2001年1月—2001年12月
武义县气象局	胡云好	局长	2002年1月—2004年8月
武义县气象局	单小明	副局长(主持工作)	2004年9月—2008年11月
武义县气象局	汪永盛	局长	2008年12月—

人员状况 1962年武义县水文气象站成立时,工作人员仅2人。截至2008年底,在编人员增至9人,均为汉族,本科学历6人(其中硕士1人),大专学历2人,中专学历1人;中共党员5人。具有高、中、初级专业技术职称人员分别有2人、2人和5人。另有退休职工2人。

气象业务与服务

1. 气象业务

气象观测 自建站起,每天进行08、14、20时3次观测,观测项目有云、能见度、天气现象、气温、湿度、风向风速、降水、蒸发(小型)、雪深、日照、地温等。观测仪器使用干、湿球温度表,最高、最低温度表,维尔达测风仪,雨量筒,蒸发皿,日照计,量杯和量尺等。1963年1月安装水银气压表,增加气压观测。1966年1月1日至1975年1月1日,先后配备温、湿自记仪、气压自记仪、虹吸雨量计、电接风仪等,增加压、温、湿、降水量、风向风速自记录观测。1987年1月1日,启用PC-1500微机查算,编制报表。1989年3月1日至1998年12月31日按辅助站标准开展业务观测。1997年10月,用计算机查算、编制报表。2005年1月1日,ZQZ-Ⅱ型8要素自动气象站进入单轨业务运行。2007年起增发08、14、20时地面加密报和重要天气报至省台。2004—2008年先后在茭道、履坦、桐琴、郭洞、石鹅湖、王宅、俞源、新宅、桃溪、吴畈、柳城等乡镇建立了11个遥测自动气象监测站,初步建成"地面区域气象灾害自动监测网"。

气象信息网络 1980年前,利用收音机收听省气象台和周边气象台站播发的天气预报和天气形势。1980年后使用ZSQ-1(123)天气传真接收机接收气象传真图。1986年建成省—市—县三级甚高频无线电话通讯网络。1999年建成VSAT站,天气传真接收机停止使用。2000年以后计算机通信网络替代甚高频电话,气象信息的接收与传输进入网络时代,先后建立了以宽带网传输为主的气象网络应用平台、专用服务器和省市县气象视频会商系统。

气象预报 建站初期主要通过收听天气形势,结合本站的历史资料和群众经验相结合的方法,每日早晚做出补充订正天气预报。1976—1985年依托省、地、县天气预报方法会战,建立了一些预报方法和工具,使天气预报技术有较大改进,并全面开展短、中、长期天气预报。1998年,"9210"(气象卫星综合应用业务系统)推广使用,预报内容进一步丰富,从之前的天气图分析、经验外推为主,发展到数值预报和临近天气监测预警。

农业气象 建站至20世纪70年代,主要利用天气预报产品为县、乡镇领导和农业部门指导农业生产提供服务。20世纪80年代开始,设兼职农业气象人员并逐步开展农业气象服务业务,先后在县下辖田坪、乌门、柳城、桃溪、双溪口、三港等建立6处气象哨。1987年完成《武义县农业气候资源和区划》的编制,获得省气象局省农业气候区域成果三等奖。1987年开始,向政府、涉农部门、乡镇寄发"武义农业气象"月报、"三季作物分析"、"汛期(5—9月)天气趋势"、"农业产量预报"、"秋季低温预报"等业务产品。1989年开始,编写全年气候影响评价。2001年12月浙江农网武义分中心(武义农网)开通,农网信息入乡,覆盖全县乡镇。2006年起,与县农业局特产站合作,在柳城镇全塘口村的"宣莲科技园"内开展土壤湿度、温度、降水量等观测,对不同品种宣莲在各个生育期的气候影响情况,进行对比试验。

2. 气象服务

公众气象服务 建站到20世纪80年代中期,公众气象服务主要通过电话、有线广播和邮寄旬报方式向全县发布气象信息,手段单一。1987年建成气象警报系统,面向有关部门、乡镇、农业大户和企业等每天3时次开展天气预报警报信息发布服务。1995年,开始制作电视天气预报节目。1998年7月,121气象声讯自动答讯系统正式开通投入运行(2005年改号为"96121")。2002年、2003年分别开通了移动用户、联通用户的气象短信服务。2004年开始,利用气象网站开展了网络终端发布气象信息。

决策气象服务 建站到20世纪70年代末,决策气象服务主要是为县及乡镇领导指导农业生产提供天气预报服务。进入20世纪80年代后,气象服务重点开始转移到重大灾害性天气防灾减灾的决策服务上,县气象局成立灾害性天气预报服务工作领导小组,制定重点灾害性天气预报服务流程。决策服务主要以口头或电话汇报方式向县委县政府提供。20世纪90年代后,开始定期、不定期制作《重要天气报告》、《重要气象情况汇报》、《气象信息内参》等材料。2000年后开展重大节假日气象服务,还为历届"武义温泉节"、"宣莲节"、"三月三畲族歌会"等提供气象保障。

专业与专项气象服务 1985年3月,专业气象有偿服务开始起步,通过信函方式、警报机、声讯影视、手机短信等手段,面向社会各行各业开展气象科技服务。1987年,建立天气警报服务系统为专业用户提供气象服务。1988年11月1日,开始制作发布森林火险等级预报。1992年起,开展防雷检测及技术服务。1994年至2005年开展庆典气球施放服务。2004年6月,建立地质灾害气象等级预报方法投入业务运行并向全县发布地质灾害气象等级预报。

气象科研与技术开发 有5个项目分别获得金华市气象科技进步奖,有3个主要参与项目获省、市气象科技进步奖。1987年,《武义县农业气候资源与区划》获浙江省农业气候区划成果奖三等奖。截至2008年底,武义县气象局科技人员在国内相关刊物共发表科技论文15篇,参加省级以上学术交流论文9篇。

气象科普宣传 20世纪80年代及以前,主要接待中小学参观宣传气象基本知识。90年代后,利用气象电视节目、手机短信、报刊、网站等渠道宣传气象科普,先后印发"台风常识"、"雷电常识"、"武义气候"、"气象法"等科普资料三万多份发送到学校学生、城乡群众。

法规建设与管理

探测环境保护 根据《中华人民共和国气象法》和《气象探测环境和设施保护办法》(中国气象局第7号令),武义县气象局严格实施对探测环境的保护。2005年4月,县气象局向县建设局、国土资源局等单位发出《关于气象探测环境保护的函》,提出以观测场各边缘为基准,半径1000米范围内(包括地下空间)为重点保护区的规划保护要求,并予以备案。

施放气球管理 认真做好低空漂浮物施放审批制度的宣传工作,配合金华市气象局开展升空气球施放活动的行政审批和行政执法等工作。2003年6月,县气象局成立县气象行政执法大队,兼职执法人员均通过法制部门培训考核,持证上岗。2005年2月,武义县人民政府办公室下文《关于加强施放气球管理工作的通知》(武政办〔2005〕9号)。

防雷管理 根据《中华人民共和国气象法》,2004年3月,县人民政府办公室发文(武政办〔2004〕24号)成立武义县防雷安全专项整治工作领导小组。2001年起,县府办相继下文《关于进一步加强防雷减灾工作的实施意见》(武政办〔2001〕74号)、《关于切实做好防雷安全工作的通知》(武政办〔2004〕37号)、《关于印发武义县防雷安全管理工作实施意见的通知》(武政办〔2005〕47号)。1992年7月,武义县气象局联合县经济委员会、劳动人事局、公安局、总工会、保险分公司下发《关于对全县避雷装置进行安全性能检测的通知》(武气发〔92〕7号、武劳发〔1992〕97号);2002年8月县气象局与建设局联合下文《关于进一步加强防雷设施建设管理的通知》,明确了对防雷三项业务的管理工作;同年9月开始,防雷设计审核、竣工验收进入县建设项目行政审批流程,防雷行政审批工作进入县便民办事中心,气象窗口连续4年被评为五星级服务窗口。2003年4月,县气象局联合县经济贸易局、县建设局、县公安局消防大队联合下文《关于开展防雷安全专项整治的通知》(武气发〔2003〕5号)。不断规范和优化建筑物防雷工程项目审核和验收管理运行程序,加强防雷安全执法和管理力度。

党建与气象文化建设

1. 党建工作

党支部建设 建站至1993年7月,武义县气象局未单独建立党支部,党组织工作由县农业局党委统一领导。1993年8月,首次成立县气象局党支部,归属武义县机关党委领导。历届支部书记先后由王政、朱渭溪、胡云好、单小明、汪永盛担任。现有党员6人,其中预备党员1名,退休党员1名。

党风廉政建设 县气象局十分重视党风廉政建设,2000—2008年,参与气象部门和地方党委开展的党章、党规、法律法规的学习活动。2002年起,每年签订党风廉政建设责任书,开展了"讲学习、讲政治、讲正气"、"致富思源富而思进"、"学习贯彻'三个代表'重要思想"、"保持共产党员先进性"等系列教育活动。2006年起,每年进行局领导述职述廉和党课报告。通过认真学习、查找问题,提高了全体党员干部的思想觉悟,切实解决了一些事关职工利益的突出问题,密切了党群和干群关系。

2. 气象文化建设

精神文明建设 1988年起,每年3月份开展"职业道德教育月"活动。1997年起开展争创文明单位活动,制定文明创建的实施办法和申报工作。1998年被上级命名为县级文明单位,1999年破格晋升为市级文明单位,至2008年连续10年保持市级文明单位称号。与贫困村开展结对共建,积极组织职工参加各种社会帮困救助和社会公益活动。武义县气象局(站)工会成立后,积极开展各项文体活动,丰富群众生活。

台站荣誉 建站以来,获浙江省气象部门先进个人1人次,荣获百班无错情表彰11人次,250班无错情表彰1人次,荣获浙江省气象部门优秀预审员2人次,优秀预报员1人次,2007年获浙江省防雷比武县级二等奖,个人获一等奖,2008年获浙江省优秀测报站称号。

台站建设

　　武义县气象局原办公楼建于1978年,办公业务用房面积仅67.5平方米。随着气象事业的发展,1998年7月,浙江省气象局拨款对原有的办公楼进行了改造扩建。2006年在原址筹建新办公楼,2008年1月启用。现武义县气象局占地9043.24平方米,新办公楼面积达993.6平方米;保留旧办公楼及车库等其他设施。

　　1997以来,不断进行整治,重新修建大门,改建大门到办公楼阶梯小道为宽畅水泥路面,可通各类汽车,修建了草坪和花坛,绿化率达60%以上,成为武义县的花园单位。

1999年旧办公楼与观测场

2008年新观测场

2008年新办公楼

衢州市气象台站概况

衢州市地处浙江西部,南接福建,西连江西,北邻安徽,省内与杭州、金华、丽水三市相衔,是浙西的交通枢纽和政治、经济、文化中心,素有"四省通衢、五路总头"之称。1985年经国务院批准建立省辖市,下辖江山市、龙游县、常山县、开化县、柯城区和衢江区。全市土地总面积为8836.52平方千米,人口248万。

衢州属北亚热带季风气候区,兼具盆地气候特征,冬季受大陆气团控制,夏季受海洋气团影响,具有四季分明、冬夏长春秋短、光照充足、降水丰沛而季节分配不均(春夏多雨)的地带性特征。

气象工作基本情况

建制 1959年前,管理体制经历了从归属浙江省气象局到上海气象局,再到浙江省气象局的演变;1959—1972年,又经历了由地方政府到浙江省气象局管理,再转为地方和军队双重领导的演变;1973年,领导关系与军队脱钩,业务受上级气象部门指导;1981年,实行以气象部门为主、气象部门和地方政府双重领导的管理体制,归属金华市气象局管理;1988年8月,直辖于浙江省气象局。

历史沿革 1955年建立衢州气象站。相继建立了江山(1956年)、开化(1958年)、常山(1962年)、龙游(1959年)气象站。1988年8月,衢州市气象局升格为市地级气象局,下辖江山市、开化县、龙游县、常山县4个气象局。

1979年起,气象部门与地方政府部门组建气象哨40个,为各地开展农业气象服务和编制农业气候资源与区划提供资料。20世纪80年代中期,因仪器设备和维持经费缺乏等原因,大部分气象哨撤销,少数保留下来的归属地方管理。

人员结构 1978年全市气象部门在职人员65人。1988年83人。2008年核定气象事业编制101人,实有在职人员125人(其中气象编制90人,地方编制2人,编外用工33人),离退休人员35人。气象在编人员中,大专以上学历71人,其中硕士学位2人、本科41人;中级以上职称54人,其中高级职称4人;40岁以下49人,51岁以上22人;少数民族2人。

党建与文明创建 全市气象部门有党总支1个,党支部7个,中共党员57人。全市创建省级文明单位1个,市级文明单位3个,县级文明单位1个。创建市级文明行业1个。

气象法规与社会管理 2003年,市县气象部门分别成立气象行政执法机构,气象行政审批工作归入地方行政服务中心管理。2007—2008年,各县、区人民政府发布了《关于建立乡镇气象协理员队伍的通知》,全市乡镇气象协理员和村级气象信息员队伍建设基本完成,并已开展工作。

探测环境保护 2008年,各级气象部门完成本地《气象探测环境保护专项规划》编写,并得到地方政府批准。

主要业务范围

地面观测 地面气象观测业务始于1955年10月1日的衢州气象站。全市地面气象观测站5个(国家基本站1个,一般站4个,2002年均建成六要素以上自动观测站),2003年始,相继建成区域自动气象站87个。其中两要素站15个,四要素站66个,六要素以上站11个。1985年以前,气象电报由电话传送到当地邮局再转发上海气象局,此后改为计算网络实时上传。月、年报表按时按规定上报浙江省气象局。

高空探测 衢州气象站高空气象探测业务始于1956年2月,每天进行2次观测,承担全球高空气象探测资料交换任务,是浙江省现有3个国家探空测站之一。

航危报 1963年1月至1975年8月,开化、江山、常山、龙游、衢州先后承担向衢州、杭州、上海机场拍发航危报任务。到1993年6月,先后终止此任务。

特种观测 2002年底开始,衢州相继开展紫外线、酸雨、大气电场监测和GPS/MET观测;2007年4月,各级台站增加土壤水分观测。

农业气象观测 1956—1958年,衢州、江山、开化3个站点先后开展观测,1963年,衢州观测任务取消。1966年以后,观测工作基本中断。1979年重新恢复观测并调整网点,衢州为一级站,江山为二级站。1991年,龙游国家农业气象试验站建成,为一级站。同年,江山观测任务取消。1996年衢州观测任务由龙游承担。各站观测项目不同,主要有油菜、水稻、柑橘、自然物候等。

雷达探测 1972年始用701雷达进行高空探测,2003年改用L波段雷达。2006年8月衢州新一代多普勒天气雷达开始建设,地址在衢州市柯城区石梁镇大俱源村石门山,地理位置在北纬29°05′,东经118°42′,海拔高度1209米,距衢州市气象局25千米,2008年12月建成并测试运行。

天气预报 1956年,结合浙江省气象台广播的天气预报和本站气象要素,进行霜冻预报补充订正。1958年,单站补充订正天气预报成为气象站的正常业务。1959年,在收听气象台天气形势预报的基础上,结合本站气象资料,运用看天经验和天气谚语,制作补充订正预报。1966年,补充订正天气预报更名为天气预报。1970年,数理统计方法引入气象站预报中,通过绘制点聚图、曲线图、剖面图等预报图表,建立天气模式、指标,制作天气预报。1979年开始使用气象传真接收机,接收国内外数值预报产品,将图资结合起来制作晴雨和"三性"天气预报。1984年逐步总结和使用模斯(MOS)预报方法。1988年成立市气象台后,增加手工分析地面、高空天气图,雷达卫星资料逐步得到应用,承担全市天气预报业务,制作分片指导预报,通过气象辅助通讯网与各县开展天气预报会商。1995年,实现计算机联网,数值预报产品,雷达、卫星云图等资料和分片分县指导预报产品在网上共享,县气象站制作各类专业气象预报。1999年"9210"投入业务,MICAPS系统得到应用,手工分析天气图逐步取消。2003年起,省市和市县视频会商系统相继开通,实现音频、视频、数据、图像同步传输。

气象服务 公众气象服务始于1958年衢州气象站,各县气象站成立随即开展此项服务。每天向本县人民广播站提供2～3次天气预报,各公社广播站定时转播。20世纪80年代中期,各县电视台相继播发天气预报。20世纪90年代中期,市县相继开通"121"气象电话自动答询业务,2005年改为"96121",公众获取天气预报由被动接收转为主动接收。服务内容由最初的24小时晴雨、要素预报,逐步发展到72小时、3～5天和短期临近预报。

为地方政府提供决策气象服务与公众气象服务同步开展,初以电话、信函、口头汇报方式服务,逐步发展到传真、网络服务。定期或不定期向政府和有关部门发布周、旬趋势预报,"三性灾害"预报和主要农事季节、重大社会活动专报。

1984年,气象专业专项服务陆续在各级气象部门展开。初以电话、信件等方式为用户服务;1989年,增加气象警报广播服务方式;1996年,先后通过无线寻呼、计算机网络终端、气象专业网站、手机短信等提供气象信息。1992年,各级气象部门相继开展避雷检测、防雷工程、建筑物防雷装置技术评价、重大工程雷电灾害风险评估等技术服务。

人工影响天气始于1978—1979年,衢州、江山、开化、常山开展"三七"高炮人工增雨作业。后改由省气象局统一组织实施飞机作业,2003—2004年在衢州实施增雨作业13次,有效缓解旱情。2007年市政府投入资金,配备人工增雨火箭发射装置1套,建立人工增雨作业基地7个。

台站建设

2000年至今,全市各级气象部门新综合业务办公楼和观测场相继建成,台站面貌和办公环境明显改善。2000年衢州市气象局新建气象观测站,占地25亩,业务办公楼建筑面积378平方米,观测场按25米×25米标准建设。2004年新建市气象局科技综合楼,建筑面积5673平方米。2006年,江山市气象局新办公楼和观测站建成并投入使用。2007年,龙游县气象新办公楼建成。2008年底,常山、开化县气象局新办公楼完成主体工程建设。

衢州市气象局

机构历史沿革

管理体制 衢州市气象局(原衢州气象站),始建隶属浙江省气象局。1956年5月归属上海气象局。1958年5月划归浙江省气象局。1959年1月归属衢县人民委员会,更名衢县人民委员会气象科。1960年3月更名为衢县气象服务站。1962年12月归属浙江省气象局,更名为浙江省衢县气象服务站。1970年2月体制下放,归属衢县革命委员会,同年12月实行军分区和地方政府双重领导。1973年1月领导关系与军分区脱钩,业务受上级气象部门指导。1981年1月实行以气象部门为主、气象部门和地方政府双重领导的管理体制,更名为浙江省衢县气象站。1981年12月更名衢州市气象局。1988年8月,升格为市地级气象局。站址名称由建站时的衢县北门外改称为衢州市新安路36号。

机构设置 衢州市气象局内设机构4个(办公室、业务科技科、计划财务科和人事教育科);直属单位4个(气象台、网络中心、信息中心和防雷中心);下属单位5个(衢州气象观测站、江山市气象局、常山县气象局、开化县气象局和龙游县气象局〈龙游国家农试站〉);地方编制机构1个(衢州市防雷设施检测所);工商注册企业1个(衢州市雷电广告中心)。

人员状况 现有气象事业编制在职人员58人。专科以上学历44人,其中硕士学位2人,本科27人。中级以上职称35人,其中高级职称4人。有地方事业编制人员2人。离休人员1人,退休人员19人。

主要负责人变更情况

站　　长:徐福芝(1955.10—1956.02)
副站长:钱柏城(1956.02—1957.08)
站　　长:杨成权(1957.08—1963.06)
副站长:刘吉庭(1963.06—1965.06)
站　　长:姚炳桥(1965.06—1979.07)
局　　长:谢　中(1979.07—1984.11)
局　　长:朱德周(1984.12—1988.07)
副局长:蔡绍文(1988.08—1993.07)
局　　长:蔡绍文(1993.07—1995.11)
局　　长:谢国庆(1995.11—1999.06)
局　　长:麻增明(1999.06—2006.12)
局　　长:张　力(2006.12—　　　　)

气象业务与服务

气象预报服务 衢州气象台(金衢盆地农业生态服务中心)承担全市短时临近预报、短期预报、3~5天预报、灾害性天气预报、地质灾害等级预报、森林火险等级预报和气象生活指数预报任务,并负责各类预报和灾害天气预警信号的对外发布;承担《重要天气报告》、《旬趋势预报》、重要季节和年度短期气候预测、《气象内参》等决策服务产品制作,并为政府及相关部门提供服务;组织与下辖县气象站天气会商并提供预报指导产品、技术指导、中期预报、精细化预报、灾害性天气落区指导预报。承担月、季、年气候影响评价和产量预报及农业病虫害预报等农业气象基本业务;指导下辖气象站开展气象为农服务和农情调查。

1989年6月27日至7月3日,衢州连续强降雨468毫米。7月2日累计雨量达410毫米,市防汛指挥部面临调洪、抗洪决策,市气象局提出决策服务方案被采纳,避免重大损失。为此,市委市政府进行表彰通报,市气象局获抗洪抢险救灾先进集体,1人记功,2人获先进个人。

2005年9月,市委市政府在府山公园组织"让世界了解你——衢州"大型涉外交流活动,展示衢州城市形象,市委书记与美国加利福尼亚州萨莱纳斯市长进行越洋视频对话。

适逢"泰利"台风登陆期间,市气象台连夜组织天气会商,准确及时提供预报服务,活动结束10分钟后开始降雨。

气象科技服务　衢州气象信息中心(专业气象台)负责衢州市电视天气预报制作;负责气象服务领域的开发及服务;负责气象短信和声讯服务产品的制作与发布;负责柯城、衢江两区政府的决策服务及气象协理员、信息员队伍管理。衢州防雷中心和防雷设施检测所承担市区雷电防护服务及下辖县气象局相关业务的指导。

气象信息网络　衢州气象网络中心承担全市气象部门业务网络架构规划与建设;负责日常的维护;负责气象信息收发监控;负责气象网站的建设与维护;负责市局数据库的建设与维护。

气象法规与社会管理

2006年,衢州市人民政府下发《衢州气象灾害应急预案》(衢政办发〔2006〕118号),2007年下发《关于加快气象事业发展的实施意见》(衢政发〔2007〕62号)。2007—2008年,柯城、衢江两区乡镇气象协理员和村级气象信息员队伍建设基本完成,并已开展工作。

党的建设与气象文化建设

党建　2008年成立党总支,下设3个党支部。同年成立团委。党建工作归市直机关工委直接领导,共青团工作归团市委领导。现有党员32人,其中在职党员25人,离退休党员7人。共青团员10人。

党风廉政建设　2002年以来,每年4月开展党风廉政建设宣传教育活动,通过征集廉政对联、短信、艺术作品,举办廉政演讲比赛、歌曲演唱会,开展各种形式警示教育,提升干部职工廉政意识。2004年以来,每年与各内设科室、直属单位和县(市)气象局主要领导签订党风廉政建设责任书,开展领导干部年度述职述廉和群众测评活动。制定《衢州市气象局建立健全惩治和预防腐败体系2008—2012年工作方案》。坚持开展局务公开活动。

精神文明建设　1993年获全省气象系统"双文明单位",1998年被评为市级文明单位,2003年被评为首批市文明行业,2005年被评为省级文明单位。

衢州气象局办公楼新貌(建于2004年)

衢州气象观测站

概况

1955年10月1日建站并开展测报业务,地址在衢县北门外(现衢州市新安路36号),位于北纬28°58′,东经118°52′海拔66.1米。2000年1月1日迁至现址,位于衢江区浮石街道徐家坞村,地理位置为北纬29°00′,东经118°54′,海拔高度82.4米,距原址3200米。

衢州气象观测站旧貌(建于20世纪70年代)

衢州气象观测站新貌(建于2000年)

衢州气象观测站为衢州市气象局前身,属国家基本气象站,2007年1月升格为国家气候观象台,2009年1月再改为国家基本气象站。1988年扩建衢州市气象局,保留地面组和探空组,业务归市局直接管理。1990年2月成立衢州大气探测站,为市气象局下属单位,下设地面组和探空组,承担气象综合观测任务;1995年12月更名为衢州观象台;1997年1月更名为衢州气象观测站。2007年1月升格为浙江省衢州国家气候观象台。2009年1月改为衢州国家基本气象站。1990年至今历任负责人为杨绍兰(2000年7月止)、王亚珍(到2008年2月止),现为吕林火。

建站初期有职工9人。现有在职人员15人(含编外5人),其中地面组8人,探空组7人。大专以上学历13人。中级职称8人。党员3人。畲族2人。

主要气象业务

地面观测 1955年10月1日正式开展业务,承担国家基本站统一观测项目任务。观测时制初用地方平均太阳时,1960年8月改为北京时。每天进行02、05、08、11、14、17、20、23时8次观测。观测要素包括云、能见度、天气现象、风、气温、湿度、降水、气压、雪深、地面状态(1960年12月取消)、小型蒸发(2001年12月取消)、地温最低温度;1955年10至1959年9月开展云向云速观测;1956年4月增加日照;1956年10月增加电线积冰;1957年9月至1960年12月开展云幕气球观测;1961年1月增加观测地面最高温度和距地0、

5、10、15、20、40、80、160、320厘米温度,其中40、80、160、320厘米观测于1965年12月取消,1981年1月恢复观测,1999年12月观测再次取消;1971年12月增加实测云高观测;2000年1月增加E-601大型蒸发观测。气象观测数据以报文形式实时上传浙江省气象台,月、年报表按时按规定上报浙江省气象局。

2003年12月31日前,分别执行中央气象局下发的"1954年版"、"1961年版"、"1979年版"地面气象观测规范;此后执行中国气象局下发的2003年版观测规范。

2002年1月1日七要素地面自动观测站投入使用。2003年以来在柯城、衢江两区建成区域自动气象站22个,其中四要素站21个,六要素以上站1个。

高空探测 1955年10月开展高空风观测,1956年2月增加高空压、温、湿观测。观测时制为北京时。高空风观测时次先后经过多次调整,初始为每天11、23时2次观测;1957年3月1日起改为10、22时;1957年4月1日改为07、19时;1960年7月1日改为01、07、19时;1984年7月1日改为01、07、13、19时;1990年1月1日改为01、07、19时;1991年1月1日改为07、19时。高空压、温、湿观测时次也历经数次调整,初始为每天23时1次观测;1956年8月1日改为11时;1957年3月1日改为10时;1957年4月1日改为07、19时。观测仪器经过更新换代,基本达到

衢州新一代天气雷达(建于2008年)

现代化、自动化水平。高空风探测仪器最初使用普通经纬仪;1956年7月1日改用美式单镜经纬仪;1957年4月1日改用德式双镜经纬仪;1960年8月1日改用国制仿德式经纬仪;1972年1月1日改用701二次测风雷达;2003年7月1日改用GFE(L)1型二次测风雷达。高空压、温、湿探测仪器处使用芬式探空仪;1958年4月1日改用苏式探空仪;1961年4月1日改用苏式P3-049探空仪;1967年6月1日改用国产GZZ-2型探空仪;1975年12月1日改用国产59型探空仪;2003年7月1日改用GTS1型数字式探空仪。

1984年使用PC-1500计算机进行探空纪录的计算和自动编发电报。1987年配备单板机与雷达相结合,进行自动点绘、计算和编发报,减轻劳动强度,提高探测精度和高度。2003年完成L波段雷达换型,探测精度和自动化程度进一步提高。

初始执行中央气象局下发的《气象观测暂行规范——高空风部分(1954年版)》。1960年1月执行《59型无线电探空仪观测规范(草案)》和《高空气象观测规范》。1963年10月执行《高空气象观测规范》。1976年3月执行《高空气象观测手册——高空压、温、湿观测部分》。1976年10月《高空气象观测手册(高空风观测部分)》。1979年2月执行《高空气象观测手册(701雷达观测部分)》。2000年8月执行《高空气象观测手册——59-701微机数据处理系统部分(2000年版)》。2003年6月执行中国气象局监测网络司下发的《常规高空气象探测规范(试行)2003版》和《L波段(1型)高空气象探测系统业务操作手册》。

航危报 1975年8月至1993年6月,承担向上海机场拍发航危报任务。

特种观测 2002年12月1日开始紫外线观测,2007年10月止。2003年1月1日开

展酸雨观测。2004年4月增加闪电定位仪。2007年4月开展土壤水分观测。2008年起开展GPS/MET观测。

农业气象观测 1956开展观测，1963年任务取消。1979年定为一级农业气象观测站，重新恢复观测业务。1996年观测任务由龙游农试站承担。主要观测对象为油菜、水稻、自然物候等。

龙游县气象局

龙游县地处浙江省中西部的金衢盆地腹地，县域总面积1143平方千米，辖6镇7乡2街道，人口40.4万。龙游历史悠久，春秋时期建有"姑蔑"古国，至今已有2200多年的建县历史，是浙江省历史上最早建县的13个县之一。县内有被誉为"千古之谜"和"世界第九大奇迹"的大型古代地下建筑群——龙游石窟。

龙游是浙江东、中部地区连接江西、安徽和福建三省的重要交通枢纽，素有"四省通衢汇龙游"之称。境内山脉、丘陵、平原、河流兼具，南部山区、中部盆地和北部丘陵的地理条件使境内地势呈现南北高、中部低的特点。属亚热带季风气候区，四季分明，气候温和，雨量充沛，光照充足，无霜期长。年平均气温17.3℃，年均降水量为1655毫米，日照时数1757小时，无霜期262天。

机构历史沿革

始建情况 龙游县气象站始建于1959年，初址在龙游县城关大北门外老凉亭，1959年5月移至龙游县城关东门外大岭背，1962年随撤县而撤销。1972年7月重建，站名为浙江省龙游气象站，站址在龙游镇东华山，位于北纬29°02′，东经119°11′，海拔高度66.2米。1973年8月，更名为衢县龙游气象服务分站。1974年1月，更名为衢县龙游气象服务站。1982年3月更名为衢州市龙游气象站。1984年1月更名为龙游县气象站。1990年8月加挂龙游县气象局牌子，并成立浙江省龙游农业气象试验站，为全省仅有的国家农试站。至此，龙游县气象局一套班子，三块牌子。2007年1月，更名为浙江省龙游国家气象观测站二级站。2009年1月，更名为龙游国家一般气象站。

管理体制 龙游县气象站自1972年7月建站至1973年9月，由衢县革命委员会、县人武部双重领导；1973年10月起，实行由衢县革命委员会和浙江省气象局双重领导，以地方政府为主的管理体制；1981年1月起，实行省气象局和地方政府双重领导，以省气象局为主的管理体制；龙游恢复县制后，于1984年1月起由省气象局和龙游县政府双重领导。1972年7月至1982年11月行政工作由衢县气象站代管，龙游县气象站不设行政领导。

人员状况 建站初期衢县气象站派观测员到本站轮流值班，职工人数不固定。1974年1月起有稳定职工5人。2008年有在编人员8人，编制外5人，退休4人。在职人员中，本科4人,大专8人;中级职称6人,初级职称3人;年龄40岁以下8人,50岁以上1人。

名称及主要负责人变更情况

名称	任职时间	负责人
浙江省龙游气象站	1972.07—1973.07	无
衢县龙游气象服务分站	1973.08—1974.01	无
衢县龙游气象服务站	1974.01—1982.02	无
衢州市龙游气象站	1982.03—1982.11	无
衢州市龙游气象站	1982.12—1983.12	刘吉廷
龙游县气象站	1984.01—1984.12	刘吉廷
龙游县气象站	1985.01—1986.11	章焕龙
龙游县气象站	1986.12—1990.08	黄昌鸥
龙游县气象局	1990.08—2001.01	黄昌鸥
龙游县气象局	2001.01—	蔡建池

气象业务与服务

1. 气象业务

地面观测 1972年7月1日始观测业务,采用北京时,每天08、14、20时3次观测。观测项目有云、能见度、天气现象、气压、气温、湿度、风向风速、降水、雪深、日照、蒸发、地温等。1974年1月10日向杭州拍发06—20时危险天气报和00—24时台风补充天气报。1974年7月8日向金华拍发台风补充天气报。1975年5月1日至12月31日07—15时向杭州拍发航空报。1980年3月1日向金华拍发气象实况报。1984年1月1日6时停发杭州、金华的危险天气报,向杭州拍发重要天气报。1985年1月接收对横山杨坞水库和溪口梧村气象哨的管理,20世纪80年代中后期两哨撤销。1990年7月4日龙游改为辅助站。1999年1月1日恢复一般站任务。

自动气象站 2002年12月,ZQZ-CⅡ型自动气象站投入试运行,2005年起正式运行。2004至今,建区域自动气象站14个,其中两要素站3个,四要素站10个,五要素站1个。

气象信息接收 改革开放初期,气象通讯主要靠电话、广播。20世纪80年代中期配备传真接收机,接收国内和日本的气象传真图。1986年,市县级气象部门甚高频辅助通信网投入使用。1999年12月至2005年,建立VSAT小站、分组交换网和省市县气象视频会商系统,开通4兆光缆。

气象信息发布 1986年开始,主要通过广播和邮寄旬报方式向全县发布气象信息。1988年建立气象警报广播系统,向有关部门和专业用户播报天气预报警报,2000年止。1997年7月建电视气象影视制作系统,本县电视节目始有天气预报信息。1998年4月开通"121"(2004年3月改号为"96121")天气预报电话自动答询系统。2004年5月开通手机短信气象服务。

气象预报 1985年前,天气预报由衢州市气象站提供,以此开展气象服务。1986年始天气预报业务,每天早晚2次制作24小时常规天气预报。2000年至今,开展48小时要素预报、3~5天滚动预报、旬趋势预报和短期气候预测。同时,开展灾害性天气预报预警业务,为领导决策提供各类重要天气报告,还开展森林火险等级预报、地质灾害气象等级预报、生活指数气象条件预报等。

农业气象观测　1997年9月开始油菜观测。1998年增加早、晚稻观测。1999年开展物候观测,始泡桐、梨、椪柑、胡柚观测,后增加胡柚、桂花、狗尾草、鸡冠花、凤仙花、柳树、家燕、蚱蜢、青蛙观测。2001年始拍发气候旬(月)报。2005年6月始开展土壤水分自动观测和人工对比观测。2006年6月发布土壤相对湿度月报。

科研项目　龙游农试站建站以来陆续开展并完成了"红壤旱地棉花需水量分析"、"柑橘气候生态特性观测试验"、"柑橘水分与品质试验分析"、"气候不稳定性对金衢商品农业发展的影响和对策"、"气候变化与浙西稻作生产对策"、"浙西气候突变与对策"、"棉花逆境胁迫气象成因与化控"、"浙西旱粮气候潜力分析"、"浙西脐橙气候适应分析"、"气候变化对浙江省早稻生产的影响与对策"等十多项农业气象试验研究项目,为浙西粮食和柑橘生产利用气候资源和调整品种结构提供参考依据,其中"气候变化与浙西稻作生产对策"项目获1994年度衢州市科技进步四等奖。2002年起,为服务地方农村特色产业,相继开展《龙游食用小竹气候生态适应性研究和利用》、《浙西地区发展天草杂交柑的气候可行性分析研究》等研究项目。

2. 气象服务

公众气象服务　1986年起,利用农村有线广播站播报气象消息,县电视台制作文字形式气象节目。1997年7月,县气象局应用线性编辑系统制作电视气象节目。每年开展节日气象服务,为历届国际龙舟邀请赛、汽车拉力赛等重大活动提供气象保障。

决策气象服务　20世纪80年代以口头或文字材料向县委县政府提供决策服务。20世纪90年代逐步开发《重要天气报告》、《气象情况汇报》、《节假日天气预报》、《汛期(5—9月)天气形势分析》、《春播期天气预报》、《梅汛期及干旱期天气预报》等决策服务产品。2004年,建立气象灾害预警信息发布平台,不断完善预警内容和用户群,逐步承担突发气象灾害、地质灾害、农业病虫害等突发事件预警。2008年开展气象灾害预评估和灾害预报服务。

专业专项气象服务　1985年3月,在做好公众预报服务的同时,开展专业有偿气象服务,从各行各业的实际出发,提供有针对性的气象信息,加强生产经营的预见性,提高企业的经济效益。1988利用天气警报广播系统向用户播报重要天气和灾害性天气预报。同时借此系统召开抢险抗灾会议、发布停电通知。1990年开展建筑物避雷设施安全检测。2002年开展防雷装置设计审核、施工监督、竣工验收等工作。2006年对重大工程建设项目开展雷击灾害风险评估。1992年起,开展庆典气球施放服务。2003年11月,成立龙游县蓝神气象科技服务部,并于2007年3月注销。2008年5月,成立衢州市雷电广告中心龙游分中心。

农业气象服务　1988年起,发布气象旬月报,根据天气形势和农业生产实际,向有关部门和单位提供农业生产建议,促进农业生产趋利避害、增产增收。1999年起,在衢州《农家报》开辟"看天话农事"专栏,发布农业气象服务信息,后又增加农试站网站、农民信箱、衢州"农技110"、公文交换系统等服务手段。2007年起,在农业生产关键时期、预测有灾害性天气发生时,通过手机快报系统、网络、电视、农民信箱等渠道向农业部门和生产大户发布气象灾害预警信息。

新农村建设气象服务 2003年"龙游农试站网站"开通,提供农业气象信息、农气情报、气象科普等服务。2006年起,为政策性农业保险开展保前、保中、保后气象预报评估鉴定。2008年,陆续开展为统防统治的农业生产气象服务和富硒基地专业气象服务。

法规建设与管理

气象行政执法 2003年4月进驻县行政服务中心综合窗口,承担气象行政审批职能,包括媒体传播气象预报和灾害性天气警报、建设项目大气环境影响评价气象资料核准、防雷装置设计审核和竣工验收、施放低空飘浮物等审批项目。2003年11月,成立气象行政执法大队,4名兼职执法人员持证上岗。2003—2008年,与安监、消防、教育等部门对全县危险化学品企业、中小学校等重点单位联合开展气象行政执法检查150余次,根据部门职责指出有关单位的雷电灾害安全隐患,提出相应整改措施。2004年12月,进行首次立案处罚程序,依法对违规施放气球者进行处罚。

社会管理 根据龙政办发〔2007〕147号文件,于2007年底完成气象协理员队伍建设,各乡镇街道和工业园区设1名气象协理员,2008年底建立气象信息员队伍,各行政村设1名气象信息员。2008年县政府发布《龙游县气象灾害应急预案》。

党建与气象文化建设

1. 党建工作

党建廉政建设 建站初,党员在龙游林场支部参加组织生活。1986年12月建立龙游县气象站党支部,归县农经委党委管理,黄昌鸥任书记。1990年8月更名为龙游县气象局党支部。1998年6月更名为龙游县气象局机关党支部,归属县机关党工委管理。有党员5名,其中退休党员1名。2002年起,每年4月开展"党风廉政宣传教育月"活动,并层层签订年度党风廉政建设责任书。

2. 气象文化建设

精神文明建设 20世纪80年代初,开展以"五讲四美三热爱"为主题的文明创建活动。1988年起,每年3月开展"职业道德教育月"活动。20世纪90年代积极开展文明创建活动,1998年获市级文明单位。2003年获龙游县首批文明行业。多年来,组织干部职工积极参加社会慈善捐助活动,与困难学生、农民结对帮扶,帮助弱势群体解决实际困难,同时还与多个乡村、社区结对开展文明创建。

局务公开 2002年9月起开始实行局务公开制度,向社会公开机构职能、办事程序、办事纪律、服务承诺、气象行政执法依据、服务收费依据及标准等内容,单位内部公开党风廉政建设、财务管理、业务与服务、规章制度、重大事项等内容,公开渠道包括办事窗口、内部网络、政务公开栏、会议等。不断完善局务公开制度,对公开原则、内容及监督保障措施作出明确规定,并成立局务公开领导小组和民主评议小组,公布监督投诉电话。多年来严格按照制度规定及时公开有关事项,使单位各项工作受到群众的有效监督。

荣誉 集体荣誉方面,2005年被中国气象局评为局务公开先进单位;2006年被省人事厅、省气象局评为浙江省气象系统先进单位;多次被省气象局评为气象科技服务先进单位和重大气象服务先进单位。个人荣誉方面,2001年6月黄昌鸥被省人民政府授予浙江省农业科技先进工作者称号。毛智军于2006年10月获浙江省气象行业地面测报技能竞赛个人全能第一名,并被省总工会、省劳动和社会保障厅、省气象局联合授予"浙江省技术能手"称号;2007年1月在首届全国气象行业地面气象测报技能竞赛中,获观测理论项目第二名和团体第三名;2008年9月,被浙江省总工会、省劳动和社会保障厅联合授予"浙江省职业技能带头人"荣誉称号。

台站建设

初建情况 建站初期占地面积4.5亩,观测场建设规格为16米×20米,建有砖木结构平房3幢共12间,建筑面积246.5平方米,其中3间为工作用房,其余为仓库及生活用房,另有厕所1间。1985—1986年,在单位西北面征用土地2.6亩,建设2幢平房共6套职工宿舍。

农试站建设 1990年8月建立龙游农业气象试验站后,台站建设获得新的契机。为满足农业气象试验研究的土地需求,在当地政府部门支持下,通过连续几次的土地征用,目前单位占地面积已扩至40.5亩。在新征用的农用地上,初步建设起农业气象试验园区,常年种植各类旱地作物、果树及四季蔬菜,为开展农业气象试验研究提供基础条件。1994—1995年及1997—1998年,拆除老业务楼,分二期建设农试站业务办公楼,建筑面积390平方米,值班室和会议室面积都达70平方米,办公条件明显改善。1994年在县城太平路建设生活综合用房720平方米,其中职工宿舍6套,单位拥有一楼沿街店面房3间共100平方米。

龙游建站初期办公用房(1972年建)

龙游气象局办公楼(1998年建)

气象科技楼及绿化改造建设 2006年3月启动气象科技楼(龙游县气象防灾减灾中心)项目报批程序,该年11月土建开工,2007年12月完成内部装修,2008年5月正式启用。该项目在气象局东侧新征土地3.6亩,建筑面积1450平方米,各功能场所按绿色台站AAA标准进行配置,每个办公室均配备电脑、空调、宽带通信等现代化办公设施。2008年7月开始对新办公区周边环境进行绿化改造,绿化区域4000平方米,院内道路、照明设施、活动场地、草坪、景观树等配置合理,使新老办公区融为一体,办公环境更加美观舒适。

龙游气象局新科技办公楼(2007年建)

江山市气象局

江山市地处浙闽赣三省交界,素有"东南锁钥"、"浙闽咽喉"之称。唐武德四年(公元621年)建县,1987年撤县设市。总面积2019.4平方千米,辖13镇6乡2街道,12社区310个行政村,人口58.9万。江山属亚热带季风气候,光温充足,雨量充沛,立体气候明显,但年际变化大,暴雨、台风、低温等气象灾害时有发生。

机构历史沿革

始建情况 江山气象站始建于1956年1月1日,站址设在蔡家乡清湖农场内,站名为江山清湖气候站,位于北纬28°41′,东经118°37′,观测场海拔高度96.4米。1960年6月1日迁至城郊北关坂,位于北纬28°45′,东经118°38′,观测场海拔高度93.9米。2006年1月又迁至江山市郊乌方塘(虎山路120号),位于北纬28°43′,东经118°36′,观测场海拔高度126.3米。

管理体制 1958年4月体制由上海气象局下放江山县人委;1963年上收为以浙江省气象局管理为主的双重领导体制;1970年3月再归属江山县革委会领导(其中1970年12月至1972年12月与县人武部实行双重领导);1981年再次上收为以气象部门垂直领导为

主的地方政府双重领导体制。

机构设置　1957年1月更名为浙江省江山气候站;1960年3月为江山县气象服务站;1964年3月为浙江省江山县气候服务站;1971年7月为浙江省江山县气象站;1990年8月增挂江山市气象局牌子;2007年1月为浙江省江山国家气象观测站二级站;2009年1月为江山国家一般气象站。

人员状况　建站初期2人。1978年10人。2008年在职人员15人(编外用工6人),其中,工程师3人,助工7人;本科学历4人,大专6人;40岁以下12人,50岁以上1人;退休人员7人。

名称及主要负责人变更情况

机构名称	负责人	职务	任职时间
江山清湖气候站	邢继有	县农场场长(代管)	1956.1—1957.6
江山气候站	温海洋	负责人(观测组长)	1957.7—1964.2
江山县气候服务站	温海洋	副站长(主持)	1964.3—1967.1
江山县气候服务站	邵南尔	负责人	1967.2—1971.2
江山县气象站	温海洋	副站长(主持)	1971.3—1971.12
江山县气象站	郑双善	政治指导员(主持)	1971.12—1973.4
江山县气象站	温海洋	副站长(主持)	1973.5—1975.12
江山县气象站	毛永录	站长	1975.12—1978.3
江山县气象站	蔡春璋	站长、党支部书记	1978.3—1984.6
江山县气象站	温海洋	站长	1984.6—1990.7
江山市气象局	温海洋	局长	1990.8—1995.12
江山市气象局	蔡　建	局长、党组书记	1995.12—2005.1
江山市气象局	姜　豪	局长、党组书记	2005.1—

气象业务与服务

1. 气象业务

①气象观测

地面观测　1956年1月1日起,观测时次采用地方时01、07、13、19时每天4次观测;1960年1月1日起,改为每天07、13、19时3次观测;1960年8月1日起,为每天08、14、20时3次观测。观测项目有云、能见度、天气现象、气压、气温、湿度、风向风速、降水、雪深、日照、地温、蒸发等。1962年4月1日增拍小天气图电报和省危险天气报;1971年3月1日开始向杭州、衢州机场拍发航危报;1975年1月1日增加杭州预约航危报和重要天气报;

江山市气象局新观测场(建于2006年)

1981年7月增加台风试验观测;1982年4月增加强对流试验观测。

自动气象站 2002年在须江镇北关坂建成ZQZ-C型自动气象站,2004年正式运行。2004—2007年先后在乡镇建立了18个区域气象自动观测站。

卫星接收 1993年12月增加气象卫星云图接收设备,以APT接收低分辨日本气象同步卫星云图;2000年起通过MICAPS系统使用高分辨卫星云图。

②信息网络

气象信息接收 1980年以前,气象站利用收音机收听武汉区域中心、江西省和浙江省气象台播发的气象预报和天气形势。1981年8月开始接收北京、日本的气象传真、图表。1986年开通甚高频无线对讲通讯电话,与地市局直接业务会商。2002年建立气象网络应用平台,专用服务器和省市县气象视频会商系统,2006—2008年先后开通2条专用通讯光缆,接收从地面到高空各类天气形势图和云图等数据,为气象信息的采集、传输处理,分发应用、会商分析提供有利条件。

气象信息发布 主要通过广播和邮寄旬报方式向全县发布气象信息。1988年8月增用气象警报系统,发布气象信息。1993年天气预报信息由江山电视台播放。1997年又开通"121"(后改"96121")天气预报电话自动答询系统。1997年1月引进多媒体电视天气预报制作系统,自制节目录像带送电视台播放。2000年5月天气预报制作系统升级为非线性编辑系统,2007年1月天气预报制作系统又升级为数字化编辑系统。2004年开通手机短信,2006年建立江山气象网站,2008年建成政府公共应急信息发布平台,依托乡镇18个自动气象站建立气象实况信息自动报警系统。2008年9月建成乡镇可视会商系统,出台乡镇气象灾害应急预案。

③气象预报

1958年8月1日开始作天气预报,是简单的收听天气形势加看天的补充预报,每日06、11、16时制作3次预报。同年开始制作中长期天气补充预报。1961年始,着手预报改革,对春播低温阴雨、汛期暴雨、台风等灾害天气统计了近50万字基本资料,绘成900多张图表,建立12种预报工具,100多条天气预报指标,总结群众看天经验250多条,编写"江山天气谚语",建立江山灾害性天气个例调查分析、预报方法使用效果检验、预报质量等业务档案。1973—1976年,出现19次连续大到暴雨,江山气象站报准17次,在金华地区11个县站预报评分中名列前茅,温海洋同志还在1977年的全国预报工作会议上做了典型介绍。至今,开展36小时、未来3~5天和旬、月报等短、中、长期天气预报。

④农业气象

农业气象观测 1956年4月3日开始连作早稻及霜冻观测;1957年增加大麦、油菜的物候观测;1957年4月11日开始向杭州拍发农气旬报(1966年4月1日停发)。1979年被省气象局定为二级农业气象基本观测站,成立了农气组3人(股),是全省唯一的自然物候专业观测点,1980年1月1日至1991年,开展以木本植物为主的22种(木本19、草本1、动物2)物候观测。增加农业气象月报、春粮,早晚稻气象条件分析、气候评价。

农业气象试验 对早稻、小麦不同品种、播期;柑橘低温冻害;杂交晚稻种植高度、种植制度;长裙竹笋推广、猕猴桃及白羽乌骨鸡开发等气象条件的研究。

农业气候区划 1982年布点了13个气象哨,15次的野外考察,历时3年,1984年完成

"江山县农业气候资源调查和区划",获江山县人民政府科技进步一等奖,浙江省农业区划办科技成果二等奖。

开展为农服务　向有关部门、乡镇寄发农业气象月报、旬报,及早稻适播期、水稻产量、秋低温晚稻安全齐穗、大小麦赤霉病等预报。每年组写节气农事等各种为农服务材料50篇以上,分别在江山报、电视台、电台刊播,直接为"三农"服务,1978—1990年连年获浙江省、市(地)气象局农气工作先进集体或为农服务二、三等奖;农业气象高级工程师邵南尔被中共江山市委、市政府授予市专业技术拔尖人才和市农业先进工作者光荣称号。

2. 气象服务

公众气象服务　1980年前,通过县广播站播报气象消息,每天早、中、晚3次。1988年8月建成气象预警系统对外开展服务,每天上、下午各播报1次。1993年向电视台提供天气预报信息。1997年1月,自制多媒体天气预报送电视台播放。2004年开通手机短信。每年开展节日气象服务,还为"中国首届蜜蜂节"、"万人登西山"、"元宵焰火晚会、灯会"、"中国木科会"等重大活动提供气象保障服务。

决策服务　定期向各级领导和有关部门发布旬、月报,灾害性、关键性、转折性天气预报和主要农事季节、社会活动专报。2007年江山市受影响的台风有3个,都进行了严密监视,及时提供决策气象信息,做好地质灾害预报,全年共向市委、市政府、防汛抗旱指挥部及有关部门发布了气象情况汇报23期,重要天气报告17期,假日气象情况汇报4期,发布预警信号5次。还为农业开发、改制引种、水库蓄水提供气象决策服务。

专业与专项气象服务　1985年开展专业气象服务,先后与乡镇、工业、电力、厂矿等单位签订气象服务合同,提供中、长期天气信息和气象资料。1988年用天气警报广播系统开展气象服务,播报停电通知。1993年由单一的专业气象服务发展到自制电视天气预报广告、"96121"、手机短信,建立江山气象网站。为旅游业开发、果业发展、飞机治松毛虫、厂矿环境评估等提供专项服务。

人工影响天气　1978—1979年用2门"三七"高炮在峡口、坛石等地进行人工增雨作业。1978年8月19日,江山县峡口炮点的1次作业,最大雨量中心达215毫米,(在下风方5千米处),而周围一带均在50毫米以下,作业后,炮点附近的峡口水库水位升高了2.5米,增加蓄水量600万立方米。

防雷工作　1996年筹建市防雷设施检测站,2003年正式建立江山市防雷设施检测所。2006年市政府办公室出台《要求安装雷电防御装置》178号抄告单,全面落实防雷工程设计审核、施工监督和竣工验收管理办法,加强对液化气站、加油站、易爆仓库等危化行业的检查力度,增设闪电定位仪,配备楼道防雷箱等。

气象科普宣传　1980—1999年在《江山报》、江山广播站(电台)开辟过《农业气象》、《节气农事》、《气象知识》3个专栏,据1984—1996年统计,共刊播或印发科普服务材料有970多篇,1986—1989年连续3年获省气象科普一等奖。结合市农村工作会议进行早稻适播期和农业气候区划成果应用的科普讲座,与农业局、科委干部一起下乡开展科普宣传和咨询服务。

法规建设与管理

1. 气象行政执法

为贯彻落实《中华人民共和国气象法》等法律法规,市人大领导进行电视讲话,宣传气象法,并且每年视察和听取气象工作汇报。气象工作已纳入市政府目标责任制考核内容。2003年成立气象行政执法大队,5名兼职执法人员持证上岗,与部门配合气象行政执法检查多次,其中对未经审批施放庆典气球两家广告公司进行批评教育。2007年7月,市政府行政服务中心设立气象窗口,承担气象行政审批职能(防雷工程设计审核,规范天气预报发布和传播,实行低空飘浮物施放审批制度等)。2008年绘制了《江山市气象观测环境保护控制图》;完成《江山国家气象观测站环境保护专项规划》编制。

2. 气象社会管理

防雷减灾管理　全面落实防雷工程图纸设计审核、施工监督和竣工验收管理办法,做好检测人员的技术培训,加强对易爆易燃的危化行业的检查,开展防雷热线电话等管理工作。

施放气球管理　对施放气球单位实行资质审查制度,施放气球活动实行申请许可制度;严格施放气球单位的监督管理。

政务公开　对气象行政审批办事程序、气象服务、气象行政执法依据、服务收费标准向社会公开。财务管理、综合治安等规章制度实行局务公开。

党建与气象文化建设

1. 党建工作

1981年6月建立江山县气象站党支部,党员3人,蔡春璋任支部书记。1998年1月成立气象局党组,蔡建为党组书记。1981—2008年发展党员9名。2007年、2008年分别获市机关党建工作二、三等奖。

2. 气象文化建设

创建双文明单位　江山气象站从20世纪80年代初就开展双文明创建活动,在地方市政府的考核、民意测验中都被评为满意单位(其中1990年评为全市最满意单位第二名)。1995年以来一直保持市级"双文明"单位称号。

文化体育活动　文体设施有健身房、台球室、卡拉OK。活动内容丰富,举行乒乓球、象棋比赛、游园、卡拉OK联欢、旅游、野炊等二十多次活动。

开展与周边县合作　江山市气象局与义乌市气象局签订协作共建协议,与福建、江西等省县级气象局合作,开展多种方式的交流活动,促进双文明建设。

3. 集体荣誉

1964—2008年江山市气象局获地厅级以上集体荣誉31项。其中1964年被浙江省人民政府评为全省农业先进单位;1978年被评为全国气象部门"双学"先进单位,站长出席全国代表会议,受到党和国家领导人接见并合影留念;1985年获金华地区行政公署区划科技成果二等奖;1994年获全国汛期气象服务先进集体;1995年中国气象局授予科技兴农、科技扶贫工作三等奖。1987—1992年连续获全省气象部门双文明单位,1998年衢州市委、市府授予"双文明"单位,2007—2008年获浙江省气象科技服务先进单位。

台站建设

老站状况 1956年建站时,只有一间不到30平方米的办公、宿舍用房,无电。1960年迁站北关坂,3名职工、2位家属,值班办公宿舍只有5间平房(100平方米),无水。

新站面貌 2006年江山市气象局拥有建筑面积2100平方米新办公大楼,建筑面积500平方米、占地18亩的新气象观测站,建立了气象预警中心业务平台、乡镇可视会商系统,设有现代化档案室。观测场按25米×25米标准建设。目前市气象局共有值班办公、宿舍用房2850平米。2006—2008年自筹资金200多万元,新添电脑40台、服务器1台,购置小车3辆,空调25台及传真机、复印机、扫描仪、摄像机等现代化的办公设施,改善了职工的工作、生活条件。2007年被浙江省气象局评为首批AAA级绿色台站。

江山市气象局旧貌(20世纪70年代)

江山市气象局新楼(建于2006年)

江山市乡镇气象灾害应急指挥中心(建于2008年)

常山县气象局

常山县位于浙江省西部,浙赣两省交界处,建县于东汉建安二十三年(公元218年)。全县总面积1099.1平方千米,辖15个乡镇(含1个办事处),总人口32.6万。属中亚热带向北亚热带过渡的季风湿润气候区,四季分明、气温适中、雨量充沛、光热充足,季节性差异明显,梅汛期暴雨、夏秋干旱和冬春冻害等天气直接威胁着农业生产。

机构历史沿革

1962年6月,根据金华专员公署批文,常山县自建气象站。站址在城关镇东门外三里滩,位于北纬28°54′,东经118°31′,海拔高度86.9米。1975年1月1日,迁往现址天马镇北屏山"山顶",位于北纬28°54′,东经118°30′,海拔高度137.0米,占地面积5800平方米。

管理体制 建站始至1970年4月,归县农业水利局领导,1964年1月,更名为常山气候服务站。1966年1月,更名为常山县气象服务站,观测员改称气象员。1970年4月起,归属常山县革委会建制领导,浙江省气象局负责业务指导。1970年10月,更名为常山县气象站。1970年12月,归属常山县革委会和常山县人武部共同领导。1973年9月,重归属常山县革委会领导。1981年1月,归属浙江省气象局与常山县人民政府双重领导,以省气象局领导为主。1990年4月,由一般气象站调整为辅助观测站。1998年9月重新恢复为一般站。1990年7月25日,增挂常山县气象局牌子,实行一套班子,两块牌子。

人员状况 建站初期,有工作人员2人,均为大专文化程度。1978年增至7人,大学专科以上学历有6人。2008在编8人,编外6人,退休1人。在职人员中,本科4人,专科5人;工程师6人,助工2人;50岁以上3人,40岁以下9人;中共党员6人,团员3人。

主要领导更替情况 建站前期,直接受地方政府委托农业水利局管理,站内未设行政领导。1976年8月至1984年2月,杨德良任负责人。1984年2月至1987年7月,李妙富任站长。1987年7月至1990年2月,何桂树任站长。1990年3月至1994年3月,谢国庆任局长。1994年3月至2005年11月,余荣生任局长。2005年12月至今,祝颂平任局长。

气象业务与服务

1. 气象业务

地面气象观测 1965年1月1日起,开始地面观测业务,每天定时观测3次(08、14、20时),观测项目有温度、湿度、降水、云、能见度、天气现象、风向、风速、日照。1月5日起增加气压计观测,3月1日起增加蒸发量观测,5月1日起增加地面0厘米和5、10、15、20厘米曲管地温观测。1966年3月1日起增加气压表观测。1971年3月1日增加OB-

SAV06—21时航危报拍发任务。1975年1月1日起,停止5、10、15、20厘米曲管地温观测,增加电接风自记部分。1981年1月1日起,拍发航危报时次改为06—20时。1989年4月7日停止拍发航危报。承担各类重要天气报。2002年12月30日,始建地面自动气象观测站并投入使用。每月初制作自动站月报表,预审合格后上传省局。2004年以来共完成15个区域自动气象站建设,其中六要素站4个,四要素站11个。

常山气象局新旧观测场

气象信息网络 改革开放初期,主要通过电话、广播来完成发报任务和收听指导预报及形势分析。20世纪80年代中期配备传真机接收国内和日本气象传真图,改变县气象站"收听广播加看天"做预报的局面。1986年,县市级气象部门甚高频辅助通信网(简称高频电话)投入运行,改善了气象联防和省、市气象台的天气预报指导。1996年配备首台计算机,并与省、市气象局计算机联网,通过程控拨号数字传输系统交换资料,并能直接收看卫星云图。1999年4月,建立"VSAT"气象卫星单收站,大大提高信息传输能力。2004年9月,视频会商系统开通,实现与上级气象台会商"面对面"。

气象预报 1963年1月1日起,开始制作1~2天天气预报,同年4月开始承担农业、水利方面天气预报服务,结束了由衢县气象站提供天气预报的局面。1966年1月1日,补充订正天气预报改为气象站天气预报。天气预报制作从初期收听省气象台形势预报广播加经验的主观定性预报,逐步发展为利用气象雷达、卫星云图、计算机系统等实时气象信息和先进工具制作的客观定量定点预报。天气预报按时效分为短时、短期、中期、长期预报;按内容分有要素预报和形势预报;按性质分有天气预报和天气警报。此外,还开展了森林火险等级预报、地质灾害气象等级预报、生活指数气象条件预报,如人体舒适度、紫外线、晨练、穿衣指数等。

农业气象 1979—1986年有气象哨12个,到1994年陆续撤销。1984年11月完成《常山县农业气候资源调查和区划报告》,并经地区农业气候区划验收组验收通过。2007年4月8日开始土壤水分观测,主要观测土壤墒情,每月逢8观测。

2. 气象服务

公众气象服务 1963年1月起每日早晚2次通过县广播站播报天气预报。1988—2000年引进天气警报广播系统,乡镇和有关单位通过气象警报接收机直接收听气象预报和警报。1996年通过县电视台播送天气预报。1998年5月,开通"121"气象信息自动答询系统,用户了解气象信息由被动转为主动。2006年5月,建立紧急异常气象预警信息短信发布平台,紧急气象信息和预警能及时发送到领导和用户手机上。

决策气象服务 20世纪70年代开始通过口头或邮寄气象旬、月报、简报等方式向县委、县政府提供决策服务,20世纪90年代逐步开发《重要天气报告》、《气象信息》、《春播期天气预报》、《梅汛期及干旱期天气预报》、《秋季低温预报》等决策服务产品。进入21世纪以后,进一步增加了《假日气象信息》、《春运专题气象信息》、《农业气象信息》等决策服务产品,服务产品更多样化。2005年起梅汛期间,常山县气象局针对每一次大降水过程,进行认真分析,利用乡镇中尺度自动站资料,及时向县委、政府及各部门做好雨情报告。为更好地做好短时、临近灾害性天气的气象服务,2006年起建立紧急异常数据库,每年及时更新数据库中的服务对象,通过预警信息短信发布平台向紧急异常数据库中的有关对象及时发布紧急异常天气,该平台在常山县2006年6月24日强对流天气中发挥了较大作用,在强降水发生前半小时向县委、县政府、各部门及各乡镇领导发布雷雨大风黄色预警。2007年开始在梅汛期间向防汛有关部门报送《一周天气展望》,2008年起为进一步做好森林防火工作,在高森林火险等级期(11月到次年4月)向防火有关部门报送《一周森林火险预报》。

专业与专项气象服务 1984年,在做好公众预报服务的同时,开展气象科技咨询,从各行各业的实际出发,提供有针对性的气象服务,加强生产经营的预见性,提高企业的经济效益,服务方式以电话、传真、信件为主。1988年建立天气警报广播系统,用户通过接收机自动接收广播,增强时效性、及时性和针对性。并通过天气警报广播系统召开抢险抗灾会议,发布停电通知等。1978年至1980年开展高炮人工催化降雨作业。2008年成立衢州市雷电广告中心常山分中心,开展防雷工程业务。

气象科普宣传 每年利用世界气象日、科普宣传日、安全宣传月等时机,进社区、进企业、进农村、进学校等形式,开展了气象防灾减灾、气象法规、防雷管理等科普知识宣传,普及气象防灾减灾知识。

法规建设与管理

1. 气象法规建设

2000年3月县建设环境保护局和县气象局联合下发《关于进一步加强防雷设施建设管理的通知》。通知规定自2000年4月起施行对建设工程进行防雷安全审查和验收制度,由常山县气象局下属单位常山县防雷监督检测所负责。

2. 社会管理

气象行政执法 2000年起,每年3月和6月开展气象法律法规和安全生产宣传教育活动。2002年7月,县行政服务中心设立气象窗口,承担气象行政审批职能,规范天气预报发布和传播,实行低空飘浮物施放审批制度。2003年7月,成立气象行政执法大队,有兼职执法人员6名,均持证上岗,多次与安监、建设、教育等部门联合开展行政执法检查。2008年开始《探测环境保护专业规划》编制,为气象观测环境保护提供重要依据。

防雷管理 1991年12月成立常山县避雷装置检测中心,1992年6月正式对外开展防雷检测工作。2003年10月,衢州市气象局发文成立常山县防雷监督检测所,逐步开展建筑物防雷装置、计算机信息系统等防雷安全检测以及新建建(构)筑物防雷工程图纸审核、设计评价、竣工验收等业务。2008年防雷安全管理工作列入县政府安全生产目标考核。

气象灾害防御体系建设 2007年11月,常山县人民政府办公室发布了《关于进一步加强气象灾害防御建立乡镇气象协理员队伍的通知》,明确了各乡镇气象灾害防御工作的分管领导和气象协理员。2008年11月,全县所有行政村均设立了村级气象信息员,以协助乡镇气象协理员做好灾害性气象信息的通报,气象灾情的收集等工作。

党建与气象文化建设

1. 党建工作

组织建设 1983年6月,成立中共常山县气象站支部委员会。1983年8月,常山县气象站团支部成立。1995年2月,成立常山县气象局机关党支部。1995年5月,成立常山县气象局党组。获1998、1999年"常山县先进党支部"及"衢州市先进基层党组织"称号。

党风廉政建设 2000—2008年,参与气象部门和地方党委开展的党章、党规、法律法规知识竞赛共10次。2002年起,连续7年开展党风廉政教育月活动。2004年开展作风建设年活动。2006年起,每年局领导在全局干部职工大会上述职述廉,组织民主测评。2000年起,先后制定和修订工作、学习、服务、财务、党风廉政、卫生、安全等方面20项规章制度。

政务公开 对气象行政审批办事程序、气象服务内容、服务承诺、气象行政执法依据、服务收费依据及标准等,采取户外公示栏、电视广告、发放宣传单等方式向社会公开。干部任用、财务收支、目标考核、基础设施建设、工程招投标等内容则采取职工大会或上公示栏张榜等方式向职工公开。财务每半年公示一次,年底对全年收支、职工奖金福利发放、领导干部待遇、劳保、住房公积金等向职工作详细说明。干部任用、职工晋职、晋级等及时向职工公示说明。

2. 气象文化建设

1988年起,每年3月份开展"职业道德教育月"活动。2000—2008年,先后开展"致富思源、富而思进"、"三个代表"、"保持共产党员先进性"等教育活动,并与社区结对共建,与贫困村(户)结对帮扶。

积极参加县里组织的文艺会演和户外健身活动,组织职工开展登山、羽毛球、乒乓球、扑克、棋类等活动,丰富职工的业余生活。

3. 荣誉

1982年以来,获地厅级以上集体荣誉18项。1998年,被省气象局命名为"全省气象部门首批文明服务示范单位"。1999年,被省委、省政府命名表彰为"省级文明单位"。1999年被中央文明委命名为"全国创建文明行业工作先进单位",2003年被重新确认。2006年被省爱卫会评为省级卫生先进单位。

台站建设

1975年迁站初期仅有2栋办公用房,面积分别为34平方米和97平方米。1989年建成一栋2层办公楼,面积321平方米。

2002年完成"两室一场"改造,即测报室、办公室、观测场改造,新增30 KVA变压器1台。2003年完成气象局大院内道路改造、绿化改造。购置了电视机、影碟机、功放、音箱等文体活动设备。

2004年县政府同意在常山县紫港广场新建气象科技大楼。面积1500平方米。2006年9月新大楼开始动工兴建,2008年12月完成全部土建工程。

常山县气象局旧办公楼

常山县气象局在用办公楼

常山县气象局在建办公楼

开化县气象局

开化县位于浙江省母亲河——钱塘江的源头,地处浙皖赣三省七县交界处,是连接浙西、皖南和赣东北的要冲,浙江的"西大门",重要的生态功能保护区。建县于北宋太平兴国六年(即公元981年)。县域面积2236平方千米,辖9镇9乡1个工业园区、449个行政村,总人口34.5万。开化属中亚热带北缘季风气候,气候温暖湿润,雨量丰沛,四季分明,气候条件较为优越。温度、雨量等气象要素年际差异大,时空分布不均。暴雨、洪涝、高温干旱、低温冻害、强雷暴为常见气象灾害。

机构历史沿革

始建情况 1957年11月,建立气象观测场,场址位于池淮镇洋畈村黄泥坝农场(原星口乡黄泥坝),即北纬29°04′,东经118°19′,海拔高度118.4米,名称为开化气候站。1959年1月更名为开化县气象站,1960年4月更名为开化气象服务站。1960年10月迁至县政府驻地城关镇,站址位于城关镇下营盘山7号,即北纬29°08′,东经118°24′,海拔高度155.3米。1964年2月更名为开化县气候服务站,1971年1月更名为开化县气象站,1990年8月增挂开化县气象局牌子,2007年1月更名为开化国家气象观测站二级站,2009年1月更名为开化国家一般气象站。

管理体制 开化气象站始建于1958年1月,隶属上海市气象局管理,1958年5月转属浙江省气象局管理。1959年体制下放,隶属开化县人民委员会领导。1962年12月体制上收,归浙江省气象局领导。1970年3月体制下放县革委会,同年12月实行与县人武部双重领导。1973年10月委托县农业局管理。1981年1月实行垂直管理,体制上收到浙江省气象局,隶属金华地区气象局管理。1983年12月实行气象部门和地方政府双重领导,以气象部门为主体制。1988年8月起,隶属衢州市气象局管理。

名称及主要负责人变更情况

名称	任职时间	负责人
开化县气候站	1958.01—1958.12	倪振昌
开化县气象站	1959.01—1960.03	倪振昌
开化县气象服务站	1960.04—1964.01	倪振昌
开化县气候服务站	1964.02—1964.02	倪振昌
开化县气候服务站	1964.03—1970.12	林鹤宏
开化县气象站	1971.01—1973.09	林鹤宏
开化县气象站	1973.10—1984.11	江富根
开化县气象站	1984.12—1987.02	潘锦模
开化县气象站	1987.03—1988.01	方化光
开化县气象站	1988.02—1990.08	韩金途
开化县气象局	1990.08—1997.01	韩金途
开化县气象局	1997.02—2001.08	张俊平
开化县气象局	2001.09—	曹米成

人员状况 建站初期有职工2人,1978年8人。2008年在职人员11人(编外用工4人),其中,大学学历4人,大专学历3人;中级职称4人,初级职称2人;40岁以下7人,50岁以上2人;党员4人,团员3人。退休人员3人。

气象业务与服务

1. 气象业务

①气象观测

地面观测 1958年1月1日起,观测时次采用地方时01、07、13、19时4次观测,项目有云状、云量、能见度、天气现象、风向、风速、空气温度和湿度、地面温度、蒸发、日照、降水、积雪深度等十几个项目;4月30日增加温、湿度自记仪观测;5月31日增加雨量计自记观测。1960年8月观测时间改北京时02、08、14、20时。1960年10月1日起,定时观测改为08、14、20时3次。1961年2月1日增加气压表、气压计自记仪观测。1963年1月1日至1993年2月,向衢州机场拍发预约航危报,期间部分时期又发固定报。1968年1月1日启用EL电接风观测,停用维尔达测风仪。1973年2月增加电接自记观测。1981年7月增加台风试验观测报。1982年4月增加强对流试验观测。1984年1月增发重要天气报。1987年1月,配备PC-1500计算机,启用"DMCX-

开化气象局观测场(1984年)

B"地面气象测报程序编发各类天气电报和进行各项地面气象观测记录处理。1995年1月起使用486电脑进行地面气象观测资料处理和月报表及年报表编制,编发各类天气电报。2002年12月自动气象站建成,除云、能、天、日照、蒸发、积雪深度等气象要素外,其他气象要素实现自动遥测、记录、资料处理、编发各类天气电报、编制气象月报表及年报表。2003年1月1日起,进行人工观测和自动观测对比观测。2005年1月1日起,气象记录以自动观测为主,启用ZQZ-CⅡ型地面气象综合有限遥测仪进行系列气象要素自动观测,增加5、10、15、20厘米浅层低温观测,始用OSSOMO 2004新版地面气象观测业务软件。

特种观测 2007年4月开展土壤湿度观测。

区域自动气象站 2003年10月在村头、中村、林山、杨林、张湾安装SRY型容栅式遥测雨量计,当年投入运行。2004年1月在古田山、钱江源建成DAVIS六要素自动站。2005年11月在杨林、村头建ZQZ-E型多要素自动气象站,原遥测雨量计2006年2月移至华埠、何田。2006年下半年在马金、池淮、大溪边建ZQZ-E型两要素自动气象站,钱江源自动站改建为ZQZ-E型四要素自动气象站,原DAVIS多要素自动站移至工业园区。2007年在长虹乡建成ZQZ-E型四要素自动气象站,在金村、苏庄、桐村3个乡镇建成ZQZ-E型两要素自动气象站,原5个遥测雨量计全部改建为ZQZ-E型两要素或四要素自动气象站。到2008年底建成六要素自动站2个,五要素站1个,四要素站7个,两要素站7个,初步建成10千米格距"地面区域气象灾害自动监测网"。

②信息网络

气象信息接收 1979年前,利用收音机收听上级以及周边气象台站播发的天气预报和天气形势。1979年5月,开始使用CZ-80型传真机接收传真图。1986年,县市级气象部门甚高频辅助通信网投入使用,实现市县直接会商,改进了气象联防和省市气象台预报指导。1994年实现与省市气象台计算机联网通讯,直接调用卫星云图等气象图表。1999年5月建立VSAT气象数据单收站,实现各类气象信息的收发。2004年10月气象视频会商系统开通。2008年先后开通4兆专用通讯光缆,为气象信息的采集、传输处理,分发应用、会商分析提供有利条件。

气象信息发布 1991年前,主要通过广播和邮寄方式发布旬报等气象信息,灾害性天气通过电话开展服务。1991年7月建立气象警报广播系统。1994年5月县电视台开通气象预报节目。1998年5月开通"121"(2005年5月改为"96121")天气预报电话自动答询系统。1999年2月建立电视气象影视制作系统,直接制作天气预报节目,2003年1月天气预报制作系统又升级为数字化编辑系统。2003年6月钱江源气象网站开通,每天发布气象信息。2004年4月建成突发性天气快报系统,利用手机短信功能发布重要天气信息。5月开通移动短信气象服务。2008年在政府门户网发布天气预报。

③气象预报

自建站始到20世纪70年代末,主要依据小天气图、单站资料剖面图、单站气象要素曲线图、点聚图和群众经验,每天早晚2次制作24小时常规天气预报。1979年5月,接收中央气象台和日本传真图。20世纪80年代中期,开展MOS预报方法研究与应用。1986年11月,通过甚高频气象辅助通讯网实现市县直接会商。1999年5月建成VSAT单收站,MICAPS从1.0升级至目前3.0,气象预报信息更加丰富。2000年至今,开展48小时要素预报、3~5天滚动预报、旬趋势预报和季节短期气候预测。同时,开展灾害性天气预报预警业务,向领导提供决策的各类重要天气报告,开展森林火险等级预报、地质灾害气象等级预报、生活指数气象条件预报等。

④农业气象

建站初即开展水稻、玉米等农作物观测,目测土壤湿度,定期拍发农气旬报。1963年浙江省气象局定开化站为农气基本观测站,"文革"期间农气工作一度停止。1979年成立预报农气组,设立专职农气员,开展为农服务。主要工作是编写《农气月报》,提供主要农作物(油菜、小麦、早晚稻)生育期间气象条件分析、农业气象灾害预测预报等农业气象服务材料,向政府、涉农部门、乡镇寄发。1983年开始编写全年气候影响评价。

1979年在大溪边乡大桥头村(原黄谷公社)、音坑乡前州村(原底本公社)和苏庄镇大坂湾村建立农村气象哨,开展气象观测。1982—1983年,在齐溪镇大龙村、何田乡龙坑村、苏庄镇解元岭、华埠镇王家(原大路边公社)、大溪边乡伏坞(原黄谷公社)、池淮镇坝头建立6个气象哨,开展山区梯度观测。1984—1985年,完成《开化县农业气候资源与区划》。

2. 气象服务

公众气象服务 建站始,每天早晚2次向县广播站提供1~2天天气预报。1991年通过天气警报广播,向乡镇和有关单位播报气象预报和警报。1994年天气预报通过县电视台播出。1998年5月,开通"121"气象信息自动答询系统。2003年6月在钱江源气象网站发布天气预报。2004年4月建立突发性天气快报系统,利用移动短信平台,及时向各级领导、有关部门、农业大户、气象协理员和信息员发布重要天气信息,传递速度更为快捷。

2004年5月开通移动短信气象服务。2008年向开化县政府门户网上传天气预报。

决策气象服务　20世纪80年代,主要向县委、县政府提供气象旬报、月报、农气月报等服务材料。20世纪90年代后期,逐步开发《重要天气情况汇告》、《开化气象》、《梅汛期及干旱期天气预报》、《森林防火期天气预报》等决策服务产品。2002年后,增加了节假日专题服务、春运专题服务、重大社会活动、一周天气趋势预测等决策服务产品。重大天气过程之后,及时向政府相关部门报告天气实况和未来天气趋势。为更好地做好短时、临近灾害性天气的气象服务,2004年4月起建立突发性天气快报平台,每年及时更新服务对象数据库,该平台在2005年3月"倒春寒"天气中发挥了较大作用,提前2天向县各部门、茶叶大户发布强降温消息,名茶大户及时组织抢摘,挽回损失2500多万。

气象科技服务　1985年3月,遵照国务院办公厅《转发国家气象局关于气象部门开展有偿服务和综合经营的报告的通知》(国办发〔1985〕25号)文件精神,开化气象局专业气象有偿服务开始起步,利用邮寄、电话、警报系统、声讯、影视、手机短信等手段,面向各行业开展气象科技服务。1992年起,为各单位建筑物避雷设施开展安全检测。1999年起,全县各类新建(构)筑物按照规范要求安装避雷装置,逐步开展防雷装置设计审核、施工监督、竣工验收等工作。2005年10月起,对重大工程建设项目开展雷击灾害风险评估。1994年开始,开展庆典气球施放服务。2005年3月,成立开化县华云广告部,并于2008年8月注销。2008年6月开办衢州市雷电广告中心开化分中心。

气象科普宣传　1986年10月成立"开化气象学会",在学校、涉农单位普及气象基础知识,对外开展气象科普宣传;1990年前在开化广播站开辟过《节气与农事》专栏,每年利用世界气象日、科普宣传日、安全宣传月等时机,开展气象防灾减灾、气象法规、防雷管理等科普知识宣传,先后组织业务人员进社区、进企业、进学校普及气象防灾减灾知识,受众面达40万余人。

法规建设与管理

1. 气象行政执法

2000年起,每年3月和6月开展气象法律法规和安全生产宣传教育活动。2002年7月,县政府审批办证中心设立气象窗口,承担气象行政审批职能(防雷工程设计审核,规范天气预报发布和传播,实行低空飘浮物施放审批制度等)。2003年7月成立气象行政执法大队,4名兼职执法人员持证上岗。1999年起,与安监、消防、教育、规建、经贸等部门对全县危险化学品企业、中小学校、在建工程等重点单位联合开展气象行政执法检查,根据部门职责指出有关单位的雷电灾害安全隐患,提出相应整改措施。2008年完成《探测环境保护专业规划》编制,为气象观测环境保护提供重要依据。

2. 气象社会管理

气象灾害应急响应体系　2007年8月,开化县人民政府办公室发布了《关于进一步加强气象灾害防御建立乡镇气象协理员队伍的通知》,明确各乡镇气象灾害防御工作的分管领导和气象协理员。2008年5月,全县所有行政村均设立了村级气象信息员,以协助乡镇气象协理员做好灾害性气象信息通报、气象灾情收集等工作。2008年6月县政府制定出台《开化县气象灾害应急预案》。

防雷减灾管理 1991年10月成立开化县防雷检测中心,1992年1月开展工作。2003年6月,县编委批准成立开化县防雷管理所,2005年3月更名为开化县防雷设施检测所,同时成立开化县雷电防御管理办公室。2004年7月县政府下文成立防雷安全领导小组,防雷减灾工作逐步走上规范化、法制化轨道。

党建与气象文化建设

1. 党建廉政建设

1984年之前,党员在农业局党支部参加组织生活;1984年3月,建立开化县气象站党支部,江富根任支部书记,党员3名;2008年底党员6名,其中退休人员党员1名。2002年起,连续7年开展党风廉政教育月活动。2004年开展作风建设年活动。2006年起,每年进行局领导述职述廉和党课报告,并层层签订党风廉政目标责任书。

2. 气象文化建设

精神文明建设 1990年起,开展争创文明单位活动,1991年被评为衢州市气象局精神文明建设先进单位,1993年被省局评为"双文明"单位,1998年获县级文明单位和卫生示范单位,2000年12月获市级文明单位;1988年起,每年3月份开展职业道德教育月活动。2000—2008年,先后开展"致富思源、富而思进"、"三个代表"、"保持共产党员先进性"等教育活动,并与社区结对共建,与贫困村(户)结对帮扶。2005—2007年,在全县"千人评议机关"活动中,连续两年获"满意单位"称号。

政务公开 2002年起对气象行政审批办事程序、气象服务、服务承诺、气象行政执法依据、服务收费依据及标准等内容向社会公开,公开形式采取了通过户外公示栏、网站公告、发放宣传单等方式。局内干部任用、财务收支、目标考核、基础设施建设、工程招投标等内容则采取职工大会或上局公示栏张榜等方式向职工公开。财务每半年公示一次,年底对全年收支向职工作详细说明。

集体荣誉 建站至2008年,开化县气象局获地厅级以上集体荣誉17项。1982—2008年7次被评为浙江省气象局"重大气象服务先进集体";2002年、2008年获"浙江省气象科技服务与产业先进集体"。2003年获浙江省气象局"气象探测优秀单位"。2008年获浙江省气象局"抗击冰雪灾害先进集体"称号。

台站建设

1957年建站时办公、生活用房为118平方米的鹅卵石平房。1960年迁站时在现址建120平方米鹅卵石平房,集业务、办公、生活于一体,值班室10平方米。1968年新建50平方米砖混平房,业务办公条件有所改善。1972年浙江省气象局在开化县气象站建设气象战备仓库,建筑面积280平方米,附属设施300多平方米,占地面积扩大到7650平方米,并挖水井1口,解决了山顶用水问题。1987年建业务办公楼,建筑面积280平方米。近10年是开化气象局台站建设快速发展时期,1999年开通了上山公路,2000年扩建了业务办公楼,2002年征地2亩,对观测场进行降坡改造,2003年硬化上山路面。2008年新建气象科技楼,建筑面积1670平方米,总投资420万。

开化县气象局原观测场和办公楼
(建于1968年)

开化县气象局在用办公楼
(建于1978年,2001年修缮)

开化县气象局在建业务科技楼(2008年)

舟山市气象台站概况

舟山市位于浙江省舟山群岛，地处我国东南沿海、长江口南侧、杭州湾外缘的东海洋面上，踞我国南北沿海航线与长江水道交汇枢纽，是全国唯一以群岛设市的地级行政区划，下辖2区2县，区域总面积2.22万平方千米，其中陆域面积0.14万平方千米，共有岛屿1390个，"港、景、渔"资源丰富，人口97万。舟山属亚热带南缘海洋性季风气候，四季分明，冬暖夏凉，气候温和，光照充足，雨量充沛，全年多大风，春季多海雾，夏秋多热带气旋。由于舟山特殊的地理环境和气候条件，气象与经济社会发展关系密切。

气象工作基本情况

台站概况 舟山市气象局下辖普陀区、岱山县、嵊泗县3个气象局和定海国家基准气候站、舟山气象雷达站、舟山海洋气象广播电台、嵊山气象站，历史上曾建立舟山渔业流动气象台。

历史沿革 1936年，由(中华民国)中央研究院气象研究所和浙江省水利局在沈家门镇青龙山山顶建立舟山第一个气象站——定海测候所，1939年日军入侵舟山后，测候所停办。1952年2月，建立华东军区海军嵊泗气象站。1953年8月奉浙江军区命令，宁波气象站天气预报部分迁移至定海，改称浙江军区舟山气象站，同年12月8日更名为浙江省舟山气象台，1954年7月1日迁至定海北门外乌龟山。1955年11月，普陀暴风警报站在定海测候所原址重设，并于1956年1月1日开展气象业务，后因历史原因于1956年11月底撤销。1958年10月，普陀气象站重建。1959年5月，嵊泗气象站、洛华海洋站由海军建制转为地方建制，同年9月，建立舟山县气象局和嵊山海洋水文气象站，舟山气象台更名为舟山海洋水文气象台，归舟山县气象局领导。1961年9月，舟山县衢山海洋水文气象站开始筹建并于同年11月1日开展气象业务。1962年6月，舟山县气象局撤销，与舟山海洋水文气象台合并，更名为舟山专员公署海洋气象服务台。1962年9月，衢山海洋水文气象站更名为大衢县气象服务站，12月，舟山专员公署海洋气象服务台改为舟山气象服务台。1963年1月，大衢县气象服务站更名为浙江省衢山气象服务站，4月，普陀气象站撤销，7月，建立普陀县气象服务站。1964年2月，舟山气象服务台更名为舟山专区气象服务台，浙江省衢山气象服务站更名为浙江省大衢县衢山气候服务站，10月，浙江省大衢县衢山气候服务站更名为浙江省岱山县衢山气候服务站。1965年，嵊山海洋水文气象站移交给国家海洋局。1966年1月，浙江省岱山县衢山气候服务站更名为浙江岱山县气象服务站。1971年4月，舟山专区气象服务台更名为舟山地区气象台。1973年4月,普陀县气象服务站更名为普陀县气象站。1976年4月,建立嵊泗县嵊山气象站,归属嵊泗县气象局领导。1977年6月,成立舟山地区气象局。1978年11月,成立嵊泗县气象局。1980年1月,岱山县气象服务站更名为岱山县衢山气象站。1984年6月,岱山县衢山气象站更名为岱山县气象站。1987年3月,因舟山撤地建市改名为舟山市气象局。1987年4月,普陀县气象站更名为普陀区气象站。1992年10月8日,普陀区气象站更名为普陀区气象局,同年11月27日,岱山县气象站更名为岱山县气象局。

人员状况　截至2008年12月,全市气象部门职工总数133人(气象编制110人,地方编制15人,聘用人员8人),平均年龄为40.6岁。其中,硕士研究生学位3人,大学本科学历51人,大专学历28人,中专学历26人;有正研级高工1人,副研级高工13人,中级专业技术人员50人,初级专业技术人员53人;中共党员52人,共青团员14人。

主要业务范围

地面气象观测　定海国家基准气候站、嵊泗国家基本气象站每天观测时次分别为24次、8次,资料参加全球交换,并承担航危报任务,24小时守班。岱山、普陀均为国家一般气象站,每天观测4次,3次发报,夜间不守班。定海国家基准气候站建站起开展的观测项目为气压、气温、湿度、云、能见度、天气现象、风向风速、降水、雪深、日照;1957年10月1日起增加蒸发量观测;1961年10月1日至1966年7月31日期间及1980年1月1日起增加地面温度观测;1980年1月1日起增加地面浅层温度观测;1991年1月1日起增加雪压和深层地温观测;1992年1月9日起增加电线积冰观测;2001年7月1日起增加紫外线观测;2003年起,开始人工和自动站对比观测;2004年1月1日起,开展自动站地面气象测报工作,增加酸雨观测;2006年12月15日起增加闪电定位观测;2007年4月1日起增加土壤水分观测;2008年11月20日起增加GPS水汽观测。

气象综合监测　1982年3月15日舟山713雷达建成,1983年4月1日正式投入工作,1993年8—9月进行了713雷达数字化改造。2002年10月拆除713雷达,同年11月始建S波段多普勒天气雷达,2003年10月17日,完成雷达吊装,2004年汛期起进行运行调试,2005年11月24日,通过现场验收。在713雷达运行期间,汛期时段(4—9月),每天08—23时,每3小时开机观测1次,遇强对流天气

舟山气象探测网分布图

连续跟踪观测,台风影响期间每小时开机1次,非汛期时段每天进行1次维护性开机。S波段多普勒天气雷达投入运行后,汛期时段每天24小时连续开机观测,非汛期时段一般每天10—15时开机观测,遇天气过程或服务任务则进行连续开机观测。到2008年,全市在各海岛(最远至领海基线)建成53个区域自动气象站(2～7个观测要素,包括风速、风向、温度、湿度、雨量、气压、能见度,其中能见度观测站10个);建成船舶自动气象站4个;与风能开发企业合作,建成70米、50米、40米高度风能(梯度风)观测拉索塔分别为15座、1座、3座;与舟山大陆连岛工程指挥部合作,建成70米高度梯度风观测直立塔2座(其中1座安装有脉动风仪);建成车载应急移动气象站1个。

天气预报服务 全市各级气象部门根据各地的天气特点开发预报产品,主要开展短时、短期、中长期、农气预报等,预报产品主要有:48小时天气风力预报、渔场3～5天风力趋势预报、旬报、月报、汛期气候预测、冬季长期预报、春播期天气预报、秋季低温预报。1994年起,制作发布森林火险指数预报;1997年起制作发布电视天气预报、景点天气风力预报、周边城市天气预报等;2003年开始制作发布次生灾害落区预报;2005年起制作发布灾害性天气预警信号;2007年起制作发布3小时短时预报、12小时雷电潜势预报、强对流潜势预报和一周天气预报;2008年起,制作发布未来十天逐日天气趋势预报;自2000年起,逐步推出晨练指数、人体舒适度指数、着衣指数、紫外线指数、中暑指数等各类城市气象指数预报,为专业服务单位制作航线、港口等天气风力预报,2008年10月推出蓝天指数预报。气象预报预测逐步从主观预报、宏观预报、定性预报发展到多级会商、综合预报、定量预报、精细化预报阶段。

农业气象服务 1975年,在全市各地设立农村气象哨,进行农业气候调查。1980—1987年,开展早稻、晚稻生育期观测;1981—1987年,开展大麦生育期观测。1982—1985年,完成《舟山地区气候区划》和各县(区)农业气候区划。农业气象业务服务内容主要有:向政府、涉农部门、乡镇发送《农业气象月报》,进行农业气候分析,提出农事建议;早、晚稻等农作物产量预报和全生育期气候条件分析;森林火险等级预报;春播期天气预报、秋季低温预测等重要农时的天气气候预测;稻瘟病、稻飞虱、大麦赤霉病等病虫害预报;农业气象灾害调查分析;水产养殖气象服务。

信息网络建设 自建站始,手工抄录莫尔斯报和填写天气图,气象观测电码通过专线话传。1985年5月1日完成有线电传安装,正式投入业务使用。1996年1月30日,建成静止气象卫星中规模利用站处理系统,并投入业务运行。1997年5月13日,"9210"工程基本建成,VSAT小站在市气象台安装调试成功。1997年6月19日10时,定海基准站电码传报方式由专线话传改为经邮局自动转报。1999—2000年,各县(区)气象站VSAT单收站安装调试成功。2003年1月,建成全市地面宽带网,全市各地面观测站通过宽带网向省台发送各类气象电报。2004年,建成省、市、县三级视频会商系统。

人工增雨作业 1979年7月到1979年9月底,岱山县实施人工降雨,人工降雨共有5门炮,其中海军提供2门,陆军提供3门,人工降雨炮弹1200发,发射270发,人工降雨效果比较明显,受到了政府部门好评。1996年10月10日,市政府成立舟山市人工降雨指挥部,指挥部下设办公室,办公室设在市气象局;1997年1月30日,市编办批复同意在市气象局同时挂舟山市人工降雨办公室牌子。1996年6月19日,市人工降雨办公室在市有关部门和驻舟部队支持下,在定海烟墩首次组织人工降雨高炮作业,其后至10月8日,分别于老塘山港区、小沙镇等地组织4次人工降雨高炮作业,共发射降雨弹2000发。1997年4月29日、6月21—24日、8月18日期间舟山本岛实施人工降雨高炮作业。

舟山市气象局

机构历史沿革

历史沿革 1953年8月奉浙江军区命令,宁波气象站天气预报部分迁移至定海(地址:定海城关南珍里郑家街3号),改称浙江军区舟山气象站,同年12月8日更名为浙江省舟山气象台,设预报、报务、机要三组。1954年7月1日迁至定海北门外乌龟山。1959年9月,建立舟山县气象局,舟山气象台更名为舟山海洋水文气象台,归舟山县气象局领导。1962年6月,舟山县气象局撤销,与舟山海洋水文气象台合并,更名为浙江省舟山专员公署海洋气象服务台,同年12月改为浙江省舟山气象服务台。1964年2月,更名为浙江省舟山专区气象服务台。1971年4月,更名为浙江省舟山地区气象台。1977年6月,成立舟山地区气象局。1987年3月,因舟山撤地建市改名为舟山市气象局。1988年12月22日,迁址到定海区文化路10号,2005年9月21日,迁址到临城新区定沈路323号。

领导体制 1953年8月,属浙江省军区司令部气象科建制,由舟山人武部代管,同年12月8日由浙江省舟山专员公署财政委员会接收。1954年12月8日,隶属浙江省人民政府气象局建制。1956年5月,由于江苏、浙江省气象局和上海市气象局合并为上海气象局,隶属上海气象局建制。1958年上海气象局撤销,改属浙江省气象局。1959年9月,隶属宁波专署气象局。1962年12月,隶属浙江省气象局。1966年下半年因"文革"造成机关瘫痪,1970年起舟山地区军事管制委员会对气象部门实行军管,同年12月成立舟山气象台革委会筹备小组(1972年3月撤销)。1973年11月结束军事管制,划属舟山地区革命委员会领导,业务归浙江省气象局领导。1981年9月,改属浙江省气象局建制。

机构设置 舟山市气象局规格为正处级,下设办公室、人事教育科、业务科技科(政策法规科、雷电防御管理办公室)、计划财务科(科技服务管理科)等4个内设机构,舟山市海洋气象台(舟山市气象台、舟山市气象局定海分局)、舟山市气象信息中心、舟山市气象网络中心、舟山市防雷中心(舟山市防雷设施检测所、舟山市华云雷电防护工程公司)等5个直属事业单位和定海国家基准气候站、舟山气象雷达站等2个业务单位。

人员状况 截至2008年12月,舟山市气象局本级职工总数96人(气象编制82人,地方编制13人,聘用人员1人),平均年龄为41.6岁。其中,硕士研究生学位3人,大学本科学历42人,大专学历14人,中专学历17人;有正研级高工资格1人,副研级高工资格12人,中级专业技术人员38人,初级专业技术人员33人;中共党员43人,共青团员5人。

名称及主要负责人变更情况

名称	时间	主要负责人
舟山气象站	1953.8—1953.12	雷凤舞
舟山气象台	1953.12—1955.8	雷凤舞
	1955.8—1956.4	李永祥
	1956.8—1958.11	徐福芝
	1958.11—1959.4	黄干成
舟山县气象局	1959.7—1961.7	徐福芝
	1961.7—1962.6	陈听海
舟山专员公署海洋气象服务台	1962.6—1964.2	陈听海
舟山专区气象服务台	1964.2—1965.8	陈听海
	1965.8—1966.6	卓宝鸿
舟山地区气象台革委会筹备小组	1970.12—1972.3	陈连三
舟山地区气象台	1972.3—1976.7	不祥
	1976.8—1977.6	张光达
舟山地区气象局	1977.6—1984.12	张光达
	1984.12—1987.3	罗伦德
舟山市气象局	1987.3—1990.12	罗伦德
	1990.12—1994.1	李秀玲（局长）
	1990.12—1995.11	宋亚冰（党组书记）
	1994.3—1995.11	宋亚冰
	1995.11—2000.9	李招宝
	2000.9—2007.11	杨忠恩
	2007.11—	楼茂园

气象服务

1. 公共气象服务

气象台成立起，通过舟山人民广播电台，每天公开发布舟山及舟山沿海天气风力预报。1957—1989年，在冬渔汛期间派人员组成流动气象台下渔场进行现场服务。1995年开通舟山海洋气象广播电台。1998年建成开通"121"（2005年1月改为"96121"声讯气象服务系统。2001年6月建成开通舟山海洋气象网站。2002年1月17日，建成开通舟山市渔农村经济信息网。2002年5月起，开展手机短信气象服务。2005年起，在全市港口、码头等人员密集公共场所建设气象信息电子显示屏。截至2008年底，每天通过电视、广播、报纸、舟山海洋气象广播电台、气象网站、声讯电话、手机短信、气象电子显示屏等，向公众发布短时短期预报、灾害性天气预警、气象指数预报等。

舟山渔业流动气象台　1957年冬汛，舟山气象台抽调人员参加上海气象局的派出性临时工作机构——舟山地区流动气象服务组（人员由上海中心气象台、浙江省气象台、舟山气象台和江苏新浦气象台抽集），到渔场进行现场服务。1959年冬汛，舟山流动气象服务组工作人员划归舟山县气象局建制,并组建舟山渔业流动气象台。1961年8月,舟山渔业流动气象台与舟山海洋气象台合并,成立舟山海洋气象服务台。1978年12月6日经浙江省气象局批准,恢复组建舟山渔业流动气象台,行政、业务归属舟山地区气象局领导。1988年9月13日,浙江省气象局发文批准建立舟山海洋渔业气象台(与舟山市气象台一套班子、两块牌子)。1990年起,由于通信技术发展和渔船作业方式改变等原因,停止冬汛派人员到渔场现场服务。

舟山海洋气象广播电台 位于舟山市普陀山猫跳,1993年3月,由中国气象局和舟山市政府等单位共同投资启动建设,1994年10月建成,同年10月27日,舟山市政府发文成立"舟山海洋气象广播电台",归属舟山市气象局管理。2005年12月9日,省气象局行文同意将舟山海洋气象广播电台纳入国家气象系统管理,为舟山市气象局直属事业单位。电台采用1.5千瓦单边带大功率发射机,发射信号采用海水表面波传输方式,天线垂直极化发射,发射频率3303千赫兹。信号覆盖半径达800千米,在黄海南部和东海作业的渔船都能够收听到舟山海洋气象广播电台播发的海洋气象预报服务信息。1995年11月18日,电台正式播音,每天在9时、11时、17时30分

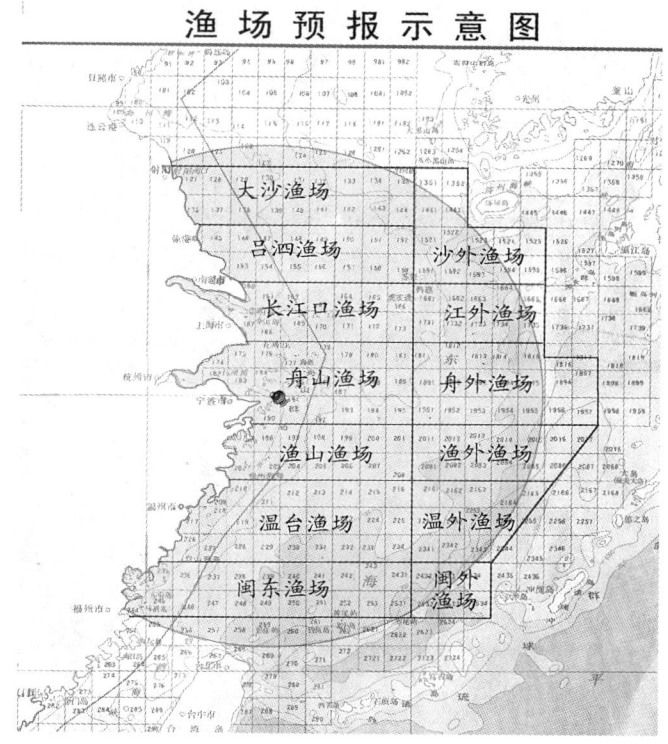

舟山渔场预报示意图

广播由舟山市海洋气象台制作的江苏南部到福建北部主要渔场风力和天气预报,遇灾害性天气则随时播发预报预警信息,在台风警报期间22时增发预报;2005年9月起,增发各类灾害性天气预警信号;2007年起,在三级应急响应期间,每天22时增加1次广播,在二级应急响应期间,每天04时、22时各增加1次广播;2008年3月23日起,在每天19时增加1次广播,同时在每天8时、11时、18时30分增播中央气象台海洋气象预报信息,并不定期播出气象科普知识。

2. 决策气象服务

根据政府部门的需要,开展重大灾害性天气预报服务和重大节日、社会活动气象保障服务,并定期或不定期地向政府部门报送重要气象情况呈阅件、重要气象报告、气象信息内参、气象公报、一周天气预报、未来十天逐日天气趋势预报等。2003年4月12日,建成气象短信决策服务系统。历年来,舟山市气象局的防台、防汛、防旱等气象服务多次受到政府部

门的表彰和嘉奖,2004年9月29日,因台风预报服务出色,舟山市政府曾致浙江省气象局《关于为舟山市气象局请功的函》(舟政函〔2004〕119号)。

3. 专业气象服务

1984年8月9日起,为舟山的各大盐场提供盐业气象服务。1986年起,为渔业生产单位提供渔场风力预报服务。1998年起,为航运企业提供国内Ⅱ类航线天气风力预报。1999—2007年,联合省气候中心为舟山大陆连岛工程建设进行气象可行性论证。2000年8月起,为各海上交通航线开展风力、风浪专项预报服务。2002年,开拓了港区针对性气象预报服务。2006年起,开展风电场风能资源调查评估、船舶修造业等临港产业专项气象服务。在此期间,专业气象服务的手段也不断改进,采用了电话传真、气象警报器、单边带电台、舟山海洋气象广播电台、气象网站、手机短信等发布方式。截至2008年底,专项航线预报服务已覆盖30余条航线,使用该服务的交通船只近百艘;国内Ⅱ类航线天气风力预报服务单位达110余家,用户遍及浙江、山东、江苏、湖北等地;港口及临港产业专项气象服务的使用单位有10家。

4. 气象科普宣传

全市气象台站均建成了青少年科教基地。2003年12月10日,位于岱山县拷门大坝的中国台风博物馆落成开馆;2006年9月23日,中国台风博物馆二期场馆落成开放,并被中国气象局、中国气象学会命名为"全国气象科普教育基地"。2007年3月23日,舟山气象科技展示厅正式对外开放。20世纪90年代以来,结合纪念"3·23"世界气象日等开展大型宣传活动,上街展出画板、分发资料、接受咨询,开放气象台站。2000年以来,先后举办科技下乡、船员气象知识培训、乡镇干部气象知识培训、中小学校学生气象防灾减灾知识培训、气象协理员气象知识培训等,开展气象科普进企业、进学校、进社区等活动。

法规建设与管理

1. 气象法规规章建设

2001年4月29日,市政府办公室《转发市气象局关于贯彻落实〈浙江省实施气象法办法〉有关防雷减灾实施意见的通知》(舟政办发〔2001〕48号)。2005年,8月22日,市政府〔2005〕第21号令颁布《舟山市气象灾害预警信号发布规定(试行)》,从9月1日起施行;9月30日,市政府下发《关于贯彻落实浙江省雷电灾害防御和应急办法的意见》(舟政发〔2005〕60号)。2006年12月19日,市政府下发《关于加快舟山气象事业发展的实施意见》(舟政发〔2006〕68号)。2008年,1月21日,市政府办公室下发《关于进一步加强气象灾害防御工作的意见》(舟政办发〔2008〕6号);6月13日,市政府办公室下发《关于印发舟山市雷击风险评估管理办法(试行)的通知》(舟政办法〔2008〕85号);8月15日,市政府办公室下发《关于印发舟山市气象灾害预警信号发布与传播规定的通知》(舟政办发〔2008〕109号);12月24日,市政府办公室下发《关于印发舟山市国家气象台站气象探测环境保护专项规划的通知》(舟政办函〔2008〕131号)。

2. 社会管理

行政执法 2001年8月14—16日,市人大进行《气象法》执法检查。2002年实施审批制度改革后,市气象局审批项目为:"气象预报、灾害性天气警报传播许可"、"影响气象台站探测环境的建设项目"、"建设(建筑)工程防雷电设施设计、安装、防雷电设施定期安全检测"、"气象台站迁移"、"人工影响天气作业";核准项目为:"气候可行性论证及大气环境影响评价"、"防雷产品的市场准入"、"重要气象设施建设项目";备案项目为:"其他部门气象台站发布专项天气预报,必须是向本部门发布的专项天气预报"。2003年2月24日,市气象局将"气象预报和灾害性天气警报传播许可"改为备案项目。2003年6月6日,省气象局批复同意成立舟山市气象行政执法支队。2004年4月5日,市气象局与市安全生产委员会、市公安局、市民用航空管理局联合发文加强升放气球管理,确保飞行安全。2004年11月4日,经审批制度改革后,市气象局行政许可项目为:"气象台站探测环境的建设项目"、"低空漂浮物施放许可"、"建(构)筑物防雷工程设计审核、施工监督和竣工检测"、"气象可行性论证及大气环境影响评估"、"气象预报、灾害性天气警报传播"、"重要气象设施建设项目"。2005年9月1日,"施放气球资质证申请"(省气象局下放项目)、"低空漂浮物施放许可"、"气象预报和灾害性天气警报传播"、"影响气象台站探测环境的建设项目"、"气象可行性论证及大气环境影响评估"、"防雷装置设计审核、施工监督、竣工验收"等6项气象行政许可事项正式进入市审批办证中心办理,由综合窗口统一受理、统一送达。2006年10月,依法查处浙江天成广告装饰公司及有关行为人违法施放气球案件。2007年6月1日起,气象预报和灾害性天气警报传播申请,改为窗口直接受理、审批、送达。2008年12月11日,市气象局下发《舟山市气象局行政处罚自由裁量权操作标准(试行)》。

防雷管理 1992年,成立舟山市避雷装置检测中心,开展防雷检测工作。1996年5月市政府同意成立舟山市防雷设施检测所。1997年6月26日,市防雷设施检测所通过计量认证。2008年4月11日,市防雷设施检测所普陀区分所挂牌成立。1992年以来,逐步开展重点工程项目、高层建筑、易燃易爆场所、危险化学品场所、通信行业等的防雷防静电检测工作,新建建(构)筑物防雷装置设计技术评价、跟踪及竣工检测,雷电灾害调查与分析。2007年8月起,开展重点工程项目、高层建筑、易燃易爆场所、危险化学品场所、人员密集场所等建设项目雷击风险评估工作。

党建与气象文化建设

1. 党建工作

组织建设 1958年底前有党员3人,归属舟山地委渔工部党委管理。1959年建立党支部,属舟山县委渔工部党委管理。1978年3月建立舟山地区气象局党组。1981年,分设局机关党支部、气象台党支部。1988年经舟山市直机关党委批准,成立中共舟山市气象局党总支,同时撤销局党组。1990年经舟山市委批准建立舟山市气象局党组。1997年5月,增设离退休干部党支部。2006年3月,增设防雷中心党支部,市气象台党支部更名为市海洋气象台党支部。截至2008年12月,市局本级共有4个党支部。

党风廉政建设 2001年1月起,每月设局长接待日。2002年起,实行局务公开和干部述职述廉述学制度,在县(区)气象局增设纪检(监察)员,坚持每年4月开展党风廉政宣传教育月活动。2003年起,贯彻落实党风廉政建设责任制,每年层层签订廉政建设责任书并进行考核。2005年以来,积极推进教育、制度、监督并重的惩治和预防腐败体系建设,制订工作计划,细化工作任务,实施廉政文化建设工作,并连年被舟山市委评为"党建工作先进单位"。

2. 精神文明建设

1987年以来,持续在每年3月开展职业道德教育月活动。1996年5月,市气象台被市委、市政府命名为"1994—1995年度文明单位"。2001年以来,全市气象部门进一步加强公民道德和职业道德教育,培育"扎根海岛、坚韧不拔、广纳百川、团结协作"的海洋气象精神,全面推进创建工作。2003年2月,舟山气象系统成为舟山市首批三个文明行业之一。截至2008年,全市气象部门4个创建单位,2个为省级文明单位,1个为市级文明单位,1个为县级文明单位。舟山市气象台坚持开展创建青年文明号活动,1999年获市"十佳青年文明号"称号,2003年获省"青年文明号"称号,2005年4月被共青团中央授予"青年文明号"称号。

3. 荣誉与人物

集体荣誉 舟山市气象局(含前身和直属单位)获得的省(部)级以上集体荣誉有:1963年1月,舟山专区流动气象台被浙江省人民委员会(浙江省政府)表彰为"1962年度省农业先进单位";1977年8月,舟山地区气象台在"抓纲治国,发展水利事业中成绩显著",受到浙江省委、浙江省革命委员会表彰;1978年10月,舟山地区气象台被中央气象局评为"全国气象部门学大寨、学大庆先进集体";1982年4月,舟山地区气象台在1981年重大灾害性天气预报服务工作中取得优异成绩,受到中央气象局表彰;1985年12月,浙江省政府授予舟山地区气象台"省劳动模范集体"荣誉称号;1989年4月,舟山市气象台被中国气象局评为"全国气象部门双文明建设先进集体标兵";1990年3月、2005年2月、2007年3月,先后3次被浙江省委、省政府命名为"文明单位";1998年10月,舟山市气象台被中国气象局评为"1998年防汛抗洪气象服务先进集体";2000年12月,舟山市气象台被中国气象局评为"2000年重大气象服务先进集体"。

人物简介

周和贞 女,汉族,1939年10月出生,湖南醴陵人,1956年8月参加工作,1978年6月加入中国共产党,曾先后在上海市气象局通信科、浙江农业大学气象教研组短期工作。在舟山气象部门工作期间,担任过舟山地区气象局党组成员、舟山地区气象台副台长、浙江省第五届人民代表大会代表,1994年11月退休。周和贞同志事业心、责任心强,在长期从事气象报务工作期间,刻苦钻研技术,想方设法克服困难,手抄莫尔斯报质量优异。工作中任劳任怨,热心帮带年轻同事,在台风和下渔场服务过程中,不分昼夜加班加点地忘我工作。1978年10月被中央气象局授予全国气象部门"双学"标兵。1979年7月,被浙江省委、省革委会授予"浙江省劳动模范"称号;同年被全国妇联授予"三八红旗手"称号;1982年9月,被浙江省人民政府授予"浙江省劳动模范"称号。

台站建设

舟山市气象局 1987—1989年,完成文化路10号业务办公大楼建设,占地面积2690.9平方米,建筑面积2017.4平方米。2005年9月,完成临城新区定沈路323号新业务办公大楼建设并搬迁,占地面积4197.6平方米,建筑面积4855.4平方米。

定海国家基准气候站 2005年9月,完成综合改善工程,重建业务办公楼,建筑面积273平方米。

舟山气象雷达站 2002—2004年,完成了新雷达塔楼和值班用房建设,建筑面积1146.7平方米。2006年6月至2007年1月,完成了雷达站上山公路改造工程,对路基、边沟、挡土墙、涵洞进行了全面改造或新建,道路全长2925米,宽5米。

舟山海洋气象广播电台 1994年电台工作生活用房和培训中心建成并投入使用,其中工作生活用房建筑面积165.32平方米,培训中心建筑面积483.85平方米。

舟山气象科技大楼

舟山气象雷达站

普陀区气象局

普陀区位于浙江省东北部、舟山群岛东南部,共有大小岛屿455个,全区总面积6730平方千米,其中陆地面积386.6平方千米。下辖5个街道、4个镇、3个乡,人口33万。普陀区沈家门渔港为全国最大渔港,普陀山为全国佛教四大名山之一,名扬中外。普陀属亚热带南缘海洋性季风气候,四季分明,夏无酷暑,冬无严寒,温暖湿润,光照充足,主要气象灾害有大风、台风、干旱及雷暴。

机构历史沿革

始建情况 民国25年(1936年),经气象学家竺可桢倡导,(中华民国)中央研究院气象研究所与浙江省水利局商定,在沈家门镇青龙山山顶建立了舟山第一个气象站——定海测候所,位于北纬29°57′,东经122°18′,海拔高度77.2米。1939年日军入侵后停办,抗战胜利后一度恢复。1955年11月于原址重设暴风警报站。1956年1月1日,开展气象业务。1956年11月底,由历史原因,气象站撤销。1958年10月,重建气象站,称普陀县气象站。1959年7月更名为舟山县沈家门气象站。1961年更名为舟山县沈家门海洋水文气象服务站。1962年9月更名为普陀县海洋水文气象服务站。1962年12月底迁往定海。1963年7月,经普陀县人民委员会(普陀县人民政府)批准恢复气象业务,称普陀县气象服务站。1984年6月更名为普陀县气象站。1987年4月更名为舟山市普陀区气象站。1992年10月8日,更名为舟山市普陀区气象局。

舟山第一气象站——定海测候所

建制情况 1956年1月,隶属浙江省气象局。1958年10月,隶属普陀区人民委员会。1959年7月,隶属舟山县气象局。1963年7月,隶属普陀区人民委员会,业务受浙江省气象局指导。1969年,隶属普陀区军管会,业务受浙江省气象局指导。1970年11月,隶属普陀区革命委员会、县人武部,业务受浙江省气象台指导。1973年11月,隶属普陀区革命委员会,业务受浙江省气象局指导。1981年7月起,实行由上级气象部门和地方政府双重领导,以地方为主的管理体制,1984年起以气象部门为主。

人员状况 截至2008年底,有在职职工11人(气象编制8人,地方编制1人,聘用2人)。其中,党员4人,团员2人;大学以上学历3人,大专学历4人;高级专业技术人员1人,中级专业技术人员3人,初级专业技术人员5人。气象业务人员平均年龄39周岁。

名称及主要负责人变更情况

名称	任职时间	负责人
普陀县沈家门气象站	1958.1—1961.10	黄兴国
普陀县沈家门海洋水文气象服务站	1961.11—1962.12	黄龙川
普陀县气象服务站	1963.7—1969.12	楼洪满
普陀县气象服务站	1970.1—1984.6	吴子玉
普陀县气象站	1984.6—1987.4	吴子玉
普陀区气象站	1987.4—1992.10	吴子玉
普陀区气象局	1992.10—1994.10	吴子玉
普陀区气象局	1994.10—1998.9	何福忠
普陀区气象局	1998.9—2000.4	戴其康
普陀区气象局	2000.4—2003.12	何福忠
普陀区气象局	2003.12—	方舟能

气象业务与服务

地面观测 1956年1月1日—1956年10月30日,每天地方时01、07、13、19时4次观测,观测项目有云、风向风速、降水、温度、湿度、天气现象、日照、雪深、地温（0厘米）等。1960年1月1日调整为地方时07、13、19时3次观测；同年4月1日增加能见度观测；同年8月1日增加气压观测。1961年1月1日,3次观测调整为4次观测。1963年7月1日起,又改为3次观测。1963年8月1日,取消地温观测。1967年1月1日,增加压、温、湿自记仪器观测。1970年11月1日起,承担04—20时拍发航危报业务。1971年增加雨量计观测。1980年1月1日增加地温观测（0厘米）。1986年4月取消航危报。1994年1月1日,再次取消地温观测。2004年1月1日起,开展自动站对比观测,观测项目有：气压、气温、湿度、雨量、风向、风速、地温（0、5、10、15、20厘米）,其中地温为新增项目,以人工站观测记录为准。2005年1月1日起,人工站观测和自动站观测双轨运行,其中并行观测项目以自动站观测资料为准。2007年4月1日至2008年12月31日,开展土壤水分观测（10、20、30厘米）。

普陀区气象局观测场

区域自动气象站 2001—2008年,在庙子湖、朱家尖、蚂蚁、六横东、六横西、梁横山、桃花（六要素）、东福山、东亭、普陀山、虾峙、佛渡、西磨盘（两要素）建立13个自动气象站,其中朱家尖、庙子湖、六横增设能见度自动观测仪。

气象信息接收 1980年前,利用收音机收听上海中心气象台和省市以及周边气象台站播发的天气预报和天气形势。1981—2000年,配备ZSQ-1(123)天气传真接收机接收北京、欧洲气象中心以及东京的气象传真图。1989年引进卫星云图接收设备,以APT接收低分辨日本气象同步卫星云图。2000年通过MICAPS系统使用高分辨卫星云图。2000—2005年,建立VSAT站、气象网络应用平台、专用服务器和省市县气象视频会商系统,开通100兆光缆,接收从地面到高空各类天气形势图和云图、雷达回波等。

气象预报 普陀气象局主要开展短时、短期、中长期预报等。预报产品主要有：24~48小时天气风力预报（1985年起,增加了普陀区沿海海面风浪预报）、旬报、月报、春播期天气预报、汛期（5—9月）气候预测、冬季长期天气预报；同时,开展灾害性天气预报预警和制作供领导决策的各类重要天气报告等。1994年起,制作发布森林火险等级预报。2007年起,制作发布3小时短时预报、12小时雷电潜势预报、强对流潜势预报和一周天气预报。2008年起,制作发布未来10天逐日天气风力趋势预报、紫外线指数预报。

农业气象 1975年起,在展茅、芦花、大夹屯、峧头、朱家尖、苗子湖、桃花、虾峙、五星、勾山建立10个渔农村气象哨,逐步开展农业气象业务。1978年6月设立农气组,向政府、涉农部门、乡镇寄发"农业气象月报"、"春播期天气展望"、"秋季低温预报"等服务产品。1979年绘制《全县4个区、24个公社水库、河流、水田、山坡面积及抗灾能力一览表》,《普陀县春粮、早晚稻气象条件分析》、《普陀县主要农作物生长期与气候条件特点》刊登在《普陀科技》。1978—1979年与勾山气象哨开展"杂交水稻耐温"、"杂交水稻安全齐穗温度指标鉴定"及"棉花适应性"试验。1983年始,编写全年气候影响评价。1984—1985年完成《普陀县农业气候手册》，获得普陀区农业区划优秀成果三等奖。1990—1993年完成了普陀区海岛资源综合调查。2008年，开展全区气象灾害普查，深入渔农委、海事局、水产局、民政局、国土局、档案局及部分乡镇街道，社区开展灾情调查，编制了台风、海上大风、寒潮等主要气象灾害及次生灾害风险区划，建立了气象灾害风险规划档案。

公共气象服务 1976年起，通过区广播站播报气象消息，1997年后由区电视台转播，遇重大转折性、突发性、灾害性天气随时插播。1998年开通"121"（2005年1月改为"96121"）天气预报电话自动答询系统。1999年开始由区气象局制作电视气象节目，每天公开发布沈家门、普陀山、桃花、六横、东极、展茅、勾山、虾峙天气预报以及吕泗、大沙、沙外、江外、长江口、舟山、渔山、渔外渔场风力预报，为在渔场生产的船只提供气象保障服务。2002年建成开通普陀区渔农村经济信息网。2003年开通网络气象服务。2007年6月组建普陀区13个乡镇街道气象协理员队伍，2008年推广到社区和乡村，协理员队伍由13人扩展到108人，实现乡镇、社区有工作站，村村有协理员。每年开展"梅汛期"、"台汛期"、"春运"等专题气象服务。

决策气象服务 以口头汇报或传真、互联网、微机终端的方式向区委区政府提供重大灾害性天气、社会活动气象保障服务。20世纪90年代起，逐步开发《重要天气报告》、《气象内参》、《气象信息与动态》、《汛期(5—9月)天气展望分析》。2004年建成开通手机短信息决策服务系统。为历届"舟山国际沙雕节"、观音文化节、金庸武侠节等重大活动提供气象保障。9806号强台风在朱家尖登陆，普陀局准确预报台风路径、风雨强度，及时向党委政府提供抗台减灾决策服务，使台风带来的损失减少到最低限度，受到当地政府的表彰。

渔业航线气象服务 20世纪80年代开始主要是以口传、邮寄方式向涉渔、海事、交通航运等部门和海洋研究所等单位提供旬月报和台汛期、冬季冷空气、海上大风等预报服务产品，海洋研究所根据气象预报发布冬汛鱼发预报。20世纪80年代后期，推广使用气象警报器。1994年起，在普陀渔船推广大功率气象警报接收机。2003年，开通普陀海洋气象网站，主要提供渔场风力、台风信息等海洋气象预报服务产品。20世纪90年代起，开展沈家门至各岛屿航线气象服务。2001年1月28日11时43分，受"晴空暴"影响，普陀站风速瞬间增至33米/秒，普陀局及时通知渔业、海事、交通、航运等部门，建议海上航行船只就近避风，避免了重大海损事故的发生。

气象科技服务 1985年3月始，利用传真、邮寄、警报系统、声讯、手机短信等手段，面向渔业、农业、盐场、砖瓦厂和交通企业等开展专业气象服务。1988年起，在全区乡镇推广使用气象警报器。1999年，与市防雷所联合开展建筑物避雷设施检测。2003—2008年，相继开发渔农网信息入乡、气象综合服务、气象灾害预警、航线预报服务系统并投入业务使用。

气象科普宣传 1975年，举办为期半月的全区气象哨员气象科普培训班。1983年，在县科协宣传窗展出《气象图片》、《气象现状》、《气象与渔业》等图片，并通过广播站宣传科普知识。2000—2008年，在4所中小学校建立"小气象站"，与区教育局、农林局、科协联合建立中小学生校外科技教育基地，普陀气象站成为宣传科普知识的主要平台，积极开展气象科普入村、入企、入校、入社区活动，通过"96121"、海洋气象网站、电视、广播等渠道宣传气象科普知识。2008年，通过视频会商系统举办防雷知识、气象知识、气象科普讲座，全区

150多名气象协理员参加培训。

法规建设与管理

气象法规建设 2000年以来，普陀区认真贯彻落实《中华人民共和国气象法》、《浙江省实施〈中华人民共和国气象法〉办法》和《浙江省气象条例》等法律法规，相继出台了系列法规和规范性文件。2005年，区政府贯彻落实《舟山市气象灾害预警信号发布规定（试行）》，就普陀区气象灾害预警信号发布工作进行了规范，并明确相关部门、防灾减灾机构和广播、电视、互联网等公共新闻媒体的职责。2006年4月，区政府办公室下发《普陀区防御台风预案》（舟普政办〔2006〕50号）；8月，下发《普陀区防汛防旱应急预案》（舟普政办〔2006〕19号）。2007年7月，区政府办公室下发《普陀区防雷安全专项检查实施方案》（舟普政办〔2007〕189号）；12月，区政府办公室下发《普陀区气象灾害应急预案》（舟普政办〔2007〕310号）。2008年7月，区政府办公室下发《普陀区防御超强台风预案》（舟普政办〔2008〕148号），11月下发《关于进一步加强气象灾害防御工作的通知》（舟普政办〔2008〕156号）。

组织普陀区各部门领导研讨《浙江省气象条例（草案）》

行政执法 2001年8月，市人大、区人大分别进行《中华人民共和国气象法》执法检查。2003年，会同区安全生产委员会开展海上气象安全保障工作专项检查。2007年10月，区政府办公室组织召开贯彻《浙江省气象条例》工作座谈会。主动参与行政审批制度改革，规范行政审批手续，2001年5月，建立探测环境保护技术规定报备案登记、环境探测日变化管理制度；2002年起对气象行政审批办事程序、气象服务、服务承诺、气象行政执法依据、服务收费依据及标准等内容向社会公开；2003年3月，成立普陀区气象行政执法大队，多次联合区安监、消防等部门开展执法检查；2004年起，依法履行防雷项目行政许可审批职能。

防雷管理 2003年1月，普陀区政府下发《舟山市普陀区人民政府关于公布舟山市普陀区第二轮行政审批制度改革保留的审批项目的通知》（舟普政发〔2003〕4号），规定普陀区气象局建设（建筑）防雷工程设施安全检测为核准事项。2007年7月，区法制办下发《舟山市普陀区人民政府法制办公室关于调整规范行政许可项目的通知》（舟普府法〔2007〕8号），将防雷装置设计审核和竣工验收为行政许可项目。2007年，对全区62所中小学校、幼儿园的防雷设备安装、教学楼、学生宿舍、计算机房、电教设备等设施进行全面检查。2008年4月，成立舟山市防雷设施检测所普陀分所，承担普陀区范围建筑物防雷装置、新建（构）筑物防雷工程图纸审核、设计评价、竣工验收、计算机信息系统等防雷安全检测业务。2008年，由区政府投入146万专项资金，实施中小学防雷设施安装改造工程，并逐步开展农村防雷减灾工作。

党建与气象文化建设

党组织建设 2000年前,因党员人数不足,组织关系编入农林局党支部。2000年1月,与舟山海洋气象广播电台联合成立普陀区气象局党支部。2006年3月,舟山海洋气象广播电台归入市防雷中心党支部。2005年,被区直属机关党工委评为"先进基层党组织"。2002—2008年,发展党员3名,转正1名。

党风廉政建设 认真贯彻落实党风廉政建设责任制,层层签订党风廉政目标责任书,积极推进教育、制度、监督并重的惩治和预防腐败体系建设。2002年,设立纪检(监察)员,同年起在每年4月持续开展党风廉政建设宣传教育月活动,制定完善学习教育、财务管理、监督检查等30余项规章制度。2006年起,局领导每年向干部职工述职述廉;同年11月制定下发《局务公开实施办法》,落实首问责任制、气象服务限时办结、气象电话投诉、气象资料对外服务程序、财务管理等一系列制度,坚持上墙、网络、黑板报及媒体等渠道开展局务公开工作。

精神文明建设 1985年起,持续在每年3月开展职业道德教育月活动,走访渔农村社区,了解服务需求。积极开展争创文明单位活动,与公安、渔农村、社区结对共建,与贫困村(户)、残疾人结对帮扶。1984—1993年、2001—2008年,被普陀区委、区政府评为区级文明单位,1992—1993年、2001—2008年被舟山市委、市政府评为市级文明单位。

集体荣誉 截至2008年,普陀区气象局获地厅级以上集体荣誉有:1977—1979年连续3次被浙江省气象局评为全省气象系统先进集体。1982年4月被省气象局评为1981年度灾害性天气预报服务优秀单位(一等奖)。1983年3月被省气象局评为1982年度灾害性天气预报服务优秀单位(二等奖)。1986—1992年连续7次被省气象局评为"双文明"单位。1987年2月被省气象局评为1986年度气象服务优秀单位(二等奖)。1998年12月,被省气象局评为"重大气象服务"先进单位。2008年1月,被省气象局评为2007年度气象科技服务工作先进集体。

台站建设

原观测场建在普陀气象站南面,面积为15米×12米。1974年1月1日后迁移到普陀气象站北面,面积为15米×15米。1984—1985年对观测场进行扩建改造,扩建后观测场面积为20米×20米,海拔高度85.2米。1992—1993年,完成普陀区气象局业务大楼建设,建筑面积329平方米。2003—2004年,完成业务大楼改造,对水、电、网络、电话线路重新设计布局,业务室、"96121"制作室、机房重新装修,配备了防雷设施,调整了气压室,构建了气象预警中心业务平台。

普陀区气象局综合大楼

岱山县气象局

岱山位于浙江北部沿海舟山群岛中部,由532个岛礁组成,总面积5242平方千米。其中:海域4936.2平方千米,占94.2%;陆地264.2平方千米,占5.0%;住人岛12个,较大的有岱山、衢山、大长涂山、小长涂山、秀山、大鱼山岛,人口合计20万。岱山地理条件优越,海域辽阔,深水港湾众多,交通便捷,海盐资源丰富,风光旖旎。岱山属亚热带南缘海洋性季风气候区,四季分明,夏无酷暑,冬无严寒,温暖湿润,光照充足,主要气象灾害为台风、大风、干旱及雷暴。

机构历史沿革

始建情况 1961年9月,筹建舟山县衢山海洋水文气象站,站址位于岱山县衢山岛斗天灯山"山顶",北纬30°27′,东经122°17′,海拔高度66.8米,属国家一般站。1961年11月1日,开展气象业务。1989年1月1日,迁址到岱山县高亭镇闸口一村,观测场位于屋顶,北纬30°15′,东经122°11′,海拔高度19.7米。1999年9月1日,迁址到岱山县高亭镇宫后山"山顶",北纬30°15′,东经122°12′,海拔高度37.1米,气象局位于高亭镇清泰路161号,即观测场山脚下。

建制情况 1961年建站时,属舟山县气象局领导。1962年9月15日划归大衢县人民委员会(大衢县人民政府)领导。1963年1月1日划归浙江省气象局领导。1970年7月15日划归岱山县革委会生产指挥组领导。1970年10月划归岱山县人武部、县委双重领导,以县人武部为主。1973年划归岱山县革委会生产指挥组领导。1980年10月起,实行由上级气象部门和地方政府双重领导,以气象部门为主的管理体制。

名称变更情况

名称	时间
衢山海洋水文气象服务站	1961.11.01—1962.09.14
大衢县气象服务站	1962.09.15—1962.12.31
浙江省衢山气象服务站	1963.01.01—1964.02.20
浙江省大衢县衢山气候服务站	1964.02.21—1964.10.19
浙江省岱山县衢山气候服务站	1964.10.20—1965.12.31
浙江省岱山县气象服务站	1966.01.01—1979.12.31
浙江省岱山县衢山气象站	1980.01.01—1984.05.31
浙江省岱山县气象站	1984.06.01—1992.11.26
浙江省岱山县气象局	1992.11.27—

舟山市气象台站概况

主要负责人变更情况

任职时间	姓名	职务
1961.11.01—1962.05.02	黄兴国	负责
1962.05.02—1962.11.01	杨昇昂	负责
1962.11.01—1971.03.17	张祖惠	负责
1971.03.17—1971.12.31	——	——
1972.01.01—1976.06.28	魏候超	负责
1976.06.28—1979.08.01	陈厚生	负责
1979.08.01—1984.12.31	陈厚生	站长
1985.01.01—1985.05.31	魏候超	副站长
1985.06.01—1988.05.31	魏候超	站长
1988.06.01—1990.02.13	孙 佺	站长
1990.02.14—1992.01.14	王远华	副站长
1992.01.15—1994.03.22	王远华	站长
1994.03.23—1999.12.29	邵春海	副局长
1999.12.30—2006.02.14	邵春海	局长
2006.02.14—2007.01.07	阮义军	副局长
2007.01.08—	阮义军	局长

人员状况 1961年建设初期有职工3人,截至2008年底,有在职职工11人(气象编制7人,地方编制1人,聘用3人)。其中党员2人,团员5人;本科学历3人,大专学历5人,中级专业技术人员2人,初级专业技术人员8人,1名县党代表和1名县人大代表。

气象业务与服务

地面观测 1961年11月1日起,每天08、14、20时3次观测,观测项目有云、能见度、天气现象、气压、气温、湿度、风向风速、降水、雪深、日照、蒸发、地温等。1988年12月31日20时起,观测场地改在高亭镇闸口一村6层房顶,取消地温、蒸发、日照观测。1989年2月1日起,岱山气象站地面测报任务调整为辅助网点任务。1990年4月1日起,增加日照观测项目,并开始改做地面气象月简表。1999年10月1日起,在高亭镇宫后山"山顶"恢复国家一般气象站观测业务,观测项目有云状、云量、云高、能见度、天气现象、蒸发量、气压、自记气压、气温、最高气温、最低气温、自记气温、湿度、自记湿度、风向风速、自记风向风速、降水量、自记降水量、日照、雪深。2004年1月1日起,开展自动站对比观测,观测项目有:气压、气温、湿度、雨量、风向、风速、地温(0、5、10、15、20厘米),其中地温为新增项目,以人工观测记录为准。2005年1月1日起,人工和自动站观测双轨运行,其中并行观测项目以自动站观测资料为准。

区域自动气象站 2001年起,在岛斗、小长涂、岱西、岱东、拷门、秀山、渔山(六要素)、鼠浪、黄泽、外突昆、蜂巢岩、七姐八妹岛(两要素)建立了12个自动气象站,其中岛斗、秀山站增设能见度自动观测仪;外突昆自动气象站主要为岱山风电场调查论证提供观测资料,2005年建站,2007年撤销。

气象信息接收 1980年前,气象站利用收音机收听上海中心气象台和省市以及周边气象台站播发的天气预报和天气形势。1981年配备ZSQ-1(123)天气传真接收机接收北京、日本以及欧洲气象中心的气象传真图。1989年引进卫星云图接收设备,以APT接收低分辨日本气象同步卫星云图。2000年通过MICAPS系统使用高分辨卫星云图。2000—2005年,建立VSAT站、气象网络应用平台、专用服务器和省市县气象视频会商系统,开通100兆光缆,接收从地面到高空各类天气形势图和云图、雷达等数据。2005年完成了多普勒雷达等效系统建设。

气象信息发布 1977年起,主要通过早晚2次广播和邮寄旬报方式发布气象信息。1977—1979年在衢山横街黑板上发布早晨1次24小时常规预报。1986年建立气象预报系统,每天3次向政府、各乡(镇)、主要渔业村、海运公司、自来水厂、轮窖厂、盐场等提供天气预报、警报信息,当灾害性天气影响时,不定时发布天气警报。1998年开通"121"(2005年1月改号为"96121")天气预报电话自动答询系统。2000年开始制作电视气象节目。2002年开通岱山渔农网。2003年开通岱山海洋气象网站,主要提供渔场风力、台风信息等海洋气象预报服务产品。2006年起利用手机短信每天2次发布气象信息。

气象预报 1977年3月始,通过收听天气形势,结合本站资料图表,参考上级台和周边台的气象预报,早晚制作24小时内日常天气预报。1985年增加风浪预报。2000—2008年,制作发布常规48小时(天气、风力、气温)、未来3~5天(天气、风力)预报和旬月等中、长期天气预报;开展临近预报、灾害性天气预报预警业务和供领导决策的各类重要天气预报等。

农业气象 1977—1984年,在衢山建立2个农业气象哨,逐步开展农业气象业务。1978年起,向政府、涉农部门、乡镇寄发"春播期天气展望"、"秋季低温预报"等服务产品。1984—1985年,完成《岱山县农业气候手册》,获岱山县农业区划优秀成果三等奖。2007年4月1日—2008年12月31日开展土壤水分观测(10、20、30厘米)。

公众气象服务 1977年起利用衢山农村有线广播站播报气象信息。1989年利用岱山有线广播站播报气象消息。2000年由县气象局制作电视气象节目,2003年由县气象局提供气象信息,县电视台制作电视气象节目,开展岱山及周边城市24小时日常预报、以及森林火险、紫外线指数预报等服务,2003年开通网络气象服务,2006年开通手机24小时气象短信。

决策气象服务 20世纪80年代以电话向县委县政府提供决策服务。1983年起,编写全年气象影响评价。20世纪90年代逐步开发《重要天气报告》、《专题气象报告》、《天气公报》、《气象信息》、《汛期(5—9月)天气形势分析》等决策服务产品。1988年、2000年、2006年、2008年,为《岱山县志》提供气候史料。2008年开展气象灾害评估和灾害预报服务,建立了县政府突发公共事件预警信息发布与管理系统。每年开展"梅汛期"、"台汛期"、"春运"等专项气象服务,还为历届"海洋文化节""元宵节"等重大活动提供气象保障。准确预报8615号台风、2000年"桑美"台风、2002年7月16日飑线过程、2005年"麦莎"和"卡努"台风、2007年超强台风"罗莎"以及2008年7月2日强对流等灾害性天气过程,及时向党委政府和有关部门提供决策气象服务,使气象灾害带来的损失减少到最低限度,取得了较好的社会和经济效益。

渔业航线气象服务 20世纪80年代开始主要是以口传、邮寄方式向涉渔、海事、交通、航运等部门提供旬月报和中长期天气预报(台汛期、冬季冷空气、海上大风)等服务产品。20世纪80年代后期增加气象警报器。1994年,在全县渔船推广使用大功率气象警报接收机。2001年,开展高亭至三江航线专项气象服务。

气象科技服务　1985年,开展盐业气象服务,为各盐场提供晴雨、低温预报。1988年,推广使用气象警报器。1992年,开展建筑物避雷设施检测。1998年,开通"121"气象自动咨询系统。2000年,开展电视气象节目制作。

人工降雨　1979年,成立人工降雨办公室,由人武部部长李永清任总指挥,劳动局长毛泉根、科委主任李永岳任副总指挥,县气象站郑正田、孙佺、陈厚生参加。7—9月,会同陆军、海军部队和县劳动局、县科委在岱西仇家门、东沙西沙家、岱东高炮山实施人工降雨,动用人工降雨高炮5门(其中海军2门,陆军3门),发射人工降雨炮弹270发,人工降雨效果明显。

气象科普宣传　2001年,县气象站被团县委命名为"岱山县青少年科普教育基地"。2003年1月起,协助县政府筹建中国台风博物馆,2004年6月起承担中国台风博物馆管理职责。中国台风博物馆2004年被命名为县、市级科普教育基地;2005年被确定为县、市级爱国主义教育基地和舟山市红色旅游景点;2006年被省科协、省委宣传部、省科技厅、省教育厅命名为省级科普教育基地,同年被中国气象局、中国气象学会联合命名为"全国气象科普教育基地";2008年被省委宣传部命名为首批省级基层文化建设示范点。截至2008年底,中国台风博物馆共接待游客40余万人次,中央电视台《财富故事会》、《商务时间》等栏目先后进行了专访报道,科普工作经验于2008年11月在第三次全国气象科普工作会议上进行了交流汇报。

中国台风博物馆

法规建设与管理

气象法规建设　2000年以来,岱山县认真贯彻落实《中华人民共和国气象法》、《浙江省实施〈中华人民共和国气象法〉办法》和《浙江省气象条例》等法律法规,先后出台了"关于贯彻落实《浙江省实施〈中华人民共和国气象法〉办法》"(岱政发〔2001〕27号)、"关于贯彻落实《浙江省雷电灾害防御和应急办法》实施意见"（岱政发〔2005〕74号）等5个规范性文件。

行政执法 2000年起履行气象行政审批职能。2001—2003年，两次参与行政审批制度改革，规范行政审批行为。2003年2月，执行舟气发〔2003〕20号《关于气象预报和灾害性天气警报传播备案的通知》，将岱山气象预报和灾害性天气警报传播审批由许可改为备案。2003年8月，成立岱山县气象行政执法大队。2005年1月，县政府审批办证中心设立气象窗口，气象预报和灾害性天气警报传播申请，气象可行性论证及大气环境影响评估，建（构）筑物防雷工程设计审核、施工监督和竣工检测等3项行政许可事项全部进入中心办理。

社会管理 1999年6月，岱山县人民政府印发《岱山县防御台风预案》（岱政发〔1999〕55号）；2003年8月出台《岱山县防旱工作预案》（岱防指〔2003〕3号）；2006年10月出台《岱山县防台风预案》（岱政办发〔2006〕60号）；2006年11月出台《岱山县自然灾害救助应急预案》（岱政办发〔2006〕130号）；2007年1月出台《岱山县气象灾害应急预案》。2008年，在全县重要部门和所有乡镇、社区、学校建立气象协理员队伍，7个乡镇全部明确分管气象工作的副乡（镇）长。

防雷减灾 1992年成立岱山县防雷装置检测所，开展建（构）筑物防雷安全检测。1998年起，会同公安、消防、城建等部门对公共场所、化危企业和计算机房实施年检，对新建建筑物、构筑物实施验收检测。2000年县编委批准成立岱山县防雷设施检测所。2004年起依法履行防雷项目行政许可审批职能，规范开展重点工程项目、高层建筑、易燃易爆场所、危险化工场所、电子信息行业等的防雷防静电检测，新建建（构）筑物防雷装置施工图纸设计评价、跟踪及竣工检测。2008年3月，成立岱山县气象局雷电灾害防御管理办公室。

岱山气象防灾减灾中心

党建与气象文化建设

党支部建设 从1961年建站起到1998年，因党员人数少，个人组织关系先后转入县水产公司党支部、县酒酱厂党支部和县木材公司党支部。1999年成立中共岱山县气象局机关党支部。2003、2004、2006、2007年，4次被县直属机关党工委授予年度"三个好"先进党支部称号，2008年被中共岱山县委评为"先进基层党组织"。

党风廉政建设 历届党支部认真贯彻民主集中制原则，大力推进廉政建设和作风建设，组织党员参与气象部门和地方党委开展的党章、党纪学习教育。2002年起，连续开展党风廉政教育月活动，层层签订党风廉政目标责任书，对气象行政执法依据、气象行政审批办事程序、气象服务、服务承诺、服务收费及标准等内容向社会公开，并坚持以上墙、网络、黑板报、办事窗口等渠道开展局务公开。2005年以来，积极推进教育、制度、监督并重的惩治和预防腐败体系建设。2000—2008年，先后开展了"三讲"、"双思"、"三个代表"重要思想、"保持共产党员先进性"等教育活动。

气象文化建设　1992年起,开展争创文明单位活动。1996年获县级文明单位称号,2002年获市级文明单位称号,2003—2008年保持省级文明单位称号。1998年起,每年3月份开展职业道德教育月活动。2000年起,与县消防大队、秀山乡秀东社区结对共建,与贫困户结对帮扶。2006年起,与县海事处、交通局等单位共创"文明航线"。2000年起,每年组织开展各种群体文娱活动,2005年12月组织干部职工开展迎新文体晚会;2006年3月联合县教育局、电信局组织举办"96121"杯气象科普征文比赛,同年4月组织开展"抗台精神"爱国主义教育活动;2008年独立组团参加县第六届运动会和中国海洋文化节。

集体荣誉　2003—2008年连续3次被省委、省政府授予"省级文明单位"称号;2004年,被舟山市人民政府评为"年度安全生产(工作)先进单位",同年被省爱国卫生运动委员会授予"浙江省卫生先进单位";2005年,被省气象局评为"年度全省重大灾害性天气预报服务先进集体",同年被县委县政府评为"县级先进集体";2008年,被省气象局评为"浙江省气象科技服务先进集体",同年被县委县政府评为"岱山县综合治理先进集体"、"全县支渔先进集体";2001—2008年,在舟山市气象局年度目标管理考核中持续保持优秀等级。

台站建设

1961年建站时,土地总面积为1380平方米,工作用房6间,建筑面积150平方米,除房屋观测场占地面积1030平方米外,院子170平方米,水池60平方米,道路60平方米,空地60平方米。1981年为了解决职工住房问题,在天灯山山脚新建了一幢钢筋水泥砖头结构的三层楼,使用面积约380平方米。

1989年1月1日迁址到岱山县高亭镇闸口一村,新建了一幢钢筋水泥砖头结构的六层楼,建筑面积约660平方米,其中一至四层为职工宿舍(建筑面积约440平方米),五至六层为单位办公用房(建筑面积约220平方米),房顶设观测场。1998年9月1日因气象业务、服务需要观测场迁址到岱山县高亭镇宫后山"山顶",观测场为20米×20米,新建一幢钢筋水泥砖头结构的三层楼,建筑面积414平方米。

2005—2008年底完成了一幢三层钢筋水泥砖头结构的气象科技中心大楼建设,2009年1月1日全面投入使用,建筑面积870平方米,项目建设投资293万元。

岱山县气象局观测场

1999—2007年岱山气象局业务办公大楼

嵊泗县气象局

嵊泗处于长江、钱塘江的交会处,我国沿海经济发展"T"字型结构枢纽点上,是我国海上南北交通的中心,江海联运的枢纽,是国内外海轮进出长江口的必经之地。全县海域面积8747平方千米,陆域面积86平方千米,404个岛屿,其中16个住人岛屿,设3镇4乡,人口8.2万。

嵊泗属亚热带海洋性季风气候,四季分明,冬无严寒,夏无酷暑,光照充足,气温差小,季节转变时间落后于大陆,相对湿度大、无霜期长,春季多海雾,夏季多热带气旋。嵊泗地处中纬度的海陆之间,位于南、北天气系统和海、陆性气候的"十字"路口,天气十分复杂,灾害性天气非常频繁,台风、海上大风和海雾等灾害性天气时有发生。

多年来上级气象部门非常重视关心嵊泗气象工作,截至2008年,中国气象局领导王守荣、宇如聪,上海区域中心主任汤绪和浙江省气象局主要领导潘云仙、席国耀、李玉柱、黎健等都曾来嵊泗气象局(站)检查指导工作。

机构历史沿革

始建情况 嵊泗县气象局前身是华东军区海军嵊泗气象站,始建于1952年2月,位于花鸟山,北纬30°51′,东经122°40′,观测场海拔高度为71.8米。1957年7月1日,因花鸟通讯设备差,气象电报无法确保,将嵊泗气象站迁移到泗礁岛天罗岗山顶,北纬30°43′,东经122°27′,海拔高度为172.1米。1959年5月,由海军建制转为地方建制,改名为舟山县嵊泗气象站。1960年5月21日,因天罗岗山顶观测资料缺乏"三性",迁址到菜园镇沙角山顶,北纬30°44′,东经122°27′,海拔高度为79.6米。1960年2月改名为舟山县气象服务站。1960年4月,嵊泗恢复了县,改名为浙江省嵊泗县气象服务站。1961年1月20日,嵊泗行政区划归上海市,改名为上海市嵊泗海洋水文中心气象服务站。1962年7月1日,嵊泗行政区划归浙江省,改名为嵊泗县海洋气象服务站。1963年1月1日,改名为浙江省嵊泗气象服务站。1964年2月18日,改名为浙江省嵊泗县气象服务站。1970年4月23日,改名为嵊泗县气象站革命领导小组。1975年9月25日嵊泗县气象站成立预报、观测两组。1976年4月1日建立嵊泗县嵊山气象站,归属嵊泗县气象站领导,两块牌子一套班子。1978年11月28日,建立嵊泗县气象局。

管理体制 1952年2月隶属东海舰队航保处气象科;1959年5月,由海军建制转为地方建制,隶属浙江省气象局;1961年1月1日,由于行政区划变更嵊泗划归上海市,隶属上海市气象局;1962年7月1日,嵊泗行政区划归浙江省,隶属嵊泗县人民委员会;1963年1月1日,隶属浙江省气象局;1970年7月15日,全省气象台站体制下放,隶属嵊泗县军事管制委员会;1971年9月1日,实行嵊泗县革委会和县人武部双重领导;1973年11月8日,隶属嵊泗县革委会;1981年9月20日,实行省气象局和地方政府双重领导,以省气象局为主的管理体制。

人员状况 截至2008年底,嵊泗县气象局共有在职干部职工16人(气象编制14人,聘用人员2人)。其中:中共党员5人,团员3人;大学以上学历2人,大专学历8人;高级技术职称1人,中级技术职称7人,初级技术职称8人;年龄50岁以上5人,40~49岁5人,40岁以下6人。

名称及主要负责人变更情况

名称	任职时间	负责人
嵊泗气象站	1953.1—1953.12	田守先
	1954.1—1956.12	王振江
	1957.1—1959.7	谢石麟
	1959.7—1962.7	赵廷光
	1962.7—1966.2	杜文通
	1966.2—1988.6	杨升昂
	1988.6—1990.5	周岳年
	1990.5—1992.1	毛志定
嵊泗县气象局	1992.1—1993.9	毛志定
	1993.9—2005.12	周永康
	2005.12—	何志军

气象业务与服务

地面观测 1952年2月1日起,每天03、06、09、12、14、18、21、24时8次观测,观测项目有云、能见度、风向风速、降水、温度、湿度、最高温度、最低温度、气压、天气现象、地面状态、云向云速、积雪深度。1954年1月1日起,每天增加01、07、13、19时4次定时气候观测(每天12次定时观测),增发14时绘图报;1954年2月1日起增加小型蒸发观测;1957年1月1日起,增发02、05、11、17、23时绘图报和辅助绘图报(每天17次定时观测);1958年1月1日起增加日照观测;1965年1月1日起取消小型蒸发观测;1963年7月23日起,拍发台风危险报;1963年9月1日调整为每天02、05、08、11、14、17、20、23时8次定时观测;1964年2月1日起增加固定航危报(08—11时,14—17时);1969年10月20日起,调整为每天02、05、08、11、14、17、20时7次定时观测;1974年2月1日起,再次调整为每天02、05、08、11、14、17、20、23时8次定时观测;1974年12月15日起承担杭州、宁波、上海等地的预约航危报业务;1980年1月1日起增加小型蒸发、0厘米和最高最低地温观测。2003年完成ZQZ-CⅡ型自动气象站安装并开始试运行,2004年1月1日起,开展自动站对比观测,观测项目有:气压、气温、湿度、雨量、风向、风速、地温(0、5、10、15、20厘米),以人工站观测记录为准。2005年1月1日起,人工站观测和自动站观测双轨运行,其中并行观测项目以自动站观测资料为准。

区域自动气象站 2001—2008年,新建嵊山、枸杞浪岗、海礁、花鸟、黄龙、小洋山、大洋山、白节、大戢山、小戢山、马迹山、徐公岛、北鼎星、鸡骨礁、佘山等16个区域自动气象站,其中徐公岛和大洋山增设能见度自动观测仪。

信息网络　1989年,利用ZSQ-1(123)天气传真接收机接收北京、东京的气象传真图。1999年7月VSAT单收站安装调试成功,通过MICAPS系统使用日本传真图、欧洲中心数据预报和高分辨卫星云图。2003年1月,开通业务光缆宽带。2004年开通省市县气象视频会商系统。2006年完成新一代多普勒等效雷达数据接收系统建设,主要用于强对流突发天气监测。

气象预报　1975年9月25日起,通过收听天气形势、结合本站资料图表每日早晚2次制作48小时内公众天气预报。截至2008年,主要开展短时、短期、中长期天气预报等,预报产品主要有:24和48小时天气风力预报、48小时外海天气风力预报、3~5天风力趋势预报、一周天气趋势预报、旬报、汛期气候预测、冬季长期预报等;同时开展灾害性天气预报、预警业务和制作供领导决策的各类重要天气报告。1997年起制作发布森林火险指数预报和风浪等级预报;2004年起制作发布电视天气预报、景点天气风力预报等;2005年起制作发布灾害性天气预警信号;进入21世纪以后,开展精细化和临近预报。

公众气象服务　1976年1月开始,通过县广播站播报48小时公众天气预报。1997年4月开通"121"(2005年1月改号为"96121")天气预报电话自动答询系统。2002年4月,建立"嵊泗农网"。2004年7月,通过新闻媒体发布的公众预报时效从原来的24小时延长到48小时;同年8月对"96121"公众气象预报的时效进行了重新设置,将原先的单一预报内容分为24小时、48小时风力预报和3~5天趋势预报。2005年5月发布48小时外海风力预报和一周天气预测。2006年2月起,每天2次在县有线电视台发布包括上海、杭州、宁波等地的周边城市24小时天气预报。2007年1月推出了气象短信服务,向全县各级政府、各部门发布灾害性天气预警信息和灾害性天气实时报警信息。2008年开通具有独立域名(www.sst7.com.cn)的"嵊泗气象"网站。截至2008年底,每天通过电视、广播、气象网站、声讯电话、手机短信、气象电子显示屏等,向公众发布短时短期预报、灾害性天气预警、气象指数预报等。

决策气象服务　从1976年开始向政府和有关部门提供决策服务,主要以口头和书面形式汇报,服务内容以台风为主。20世纪90年代逐步开发并定期或不定期地向政府部门报送《天气公报》、《重要气象报告》、《未来十天逐日天气趋势预报》、《梅汛期长期预报》、《台汛期长期预报》、《冬汛长期预报》等决策服务产品。根据政府部门的需要,开展重大灾害性天气预报服务和重大节日、社会活动气象保障服务。历年来,嵊泗县气象局的防台、防汛、防旱等气象服务多次受到政府部门的表彰和嘉奖,2006—2008年连续3年被嵊泗县委、县政府评为"全县为渔服务保障先进单位"。2007年4—6月为长江古河道"嵊泗二井"的勘测施工提供现场气象保障服务并取得成功。2007年7月21日,为第四届中国·嵊泗贻贝文化节开幕式晚会提供精细化预报服务,亦取得圆满成功。

专业专项服务　20世纪80年代开始主要是以口传、邮寄方式向涉渔、水产、交通、航运等部门提供旬月报和长期天气预报(台汛期、冬季冷空气、海上大风)等服务产品。1989年6月开始利用警报器向县水产局、全县各乡镇和渔船提供气象服务。1992年10月起利用单边带向在外海生产的渔船提供48小时大风和天气预报。1994年起,在全县渔船推广使用大功率气象警报接收机。2002年3月起停止单边带服务,改用电话传真方式服务。1999年起逐步开展防雷技术服务。2002年起开展航线气象服务,2004年起开展港口气象服务,2006年起开展雷击风险评估和风电场风能资源调查评估专项气象服务。截至2008年底,嵊泗县气象局为交通、航运、港口等20家单位提供各类专业专项气象服务。

现场气象保障服务

法规建设与管理

法规建设 2000年以来,嵊泗县认真贯彻落实《中华人民共和国气象法》、《浙江省气象条例》等法律法规,县政府出台了《嵊泗县人民政府关于贯彻落实浙江省雷电灾害防御和应急办法的意见》(嵊政发〔2005〕24号)等两个规范性文件。2006年8月,嵊泗县人民政府办公室下发了《嵊泗县人民政府办公室关于印发嵊泗县紧急异常气象专项服务方案的通知》(嵊政办发〔2006〕58号)文件,同年12月下发了《嵊泗县人民政府办公室关于印发嵊泗县防台风工作预案的通知》(嵊政办发〔2006〕108号)。2006年绘制了《嵊泗气象观测环境保护控制图》,为气象观测环境保护提供重要依据。2007年11月,县人民政府应急管理办公室修订出台《嵊泗县气象灾害应急预案》、《嵊泗县突发公共事件气象应急保障预案》和《嵊泗县防御强(超强)台风工作预案》,并将气象灾害应急响应体系纳入县政府公共事件应急体系。2008年9月,嵊泗县人民政府办公室印发《嵊泗县人民政府办公室转发市府办关于舟山市气象灾害预警信号发布与传播规定的通知》(嵊政办发〔2008〕74号);同年完成《探测环境保护专业规划》编制。

社会管理 2000年起,每年3月开展气象法律法规和安全生产宣传教育活动;每年4—6月由县气象局牵头,联合县安监局、建设局等单位开展春季防雷大检查。2000年9月,成立行政执法队伍,履行气象行政管理社会职能。2002—2004年,参与行政审批制度改革,开展天气预报发布和传播,新建建(构)筑物防雷工程设计审核、竣工验收和气候可行性论证审批工作。2003年10月,成立气象行政执法大队,4名兼职执法人员均持证上岗;

每年与县人民政府签定行政执法责任书。2006—2008年,与安监、建设、教育等部门联合开展气象行政执法检查20余次。2008年建立7个乡镇气象工作站和57名乡村(社区)气象协理员队伍,实现乡乡有工作站,村村有协理员,建立"部门、乡镇、村"三级气象灾害应急响应和联动机制。

防雷减灾 嵊泗县防雷设施检测所在1999年6月由嵊泗县人民政府编制委员会(嵊编办〔1998〕20号文件)批准成立,为嵊泗县气象局直属股级独立事业单位,并逐步开展新建建(构)筑物防雷工程图纸审核、设计评价、竣工验收和建筑物防雷装置、计算机信息系统等防雷安全检测。2006年开始开展雷击风险评估和雷灾调查鉴定工作。2008年县防雷减灾办公室发文公布防雷安全重点单位37家,并逐步开展农村防雷减灾工作。

党建与气象文化建设

党支部建设 1978年8月16日以前,嵊泗气象站没有建立党支部,党员参加县政府机关支部,1978年8月16日成立嵊泗县气象站党支部。1978年12月更名为嵊泗县气象局党支部,2008年更名为嵊泗县气象局机关党支部。2000年起与嵊泗县旅游局结为支部共建单位。1993年起,先后9次被县直属机关党委评为"先进党支部"和"三优一满意党支部"。

党风廉政建设 2002—2008年,连续7年开展党风廉政宣传教育月活动,并按照县委、县政府的统一部署先后开展了"双思"、"三个代表"、"作风建设年"、"保持共产党员先进性"等主题教育活动。2002年起,增设纪检(监察)员,每年进行局领导述职述廉和举行党课报告会,并层层签订党风廉政建设责任书。2003年起,对气象行政执法依据、气象行政审批办事程序、气象服务、服务承诺、服务收费依据及标准等内容向社会公开。2007年,完善《嵊泗县气象局深化局务公开实施办法》,进一步落实首问责任制、气象服务限时办结、气象电话投诉、气象服务义务监督、领导接待日、财务管理等一系列规章制度,坚持上墙、网络、各类会议及媒体等四个渠道开展局务公开工作。

精神文明建设 1988年起,每年3月份开展职业道德教育月活动。1994年起,开展争创文明单位活动。1998年被嵊泗县委、县政府命名为"县级文明单位",1999年被舟山市委、市政府命名为"市级文明单位",2000年被浙江省委、省政府命名为"省级文明单位"。2001年起与五龙乡东山社区田岙村结对共建,并先后与黄龙6户贫困户结对帮扶。多次参加省气象系统组织的征文比赛和文体活动。

集体荣誉 2000—2004年被省委、省政府连续3次评为"省级文明单位",2002年被舟山市政府评为"一级治安安全单位",2002年和2004年被评为市卫生先进单位,2004年被评为省卫生先进单位,2006—2008年连续三年被评为全县为渔服务保障先进单位。

台站建设

气象观测站建设 菜园镇"沙角"山顶观测场地1960年始建时,东西向16米、南北向20米,1979年12月22日,向西扩大4米,观测场扩展为20米×20米。

气象业务楼建设 1999年4月将局行政机构和预报业务搬至菜园镇沙河路125号乡

镇企业大楼6楼,2000年租用乡镇企业大楼6楼阁楼为防雷所办公场所。2003年7月嵊泗县气象局台站综合改造建设项目启动,项目总投资150万元,建筑面积420平方米;2004年4月正式动工,是年9月启动绿化环境和地面观测场改造工程;2005年10月台站综合改造建设项目全部竣工。

嵊泗县气象局新业务大楼

嵊泗县气象局预报服务平台

海岛区域自动站

台州市气象台站概况

台州市地处浙江中部沿海,是中国股份合作制的发源地,兼得山海之利,陆地面积9411平方千米,浅海大陆架海域8万平方千米,人口546.62万。台州市由椒江、黄岩、路桥3区组成,市辖临海、温岭两个县级市和玉环、天台、仙居、三门4个县。属亚热带季风区,四季分明,以地滨东海,冬无祁寒而夏鲜酷暑,热量丰富,降水充沛而雨热同季。但气候变化复杂,台风、干旱和暴雨为主要气象灾害。

气象工作基本情况

历史沿革 1929年始在玉环县坎门镇设置测候站。之后,台州境内先后设天台、温岭、黄岩测候站,天台高山测候站和海门气象站等气象机构7个,至1949年,仅存海门气象站(1945年始建,为洪家站前身)。1949年后,境内有国家气象机构12个,玉环(1956年)、仙居(1958年)、温岭(1959年)、临海(1959年)、天台(1959年)、台州(1962年)、三门(1967年)、椒江(1981年)、黄岩(1988年)相继建站。大陈站1956年由东海舰队所建,1981年由气象部门接管。括苍山气象站1955年始建,1994年改建为无人站。路桥气象办事处于2003年组建。

1955年创建的括苍山气象站,位于海拔1383米的山顶,至1994年共有78名气象观测员在该站工作过

建制 1953年气象部门从军队建制转地方建制,此后历经2次体制上收和2次体制下放,体制下放时期隶属同级政府领导,业务受上级气象部门指导(其中1970年10月至1973年9月以军事部门领导为主,仍属地方建制)。1981年体制改革,实行以气象部门为主、气象部门和地方政府双重领导的管理体制,地(市)、县级气象部门既是省气象局下属单位,又是同级政府的职能部门(属一级局)。

人员状况 全市气象部门1950年在职10人,1970年72人,1980年140人,1990年

186人。2008年定编167人,在编人数161人。大专以上学历123人(其中本科66人,硕士研究生7人)中级以上职称有70人,其中高级职称12人。

党建与文明创建 全市气象部门有党支部13个,党员72人。截至2008年底全市气象部门均进入文明单位行列,文明创建率达100%,其中市气象局为省级文明单位、台州市首批文明行业,椒江、玉环、临海、温岭、三门气象局为市级文明单位。

主要业务范围

1. 气象探测

地面观测 1929—1949年期间台州气象观测站最多有7个,但至1949年仅存1个海门气象站。1955年以后陆续增建,至20世纪60年代初已形成比较完整的测站布局。截至2008年底,全市有国家测站9个,区域自动站116个。其中国家基准气候站1个(洪家)、国家一级站3个(大陈、坎门、仙居)、国家二级站4个(临海、天台、温岭、三门)和无人站1个(括苍山)。大陈站、洪家站、原括苍山站的地面观测分别列全球和亚洲区域气象情报交换资料。

高空探测 1946年海门气象站开始高空测风业务。1956年东海舰队司令部在大陈岛择建气象站,设高空探测业务,自此有连续高空探测资料积累。1982年10月1日海军气象站撤销,探测业务由新建大陈气象站接办,为浙江省3个国家探空测站之一,也是我国东海面上唯一的高空测站。从1991年1月1日起,探空业务内迁洪家国家基准气候站。探空资料参与全球气象情报交换。

农业气象观测 农业气象观测业务始于1957年初,1962年精简,1964年一度恢复,文革期间中止,1979年重建,经历三起两落。现椒江和仙居分别承担国家、省级观测任务。目前观测项目分为农业物候、自然物候、小气候和土壤水分观测四大项。

自动气象站 区域自动气象站始建于2002年,2008年全市共建成116个,初步建成自动观测网,依托无线网络系统,实现高密度即时气象监测和数据共享。

2. 气象服务

自1955年海门气象站开始作霜冻预报以来,台州气象预报业务经历了初创(1955—1965年)、探索(1966—1979年)、转型(1980—1996年)到以信息网络和数值预报为主的快速发展时期(1997年至今)。

公众服务 历来以农业服务(包括渔场气象服务)为重点。近十年来,公众服务项目从过去单一的天气预报发展为多元化、精细化服务,开发预报产品数量28种;服务形式包括广播、电视、报纸、网络、电话自动答询、人工咨询、短信等多种方式,2005年增播气象灾害预警信号。不断健全城乡预警体系建设,2007年在全省率先建设农村气象协理员(信息员)队伍,人数达5000多人,建成9个气象预警信息发布平台,布设应急信息发布终端133个;并在全省最早试点建立多部门的突发公共事件信息发布系统。

政府决策服务 台州是浙江乃至全国受台风严重影响地区之一,新中国成立以来登陆台州的台风有17个,占登陆浙江台风总数43.6%。近年来全市气象部门依托气象现代化开展以台风预报为重点的政府决策服务工作,成绩显著,受多次表彰,其中8923、9507、9711、0414、0515号台风预报服务获中国气象局"重大气象服务"奖。

专业服务 1984年试行气象专业服务以来,现在由过去单一的天气预报、资料服务拓展到海洋、森林防火、交通、防雷、城镇建设、重点工程以及气候资源开发利用与环境评价等多方位较深层次的服务。

海洋气象服务 1960年6月始建海洋流动气象台。1996年组建台州市海洋气象台,以归口和规范渔业气象服务,并承担海洋资源开发、海难救护等多项海洋气象保障任务。近年来沿海县(市、区)还积极拓展海洋风能资源开发评估,开辟多条沿海航线气象服务等。

防雷装置检测与防雷工程 1989年椒江台在全省气象系统率先开辟防雷装置检测业务。1996年7月成立台州市防雷设施监测所。1999年各县级局均成立相应的防雷设施监测站。2000年10月防雷工程业务划归华风公司承担。2001年设雷电防御办公室为管理机构。2001年7月起,市、县两级政府办事大厅气象窗口先后受理建筑物防雷装置设计方案图纸审核、施工监督、竣工验收等业务。

台州市气象局

历史沿革

始建情况 台州中心气象服务站始建于1962年12月,1964年1月改称台州专区气象服务台,1981年1月成立台州地区气象局,1994年随台州撤地建市改为今名。2001年12月气象科技大楼竣工,2002年3月从临海搬迁至椒江。现位于台州经济开发区白云山南路88号,地处北纬28°39′、东经121°25′。

内设机构 台州市气象局内设3个职能科室,4个直属单位,地方编制机构1个。

人员状况 2008年在职人数57人,其中研究生5人,大学本科30人,大学专科8人,中专6人,中共党员27人,共青团员8人。中级以上职称有32人,其中高级职称10人。

主要负责人变更情况 历任主要负责领导为郭清举(1962.6—1964.12),黄陆凤(1964.12—1980.4),吴叶长(1980.4—1984.11),陈鸣星(1984.11—1988.5),俞连根(1988.5—1988.12),陈昆云(1988.12—2000.1),张陆(2000.1—2008.3),王东法(2008.3—)。

气象业务与服务

气象业务 气象台建于1962年,负责天气预报制作、发布,为地方人民政府组织防御气象灾害提供决策依据。预报按时效分临近、短时、短期、中期和长期预报等五个类别。

气象现代化建设发展较快,1997年建成9210系统工程,2008年启动新一代天气雷达建设,综合探测基地占地30亩,由中国气象局和台州市政府共同投资2920万元。雷达系敏视达 SA 多普勒雷达,探测重点是台风、暴雨及强对流天气系统活动,为人工影响天气、灾害性天气的监测提供服务。

气象服务 倡导科学防台风理念,参与创立台州"防台风日"工作,为全国首创。开展台风精细化预报服务,为各级政府组织"撤离避险"和"梯度转移"提供依据,其中百年不遇的 9711 号台风,时逢天文大潮,台州气象台准确预报该台风在温岭石塘登陆,市政府提前转移险情地段人口 56 万。0414 号台风"云娜"又登陆温岭石塘,是 1956 年以来登陆浙江最强的台风,台州气象台提前 48 个小时报出台风登陆地段,提前 12 个小时报准登陆点和登陆时间,并向社会即时通报台风动态和风雨实况,全市党政军民奋力抗台,紧急转移险情地段群众 13 余万人,最大程度减少人员伤亡。

2006 年,台州市人大常委会确定每年的 7 月 10 日为台州"防台风日",这在全国属首创。图为 4 月 26 日,台州市政府举行《全民防台风知识读本》首发仪式

1996 年成立台州市海洋气象台,为当时全国 8 个海洋气象台之一,在全省率先发布 1~5 天海上滚动风浪预报,范围北达济州岛、南至奄美岛、东经 130°以西的广大海域,约 85 万平方千米,以时效长、预报准深受渔民欢迎。

2003 年台州出现了 50 年一遇的严重干旱,市气象局积极向市政府建议实施火箭人工增雨被采纳。台州市政府成立人工影响天气作业指挥部,经市编委批复,在市气象局设立人工影响天气办公室。2003—2004 年先后开展了 20 多次人工火箭增雨作业,经济社会效益和生态效益显著。

气象法规建设与管理

对防雷装置检测、防雷工程专业设计、施工单位资质认定、防雷装置设计审核和竣工验收和升放无人驾驶自由气球、系留气球单位资质认定等实行社会管理。不断加强管理规范化建设,2003 年市气象局成立气象执法支队,2003 年台州市人民政府出台《台州市气象管理办法》(政府令第 80 号),2007 年又下发《台州市雷电灾害防御和应急救援办法》(政府令第 94 号)等规范性文件,气象依法行政能力得到不断增强。

党的建设与精神文明

党建 1984 年成立局党组,1988 年撤销,1989 年改为局务委员会,1990 年恢复党组。自建台(站)起就建有党支部,2005 年成立台州市气象局党总支,下辖 3 个支部。党建工作归地方党工委直接领导。现有党员 47 人,其中在职党员 27 人,离退休党员 20 人。

荣誉 2004 年为台州市首批文明行业,2005 年为省级文明单位,2006—2008 年连续三年被评为市满意机关示范单位。为浙江大学科教实践基地、省级科普教育基地、省级卫生先进单位,综合档案管理通过省级达标认定。获 2006 年全省气象部门文艺汇演一等奖,全国汇演三等奖,电视气象节目获第六届华风杯全国电视气象节目观摩评比综合二等奖。

2006年,台州市气象局"风雨青松"舞蹈节目获全国气象系统文艺汇演三等奖

2001年12月建成使用的台州市气象科技大楼,总建筑面积4605平方米,占地10亩

椒江区气象局

椒江区位于浙江中部沿海平原地带,地处台州湾口,东濒东海,北接临海,西连黄岩,南邻路桥,陆地面积280.1平方千米,海域面积800平方千米,岛屿繁多,著名的有大陈岛、一江山岛。全区辖9个街道(镇),275个行政村,总人口49.51万。1981年黄岩县海门区升格为县级市,为避城市同名,就以贯穿境内河流椒江为名,取名椒江市,为当时浙江省第一个县级市。1994年台州市政府迁至椒江,随之改名为椒江区。

机构历史沿革

始建情况 椒江区气象局位于台州市椒江区南门河北侧青年路128号,北纬28°41′,东经121°26′,东距海岸线约1千米。

1981年,黄岩海门升级为县级市。经省编委批准成立椒江市气象台,为当时浙江省县级气象站中第一个气象台,同年10月筹建,1982年10月同时建成气象台与大陈站。1983年1月正式开展对外气象服务。1991年4月成立椒江市气象局,由椒江台、洪家站、大陈站、黄岩(1994年单列)联合组建。1991年洪家站农业气象业务改由椒江局承担。1994年12月椒江市改区,相应改名为椒江区气象局。2003年机构改革,椒江区气象局内设办公室、气象台、农业气象科、科技服务科(含防雷设施监测站),2007年按区政府要求,另设行政审批科。

掩映于绿树丛中的椒江区气象局

管理体制 建始以来,一直实行上级气象部门与地方政府双重领导,以部门领导为主的领导管理体制,既是省、市气象局下属单位,又是同级政府的职能部门(一级局)。

名称及主要领导人变更情况

名称	姓名	任职时间	职务
椒江市气象台	倪永湘	1981.10—1988.1	台长
椒江市气象台	李妙富	1988.1—1991.2	台长
椒江市气象局	倪永湘	1991.4—1999.2	局长
椒江市气象局	胡志来	1999.9—2005.12	局长
椒江市气象局	陈 琳	2005.12—	局长

人员状况 1981—1982年建台初期职工9人。2008年底,职工17人(其中聘用3人),均为汉族。年龄30岁以下4人,31~40岁5人,41~50岁5人,51~59岁3人;大学本科8人,大专4人;工程师7人,助工7人(1995年曾有3位高级工程师,2008年前调市气象局或已退休);中共党员8人,共青团员3人,民主党派1人。

气象业务与服务

椒江地处沿海,属亚热带季风气候区,多台风、突发性暴雨、洪涝、干旱等气象灾害,尤以台风风暴潮危害最大。清咸丰四年七月初五(1854年7月29日),台风潮海溢水如山立,悠忽之间,陆地成海,黄岩淹死男妇万计。"9711"号台风和"0414"号"云娜"台风登陆温岭,陆上风力12级以上,海上风力17级,给椒江造成重大经济损失和人员伤亡。因此椒江气象服务责任大、任务重,又兼具陆地、海上服务特色。

1. 气象业务

①气象预报

预报项目 按时效分临近、短时、短期、中期、长期预报5类。

临近短时预报:主要针对突发性天气或重大转折性天气所作的预报。短期预报:1~3

日内逐日晴雨、极端气温、风的预报及灾害性天气预警报。中期预报:周报、旬报,周报内容大致同短期,旬报以天气趋势和重要天气过程为预报对象,具体有平均气温、极端气温、降水量及降水日数、海上大风日数等。长期预报:有冬、春汛渔场大风预报,春播、汛期、秋季低温、夏收夏种、秋收冬种及月、季、年天气趋势预报。

气象现代化建设进展 气象传真机:1982年使用ZSQ-1型,1989年改用ZSQ-3型;微机,初期使用PC-1500型,苹果Ⅱ型,1990年起换代升级,气象台现有11台性能较高计算机。2003年安装紫外线监测仪,开展紫外线指数预报服务。

卫星云图:1993年为低分辨率,2003年更新为高分辨率。

通讯:初期为电话通讯,1986年建成音频电话,2000年6月改用网上文字会商,2003年改用QQ音频会商,2004年12月启用电视会商系统。1996年业务通讯网为NOVELL网,1999年使用NT网,2000年改用分组数据交换网和程控电话,2003年使用气象宽带专用网。1997年建成9210工程配套系统,1999年建成VSAT单收站,随之建立MICAPS业务工作平台,现使用MICAPS3.0版。

自动站建设:2002年始建,至2008年底建成8个自动气象站站,2个能见度站,2个强风站,并应用市气象局研发的《浙江省自动站实时监控系统》成果。

预报方法进展 建台以来以传真图信息与单站资料相结合方法(MOS)制作预报,1997年起始用数值预报释用方法,2000年起转为数值预报、上级台指导预报为主,结合实时与历史资料、预报员经验作出预报。

②农业气象

1991年,农业气象观测项目由大麦、早稻,连作晚稻三季作物和柑橘观测,1994年停止大麦观测。1999年恢复自然物候观测,有柳树、蚱、蝉等6种。2004年1月起,作物观测调整为连作晚稻、柑橘。2007年4月起,新增0~30厘米土壤水分观测项目,2008年5月起增加40~50厘米层观测。2008年主持完成省气象局《柑橘观测方法》课题。

农业气象情报、预报:每年一般各编发18期、17期,有月报、农业气象专题分析、半年及年气候评价等。农业气象预报有作物收获采摘期及产量预报等。

农业气象报表:按不同时期观测作物项目制作作物年报表、柑橘生育年报表及物候观测年报表,一式4份,分别报中国气象局,省、市气象局及留底各1份。

农业气象电报:每旬末及月末发出,随地面气象电报一并发。

农业气象观测设备:有烘干机、电子天平、电子秤、手持糖度计、卡尺、皮尺、取土器、盛土盒、晾晒用具、计算机等。

2. 气象服务

①公共气象服务

建台初期承担椒江市气象服务,1987年9月至1988年10月承担黄岩县气象服务。1983年天气预报通过有线广

椒江农业气象工作始于1957年。图为气象工作人员在田间观测柑橘物候

播网发布,1996年7月开始发布电视天气预报,2000年有线广播遂停,1987年为专业用户服务建成无线气象警报器系统。2001年率先开通椒江农网,通过椒江气象网、椒江信息网、小灵通、农民信箱等传播预报,并与政府及防汛等部门建立信息共享平台。2005年起增发灾害性天气预警信号,同年8月开通政府防汛等部门以及各镇(街道)电子气象显示屏计24个,2008年增建1个社区气象显示屏。2006年3月在《今日椒江》报刊发1~7天天气趋势预报。

以农业为重点,推进城乡服务均等化,服务领域逐步拓展到城市、交通、航运、海洋、林业等部门,突出灾害性、关键性、转折性天气服务。农气服务通过上网、送资料、下乡调查等开展有针对性服务。1991年11月开始发布森林火险等级预报。2003年起先后推出晨练指数、紫外线强度、露天水泥路面最高、最低气温及中暑指数预报。2004年开始制作春运期8天逐日气象专项预报以及高考期间专项天气预报。

②决策服务

每当重大灾害性天气及时发布重要天气专报,传区四套班子领导、防汛防旱指挥部及相关政府部门,局长亲自向区领导直接面报,提出防御重点建议。9711号台风、0414号超强台风服务受区委区政府表彰。9711号台风服务出色,椒江区政府奖励区气象局5万元,为台州气象史上第一次。

1997年8月5日,台州市委办转发《有关人士谈海门港风暴潮》,此文为椒江局科技人员的研究报告,称"海门港有可能出现近8米的最高潮位"。仅隔20天,即8月18日9711号台风使海门港发生近250年以来最高潮位7.5米,为市、区政府防台抗灾决策提供了可靠依据。椒江是非台风造成的突发性大暴雨多发地区,2007年8月14日07时10分起,椒江城区开始出现强降水(当日降水量299.8毫米),气象台发布暴雨专报传区防指,08时区防指就作出防汛防涝部署,大大减少损失,浙江省委书记称赞椒江防汛工作,作出两次批示。2007年国庆长假期间受"罗莎"台风影响,有132名外地游客滞留大陈岛,区领导根据区气象台的精细预报,决定派船驶往大陈岛接应,游客安全返港,此事受到区委书记高度称赞,社会反响极好,并获"椒江改革开放30年有影响力事件"提名奖。

③气象科技服务与专业(项)气象服务

20世纪80年代中期开展有偿气象专业(项)服务,主要有警报器、气球、防雷检测,时称"老三项"。2001年起专业(项)气象服务统称为气象科技服务。

气象警报器服务　1987年建成无线气象警报系统,首先在露天砖瓦厂取得突破,使厂家在避免损失中获得实惠,而后推广到农业、水利、渔业、建筑、航运、造船、商业、保险等企事业单位,1990年警报器用户达112家。警报器在台风等气象灾害天气中发出信息迅速密集,又可传达政府抗灾指令,发挥防灾减灾重要作用。警报器服务于2005年全部退出。为适应农村改革发展新形势要求,加强农村防灾减灾工作,利用农民信箱、气象显示屏等发布气象信息和灾害性天气预报,做好为三农服务,包括为种养殖大户、农村专业合作社服务。

防雷服务　1989年4月在全省率先开展,联合劳动、公安、保险等部门,对椒江90余家企事业单位开展建筑物防雷安全检测。1990年省气象局举办第一期防雷技术培训班,椒江台特邀作经验介绍。1999年成立防雷设施监测站,2001年进入区政府办事大厅,受理建筑工程防雷评价服务等。2008年9月椒江某中心校教学楼遭雷击,迅速调查报告,随后市教委召开会议再次部署教育系统防雷安全工作。至2008年底,全区确定重点防雷单位98家。

气象资料服务 为有关部门提供气象资料及分析服务,以及开展气候资源调查区划工作。1983—1985年完成《椒江区农业气候资源调查与区划》,1989—1991年完成《椒江海岛气候资源调查与区划》(1994年获省气象局科技进步三等奖),为发展农业、渔业生产提供基础依据。开发利用风能服务,2005年6月,完成《大陈岛风力发电工程可行性气候评估报告》编制,在杭州通过专家评审,有关部门据此于2007年开始动工兴建大陈岛风电场,计划总装机容量49.5兆瓦。

重大活动气象服务 认真做好历次重大活动气象保障服务工作。2005年1月18日,一江山岛登陆作战50周年,区气象台1月13日提前制作《一江山岛登陆战50周年纪念活动期间的天气特报》,呈送区领导,为庆祝活动提供准确及时服务。

海洋交通服务 1985年3月接受省市气象局任务,承担大陈渔场气象服务(至1996年)。1991年完成《浙江省中部沿海海雾预报方法》课题研制,成果获省气象局科技进步二等奖。1992年完成《椒江市海岛气象资源调查和开发利用》,获浙江省气象科技进步三等奖。1995年完成《海门港台风及暴潮预警服务系统研究》课题,获中国气象局四等奖。1993年开始发布1~5天海上风力预报。2008年在椒江大桥建立含有大风、能见度观测要素在内的自动站,直接为大桥交通安全服务。

港口建设服务 主持《椒江口外航道整治及台州港深水港址开发》研制,提出"抛筑拦海大坝,营造台州大港"原创方案,2006年被市政府纳入建设规划。

历史气候研究 由区局科技人员担任副总编的《中国三千年气象记录总集》,经过21年努力,于2004年出版。参与《中国历史气候资料系统的研制》,2005年获中国气象局科技开发研究一等奖(第三完成人)。

党建与气象文化建设

1. 党建工作

建台之始就建立党支部,直属区机关党工委领导,现支部党员有15人,其中退休党员7人。历任局(台)长都任党支部书记。

2002年以来,每年开展党风廉政教育月活动,加强警示教育,制定加强党风廉政建设的规划,建立党风廉政责任制,严格执行党风廉政各项规定,未发生一起违法违规违章行为。局党支部被机关党工委评为"2007年度十佳党支部"。从1982年以来党员中获地(厅)级以上先进人物有21人次,多人被区委评为优秀共产党员。1985年1位党员赴西藏申扎县气象站支援工作。2008年1位党员干部获椒江区改革开放30年影响力人物殊荣。

2. 精神文明建设

1987年开始,每年开展职业道德月教育活动;开展"八荣八耻"教育、机关效能建设、"迎奥运、讲文明、树新风"活动;开展救灾献爱心活动,2008年向汶川大地震捐款献爱心,有6位党员获中组部颁发捐款证书。1989年为椒江市文明单位,2002年起为台州市文明单位,2006—2008年连续获区委"人民满意机关先进单位"。2006年参与市局组织创作《风雨青松》舞蹈节目获中国气象局三等奖,2008年自创《气象人之歌》节目获市局二等奖。

每年结合"3·23"世界气象日、全国科技宣传日、台州"7·10"防台宣传日等活动,深入社会宣传气象法律法规、宣传气象防灾减灾科普知识,发放台风、暴雨、雷电、高温等防御指南宣传卡。2007年起,举办二期农村气象信息员(340人)培训班,举办一期外来民工防台科普知识讲座。2008年开展纪念改革开放30年宣传活动,宣传椒江气象事业发展成果。

全国首座台风登陆地标志物——椒江"9015"号台风地标

3. 荣誉

1989年以来,获区政府以上集体荣誉共30项,其中获市(地)级以上奖16项。获市(地)级以上综合奖有:1996年省气象局授予全省气象部门先进集体,2001年台州市政府授予"九五"期间气象工作先进单位,2002年、2004年、2006年、2008年连获台州市委市政府"文明单位"称号。

1982年以来,获市(地)级以上先进个人有22人次,其中有全国气象部门双文明建设先进个人1人、浙江省气象部门优秀青年科技人才1人、台州市专业技术拔尖人才1人、防台救灾先进个人以及省市农业科技先进个人7人等。

气象管理

1981年建台时,负责椒江台、大陈站的管理,包括承担大陈站业务建设及后勤保障工作。

鉴于椒江区气象工作特殊性,1991年省气象局决定由椒江局统一管理椒江、大陈、洪家、黄岩四台站(1994年黄岩台单列)台站建设、业务发展规划及统一向地方争取经费、统筹职工福利等工作。在财务管理上,洪家、大陈站为报账单位,椒江局为会计单位。

2000年《气象法》办法实施以来,区气象局加强气象社会管理,主要有观测场保护、气象信息发布、气象资料、防雷安全以及庆典气球的依法管理,后四项被列入区政府保留的气象行政许可项目。2003年10月成立气象行政执法大队,现有行政执法证9人。2005年建立了《椒江区气象局重大气象灾害应急防御预案》。

实行政务公开和政府信息公开,向社会规范政务公开内容、工作纪律和各项制度等,严格行政审批,文明便民服务。2006年区政府办事大厅气象窗口被台州市委市政府授予"行政服务中心建设先进窗口"。政府信息公开工作中,2006年建立气象子网站,建立和完善信息公开目录,2007年被区委区政府评为优秀子网,2008年被评为政府信息公开工作先进集体。

台站建设

1981年建台时征用土地4亩(含职工宿舍),1998年把机关办公区与职工宿舍区分开。机关办公区使用面积1452.7平方米,其中办公楼1幢4层600平方米,另有仓库机房等附属建筑。

为避免台风洪水危害,1998年局院内夯土升高40厘米。1999年后陆续对办公楼改造,地板全部改为瓷砖地板或防静电地板,办公楼走廊外墙安装铝合金窗。增添设备实现办公自动化。院内种树栽花,环境绿化、美化、洁化,连年保持台州市卫生先进单位。

1983年有1辆三轮摩托,1987年配备1辆吉普车,皆已报废。1997年购上海大众小车1辆。现有3辆业务用车和1辆摩托车。

黄岩区气象局

黄岩地处浙江省中部沿海,陆域界东经121°21′~121°48′、北纬28°43′~28°28′。黄岩地形狭长,全区总面积988平方千米,地貌可概括为"七山一水两分田"。中、东部是平原,西部为丘陵山地,最高主峰大寺基海拔1252.5米。境内江河溪流纵横,平原地区河网纵横。大型水利工程长潭水库设库容为7.32亿立方米,为浙江省第三大水库,灌溉黄岩、椒江、路桥、临海、温岭5市(区)695.1平方千米农田,解决200多万人民生活用水。黄岩属亚热带季风区,加上地形、地理环境的影响,存在东部和西部以及不同海拔高度属地明显气候差异,台风、暴雨、伏旱、冰雹、寒潮、洪涝等灾害性天气影响频繁。

机构历史沿革

始建情况 1933年,浙江省水利局在黄岩境内设雨量站,1937年改名黄岩县测候站。1945年中美合作所在徐山乡(今椒江朱家店)建立气象测报点,即海门气象站前身(有关海门站情况见洪家国家基准气候站情况介绍)。1958年10月,黄岩县水利局在城关西江闸自办黄岩气象服务站,属地方建制,1963年5月撤销。1988年11月15日,根据地方经济服务需要,黄岩县人民政府主动提出建站要求,经省、地气象主管部门同意,由地方政府投资在城关西江闸筹建黄岩县气象站,1989年4月16日开始正式工作。1989年11月,黄岩撤县建市,更名为黄岩市气象台,随即迁至黄岩大厦。1994年6月单列为黄岩市气象局(正科级),改由台州市气象局直接管辖(业务)。1992年5月迁至青年路黄岩盐业公司5楼。1994年12月黄岩撤市设区,改名黄岩区气象局。1996年6月迁至东城桔乡大道314号灵通大厦六楼。2002年5月经区人民政府同意,迁至黄椒路原黄岩日报社,其中1~2层为区气象局办公楼,全局职工增至8人。

建制情况 1988年11月15日,建立黄岩气象台,由地方政府领导为主,人员编制属洪家气象站序列,业务受省、地气象部门指导,经费来源一是地方财政补贴投入,二是自营创收,1991年由当地政府领导逐渐过渡为气象部门领导为主。1996年12月实行气象部门和地方政府双重领导,以气象部门领导为主的领导体制。

名称及主要负责人变更情况

名称	任职时间	负责人	职务
黄岩县气象站	1989.4—1989.11	陈宏义	站长
黄岩市气象台	1989.11—1994.6	陈宏义	台长
黄岩市气象局	1994.6—1994.12	陈宏义	局长
黄岩区气象局	1994.12—2000.3	陈宏义	局长
黄岩区气象局	2000.3—2002.10	张文明	副局长
黄岩区气象局	2002.10—2003.6	张文明	局长
黄岩区气象局	2003.6—	黄朝善	局长

人员状况 1989年初建时职工为3人,以后由于业务发展,人员有所增加。截至2008年底有职工14人(外聘8人),皆为汉族。职工30岁以下7人;31～40岁3人;41～50岁4人。全体职工平均年龄33.4岁;大学本科5人,专科8人,1人高中学历;中级技术职称3人,初级技术职称4人;中共党员10人(其中3名挂靠);共青团6人。

气象业务和服务

1. 气象预报

1989年,建立黄岩县气象站并开始发布天气预报。2000年至今,开展常规24小时、未来3～7天和旬月报等短、中、长期天气以及临近预报。气象预报种类按时效分临近、短时、短期、中期和长期预报五个类别。其中,临近预报时效0～3小时,主要以卫星、雷达和气象监测站实时监测为依据,结合数值预报产品,重点为台风、暴雨、强对流天气及突发性灾害天气的即时预报;短时预报时效0～6小时,内容同临近预报,主要为灾害性天气的紧急预警报;短期预报时效0～72小时,包括预警、预报,内容有天气预报、森林火险等级预报、气象指数预报等,每天早晨、中午、傍晚各向公众发布1次;中期预报时效3～10天,以天气趋势和主要天气过程为预报对象;长期预报时效10天以上,又称短时气候预测,内容有旬、月、年报等。在地方政府的支持下,以现代化建设为主体的业务基本建设取得明显进展。1997—1999年,先后建成气象卫星业务通讯系统(9210工程)VSAT单收站,快捷获取大量气象信息和数值预报产品;并建立人机交互处理系统MICAPS预报业务工作平台,取消纸质天气图,基本实现资料获取—加工处理—分析预报—信息输出自动化,提高了预报能力。

2. 气象服务

公众气象服务 1989年,开始发布公众预报,先后在广播、气象警报器、电视发布。1996年县气象局制作电视气象节目,对公众发布。2000年起,服务形式推陈出新,范围涉及广播、电视、报纸、网络、电话自动答询、人工咨询、短信等。公众服务项目逐渐多元化,并开拓了森林火险等级、人体舒适度指数、穿衣指数、紫外线指数、晨练指数等各类预报。2005年增播气象灾害预警信号。2006年8月建立黄岩区紧急异常气象信息平台,手机短信用户1871人。2006年12月,19个乡镇预警电子显示屏投入使用。2007年在全区19个乡镇、街道,534个行政村,组织建立了一支由595人的乡村气象协理员、信息员队伍,承担气象灾害信息传递、气象知识宣传、气象情报反馈等职能。

决策气象服务 1989年起,以电话或传真方式提供决策服务。1995年开始,逐步扩展服务形式。目前向政府和部门提供决策服务的产品有:《重要天气报告》《气象信息内参》、《天气简报》和《天气公报》等。历年来做好台风气象服务工作。2002年黄岩区气象局获浙江省气象局"重大气象服务先进集体"荣誉称号。2007年,"罗莎"台风决策服务材料参加浙江省县级气象部门重大气象服务决策材料评比,荣获全省第三名。

防雷安全服务 黄岩区是雷电活动和雷击灾害频发地区。1993年开始进行建筑物、化学仓库、烟囱、铁塔等防雷检测工作。1998年1月,经过上级气象主管部门批准成立台州市防雷设施监测所黄岩检测站。2002年3月,黄岩区机构编制委员会下发黄编委〔2002〕8号文批复定编,更名为黄岩区防雷设施监测站,2003年1月,通过浙江省质量技术监督局计量认证;2003年7月通过浙江省气象局资质认证。2000年实施《气象法》,规定各级气象主管机构承担防御雷电灾害的组织管理以及防雷装置的监督工作。2002年5月在黄岩区行政服务中心设立气象窗口,受理建筑物防雷装置设计方案图纸审核、施工监督、竣工验收等事项。

气象科技服务与科普宣传 1989年至今,黄岩气象科技服务从最初的单一的专业气象服务,发展成为以气象影视服务、专业气象服务、防雷技术服务、气象信息电话服务、手机短信气象服务等多个支柱项目,服务领域不断拓宽、覆盖面不断扩大,成为拓展气象业务和服务领域的重要力量。2000年起,应对气候变化、加强防灾减灾作为科普宣传工作的重点,每年的"3·23"世界气象日、安全生产月、台州防台风日等,均举行上街宣传咨询活动,发放科普资料等,开展气象防灾减灾知识宣传。

3. 气象现代化建设

1989年开通高频电话和气象警报器系统,1992年在地方政府的资助下购置了低分辨率卫星云图接收设施。1996年建成省—市—县Novell网,信息资料进入网络传输新阶段。1999年建成省—市—县NT网,取消Novell网,完成VSAT单收站建设,同时开始使用高分辨率卫星云图接收装置。2002年建成10兆业务宽带网,省、市、县间的业务信息、资料交流,以及全国Notes系统都由此网络传输。基于宽带网,2004年建成视频会商系统。2003—2008年全区建成了14个区域自动气象监测站(其中,六要素站11个、四要素站3个),中西部9个站:长潭、平田、上垟、宁溪、屿头上凤、屿头白石、上郑、富山、高桥;东部5个站:江口、城区、沙埠、院桥、头陀。2007年建成"乡镇气象预警服务系统",全区19个乡镇、街道各建一个气象预警终端、电子显示屏,同时建立气象预警短信发送系统,增强气象预警信息的传播能力,提高气象预警的覆

黄岩区上郑乡气象自动站

盖面。2008年3月23日,黄岩气象网正式开通,实现了区域气象监测站实时气象资料和其他各类气象监测资料、气象预报预警信息等的全社会查阅共享。

法规建设与管理

行政许可 黄岩区气象局是黄岩的气象行政执法主体,履行社会气象安全管理职能。2000年以来,逐步规范行政审批程序和服务工作,统一承担和集中办理黄岩区的气象行政许可项目和非行政许可事项:建设项目大气环境影响评价气象资料核准;天气预报、警报信息传播核准;防雷装置设计审核和竣工验收;升放无人驾驶自由气球、系留气球作业许可等。2004年,成立黄岩区气象行政执法大队。有5名兼职行政执法人员,都通过省政府法制办培训考核和本系统内培训考核,持证上岗。2002年起,与台州市气象行政执法支队、黄岩区消防大队联合开展气象行政执法近20次,树立了气象服务形象,提升了气象执法地位。

社会管理 2002年5月,防雷行政审批工作纳入区政府办证中心运行。2004年7月,黄岩区编委正式批准成立黄岩区防雷设施监测站,逐步开展对建筑物、危化行业、计算机信息系统等防雷装置进行安全性能检测,对重要场所的防雷装置实行定期检测制度。并开展新建建(构)筑物防雷工程图纸审核、设计评价、雷击风险评估等工作。2006年起,每年联合安监局、教育局开展防雷安全专项整治活动,对危险化学品、人员聚集场所、中小学校等的防雷重点部位、重点设施的雷击隐患进行彻底排查。2007年开始,开展雷击风险评估工作。加强对爆炸危险环境、人员聚集场所、高层建筑等建设项目的雷击风险评估,确保公共安全。2008年公布全区防雷安全重点单位68家。

党建与气象文化建设

1. 党建工作

党支部建设 黄岩区气象局党支部成立于1996年3月14日,陈宏义是第一任支部书记。2000年4月至2003年8月,党支部书记由张文明担任。2003年8月至2008年,党支部书记为黄朝善。现有正式党员10人,其中3名为外单位挂靠。

党风廉政建设 2002—2008年,严格按照执行党风廉政建设责任制,局长负总责,分管纪检员具体抓,中层领导干部根据职责分工,对分管范围内的党风廉政建设负直接领导责任。2002年起,连续7年开展党风廉政教育月活动。2006年来,健全和完善党风廉政建设责任制、首问责任制、政务公开制度、安全管理制度、重要事项办事程序及责任追究制等这一系列制度。

2. 气象文化建设

精神文明建设 2002年,开展创建文明单位工作,黄岩区气象局被区人民政府命名为"区级文明单位"。2007年度被台州市爱国卫生委员会评为"市级卫生先进单位",2008又被省爱国卫生运动委员会授予"省级卫生先进单位"。2005开始区气象局每年开展"一帮一"结对帮扶活动,深入农村了解结对帮扶对象贫困原因,建立帮扶联系卡,制定帮扶长效制度,为贫困户解决实际困难。2008年四川汶川地震后,组织广大党员干部职工开展救灾捐款活动。

文体活动 2005—2008年,开展了丰富多彩的文体活动。2005年举办了冬季体育项目友谊赛活动;2006年至今组织干部职工参加台州市气象局春节联欢晚会,2008年选送的舞蹈《和太阳一同升起》被台州市气象局评为三等奖,黄岩气象局荣获组织奖。单位还经常利用节假日组织职工开展爬山、郊游等活动促进同事之间的感情交流。

政务公开 2002年开始,气象局领导班子把政务公开工作摆上重要议事日程,明确责任,坚持党政一把手为第一责任人,纳入年度工作计划。2003年起对气象行政审批办事程序、气象服务、服务承诺、气象行政执法依据、服务收费依据及标准等内容向社会公开。2005年被中国气象局评为全国气象部门局务公开先进单位。2007年在全省气象部门12个全国政务公开先进单位和经基层推荐的5个备选单位的检查考核中名列第三。2008年5月,按照区政府《政府信息公开条例》有关规定制定了本单位政府信息公开内容规范,明确了政府信息公开的内容分类、公开形式、公开时限和责任科室,将局务公开工作进一步深化。

荣誉 1989年以来获8项集体荣誉,其中浙江省气象局先进集体3项,黄岩区委区政府先进集体5项。2005年被中国气象局授予气象部门"局务公开先进单位"。1人被团浙江省委评为"百业青年标兵",5人次被台州市委市政府和浙江省气象局评为"防台抢险救灾、重大气象服务先进个人"。

台站建设

2005年起,黄岩区气象局加大基层台站综合改造建设步伐,完善台站气象预报设施,优化办公环境。当年对业务、服务办公场所和整体环境装修改造,使气象台预报室、防雷设施监测站、会议室等办公场所及整体环境焕然一新,做到绿化、亮化、美化的要求,营造出美观、规范、和谐的办公氛围,全局整体环境得到明显改善。2006年,对卫星云图接收系统进行了全套更换,新添置了2千瓦UPS一台,购置了计算机、打印机等数台,提高了气象预报预警的能力。

黄岩区气象大楼

黄岩区气象局会商室

临海市气象局

临海地处浙江中部沿海,居台州地域中心,1994年前为台州行政公署驻地。全市陆域面积2203平方千米,海域面积1819平方千米,辖5个街道、14个镇和1个省级经济开发区,总人口110万。属亚热带湿润性季风气候,灾害性天气频发,尤以台风、暴雨、干旱、雷电为甚。

机构历史沿革

始建情况 临海市气象局始建于1959年1月,当时称临海县气象服务站,为县政府自办机构,1963年收归气象系统建制,翌年精简机构,省气象局指令裁撤。因地方政府要求,保留为自办机构,编制列入县机电排灌站。1966年7月恢复气象系统建制,为国家一般站。1969年5月与水文站合并为临海县水文气象站,1971年10月恢复单列。1979年8月至1984年6月,曾成立临海县气象局,统筹临海、括苍山二站行政事务,为当时全省仅有的两个县级气象局之一。1985年临海设县级市,改名临海市气象站。1987年9月改革机构,又将临海、括苍山两站合并,统称临海市气象站,两站合并后的基本任务不变,报表、档案等各署原名。1989年5月恢复单列,1990年12月改名为临海市气象局。1994年7月1日,正式承担括苍山地面测报业务,由一般观测站升格为国家基本站。2007年1月调整为二级站,仍承担一级站业务,继续使用"国家基本气象站"名称。

局内机构 1979年设预报组、测报组,1980年增设农气组,1985年1月至2002年1月,预报由市气象台承担,但仍负责服务工作。2003年机构改革,内设办公室、气象台、地面测报站和科技服务科4科室,下辖防雷设施监测站、华风科技开发服务分公司等。

观测场变动情况 1959年为城关西门义元坦,1961年迁至城关谢鲁王路8号。1982年改建观测场,向南移164米,地处北纬28°51′,东经121°08′,25米×25米,海拔高度7.7米。

管理体制 1959年1月至1966年6月,地方自办(其中1963年为气象系统建制);1966年7月至1970年1月,省气象局和地方政府双重领导,以省气象局领导为主;1970年2月至1980年12月,地方政府领导(其中1970年10月至1973年8月,县人武部领导为主)。1981年以来,气象部门和地方政府双重领导,以气象部门领导为主,既是省气象局下属单位,又是同级政府的职能部门(一级局)。在地方政府领导为主时期,业务上受省气象局指导。

人员状况 1959年1月建站时有2人,1988年定编为14人。2008年底,在职19人(编外聘用6人),汉族18人,蒙古族1人。其中中级职称的6人;硕士研究生1人,大学本科6人,专科6人;30岁以下4人,31~40岁5人,41~50岁5人,51岁以上5人。

主要领导变动情况情况

姓名	职务	任职时间
王国元	负责人	1958—1969
邵听棣	负责人	1969.7—1971.1
程尧耕	负责人	1971.2—1979.6
申家平	副局长	1979.8—1982.6
吴映渠	副局长	1982.6—1985.2
徐常友	副站长	1985.2—1988.8
徐常友	站长	1988.9—1989.10
郑岩群	站长	1987.9—1988.8
陈昆云	站长（兼）	1988.8—1990.4
李招宝	站长（兼）	1990.5—1991.2
朱德福	局长	1991.9—1994.7
许茂利	副局长	1993.3—1998.11
许茂利	局长	1998.12—

气象业务与服务

1. 地面气象观测

观测时次 1959年1月1日至1994年6月30日,每天有08、14、20时3次,夜间不守班;1994年7月1日起,每天有02、05、08、11、14、17、20、23时8次,24小时守班。观测项目有风向风速、气温、气压、云、能见度、天气现象、降水、日照、蒸发(小型)、地温、雪深、电线积冰等,1997年1月1日增加大型蒸发,2004年1月1日增加深层地温。

发报时次 1959年1月1日至1994年6月30日每天08时发报,1994年7月1日起,每天02、05、08、11、14、17、20、23时发报,同时承担重要天气报任务。1970—1987年还承担白天航危报发报任务。初期通过邮局传报,2000年7月起改用分组数据交换网和程控电话传报,2003年5月起,通过气象宽带网上传省气象台,计算机自动编发。

发报内容 天气报内容有云、能见度、天气现象、气压、气温、风向风速、降水、雪深、地温等;重要天气报的内容有瞬时大风、龙卷、积雪、雨凇、冰雹、雷暴及视程障碍等。

编制的气象报表月报表(气表-1)、年报表(气表-21),一式3份,向省局、地(市)局各报送1份,留底本1份。2000年10月通过162分组网向省局、地(市)局转输原始资料,2005年1月起,停止报送纸质月报表,但年报表仍保持制作项目。

自动气象站 2002年8月18日建成台州市首个遥测自动气象站。2003年1月起正式与人工观测并轨运行,2004年以自动站单轨运行为主。2003—2006年在全市每个镇街(河头、白水洋、东塍、涌泉、杜桥、上盘白沙、桃渚南门坑、小芝、括苍黄家寮、汛桥、尤溪、牛头山库区、大田、江南、汇溪、沿江、外蔡、永丰、东矶)建成19个区域自动气象站并投入运行。2008年在上盘沿海建成70米高低空测风塔。自动气象站观测项目有气压、气温、湿度、风向风速、降水、地温等。

2. 气象预报服务

临海市气象局坚持以经济社会需求为牵引,把决策气象服务、专业气象服务和气象科技服务融入到经济社会发展和人民群众生产生活。

预报发展 20世纪60年代以前,以单站补充天气预报为主。20世纪70年代起以收听省台预报为主,并建立基本资料、基本图表、基本工具、基本档案,运用数理统计方法作综合预报。1980年起,以传真图气象信息产品与本地天气模式指标综合分析方法作预报。1985年1月起,预报业务归并台州地区气象台,服务工作分头进行。1994年7月预报服务业务等工作重新开始,但广播电台的天气预报节目仍由台州市气象台承担。1999年1月,恢复全部气象服务业务,步入数值天气预报为基础、人机交互处理系统为平台的新时期,逐步发展定时、定点、定量和精细化预报。

20世纪70年代前主要依靠收音机、电话开展工作;1980年开始,使用气象传真机;1986年开通高频电话和建成无线气象警报系统;20世纪90年代起,计算机换代升级。

1996年9月1日卫星云图接收系统正式运行,为高分辨接收装置,2004年停止接收日本卫星云图,开始使用风云2-B卫星云图,2005年7月1日改用风云2-C气象卫星云图资料。1997年建成气象卫星综合应用业务系统配套设施,1999年建成VSAT单收站,气象资料接收更加方便、快速、全面。2000年建成气象数据分组交换网,实现与上级业务部门的资料共享。2003年建成省市县可视会商系统建设。

2005年完成了移动气象台建设,为市领导提供即时的天气实况和未来的发展趋势,为防台、防汛、防火和人工增雨提供现场决策依据。2006年建成灾害性天气短信预警平台,第一时间向各级领导、各有关部门和重要用户报告灾害性天气信息,使领导决策气象服务更加及时和有效。2007年建成气象预警信息发布系统,在全市19个镇、街道各安装了一块气象预警信息显示屏,并建立了一支由1016人组成的镇村气象协理员(信息员)队伍,有效扩大气象信息特别是在农村地区的覆盖面。

目前预报按时效分临近、短时、短期、中期预报、长期预报等5类。

公众服务 1996年以前主要通过广播站、广播电台发布预报,1986年用警报器为专业用户服务(至2000年止)。1996年1月,开通168声询台天气预报,同年11月21日停止运行。1998年9月开通"121"天气预报自动答询系统。2003年3月进行数字化改造升级,将模拟信号设备更换为采用7号信令的数字信号设备,答询电话从14路增加到30路。2005年11月"121"电话升位为"96121"。

1996年7月1日,开通电视天气预报,电视节目由电视台制作。2002年1月气象局建成电视天气预报非线性编辑系统,实行人工现场播音,自制节目录像带送电视台播放。

服务种类 在做好公益服务的同时,1985年开始与台州气象台共同开展气象专业有偿服务,2002年1月始独立承担。气象专业专项服务主要是为全市各乡镇和相关企业单位提供天气预报警报、气象资料等。

2002年10月23日临海农网正式开通,2003年全市各镇(街道)均设立农网信息服务站。2004年在临海农网平台上建成全国首家农村工作指导员网站,2005年建成临海市建设学习型城市网站,2006年根据新农村建设的服务需要扩版改名为临海市新农村建设网。

市委、市政府对临海农网给予重视和支持,2003年开始将农网建设列入镇(街道)经济和社会发展目标责任制年度考核。

2001年8月经临海市机构编制委员会批准成立临海市防雷设施监测站,为自收自支事业单位,人员定编5人,为临海企事业单位提供防雷装置设计审查、施工监督检测、竣工检测和工程项目雷击风险评估等防雷技术服务。

2007年12月临海市政府发文成立临海市人工影响天气工作领导小组,领导小组办公室设在市气象局。

决策服务　遇到重大灾害天气和经济社会活动,市气象局都做好决策服务,为当地经济社会发展和防灾减灾贡献力量。9711号强台风影响时,市气象局提前52小时预报台风在浙江中南部沿海登陆,提前24小时预报临海城内进水,市防汛总指挥根据预报,提前3小时下达沿海一线人员撤离的命令,最大限度减少人员伤亡。2005年"麦莎"台风影响期间,市气象局为牛头山水库泄洪调度的决策提供准确服务,水库多蓄水9145万立方米,减轻了下游大田平原的淹没程度。2007年超强台风"韦帕"、"罗莎"严重影响临海,全市普降大暴雨到特大暴雨,气象局首先发出了城市洪涝预警,并围绕城市防洪开展针对性服务,每小时1次向市领导和防汛指挥部汇报各自动站点和上游天台、仙居等地的风情雨情,协助市防汛部门预测灵江洪水位,提出相应的决策建议。市防汛指挥部根据气象预报及时对水库、河网进行预排,并及时对灵江两岸低洼地段的群众进行了转移,减轻了后期的调洪压力和受淹程度。

2000年12月30日至2001年1月1日,临海市政府和中科院紫金山天文台主办的"中国二十一世纪曙光节"在括苍山主峰米筛廊举行,万人上山观赏,气象局成立决策服务领导小组,从2000年12月20日开始每天制作曙光节期间的逐日滚动天气预报,曙光节气象保障获得圆满成功。

气象依法行政与气象文化建设

法规建设与管理　依据《中华人民共和国气象法》赋予气象主管机构的社会管理职能,依法加强对气象信息的传播、气象资料的使用、低空飘浮物的施放和建筑物防雷管理。临海市政府下发了《关于加强庆典氢气球安全管理的通知》(临政办〔1999〕234号)、《关于进一步加强防雷减灾工作的通知》(临政发〔2001〕187号)、《关于加强自然灾害防范工作的通知》(临政办〔2004〕90号)等文件。2003年10月临海市气象行政执法大队成立,7人获气象行政执法证。

2000年开始行政审批制度改革,临海市政府批准气象审批改革项目8项。2001年12月28日,临海市气象局在市政府办事大厅设立气象窗口,规范行政审批行为。2002年进行二轮审批制度改革,临海市气象行政审批项目保留4项。2004年7月1日,《行政许可法》颁布实施,实行审批制度再次改革,临海市政府批准气象行政许可项目5项。2007年临海市政府对行政许可项目进行清理,2008年公布气象行政许可项目3项:天气预报、警报信息传播审批、防雷装置设计审核和竣工验收、建设项目大气环境影响评价气象资料核准。

党建工作　1984年临海市气象局党支部成立,吴映渠任支部书记。现任支部书记吕信满,有党员5人。党支部坚持党日制度、落实党课制度,定期召开民主生活会,开展民主评议党员等活动。按照"坚持标准,保证质量,改善结构,慎重发展"的方针抓好党员发展工作。2005年起,先后开展"保持共产党员先进性教育活动"、"八荣八耻"、"学习实践科学发展观"等教育活动。

气象文化 1998年起,开展创建文明单位活动。把公共气象服务放在首位,尽心尽责做好为领导决策气象服务,以服务树形象,以服务促发展。1998年获临海市级文明单位称号。2002年获临海市文明机关称号。2004年、2006年、2008年连续被评为台州市级文明单位。

荣誉 从1999年至2008年,临海市气象局共获集体荣誉25项。1999年被浙江省气象局评为"重大气象服务先进集体",2002年被台州市人民政府评为"2001年防汛工作先进集体",2004年被临海市委、市政府评为"0414号台风抗台抢险救灾工作先进集体",2005年被评为"临海市防台抢险救灾先进集体",2008年被授予"2007年度临海市创建满意机关示范单位"。

2000—2008年,临海市气象局个人获奖共51人(次)。其中获地(厅)级以上奖有8位,有2人分别获中国气象局"重大气象服务先进个人"和"质量优秀测报员"。

台站建设

1. 气象观测站建设

临海市气象站始建于1959年。随着临海城市建设的发展,周围高楼逐年增多,气象观测环境日益恶化。2007年,临海市政府选定临海市大洋街道办事处庄头村永强工业园西侧地块为新气象站址,并将气象探测环境列入城市发展规划予以长期保护,搬迁经费由市政府落实。新站址位于北纬28°52′,东经121°12′,海拔高度6.6米,距现址直线距离6.37千米,周围环境符合《气象探测环境和设施保护办法》规定的要求。新观测站占地面积5.2亩,观测场25米×25米,值班房为二层建筑,建筑面积为450平方米。

临海旧观测场

临海新观测场

2. 气象灾害预警大楼建设

临海市气象局办公用房建于1969年,建筑面积271平方米。由于气象建筑面积过小,已不能适应新时期气象工作的要求。2004年9月,临海市气象局向市政府请示要求尽快落实气象办公楼建设。2006年5月24日,临海市气象灾害预警大楼建设项目经临海市十三届政府第8次市长办公会议讨论通过,确定选址临海大道新名门酒店西侧地块,总用地面积8.15亩,净用地面积3.29亩,建设规模3417.3平方米,地上五层,地下一层,市政府以行政划拨落实建设用地,补助建设经费400万元。2007年3月27日气象灾害预警中心大楼基础钻探进场,12月16日正式动工,2008年5月30日大楼结顶,项目第一期工程基本完成。

临海气象局旧貌

2008年在建的临海气象预警大楼

温岭市气象局

温岭市位于浙江东南沿海,全市总面积920.2平方千米,辖11个镇5个街道,人口103.75万,人口密度每平方千米1127人,为全国人口密度最高的几个县之一。温岭地势自西向东倾斜,西部和西南部为低山丘陵,北部、中部和东部为平原,土腴地旷,水网交织,富有水乡特色,为温黄平原组成部分。全市大小岛屿122个,海岸线总长235千米。

温岭地处亚热带季风气候区,气候温和湿润,四季分明,冬夏无严寒酷暑,无霜期长,有明显的海洋性季风气候特征。境内多气象灾害,尤以台风干旱为最严重。新中国成立以来有7个台风在温岭登陆,著名的有"9711"号和"0414"号(云娜)台风。

机构历史沿革

始建情况 1931年,浙江省建设厅按流域分区在新河城关设点进行雨量观测。1958年10月,温岭县人民政府筹建气象服务站。1959年3月建成,开展预报、观测业务。1960年4月,归温州气象台领导。1964年,改名气候服务站,1966年恢复,1975复改称气象站。

1979年在地面观测、预报两项基本业务上,增加农业气象观测服务项目(1992年停止)。1991年成立温岭县气象局,内设气象台和地面大气监测站。2003年机构改革,分设办公室、气象台、地面观测站、科技服务科,下辖防雷设施监测站、科安防雷工程有限公司。

管理体制 1959年自建站开始,由当地政府领导,业务上受温州气象台指导。1962年10月实行以省气象局和地方政府双重领导,以省气象局领导为主的体制。1970年,下放气象管理体制,划归当地农林水利系统领导。1981年以来,为气象部门和地方政府的双重管理体制,以省气象局部门领导为主,既为省气象局下属单位,又是同级政府的职能部门(一级局),日常工作归当地农经委管理。

温岭气象观测场

观测场变动情况 1958年建站时,观测场设在县城关北门村附近,即北纬28°22′,东经121°22′,16米×16米,海拔高度5.5米,四周环山,距最远处能见度目标物只有8119米,为国家一般站。因城市建设需要,1993年1月,观测场迁址于城关北门头山嘴,经纬度不变,观测场16米×20米,2007年扩建成25米×25米标准观测站,海拔高度35.3米,视野较开阔,观测环境良好。

主要领导变更情况

姓名	职务	任职时间
邵荣贵	负责人	1958.10—1960.4
陈贵法	站长	1960.5—1975.9
邵荣贵	负责人	1975—1978
聂从亮	站长	1978.10—1985.1
丁锦涛	副站长	1985.1—1985.9
张夏生	副站长	1985.9—1988.2
徐辉煌	站长	1987.6—1988.2
王福良	站长	1988.2—1990.8
徐辉煌	站长	1990.8—1990.11
	局长	1990.12—1996.12
张夏生	局长	1996.12—2005.2
颜 颖	局长	2005.2—

人员状况 1960年建站初期只有3人,1980年增加到16人。2000年,核定编制9人。2008年底,实际在编人员10人,编外人员12人,共22人。其中,大专以上学历9人,中专学历3人,初中学历1人;高级职称1人,中级职称2人,初级职称9人;30岁以下9人,30~39岁6人,40~49岁以上2人,50岁以上5人,退休人员6人,共28人。

气象业务和服务

气象业务

①气象测报

作为一般站,每日4次观测(02、08、14、20时),夜间不守班。观测项目只有云、能见度、天气现象、空气的温度和湿度、风向风速、降水、蒸发、日照、地温、积雪。2007年4月—2009年4月增加土壤水分观测。气象电报每日06—20时每小时拍发航危报(1970—1987年),通过当地邮电局传报。1979年5月1日起,向省气象局拍发天气报及台风天气报,2003年自动站建成后停止该项业务。

1987年使用PC-1500微机处理气象数据,1996年改用计算机处理。2000年由原来公共电话网转为分组数据交换网传输气象电报。2003年转为气象专用宽带网传输。

气象观测仪器 常规仪器,各类自记仪均为国产,其中风的观测使用维尔达测风仪,1967年10月使用EL型风向风速仪,2001年1月改用EL型,测风范围达到40米/秒以上。

2002年建成了遥测自动站,实现气象探测史上重大变革,有空气温度和湿度、水汽压、风向风速、地温和浅层(20厘米)地温、雨量器、气压,并于2003年1月1日投入试运行。2004年1月1日起,自动站采集的气象数据列作正式记录。同时保留了云、天气现象、能见度和晚20时人工站仪器观测记录。每一小时向省气象局上传实况资料至逐渐加密到10分钟1次。2007年增设了能见度自动观测仪、总辐射表观测仪和AMEO 340雷电仪预警系统。

温岭天气雷达

温岭东海塘120米风塔

区域自动站建设 2003年起,先后在泽国、大溪、石桥头、松门、坞根、横峰、石塘、新河、东海围塘、峦环、温峤、箬横、滨海、太湖山、九洞门(寨门村)、花芯、方山、一蒜岛,建成了18个四至六要素的区域自动气象观测站。

气象报表　制作气象观测记录月报表(气表-1)和年报表(气表-21),报省、市气象局各1份,留站1份。1987年使用PC-1500微机制作,结束了人工查算和珠算统计资料历史;1996年使用计算机制作;2005年停制纸质月报表,但纸质年报表仍为保留制作项目。

②气象预报

1958年以来,开展单站天气预报,突出以群众经验为主,大办气象哨,结合小天气图、要素点聚图和时间剖面图作预报。1966年,进入"文化大革命"运动,气象业务受极端思潮冲击,把学习气象哨和"土法测天"经验作为预报业务发展的主导方向和技术原则,删除天气图,预报科学一度受到扭曲,天气预报工作走了一段弯路。1970年以后,预报业务引入了数理统计方法,并注重从物理意义上加以阐述,同时完成基本资料、基本图表、基本工具、基本档案的预报业务基础建设。1980年,安装滚筒式气象传真机,第一次接收亚洲气象卫星转发的传真天气图和数值预报产品。随后在传真图气象信息产品上推广与本地天气模式指标综合分析的新思路,模糊数学、湿有效位能等理论也引入预报服务领域。1983年推广MOS预报方法。1985年,在预报业务中应用计算机技术,使传统的天气图和经验预报方法逐步向客观定量自动化推进。在地方政府的支持下,以现代化建设为主体的业务基本建设取得明显进展。1990年,建成甚高频电话和程控传真电话通讯网络。1997—1999年,先后建成气象卫星业务通讯系统(9210工程)VSAT单收站,快捷获取大量气象信息和数值预报产品;并建立人机交互处理系统MICAPS预报业务工作平台,取消纸质天气图,基本实现资料获取—加工处理—分析预报—信息输出自动化,提高了预报能力。2003年至今,在全市16个乡镇及海岛建立了18个区域自动站。2004年建成视频会商系统,同时通过公共网和政府信息网实现气象信息资源共享。随着气象现代化科技的进步,天气预报由传统天气理论、数值统计与经验方法相结合阶段,进入到以数值天气预报为基础,以人机交互处理系统为平台的新时期,并逐步发展精细化、无缝隙的实时、定点、定量预报,在防灾减灾中发挥了明显社会效益和经济效益。

预报种类有:临近、短时、短期、中期、长期预报5类。

2. 气象服务

服务方式　1960年以来,气象预报通过当地广播电台,早晚向公众发布短期天气预报。近十余年来,由于通讯技术的发展,天气预报由过去的单一服务方式向多元化服务发展,通过广播、电视、报纸、网络、电话咨询、人工咨询、短信、固定电话96121等多种方式进行服务。

1988年,安装了无线气象警报发射机,向专业用户发布气象预报。

1998年,开通"121"电话声讯服务(2004年6月统一改为"96121")。

2002年,开通短信天气预报服务,至2005年,先后开通了移动、联通、小灵通、气象短信系统,实行集约式运作。由市气象服务机构对气象信息加工编辑后,再通过发布平台发送到用户手中。

2005年,增播气象灾害预警信号。

2007年,在每个乡镇安装电子显示屏,开展气象灾害信息发布。

公共服务 做好公益服务,历来以灾害性天气预报服务为中心,以农业、渔业服务为重点,深化城乡一体化公共气象服务。1985年开始推行有偿专项服务,向专业用户提供气象旬、月、季报等。1989年,在台州率先利用数值预告产品研制1~5天海上服务,预报范围:北至济州岛,南至宫古岛,东至奄美岛以内的广阔海域,以时效长、预报准深受渔民的欢迎。1995年开始,为满足社会公众的需要,开拓了森林火险等级预报、人体舒适度指数、紫外线等级、晨炼指数、穿衣指数等多种预报,使气象预报更加贴进生活。

气象决策服务 为市委市政府提供气象防灾减灾决策服务。1995年获中国气象局"汛期气象先进服务单位"。1997年11号台风服务出色,获温岭市委市政府"防台抢险救灾先进集体"荣誉称号,并获得10万元奖励。2004年14号台风"云娜",在做好为领导决策服务的同时,发现有60多名外来民工在简易危险工房内,迅速向政府领导报告,温岭市政府及时转移外来民工,未造成人员伤亡。这次台风预报服务,荣获浙江省气象局"重大气象服务先进集体"和温岭市委市政府"防台抢险救灾先进集体"荣誉称号。

多次承担重大经济社会活动的气象保障服务。2000年石塘"世纪曙光节",2001年石塘"新世纪曙光节",市气象局都组织做好气象服务工作,保障了重大节日的成功举办。

法规建设与防雷管理

气象行政执法 2000年起,温岭市政府法制办公室每年听取气象依法行政工作汇报。每年3月、6月,市气象局开展气象法律、法规与安全生产月、科普宣传周等主题活动。2001年5月,温岭市政府办证中心设立气象窗口,承担气象行政许可职能,规范天气预报发布和传播,实行低空漂浮物施放审批制度。2004年,成立温岭市气象行政执法大队。有4名兼职行政执法人员,都通过省政府法制办培训考核和本系统内培训考核,持证上岗。其中大专学历1名,本科1名。2007—2008年,与安监、教育、城管等部门联合开展气象行政执法20余次。树立了气象服务形象,提升了气象执法地位。

加强防雷减灾管理 1994年成立温岭市避雷设施检测中心。1997年起,与市建设局联合进行防雷工程图纸审核。1998年成立台州市防雷设施检测所温岭市检测站(台气发〔1998〕7号)。2004年1月,温岭市机构编制委员会发文成立温岭市防雷设施监测站(温编〔2004〕2号),逐步开展对建筑物、危化行业、计算机信息系统等防雷装置进行安全性检测,对重要场所的防雷装置实行定期检测制度。并开展新建建(构)筑物防雷工程图纸审核、设计评价、雷击风险评估等工作。2001年5月,温岭市防雷行政审批工作纳入市政府办证中心运行。2007年,为方便群众办事,温岭市防雷监测站在市政府办证中心设立办事窗口。2005年5月,与市安全生产监督管理局联合发文,对全市建(构)筑物防雷防静电设施实行定期检测制度。2006年4月,与市建设规划局联合发文,将防雷图纸审核列为建设工程许可证的前置条件。2008年7月,市气象局发文,公布防雷重点单位,全市共确定270家防雷重点单位。

党建与气象文化建设

1. 党建工作

组织建设 1980年,成立温岭县气象站党支部,由聂从亮担任书记,当时党员3人。1987年,党支部进行改选,由徐辉煌担任书记。1988—1989年,党支部书记为王福良;1990—1996年,由徐辉煌担任书记;1997开始,由郦敏担任党支部书记。现有正式党员7人,退休党员2人。

廉政建设 2004年起,连续6年开展党风廉政教育月活动。同年开展作风建设年活动。2006年起,每年进行局领导述职述廉和党课报告,并层层签订党风廉政目标责任书,推进"惩防体系"建设。2007年,开展廉政知识竞赛,推进廉政文化建设。2008年1月,在方城社区设立气象廉政宣传栏,张贴气象廉政宣传画,同时利用社区图书室设立廉政书架传播廉政文化知识。

2. 气象文化建设

精神文明建设 1998年,建立了精神文明建设领导小组,获得温岭市文明单位称号。1998年起,每年制定与实施精神文明建设实施方案计划措施,层层落实责任,推进群众性创建活动。2005年,在全局干部职工中提高文明单位创建意识,形成争创市级文明单位氛围。2006年,获得台州市文明单位称号。2008年,通过台州市文明单位复评。

气象宣传 2000年起,每年开展"3·23世界气象日"、"全国安全生产月"、"全国科技宣传周"等活动,宣传气防灾减灾知识和应对气候变化知识,普及防雷知识。2000年,与市直机关党工委联合,在市级单位开展气象法有奖竞赛活动。

荣誉 1995—2008年,温岭市气象局获地厅级以上集体荣誉7项,其中1995年被中国气象局授予汛期气象服务先进单位,2006年、2008年连续被台州市委市政府评为市级文明单位。1994年以来先后有6人次获地厅级先进个人表彰。

台站建设

1960—1990年,温岭县观测站座落在县城北郊盆地。站内占地面积2.4亩,有4幢18间房子,建筑面积547平方米,均属砖木结构。

1991年,气象观测站迁至县城北门山头,占地6亩,院内房屋依坡砌筑,建筑面积700平方米。

2005年7月,温岭市气象局向浙江省气象局申报建设温岭市气象科技业务楼。9月,省气象局批文同意建设温岭市气象科技业务楼。2006年,大楼基层工程施工。2008年8月8日,大楼上部工程开工建设,2009年3月结顶。整幢大楼占地面积411平方米,高18.4米,批准建筑面积2304平方米,实际面积2800平方米。目前大楼进行业务平台改造和楼面装修,预计2009年底投入业务使用。

浙江省基层气象台站简史

正在建设的温岭气象科技大楼

玉环县气象局

玉环位于浙江东南沿海黄金海岸线中段,温州和台州两个港口城市之间。东濒东海,南连洞头洋,西嵌乐清湾,北接温岭市,是全国13个海岛县之一。县域总面积2279.4平方千米,其中陆地面积(含岛屿面积)377.7平方千米,海域面积1901.73平方千米,辖11个乡镇(办事处),人口41万。玉环地处亚热带季风气候区,气候温暖,四季分明,冬夏虽长但无酷暑和严寒,无霜期长,具有明显海洋性季风气候的特征。多气象灾害,尤以台风、干旱为最严重,新中国成立以来有5个台风登陆玉环。

机构历史沿革

始建情况 早在1929年,海岸巡防处就在坎门镇设置测候所,成为台州近代气象观测机构之始。1931年,浙江省建设厅按流域分区筹设水文、气象机构,玉环被设为第四区灵江流域所辖9县之一。1933年,浙江省水利局在玉环设雨量站。1956年11月,由上海市气象局择址创建,称玉环坎门气象站,位于玉环县坎门东山头岛上,北纬28°05′,东经121°16′,观测场25米×25米,海拔高度95.9米。1956年12月1日,正式开始地面观测,12月25日编发天气预报。1960年与坎门海洋站合并,改建为温岭县坎门气象海洋水文服务站,1963年改称坎门气象服务站,1970改称坎门气象站革命领导小组,

位于玉环县坎门镇东山头山顶的气象观测站近影

1973年改称坎门气象站。1979年增加农业气象服务工作。1985年7月改称玉环县气象站,1991年1月改玉环县气象局至今。1997年为拓展气象服务,将办公室、预报服务专业台迁往城关。2002年将测站值班室扩建为350平方米综合办公楼,2004年又建成上山公路。2007—2008年,称浙江省玉环国家气象观测站一级站。

玉环坎门观测场全景

建制情况 坎门气象站1956年11月至1958年4月、1958年5—10月分别由上海市气象局、浙江省气象局管辖。1958年撤销玉环县,因体制下放,由温岭县管辖。1960年与坎门海洋站合并改建为温岭县坎门气象海洋水文服务站。1962年复置玉环县,随气象体制上收,1963年1月恢复单列,称坎门气象服务站。1970年2月至1980年12月,体制下放,划归地方农林水利系统领导(其中1970年10月至1973年9月归县人武部领导)。1978年分设地面测报、预报二组。1981年实行上级气象部门与地方双重领导,以气象部门为主的管理体制,既为省气象局下属单位,又是同级政府的职能部门(属一级局),日常工作归口当地农委或农办管理。1991年1月,设预报服务专业台、测报股、办公室。2003年,根据机构改革要求,经审核批准,设办公室(雷电防御管理办公室)、气象台(信息中心)、地面探测站、科技服务科。后经调整,设办公室、气象台、地面测报站、科技服务科,下设防雷设施监测站、华风科技开发服务公司等。

主要领导更替情况

吴映渠,江苏兴化人。1956年12月任坎门气象站副站长,1964年3月任站长,1981年4月调临海县气象局。

陈贵发,浙江杭州人。1958年11月任坎门气象站副站长,1960年5月调温岭县气象站。

宋延堂,1960年5月至1962年4月任坎门气象站站长。

阮喻,1962年4月至11月任坎门气象站站长。

杨公田,1970年10月至1973年10月任坎门气象站革命领导小组组长。

郑开发,地方委派干部,1981年12月任坎门气象站站长,1985年4月离休。

吴春福,福建厦门人。1985年1月任玉环县气象站副站长,1987年3月至1988年2月任站长,1992年3月调厦门市气象局。

颜颖,浙江玉环人。1988年2月玉环县气象站副站长,1990年12月改任副局长,1992年7月任局长,2005年2月调温岭市气象局。

王一鸣,浙江杭州人。1990年1月任玉环县气象站站长,同年12月至1991年4月任局长,1993年1月改任调研员,1993年3月退休。

张文明,浙江黄岩人。2005年2月任玉环县气象局局长。

坎门站成立时只有5人。截至2008年底,职工25人,部门编制12人,外聘13人,皆为汉族。职工30岁以下8人,31~40岁7人,41~50岁10人;大学本科8人,专科10人;高级技术职称1人,中级技术职称7人,初级技术职称4人。中共党员6人(其中离退休2人),共青团员7人。

气象业务与服务

1. 气象业务

气象观测 玉环国家基本气象站每天进行02、05、08、11、14、17、20时8个时次的地面观测。观测项目有云、能见度、天气现象、气压、气温、湿度、风向风速、降水、雪深、日照、蒸发、地温等。此外,还承担台风期间加密观测任务和航危报任务(1992年停发)。天气报的内容有云、能见度、天气现象、气压、气温、风向风速、降水、雪深、地温等;重要天气报的内容有大风、视程障碍现象、积雪、大雪、冰雹、雷暴、龙卷风、雨凇等。建站后气象月报、年报气表分别编制4份,向中国气象局、省气象局、市(地)气象局各报送1份,本站留底本1份。

1979年,玉环气象站观测员在进行雨凇观测

2005年起停止制作纸质气象观测记录月报表,纸质年报表制作仍为保留项目。

1986年1月开始使用PC-1500袖珍机编报,1996年改计算机编报。2003年建成了ZQZ-CⅡ型地面气象综合有线遥测仪,实现了包括温度、湿度、气压、风向风速、降水、地面温度等的自动观测。2004年开始以自动站资料为准发报,自动站采集的资料与人工观测资料存于计算机中互为备份,每周定时复制光盘归档、保存、上报。电报传输经历了由建站时的通过邮电局传报方式,到今天的光纤传输,电报传输时速大大提高。

气象信息网络 1980年开始安装滚筒式气象传真机,第一次接收亚洲同步气象卫星转发的传真天气图和数值预报产品。1995年9月,利用定频接收装置,研制传真卡,将无线信号引入微机处理,集气象传真的自动接收、显示、储存等功能于一体,成果在福建、浙江、贵州等部分台站初试成功。1986年架设开通高频率无线通讯网络,实现与地区气象局直接业务会商,后又建成无线电气象警报系统,在台风等灾害性天气预报服务过程中,因播出风暴信息迅速、密集、准确而得到良好赞誉,同时传达政府抗灾指令,在防大灾、抗大汛中发挥过重要作用。1995年,由县政府资助配备卫星云图接收装置并添置计算机数台,使灾害性天气预报服务能力进一步提高。

"九五"期间建成VSAT单收站,计算机数量增多、档次提升,并实现联网,同时完成人机交互处理系统MICAPS业务工作平台、电视天气制作系统和"121"电话自动答询系统等建设。天气预报方式经历了由传统向人机交互方式的变革,气象传真机淘汰,全面使用数值预报释用方法,天气预报朝定时、定点、定量目标发展,服务效益显著提高。

"十五"期间先后完成农村信息网、宽带通信传输系统、视频会商系统建设,提高气象业务现代化的同时,不断完善预报服务手段。2002年开通手机短信天气预报服务。2004年8月,建立灾害预警快速发布机制,后与移动公司签订手机短信群发合同,建立预警短信发布平台,以手机短信方式向全县各级领导发送气象信息,大大提高了预警发布时效性。2003年实施自动站建设,多数器测项目改为遥测自动化。2003年建成区域自动站4个,2005年增至9个,开展区域灾害性天气的监测预警工作。2007年,在全县11个乡镇均安装气象电子显示屏,用于播放天气预报和气象灾害预警信息。

气象预报 1956年12月25日开始编发天气预报。1958年6月,派人员前往金华、温州学习"单站补充订正预报"(简称单站预报),旋即正式对外发布公众预报。1972年,在台州气象台组织下,赴福建、江苏以及平阳、义务等站学习。1973年参加省气象台第一期单站预报训练班。1978年分设预报服务组,结束长期以测报大轮班兼做预报的状况,以基本资料、基本图表、基本工具、基本档案为内容的预报业务四项建设逐步进入轨道。1980年,安装滚筒式气象传真机,第一次接收亚洲同步气象卫星转发的传真天气图和数值预报产品。随后在传真图气象信息产品上,推广与本地天气模式指标综合分析得新思路,同时,模糊数学、湿有效位能等概念亦很快引入预报改革领域。1985年后,在预报业务中应用计算机技术,使传统的天气图和经验预报方法逐步向客观、定量、自动化推进。1997年起,逐步建成气象卫星业务通讯工程(9210工程)单收站。2003年,建成省—市—县宽带传输系统,并先后完成10个中尺度自动站建设。2004年,建成省—市—县视频会商系统,实现气象信息资源共享。依托气象现代化和科技进步,天气预报由传统天气理论、数理统计与预报员经验方法相结合的阶段,进入以数值天气预报为基础,以人机交互处理系统为平台的新时期,并逐步发展精细化、无缝隙的定时、定点、定量预报。

气象预报按时效分临近、短时、短期、中期和长期预报等五个类别。

2. 气象服务

公众气象服务 坎门气象站建立之初即在广播电台设气象服务节目,每日定时向公众发布天气预报。起先在广播、电视发布,随着现代科技的迅猛发展,为满足社会的公众需要,近年来服务形式更是推陈出新,2003年开通玉环农网,建立气象自动答询系统。2005年开始增播气象灾害预警信号。2006年5月起,与报社合作,在《今日玉环》报上开辟《今日气象》专栏。2007年开通玉环气象网。公众服务项目逐渐多元化,并开拓了森林火险等级、人体舒适度指数、穿衣指数、紫外线指数、晨练指数、旅游指数等各类预报,使气象公众服务更加人性化。2007年,向社会征聘8位志愿气象信息员,了解公众对气象服务的需求。志愿气象信息员来自机关干部、社区居民、教师、商人等。2007年,在全县11个乡镇(街道办事处),275个行政村落实313名人员,建立起乡村气象协理员和信息员队伍,他们承担着气象灾害信息传递、气象知识宣传、气象情报反馈等职能。2007—2008年,3次邀请志愿气象信息员、乡村气象协理员和信息员来县气象局,召开座谈会,了解公众气象服务需求。2次下海岛基层对协理员和信息员开展气象业务知识培训,编印赠送辅导教材400份。

浙江省基层气象台站简史

决策气象服务 20世纪80年代,以口头或书面方式向县委县政府提供决策服务。20世纪90年代逐步开展《重要气象报告》、《气象信息内参》、《汛期(5—9月)天气形势分析》等决策服务产品,有针对性地开展春运、春播、清明防火、高考天气等专题服务。9417号台风在瑞安登陆,玉环县风速达50.4米/秒,创历史记录,县气象局及时向地方政府和有关部门提供决策服务,全县未造成过大损失,仅死亡4人。本次服务过程中,2人表现出色荣获当年浙江省气象局"气象服务优秀个人"荣誉称号。在台风及暴雨等重大气象预报表现突出,2001年有1人被中国气象局授予"重大气象服务先进个人"。2003年,玉环县遭遇百年一遇大旱。县气象局领导建议从外县市引水,解决百姓用水困难问题。玉环县政府采纳气象局意见,首次实施引水工程。2004年4月,荣获"2003年度抗旱救灾先进集体"称号。2005年8月,"麦莎"台风登陆玉环干江,县气象局准确预报,被中共台州市委市政府授予"2005年防台抢险救灾先进集体"。2007年6月,扩建重大紧急气象灾害短信发送平台,包括县政府领导、乡镇干部、学校负责人、村两委等700多用户信息。遇到灾害性天气,及时发送气象预警信息。

防雷装置检测 玉环县是雷电活动和雷击灾害频繁地区,早在1995年玉环气象局就开始对建筑物、化学仓库、烟囱、铁塔等进行了防雷检测工作,1997年8月正式对外开展检测工作,1998年5月18日挂牌"台州市防雷设施监测所玉环检测站",2001年6月在玉环县为民服务中心设立气象办事窗口,受理建筑物防雷装置设计方案图纸审核、施工监督、竣工验收等。2002年3月,经玉环县机构编制委员会批准,成立玉环县防雷设施监测站,2003年6月24日通过省质量技术监督局计量认证,2003年12月通过浙江省气象局资质认证。2000年实施《气象法》,规定各级气象主管机构承担防御雷电灾害的组织管理以及防雷装置的监督工作。防雷站自成立以来,以中华人民共和国气象法、国家各类防雷规范、标准为准绳,坚持"安全第一、质量第一、信誉第一"的专业工作原则,积极承担全县辖区内的防雷检测工作。

气象科技服务与技术开发 2002年12月,开办玉环县海洋气象广播电台。每天2次,用普通话和闽南语双语播报海洋天气状况预报,保障渔民出行安全。2004年起,开辟玉环县滚装轮渡公司、大鹿岛旅游开发公司2条以上沿海航线气象服务。同时与县国土局签订技术合作书,开展地质灾害预报。2006年,积极参加玉环县水资源协调工作,县政府成立人工影响天气领导小组挂靠在县气象局。2007年4月17日,实施火箭人工增雨作业,缓解缺水危机。2004年以来,开拓气象科技服务渠道,形成气象影视、专业气象、防雷技术、信息电话和手机短信等多种服务形式。2006年荣获"浙江省气象科技服务先进集体"称号。

气象科普宣传 1956年起,每年接待社会各界人士参观气象观测站,加强中小学生的科普宣传。2002年起,每年利用"3·23"世界气象日、安全生产月、台州防台风日和科技宣传周活动,组织人员上街宣传,发放气象科普资料。2006年起,与县防雷减灾办公室合办《玉环防雷信息》刊物。2007年建立志愿气象信息员和乡镇气象协理员、信息员队伍,拓展气象科普宣传渠道。2008年2月,成立榴岛气象报告厅。2008年3月,坎门气象站被玉环县科协设立为玉环县科普教育基地。

法制建设与管理

2000年以来,玉环县政府认真贯彻落实《中华人民共和国气象法》、《浙江省气象条例》等法律法规,县委县政府领导和县人大领导每年视察或听取气象工作汇报。2000年起,逐步开展行政审批程序和服务的规范化工作。2001年6月20日,玉环县为民服务中心设立气象服务窗口,开展规范文明服务。2003年10月14日,成立玉环县气象行政执法大队,目前有3名兼职执法人员。2006年3月,制定下发《玉环县气象局行政执法岗位责任制度》、《玉环县气象局行政执法责任制实施办法》、《玉环县气象局行政执法错案责任追究实施办法》、《玉环县气象局行政执法事件报告制度》,严格执法工作。2007年7月,对一违法施放气球庆典公司进行行政处罚,罚款到位。2005年9月13日,玉环县人民政府办公室出台《玉环县防雷减灾应急预案》(玉政办发〔2005〕92号)。2005—2006年,玉环县政府成立防雷减灾工作领导小组、人工影响天气领导小组,都在县气象局设立办公室,负责日常工作,并保障运行经费。2008年2月,玉环县政府印发《关于进一步加强气象灾害防御工作的通知》(玉政办发〔2008〕10号),健全气象防灾减灾体系,提高气象灾害防御能力。

党建与气象文化建设

1. 党建工作

党支部建设　玉环县气象局党支部自1986年成立,先后由郑开发、陈时德、王一鸣、颜颖、张文明担任党支部书记。现有党员6人(其中离退休2人,女性1人),入党积极分子3人。

党风廉政建设　2002年起,连续7年开展党风廉政教育月活动。2005年开展共产党员先进性教育。2006年起,每年层层签订党风廉政责任书,推进"惩防体系"建设。2006年6月,成立玉环县气象局治理商业贿赂领导小组,组织开展治理商业贿赂活动。2007年开展作风建设年活动。2008年5月,先后制定和修订工作、财务、党风廉政、安全保密、行政执法、信访等7类54项规章制度。

2. 气象文化建设

精神文明建设　1998年,玉环县气象局成立文明创建工作领导小组,建立文明创建工作责任制,制定了具体工作措施和步骤。当年获玉环县文明单位称号。2004年起,深入开展气象文化建设和对全体职工的思想道德教育,连续5年被评为台州市文明单位。2008年5月,被玉环县精神文明建设委员会评为"玉环县未成年人思想道德建设先进集体"。

荣誉称号　1986—2008年,先后荣获先进集体17次,其中获地(厅)级10次。获地(厅)级先进个人有5次,2人获中国气象局重大气象服务先进个人和全国质量优秀测报员称号。

台站建设

玉环县气象观测站自1956年建立以来,一直位于坎门西南1.1千米,海拔高度95.9

米的东山头顶,属国家基本站,三面濒海,观测环境优良,视野5千米以内岛屿大都低于测站高度。占地面积12亩,建设面积782平方米。1992将测报值班室扩建成880平方米综合办公楼,2003年坎门站建成盘山硬化公路,结束了46年来人工搬运货物上山的历史。2008年3月被确定为县科普教育基地,成为集气象科普、气象观测为一体的实践基地。

1998年,为便于气象服务,玉环县气象局将96121设备迁至玉环城关。2002年起,将管理和服务机构设在玉环县城关镇玉兴东路丹阳巷1号。

天台县气象局

天台县位于浙东中部,境域面积1432.09平方千米,辖15个乡镇(街道办事处)、597个行政村,人口56.5万。地貌以低山、丘陵为主,始丰溪自西向东折南贯穿天台盆地。属中亚热带季风气候区,四季分明,降水丰富,热量充足,带有一定盆地的气候特点。主要灾害性天气有台风、暴雨、连阴雨、高温、低温、大雪、冰雹、雷雨大风、干旱等。天台历史悠久,文化底蕴深厚,是佛教天台宗和道教南宗的祖庭,济公的故里,也是和合文化的发祥地,自唐宋盛行迄今对日本和韩国文化产生了重大影响。

机构历史沿革

始建情况 1933年,省水利局设天台测候站。1934年,天台华顶寺(海拔高度900米)建成高山测候站。1945年,省测候所增设天台测候站,1946年裁撤。1959年1月,筹建天台气象站,地处城关镇东门外黄婆园(大雁山),翌年3月改称天台县气象服务站,为地方自办机构。1962年收归气象系统建制,1963年5月,按精简机构精神,决定裁撤,因地方政府所请,保留为自办气象机构。1966年7月恢复气象系统建制。1969年11月,气象站迁丽泽乡铺前村良种场,与县水文站合并,改建为水文气象站,1971年4月恢复单列。1990年12月29日改名为天台县气象局。2006年7月,气象局搬迁至赤城街道工人西路77号,观测场仍在始丰街道铺前村(良种农场内),北纬29°10′,东经120°59′,海拔高度58.3米,为国家一般站,2007年1月1日更名为国家气象观测站二级站,2009年1月1日恢复一般站。

管理体制 建站以来,部门管理体制屡经更迭。1959年1月—1966年6月为地方政府领导;1966年7月—1970年1月以省气象局领导为主;1970年2月—1980年12月以地方政府领导为主(其中1970年10月—1973年9月县人武部领导为主)。在地方政府领导为主时期,业务上受上级气象部门指导。1981年开始,实行上级气象主管机构与本级人民政府双重领导,以上级气象主管机构领导为主的管理体制。天台县气象局既是省、市气象局的下属单位,又是县政府的职能部门(属一级局)。

机构设置 2003年机构改革,下设办公室、气象台、地面探测站、科技服务科4个科室,下辖1个直属事业单位——天台县防雷设施监测站、1个分公司——台州华风科技服务开发有限公司天台分公司,建立了党支部、工会等组织机构,成立了气象行政执法大队。

人员状况　建站初期有职工2人。2008年全局在职职工18人（在编9人，聘用9人）。其中：中共党员5人，团员8人；大学以上学历3人，大专学历8人；中级专业技术人员5人，初级专业技术人员8人；30岁以下8人，30～39岁1人，40～49岁4人，50岁以上5人。

主要领导变更情况

负责人	职务	任职时间
姚可祥	负责人	1958.11—1977.10
季志海	站长	1975.05—1984.11
杨菁华	副站长	1985.01—1986.05
杨菁华	站长	1986.06—1987.11
季志海	站长	1986.07—1990.11
季志海	局长	1990.12—2001.03
陈胜利	局长	2001.03—2005.02
范德兴	局长	2005.02—

气象业务与服务

天台县气象局坚持以经济社会需求为牵引，把决策气象服务、公众气象服务、专业气象服务和气象科技服务融入到经济社会发展和人民群众生产生活。开展的主要业务工作有：地面气象观测、天气预报服务、气象灾害预警、公共气象服务、雷电防御管理、施放气球管理、人工影响天气管理、农网信息服务、气象行政执法等。

1. 气象业务

①气象观测

地面观测　1959年5月1日起，采用地方时观测，每天01、07、13、19时4次观测；1960年4月1日起，取消01时观测；1960年8月1日起，改为北京时每天08、14、20时3次观测。观测项目有云、能见度、天气现象、气压、气温、湿度、风向风速、降水、雪深、日照、蒸发、地温（地面和浅层地温）等。1969年10月20日至1992年有航危报任务。1984年1月1日开始拍发重要天气报（向省气象台拍发实况报现已停发）。

自动气象站　2003年1月，在铺前气象观测场完成ZQZ-CⅡ型自动气象站安装并开始试运行，2004年起正式运行。2004—2006年，在白鹤、街头、华顶、亭头、龙溪、南屏、里石门、平桥、紫凝山、三州、泳溪、榧树、龙皇堂等地建立了13个三至六要素自动气象监测站，初步建成7千米格距的"地面区域气象灾害自动监测网"。

天台县雷峰乡气象自动站

②卫星接收

1995年添置卫星云图接收装置,以APT接收低分辨日本气象同步卫星云图;1998年开始通过Micaps系统使用高分辨卫星云图。2004年停止接收日本卫星云图资料,开始使用风云2-B卫星云图,2005年7月1日改用风云2-C气象卫星云图资料。

③信息网络

气象信息接收 20世纪60—70年代,利用收音机收听天气预报和天气形势。1980年安装滚筒式ZSQ-1B型气象图传真收片机;1986年建成甚高频通讯系统;1997年建成9210工程配套系统;1999年,建成VSAT系统单收站;2003年10兆业务宽带网投入使用,各类气象信息、Notes系统以及电子公文等通过该网进行传输。2004年,建成省—市—县视频会商系统,开展日常天气可视会商和视频会议等。

气象信息发布 20世纪80年代前,主要通过农村有线广播网对外发布短期公众预报,通过邮寄或传真方式发布旬报等中长期预报气象信息。1988年,建成气象警报系统,面向有关部门、乡镇、企事业单位、农业大户等每天定时发布天气预报、警报服务信息。1997年开始制作电视气象预报节目,由电视台播发。1998年,开通"121"电话自动答询系统。2002年12月,建立"天台农网",并按时更新农业、气象等各类信息。2005年,建设气象预警信息紧急发布平台,向特定用户、关键人群发布预警信息。2007—2008年,完成全县15个乡镇(街道)的乡镇预警终端建设,逐步发展为集防灾减灾知识、灾害性天气警报、气象法律法规等为一体的公共信息发布平台。

④气象预报

20世纪70年代中期前,仅配备收音机,靠收听广播加看天制作24小时内短期预报。自1976年开始,基本设施逐步改善,以基本资料、基本图表、基本工具、基本档案为内容的预报业务四项建设逐步进入轨道。20世纪80年代初起,开始每日06、10、15时3次制作预报。进入新世纪,天气预报进入以数值天气预报为基础,以人机交互处理系统为平台,逐步发展精细化、无缝隙的定时、定点、定量预报。主要有常规24小时等短期预报、未来3~5天和旬报等中期预报、月报和季报等长期预报、突发灾害性天气的临近预报等。同时,还开展各类灾害性天气预报预警业务和供领导决策的各类重要天气报告等。

⑤农业气象

1959年建站初期,农业气象纳为基本业务。1962年因精简机构调整压缩业务项目,一度中止。直至1979年省气象局颁发《关于加强农业气象工作的通知》,才重新确立为三项基本业务之一。1993年农业气象业务再度调整,停止田间观测。2007年4月1日起,开始土壤湿度观测项目,2009年4月停止。

2. 气象服务

公众气象服务 1959年建站以来,即在广播电台设气象服务节目,开始每日定时向公众发布天气预报。进入20世纪90年代,开始制作电视气象节目,此后十余年来,公共气象服务形式不断拓宽,逐渐形成了广播、电视、报纸、电话自动答询(96121)、互联网、移动短信、人工咨询等多种服务方式,开展日常短期预报、天气趋势、森林火险等级、生活指数、灾害防御、气象科普等多项服务内容,使气象公众服务更贴近生活。2005年增播气象灾害预警信号,2007年12月设立天气预报城市电子显示屏。每年开展节假日、春运、中高考等气象服务,还为历届"云锦杜鹃节"、"活力浙江·传奇天台"大型节目录制、农家乐活动周等重大活动提供气象保障服务。

决策气象服务　1974年7月,为保证天台县里石门水库施工,向水库工地提供短期降水量预报。80年代,以口头或传真方式向县委县政府提供决策服务。90年代逐步开发《重要天气报告》、《气象内参》、《汛期(5—9月)天气形势分析》等决策服务产品。2005年,开通气象灾害预警信息发布平台,为县四套班子领导和重要部门负责人提供实时气象预警短信。在2005年14号麦莎台风、2008年初严重低温雨雪冰冻灾害中,准确预报灾害天气过程,及时向党委政府和有关部门提供决策服务,使得损失大幅度减低,分别被县委县政府评为"防台抢险救灾先进集体"和被省气象局评为"抗击低温雨雪冰冻灾害气象服务先进集体"。2008年,召开全县气象防灾减灾会议,加强对气象防灾减灾工作的组织领导。

气象为农服务　天台是农业县,县气象局历来重视为农服务工作。十七大以来,突出做好气象为"三农"服务。每年开展农业生产的产前、产中、产后的专题系列化服务。2002年,开通"天台农网",提供供求信息等服务。2006年,利用"农民信箱"开展服务,并在农村党员干部现代远程教育平台上开通气象科普教育频道。2007年,组建气象信息员队伍,共计653名,在全县15个乡镇、街道建成15个气象预警终端,2008年又在每个乡镇(街道)增设了1名气象协理员,大大加强了农村气象信息的传播能力,增强了农村防灾减灾保障能力。

天台县气象局建立气象服务"联系卡"工作制度,对农业大户开展针对性的气象服务。图为工作人员为西瓜立体种植户进行现场服务

气象科技服务　1985年,专业气象有偿服务开始起步,利用传真、邮寄气象资料等方式开展。1988年末,建设气象警报系统,成为90年代初中期的服务主要方式。1991年,开始为各单位建筑物避雷设施开展安全检测;1999年成立天台县防雷设施监测站,2002年获防雷检测资质,全面开展建筑物避雷安全检测和新建(构)筑物防雷设施技术评价业务;2008年,开始对重大工程建设项目开展雷击灾害风险评估。2002年,成立台州华风科技开发服务有限公司天台分公司,主营防雷工程业务和庆典气球施放业务。1998年底,开通"121"电话声讯咨询服务,2004年6月改为"96121"。

气象科普宣传　每年"3·23"世界气象日、科技活动周、安全生产月等均举行上街宣传咨询活动,并不断创新宣传方式。2006年,开展气象科技进农村活动,台州电视台、台州日报等相继作了专题报导。2007年,成立大宣传工作领导小组;同年,为600多名气象信息员开展轮训工作。2008年组织编写了《天台防雷减灾手册》。至2008年,应用电视气象、手机短信、贴画、展板、电子显示屏、网站、现场讲课等渠道,实施气象科普入村、入企、入校、入社区,全县科普教育受众面达10万余人。

天台县气象局积极推进基层气象防灾减灾体系建设

法规建设与管理

1. 气象行政审批

2000年开始行政审批制度改革，2001年在县政府办事大厅设立气象窗口，受理建筑物防雷装置设计方案图纸审核、施工监督、竣工验收等审批事项。2004年再次改革，2008年对行政许可项目和非行政许可审批事项再次进行了审核清理，经县政府审批，确定行政许可项目4项，非行政许可审批事项5项，行政许可（审批）工作类事项2项。其中4项行政许可项目分别是：建设项目大气环境影响评价气象资料核准；天气预报、警报信息传播核准；防雷装置设计审核和竣工验收；升放无人驾驶自由气球、系留气球作业许可（台州市气象局授权）。同年，实施审批机构职能归并，设立行政审批科，统一受理、集中办理本行政区气象行政审批事项。

2. 气象社会管理

气象应急管理 2005年11月，天台县政府出台《天台县气象灾害应急预案》（天政办发〔2005〕98号）；2006年5月，印发《天台县气象灾害预警信号发布规定的通知》（天政发〔2006〕37号），出台《天台县雷电灾害应急救援预案》（天政办发〔2006〕43号）；2008年5月，重新出台了《天台县气象灾害预警信号发布与传播规定》（天政发〔2008〕40号），同年，起草编制《天台县低温雨雪冰冻灾害应急预案》，制作了《天台县气象灾害应急预案操作手册》《天台县雷电灾害应急救援预案操作手册》，增强应急预案的实用性、可操作性。2006

年,县政府相继成立雷电灾害防御工作领导小组和人工影响天气工作领导小组,办公室设在气象局,负责日常工作。另外,还是县防汛防旱指挥部、森林消防指挥部、防震减灾工作领导小组、地质灾害应急防治指挥部、安全生产委员会等成员单位,负责提供天气预报和天气实况服务。2007年,按"一村一名"要求开始建设农村气象信息员队伍,2008年部分乡镇开始编制《气象灾害应急响应预案》,加强基层气象工作。

气象探测环境保护 2008年上半年,积极同国土、建设规划等部门沟通协商,为铺前观测场办理了土地证,解决了近40年的历史遗留问题。是年,完成《天台国家气象观测站探测环境保护专项规划》编制。在建筑工程的初(扩)审会议上,严格对照气象探测环境保护的相关标准,对于影响气象探测环境的建筑工程进行把关审查。

防雷安全管理 1991年开始防雷检测工作。1998年经上级主管部门批准成立"台州市防雷设施监测所天台县检测站",2002年7月由县机构编制委员会批准正式列编(天编〔2002〕46号),更名为天台县防雷设施监测站,逐步开展防雷设施技术评价、雷击灾害调查以及防雷设施检测、管理和监督工作。2003年起每年开展防雷安全专项检查,以易燃易爆场所、人员密集场所、电子信息系统和重点工程项目的防雷安全为重点,集中开展防雷安全隐患排查活动。2006年3月,气象局与教育局联合行文下发《关于加强教育系统防雷安全监督管理通知》(天气发〔2006〕8号),重点加强中小学和农村防雷减灾工作。是年5月,成立了县雷电灾害防御工作办公室,进一步加强防雷安全社会管理。2008年6月县雷防办发文公布了天台县64家防雷重点单位,同年8月,首次开展雷击风险评估业务。

气象行政执法 2003年,成立局气象行政执法大队,规范气象行政执法行为,5名兼职执法人员均通过培训考核,持证上岗。2003—2008年,与安监、建设、教育等部门联合开展行政执法检查10余次,单独开展执法检查20余次,依法查处违规传播气象信息、擅自施放低空漂浮物、损害气象探测环境等现象或行为。

党建与气象文化建设

1. 党建工作

党支部建设 20世纪70年代初,由于气象站党员人数不足,组织关系设在县电信局。1976年粉碎"四人帮"后,邮政、电信合并,党员组织关系转入县农场党支部。1979年7月12日,建立天台县气象站党支部,季志海任党支部副书记(无党支部书记);1981年5月,任党支部书记。1990年12月更名为天台县气象局党支部。2004年后,随着干部交流和新职工的到来,党员队伍日益壮大,日常工作中充分发挥了带头模范作用。现有党员6人(在职5人,退休1人),陈胜利任党支部书记。

党风廉政建设 2000—2008年,专题研究加强党风廉政建设工作会议28次,组织参加上级气象部门和地方党委政府组织的反腐倡廉知识竞赛、党章、法律法规知识竞赛等10余次,出台了《天台县气象局局长办公例会制度》、《天台县气象局重大问题议事规范》等规章制度30多项。2002年起,连续7年开展党风廉政教育月活动。2005年组织参观廉政书画巡回展。2005年开始,领导干部自觉执行党风廉政的各项规定,严格遵纪守法,认真落实党风廉政建设"一岗双责"责任制,自觉接受公开评议,确保党风廉政责任制建设的各项工作落到实处。2006年起,自上而下层层签订党风廉政目标责任书,不断推进"惩防体系"建设。2007年开展作风建设年活动。2008年举办廉政文化书法比赛。

2. 气象文化建设

精神文明建设　80年代开始文明创建工作,"七五"期间连续4年获浙江省气象局及当地党委政府命名的文明单位(县级)称号。1998年起,县气象局领导将精神文明建设作为日常性工作,定期研究部署,加强对创建工作的检查,确保创建工作有计划、有制度、有总结,使创建工作标准化、规范化。在1999—2000年、2001—2002年、2003—2004年、2005—2006年文明单位创建活动中均获得县级文明单位。1986年开始,每年3—4月进行职业道德教育月活动。1999—2008年,先后开展"三讲"教育、"致富思源、富而思进"、"三个代表"、保持共产党员先进性教育、社会主义荣辱观主题教育、"迎奥运、讲文明、树新风"宣传教育等活动。积极参加志愿服务活动,深化拓展"联村联户连心"活动,深入联系村、联系户开展经常性帮扶工作。2008年积极组织抗震救灾活动,共募捐爱心款10800元。积极参与一年一次的"慈善一日捐"活动。每年妇女节、青年节、老人节组织活动,其中2007年组织了首届干部职工乒乓球赛,2008年举办了"迎奥运、强身体、促和谐"登山活动,同时积极参加上级部门的各类文艺汇演。

政务公开　2002年起,对气象行政审批办事程序、气象服务、服务承诺、气象行政执法依据、服务收费依据及标准等内容向社会公开,调整后的服务内容、收费标准也及时公开。严格执行服务承诺制、首问负责制和限时办结制等一系列规章制度,坚持通过上墙、网络、行政服务中心窗口及媒体等渠道开展政务公开工作。2008年,认真贯彻实施《中华人民共和国政府信息公开条例》,编制了天台局信息公开指南和信息公开目录,进一步加大政务公开力度。

荣誉　1979年,被浙江省气象局评为"先进集体"。1987年起连续4年被省气象局评为"双文明"单位。2005年被省气象局评为"地面测报质量优秀站"。同年,被天台县委、县政府评为"防台抢险救灾先进集体"。2008年,被省气象局评为"抗击低温雨雪冰冻灾害气象服务先进集体"。1979年以来先后有7人获地(厅)级以上先进工作者,1人获中国气象局"质量优秀测报员"称号。

台站建设

天台县气象科技业务大楼建设于2005年项目受理,2007年立项和完成相关手续报批,2008年3月开工,至2008年底已基本完成项目主体工程建设。该大楼占地9.48亩(其中代征道路3.48亩),建筑面积3450平方米,计划建设有预报预警服务工作平台、大型会议室、气象科普教育基地、气象影视制作厅、防雷审核大厅、标准档案室、图书阅览室、活动室等硬件设施。按照"四个一流"和绿色台站标准建设的天台气象科技业务中心,不但能极大促进天台气象事业的发展,最大限度地满足天台当地经济建设、社会发展和人民生活的气象需求,而且还会成为天台始丰新城的标志性建筑之一。

天台气象大楼见证历史变迁

仙居县气象局

仙居县地处浙江省东南部,全县总面积2000平方千米,总人口48万,辖20个乡镇(街道)、722个行政村。仙居县历史悠久,东晋永和三年(公元347年)立县,原名乐安、永安,北宋景德四年(1007年),宋真宗以其"洞天名山,屏蔽周卫,而多神仙之宅",诏改县名为仙居。仙居县属亚热带季风气候,温暖湿润,四季分明。境内地形地貌复杂,台风、暴雨、雷电等灾害性天气时有发生。

机构历史沿革

始建情况 仙居县气象局始建于1958年8月,位于仙居县城小南门外"乡村"(东经120°43′、北纬28°51′),翌年1月正式开始观测,称仙居县气候站。1962年改称气象服务站,1964年3月易名气候服务站,1971年3月复称气象站,1990年12月改今名。2003年机构改革,内设办公室、气象台、地面观测站、科技服务科,下辖防雷设施监测站、华风科技开发服务分公司等,并承担省农业气象观测业务。

仙居观测站原属国家一般测站,原坐落于城郊,观测场25米×25米,海拔50.9米。观测环境多年保持稳定。20世纪90年代中期以来城镇建设发展,周围房屋林立,观测环境日趋恶化。于2006年12月31日将观测场迁移至城关环城北路"千仞山"(东经120°43′、北纬28°52′),25米×50米,海拔高度83米,占地12亩。2007年1月升格为国家气象观测站一级站,2008年12月31日改为国家气象观测基本站。

管理体制 自建站至1962年9月,由仙居县人民委员会领导;1962年10月至1970年1月,以省气象局领导为主;1970年2月至1980年12月,改为以地方领导为主,其中1971

年10月至1973年9月,以军事部门领导为主;1981年开始,以台州市气象局和仙居县政府双重管理的领导体制,由部门领导为主,即垂直管理。县级气象机构既为省气象局下属单位,又是同级政府的职能部门(一级局)。

人员状况 建站时只有2人,到1980年在编最多达13人。截至2008年底定编14人,在编9人,聘用11人。其中大学学历6人,大专学历12人。高级专业技术人员1人,中级专业技术人员2人,初级专业技术人员14人。40～49岁2人,30～39岁8人,30岁以下10人。少数民族(布依族)1人。

主要领导变更情况

姓名	任职时间	职务
朱超荣	1958.11—1964.11	负责人
	1964.12—1966.6	副站长
	1966.7—1974.6	负责人
	1974.7—1978.7	革领组长
陈日元	1978.7—1980.1	站长
李桂崇	1980.1—1981.4	站长
王洪求	1981.4—1985.1	站长
李世万	1985.1—1987.3	副站长
	1987.4—1990.11	站长
	1990.12—1994.11	局长
赵小先	1991.3—2001.2	副局长
	2001.3—2002.5	局长
应天龙	2002.5—	局长

气象业务与服务

1. 气象业务

①气象综合观测

气象观测 1959年1月1日至2006年12月31日,每天02、08、14、20时4次观测(夜间不守班);2003年建成遥测自动站,人工观测与自动站观测并轨运行;2004年实行自动站观测为主,辅以人工观测。2007年1月1日起,每天有02、05、08、11、14、17、20、23时8次观测,夜间守班。观测项目有云、能见度、天气现象、气压、气温、湿度、风向风速、降水、雪深、日照、蒸发、地温等。此外,还承担台风期间加密观测任务及航危报任务(1970—1987年)。

气象电报 天气报的内容有云、能见度、天气现象、气压、气温、风向风速、降水、雪深、地温等;重要天气报的内容有暴雨、大风、雨凇、积雪、冰雹、龙卷风等。

建站后气象电报通过邮电部门中转。2000年7月1日起,所有气象电报从公用电报网转为分组数据交换网和程控拨号方式传至省气象台,由省台发往中央气象台。2003年5月1日起,电报改用气象专用宽带网上传省气象台。

气象报表 气象月报表、年报气表分别编制4份。向中国气象局、省气象局、市(地)气象局各报送1份,同时留底本1份。2005年起停止制作纸质气象观测记录月报表,纸质年报表制作仍为保留项目。

②气象预报预测

气象预报的发展 气象预报总体水平的提高与科学技术和国民经济发展基本同步。50年来,仙居气象预报业务经历四个时期。

1959—1965年,为初创时期,以群众性为特点。预报业务贯彻"大中小结合,以县站补充预报为主;长中短结合,以中期预报为主;图资群结合,以群众经验为主"的三个三结合方针,以及"听、看、谚、地、资、商、用、管"等补充预报"八字措施"。1962年起,按上级制定的业务改革方案,侧重以小天气图、要素点聚图、时间剖面图、曲线图等方法制作天气预报。

1966—1979年,处于徘徊和探索时期。1966年开始"文化大革命"运动,气象业务受极端思潮不同程度冲击。把学习气象哨和"土法测天"经验作为预报业务发展的主导方向和技术原则,预报科学一度受到扭曲,天气预报工作走了一段弯路。1978年,分设测报组、预报组,结束长期以测报大轮班兼做预报的状况,以基本资料、基本图表、基本工具、基本档案为内容的预报业务四项建设逐步进入轨道。

1980—1996年,进入以气象现代化建设为标志的转型时期。1980年安装滚筒式气象传真机,第一次接收亚洲同步气象卫星转发的传真天气图和数值预报产品。1983年应用动力加统计的MOS预报方法。1985年后,在预报业务中应用计算机技术,使传统的天气图和经验预报方法逐步向客观、定量、自动化推进。建成甚高频电话和程控传真电话通讯网络,解决长期困扰气象台站信息资料快速传递问题;建成计算机联网气象自动填图分析系统,提高了预报能力。

1997年开始,以信息网络和数值预报为主的快速发展时期。1999年建成VSAT单收站,快捷获取大量气象信息和数值预报产品,建成人机交互处理系统MICAPS预报业务工作平台。2003年建成省—市—县宽带传输系统,并先后完成国家测站遥测自动站和19个区域自动站建设。2004年建成省—市—县视频会商系统,同时通过公共网和政府信息网,实现气象信息资源共享。依托气象现代化和科技进步,天气预报由传统天气理论、数理统计与预报员经验方法相结合的阶段,进入以数值天气预报为基础、以人机交互处理系统为平台的新时期,并逐步发展精细化、无缝隙的定时、定点、定量预报。气象预报准确率较前一时期有很大提高,在防灾减灾中发挥了明显社会效益和经济效益。

预报种类,按时效分临近、短时、短期、中期和长期预报等五个类别。

③农业气象

农业气象业务初建于1959年,1962年精简机构,中止农气工作。1979年省气象局下发《关于加强农业气象工作的通知》,再次重建农气业务,并确立为县气象站三项基本业务之一。1980年设立农业气象组,开始进行早稻,晚稻和小麦观测,配备1~2名专职人员,为国家农气基本观测网二级站。

④农业气象观测

物候观测 承担国家基本观测任务,观测当地常规农作物。观测项目主要是生态要素类中农田生态系统部分和灾害类中农业气象灾害部分,与1993年农气观测规范大体相同。农气观测项目随农业生产情况有所增减,1995年取消早稻观测项目。2003年1月起,农气观测项目分别调整为连作晚稻、杨梅观测。

自然物候观测 1999年开始,观测物种有柳树、梧桐、山楂、橙等,其中柳树物候观测为全省指定统一观测项目。

⑤农业气象预报和情报

产量预报 1989年开始研制仙居县主要粮食作物的农业气象产量预报方法。杨梅作为仙居的主要农作物品种,经5年多的试验研究,分析得出杨梅生长发育规律,2004年开始制作杨梅开采期预测。

农业气象旬报 1979年起承担向省气象局拍发农气旬报任务。

农业气象情报 1980年开始编发农业气象情报,发布内容包括作物生育状况,前期天气利弊评述,未来趋势分析及建议措施等,以旬、月情报为主要形式。1983年开始,编写年度气候评价,作为基本任务之一。2004年开始编写每月、季、年度气候影响评价。

农业气象试验研究 1993年,《开发山区气候资源、引种山楂脱贫致富》获浙江省气象局科技进步二等奖;2000年起,开展《杨梅梯度观测试验研究》,为发展山区杨梅生产做出贡献;2003年,《影响协优914制种的气象因素初探》获浙江省农业厅"农业丰收奖"。

2. 气象服务

公共气象服务 1997年起,县气象局开始拓展服务领域,当年制作电视气象预报节目由县电视台播发。2002年开始通过非线性编辑系统进行语音合成,同年7月采取人工播音,并于2005年8月对影视制作设备及系统进行了升级改造。2004年,投资5.5万元更新"96121"制作终端设备,增设了春耕期天气预报和农事建议、实时气象信息、节假日天气等多个分信箱;并根据天气变化,随时增加紫外线、舒适度、森林火险等指数预报。2007年,在《仙居新闻》报刊发布每日预报及周末、节假日天气展望。2008年,服务手段除广播、电视、报纸、"96121"声讯系统、气象信息显示屏、网站公开发布日常天气预报和预警外,还有电话、传真、文字材料、手机短信、浙江省农民信箱等。各乡镇还确定了分管气象工作的领导,设立了一名气象协理员,各行政村都有一名气象信息员,协助县气象局做好预警信息发布、灾情上报、收集等工作。2008年开始,为全县800名乡镇气象协理员和农村信息员开展气象灾害防御知识培训。

决策气象服务 20世纪70—80年代,为山区小水电开展服务,在全省气象服务会议上作了经验交流。20世纪90年代以来,全面使用数值预报释用方法,气象服务能力和服务综合效益得到提高。9711号台风,2004年"云娜"台风,2005年"海棠"、"麦莎"、"卡努"台风,2007年"韦帕"、"圣帕"、"罗莎"台风及2008年初雨雪冰冻等灾害天气,为县委、县政府防台抗台、防灾减灾决策提供了科学依据。同时做好重要节假日和重大活动的气象保障服务。

为农气象服务 2000年以来,注重做好气象为"三农"服务工作。每年开展农业生产的产前、产中、产后的专题系列化服务。2002年,开通"仙居农网",提供供求信息、农事建议等服务。2002—2008年,每年不定期组织业务人员上门为农业大户、农村合作社开展气象服务,为杨梅、提子管理提供气象资料。向农业合作社、种养殖大户赠送气象服务联系卡,及时为其发送灾害气象短信,并通过电子邮件提供一周天气趋势预报。

防雷减灾 2005年起,县气象台及时发布雷电灾害预警信息,做好雷电监测预报服务工作。2006年7月12日、2008年7月3日,县气象局分别为县旅游局、县财政局开展防雷安全知识讲座,提高安全防范及自救能力。

2006年起,每年联合县安监局、县教育局开展防雷安全专项整治活动,对危化、人员聚集场所、中小学校等的防雷重点部位、重点设施的雷击隐患进行彻底排查。2008年公布防雷安全重点单位72家。

2007年开始,开展雷击风险评估工作。加强对爆炸危险环境、人员聚集场所、高层建筑等建设项目的雷击风险评估,确保公共安全。

人工影响天气 1986年夏,仙居干旱。8月26日,县气象局在官路镇新桥部署高炮作业,15时发射催雨弹37枚,旱情稍有缓和。1988年夏季高温干旱,7月进行人工增雨。25日19时、26日00时(城关环城路)、29日19时(城东三里溪)和30日01时(城关管山村)作业4次,共发射碘化银炮弹540发;30日15时出动飞机加强人工增雨作业。2003—2004年,仙居严重干旱,仙居县气象局及时与台州市人工影响天气办公室联系,开展人工增雨作业。2007年5月28日,仙居县人工影响天气工作领导小组正式成立。

3. 气象现代化建设

90年代以来,积极向县政府争取现代化建设资金,仙居气象现代化建设发展较快。1997年建成9210工程配套系统,完成了卫星云图接收系统的升级改造。1999年建成了VSAT单收站,完成了"96121"气象声讯电话自动答询系统、电视天气预报节目制作系统的数字化改造。2002年建成了仙居农网和灾害性天气短信发送平台;2003—2009年,建成19个二至五要素区域自动气象站,实现了每个乡镇(街道)都建有区域自动气象站的目标。形成较为完善的自动站监测网络,建成气象信息宽带传输通信系统和可视天气会商系统。2008年,在全县乡镇(街道)建成20个气象电子显示屏。

气象社会管理

社会管理 2001年3月,县政府办事大厅设立气象窗口,承担气象行政审批职能,规范天气预报发布和传播,实行低空飘浮物施放审批制度。2003年成立仙居县防雷设施监测站,每年对易燃易爆场所和人员集中场所进行防雷防静电安全专项检查,对检查不合格的单位要求其进行整改,并及时将检查结果发文通报。2004年仙居县气象行政执法大队正式成立,7名兼职执法人员均通过浙江省政府法制办公室培训考核,持证上岗。2007年,依法对一洗浴中心违法施放庆典气球进行查处,对当事人实施口头警告,并限时撤掉违法施放的气球。2008年,分别查处一起非法传播气象信息和重要场所防雷设施不定期检测案件。2006年7月,仙居县政府出台《仙居县气象灾害应急预案》,建立健全气象灾害应急响应体系。2007年,气象观测站搬迁后,县气象局及时就气象探测环境保护的标准规定向县建设局发函,以保证气象探测资料的代表性、准确性、比较性和连续性。

政务公开 2003年起对气象行政审批办事程序、气象服务内容、服务承诺、气象行政执法依据、服务收费依据及标准等,采取户外公示栏、网络、办事大厅窗口、报刊等方式对社会公开;2005年,落实首问责任制、限时办结制、服务承诺制、财务管理等一系列规章制度;干部任用、财务收支、目标考核、基础设施建设、工程招投标等内容以职工大会形式向职工公开。2005—2008年,每年财务一季度对中层干部公示一次,年底对全局干部职工公示全年收支详情。

党建和气象文化建设

党支部建设 仙居县气象局党支部成立于1978年,陈日元为第一任支部书记;1980年李桂崇任支部书记;1981年由王洪求担任支部书记;1985年4月李世万任支部副书记;1988年6月改选后新的支部委员会由李世万、吴焕良两位组成,李世万任书记、吴焕良任副书记;1990年5月改选后由赵小先任支部副书记;2002年5月至今由应天龙担任支部书记。现有党员7人,其中退休4人。2002年起,连续7年开展党风廉政宣传教育月活动。2005年开展了机关效能建设活动,2006年开展了作风建设年活动。2006年起,每年进行局领导述职述廉报告,并层层签订党风廉政目标责任书,推进"惩防体系"建设。

气象文化建设 1999年,县气象局首次被县委、县政府授予"文明单位"称号,其后每年都保持文明单位称号。2002年起,每年开展"职业道德教育月"、"党风廉政宣传教育月"活动。2007年,仙居县政府开展"百家企业、千名办事对象"评窗口活动,办事大厅气象窗口满意率100%,在23个参评办事窗口中名列第一。

荣誉 2005被仙居县委、县政府授予"2004年防台救灾先进集体"称号。2007年,县气象局获"创建人民满意机关示范单位"称号。

台站建设

仙居县气象局始建于1958年,占地约2.6亩。建站以来办公用房从未改造,大门及四周围墙破损严重;局内路面状况不良,排水排污不畅;办公用房布局结构不够科学合理,面积小且使用率低。2006年10月,仙居县气象台站迁建工程正式立项。新址位于县环城北路的千仞山,总用地面积8006平方米,总建筑面积2413平方米,其中观测场面积1250平方米,项目概算总投资为440万元。2006年底仙居县新气象观测站建设,观测站按25米×50米标准建造,成为全省规格较高的台站之一。2008年4月1日,仙居县气象科技楼动工建设,建有气象灾害预警中心、气象科普基地以及图书阅览室、职工活动室、篮球场等,预计2009年年底投入使用。

仙居观测场旧貌

2006年12月仙居新观测场建成

仙居局旧貌

2009年6月仙居气象科技楼土建工程完工

三门县气象局

三门县位于中国黄金海岸线中段的三门湾畔,浙江沿海中部,全县总面积1508.89平方千米,辖14个乡镇、511行政村,人口41万。三门县属亚热带季风气候区,具有海洋性气候特点,四季分明,温和湿润,雨量充沛,日照时间长,水、热、光匹配较好。但天气变化复杂,灾害性天气也较频繁,主要灾害性天气有干旱、台风、暴雨和低温等。

机构历史沿革

始建情况 1967年,经浙江省气象局批准,在海游镇上洋路地段建立三门县气象站。1968年3月1日正式开展工作,观测场面积为16米×16米,海拔高度6.5米,北纬29°07′,东经121°22′,属国家一般气象站。

1980年1月1日,因原观测场大小不符合1979年版地面气象观测规范要求,扩大到16米×20米,海拔高度6.2米。1982年2月18日,因观测场距房屋太近,向西南方向迁移32米。1994年底,按县城建镇规划要求,站区土地被征用,1998年1月,局机关、气象台迁至海游镇城东村海拔高度75米的马家山上。2001年10月1日,观测场迁至海游镇玉城路马家山上,北纬29°07′,东经121°23′,观测场海拔高度34.5米,25米×25米,距原址1200米。2004年12月15日,新气象办公大楼竣工落成,位于海游镇上洋路62号,局机关、气象台和防雷设施监测所搬至新大楼,地面气象观测站仍在马家山上至今。

管理体制 1968年3月至1970年1月,属浙江省气象局建制;1970年2月至1970年9月,属县革委会建制,业务属省气象局指导;1970年10月至1973年9月,属县革委会、县人武部双重领导,以人武部领导为主,业务属省气象台管理;1973年10月至1980年12月,属县革委会建制,业务属省气象局指导;1981年至今,属垂直业务体制,实行气象部门和地方双重领导,以气象部门为主,既为省局下属单位,又为同级政府和职能部门(一级局)。

机构设置 1968年建站初期,开展地面气象观测和天气预报服务。1973年10月,气象站设站长一名,副站长一名,下设预报服务组和地面观测组。1979年增加农业气象观测服务项目,增设农气组,1993年停止观测。1990年12月改名为三门县气象局。2003年6月,机构改革,内设机构:办公室、气象台、气象测报站、防雷管理办公室。2004年成立三门县气象行政执法大队。2005年3月成立三门县气象灾害预警中心,属县政府管理。2007年11月,设立行政审批科,挂牌"防雷管理办公室"。下辖防雷设施监测所和华风科技开发服务分公司。

人员状况 1968年建站时只有2人。1990年12月定编9人。截至2008年,职工总数19人。其中:气象编制9人,地方编制1人,聘用9人;本科学历7人,大专学历6人,中专、高中学历4人,初中学历2人;工程师2人,助理工程师13人;50岁以上2人,41~50岁5人,31~40岁1人,30岁以下11人;党员4人。汉族18人,藏族1人。

主要领导更替情况

姓名	职务	任职时间
吴生法	负责人	1970—1973.9
杨兴赏	负责人	1973.10—1980.10
吕仁广	站长	1980.10—1985.1
郑必贵	副站长	1985.1—1987.3
郑必贵	站长	1987.3—1990.12
郑必贵	局长	1990.12—1993.4
吴生法	副局长	1993.4—1994.3
吴生法	局长	1994.3—2000.1
翁时求	副局长	2000.1—2002.10
翁时求	局长	2002.10—

气象业务与服务

1. 气象业务

①气象观测

1968年3月建站时为国家一般气象站,承担地面气象观测任务。每天08、14、20时3次观测,夜间不守班。观测项目有云、能见度、天气现象、气压、气温、湿度、风向风速、降水、雪深、日照、小型蒸发、地温等。1990年4月开始调整为测报辅助站,一天3次观测,不守班。2001年10月由辅助站恢复为一般气象站,夜间不守班。2002年建成ZQZ-Ⅱ型自动气象站。自动站观测项目包括温度、湿度、气压、风向风速、降水、地温(含地面温度和浅层地温)。2003年1月1日正式运行,2004年1月1日起,自动站采集的气象数据列作正式记录,同时保留了20时人工观测记录。除降水量以人工观测值发报外,其他发报项目都以自动站资料为准。2007年1月改为国家气象观测站二级站,2009年1月又改为国家一般气象站,观测任务不变。

1986年,配备了PC-1500袖珍计算机,于1987年1月1日正式使用。1999年开始使用计算机进行查算、发报、编制气象报表。2001年1月1日开始,启用EN-1型测风数据处理仪,增加日极大风速和风向记录。

1971年7月1日开始拍发台风补充天气报,1973年,发报任务是台风补充天气报和省危险天气报,1979年5月1日08时起,增加每日08时向省气象台拍发气象实况天气报。1984年1月1日,停止拍发省危险天气报,同时拍发重要天气报,通过电话至当地邮电局转发。1990年4月至2001年9月,停止拍发所有天气报;2001年10月开始拍发天气加密报、台风加密报和重要天气报;2002年在梅汛期增发11时、17时加密报,通过电信程控拨号传输;2003年转为气象专用宽带网传输,自动站运行后,每1小时向省气象局上传资料,目前上传资料已经加密到10分钟1次。

编制的报表有:4份气表-1,留底2份,向市气象局、省气象局各报送1份;5份气表-21,留底2份,市局、省局、中国局各报送1份。2005年,停止报送纸质月报表,仍需制作纸质年报表。

自2002年建成三门县自动气象观测站后,在地方财政的大力支持下逐步开始了区域自动气象站建设工作。至2008年底,共建成了12个区域自动气象站(K8801—K8812)。采集气象要素2~5项(气压、气温、降水量、湿度、风向、风速),依托无线网络系统,实现高密度即时气象监测和数据共享。2008年,初步建成三门蛇蟠湿地生态站,开展海水养殖相关数据的监测、研究工作。完成国家海洋渔业生态气象实验站的前期调研工作。

②气象预报

气象预报总体水平的提高与科学技术和国民经济发展基本同步。三门县气象预报的发展经历了三个时期:1968年建站至1983年为徘徊和探索时期,主要通过收音机收听上级台预报和天气形势来做预报;1984—1999年以气象现代化建设为标志的转型时期,主要通过传真机接收天气图来做预报;2000年至今以信息网络和数值预报为主的快速发展时期,通过VAST高速下发的海量气象信息来做预报。

从建站便开始了气象预报服务,早期的天气预报主要通过收音机收听预报信息,利用广播站、电话发布气象信息。1984年开始,使用传真机接收气象传真图表,进行分析预报。1985年,安装甚高频通讯电话网,接收上级指令和信息资料。1997年建成9210工程配套系统,2000年初建成VSAT单收站,用于气象信息业务传输,随后又建成MICAPS预报业务平台。2000年开始通过电视发布预报,2004年建成视频会商系统。随着气象信息产品的增多,预报员通过自己的专业知识,在上级台指导预报下,结合当地的天气特点,制作预报。

预报产品主要有短期预报、中期预报和长期预报。短期预报在每天早、中、晚3次利用农村有线广播网向公众发布。2000年开始自制电视气象预报节目,由电视台播发。中期预报有周报、旬报和3~5天趋势预报。长期预报有春播预报、梅汛台汛期预报、秋季低温预报等。主要服务于县领导及相关部门,不对公众发布。农业气象预报有病虫害预报、农作物生长期预报等,1984年每年开展气候评价业务。近几年又陆续开展了生活指数预报、森林火险等级预报、周边城市天气预报、3~5天天气预测、短时临近预报,定时、不定时地制作发布针对性强的天气公告、天气专报、气象内参、气象警报等。

③农业气象

1979年省气象局颁发《关于加强农业气象工作的通知》,增设农气组,并开始农业气象观测。观测项目主要有:大小麦、早稻、晚稻等作物。1993年停止农业气象观测。2007年4月至2009

年4月开展土壤水分观测,深度为三个层次,即0～10厘米、10～20厘米、20～30厘米。

2. 气象服务

自建站始开展公益气象服务,做好日常公众气象服务同时,常年向当地党政领导和有关部门提供各种气象预报和情报,为社会公众电话咨询服务,在防灾抗灾、指挥生产中发挥重要作用。1985年开始,面向农业、水利、渔业、建筑业、航运、造船、保险、电力等60多个单位开展专业有偿气象服务。1988年建立了天气警报发射系统,服务单位通过预警接收机定时接收气象信息,最多时达20台接收机。

1998年底开通"121"电话声讯咨询服务,2004年2月初升级了该系统,改为"96121"。设置常规24小时天气预报、周边城市天气预报,之后逐渐增加了森林火险等级预报、生活指数预报、3～5天天气预报、短时临近预报、重大活动和节假日预报等分信箱。2000年自筹资金,购置电视天气预报制作系统,刻录成录像带,在三门县电视台播放48小时天气预报。2004年3月中旬,升级了电视制作系统,节目制作升级为非线性编辑,在图像、声音、质量等方面都有了大幅度的改善。2004年建立了气象短信服务平台,向县政府领导及相关部门提供决策服务;向企业、种植养殖大户提供气象信息服务。

2005年起,成立了三门县气象灾害预警中心,在村一级设立防灾应急小分队和气象防灾信息员队伍,组织建立了677的乡镇气象协理员队伍,同时由县政府投资150万元,在每个乡镇人流集中点建立电子显示屏共14个,每天通过电子显示屏发布气象信息。2008年,建成公共信息发布平台,制订了公共信息发布管理办法。一年来为县纪委、宣传部、公安、工商、消防、青蟹节组委会等部门,及时发布各种公共信息1360条次。此项工作被浙江省气象局评为2008年创新项目一等奖。

三门县蟠龙公园的室外气象电子显示屏画面色彩绚丽、多姿多彩,时刻提醒市民注意天气变化。象这样的显示屏,目前三门每个乡镇都建有1个

三门县气象局工作人员为海游镇农村信息员进行培训

法规建设与管理

健全各项规章制度。2002年制定了三门县气象局规章制度执行细则、电视天气预报

栏目业务联系若干规定、防雷审核、检测办事须知。2005年整理编制了《三门县气象局规章制度汇编》一书。2006年制定发布了《三门县气象灾害应急预案》,全县每个乡镇都编制完成乡镇气象灾害应急防御救援预案。

加强气象执法队伍建设。2004年成立三门县气象行政执法大队,联合公安、安监等部门组织开展气象行政执法,严肃查处境内气象违法违规行为。2007年底,制止了严重影响国家观测站探测环境的玉城寺违章建筑。2007年开始,防雷办公室深入基层调查,普及防雷科普知识,建立了全县防雷安全重点单位信息库。

2003年以来,深化局务公开工作。利用公开栏、职工大会、局务会议、内部网络、对外服务窗口等多种渠道,就气象业务与服务、财务管理、人事教育、科产服务效益、党风廉政建设、重大决策事项等十四项内容分别以定期、不定期的方式公开,得到广大群众的充分肯定。

党建与气象文化建设

1. 党建工作

1973年有党员1人,1974年有党员2人,编入水利局党支部。1981年9月建立三门县气象站党支部,由吕仁广任支部书记。1993年9月吕仁广退休,由郑彦德任支部书记。2002年4月至2008年12月由翁时求任支部书记。2008年12月,俞圣兴接任党支部书记,党员3人。

2008年1月,制定了党员激励制度。党支部定期召开民主生活会,党员充分发挥模范带头作用,带动全局职工完成各项工作任务。积极参加各类政治活动,扶贫结对,慈善捐款。积极组织政治理论学习活动,以"三门新气象学习讲坛"为载体,学习政策文件,观看警示教育片。积极开展廉政文章、短信、警言征集活动,其中一条短信被收录进省局出版的《惠风和畅》一书。2006年被评为规范化党支部。2008年获2007年先进基层党组织荣誉称号。

2. 气象文化建设

2005年,县气象局领导提出建设学习型机关,是年6月创立了"三门新气象学习讲坛",规定每周一夜为学习夜,主要由全体干部、职工每人轮流讲课。在自行选择主题讲课的基础上,结合本职工作,多次邀请外部门的专家、领导到"学习讲坛"为全局职工上课,内容丰富。这种创新学习形式获得浙江省气象局领导的好评,并在全省得以推广。为了给职工创造良好的学习环境,重新规划办公用房,设置了图书室和阅览室。活动室先后增添了乒乓球桌、跑步机、综合训练器等多种健身器材,提倡积极健康的生活方式。积极参加县里及上级部门组织的文艺演出,组织开展登山、乒乓球赛、羽毛球赛、歌咏比赛等文体活动。2006年、2008年连续被评为市级文明单位。

台站建设

1967年建站时,仅有一层楼房屋,1984年11月,新盖值班室5间,旧房多处出现屋漏。

浙江省基层气象台站简史

1977年11月新建二层楼职工宿舍,解决了职工住宿问题。1994年底,土地被县府征用,租用城市建设规划局两间房用于行政办公。2002年申请地方和部门经费,筹建气象科技大楼。2004年底竣工,楼高五层,占地面积771平方米,建筑面积1600平方米。2003年观测场内种植草皮,值班室周围建起绿化带,种植了果树,美化了观测站环境。2007年4月,更换了观测场围栏。2008年底,改善了职工宿舍,修缮了值班上山必经小路,用石条铺设上山台阶。同时在职工宿舍山脚下修建了车库,解决职工停车难问题。为丰富职工业余生活,充分利用车库顶部建成羽毛球场。

2008年下半年至2009年初,对现有的气象预报业务平台进行了综合改造,扩大了办公室面积。改造后的业务平台包括实时监控平台、"96121"气象声讯平台、气象预警短信发布平台及公共应急信息发布平台等多个系统,能更好地承载现代气象业务不断发展的要求。

三门县气象局旧貌

三门县气象局科技大楼近影

三门县气象局观测场旧貌

三门县气象局观测场近影

洪家国家基准气候站

机构历史沿革

1. 始建情况

洪家国家基准气候站,位于台州市椒江区洪家街道街洪村,地处北纬 28°37′、东经 121°25′,距椒江约 7.4 千米,观测场 25 米×30 米,海拔高度 4.6 米(黄海高程),为平原地带,四周较开阔。

洪家国家基准气候站前身为海门气象站,1945 年 2 月始建于朱家店,旋迁海门济公坛。1946 年初迁商会路 3 号,挂牌"中美合作所海门气象站"。1946 年 3 月"中美合作所"撤销,改隶"国防部"第二厅管辖。1947 年 6 月改隶"交通部中央气象局"管辖,并作机构调整,气象观测部分划归气象局,局站名为"中央气象局海门气象站",气象通讯部分划归民航局,称"民用航空局上海通讯总台海门通讯分台",同时高空观测停止,保留地面气象观测。1948 年秋气象电报停发,保留每日定时观测。民国时期海门气象观测至 1949 年 6 月 28 日停止。11 月 1 日,由人民政府接收,恢复工作。

1956 年的海门气象站,位于枫山北侧之江边圩。1958 年迁往洪家镇

1950 年以来气象站名称变动情况

时间	名称
1950 年 5 月	中国人民解放军华东航空气象处海门气象站
1951 年 8 月	中国人民解放军浙江军区海门气象站
1954 年 1 月	浙江省海门气象站
1960 年 6 月	黄岩县海门气象服务站
1962 年 12 月	浙江省海门气象服务站
1964 年 2 月	浙江省黄岩县海门气象服务站

续表

时间	名称
1970年7月	黄岩县革命委员会生产指挥组海门气象站
1971年7月	浙江省黄岩县海门气象站
1982年11月	浙江省黄岩县气象站
1985年5月	浙江省椒江市洪家气象站（因站区划椒江市管辖）
1986年10月	浙江省椒江市国家基准气候站
1994年12月	浙江省椒江区国家基准气候站（因椒江市改区）
2003年1月	台州市椒江区洪家国家基准气候站
2006年12月	台州市椒江区洪家气候观象台
2009年1月	洪家国家基准气候站

观测场变动情况 1950年5月1日，站址设海门商会路3号原公安局大院内（现区司法局大院），地处北纬28°40′，东经121°30′，海拔高度9.5米（吴淞）。1952年9月18日迁海门枫山北侧江边圩，地处北纬28°40′，东经121°26′，观测场9米×12米，后扩大至19.8米×19.9米，海拔高度4.9米（吴淞）。1958年1月1日，迁洪家镇后街杨庄，地处北纬28°37′，东经121°25′，观测场25米×25米，海拔高度1.3米（吴淞）。2003年1月1日向东南方向平移350米，即今址。

观测场全景

2. 建制情况

领导体制 1946年3月—1947年5月，属国防部第二厅管辖。1947年6月—1949年5月，气象观测部分为"交通部中央气象局"建制，隶属上海市气象局管辖；气象通讯部分划分归民用航空局上海通讯总台管辖。1950年5月—1951年7月，解放军华东航空气象处（1950年9月改为华东空军司令部气象处）接管。1951年8月—1953年8月，隶属浙江军区司令部气象科。1953年9月—1954年9月，隶属浙江省财政经济委员会气象科。1954年10月—1958年10月，浙江省人民政府气象局领导（其间1956年5月—1958年5月由上海市气象局统管）。1958年11月—1962年9月，体制下放，为当地县政府领导。1962年10月—1970年1月，省气象局与地方政府双重领导，以省气象局领导为主。1970年2月—1980年12月，体制再次下放，为当地县政府领导（其中1970年10月—1973年8月为县人武部领导，并正式定为正科级单位）。1981年1月至今，恢复垂直领导，即以省气象局与地方政府双重领导，以省气象局领导为主，县气象局（站）既定省局下属单位，又是同级政府职能部门（属一级局）。1991年起受省、市气象局委托，由椒江局具体管理洪家站工作，包括财务管理，洪家站作为报账单位。

人员状况 1945年初建时人员4人，至1949年6月只有1人。1950年人员10人，皆为军人。60年代后人员大多来自中专或高等院校,最多时期有26人。

2008年底,职工总数16人(其中正式职工13人,编外3人);皆为汉族。职工中大学本科3人,大专5人,中专5人;工程师3人,助工11人;中共党员6人,团员3人;年龄30岁以下6人,31~40岁1人,41~50岁6人,51~59岁3人。

主要领导变动 1945年初建时由陈锟琳任站长。1947年钟瑜任主任,1949年接上海气象台台长程纯枢亲笔专函,留在海门站,为最后一名观测员。1950年以来,历任站领导(含指定负责人)共30人,其中正职13人。

名称及主要领导人变更情况

站名称	姓名	任职时间	职务
海门气象站	庞其书	1950.5—1952.1	站长
海门气象站	张 杰	1951.12—1952.5	站长
海门气象站	杨成权	1952.6—1954.6	站长
海门气象站	谢洪恩	1952.6—1955.7	副站长
海门气象站	张祖惠	1956.3—1956.12	负责人
海门气象站	连福韵	1957.1—1958.8	副站长
黄岩县海门气象服务站	占宝顺	1960.4—1975.12	站长
海门气象服务站	陈鸣星	1965.12—1981.11	站长
黄岩县海门气象站	林逊铨	1973.1—1977.1	支部书记
黄岩县海门气象站	翁良美	1977—1978	负责人
黄岩县海门气象站	刘克银	1978.10—1979.11	支部书记
黄岩县气象站	梁如聪	1979.11—1984.4	支部书记
黄岩县气象站	牟重行	1985.2—1986.9	副站长
椒江市洪家国家基准气候站	牟重行	1986.10—1987.7	副站长
椒江市洪家国家基准气候站	陈宏义	1988.1—1991.12	站长
椒江市洪家国家基准气候站	许昌燊	1991.12—1993.7	站长
椒江区洪家国家基准气候站	胡志来	1993.1—1996.12	副站长
		1997.1—1997.12	站长
椒江区洪家国家基准气候站	黄朝善	1997.12—2003.6	站长
	胡志来	2003.6—2005.8	负责人(兼)
椒江区洪家国家基准气候站	陈 琳	2005.8—2006.12	站长(兼)
椒江区洪家国家气候观象台	陈 琳	2006.12—2008.7	副台长(兼)(正科)
洪家国家基准气候站	李惠琴	2008.7—	站长

气象业务与服务

海门气象站1953年定为二等一级气象站,转建后为国家基本站,1986年10月升格为国家基准气候(以下简称洪家站)。民国时期有地面、高空观测。自1950年以来有完整地面观测(亚洲交换),观测项目齐全,其中,1992年增日射观测,为浙江省仅有2个站之一。1991年1月大陈站高空探测业务迁至洪家,为全省3个站之一。农业气象观测1957年11月开始,1979年转为国家站网,1991年农气业务迁至椒江。气象服务:1953年转建起,气象工作为国防经济建设服务,以农业服务为重点,1955年1月21日制作霜冻预报,1958年开始正式对外发布预报服务。1978年成立测报组、预报组,1979年增设农气组。1981年成立椒江市(原属黄岩县管辖),则椒江气象预报服务归椒江气象台负责。1985年5月黄岩气象服务改由洪家站和椒江台共同承担。1988年11月成立黄岩气象台,洪家站停止预报服务和气象科技服务工作。

1. 气象观测

①地面气象观测

观测项目 2008年底,观测项目有气压、气温、湿度、风向风速、降水、云、能见度、天气现象、日照、蒸发、雪压、雪深、冻土、电线积冰、太阳辐射(总辐射)、酸雨、紫外线、闪电定位、GPS以及地温观测。

观测项目随时间而变,1952年1月增日照时数、雪深观测,1986年1月增测冻土与电线结冰,1992年1月增日射观测(总辐射;三级站),2003年1月增测酸雨,2005年1月增测紫外线,2007年1月增闪电定位观测,2008年增GPS观测。

地温观测变动较大,20世纪50年初设草面温度观测,1954年改测地面最低温度,1956年1月增地面温度观测,1957年1月增地面最高温度观测。地中温度观测,1953年1月—1966年8月浅层5、10、15、20厘米4个层次观测,1980年1月恢复,1957年1月—1966年1月增测深层40、80、160、320厘米4个层次,1981年1月恢复。

观测时次 1948年5月每天6次,即06、09、12、14、18、21时,同年12月改为8次,即增03、24时;1950年5月—1953年12月,每小时1次,每日24次;1954年1月—1986年12月每日8次,即02、08、14、20时定时观测和05、11、17、23时辅助观测(1967年1月—1969年10月未进行23时、02时观测);1987年1月起每日24次,即每小时观测1次。

观测时制 1954年至1960年7月为地方平太阳时,1951—1953年及1960年8月后均为北京时。

观测日界 1948—1953年观测以24时为日界,1954年至1960年7月以19时为日界,1960年8月后均以20时为日界。

观测仪器 2002年12月以前观测仪器为表、自记仪,均为人工站观测。其中自记仪在60年代前期为苏式或美式,1962年以后陆续改为国产。1952年1月使用美式三杯型测风(此前为目测),1955年1月改用维尔达测风(轻、重型),1968年1月改用上海产EL型电接风向风速计(0~40米/秒),1993年1月改用EN型测风仪。蒸发观测使用小型蒸发皿,1984年1月增加E-601型大型蒸发器,2002年1月起停止小型蒸发皿。

2003年1月1日起建成遥测自动站,由天津气象仪器厂生产的有线综合气象仪(CAWSA600型),其设备大多采用芬兰维萨拉(VISALA)公司生产。实行自动站、人工站并轨观测。

气象电报 1945年始建时期,通过自设电台拍发气象电报至上海通讯总台,每日6~8次,至1948年秋,因报务人员离站,停发气象电报。

洪家站地面气象观测资料参与亚洲气象情报交流。1950年6月1日,恢复气象电报编发每日7次,通过黄岩邮电局中转,由保密人员把电文翻译密码发送。1954年9月采用新密码,1956年6月1日起,取消有关保密规定。1985年洪家划归椒江市后,气象电报改为椒江邮电局中转,并租用洪家—椒江专线1条。1986年1月1日起,使用PC-1500微机编报,1987年1月1日起,每日8次,即02、08、14、20时绘图报和05、11、17、23时辅助绘图报。1991年7月通过微机直接发邮局电讯机,1996年转为计算机自动编报,2000年7月1日起,气象电报均转为分组数据交换网和程控拨号方式传至省气象台再发往中央气象台。2003年5月1日起,气象电报改用气象专用宽带网上传省气象台。

另航危报(1954年9月至1987年),台风加密报、重要天气报按省局指令发报,2003年1月自动站建成后停发台风加密报。

气象报表及气候资料整编 洪家站气象连续观测时间为台州境内最长,从1948年开始制作,当时仅有《气象月报表》。20世纪50年代初改制《气象总表》,另有《气象月简表》。1954年1月制作各类报表,有《地面气象观测记录日报表》(气表-1)、《年报表》(气-21),另有气温、相对湿度自记记录月、年报表及毛发湿度计订正图,1965年停制;气压自记记录月、年报表,1958年停制;地温记录月年报表,日照观测月、年报表,1960年停制;降水自记记录月、年报表及风速自记记录月、年报表,于1979年停制;有关地温、降水、日照、风的月、年报表分别并入气表-1、气表-21。1992年1月起制作《气象日射观测记录月报表》。

气象观测记录报表一式4份(辐射观测报表一式3份),报中国气象局、省、市气象局及留站各1份。2005年1月起停止纸质气象观测记录月报表,纸质年报表仍为保留制作项目。气象观测原始资料,《台站档案》等2002年统一移交台州市气象局。

气候资料整编项目及技术规定,统一按省气象局要求进行,整编项目有:《1950—1958年海门气象资料》;《1951—1978年黄岩海门逐日基本气象资料》;《1959—1970年黄岩海门地面气候资料》及《1951—1980年海门地面气候资料》皆为铅印出版。1980年以后改为计算机操作,资料存盘,建立数据库,不再另行编排出版。

2008年制定《洪家国家基准气候站探测环境保护专项规划》。

②高空探测

1946年至1947年6月,海门站有高空测风业务,1991年1月1日起,大陈探空业务内迁洪家站。探空项目仍为温度、湿度、气压及风向风速,并计算规定层、特征层、对流层、零度层等要素值,探空时次为每时08时、20时。

探空仪器及设备 使用750克直径2米气球。1991年购买工业氢,1992年8月使用QDQ2-1型电解水制氢设备,2003年7月复购工业氢。1991年使用59GZZ2-1型探空仪,同年使用701型电子管测风雷达,1992年8月改用701-C型,2003年7月又改用701X型,2004年7月起,再改用DFE(L)-1型,并使用GTS1型电子探空仪,2007年10月起使用GTC2型L波段探空数据接收机。计算机探测软件:1991年、1995年6月、1998年3月分别使用新疆气象局、中国气科院、浙江省气象局软件,2004年7月应用中国气象局软件。使用雷达测风,探空高度可达25000~32000米。

探空电报随地面观测报同发,每日08、20时各1次。探空报表一式3份,报中国气象局、省气象局、留站各1份,分《高空风记录月报表》(高表-1)、《高空压温湿记录月报表》(高表-2),报表制作由人机编制,1995年起由计算机自动编制。探空观测资料整编,统一由中国气象局整编制作出版。

③农业气象观测

始于1957年11月6日。1957—1962年观测种类有麦、水稻、油菜、土壤湿度等。1962年8月停止观测,1965年3—11月一度恢复,因"文革"而中止。1979年9月重新恢复,1980年4月2日正式开展,为国家农业气象网点站。作物观测有大麦、早晚稻、油菜;自然物候观测有榆树、家燕等13种(1990年中止),1986年4月增加柑橘观测,1991年农气业务迁椒江局。

农气电报:1957年12月中旬正式承担发报任务,为上海局所属7个情报站之一。1962年停止。1979年起向国家气象局、省气象局发旬月报,1986年12月执行灾情报告制度。农气电报于每旬末、月末编制,次日03时前随地面报发。

农气报表有各观测项目报表,一式4份,报国家气象局和省、地气象局及留站1份。

④气象预报

1958年随着农村有线广播的发展开始正式对外发布天气预报。预报分短期、中期、长期。短期内容包括天空状况、降水、风、极端气温、灾害性天气等。中期主要为旬报形式,以天气趋势及重大天气过程为预报对象,具体有旬平均气温、极端气温、旬降水量、雨日、沿海海面大风天数等。长期有月、季、年度预报,包括春播、夏收麦种、秋收冬种以及冬春汛大陈渔场等重要关键期天气预报,内容主要是气温、降水、旱涝趋势、大风预报等。参加飞播造林气象现场服务。

预报业务设施与服务方式,主要是收音机、电话,用以收听广播和参加天气会商、联防等,20世纪50—60年代初还饲养小动物测天。1980年开始配备气象传真机,1986年建成气象高频通讯网,使气象预报改变收听广播加看天的旧格局。气象服务主要方式是通过有线广播站发布天气预报,旬月报直接送达或邮电局寄送,台风等重大灾害性由站领导向县领导直接汇报和参加县防汛防台防旱会议上作汇报。

气象预报发展大体经历三个时期。1955—1965年为初创时期,开展"县站补充预报"。实行"图资群相结合,以群为主,长中短相结合,以中期为主,大中小相结合,以县站补充预报为主"的"三个相结合、三个为主"的技术方针和"听、看、谚、地、资、商、用、管"的八字措施。1958年还大办气象哨,收集、验证大量民谚,聘请老农顾问,制成单站资料图表,建立预报指标,1960年省气象局以海门站为先进典型向全省台站推广。

1966—1979年为徘徊、探索时期。前期继续坚持"土法测天"的经验。1973年开始以物理统计方法为主,探讨单站预报指标,开展较规范的"基本资料、基本图表、基本工具、基本档案"的预报业务的"四基"建设。1978年成立预报组,预报业务开始探索前进,逐渐步入正规。

1980年起为预报业务转折时期,进入科学提高阶段。气象传真机的应用,丰富了气象信息;开展县站MOS方法推广研究,推行以传真图与本地天气模式指标综合分析的新方法,高频电话通讯网的建立,有效地提高了灾害性的监测联防水平。1988年11月气象预报服务任务改由黄岩气象台承担。

2. 气象服务

黄岩是我国第一个粮食生产超"纲要"的县,是著名的柑橘等水果产地,有闻名的大陈渔场(1981年,大陈辖归椒江市)。努力做好为领导决策服务和防灾减灾气象服务,尤其气象为农服务是重点和传统。1985年7月下旬预报月底有一次台风影响,积极建议黄岩县政府缓建翻水抗旱工程,8506号台风于7月30日在玉环登陆。

农业气象情报 1958年1月开始定期发布,随后承担台州专区7县农气情报任务,1962年中止,1980年开始重新形成定例。

农作物生育期预报和产量预报 1980年开始水稻播种期、收获成熟期的预报服务,完成早稻、连作晚稻、小麦、柑橘等产量预报模式。

农业气象试验研究 1979年进行棉田小气候试验研究观测;1982年完成"杂交晚稻低温危害指标鉴定"课题;1983年开展"地膜育秧小气候效应"研究;1984年在山地进行"杂交稻旱栽培的农业气象条件试验",获国家气象局"气象科技扶贫先进集体三等奖";1987年列入国家气象局"短平快"项目的"香型啤酒花引种试验",获省气象局科技进步三等奖;1989年完成国家气象局、省气象局"温黄平原连作晚稻高产气象服务系列研究"课题,1991年获省局科技进步三等奖;"黄岩县农业气候资源调查与区划",1986年获省农业区划委员会三等奖;1989年"黄岩县早稻产量预报模式研究"成果获台州市科技进步二等奖。

党建与气象文化建设

党建工作 洪家气象站20世纪70年代至80年代中期建有党支部,后因人员变动,与椒江局合为一个支部。1998年恢复党支部,至2008年有党员6人(其中1名退休),隶属洪家街道党工委领导。

气象文化建设 1987年以来,每年开展职业道德、党风廉政等教育。1999年被椒江区委区政府授予区文明单位。作为台州市气象局科普教育基地,每年接待中小学生,讲解宣传气象科普和防灾减灾知识。

1989年获国家气象局科技扶贫集体三等奖;1991年获浙江省气象局农业气象服务优秀单位;1998年、1999年、2006年获省气象局测报质量优秀站;2001年中国气象局对洪家站探空业务考核获611高分;2007年探空L波段雷达业务质量综合评估,并列获全国第一名。1982年以来,获市(地)级以上先进个人有10人次,其中有全国气象部门双文明建设先进个人1人,台州地区首届专业技术拔尖人才、浙江省劳动模范1人,防台救灾先进个人1人等。1979—2008年有28人次获中国气象局优秀测报员称号。

洪家站是对公众开放的科普教育基地。图为气象工作人员给小学生讲解地温观测知识

人物简介

许昌燊 男,黄岩人,中共党员,汉族,高级工程师,原在新疆库尔勒地区气象台工作,1983年调入海门站工作,任农气观测员,1991年12月—1993年7月任基准气候站站长,1993年8月调椒江局,1998年8月退休。许昌燊潜心农气科研,主持《旱地杂交稻高产栽培技术研究》《亚热带丘陵山区香型啤酒花气候适应性研究》《黄岩县早稻产量预报模式

研究》、《温黄平原连作晚稻高产气象服务系列研究》等重要科研课题,均获省气象局科技进步三等奖或台州地区科技进步二等奖。1989年、1993年为台州地区首届、第二届专业技术拔尖人才,1990年获浙江省劳动模范称号。许昌燊发表多篇科技论文,主编论著有《柑橘优质高产与浙江气候》(字数17.9万,中国林业出版社1999年10月出版)、《农业气象指标大全》(字数35万,气象出版社2004年1月出版)。

台站建设

1952年站内占地2.76亩,建筑面积255.8平方米,1958年迁至洪家。1986年中央投资20万元建成浙江省第一个国家基准气候站,占地约11亩,1990年再次征地约3亩,建筑面积约2294平方米,其中办公业务用房548平方米,职工宿舍1746平方米。2003年因城镇建设需要,洪家站平移,按"一流台站"、"绿色台站"的建设要求,建成一座新型气象站,占地面积10亩,业务用房570平方米,原站址仍保留8.5亩土地。站内环境优美,种植矮秆金橘、桃、梨和花草,布局美观、整洁大方。

洪家国家基准气候站全貌

大陈气象站

机构历史沿革

始建情况 大陈气象站属海岛站。其前身为大陈海军气象站,始建于1956年2月,1957年5月正式工作。站址位于下大陈岛黄夫礁山顶,即北纬28°27′,东经121°53′,观测场海拔高度204.9米。为海军东海舰队所建,1982年10月撤销,由大陈气象站接替工作。

1994年12月椒江市改区,易名为台州市椒江区大陈气象站,为国家气象观测一级站。测站位于台州市椒江区下大陈岛五虎山顶,即北纬28°25′,东经121°54′,西距椒江区52千米,离大陆海岸线最近点21.6千米,与一江山岛相隔19.3千米。观测场25米×25米,海拔高度86.2米。观测站东、北两侧面海。

大陈气象站观测场全貌

建制及人员状况 大陈海军气象站为军队系统建制,隶属温州水警处领导,大陈海军观通站代管,业务上受浙江省气象局指导。1964年改称气象分队(代号"41分队"),1967年3月定为军队排级编制。1960年人员14人,1970年27人,1980年22人。设地面测报、高空探测两组,1982年10月撤站停止工作。

大陈气象站自建站以来,一直实行气象部门和地方政府双重领导,以部门领导为主的管理体制,为正科级单位,隶属椒江区气象局具体管理。1982年初建时设地面测报、高空观测、报务、油机、勤杂炊事五组,人员28人(含外地支援工作3人,临时工5人)。人员来自8省,站内职工最多时达37人。1991年探空业务内迁后,只设测报组。

2008年底,站内职工13人,皆为汉族,其中正式职工8人,编外5人;大学本科5人,大专4人,中专3人;工程师1人,助工5人;30岁以下7人,31~40岁2人,50岁以上1人。有中共党员3人,与大陈镇中学共建1个支部,共青团员3人。

1957—1982年大陈海军气象站担任正站长(分队长)职务共10人。1981—2008年大陈气象站担任正副站长共12人,其中担任站长或主持工作副站长有8人。

名称及主要负责人变更情况

名称	姓名	任职时间	职务
大陈海军气象站	李福全	1957.5—1964.8	站长
	孙云福	1962.1—1962.5	站长
	徐世鑫	1964.9—1969.1	站长
	王宝源	1964.12至1979	分队长
	郁 敏	1969.2—1970.1	站长
	李西迎	1970.2—1974.10	站长
	丁佐福	1974.11—1978.5	站长
	李志安	1978.6—1978.11	站长
	谭建新	1978.12—1979.3	站长
	陶宏义	1979.4—1982.10	站长

续表

名称	姓名	任职时间	职务
大陈气象站	倪永湘	1981.10—1984.11	负责人(兼)
	蒋允治	1984.12—1987.6	站长
	张云芳	1987.6—1990.12	站长
	张昌记	1990.1—1993.1	副站长
	黄朝善	1991.1—1996.4	副站长
		1996.5—1997.12	站长
	金建筑	1996.5—2000.6	副站长
		2000.7—2001.5	站长
	胡志来	2001.5—2005.8	站长(兼)
	陈 琳	2005.8—	站长(兼)

气象业务与服务

1. 气象观测

大陈海洋气象站、大陈气象站担负地面、高空气象观测任务。1974年4月25日,中央气象局指定大陈海军气象站参加全球气象观测资料交换(为当时浙江省参加交换6个台站之一)。大陈气象站从1982年10月1日起,一直参加全球观测资料交换。

地面观测 地面观测项目为气压、气温、湿度、地温、风向风速、降水、云、能见度、天气现象、日照、蒸发、雪深等。2003年1月1日起,遥测自动站建成投入业务使用,人工与自动观测并轨运行。2004年1月1日起,以自动观测为主,人工观测为辅。

观测时段采用北京时每日8次,即02、08、14、20时为4次定时正点观测,05、11、17、23时为4次辅助观测(海军站1957年5月至1960年7月定时观测时间为地方时01、07、13、19时)。

1962年前使用苏式观测仪器,1965年后改用国产。并配备英制达因式风向风速计,于1995年停用。2003年1月1日使用江苏无线电科学研究所提供的地面有线综合遥测仪(ZQZⅡ型),其传感设备大多是芬兰维萨拉公司(VISALA)产品。

报表制作:月报表、年报表,一式4份(报中国气象局,省、市气象局各1份,留站1份)。1988年4月起改用PC-1500编制报表,1995年使用计算机编制,2005年1月起停止上报纸质月报表,但仍需制作年报表。

高空探测 大陈站高空探测始于1957年9月,止于1990年12月,当时为东海面唯一的高空探测站,是浙江省三个高空探测站之一。

高空探测项目为温度、气压、湿度、风的垂直变化,并计算各规定层、特征层、对流层顶、零度层等数据。探测高度达25000~32000米。

探空仪器和设施:使用750克直径为2米的氢气球,用传统的化学制氢法自制氢气。测风经纬仪用于小球测风和探空球测风(小球测风于1959年9月停止),并分别用A、B型绘图板,手工计算,1988年4月起使用PC-1500微机进行人机计算。1959年9月使用苏式49型探空仪,1967年6月改用国产59型、7512型收讯机。测风雷达海军站于20世纪70年代开始使用车厢式电子管雷达;1983年5月安装701固定雷达,经纬仪收讯机作备用。

大陈气象站位于大陈岛五虎山,1981年为接办大陈海军气象站业务而建。以下图片为20世纪80年代中期大陈气象站工作情景。

　　施放探空气球　　　　点绘测风数据　　　　检定探空仪　　　　接收高空探测数据

　　使用经纬仪测风　　　检查发电机房　　　地面气象观测值班室　　　制氢设备

高空探测时次:1957年9月小球测风,每日07时、19时(1959年9月改07时为探空球测风、19时为小球测风),1960年8月探测时间改为每日08时、20时。1968年2月都改为探空球测风,探测时间仍为每日08时、20时。1987年1月起探空次数改为4次,增加02时、14时雷达单独测风,1990年取消14时探测业务。

探空报表:一式3份,报国家气象局、浙江省气象局及留站各1份,分《高空风记录月报表》、《高空压温湿记录月报表》,均人工编制。

气象电报　地面气象报每日8次,即4次定时(02、08、14、20时)绘图报和4次(05、11、17、23时)辅助绘图报,另有台风加密报和重要天气报。探空气象报依探测次数而变,1990年起为每日3次(02、08、20时)。

海军站的气象电报由军队自设莫尔斯电台传递。1982年10月新建的大陈站配备150瓦短波电台,经福建省气象局福州转报台中转。1986年1月使用PC-1500微机编发气象电报,1996年为计算机编报。1987年4月改有线传报,租用大陈—海门海底电缆1条,由椒江邮电局中转(1987年7—8月及1990年8月电缆中断,改用高频对讲电话传送)。1991年7月终止海缆租用合同,气象电报改由高频电话经洪家国家基准气候站高频电话中转,通过计算机自动传报接收发往电讯局。2000年7月1日起,气象电报转为分组数据交换网和程控拨号方式传至省气象台再发往中央气象台。2003年5月1日起,气象电报改用气象专用宽带网上传省气象台。

气象档案与资料整编　1982年11月,东海舰队司令部、省气象局、椒江气象台三方代表在大陈岛和宁波办理好海军站气象档案清点移交手续,存椒江气象局。2002年起大陈站《台站档案》、气象原始记录、整编资料等交存台州市气象局。

气象资料整编统一按省气象局技术规定要求进行,已整编铅印出版有《1957—1982年下大陈地面气候资料》、《1958—1978年下大陈气象站逐日基本资料》。20世纪80年代后改由计算机整编,不再另行编排出版。高空探测资料统一由国家气象局整编。

2. 气象服务

大陈站是东海海岛气象站,观测资料是预报分析台州市沿海岛屿天气、气候的重要依据,更是台州市气象灾害防御服务的重要依据,在为经济建设、军事服务上具有重要而特殊的作用。大陈海军气象站主要为军事服务,并为地方提供气象资料。大陈气象站主要是通过实时观测资料和联防措施,为有关气象台站预报研究海上风向、风力、大雾特别是预报台风移向、风力大小的客观依据,为领导防台抗台决策以及海上作业、航运、海难救援等提供适时的气象观测资料服务。例如:0414号"云娜"台风大陈站实测风速58.7米/秒,为市、区政府防台抗台科学决策部署起着很大作用。同时大陈气象站气候资料为海岛资源调查与区划、开发利用海洋资源、加快海岛风电场建设、发展海水养殖、海岛旅游等服务,占有重要一席,2007年为大陈岛开工建设总装机容量为49.5兆瓦的风电场,提供气象和气候评估服务。

2005年第15号台风"卡努"在路桥金清登陆,大陈岛测得极大风速59.5米/秒(17级)。图为台风造成的海浪猛烈拍打着35.8米高的甲午岩。

1996年成立台州市海洋气象台,在大陈站设海洋气象广播电台,直接开展为渔民服务。

气象文化建设

下大陈岛面积只有5.2平方千米,岛上常年大风平均日数148天,受台风影响常出现12级以上大风。9711号、0414号(云娜)、0515号(卡努)台风极大风力达17级,极大值达59.5米/秒,加之大雾多,造成海上交通不便,岛上给养困难,为四类艰苦台站。同时,文娱活动设备不足、用水紧缺等因素,职工工作、生活条件艰苦。当地党委政府和省、市、区气象局对大陈站职工十分关怀,尽力帮助解决实际困难。2001年春节前夕,中国气象局局长秦大河视察大陈站,亲切慰问勉励职工。大陈站加强思想政治教育和职业道德教育,发扬艰苦奋斗、爱岗敬业、勤奋学习、求真务实、团结协作精神,团队精神最具特色。每次台风来临,都给气象观测带来极大困难。狂风暴雨中,测报组人员手拉手甚至捆绑一起匍匐进出观测场观测,探空组人员一起上阵施放气球。十六七级台风吹走风杯,几个人一起不顾危险爬上风塔去安装;大风刮断电线,大家自告奋勇地爬上房顶抢修,确保了观测记录准确、完整、无缺。

气象站青年人多,来自全国8个省,1982—1990年,团支部、工会经常组织乒乓球、扑克、围棋等比赛活动,与其他单位组织联欢等集体活动,丰富文娱生活,培养集体情操,增进团结友爱。1989年、2002年接待台州市气象夏令营活动的中小学生等。

在全站职工共同努力下,大陈站多次获省、市气象局表扬或奖励,1983年参与台风国际业务试验,获国家气象局一等奖;2005年获中国气象局"重大气象服务先进集体"奖。1982年以来,获市(地)级以上先进个人有8人次。1985年1位探空员援藏到那曲地区气象台工作,获团中央"边陲优秀儿女"铜质奖。

台站建设

1982年大陈新站建成,占地13.2亩,院内构筑沿坡垒砌,房屋建筑面积1394平方米,为岛上一道靓丽风景线。房屋设施因受台风损坏、海水盐分的腐蚀,上级气象部门时有拨款维修,1999年全面大修一次,2002年自动站建设时又对值班室、工作室整修改造,并对站址周围进行了环境绿化、美化。配备生活文化设施,职工工作生活条件改善。为保证业务发展,2008年制定《大陈国家气象观测站探测环境保护专项规划》。

丽水市气象台站概况

丽水市地处浙江省西南部，现辖7县1市1区，面积1.73万平方千米，境内85％以上为山地，人口255.43万。属中亚热带季风气候，四季分明，温暖湿润，雨量充沛，无霜期长，具有明显的山地立体气候特征。

气象工作基本情况

建制 1973年前，管理体制经历了从军队建制到地方政府管理，再到地方政府和军队双重领导的演变，1973—1979年，转为地方同级革命委员会领导，业务受上级气象部门指导；1980年后体制改革，实行以气象部门为主，气象部门和地方政府双重领导的管理体制。

历史沿革 1932年1月建立丽水、龙泉测候所及遂昌县雨量站，1937年8月，丽水测候所及遂昌雨量站撤销。1938年1月浙江省测候所在松阳县古市镇按二等所重建，1942年1—3月丽水测候所恢复记录，1945年5月省测候所由松阳迁往云和，同年10月由云和迁回杭州。1952年12月31日龙泉测候所停止观测。1953年1月建立丽水、龙泉气象站。1956—1960年相继建立遂昌、景宁、庆元、缙云、青田气候服务站。1963年，青田、庆元气候站撤销。1969年1月景宁气候站由景宁迁至云和县，改称云和县气象站。1970—1971年先后恢复青田、庆元气象站。1989年12月，缙云、云和、青田、龙泉、庆元、遂昌气象站更名为气象局（正科级）。1995年10月成立景宁县气象局。2002年9月成立松阳县气象台，归口松阳县农业局，2005年9月松阳县气象台升格为松阳县气象局。

人员状况 1953年有在职气象职工9人，1960年21人，1970年37人，1980年113人，1990年128人。现有在编职工116人，编外用工46人，在编职工中具有硕士学位3人，本科48人，大专49人，中级职称38人，副研级职称10人。

党建与文明建设 全市气象部门有党支部9个，党员53人。1986年起开展文明单位建设，截至2008年底，全市各气象局均建成市级文明单位，其中省级文明单位3个；2003年建成市级文明行业。1964年、1965年龙泉气象站连续两年被浙江省人民政府评为全省农业先进集体；1978年缙云县气象局被国家气象局评为全国农业学大寨学大庆先进集体；1982年缙云县气象站被浙江省人民政府评为全省劳动模范集体；1991年丽水地区气象台被浙江省森林防火指挥部评为全省森林防火先进单位。

气象法规 2000年以来,丽水市人民政府先后出台14个规范性文件。2001年成立丽水市雷电防御管理办公室,2004年12月各县(市)成立雷电防御管理办公室;2001—2005年先后在当地政府行政审批中心设立气象窗口,履行气象行政审批职能。2002—2008年历经3次行政审批制度改革,现保留审批职能5项。2003年9月成立1个气象行政执法支队和7个气象行政执法大队,有兼职气象执法人员41名。2004年12月,丽水市人大常委会开展《气象法》执行情况调研。2008年完成各台站《气象探测环境保护专项规划》的编制。

主要业务范围

地面观测 丽水市现有地面气象观测站9个,其中2个国家基本气象站、5个国家一般气象站以及景宁、松阳2个地方建制的气象站。龙泉站原为基本站,2007年5月调整为一般站;云和站原为一般站,2007年1月1日起承担国家气候观象台地面观测任务,2008年12月31日20时后调整为基本站。2002—2003年建成9个七要素地面自动气象站。

1964年至1989年7月,陆续组建69个气象哨,后因仪器设备和维持经费缺乏,气象哨陆续撤、停,到2000年有气象哨32个,开展区域自动气象站建设后,区域站逐渐替代气象哨,到2008年气象哨全部撤销。

2003年起开展区域自动气象站建设,建成区域站163个,其中两要素站8个,四要素站123个,五要素站20个,六要素站12个。

气象预报 丽水天气预报业务始于1954年10月的霜冻预报。1956年10月起丽水、龙泉先后制作发布单站天气预报,通过县广播站每天早晚发布晴雨、温度和灾害性天气预报,由温州专区气象台承担预报业务指导。1958年起相继开展中长期天气趋势预报。1964年3月起各站预报业务管理工作转由丽水专(地)区中心气象服务站负责。1972年6月开始制作全区范围的天气预报并承担对下属各站的指导预报。1974年起开展中期天气预报。随后,预报服务内容不断增加,1987年开展森林火险等级预报、2003年开展地质灾害等级预报、2005年起增加气象灾害预警信号的发布工作以及短时临近预报、2007年开展雷电危险等级预报服务等。

丽水林地面积占总面积的65%,是浙江省重点林区。1987年开展的森林火险等级预报服务,使丽水发生森林火灾的次数大幅度下降,据不完全统计,从1976—1985年间,全区共发生森林火灾2121次,受害森林面积213510亩;开展森林火险等级预报服务后,1986—1991年,年森林火灾次数从949次下降到144次,受害森林面积从46427亩下降到2987亩,森林受害率从2.8‰下降到0.18‰。丽水市气象局因此被浙江省人民政府评为1990年度全省森林防火先进单位。

农业气象 1957年9月起丽水、景宁、龙泉先后开展了农作物生育状况观测,同年12月开始编发农气旬报,1963—1975年农业气象观测业务停止,但季节性的为农服务工作继续进行。1976年下半年起,丽水、龙泉先后恢复农业气象试验和观测,1979年,两站又恢复编发农业气象旬(月)报、开展农业气候专题分析等。1980年6月起开展春花作物、早稻、晚稻三季作物生育状况观测和三季作物生育期气象条件分析等工作。1981年,丽水、龙泉正式确定为国家农气观测网点站。1983—1986年,协助国家气象局和浙江省气象局开展龙泉凤阳山山区气候资源考察工作,完成龙泉凤阳山5个梯度观测点的观测任务。1993年,春花作物观测停止。1999年,龙泉、丽水新增物候观测。2007年4月,全市各台站新增土壤水分观测。

气象信息网络　1973年1月,莫尔斯无线短波通信用于气象信息的传输。1979年8月起使用62丙型单边带接收机和东德T-51型电传打字机实现无线电传自动化收报。1980年开始使用ZSQ-1型气象图传真机接收天气图。1985年8月选用FT-757G机组建单边带电话网,1988年6月开通省、地、县单边带无线电话。1996年7月,开通省—地—县程控拨号微机数据网。

1996年9月着手建设"9210工程",2000年1月建成并投入使用,同年5月,气象电报(除航危报外)取消邮电报路,以分组数据交换网方式上传。2003年1月,建成业务宽带网(ATM网),省、市、县间的业务信息、资料交换,以及全国Notes系统都由此网络传输。2003年5月,建成基于宽带网的市、县语音天气会商系统,同年12月建成省、市远程可视会商系统,2005年6月,开通市、县可视会商系统。2007年建成新一代卫星通讯气象数据广播(DVB-S)系统。

气象科技服务　气象科技服务从1985年开始。从1985—2008年,气象科技服务经历了四个发展阶段:第一阶段(1985—1989年),初始的服务方式为信函、电话以及手抄资料等,1988年建立无线天气警报系统,向天气警报接收机用户提供短期、短时天气预报、警报以及停电预告、森林火险等级预报等服务;第二阶段(1990—1999年),1996年开始为辖区的水库、电站、防汛等部门提供计算机网络终端气象服务。1997年10月景宁县气象局在全省率先开通"121"天气预报自动答询系统(以下简称"121"),1999年1月"121"在全区开通;1998年12月起先后开展电视天气预报节目的自行制作;第三阶段(2000—2003年),2002年5月莲都区范围开展移动手机气象短信服务业务,到2004年,移动、联通、小灵通手机气象短信业务在全市范围铺开;服务内容注重个性化,如地质灾害等级预报、空气质量预报、生活指数预报等;第四阶段(2004年起至现在),全面开展防雷装置设计审核、施工监理、竣工验收、防雷装置安全性能检测(以下简称防雷检测)以及防雷工程的设计、施工等服务项目,2007年起开展重大工程等建设项目的雷击风险评估等。

人工影响天气　丽水人工影响天气工作始于1979年的高炮作业,2006年成立丽水市人工影响天气领导小组,建成市级人影作业队伍。现拥有人影作业车2辆,人影作业火箭发射架2架,移动应急指挥车1辆(载有小型测雨雷达1部),标准化人影作业队伍2支。

气象科研　1976—2008年间,全市共完成66个气象科研项目,其中农业气象或农业气候研究项目29个,2003年承担的《丽水市区域微气候探测分析与研究》为丽水市重点科研项目,项目建设和研究经费130万元。1982—1986年起全区先后开展了农业气候资源调查与区划工作,并完成《丽水地区农业气候资源调查与区划》以及各县农业气候资源调查与区划的编写和出版工作。主要科研成果:获得国家科委颁发的科技进步三等奖和科技成果推广奖各1项,浙江省人民政府科技成果二等奖、四等奖及优秀奖各1项,34项科研成果被省气象局或地区科委授予科技进步奖,其中省气象局科技进步一等奖1项,二等奖6项,三等奖23项。

丽水市气象局

机构历史沿革

始建情况　1953年1月建立丽水气象站,1964年3月改名为丽水专(地)区中心气象服务站,1972年6月扩建为丽水地区气象台,1981年7月建立丽水地区气象局,2000年7月更名为丽水市气象局。现位于北纬28°27′,东经119°55′,观测场海拔高度59.7米。

建于1972年的丽水气象观测站

2003年1月建成的丽水气象观测站

即将建成的丽水气象科技中心大楼

人员状况　1953年建站时有职工7人,1972年18人,1981年增加到47人,现有在编职工56人,编外用工15人,在编职工中具有硕士学位3人,本科31人,副研级职称8人,中级职称22人。

机构设置　从1953—1972年,站以下没有设分支机构。1972年6月建立丽水地区气象台,下设观测组、预报组、台站组、行政组。1981年7月建立丽水地区气象局,下设气象台、业务科、人秘科,1987年和1990年分别增设服务科和避雷装置安全检测分中心。先后于1993、1996、2001、2007年进行了机构改革或结构调整,现内设4个职能处室,分别是办公室(法规处、防雷办)、业务处、计财处、人事处;4个直属单位,分别是气象台、网络中心、防雷中心、信息中心;1个下属单位,为丽水国家气象观测站。

名称及主要负责人变更情况

机构名称	主要负责人	任职时间
丽水气象站	于云波	1953.1—1954.4
丽水气象站	黄玉华	1954.5—1956.4
丽水气象站	张国衡	1956.5—1956.9
丽水气象站	黄玉华	1956.10—1960.6
丽水气象服务站	黄玉华	1960.7—1964.7
丽水专(地)区中心气象服务站	吴世明	1964.8—1968.6
丽水地区中心气象服务站革命领导小组 1972年改为丽水地区气象台	吴世明	1968.7—1981.7
丽水地区气象台	赵岳山(军代表)	1971.6—1973.9
丽水地区气象局	武英祥	1981.7—1983.7
丽水地区气象局	吴世明	1983.7—1984.11
丽水地区气象局	吴叶长	1984.11—1996.10
丽水地区气象局	黄晓萍	1996.10—1998.6
丽水地区气象局	王仕星	1998.7—2000.7
丽水市气象局	王仕星	2000.7—2004.9
丽水市气象局	高锦火	2004.9—

气象业务与服务

1. 气象业务

气象观测 始建于1953年,站址在丽水县城关镇虎啸门外"枣山",1972年1月迁至丽水县丽阳公社后甫大队(后改为丽水市城关镇后甫10号),2003年1月迁至丽水市莲都区民俗乐园内(寿元路南侧),现为国家基本气象观测站。

1953年1月建站时,每天进行06、08、09、10、12、14、16、18、20、21时10次地面观测,分别于06、08、10、12、14、16、18、20时8次编发气象电报。地面观测项目有气压、气温、湿度、风、降水、地面状态、云、能见度、地温、蒸发、雪深、日照、天气现象等。1954年1月,增加地方时01、07、13、19时4次气候观测,同年8月,开始编发航空天气电报,9月开始编发危险天气电报,12月开始编发05、11、17、23时4次辅助绘图天气电报,1955年12月起开始编发气象旬(月)报。1960年8月,地方时01、07、13、19时4次气候观测改为北京时02、08、14、20时进行。1964年3月,开始承担本地区下属县气象站测报业务指导管理任务和地面气象测报报表审核业务。1967年1月开始使用电接风向风速仪测风。1967年1月至1969年10月,取消02时气象观测,02时气象要素记录用自记记录代替。1972年1月至1975

年1月,施放云幕气球,报送实测云高报表。1986年1月开始使用PC-1500编发气象电报,1990年1月开始使用微机编制地面气象月报表,1998年,测报业务用机由微机替代PC-1500。2002年开始建设地面自动气象观测站,气压、气温、湿度等7要素由自动记录代替人工观测。2003年起,先后增加酸雨、紫外线观测。2005年1月起停止报送地面测报纸质月报表。

农业气象观测　农业气象观测始于1957年11月,1981年定为国家农业气象网点站,主要承担春花作物、早稻、晚稻生育状况观测、物候观测以及编发农业气象旬(月)报等;1984年起承担气候影响评价工作,同时承担龙泉农业气象观测资料的预审工作。

气象台　建于1972年6月,主要负责天气预报的制作、发布,为地方政府组织防御气象灾害提供决策依据,并承担对县(市)天气预报的指导。预报产品按时效分有短时、短期、中期、长期预报,按性质分有天气预报和天气警报。开展预报方法的研究工作,自行开发的短期晴雨"MOS"预报方法、寒潮预报方法及暴雨预报方法等应用于日常的预报工作中。

2. 气象服务

决策气象服务　1985年前,决策气象服务主要以书面文字为主,20世纪90年代至今,决策服务方式由电话、传真、信函等向微机终端、互联网等发展。2005年11月开展丽水气象彩信业务,为政府部门领导及防汛、电力、交通等部门提供服务。2006年,建立紧急异常天气预警短信发布平台,为政府部门和重要用户提供重要天气和突发性天气等的预警服务。

公众气象服务　1994年前,公众气象服务主要通过有线广播发布信息,1994年1月开通电视天气预报节目后,电视气象节目成为传播公众气象服务信息的主要渠道。1998年后,公众获得气象服务信息的渠道增多,如"121"天气预报自动答询系统(2005年后改为"96121")、丽水市气象信息网、气象信息电子显示屏、手机气象短信等,公众气象服务手段日趋完善,服务内容更加贴近生活。公众气象服务产品除日常的晴雨和灾害性天气预报内容外,在重大活动和节假日期间开展专题气象服务。

气象科技服务与技术开发　1985年起开展长期预报、气象资料、农业气象情报等专业气象服务。1992年开展庆典气球施放服务。1996年成立专业气象台,承担专业气象服务、气候服务、资料服务、为农服务以及各类信息的服务工作等。1998年成立气象信息中心,开展电视天气预报节目制作、背景广告经营、"121"的市场推广、气象服务终端等工作。2001年起,气象信息服务和防雷技术服务成为气象科技服务的两大支柱项目。2002年起开展了移动、联通、小灵通手机气象短信服务,现有用户494475个。

1990年成立避雷装置安全检测分中心开展防雷检测服务,1996年丽水地区编制委员会批复成立丽水地区防雷监测中心承担防雷检测以及防雷工程设计工作,2003年起,防雷工程设计和施工工作转由丽水市天安防雷公司承担。2004年起开展防雷装置设计审核、施工监理、竣工验收、防雷检测以及对重大工程项目等开展雷击风险评估等工作。

1993—2008年间,先后成立蓝天信息社、灵通电讯服务部、丽水市气象职工技协服务中心、新气象广告公司、天安防雷公司五个经营实体,除新气象广告公司和天安防雷公司外,其他三个经营实体分别于1996年、2002年和2008年撤销。

科普宣传 每年"3·23"前后,围绕当年世界气象日宣传主题,上街设立咨询点或请有关单位开座谈会以及通过报纸、电视、广播等新闻媒介开展科普活动。1984年起先后编写《气象务农》、《龙泉气象科普》、《气象与各行业》、《丽水市灾害防御应急防御指南》、《云和气象科普手册》等科普读物。2002—2008,与丽水电视台开展气象专题节目《雷电离我们有多远》、《雷击就在我们身边》等的录制工作。2007年5月建立丽水市首个红领巾气象站——莲都小学红领巾气象站,同年5—6月,开展"气象杯"全市中小学生气象防灾减灾科普知识竞赛活动,此次中小学生气象科普知识竞赛获得2007—2008年度全省气象部门科普作品评比一等奖。

气象法规建设与管理

气象灾害防御 相继出台了《丽水市人民政府关于印发丽水市气象灾害预警信号发布规定的通知》、《丽水市雷电灾害防御和应急实施办法》、《丽水市重大突发性气象灾害应急预案》、《丽水市雨雪冰冻灾害应急预案》等一系列气象法规文件,开展乡镇气象灾害应急预案的编制。现已建成乡镇气象电子显示屏128块,建成气象灾害应急联系人、气象协理员、信息员等在内的气象灾害防御队伍3534人,全市实现乡乡有分管气象工作的领导和气象协理员、村村有气象信息员。

防雷管理 2001年7月,市政府审批服务中心设立气象窗口,履行防雷设施的设计审核职能,同年成立丽水市雷电灾害防御管理办公室。2002年8月丽水市人民政府发布第27号令,颁布实施《丽水市防御雷电灾害管理办法》。2004年7月,丽水市人民政府将"建设(筑)工程防雷设施设计、安装及定期检测"列为气象行政许可项目。2005年起,相继开展防雷分行业管理工作,易燃易爆场所、教育系统、通讯系统、卫生系统等相继纳入防雷管理。2007年5月1日颁布实施《丽水市雷电灾害防御和应急实施办法》(丽水市政府49号令),丽水市政府27号令同时废止。2008年起每年向社会公布防雷安全重点单位,2008年为155家。2008年底,防雷装置设计审核和竣工验收、防雷工程专业设计和施工单位乙(丙)级资质认定审查被依法保留为行政审批许可事项。

党的建设与精神文明建设

党建 1972年3月建立丽水地区气象站党支部,2003年6月成立丽水市气象局党总支,下辖机关、直属单位和离退休3个支部。党建工作归地方党工委直接领导,现有党员28人。

荣誉 1999年被评为县级文明单位,2002年被评为市级文明单位,2005年被评为省级文明单位。从建站到现在,共获得厅局级以上集体荣誉86次,其中1990年、1991年被国家气象局评为全国气象科技扶贫先进集体三等奖,1998年丽水气象台被国家气象局评为防汛抗洪先进集体,2002年丽水市气象局档案管理工作达国家二级标准,2005年荣获中国气象局"气象部门局务公开先进单位"称号。1958年,黄玉华作为国务院特邀代表出席全国农业社会主义建设先进单位代表大会。

龙泉市气象局

龙泉市位于浙江省西南部浙闽赣边境,全市总面积3059平方千米。市域辖8镇8乡3个街道办事处,11个社区和444个行政村,人口28.6万。境内崇山峻岭,海拔千米以上山峰730余座,1500米以上山峰110座,有江浙第一高峰凤阳山,主峰黄茅尖海拔1929米。

龙泉属于中亚热带季风气候区,四季分明,春早夏长,雨量丰沛,温暖湿润,无霜期长。因地形复杂,海拔高低悬殊,具有明显的山地立体气候。影响本区的灾害性天气有台风、暴雨、干旱、寒潮、低温冰冻、雷电等。

机构历史沿革

始建情况 1953年1月1日,按国家基本站标准筹建中国人民解放军浙江军区司令部龙泉气象站,位于龙泉县环城东路56号(北纬28°05′,东经119°08′),观测场海拔高度198.4米。1997年1月1日站址迁移到龙泉市龙渊街道麻寮郊区(北纬28°04′,东经119°08′),观测场海拔高度195.5米。2007年1月1日改为浙江省龙泉国家一般气象站。

建制情况 1932年1月建立龙泉测候所隶属浙江省水利局。1938年隶属浙江省农业改进所。1943年隶属浙江省水利局。1946年1月隶属浙江省水利局气候所。1947年7月隶属浙江省气象测候所。1949年5月隶属中国人民解放军华东军区浙江航空办事处杭州气象站。1950年4月隶属南京气象处。1953年1月建立龙泉气象站,隶属浙江省军区司令部气象科,同年8月,气象部门转为地方政府建制。1954年改属浙江省财委气象科(1954年10月改为浙江省气象局)。1956年4月,浙江省气象局撤销,归属上海市气象局。1958年5月,浙江省气象局恢复,归属浙江省气象局。1958年9月,归属龙泉县人民委员会。1960年4月,改名为龙泉县气象服务站。1963年1月,归属浙江省气象局。1970年2月,归属龙泉县革命委员会,改名为龙泉县气象站。1980年12月至今,隶属浙江省气象局。1989年12月更名为龙泉县气象局。1990年12月26日,经国务院批准,撤销龙泉县,设立龙泉市,龙泉县气象局改为龙泉市气象局。

名称及主要负责人变更情况

名称	任职时间	负责人
龙泉气象站	1953.1—1955.5	卓宝鸿
龙泉县气象服务站	1955.5—1956.5	林天裘
龙泉县气象服务站	1956.5—1985.6	张国衡
龙泉县气象站	1985.6—1986.10	黄昌鲲
龙泉县气象站	1986.10—1988.12	郭路平
龙泉县气象站	1988.12—1989.12	谭新华
龙泉市气象局	1989.12—2004.10	谭新华
龙泉市气象局	2004.11—	李松平

人员状况　1953年建站初期有职工4人；现有气象编制职工10人，地方编制1人，聘用5人，共有在职职工16人，其中党员5人；少数民族1人；本科学历7人、专科学历7人；高级专业技术人员2人、中级专业技术人员3人。

气象业务与服务

1. 气象业务

①气象观测

地面气象观测　1953年1月1日起，为国家基本站，观测时次采用地方时02、08、14、20时每天4次观测，夜间守班；1954年8月4日开始承担衢州、南京、上海等地的航危报业务；1955年1月1日至1961年9月30日增加探空观测项目(风向风速、云高)；2006年1月1日起取消航危报。2007年1月1日改为浙江省龙泉国家一般气象站，观测时次采用北京时，每天08、14、20时3次观测，增加气象月报地温段(0、20厘米)。现有观测项目为：气温、湿度、气压(温湿压自记计)、风向风速、降水、云(量状高)、天气现象、能见度、地温、浅层地温、大型蒸发、日照、积雪深度等。2005年开始闪电定位观测，自动站24小时观测。

自动气象站　2003年1月1日开始ZQZ-CⅡ型自动气象站试运行，2004年人工站和自动站平行观测，2005年1月1日起以自动站观测为主。2003—2008年，全市建成10千米格距的31个区域天气观测站。

②信息网络

观测发报　1986年以前用手工编发气象报文，通过邮局电话上传气象报文。1987年开始使用PC-1500机编码上传气象报文。1999年开始使用计算机自动编码上传气象报文。

气象信息接收　1980年前，利用收音机收听武汉区域中心气象台和上级以及周边气象台站播发的天气预报和天气形势。1981年起，开始配备天气传真接收机接收气象信息、资料。1988年开通单边带无线电话。1996年建立程控拨号微机数据网。1998—2005年，建立PC-VSAT站，开通2兆光缆，接收从地面到高空各类天气形势图和云图、雷达等数据。2003年建立语音天气会商系统。2005年建立可视会商系统。2008年10月完成天气业务宽带网路升级任务。

③气象预报

1956年10月20日开始，通过收听天气形势，结合台站资料图表每日早晚制作24小时内日常天气预报。1980年后，开展常规24小时、未来3～5天和旬月报等短、中、长期天气预报以及临近预报，同时，开展灾害性天气预报预警业务和供领导决策的各类重要天气报告等。2006年开始短时临近3小时天气预报。

④农业气象

1957年9月龙泉站开展了农作物生育状况观测，同年12月开始编发农气旬报，1963—1975年农业气象观测业务停止，但季节性的为农服务工作继续进行。1976年下半年起，龙泉恢复了农业气象试验和观测。1979年11月至1987年开展了小麦、大麦、油菜生育期观测。1980年至今进行双季早晚稻观测。作物生育观测期内每旬末编发〔AB〕报。1981年，龙泉正式确定为国家农气观测网点站。1993年,春花作物观测停止。1999年,龙泉新增物候观测。2007年4月增加土壤水分观测。

1967年9月至1971年9月配合农业部门在全县范围内建立18个站哨气象观测点,为双季稻、杂交稻上山提供垂直气候依据。从1980年1月起,全县11个气象哨每旬向县站通报气象旬报,包括旬平均气温、最高最低气象、雨量雨日、日照、雪深,主要作为发育期病虫害影响等。由农气组分析各地天气、物候实况,预告下旬天气趋势及农事建议发县区乡和农业部门,安仁等7个气象哨从2003—2008年陆续改为中尺度自动站。1980年8月张国衡利用业余时间参与了普查全县自然村海拔高度,结合各自然村的耕地面积统计了县区乡大队每百米高度的农田分布,由县农业局编入"农业手册"和"农业致富门路"小册子,12月县科委授予科技成果三等奖。1979年黄昌鲲主持的《龙泉山区气候与连作稻、杂交水稻布局》课题获浙江省政府科技二等奖、《浙江龙泉山气候规律研究的推广应用》课题获国家农业委员会贡献奖。

2. 气象服务

公众气象服务 1956年10月20日开始通过龙泉县广播站对公众发布气象服务,为当时全省最早。1985年前,主要通过广播和邮寄旬报方式向全县发布气象信息。1987年建立气象警报系统,面向有关部门、乡(镇)等每天5时开展天气预报警报信息发布服务。1987年5月开始森林火险等级预报。1998年开通"121"(2005年1月改号为"96121")天气预报电话自动答询系统。1999年建立电视气象影视制作系统。2004年利用手机短信每天2时次发布气象信息。2007年建立气象实况信息自动报警系统。2008年,在乡镇(街道)、学校、医院等安装气象电子显示屏30块。

决策气象服务 建站初期主要以口头、电话或邮寄方式向县委、县政府提供决策气象服务。2000年以后逐步开发《重要天气汇报》、《气象专题报告》、《气象信息内参》、《气象情报》、《汛期(5—9月)天气形势分析》和手机短信等决策气象服务产品。

气象科技服务与技术开发 1985年3月专业气象有偿服务开始起步,利用传真邮寄、警报系统、声讯、影视、手机短信、电子显示屏等手段,面向各行业开展气象科技服务。1990年起,为各单位建筑物避雷设施开展安全检测。1994年9月建立丽水市(县)首个气象防汛抗灾无线寻呼台(与广电局合作)。1999年起,全市各类新建(构)筑物按照规范要求安装避雷装置,2000年起开展新建(筑)物防雷装置图纸审核、施工跟踪检测、竣工验收工作。2006年6月起,对重大工程建设项目开展雷击灾害风险评估。

气象科普宣传 1977年底完成1万多字的"龙泉山区气候与杂交水稻布局"技术总结和3500字的通俗文本,为浙西南推广杂交水稻。1984年10月完成农业生产科技问答(气象分册),宣传农业气象知识。

法规建设与管理

1. 气象行政执法

2000年以来,龙泉市政府先后出台《关于加快龙泉气象事业发展的实施意见》(龙政发

〔2006〕99号)等4个规范性文件,气象工作纳入市政府目标责任制考核体系。从2001年起,承担气象行政审批职能,2005年10月,市政府审批办证中心设立气象窗口,对工程建设、保护气象探测环境行使行政许可的职能,规范天气预报发布和传播,实行低空飘浮物施放审批制度。2002—2004年,2次参与行政审批制度改革,规范行政审批手续。2003年9月,成立气象行政执法大队,4名兼职执法人员均通过省政府法制办培训考核,持证上岗。2004年丽水市人大副主任雷文先到龙泉市进行《气象法》执行情况专题调研。2000—2008年,与安监、建设、教育等部门联合开展气象行政执法检查40余次。

2. 气象社会管理

建立健全气象灾害应急响应体系　2007年,龙泉市政府出台《龙泉市气象灾害防御应急预案》,并成立气象灾害防御应急领导小组。2008年成立了19个乡镇(街道)气象协理员和455名村(社区)气象信息员队伍。

防雷减灾管理　1991年8月1日成立龙泉市避雷装置检测所。1997年9月更名为龙泉市防雷监测所。2000年第一号政府令将"建设(建筑)工程防雷设施及年检"列入核准事项。2000年发了《关于进一步加强防雷减灾工作的通知》,实行了防雷设施的设计审核、施工监督、竣工验收。从2001年起,根据检查重点,每年都对易燃易爆等场所进行检查,向存在防雷隐患的单位发出整改通知,并予以督促落实。2004年7月"新建(构)筑物防雷设施及例行检测"列为第一批行政许可事项。

党建与气象文化建设

党建工作　龙泉市气象局党支部成立于1972年,历届党支部书记:刘成才(1972年至1982年11月);陆振林(1982年12月至1985年3月);黄昌鲲(1985年4月至1986年10月);陈章水(1987年至2003年2月);李松平(2003年3月至今),现有党员8人。1992年、1997年、2003年、2004年、2007年被龙泉市委授予"先进党支部"荣誉称号。2005年被评为龙泉市直机关"规范化党支部"。

1996年成立精神文明建设领导小组,1997年被龙泉市委市政府授予文明单位称号,2000年获得市级文明单位荣誉称号。

集体荣誉　1953—2008年,龙泉市气象局获地厅级以上集体荣誉25项。其中,1962年被浙江省人民政府评为"农业社会主义建设先进单位",1964年、1965年"省农业先进集体"。1978年《龙泉山区的农业热量条件及秋季低温对连作晚稻的影响》课题被国家科委评为"科技成果二等奖",1979年《龙泉山区气候与连作稻、杂交稻布局研究》课题被浙江省人民政府评为"科技成果二等奖"。

个人荣誉　获省部级以上个人荣誉有23人次,其中黄昌鲲主持的《龙泉山区气候与连作稻、杂交水稻布局》课题获浙江省政府科技二等奖,《浙江龙泉山气候规律研究的推广应用》课题获国家农业委员会贡献奖,1979年3月被浙江省委、省政府评为"先进科技工作者"。获省部级以下个人荣誉有75人次。

台站建设

龙泉气象站始建于1953年,占地面积1500平方米,249.42平方米的办公楼和20米×20米的观测场。

1997年1月1日迁入龙泉市龙渊镇麻寮郊区,占地面积1500平方米,一栋2层共330平方米的办公楼和20米×20米的观测场。

1953年建立的气象观测站

1997年建立的气象观测场

青田县气象局

青田县位于浙江省南部,地理位置处于东经119°48′~120°25′;北纬27°59′~28°29′之间。东临瓯海、永嘉,南连瑞安、文成,西接景宁,西北与丽水交界,北靠缙云。全县总面积2493平方千米,全县总人口48.72万,辖31个乡镇和1个油竹新区。青田县属中亚热带季风气候,热量丰富,冬季温和、春季回暖早、降雨充沛。光、热、水基本同步,配合良好。但降水季节分配不均匀,汛期和台风期雨量集中。气温变化大,有寒热之害,是丽水市受台风影响最为严重的县之一。

机构历史沿革

始建情况 1959年底始建气候服务站,1960年1月1日正式开始业务工作,站址位于青田县鹤城镇电木厂外空地上。1963年7月撤销。1970年恢复建立青田县气候服务站,站址位于鹤城镇东门外米山坪"山顶",北纬28°09′,东经120°17′,海拔高度57.1米(吴淞高程);1972年6月1日更名为青田县气象站。1989年12月更名为浙江省青田县气象局至今。2006年开展台站综合改造,观测场海拔高度为57.8米。

建制情况 青田县气候服务站建于1959年底,1960年1月正式开始观测,隶属于县人民委员会,由县农业局代管;1963年7月台站撤销,1970年6月恢复,隶属于县革委会生产指挥组,由县人武部代管;1972年6月更名为青田县气象站,隶属于县革委会,由县农业局代管;1973年9月起由县革委会管理;1980年12月起隶属于浙江省气象局;1989年12月起更名为浙江省青田县气象局,实行由丽水地区气象局和县人民政府双重领导。

1978—1979年,相继建立阜山、浮弋、东源、峰山4个气象哨。2004年前陆续撤销。

名称及主要负责人变更情况

名称	任职时间	负责人
青田县气候服务站	1960.01—1962.12	周皋年
青田县气候服务站	1963.01—1963.06	周建国
青田县气候服务站	1970.06—1972.05	吴重霄
青田县气象站	1972.06—1976.08	吴重霄
青田县气象站	1976.09—1982.03	詹春明
青田县气象站	1982.04—1984.08	詹晓春
青田县气象站	1984.09—1989.11	李仙乐
青田县气象局	1989.12—2004.06	李仙乐
青田县气象局	2004.07—2008.03	何志清
青田县气象局	2008.04—	江洪大

人员状况 1959年建站初期有气象员2人,1970年恢复建站时为4人,1978年底有工作人员9名;迄今青田县气象局现有气象编制职工9人,聘用人员5人,共有在职职工14人。大学本科学历3人、大专5人。工程师职称2人。

气象业务与服务

1. 气象业务

①气象观测

地面观测 1959年底建站,1960年1月1日开始,观测时间采用地方平均太阳时,每天07、13、19时3次观测,观测项目有气温、相对湿度、风向风速、云能天、降水、日照、蒸发、地温(0厘米、最高、最低、曲管5、10、15、20厘米)、地面状态等。1960年8月1日开始,观测时间改为北京时,每天08、14、20时3次观测,观测项目减少地面状态。1962年1月取消地温曲管温度表(05、10、15、20厘米)观测项目。1970年恢复建站时观测项目除少一项地温外同原气候站;1971年临时增加地下电流观测项目(1年);1973—1983年承担温州、金华、路桥机场预约航危报任务;1980年1月开始恢复地温(0厘米、最高、最低)观测项目。2007年4月起开展土壤水分观测项目(2009年5月1日取消)。

自动气象站 2003年1月1日,在本站气象观测场完成ZQZ-CⅡ型自动气象站安装并开始试运行,2004年起正式开展24小时观测。2004—2008年,先后在高湖等23个乡镇建立了19个四要素、4个五要素气象自动监测站,初步建成10千米格距的"地面区域气象灾害自动监测网"。

卫星接收和雷达 2000年通过MICAPS系统使用高分辨卫星云图;2005年使用雷达

终端软件(PUP)接收使用浙江省气象局服务器下发雷达资料;2006年后从温州、金华雷达站远程访问查看资料。

②信息网络

气象信息接收 1980年前利用收音机收听上海区域中心气象台和上级以及周边气象台站播发的天气预报和形势;1982—1996年配备ZSQ-1(123)天气传真接收机接收北京、欧洲气象中心以及东京的气象传真图。1987年利用短波单边带电台接收上海区域中心气象信息。1996年6月建立程控拨号微机数据网;1998年7月起着手建设9210工程业务网。2000—2005年,先后建立VSAT站、气象网络应用平台和省市县气象视频会商系统,开通8兆光缆,接收从地面到高空各类天气形势图和云图、雷达等数据,为气象信息的采集、传输处理、分发应用、会商分析提供支持。

气象信息发布 1996年前,主要通过有线广播和邮寄旬报方式发布气象信息,1996年以后增加电视台发布气象信息;1997年开通"121"天气预报电话自动答询系统。1998年建立电视气象影视制作系统。2004年利用手机短信每天2次发布气象信息,2005年开通小灵通气象短信,2007年开展气象预警信息发布服务。2007年依托乡镇自动气象站10分钟连续观测数据,建立气象实况信息自动报警系统。2008年在温溪等12个主要乡镇增加气象电子显示屏发布气象信息。

③气象预报

1970年6月1日起开始天气预报服务工作,每天早晚通过县广播站发布未来两天的天气预报,灾害性天气预报中午增加1次广播,或不定期发布未来3~5天的天气趋势。每旬末书面发布未来10天的天气预报。每月月底前用书面发布未来一个月长期天气趋势预报;台、汛期发布春播、洪涝及干旱、台风等长期趋势预报。1980年起,每日06、10、15时3次制作预报。2000年至今,开展常规24小时、未来3~5天和旬月报等短、中、长期天气预报以及临近预报。同时,开展灾害性天气预报预警业务和供领导决策的各类重要天气报告等。

④农业气象

1970年6月开始,逐步开展农业气象业务。1984—1985年,完成《青田县农业气候资源和区划》编制。1982年设立农业气象组,向政府、涉农部门、乡镇等单位开展定期和不定期"农业气象月报"、"小麦赤霉病预报"、"农业产量预报"等服务;1989年始,编写半年、全年气候影响评价。2004—2007年在浙江农网发布农业气象信息。2005年开始不定期制作农业气象情报预报并开展服务。

2. 气象服务

公众气象服务 1970年6月起,利用农村有线广播站播报气象消息。1996年开始增加电视台发布气象信息;1987年起每年11月至次年4月开展森林火险等级预报服务;2003年起每年4—9月开展地质灾害气象条件等级预报服务。2006年开展网络气象服务。2007年为领导和相关单位人员开展了气象预警信息发布服务。2008年开展西班牙等8个旅居华侨集聚地国际城市天气预报,并利用气象电子显示屏发布气象信息服务。每年开展节日气象服务,还为历届"石雕文化节"、"杨梅节"、"华侨大会"等重大活动提供气象保障。

决策气象服务 1970年6月年起以口头、电话或传真等方式向县委县政府提供决策服务。1990年以后逐步开发《重要天气报告》、《气象内参》、《天气回顾与趋势》、《信息快报》、《预警信息》等决策气象服务产品。在8712、9012和9216号台风暴雨与洪水预报服务中,为党委政府和有关部门防灾抗灾提供决策服务,受到表彰。2002—2009年为省重点工程滩坑电站提供勘探、施工、移民搬迁期间开展五天滚动天气预报服务。

气象科技服务与技术开发 20世纪70—80年代开展飞机造林、治虫气象服务;1986年8月开展高炮人工降雨气象服务;1985年起,面向各行各业开展专业气象服务,主要内容以邮寄、电话、传真旬报为主;1991年起开展建筑物避雷设施安全年度检测;1992年起,开展庆典气球施放服务;1994年设立青田县华云艺社,开展气球、广告等多种经营,1995年撤销。1996年起与县广播电视台联合开通气象预报节目;1997年2月,与县邮电局联合开通"121"天气自动答询电话(后改为"96121");2001年起开展新建(改建、扩建)项目防雷工程"审、监、验"服务;2004年起开展手机短信服务;2007年起,对重要工程建设项目开展雷击灾害风险评估服务。

2000—2008年,相继开发农网信息入乡、气象综合服务、气象灾害预警、气象影视技术制作、气象视频会商等系统并投入业务使用。服务的内容和形式逐步多元化,贴近生活。2007年完成县科委《影响青田的台风历史个例数据库及检索系统》科研项目。

法规建设与管理

1. 气象法规和依法行政

2000年以来,县政府先后出台《关于加快气象事业发展的实施意见》、《关于进一步加强气象防灾减灾管理体系建设的通知》。2002年1月,县政府行政审批中心设立气象窗口,承担气象行政审批职能。2002—2005年,两次参与行政审批制度改革,规范行政审批手续。2003年9月,成立气象行政执法大队,5名兼职执法人员均通过省政府法制办培训考核,持证上岗;2004年6月,丽水市人大检查组来青田督查《气象法》执行情况。2004—2008年,与安监、建设、教育等部门联合开展气象行政执法检查20余次。2007年绘编了《青田县气象观测环境保护控制图》,并报县法制办等相关单位备案;2008年制止一起影响探测环境保护的民房违章建设;2008年完成《青田县气象台站探测环境保护专项规划》。

2. 气象社会管理

建立健全气象灾害应急响应体系 2006年10月,县政府出台《青田县气象灾害应急预案》,并纳入县政府公共事件应急体系;成立以分管县长为组长的防御气象灾害领导小组。2008年先后成立重点单位气象灾害应急联络员、乡镇气象协理员、行政村气象信息员三支队伍。

行业管理 2002年1月,包括《防雷装置设计审核和竣工验收》、《低空漂浮物施放作业》、《气候可行性论证及大气环境影响评价气象资料》及《气象预报、灾害性天气警报传播》等气象行政审批项目全部纳入县政府行政审批中心运行。2005年设立了青田县防御雷电灾害管理办公室,承担全县防雷安全的管理职责。每年与公安、消防、安监等部门联合开展全县防雷安全管理检查。2008年,县防御雷电灾害管理办公室向社会发文公布56家防雷安全重点单位。

党建与气象文化建设

党组织建设 1986年11月成立青田县气象站党支部(1989年12月更名为青田县气象局党支部),李仙乐任支部书记(1986.11—2005.11);2005年12月由舒仁村任党支部书记至今。现有党员5人(其中有两名退休干部)。2008年被青田县委评为"五星级"党支部。

精神文明和党风廉政建设 1987年起,积极开展文明创建工作,并纳入年度目标管理考核。每年3月份的气象部门职业道德教育月活动,与"创文明、树新风"、"三树一创"、"保持共产党员先进性教育"、"八荣八耻"等教育活动相结合,不断提高广大干部职工的工作作风和精神风貌。2002年起,连续7年开展气象部门党风廉政教育月活动。2006年起,进行局领导述职述廉报告,并层层签订党风廉政目标责任书,制定民主决策、民主监督制度,干部职工参与民主管理和民主监督。2008年对各项规章制度重新进行修订和完善,整理汇编成《青田县气象局内部制度汇编》,并下发全局干部职工执行。全局党员干部从未发生违法、违纪案件。

执行政务公开制度,事关行政管理、财务、民生、奖惩等决策做到事前有讨论,结果在会上或上墙、网公布。2002年1月在县政府行政审批中心设立气象窗口,对气象行政审批项目、办事程序、服务承诺、执法依据、服务收费依据及标准等内容向社会公开,并在政府网上公布。在2007年度"千名群众评窗口"活动中气象窗口被评为先进窗口。

1978年改革开放以后,组织或参加春游、摄影、书画、演讲比赛等活动。1987年获得省气象局首届书法比赛一等奖;1988年获得省气象局"希望杯"系列教育活动首届演讲比赛一等奖;1998年获得省气象局"纪念改革开放二十周年征文比赛"三等奖。

集体荣誉 1987年获得国家气象局8712号强台风预报服务奖;1990年获得浙江省气象局9012号、9015号台风暴雨与洪水预报服务优秀单位;1987年、1992年和1994年分别获浙江省气象局台风预报服务一等奖、防灾抗灾气象服务先进单位和气象服务优秀单位;2004年、2005年度获浙江省气象局重大气象服务先进集体;1998年、2006年度获浙江省气象局气象科技服务先进集体;1998年荣获县级文明单位,2000年获得市级文明单位。

台站建设

气象观测站建设 青田县气候站始建于1959年,1970年6月恢复建立青田县气象服务站时,办公用房由原青田县物资局的炸药仓库及临时用房改建而成,面积109平方米,观测场地为16米×20米的小型观测场。其西、南两侧为实墙,离观测场最近距离仅为1.5米,并高于观测场1.5～2.2米,气流不畅。观测场与办公楼等建筑物的水平距离21.5米,最大遮挡仰角为15.84°,2006年开始进行气象业务科技大楼建设暨台站综合改造。将原观测场南移6.0米,同时抬高0.7米,新大楼与改善后的观测场的距离为40米,相对高度为7.6米,遮挡仰角10.53°(比原最大遮挡仰角减少5.31°)。

气象业务科技大楼建设 2006—2007年,完成青田县气象业务科技大楼建设。2008

年1月31日投入预使用,2008年11月14日县政府主持召开大楼落成典礼,正式启用气象业务科技大楼。

青田县气象局占地面积2126.71平方米,气象业务科技大楼建筑面积1281.66平方米,绿化面积900平方米,建立了气象预警业务平台、市县会商系统、气象监测预报信息处理平台、防雷减灾服务室以及档案室、图书阅览室、党员活动室、职工活动室等硬件设施。

道路建设 青田县气象局上山公路于2002年3—12月建成,全长285米,宽5米,由气象部门和县政府拼盘建设。

气象局旧貌

气象局新貌

旧观测场

新观测场

云和县气象局

云和县地处浙江省西南部,全县总面积984平方千米,辖14个乡镇、170个行政村,人口11万。云和属中亚热带季风气候,四季分明,温暖湿润,雨量充沛,无霜期长,具有明显的山地立体气候特征。台风、暴雨、干旱、寒潮、低温冰冻、雷电等气象灾害时有发生。

上级气象部门领导非常重视关心云和气象工作,截至2008年,省气象局领导黎键、薛根元、徐国富等先后来云和气象局检查指导工作。

机构历史沿革

始建情况 云和气象局前身为浙江省景宁气候站,建立于1956年11月,位于景宁县学田乡金仙寺(北纬27°58′,东经119°37′),海拔高度为189.8米,占地面积745平方米,观测场面积25米×25米。1969年1月1日由景宁迁至云和云和镇前溪山小"山顶"(北纬28°07′,东经119°33′),海拔高度为163.0米,占地面积6115平方米,观测场为16米×20米,同年5月1日起正式开始观测。

建制情况 云和县气象局建站时称浙江省景宁气候站,隶属上海气象局。1958年5月,隶属浙江省气象局;1959年9月更名为景宁县气象站,隶属景宁县人民委员会;1960年7月,因景宁、丽水县合并,名称改为丽水县气象服务分站,隶属丽水县人民委员会;1962年9月,更名为云和县景宁气候服务站,隶属云和县人民委员会。1963年1月,建制收回,隶属浙江省气象局。1964年4月,更名为浙江省云和县景宁气候服务站,隶属浙江省气象局。1969年1月,站址由景宁迁至云和,更名为云和县气象服务站,隶属浙江省气象局。1970年2月,更名为云和县气象站,隶属云和县革命委员会。1970年6月,隶属云和县革命委员会、人民武装部。1973年9月,隶属云和县革命委员会;1980年12月,隶属浙江气象局。1989年12月,更名为浙江省云和县气象局。

名称及主要负责人变更情况

名称	任职时间	主要负责人
浙江省景宁气候站	1956.11—1957.9	胡秉鑫
浙江省景宁气候站	1957.9—1958.5	蒋品珠
景宁县气象站	1958.5—1961.3	张国柱
景宁县气象站	1961.3—1962.5	周轩茅
云和县景宁气候服务站	1962.5—1963.6	魏素瑛
云和县景宁气候服务站	1963.6—1968.12	郑本善
云和县气象服务站	1968.12—1976.4	梅有生
云和县气象站	1976.4—1979.3	孟 杰
云和县气象站	1979.3—1983.12	李轩娇
云和县气象站	1983.12—1986.12	王行恒
云和县气象局	1986.12—2001.12	柳岳清
云和县气象局	2001.12—2008.4	卢 钊
云和县气象局	2008.4—	孙莉莉

人员状况 1956年建站时有职工2人,现有在职职工17人,其中本科以上学历7人,大专学历6人;中级专业技术人员3人,初级专业技术人员14人。

气象业务与服务

1. 气象业务

①气象观测

地面气象观测　1956年11月—1959年12月,担任地方时01、07、13、19时4次气候观测。1960年1月—7月改为07、13、19时3次观测,观测项目为干湿球温度、最高、最低温度、目测风向风速、云、能见度、降水量、天气现象、蒸发量、日照、地温等。1960年6月增加气压观测。1960年8月起,改为北京时08、14、20时3次气候观测。1961年9月开始使用温度自记仪器。1964年1月增加气压计、温度计、湿度计观测。1974年2月,增加电接风速自计部分观测。2003年人工站、自动站双轨运行,以人工观测为主。2004年人工站、自动站双轨运行,以自动观测为主。2006年7月开始增加酸雨观测。2007年1月1日起,云和承担国家气候观象台观测任务,人工、自动每天进行24次观测。2007年4月起开展土壤水分观测项目。

气象哨　云和县历史上最多时气象哨有11个,其中1970年1月在景宁县景宁农场设立农场气象哨;1970年5月在景宁县漈头乡、草鱼塘林场设立漈头哨、草鱼塘哨;1973年1月在云和县张家地设立云丰哨;1978年10月在景宁县澄照乡设立金丘哨;1980年5月在云和县梅源乡设立南山哨;1989年7月在云和县下洋村设立下洋哨。1980年撤销了渔漈、深垟、金丘、包山、小地等5个气象哨。其余气象哨在中尺度自动站建成后先后撤销。

区域自动站　云和目前有区域自动站10个,2004年12月在云丰乡张家地村、赤石乡库北店子村分别建立ZQZ-AE4型四要素、ZQZ-AE3型两要素自动站。2005年12月在紧水滩镇岗上村、朱村乡张川村、崇头镇沓铺村建立Davis型六要素自动站,其中朱村、崇头因设备老化于2008年11月分别更换为ZQZ-AE型四要素、五要素自动站。2006年11月在安溪乡下武村、云坛乡梅湾村、赤石乡黄岗村建立ZQZ-AE4型四要素自动站。2007年7月在朱村乡金村、大湾乡大塆村分别建立ZQZ-AE5型五要素、四要素自动站。

②信息网络

1980年前,利用收音机接听上级指导预报。1981年开始使用SD055型电传打字机收报和123传真机打印天气图,从1985年开始传真图逐渐代替自填图作预报。1988年1月,正式开通单边带无线电话,1988年建立无线气象警报系统。1996年,建成程控拨号微机数据网。1998年10月,9210工程正式投入使用,1997年建成VSAT小站。2000年1月建成PC-VSAT单收站。2003年1月10日,建成业务宽带网。2003年5月,建成语音天气会商系统。2005年6月1日,开通可视会商系统。

③气象预报

1956年起制作单站补充天气预报。1972年起用天气图制作天气预报,1974年开展中长期天气预报。1980年后开展常规24小时、未来3~5天和旬月年报等短、中、长期天气预报等。1987年增加森林火险等级预报。2003年开展地质灾害等级预报。2006年开展短时临近3小时天气预报。

④农业气象

1957年起开展农作物生育状况观测,向上海气象局拍发农业气象旬报,1960年7月停止观测。1979年10月起,恢复农业气象工作,开展农气情报(月报、作物生育期农业气象条件分析、农气灾害调查分析等)。1983年增加农气预报(作物产量预报、生育期预报、病虫害预报等)。2003年起取消农气月报,改为为高效、生态农业不定期开展服务。2004年起在浙江农网上发布农气信息。

2. 气象服务

公众气象服务　　1985年前,主要通过广播和邮寄旬报方式向全县发布气象信息。1987年建立无线气象警报系统,面向有关部门、乡(镇)等开展天气预报警报信息服务。1987年5月开始森林火险等级预报。1988年11月开展森林火险等级预报。1998年开通"121"(2005年1月改号为"96121")天气预报自动答讯电话。1999年11月,自行制作电视天气预报。2002年在浙江农网上发布农气服务信息。2007年开通云和气象网站,开展日常预报、天气趋势、生活指数、灾害防御、科普知识等服务。2007年起共在各乡镇等场所安装电子显示屏21块。

决策气象服务　　建站初期以口头或传真方式向县委县政府提供决策服务。1990年起先后开发《重要天气报告》、《天气报告》、《云和气象信息》、《专题气象服务》等决策服务产品,并利用传真、政府办公平台、气象预警短信、彩信、广播、电视、电话等形式向县委县政府和相关部门提供决策服务。2008年4月开通云和气象彩信预警平台,发布《云和气象快报》。

气象科技服务与技术开发　　1985年3月专业气象有偿服务开始起步,先后通过传真邮寄、无线气象警报系统、"121"声讯电话、计算机终端、电子屏、手机短信等手段,面向各行业开展气象科技服务。1999年起,各类新建建(构)筑物按照规范要求安装避雷装置。2002年8月成立防雷监测所,从事新建筑物的防雷装置设计技术评价、施工监督、竣工验收工作。2007年起,先后开展了雷击灾害风险评估、农村防雷技术服务、中小学防雷工程技术服务等。

法规建设与管理

1. 气象行政执法

2003年9月,成立气象行政执法大队,有兼职行政执法人员4人,有4项行政审批事项,2003年11月在县行政审批中心设立气象窗口,行政许可事项有防雷装置设计审核和竣工验收;升放无人驾驶自由气球、系留气球单位资质认定;建设项目大气环境影响评价气象资料核准;升放无人驾驶自由气球、系留气球作业审批。2008年编制了《云和县气象台站探测环境保护专项规划》。

2. 气象社会管理

建立健全气象灾害应急响应体系　　2005年,下发了《云和县气象局重大及突发性气象灾害气象预报服务应急预案》。2008年,云和县政府出台《云和县应急预案汇编》,并成立气象灾害防御应急领导小组。2008年成立了14个乡镇气象协理员和155名村气象信息员队伍。

防雷减灾管理　　从2003年起,对易燃易爆等防雷安全重点单位进行防雷安全检查,对存在防雷隐患的单位发出整改通知。2004年12月成立了雷电防御管理办公室。

党建与气象文化建设

云和县气象局党支部成立于2001年12月,叶伟星任支部书记。现有中共党员7名。1989年被国家气象局授予全国气象科技扶贫先进集体三等奖,1992年被浙江省气象局授予防灾抗灾气象服务先进集体荣誉称号,1999年被县委县政府授予县级文明单位荣誉称号,2000年被县政府授予防汛抗旱先进集体荣誉称号,2002年被市委市政府授予市级文明单位称号,2002年起设立局务公开栏、工作人员栏、人员去向牌等,进行财务、人事等内容的公开。2004年被省委省政府授予省级文明单位荣誉称号。2008年《云和气象科普手册》获得省优秀气象科普作品类三等奖。

台站建设

云和县气象服务站建于1968年,由景宁迁至云和云和镇前溪山小"山顶",面积为135平方米。观测场面积16米×20米。云和县气象局办公楼于2001年建成并投入使用,占地面积382平方米,业务值班室面积45平方米,观测场大小16米×20米。近4年先后对上山道路、大门、护坡环境、台站绿化等进行了综合改造。

建于1968年的云和县气象服务站

建于2001年的云和县气象局

庆元县气象局

庆元县位于浙江省西南部,地理位置东经118°50′~119°30′,北纬27°25′~27°51′。北面与本省丽水市的龙泉市、景宁畲族自治县接壤,东西、南面与福建省寿宁县、松溪县、政和县交界。南北长49千米,东西宽67千米,土地面积1898平方千米。全县下辖7镇13乡,总人口19.8万。

机构历史沿革

始建情况 1956年12月1日,成立庆元县气候站。位于北纬27°37′,东经119°04′,观测场海拔高度353.5米。1996年10月气象局观测场迁至现办公楼顶,观测场海拔高度371.6米,位于北纬27°37′,东经119°04′。

领导体制与机构设置演变情况 1956年,名称为庆元气候站,隶属上海气象局;1958年5月,隶属浙江省气象局;1958年9月,隶属庆元县人民委员会;1958年11月,因庆元与龙泉两县合并,名称变更为龙泉县庆元气象站,隶属龙泉县人民委员会;1963年5月,龙泉县庆元气象站撤销,在原址建立龙泉县庆元雨量站,隶属龙泉县水文站;1971年1月,龙泉县庆元气象站恢复,隶属龙泉县革命委员会、人武部;1973年9月,隶属龙泉县革命委员会;1975年8月,庆元县气象站恢复,隶属庆元县革命委员会;1980年12月,隶属浙江省气象局,1986年12月,更名为庆元县气象局,隶属浙江省气象局。

名称及主要负责人变更情况

名称	任职时间	负责人
庆元县气候站	1956.12—1961.3	郑本善
龙泉县庆元气象站	1961.3—1963.5	冯国民
龙泉县庆元气象站	1971.1—1973.1	李红云
龙泉县庆元气象站	1973.2—1975.8	余应书
庆元县气象站	1975.8—1977.9	吴业芳
庆元县气象站	1977.9—1982.7	吴金茂
庆元县气象站	1982.7—1985.1	陈章水
庆元县气象站	1985.1—1986.12	王仕星
庆元县气象局	1986.12—1998.5	牟春瑾
庆元县气象局	1998.6—2004.6	何志清
庆元县气象局	2004.6—	何建成

人员状况 1956年建站初期有职工3人,至2008年气象编制职工8人,聘用4人,共有在职职工12人。其中党员5人;民主党派1人;本科学历3人、专科学历6人;中级专业技术人员2人。

气象业务与服务

1. 气象业务

①气象观测

地面观测 1956年12月1日起,开始地面观测,观测时采用地方时07、13、19时每天3次观测;1960年8月1日起,观测时次采用北京时间,每天08、14、20时3次观测。观测项目有云、能见度、天气现象、气压、气温、湿度、风向风速、降水、雪深、日照、蒸发、地温等。

自动气象站 2004—2008年,在黄田、竹口、屏都、隆宫、四山、安南、百山祖、贤良、五大堡、荷地、合湖、张村、左溪、官塘、岭头、江根、举水、龙溪等18个乡镇建立了区域气象自动监测站(13个四要素站、3个五要素站、2个两要素站)。

气象哨 1971年12月在荷地、举水、黄真、隆宫、新村建立5个气象哨,1975年5月在万里林、屏都建立2个气象哨,1976建立庆元林场气象哨。1980年撤销庆元林场气象哨,1992年撤销荷地、黄真、隆宫、新村、屏都5个气象哨,2004年撤销万里林、举水2个气象哨。

②信息网络

观测发报 从建站开始到1985年手工编发气象报文,通过邮局电话上传气象报文,1986年开始使用PC-1500机编码上传气象报文,1998开始使用计算机自动编码上传气象报文。

气象信息接收 1980年前,气象站利用收音机收听武汉区域中心气象台和上级以及周边气象台站播发的天气预报和天气形势。1981年开始配备ZSQ-1(123)气象传真接收机接收北京、欧州气象中心以及日本东京的气象传真图。1996建立程控拨号微机数据网,1999—2007年,建立PC-VSAT单收站、语音会商系统,开通省市县气象视频会商系统,开通光缆,接收从地面到高空各类天气形势图和云图、雷达等数据。

气象信息发布 主要通过广播和邮寄旬报方式向全县发布气象信息。1988年建立无线天气警报系统,面向有关部门、乡(镇)、专业用户等每天3时次开展天气预报信息发布服务。1988年6月,开通单边带无线电话。1998年开通"121"(2005年改号为"96121")天气预报电话自动答询系统。2000年建立电视气象影视制作系统。2005年开始利用手机短信发布气象信息和各类预警短信。2008年,在全县安装气象电子屏10块。

③气象预报

1970年10月始,每日早晚制作24小时内日常天气预报。2000年开始开展常规24小时、未来3~5天中期预报和0~3小时临近预报,以及供领导决策的各类重要天气报告等。2002年开始发布地质灾害气象条件等级预报。

④农业气象

1976年1月开展农业气象工作,1983年5月开展农业气候区划工作,1983年12月开始开展气候评价。2007年4月至2008年开展土壤墒情观测。

2. 气象服务

公众气象服务 1971年起,利用农村有线广播站播报气象消息。1998年开通"121"天气预报电话自动答询系统(2005年1月改号为"96121")。1999年10月1日开始,制作电视气象节目,电视天气预报节目正式开通。

决策气象服务 1980年开始以口头或电话方式向县委县政府提供决策服务。1996年后逐步开发《重要天气报告》《气象信息内参》《气象信息快报》《台风报告》等决策服务产品。

气象科技服务与技术开发 1985年3月,庆元县气象局专业气象有偿服务开始起步,利用传真邮寄、警报系统、声讯、影视、电子屏、手机短信等手段,面向各行业开展气象科技服务。1991年起,为各单位建筑物避雷设施开展安全检测;1999年起,全县各类新建建(构)筑物按照规范要求安装避雷装置;2005年10月起,对重大工程建设项目开展雷击灾害风险评估。

法规建设与管理

1. 气象行政执法

2000年以来,县政府出台《关于进一步做好防雷减灾工作的通知》,气象工作纳入县政府目标责任制考核体系。2000年起,每年3月("3·23"世界气象日)和6月(安全生产月)开展气象法律法规和安全生产宣传教育活动。2004年3月在县行政审批办事中心设立气象窗口,承担气象行政审批职能,天气预报发布和传播审批,实行低空飘浮物施放审批制度和防雷装置设计审核、竣工验收等。2003年9月成立气象行政执法大队2008年根据《庆元县推行"两集中两到位"行政审批职能归并改革实施意见》,成立县气象局行政审批服务科,加强气象行政审批服务能力。

2. 气象社会管理

气象灾害应急响应体系 2007年,庆元县政府先后出台了《庆元县突发公共事件总体应急预案》、《庆元县防风抗台抗旱应急预案》、《庆元县气象灾害应急预案》等,并成立气象灾害应急领导小组。2008年建立了20个乡镇气象协理员队伍部分乡镇(五大堡)已完成《气象灾害应急响应预案》编制。

防雷减灾管理 2004年庆元县防雷行政审批工作纳入县政府审批办证中心运行。2005年6月成立气象局雷电防御管理办公室,逐步开展对全县防雷减灾的管理工作。2008年防雷办发文公布全县防雷安全重点单位38家。

党建与气象文化建设

党建工作 1978年,建立庆元县气象站党支部,吴金茂任支部书记,党员2人。1982年,陈章水任书记,1985年,王仕星任书记,1986年,余应书任书记,1989年更名为庆元县气象局党支部,2000年至今,吴建美任支部书记,现有党员5人。自2002年起开展了7次党风廉政建设月活动,2006年开展"先进性教育"活动,2007年开展"作风建设年"活动。2008年,获得2007年度"县级规范化党支部"称号。

精神文明建设 自1988年起,庆元县气象局地厅级以上集体荣誉共22项。1979年、1980年被浙江省气象局评为"全省气象部门先进集体";1988年被浙江省气象局评为"双文明单位";荣获上海区域气象中心1989年"区域天气联防集体三等奖";1990年被浙江省委省政府评为"文明单位",并一直保持至今;1993年,庆元县气象局万里林场《西洋参扩大栽培的气象条件研究项目》荣获"浙江省气象科技进步奖三等奖";1996年获地区行署命名的"第一批地级文明单位";1998年、2006年度被浙江省气象局评为"重大气象服务先进集体";1998年、2005年、2006年被闽浙赣皖毗邻地区军队地方气象联防协会评为"联防先进集体";2007年被评为"省级卫生先进单位"。

台站建设

庆元县气候站成立于1956年,业务用房面积约90平方米,观测场面积25米×25米。

1971年，业务用房在原有基础上增加一层，观测场面积减小为20米×20米。1996年新建办公楼一幢，占地面积约为200平方米，5层共1000多平方米，观测场迁至办公楼顶面积为12米×16米。

1956年建成的庆元气候站

1996年建立的气象观测场

缙云县气象局

缙云县位于浙江省中南部，全县土地总面积1503平方千米，现辖8镇8乡和2个农村管理处、642个行政村，总人口43.86万，是传统的农业大县，具有典型的"八山一水一分田"的山区地貌。缙云属中亚热带季风气候，温暖湿润，四季分明。但由于地势起伏升降大、气温差异明显，具有"一山有四季，山前山后不同天"的垂直立体气候特征。与此同时，温度、雨量等气象要素年际差异大，时空分布不均匀，台风、暴雨、干旱、雷电、冰雹、寒潮、大雪等天气引发的气象灾害时有发生。

机构历史沿革

始建情况 1959年2月20日缙云县气象服务站建于缙云县五云镇北面应底岙山顶，东经120°04′，北纬28°39′，观测场海拔高度为160米。1960年11月1日迁移到位于缙云县五云镇镇东村缸窑林山山顶，东经为120°05′，北纬28°40′，观测场海拔高度为190米。1966年11月17日将观测场向西北方迁移150米，经纬度不变，海拔高度为182米。

2001年2月28日，将观测场向东南迁移约150米，即迁回到原址，海拔高度为184.7米。

领导体制与机构设置演变情况 1959年2月缙云县气象服务站，建制归属缙云县人民委员会。1963年1月，归属浙江省气象局。1970年2月，建制隶属缙云县革命委员会。1970年6月归属缙云县革委会、人武部。1972年6月1日更名为缙云县气象站。1973年9月归属缙云县革委会。1980年12月，归属浙江省气象局。1989年12月更名为缙云县气象局。

内设机构 1959年2月建立缙云县气象服务站。1972年6月更名为缙云县气象站，下设观测组和预报组,1979年增设农气组。1989年12月更名为缙云县气象局,下设观测组、预报组和农气组不变。1997年5月成立县气象科技服务中心。2001年3月进行业务结构调整,下设办公室、业务股、科技服务中心。2003年6月成立缙云县防雷监测所。2004年12月增设雷电防御管理办公室。2008年10月局办公室与雷电防御管理办公室合署办公,增设行政审批服务科。

人员状况 1959年2月建站时只有职工2人,1978年12月增加到9人。到2008年12月共有在职职工18人,其中气象编制9人,地方编制1人,聘用职工8人。在职职工学历构成:本科4人,大专3人。在职职工技术职务构成:工程师3人,助工8人。

名称及主要负责人变更情况

机构名称	姓名	职务	任职时间
缙云县气象服务站	朱潘法	负责人	1959.2—1968.6
缙云县气象服务站	张文坚	负责人	1968.7—1969.7
缙云县气象服务站	郑献章	负责人	1969.7—1972.6
缙云县气象站	郑献章	站长	1972.6—1989.12
缙云县气象局	郑献章	局长	1989.12—1992.1
缙云县气象局	李冬森	局长	1992.1—1995.1
缙云县气象局	丁土南	局长	1995.1—

气象业务与服务

1. 气象业务

①气象观测

地面观测 1959年2月20日开始地面观测,观测时采用地方时01、07、13、19时每天4次观测;1960年1月1日起,改为每天07、13、19时3次观测;1960年8月1日起,观测时采用北京时每天08、14、20时3次观测。观测项目有云、能见度、天气现象、气压、气温、湿度、风向风速、降水、雪深、日照、蒸发、地温等。1971年开始承担杭州、温州、衢州等地航危报业务,1994年起取消航危报并改发地面天气报和重要天气报。2007年4月开展土壤水分观测任务。

人工观测气象哨 1971年到1984年先后建立过壶镇、前村、新建、方溪、三溪、唐市、越陈、沈宅、上王、南清、括苍山、大文山、大洋水库、卢秋、大洋山等15个人工观测气象哨。1984年缙云历史上人工观测气象哨达最多为11个,1995年11月时还留有7个,2004年后随着自动气象站的陆续建成而不断被撤销,到2008年12月底全部用自动气象站替代人工观测气象哨。

自动气象站 2003年12月31日,在永宁公园气象局观测场完成缙云第一个自动气象站设备的安装,并从2004年1月1日开始试运行,实行自动站24小时观测,2005年1月1日起正式运行。2004—2008年先后在壶镇、前村、新建、大洋山、溶江、三溪、白竹、大集、大源、东方、张公桥、新碧、石赤旧、胡源、东渡等地建立了15个区域天气观测站,初步建成了10~15千米格距"区域天气观测网"。

②信息网络

观测发报 1986年前手工编发气象报文,通过邮局电话上传气象报文;1987年开始使用PC-1500机编码上传气象报文;1998年开始使用计算机自动编码上传气象报文。

气象信息接收 1980年前,气象站利用收音机收听武汉区域中心气象台和上级以及周边气象台站播发的天气预报和天气形势。1981年开始配备ZSQ-1(123)气象传真接收机接收北京、欧州气象中心以及日本东京的气象传真图。1988年开通单边带无线电话与市台及各县站进行天气会商。1996年建立程控拨号微机数据网。2000年1月建立PC-VSAT单收站。2003年1月建成业务宽带网,5月建成语音天气会商系统。2005年6月建成可视会商系统。2008年10月完成气象业务宽带网升级任务。

气象信息发布 1987年前,主要通过广播和邮寄方式向全县发布气象信息。1987年建立无线天气警报系统,面向有关部门、乡(镇)、专业用户等每天5时次开展天气预报信息发布服务。1997年7月开通"121"(2005年改号为"96121")天气预报电话自动答询系统。1999年建立电视气象影视制作系统。2002年建立"缙云农网"。2003年6月23日开始通过手机短信发布气象信息。2005年建立紧急异常气象灾害预警手机短信发布平台。2007年开通缙云气象网站发布气象信息。

③气象预报

1959年2月起,县气象站通过收听天气形势,结合本站资料图表每日早晚制作24小时短期天气预报。同时,定期发布旬报、春播、汛期、台风干旱期、秋季低温、冬季及全年等中长期天气趋势预报。1975年增加发布月预报。1986年全省首家发布山林火险等级预报。1989年开始发布好溪洪水水位预警预报。2000年开始开展未来3～5天中期预报和0～3小时临近预报,以及供领导决策的各类重要天气报告等。2002年开始发布地质灾害气象条件等级预报。2006年开始全省首家发布雷电等级预警预报。

④农业气象

1971年到1984年先后建立了壶镇、前村、新建等15个人工观测气象哨,开展气象和物候观测并提供服务。1979年成立农气组,主要开展水稻生育期观测、病虫害预报、产量预报、农业气象情报、气候评价等农业气象业务。在20世纪80年代对种植黄花菜、绞股兰、郁金香、茶叶、柑橘等经济作物和水果,开展气象服务和课题研究,并多次获得省气象科技进步奖。1984年8月,完成《缙云县农业气候资源及区划》,并获丽水地区农业区划委员会颁发的科技成果一等奖。1985年完成的《大洋山自然资源综合考察》获省人民政府颁发的科技成果四等奖。1989年开展全年气候影响评价业务。

2. 气象服务

公众气象服务 1959年2月建站开始,利用农村有线广播站播报气象消息;1996年由县电视台制作文字形式气象节目和由县邮电局通过中文BP机发布气象信息;1997年通过县邮电局"121"声讯台发布气象信息;1999年由县气象局应用非线性编辑系统制作电视气象节目;2003年开通手机短信气象服务。

决策气象服务 建站初期到20世纪80年代主要以口头或电话方式向县委县政府提供决策服务。20世纪90年代增加了传真和BP机形式提供决策服务,2000年以后逐步开发《重要天气报告》《缙云气象内参》《专题报告》等决策服务产品。2005年建立了紧急异常气象灾害预警手机短信发布平台,利用手机短信提供决策服务。在1989年的"7·23"、1990年的"8·31"特大洪水,以及2008年初严重低温雨雪冰冻灾害中,及时向党委政府和有关部门提供决策服务。

气象科技服务与技术开发 1984年开始向县电力公司等开展有偿专业气象服务。1985年将有偿气象科技服务逐步扩展到各行各业100多家服务单位。1992年起,开展庆典气球施放服务。2000年起,开展各类新建建(构)筑物按照规范要求安装避雷装置,并为各单位建筑物防雷设施开展安全检测。2006年对重大工程建设项目开展雷击灾害风险评估。

气象科普宣传 从2000年起,每年"3·23"世界气象日,围绕当年活动主题组织开展科普宣传、科技讲座、召开座谈会等形式的活动,或者通过报刊、电视、广播等新闻媒体进行气象科技的普及与宣传。2006年8月编写印发了字数约1.5万的《防雷减灾宣传手册》1000册。2008年6月与县旅游局联合举办培训班;7月与县电视台《石城农事》栏目组合作,一起制作了二期《雷电的危害与防避》专题节目。

法规建设与管理

1. 气象行政执法

2000年以来,缙云县政府先后出台《关于进一步做好防雷减灾工作的通知》(缙政办发〔2006〕86号)等多个规范性文件,气象工作纳入县政府目标责任制考核体系。每年3月和6月开展气象法律法规和安全生产宣传教育活动。2001年县政府审批办事中心设立气象窗口,承担气象行政审批职能,规范天气预报发布和传播,实行低空飘浮物施放审批制度和防雷装置设计审核、竣工验收等。2003年9月成立气象行政执法大队,5名兼职执法人员均通过省政府法制办培训考核,持证上岗;2006—2008年,与安监、教育、卫生等部门联合开展气象行政执法检查10余次;2008年根据《缙云县推行"两集中两到位"行政审批职能归并改革实施意见》,成立县气象局行政审批服务科,加强气象行政审批服务能力。2008年完成《缙云气象台站探测环境保护专项规划》编制。

2. 气象社会管理

建立气象灾害应急响应体系 2007年,缙云县政府先后出台了《缙云县突发公共事件总体应急预案》《缙云县防汛防台抗旱应急预案》《缙云县气象灾害应急预案》等,并成立气象灾害应急领导小组。2008年4月建立了乡镇(农管处)气象协理员和社区、学校、农村气象信息员队伍,部分乡镇已完成《气象灾害应急响应预案》编制,建立"部门、乡镇、村"三级气象灾害应急响应机制。

防雷减灾管理 2001年开始缙云县防雷行政审批工作纳入县政府审批服务中心运行,逐步履行防雷设施的设计审核职能。2005年6月成立气象局雷电防御管理办公室,逐步开展对全县防雷减灾的管理工作。2006年起,从农村防雷和中小学校防雷入手,逐步开展农村防雷工作调查和全县中小学防雷状况调查。2007年6—7月与县教育局联合组织对全县84所中小学全面进行防雷安全大检查。2008年防雷办发文公布全县防雷安全重点单位77家,并逐步开展农村防雷减灾的管理工作。

党建与气象文化建设

1. 党建工作

党支部建设 1976年建立缙云县气象站党支部,郑献章任党支部书记,全站共有党员4人。1989年更名为缙云县气象局局党支部,由刘松泉任支部书记,全局党员6人;1992年李冬森任支部书记;1995年起至今,由胡振亮任局党支部书记,现有党员8人。从2003年起经县委县政府工作考核,局党建工作每年均优秀达标。

党风廉政建设 自1988年起坚持每年3月份开展职业道德教育月活动。2002年起每年4月开展党风廉政教育月活动。先后开展"致富思源、富而思进"、"三个代表"重要思想学习、"保持共产党员先进性"、"深入学习实践科学发展观"等活动。2004年开展作风建设年活动。2006年起,每年进行局领导述职述廉报告,并层层签订党风廉政目标责任书,推进"惩防体系"建设。2000—2008年,参与气象部门和地方党委开展的党章、党规、法律法规知识竞赛15次。

2. 气象文化建设

精神文明建设 1987年被省局评为双文明单位。2001年被县委县政府命名为县级文明单位;2008年被丽水市委市政府命名为市级文明单位。

集体荣誉 1977—2008年,缙云气象局获地厅级以上表彰集体荣誉14项,个人31项。其中1977—1979年连续三年被省局评为先进集体;1978年被国家局评为全国学大寨学大庆先进单位;1982年被省政府授予浙江省模范劳动集体;1988年被省气象局评为预报服务和为农服务一等奖;1997年被省局评为预报服务一等奖;2005年被省人事厅、省气象局评为浙江省气象系统先进集体。1989年郑献章被国家气象局评为全国气象部门先进个人。

台站建设

1959年2月建立缙云县气象服务站,位于缙云县五云镇应底岙山顶,占地面积1800平方米,业务及办公用房186.7平方米,观测场面积625平方米。1960年11月迁移到位于缙云县五云镇镇东村缸窑林山山顶,台站占地总面积4530平方米。观测场为17.8米×16.7米,1973年10月观测场面积扩建为20.0米×16.7米。业务用房85平方米,办公及宿舍等用房1360平方米。2001年缙云县气象局经整体迁建,气象观测场占地面积900平方米,预报、测报业务楼占地100平方米,建筑面积210平方米,位于黄龙路25号永宁公园内。2004—2005年完成气象局办公大楼建设,位于永宁路103号,该楼占地375平方米,共6层建筑面积2220平方米。设局各领导办公室、防雷办公室、科技服务办公室、财务室、档案室、图书室、党员活动室、会议室、职工活动室等。2008年被省气象局授为丽水市第一个AAA级绿色台站。

1981年获浙江省劳动模范集体时全体干部职工合影

2006年位于永宁公园内的缙云气象局全景图

1986年位于林山山顶缙云气象局全景图

遂昌县气象局

遂昌县位于浙江西南部,地处钱塘江和瓯江之源头,属中亚热带季风气候,不但拥有良好的生态资源和温泉、金矿等特色资源,而且历史悠久,拥有五千年文明史的良渚文化遗存、历史人文资源丰富。全县总面积2539平方千米,辖9镇11乡、391行政村,2008年底总人口为22.3万。境内海拔千米以上的山峰有703座,是一个"九山半水半分田"的山区县。由于特殊的地理位置、地貌和气候条件造就了良好的生态环境,是全省"生态屏障"的重要组成部分。遂昌一年四季分明,温暖湿润,山地垂直气候差异明显,与此同时,温度、雨量等气象要素年际差异大,时空分布不均,台风、暴雨、干旱、雷电等气象灾害及次生灾害时有发生。

机构历史沿革

始建情况 1932年1月建立遂昌县雨量站,开始承担气象观测业务,1937年8月因战乱被迫停止。1956年10月在遂昌县金岸农场重新建立"遂昌县金岸气候站",北纬28°37′,东经119°19′,海拔高度175.0米,观测场25米×25米。于1960年6月1日搬迁至妙高镇(原城关镇)君子山山顶(现气象路15号),北纬28°36′,东经119°17′,海拔高度237.86米,观测场20米×16米。2008年观测场扩建为25米×25米标准观测场。

领导体制与机构设置演变情况　1932年1月成立遂昌县雨量站,隶属省水利局。1937年8月撤销。1956年10月重新成立浙江省遂昌县金岸气候站,隶属上海气象局。1958年5月9日,隶属浙江省气象局。1958年9月17日归属遂昌县人民委员会。1960年7月更名为遂昌县气象服务站,1961年11月更名为遂昌县水文气象站。1963年1月隶属浙江省气象局。1964年3月更名为遂昌县气候服务站。1970年2月隶属遂昌县革命委员会。1970年6月隶属遂昌县人民武装部。1973年9月更名为遂昌县气象站,归属于遂昌县革命委员会。1980年12月,气象管理体制调整,隶属于浙江省气象局。1989年12月更名为遂昌县气象局。

　　1973年2月遂昌县第一个气象哨在新路湾镇蕉川村建立,此后陆续建立：上河、下田、龙殿、车床、湖山、琴圩、十八兰头、兰棚、石笋头、白马山、金竹、十三都等11个气象哨。2008年完成24个自动气象观测站的建设任务,初步建成区域自动气象观测网,替代人工气象哨。

　　内设机构　1975年,遂昌县气象站内设预报、测报2个组。1979年7月,增设农气组。1990年1月,遂昌县气象局内设机构为：局办公室、预报股、服务股、测报股。1998年1月内设机构调整为：局办公室、业务股、综合服务股。2003年9月成立遂昌县气象执法大队。2005年10月县编委批准成立遂昌县雷电防御管理办公室。

　　人员状况　1956年建站初期,只有2名职工,到2008年底在职职工增加到16人,其中气象编制9人,地方编制2人,聘用5人。共有党员7人,团员2人；大学本科学历2人,大专学历7人；中级专业技术人员3人,初级专业技术人员6人。

名称及主要负责人变更情况

名称	姓名	职务	任职时间
浙江省遂昌县金岸气候站	林仕起	负责人	1956.10—1957.9
浙江省遂昌县金岸气候站	邵志新	负责人	1957.9—1958.1
浙江省遂昌县金岸气候站	陈国荣	负责人	1958.1—1960.5
浙江省遂昌县气象服务站	陈国荣	副站长	1960.6—1972.2
浙江省遂昌县气象站	陈国荣	副站长	1972.3—1975.5
浙江省遂昌县气象站	杨芝润	负责人	1975.5—1976.5
浙江省遂昌县气象站	唐诗三	站长	1976.6—1982.6
浙江省遂昌县气象站	王启勉	党支部书记	1980.12—1986.2
浙江省遂昌县气象站	柳岳清	副站长	1985.3—1986.8
浙江省遂昌县气象站	吴孔榕	站长	1986.8—1989.11
浙江省遂昌县气象局	吴孔榕	局长	1989.12—1990.8
浙江省遂昌县气象局	卢晓章	副局长	1990.8—1993.7
浙江省遂昌县气象局	周德芳	局长	1993.8—

气象业务与服务

1. 气象业务

①气象观测

　　地面观测　1956年11月1日起,观测时次采用地方时01、07、13、19时每天4次观测；

1960年1月1日起,改为每天07、13、19时3次观测;1960年8月1日起,北京时每天08、14、20时3次观测。观测项目有云、能见度、天气现象、气压、气温、湿度、风向风速、降水、雪深、日照、蒸发、地温等。1961年1月1日开始拍发台风气象服务联防天气电报,1963年1月开始拍发每小时1次的航危报和天气实况报。1997年10月起取消航危报并改发地面天气报和重要天气报;2000年1月开始拍发地面加密天气报和重要天气报。2002年12月建立第一个自动气象观测站并开始投入业务运行,与人工观测站平行对比观测。2005年1月停止平行观测,正式以自动站替代人工观测。

自动气象站 2001年开始实施"遂昌县气象灾害监测预警系统"工程项目建设,2002年在妙高镇建设第一个ZQZ-CⅡ型自动气象观测站。2002—2008年底,建成10千米格距的24个区域自动气象观测站。

②信息网络

信息网络观测发报 从建站开始到20世纪80年代手工编发气象报文,通过邮局电话上传气象报文,1986年PC-1500计算机应于测报业务工作,使用PC机编码上传气象报文,从此结束了手工编制气象电报、气象观测数据的查算订正和气象月年报表的制作上报工作。从二十一世纪开始使用计算机自动编码上传气象报文。

气象信息接收 1980年前,气象站利用收音机收听区域中心气象台和上级以及周边气象台站播发的天气预报和天气形势。1981年开始配备ZSQ-1(123)气象传真接收机接收北京、欧洲气象中心以及日本东京的气象传真图。1987年通过超短波双边带甚高频无线电话系统,利用超短波双边带电台接收武汉区域中心气象信息、参加全省地市县之间的通讯联络和天气会商。1999年建立VSAT单收站,2000年通过MICAPS系统使用高分辨卫星云图,2000—2005年建立气象网络应用平台和省市县气象视频会商系统,接收各类天气形势图和云图、雷达图等数据。

气象信息发布 1987年前,主要通过广播和邮寄方式向全县发布气象信息。1987年开展面向有关部门、乡(镇)、专业用户等每天4时次天气预报信息发布服务。1994年10月通过无线天气警报器系统,向全县各重点企事业单位发布传播天气预报信息及停电、停水预告通知等。并与县电力局合作安装无绳二哥大电话系统,为各重点服务单位提供优质快捷的移动无线电话服务业务。1997年开通"121"(2005年1月改号为"96121")天气预报电话自动答询系统。1997年与遂昌电视台合作开辟遂昌电视天气预报栏目,每天2次发布电视天气预报,1999年1月建立电视气象影视制作系统。2002年8月建立"遂昌农网"发布农业、气象、政务等各类信息,2003年6月开始通过手机短信每天2次发布气象信息。2005年建立异常天气应急发布平台,并开通小灵通气象短信,2007年通过"中国遂昌"网站每天发布天气预报信息。2008年每天3次通过气象电子显示屏发布天气预报信息。

③气象预报

1970年10月开始通过收听天气形势,结合本站资料图表,制作每日早晚24小时天气预报。20世纪80年代初起,每日06、10、15时3次制作预报。2000年至今,开展常规24小时、未来3~5天和旬、月报等短、中、长期天气预报以及临近预报。同时,开展灾害性天气预报预警业务和供领导决策的各类重要天气报告等。1982年松阳从遂昌分立设县至1996年12月,遂昌县气象局同时承担遂昌、松阳二县的气象预报、气象服务及行业管理等工作。

④农业气象

1970年始,逐步开展农业气象业务。逐步建立农村气象哨,开展气象和物候观测并提供服务。1981—1982年,在"白马山"、"石笋头"建立高山气象哨,开展山区梯度观测,1983—1986年,完成《遂昌松阳农业气候资源和区划》《松阳烟叶与气象条件研究》等课题。1979年设立农气组,向政府、涉农部门、乡镇寄发"农业气象月报"、"农气情报"、"双抢天气趋势"、"农业产量预报"、"秋季低温预报"等业务产品;1989年开始编写全年气候影响评价。2007年开始为政策性农业保险开展保前、保中、保后气象评估鉴定服务。2008年建立农业气象服务联系卡制度,为农业大户提供专业服务产品。

2. 气象服务

公众气象服务 1971年开始利用农村有线广播站播报气象预报消息。1987年与林业部门合作开展森林火险气象等级预报服务工作;1997年与遂昌电视台合作,开辟电视天气预报栏目,制作播出文字影像气象预报节目;1999年1月1日,应用非线性编辑系统制作电视气象节目;2002年开通手机3~5天和24小时气象短信。2003年与县国土资源局合作开展地质灾害气象条件等级预报,并通过电视、广播、手机短信等方式向社会提供服务;2008年通过公共电子显示屏系统向公众提供气象服务。

决策气象服务 20世纪80年代以口头或传真方式向县委县政府提供决策服务。20世纪90年逐步开发《重要天气报告》、《气象内参》、《汛期(5—9月)天气形势分析》等决策服务产品。2008年开展气象灾害评估。同年建立县政府突发气象事件预警信息发布平台,承担突发公共气象事件预警信息的发布与管理。

新农村建设气象服务 围绕新农村建设,推进现代气象业务体系向农村延伸、气象应急管理体系向农村延伸、公共气象服务向农村延伸,实施"农村气象防灾减灾"和"信息进村入户"工程,开展新农村建设气象服务工作。

气象科技服务与技术开发 1985年3月,遂昌气象专业有偿服务开始起步,先后利用传真、邮寄、警报系统、声讯、影视、手机短信、网站、电子显示屏等手段开展气象科技服务。1990年开始建筑物避雷设施安全检测工作;1994年开始新建建(构)物避雷装置安装服务和庆典气球施放服务。2006年10月开始对重大工程建设项目进行雷击灾害风险评估。

气象科普宣传 1980年与县广播站联合设立气象知识专题讲座节目。1995年在县实验小学建立红领巾气象站,2004年在妙高镇建立中小学校气象科普教育基地。2007—2008年,实施气象灾害防御培训工程,开展乡镇气象协理员、行政村气象信息员业务培训。应用电视气象、手机短信、报刊专版、电子显示屏、网站等渠道,实施气象科普宣传入村、入企、入校、入社区。

法规建设与管理

1. 气象行政执法

1997年,遂昌县人民政府专门制定了《遂昌县防雷安全管理暂行办法》,为防雷管理奠定了法规基础。此后又相继出台《关于加快气象事业发展的实施意见》、《遂昌县气象灾害应急预案》《遂昌县防雷安全管理办法》等规范性文件。2002年1月,县政府建立审批服务中心,同时设立气象服务窗口,履行新建、改建和扩建建筑物防雷装置的设计审核、施工监督和竣工验收、低空飘浮物施放活动审批、气象探测环境保护等行政许可职能。2003年9月,成立气象行政执法大队,3名兼职执法人员均通过省政府法制办培训考核,持证上岗;2008年完成《探测环境保护专业规划》编制。

2. 气象社会管理

气象灾害应急响应体系 2007年,县政府出台《遂昌县突发公共事件总体应急预案》、《遂昌县气象灾害应急预案》;县政府成立气象灾害应急、防雷减灾工作领导小组及办公室。2008年初,遂昌县遭遇严重雨雪冰冻灾害,县政府启动"气象灾害Ⅰ级应急响应",抗击雨雪冰冻灾害。

防雷减灾管理 1992年10月县编委批准成立遂昌县避雷检测所,逐步开展防雷技术服务,其中防雷工程设计图纸审核在2002年1月纳入县政府审批办证中心运行。2005年县编委批准成立遂昌县雷电防御管理办公室,2007年逐步开展农村防雷减灾工作,2008年公布防雷安全重点单位89家。

党建与气象文化建设

1. 党建工作

党支部建设 1978年8月成立遂昌县气象站党支部,共有党员3名,唐诗三任支部书记。1980年12月遂昌县委任命王启勉为遂昌气象站专职党支部书记。1986年3月组织关系转入县委农工部。1998年8月成立遂昌县气象局党支部,周德芳任支部书记。2004年2月成立遂昌县气象局党组,周德芳任党组书记,茅军念任党支部书记。2004年10月潘建新任党支部书记。1978年8月—2008年先后发展党员4名。2002年和2007年周德芳分别被选为中共遂昌县第十二届、第十三届党代会代表。

党风廉政建设 2000—2008年,参与气象部门和地方党委开展的党章、党规、法律法规知识竞赛共12次。2005年起,局领导每年进行述职述廉报告,并层层签订党风廉政目标责任书,推进"惩防体系"建设。

2. 气象文化建设

精神文明建设 1987年起,开展争创文明单位活动,1989年12月被浙江省气象局评为浙江省双文明单位。1998年被遂昌县委县政府授予县级文明单位,2004年被丽水市委市政府授予市级文明单位。

政务公开 2002年开始实施政务、财务两公开制度,对气象行政审批办事程序、气象服务、服务承诺、气象行政执法依据、服务收费依据及标准等内容向社会公开。2006年制定下发了《局务公开工作操作细则》。

集体荣誉 至2008年底,获得地厅级以上集体荣誉38项。其中《遂昌松阳农业气候资源和区划》获得浙江省气象局科技成果三等奖和省农业区划办公室颁发的区划成果三等奖,《松阳烟叶与气象条件研究》获得省气象局科技进步三等奖。1989年被省局评为梅汛期暴雨预报服务优秀单位。1994年被省气象局评为9417号台风预报服务先进单位。同年12月被评为全省气象服务优秀单位。2004—2005年被评为全省测报工作先进单位,洪宝勤被中国气象局授予全国优秀测报员。2008年周德芳被评为全省抗击雨雪冰冻灾害先进个人。2004年通过档案管理省级达标认定。

台站建设

2001年6月在气象路1号购置一幢占地785平方米,建筑面积1278平方米的综合楼,作为气象灾害预警中心用房。2004年完成气象科技综合楼改造和气象预警中心业务平台建设,建立气象灾害防御培训基地及图书阅览室、档案室、仪器室、党员职工活动室、会议室等,形成集业务、服务、预警、远程监控、视频会商为一体的综合业务平台。2008年观测场按25米×25米标准进行改造扩建,并新建200平方米的业务值班用房,2007年被浙江省气象局评为AA级绿色台站。

20世纪60年代业务用房

1997业务办公用房

改造后的业务值班用房

改造后的综合楼

编纂后记

在中国气象局统一部署下，《浙江省基层气象台站简史》编写工作自2009年7月正式启动。在紧张编纂期间，中国气象局基层气象台站简史编纂办公室给予了正确指导，特别是李德善主任给予了具体指正。浙江省气象局党组对编撰工作高度重视，党组书记黎健局长数次对编纂工作作出指示，省气象局党组成员、纪检组长徐霜芝同志主持召开多次专题会议研究部署编纂工作，提出明确要求。全省各市、县气象局落实专人负责，组织精干力量开展编纂。感谢德清县气象局在7月15日就完成了为全省和全国（后为中国气象局转发全国）提供县气象局编纂范本的任务。

《浙江省基层气象台站简史》初稿形成后，原局领导潘云仙、席国耀、李玉柱、朱鸣益等先后给予指导。老同志庄锡潮全程参加了《浙江省基层气象台站简介》篇目的编纂，老同志陈启泉、邓兆林、陈秀宝等先后对初稿进行审阅并提出修改意见。

在此对各级领导、老同志和参加编纂的广大基层气象工作者致以诚挚谢意！

本书主要参考书籍为中华书局1999年8月出版的《浙江省气象志》。

由于时间紧张和水平所限，文中肯定还有不妥之处，恳请广大读者批评指正。

《浙江省基层气象台站简史》编写组
2009年9月30日

附录

主要编纂人员名录

杭州市气象局(刘　迎　木美丽)
　　萧山区气象局(谢国军)
　　桐庐县气象局(孟永军)
　　淳安县气象局(王仁华)
　　建德市气象局(许　宏)
　　富阳市气象局(施国富)
　　临安市气象局(宣志强)
　　临安大气本底污染监测站(岳　毅)
宁波市气象局(娄根龙　陈灵玲)
　　北仑区气象局(陈与杰)
　　鄞州区气象局(陈善国)
　　余姚市气象局(杨　辉)
　　慈溪市气象局(龚涛峰)
　　奉化市气象局(沈绿草)
　　宁海县气象局(戴里平)
　　象山县气象局(蔡春裕)
温州市气象局(周功铤　郑海祥)
　　乐清市气象局(张锦镁)
　　瑞安市气象局(王红雷)
　　永嘉县气象局(程　瀛)
　　平阳县气象局(王益萍)
　　洞头县气象局(符生辉)
　　文成县气象局(杨林燕)
　　泰顺县气象局(郭建鹰)
　　温州气象雷达站(钟建锋)

湖州市气象局(林建华　陈志良)
　　德清县气象局(徐亚芬)
　　长兴县气象局(许　杰)
　　安吉县气象局(范一平)
嘉兴市气象局(许华清　陈优平)
　　嘉善县气象局(李　明)
　　平湖市气象局(陶建强)
　　海盐县气象局(陈川明)
　　海宁市气象局(应福林)
　　桐乡市气象局(钱炳强)
绍兴市气象局(孙　颖　王鲁娟)
　　绍兴县气象局(王建明)
　　诸暨市气象局(王　云)
　　上虞市气象局(陈飞飞)
　　嵊州市气象局(马松培)
　　新昌县气象局(邓盛蓉)
金华市气象局(廖雄波　蒋天麟)
　　兰溪市气象局(吴　宏)
　　东阳市气象局(厉永岳)
　　义乌市气象局(赵贤产)
　　永康市气象局(陈震江　周俊峰)
　　浦江县气象局(骆欧阳)
　　武义县气象局(朱渭溪)
衢州市气象局(林　涛　廖和平)
　　龙游县气象局(陈兆平)
　　江山市气象局(邵南尔)
　　常山县气象局(余春海)
　　开化县气象局(郑家全)
舟山市气象局(许立宏　乐鹏飞)
　　普陀区气象局(何福忠)
　　岱山县气象局(林岳均)
　　嵊泗县气象局(吴　波)
台州市气象局(郑岩群)
　　椒江区气象局(郑岩群)
　　黄岩区气象局(陈丽红)
　　临海市气象局(金　瑛)
　　温岭市气象局(郦　敏)
　　玉环县气象局(周小华)

天台县气象局(应伟国)
仙居县气象局(鄢志波)
三门县气象局(赖丽娜)
洪家国家基准气候站(郑岩群)
大陈气象站(郑岩群)
丽水市气象局(麻碧华　吴建锡)
龙泉市气象局(李丽芬)
青田县气象局(刘少武)
云和县气象局(罗骏华)
庆元县气象局(徐尚胜)
缙云县气象局(刘松泉)
遂昌县气象局(周德芳)